ARDUINO PARA ROBÓTICA

Blucher

John-David Warren
Josh Adams
Harald Molle

ARDUINO PARA ROBÓTICA

Tradução
Humberto Ferasoli Filho
José Reinaldo Silva
Silas Franco dos Reis Alves

Arduino para robótica
Edição original em língua inglesa publicada por Apress,
Copyright © 2011 Apress, Inc.
Edição brasileira em língua portuguesa publicada por Editora Blucher,
Copyright © 2019 Editora Edgard Blücher Ltda.
Todos os direitos reservados.
Editora Edgard Blücher Ltda.

Blucher

Rua Pedroso Alvarenga, 1245, 4º andar
04531-934 – São Paulo – SP – Brasil
Tel.: 55 11 3078-5366
contato@blucher.com.br
www.blucher.com.br

Segundo o Novo Acordo Ortográfico, conforme 5. ed.
do *Vocabulário Ortográfico da Língua Portuguesa*,
Academia Brasileira de Letras, março de 2009.

É proibida a reprodução total ou parcial por quaisquer
meios sem autorização escrita da editora.

Todos os direitos reservados pela Editora
Edgard Blücher Ltda.

Dados Internacionais de Catalogação na Publicação (CIP)
Angélica Ilacqua CRB-8/7057

Warren, John-David
    Arduino para robótica / John-David Warren, Josh
Adams, Harald Molle ; tradução de Humberto Ferasoli
Filho, José Reinaldo Silva e Silas Franco dos Reis Alves.
– São Paulo : Blucher, 2019.
    578 p. : il.

    Bibliografia
    ISBN 978-85-212-1152-5 (impresso)
    ISBN 978-85-212-1153-2 (e-book)
    Título original: *Arduino robotics*

    1. Arduino (Controlador programável) 2. Robótica
3. Robôs – Desenvolvimento 4. Controle automático –
Programas de computador I. Título II. Adams, Josh
III. Molle, Harald IV. Ferasoli Filho, Humberto V. Silva,
José Reinaldo VI. Alves, Silas Franco dos Reis

15-1528   CDD 629.892

Índice para catálogo sistemático:
1. Arduino (Controlador programável): Robótica

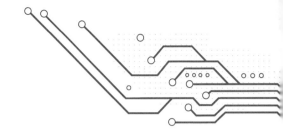

Introdução

Este livro foi escrito para qualquer pessoa interessada em aprender mais sobre o Arduino e sobre robótica em geral. Embora alguns projetos sejam voltados para universitários e adultos, vários dos primeiros capítulos mostram projetos de robótica adequados para alunos desde o Ensino Fundamental até o Ensino Médio. Eu não vou, no entanto, colocar uma restrição de idade para o material deste livro, pois tenho visto alguns projetos absolutamente impressionantes criados tanto por pessoas mais jovens quanto por mais velhas.

PRÉ-REQUISITOS

No máximo, você precisará ser capaz de usar algumas ferramentas elétricas básicas, ferramentas manuais, um voltímetro e um ferro de solda. Não se preocupe caso você ainda não tenha experiência nessas áreas, pois sua primeira experiência o encaminhará bem em sua jornada (você tem que começar em algum ponto)! Assim como andar de bicicleta, quanto mais você praticar, mais habilidoso ficará.

Se você for um construtor de robôs experiente, provavelmente será capaz de melhorar alguns dos meus métodos. Se, entretanto, você for um novato, poderá acabar com alguns furos extras feitos no lugar errado, com uma roda que não foi colocada perfeitamente alinhada, ou com um robô simplesmente feio. Não se preocupe em tentar concluir cada passo perfeitamente na primeira vez; dê o melhor de si na primeira vez e, depois, volte e melhore mais tarde. É melhor ter um robô imperfeito com o qual você possa trabalhar do que não ter um porque você estava com muito medo de tentar!

Finalmente, este livro foi criado para oferecer projetos divertidos para os interessados no Arduino. Se você estiver trabalhando em um desses projetos e não estiver se divertindo, você está fazendo errado. Se você ficar empacado em um projeto, por favor, peça ajuda – ninguém quer que você se sinta frustrado, mas aprender algo novo pode deixá-lo com vontade de bater sua cabeça numa parede, de vez em quando... não faça isso. Apenas vá em frente, e você acabará *finalmente* solucionando seu problema. Eu criei um site no Google para hospedar os arquivos de cada projeto, para fazer perguntas e obter ajuda: https://sites.google.com/site/arduinorobotics/.

Se você quiser experimentar outros projetos de Arduino, que lidam com vários tipos de sensores, LEDs, automação residencial e vários outros projetos, você pode considerar os seguintes livros sobre Arduino da Apress:

Practical Arduino, de Jonathan Oxer e Hugh Blemings (2009)
Beginning Arduino, de Michael McRoberts (2010)

John-David Warren

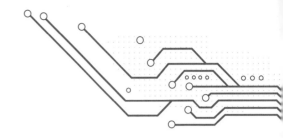

Conteúdo

Capítulo 1 ■ Princípios básicos		9
Capítulo 2 ■ Arduino para robótica		57
Capítulo 3 ■ Vamos adiante		89
Capítulo 4 ■ Linus, o Line-bot		123
Capítulo 5 ■ Wally, o Wall-bot		165
Capítulo 6 ■ Fazendo placas de circuito impresso		197
Capítulo 7 ■ Bug-bot		247
Capítulo 8 ■ Explorer-bot		283
Capítulo 9 ■ RoboBoat		319
Capítulo 10 ■ Lawn-bot 400		385
Capítulo 11 ■ Seg-bot		433
Capítulo 12 ■ Battle-bot		489
Capítulo 13 ■ Controle alternativo		535

Índice remissivo	551
Sobre os autores	573
Sobre os revisores técnicos	575
Agradecimentos	577

CAPÍTULO 1

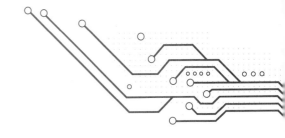

Princípios básicos

O microcontrolador Arduino (Figura 1.1) é como um pequeno centro de comando que fica aguardando suas ordens. Com algumas linhas de código, você pode fazê-lo ligar ou desligar uma lâmpada, ler o valor de um sensor e exibi-lo na tela do computador ou mesmo usá-lo na construção de um circuito caseiro para consertar um eletrodoméstico. Graças à sua versatilidade e ao apoio maciço da comunidade de usuários disponível na internet, o Arduino atraiu uma nova geração de entusiastas de eletrônica que nunca sequer tocaram em um microcontrolador, muito menos programaram um deles.

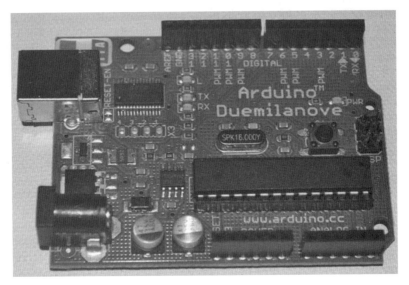

Figura 1.1 Um microcontrolador Arduino Duemilanove.

A ideia básica da comunidade Arduino é criar um ambiente em que *qualquer pessoa* interessada possa participar e contribuir com pouco custo inicial. Uma placa básica do Arduino pode ser encontrada na internet por cerca de 20 dólares, e o *software* necessário para programar o Arduino é baseado em código aberto (que se pode usar e modificar livremente). Você só precisa de um computador e um cabo USB padrão. Além de barato, os criadores do Arduino inventaram uma linguagem de programação (derivada do C++) fácil de aprender, que incorpora várias funções complexas de programação em comandos simples e muito mais fáceis para os iniciantes.

Este livro integra algumas técnicas básicas de construção de robô com a simplicidade do Arduino para criá-los que você poderá modificar e melhorar, compreendendo claramente o processo. A intenção deste livro não é simplesmente "mostrar" como se constrói um robô, mas instruir o construtor iniciante de robôs e inspirar criatividade, para que você possa projetar, construir e modificar seus próprios robôs.

Um obstáculo inevitável que a maioria das pessoas encontra ao construir robôs é o custo. Obviamente, podemos gastar milhares de dólares acrescentando peças de última geração e produtos comerciais caros, mas a maior parte dos entusiastas não tem tempo nem dinheiro para construir um robô desse tipo. Em vista disso, este livro aproveita todas as oportunidades para mostrar como construir uma peça a partir do zero – ou a forma mais barata possível de concretizar esse objetivo. Se qualquer um desses métodos parecer muito complicado, não se preocupe, porque serão indicadas peças substitutas para você comprar.

Entenda que todo projeto apresentado neste livro requer várias tentativas para funcionar – alguns deles podem exigir semanas de "depuração". Posso dizer por experiência própria que, com persistência, acabamos resolvendo o problema mais cedo ou mais tarde – e isso torna a experiência muito mais gratificante.

Descobrir por que um robô não está funcionando requer, com frequência, muito trabalho. Achar erros exige a compreensão de cada etapa do processo, do início ao fim, e a inspeção de cada passo. Quanto mais você tentar, melhor entenderá o processo.

Concluindo, não desanime se algumas das informações deste livro parecerem além de sua capacidade de compreensão. Presumimos que você é iniciante em robótica e programação e nos preocupamos em fornecer um *conhecimento prático* sobre as peças e os códigos utilizados em cada projeto, em vez de sobrecarregá-lo com teoria de eletrônica e instruções complicadas. Antes de iniciar, é melhor assumir a postura positiva de que "você consegue fazer isso" – essa será sua melhor ferramenta.

Para entender melhor o que está ocorrendo dentro de um Arduino, devemos primeiro falar sobre eletricidade e discutir outros conceitos básicos em geral (isto é, componentes eletrônicos e circuitos). Embora os níveis de tensão elétrica encontrados no Arduino (+5 VCC) sejam relativamente inofensivos, se você não souber como a eletricidade funciona, não saberá em qual ponto ela se torna perigosa. Como você verá, os projetos abordados neste livro não utilizam níveis de tensão altos o suficiente para gerar corrente através do corpo, mas ainda assim devemos manusear a eletricidade com cuidado.

ELETRICIDADE

Eletricidade não é nada mais que calor aproveitado. Esse calor pode ser usado para fazer uma variedade de coisas diferentes, como acender uma lâmpada, girar um motor ou simplesmente aquecer uma sala. Quando a eletricidade flui facilmente através de um objeto, ele é chamado de "condutor" (como os fios de cobre). Todo condutor tem uma resistência interna à eletricidade que o impede de transferir 100% da potência. Mesmo o fio de cobre tem uma resistência que reduz o fluxo de eletricidade, gerando calor. Os condutores também têm uma quantidade máxima de potência que eles podem transferir antes de se "sobreaquecerem" (se o condutor for um fio de cobre, isso significa derreter). Com relação à energia elétrica, a potência total também pode ser chamada de calor total.

É por isso que é provável que você veja uma lâmpada ou um micro-ondas com classificação de calor em watts. O watt não é apenas uma medida de calor, mas de potência elétrica.

Alguns dispositivos elétricos (como o Arduino) consomem pouca eletricidade e, portanto, produzem pouco calor. Por isso, nenhuma atenção é dada a essa dissipação de calor. Outros dispositivos são feitos especificamente para transferir grande quantidade de eletricidade (como um controlador de motor) e devem usar dissipadores de calor feitos de metal ou ventoinhas para ajudar a remover o calor do dispositivo. Em ambos os casos, é útil saber determinar a quantidade de calor que um dispositivo elétrico produz para saber como manuseá-la adequadamente.

Analogia elétrica

Geralmente, a eletricidade não pode ser vista (exceto, talvez, em uma tempestade de raios), por isso é difícil entender o que ocorre dentro de um fio quando você liga uma lâmpada ou um eletrodoméstico. Para facilitar a ilustração, considere um sistema elétrico como um tanque de água com um tubo de saída na parte inferior (ver Figura 1.2).

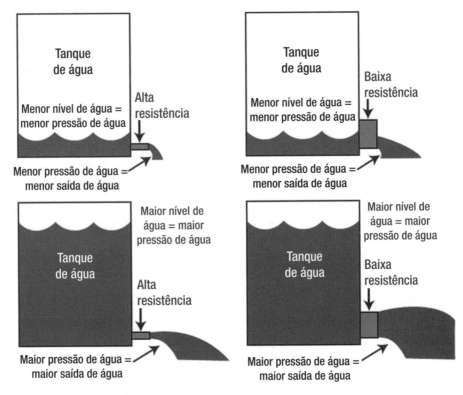

Figura 1.2 Uma analogia para um sistema elétrico.

As quatro imagens mostram como a resistência e a pressão afetam a vazão de água do tanque. Uma resistência maior produz menor vazão de água, ao passo que uma pressão maior produz maior vazão de água. Você pode ver também que, conforme a resistência diminui, um volume bem maior de água sai do tanque, mesmo com uma pressão menor.

Quanto mais água o tanque contiver, mais rapidamente (pressão mais elevada) ela será empurrada pelo tubo de saída. Se não houvesse nenhum tubo de saída, o tanque de água seria simplesmente um reservatório. O fato de haver um tubo de saída no fundo do tanque permite que a água saia, mas apenas a uma taxa determinada pelo diâmetro do tubo. Como o diâmetro do tubo de saída determina a resistência para a água que sai do reservatório, aumentar ou diminuir o diâmetro do tubo de saída aumenta ou diminui inversamente a resistência para a água que sai do tanque (isto é, diâmetro menor = maior resistência = menor vazão de água do tanque).

Tanto o nível (ou pressão) de água quanto a resistência (ou o diâmetro do tubo de saída) podem ser medidos, e utilizando essas medidas você pode calcular a quantidade de água que sai do tanque em um momento específico. A diferença entre a analogia do fluxo de água e o fluxo de eletricidade é que este precisa antes completar seu percurso de volta à fonte para poder ser usado.

Conceitos básicos de eletricidade

Observe que uma pressão de água mais elevada produz uma saída de água mais elevada (desde que a resistência seja a mesma). O mesmo é verdade em relação ao equivalente elétrico da pressão, chamado de "tensão" (V), que representa o potencial de energia que pode ser encontrado em um sistema elétrico. Uma tensão mais alta no sistema terá mais energia para acionar os componentes do sistema. A quantidade de "resistência" (R) encontrada em um sistema impede (reduz) o fluxo de eletricidade, do mesmo modo que a resistência gerada pelo tubo de saída reduz o fluxo de saída de água do tanque. Isso significa que, à medida que a resistência aumenta, a tensão (pressão) também tem de aumentar para manter o mesmo fluxo elétrico na saída. A quantidade de carga elétrica (em coulombs) que passa através de um sistema elétrico a cada segundo é chamada de "corrente" (I) ou "amperagem" e pode ser calculada por meio da tensão, da resistência usando a lei de Ohm. O "watt" (P) é uma medida de energia elétrica que é calculada multiplicando-se a tensão pela corrente. Neste capítulo, falaremos mais profundamente sobre tensão, resistência e corrente. Primeiro, vejamos a relação entre elas: a lei de Ohm.

Segundo a Wikipédia (fonte: http://en.wikipedia.org/wiki/Ohm's_law), a lei de Ohm determina que a corrente entre dois pontos de um condutor é diretamente proporcional à diferença de potencial (ou tensão) e inversamente proporcional à resistência entre eles.

Existe uma relação simples entre tensão, resistência e corrente que pode ser calculada matematicamente. Conhecendo qualquer uma das duas das variáveis e a lei de Ohm, você pode calcular a terceira. O watt é uma medida de potência elétrica que está relacionada com a lei de Ohm porque também pode ser calculada com as mesmas variáveis. Veja as fórmulas na Figura 1.3, em que V = potencial, R = resistência, I = corrente e P = watts.

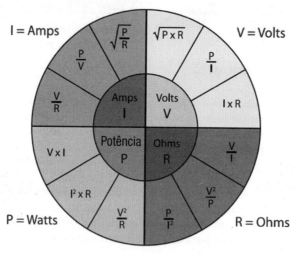

Figura 1.3 Lei de Ohm para calcular potência.

Capítulo 1 ■ Princípios básicos

Nota ♦ O gráfico utilizado na Figura 1.3 é cortesia de www.electronics-tutorials.ws. Se você estiver interessado em saber mais sobre eletrônica, certamente deve visitar esse site, que tem alguns exemplos e descrições úteis.

As diferentes visões da lei de Ohm incluem o seguinte:

$V = I * R$

$I = V/R$

$R = V/I$

Utilize as seguintes fórmulas para calcular a potência total:

$P = V * I$

$P = I^2 * R$

Você pode encontrar vários outros termos ao trabalhar em um sistema elétrico; falaremos sobre alguns neste livro. Como você deve saber, um sistema elétrico geralmente tem um fio conectado à fonte de energia e um fio comum para completar o circuito. Dependendo do material que você estiver lendo, esses dois elementos podem receber uma denominação diferente. Para ajudar a evitar a confusão que experimentei quando estava aprendendo, a Tabela 1.1 apresenta uma comparação rápida dos vários nomes para os polos positivo e negativo de um sistema elétrico.

Tabela 1.1 Nomes comuns que se referem aos polos positivo e negativo de um sistema elétrico

Tensão de polarização	Terminal polarizado	Fluxo de corrente elétrica	Rótulo esquemático	Nome comum
Positiva	Ânodo	Fonte	VCC	Potência
Negativa	Cátodo	Dreno	VSS	Terra (GND)

Falamos sobre a lei de Ohm e as medições comuns que são utilizadas para descrever as várias propriedades de fluxo de corrente elétrica. A Tabela 1.2 oferece uma lista de unidades elétricas padrão e os respectivos símbolos. Como eles serão usados nos capítulos posteriores deste livro, é bom familiarizar-se com eles.

Tabela 1.2 Termos comuns de medição de eletricidade e respectivos símbolos

Medida	Unidade	Símbolo
Tensão (energia)	Volt	V ou E
Corrente (corrente)	Ampère	I ou A

(continua)

Tabela 1.2 Termos comuns de medição de eletricidade e respectivos símbolos (*continuação*)

Medida	Unidade	Símbolo
Resistência	Ohm	R ou Ω
Potência (calor elétrico)	Watt	P ou W
Capacitância	Farad	F
Frequência	Hertz	Hz

Agora falaremos mais sobre as diferentes partes de um sistema elétrico.

Circuitos

O ponto de partida da eletricidade em um sistema elétrico é chamado de "fonte" e, geralmente, refere-se ao terminal positivo da bateria ou à fonte de alimentação. A eletricidade flui através do sistema, da fonte para o dreno, que normalmente é o terminal negativo da bateria ou o fio terra (GND, de *ground*). Para a eletricidade fluir, o circuito deve ser "fechado", o que significa que a corrente elétrica deve voltar ao seu ponto de partida.

O termo "terra" provém da prática de conectar o caminho de retorno de um circuito CA diretamente ao solo usando uma haste de cobre. Você pode notar que a maioria dos medidores elétricos também tem uma haste de aterramento próxima que é presa a um fio que se estende até a caixa de fusíveis. Esse fio terra oferece um caminho para a corrente de retorno sair do sistema. Mesmo que o equivalente CC de GND seja o terminal negativo da bateria, vamos chamá-lo de GND.

Nota ♦ O verdadeiro fluxo de elétrons da corrente elétrica viaja do negativo para o positivo. Porém, a menos que você seja físico, isso não é relevante aqui. Para fins de aprendizagem, adotamos a teoria do fluxo de elétrons convencional, que propõe que a corrente elétrica flui do positivo (+) → negativo (−) em um sistema.

Um sistema elétrico é chamado de "circuito" e pode ser tão simples quanto um cordão de luzes de Natal ligado a uma tomada elétrica ou tão complicado quanto a placa-mãe do seu PC. Agora, pense que em um circuito a eletricidade só flui se algo estiver lá para completar o circuito chamado de "carga" (ver Figura 1.6). Em geral, em um circuito a carga é o dispositivo ao qual você pretende fornecer eletricidade. Pode ser uma lâmpada, um motor elétrico, a serpentina do aquecedor, um alto-falante, a CPU do computador ou qualquer outro dispositivo para o qual o circuito fornecerá energia.

Existem três tipos gerais de circuito: circuito aberto, circuito fechado e curto-circuito. Basicamente, circuito aberto é aquele que está desligado, circuito fechado é aquele que está ligado e curto-circuito é aquele que precisa de reparos (exceto se você tiver usado um fusível). Isso porque um curto-circuito implica que a energia elétrica encontrou um caminho alternativo que não passa pela carga e, portanto, liga o terminal positivo da bateria ao terminal negativo. Isso é invariavelmente ruim e em geral produz faíscas e uma nuvem de fumaça e, ocasionalmente, estalos.

Na Figura 1.4, a lâmpada é a carga do circuito em questão e a chave à esquerda determina se o circuito é aberto ou fechado. A imagem à esquerda mostra um circuito aberto, sem fluxo de eletricidade através da carga, enquanto a imagem à direita mostra um circuito fechado, com fornecimento de energia para a carga.

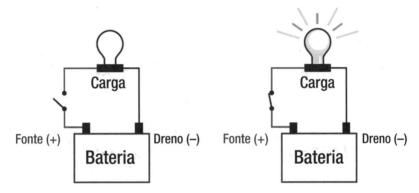

Figura 1.4 Circuitos aberto e fechado.

Medidas elétricas

Sem uma forma de medir os sinais elétricos, estaríamos voando às cegas. Felizmente, existe um dispositivo chamado "multímetro", que é barato e pode facilmente medir tensão, resistência e pequenos níveis de corrente.

Multímetros

Existem diferentes tipos de multímetro com diversas características, mas tudo o que precisamos é de um medidor básico que possa medir os níveis de tensão até cerca de 50 VCC.

Um multímetro convencional pode medir o nível de tensão de um sinal e a resistência de um componente ou do dispositivo que chamamos de carga. Como você pode calcular a corrente com base na tensão e na resistência, isso é tudo de que você precisa para testar um circuito básico. Embora o multímetro digital da Figura 1.5 (à esquerda) custe cerca de 50 dólares, normalmente é possível encontrar um multímetro analógico simples (à direita), que mede tensão e resistência, por menos de 10 dólares. Ambos farão testes básicos e, embora o digital seja mais atraente, na verdade gosto de manter um medidor analógico barato por perto para medir resistência, porque você pode ver a intensidade do sinal com base na rapidez com que a agulha se move para o valor da medida.

Um multímetro padrão tem duas pontas de prova isoladas conectadas à base, que por sua vez são conectadas ao dispositivo que se quer testar. Se você quiser medir a tensão de uma bateria ou circuito, deve colocar a ponta de prova vermelha (conectada aos terminais do multímetro "V, Ω, A") no polo positivo da bateria e a ponta de prova preta (conectada ao terminal COM do multímetro) no polo negativo da bateria ou GND.

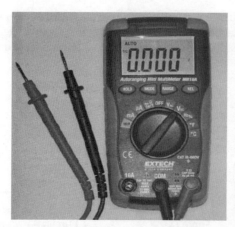 

Figura 1.5 O multímetro digital Extech MN16a (à esquerda) mede tensões CA e CC, resistência, continuidade, teste de diodo, capacitância, frequência, temperatura e corrente até 10 A. Um multímetro analógico barato comprado em uma loja de eletrônicos do meu bairro (à direita) mede tensão CC e CA, resistência (1 kohm) e corrente até 150 mA (0,15 A). Qualquer um deles consegue diagnosticar um Arduino e também vários outros circuitos, mas não há dúvida de que você precisará de um.

Medição de tensão

A tensão é medida tanto como corrente alternada (CA), que é o tipo encontrado em tomadas elétricas domésticas, quanto como corrente contínua (CC), que é encontrado em baterias. O multímetro deve ser configurado de acordo com o tipo correto de leitura de tensão. Alguns multímetros também têm uma faixa de tensão que é necessário definir antes de fazer a medida. O multímetro analógico da Figura 1.5 (à direita) está definido para 10 VCC, o que efetivamente define a faixa do ponteiro de 0 a 10 VCC.

A tentativa de ler uma tensão muito superior à faixa selecionada pode queimar um fusível. Por isso, você deve sempre usar uma faixa de tensão superior à tensão que será testada. Se não souber o nível de tensão que está testando, selecione a faixa mais alta (300 VCC nesse multímetro) para ter uma ideia. O multímetro digital da Figura 1.5 (à esquerda) tem configurações de tensão CC e CA, mas a faixa é automaticamente detectada e a medida exata de tensão aparece na tela. Procure apenas não exceder os valores nominais máximos de tensão indicados no manual do proprietário.

O nível de tensão de um sinal elétrico também determina se ele é ou não capaz de usar o seu corpo como um condutor. O nível de tensão exata que passa através do corpo humano provavelmente é diferente, dependendo do tamanho da pessoa (dos níveis de umidade, da espessura da pele etc.), mas é possível verificar que, ao tocar acidentalmente em uma tomada de parede com 120 VCA (fio fase) em pé no solo, é produzida uma grande convulsão muscular, mesmo que você esteja usando sapatos com solado de borracha.

Cuidado ♦ Níveis de tensão acima de 40 V podem ser prejudiciais para os seres humanos ou animais de estimação. Lembre-se sempre de desligar a fonte de energia ao trabalhar em seus circuitos e de usar ferramentas isoladas (com cabos de borracha) para testar circuitos. Você não vai querer acabar em uma cama de hospital!

Capítulo 1 ▪ Princípios básicos

Medição de corrente

A maioria dos multímetros tem um recurso para medir pequenos valores de corrente elétrica (250 mA ou menos), seja CA ou CC. O multímetro digital da Figura 1.5 (à esquerda) pode medir até 10 A de corrente por alguns segundos, enquanto o multímetro mais simples pode medir apenas 150 mA de corrente. Para medir grandes quantidades de corrente (mais de 10 A), você precisa de um sensor de corrente, amperímetro ou grampeamento de voltagem, dependendo da aplicação.

A unidade de medida depende da tensão de funcionamento e da resistência do circuito. À medida que a tensão de operação diminui (descarga das baterias) ou a resistência varia, a corrente elétrica também varia. Em um grande robô em constante movimento, a corrente elétrica muda toda vez que o robô esbarra em uma rocha ou vai por uma superfície levemente inclinada. Isso ocorre porque os motores CC consomem maior corrente quando a dificuldade de locomoção é maior. Uma lanterna de LED consome uma quantidade constante de corrente (cerca de 20 mA a 100 mA por LED) até que as baterias descarreguem.

Você deve ter notado que as baterias são especificadas em ampère-hora (Ah) para refletir a quantidade de corrente elétrica que elas podem fornecer e por quanto tempo. Vagamente, isso significa que uma bateria de 6 V e 12 Ah pode suprir energia para uma lâmpada de 6 V com 1 A de corrente por 12 horas ou essa mesma lâmpada de 6 V com 12 A durante 1 hora. Você pode notar também que as baterias menores (como AA comum) são especificadas em miliampères por hora (mAh). Assim, uma bateria de 2.200 mAh tem uma classificação igual a 2,2 Ah.

Medição de capacitância

Capacitância é a medida de carga elétrica em Farads que pode ser armazenada em um dispositivo. Porém, como 1 Farad é uma quantidade enorme de capacitância, você notará que a maioria dos projetos usa capacitores com valores expressos em microfarads (μF). Um *capacitor* é um dispositivo elétrico que pode reter (armazenar) carga elétrica e fornecê-la a outros componentes do circuito, conforme a necessidade. Embora isso possa lembrar uma bateria, um capacitor pode ser completamente drenado e recarregado várias vezes a cada segundo – a quantidade de capacitância determina a rapidez com que o capacitor pode ser drenado e recarregado.

Alguns multímetros podem medir a quantidade de capacitância entre dois pontos de um circuito (ou o valor de um capacitor), como o Extech MN16a na Figura 1.5. A maioria dos multímetros não mede capacitância, porque geralmente ela não tem grande importância na maioria dos circuitos. Poder testar a capacitância talvez seja útil ao tentar alcançar valores específicos ou testar um capacitor, mas normalmente você não precisará desse recurso em seu multímetro.

Cuidado ◆ Capacitores maiores podem manter uma carga significativa por longos períodos, e tocar os terminais de um capacitor carregado pode causar choque elétrico. Os capacitores encontrados em monitores TRC (tubo de raios catódicos) de computador ou de televisores, os capacitores de motor de arranque e até mesmo os pequenos capacitores encontrados em câmeras descartáveis podem produzir um choque capaz de deixar o braço formigando durante vários minutos e até queimar a pele. É ideal dar um "curto" nos terminais do capacitor com uma chave de fenda isolada antes de tentar manuseá-lo, a fim de descarregar a carga armazenada.

Medição de resistência

A resistência é medida em ohm e nos indica a eficiência com que um condutor transporta eletricidade. O fluxo de corrente e a resistência são inversamente proporcionais. Quando a resistência aumenta, o fluxo de corrente diminui. Assim, um condutor com menor resistência transporta mais eletricidade do que um com resistência maior. Todo condutor tem *alguma* resistência – alguns materiais têm uma resistência tão alta ao fluxo de corrente que são chamados de "isolantes", o que significa que não podem conduzir eletricidade. Quando a eletricidade encontra resistência ao passar por um condutor, transforma-se em calor; por esse motivo, utilizam-se condutores com a menor resistência possível para evitar a geração de calor.

Resistor é um dispositivo elétrico que tem um valor conhecido de resistência medido em ohm e é utilizado para limitar a quantidade de corrente que pode fluir através dele (ver Figura 1.6).

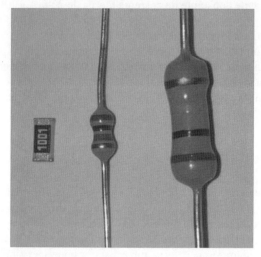

Figura 1.6 Três resistores: resistor de 1/4 W para montagem em superfície (à esquerda), resistor para furo passante de 1/8 W (no centro) e resistor para furo passante de 1/4 W (à direita).

Observe que o resistor de 1/4 W para montagem em superfície (à esquerda) é muito menor que os resistores equivalentes para furo passante, mesmo com a dissipação de potência igual. Normalmente uso resistores para furo passante de 1/8 W porque, embora pequenos, é fácil trabalhar com eles.

É possível utilizar um resistor em série como um componente para limitar a quantidade de corrente elétrica fornecida ao dispositivo e desse modo assegurar que ele se mantenha em um intervalo de funcionamento seguro.

O número sobre o resistor *chip* indica o seu valor em ohm, enquanto as listras codificadas por cor nos resistores para furo passante designam o seu valor. Se você quiser verificar manualmente a resistência de um componente, use o multímetro ajustado para ohm (Ω) – a polaridade não importa, a não ser que você esteja medindo a resistência de um diodo ou transistor.

Uso uma elegante página *web* que permite inserir as cores de cada anel de um resistor para obter o valor da resistência em ohm (ver Figura 1.7). Isso é útil para consultas rápidas quando estamos montando um protótipo ou para identificar o valor de um resistor desconhecido. Visite www.dannyg.com/examples/res2/resistor.htm.

Capítulo 1 ▪ Princípios básicos

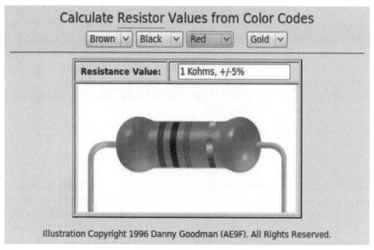

Usando este QRcode você será direcionado ao site do Danny Goodman

Imagem usada com permissão de Danny Goodman.

Figura 1.7 A imagem acima mostra a aplicação *web* projetada por Danny Goodman. Tenho essa página marcada em meus favoritos por usá-la muitas vezes para verificar códigos de cor de um resistor desconhecido.

Cálculo da potência de um resistor com a lei de Ohm

Lembre-se de que a qualquer momento uma resistência presente no circuito gerará calor. Por isso, é sempre uma boa ideia calcular a quantidade de calor que será emitida por um resistor (dependendo da carga) para selecionar um resistor com potência adequada. Os resistores são especificados não apenas em ohm, mas também pela potência que podem dissipar (ou eliminar) sem se danificar. As classificações de potência mais comuns são 1/8 W, 1/4 W, 1/2 W etc., e os maiores valores em watts normalmente se referem a resistores maiores, exceto se usarmos componentes para montagem em superfície (ver Figura 1.7).

Para calcular a potência dissipada por um resistor, você precisa saber a tensão do circuito e o valor da resistência em ohm. Em primeiro lugar, precisamos utilizar a lei de Ohm para determinar a corrente que passará pelo resistor. Em seguida, podemos usar a resistência e corrente elétrica para calcular o total de calor que pode ser dissipado pelo resistor em watts.

Por exemplo, se tivermos uma resistência de 1.000 ohm (1 kohm) e uma fonte de alimentação de 12 V, que intensidade de corrente poderá passar através da resistência? E qual deve ser a classificação mínima de potência do resistor?

Primeiro, calculamos a corrente através do resistor por meio da lei de Ohm:

V = I * R

I = V/R

I = 12 V/1.000 ohm

I = 0,012 A ou 12 mA

Agora usamos a corrente para calcular a potência total (calor): P = I² * R

P = (0,012 A * 0,012 A) * 1.000 ohm   P = 0,144 W

A potência total calculada é de 0,144 W, o que significa que devemos usar um resistor com potência superior a 0,144 W. Como os valores dos resistores comuns geralmente são 1/8 W (0,125 W), 1/4 W (0,25 W), ½ W (0,5 W) etc., podemos usar um resistor com potência de pelo menos 1/4 W (um tamanho mediano) e ainda dissipar com segurança 0,144 W de potência. O uso de um resistor de ½ W não prejudicará nada se você puder ajustar seu tamanho maior no circuito – ele simplesmente transferirá o calor com maior facilidade do que um resistor de 1/4 W com o mesmo valor de resistência.

Agora você provavelmente conseguirá descobrir se suas resistências têm potência adequada. Vamos falar sobre os diferentes tipos de componente de carga.

Osciloscópio

Embora o multímetro seja ótimo para medir tensão, resistência e corrente, às vezes é importante poder ver exatamente o que está ocorrendo em um sinal elétrico. Existe outro dispositivo que é projetado para analisar sinais elétricos, chamado "osciloscópio". O osciloscópio pode detectar padrões ou oscilações repetidas em um sinal elétrico e exibir a forma de onda do sinal em sua tela. Efetivamente, é um microscópio para sinais elétricos. Até recentemente, esses aparelhos eram caros (entre 500 e 5.000 dólares) – alguns osciloscópios de qualidade para hobbistas entraram no mercado por menos de 100 dólares.

O osciloscópio digital DSO Nano (ver Figura 1.8) com código-fonte aberto foi desenvolvido pela SeeedStudio e é também vendido (nos Estados Unidos) pela Sparkfun.com (peça TOL-10244). Tive um osciloscópio desse durante aproximadamente um ano e o usava com frequência porque era fácil trabalhar com ele, pois tinha o tamanho/peso de um celular, e tudo por 89 dólares. Ele tem bateria de lítio recarregável por meio de um cabo mini USB. Tem também um *slot* para cartão de memória para armazenar leituras que podem ser vistas posteriormente em um PC.

Apesar de o osciloscópio ser uma ferramenta valiosa para o diagnóstico de sinais eletrônicos, não é necessário ter um para os projetos deste livro. Você pode se virar com as leituras feitas por um multímetro simples. Há também outras opções de osciloscópio, como um kit DIY da Sparkfun.com por cerca de 60 dólares (peça KIT-09484).

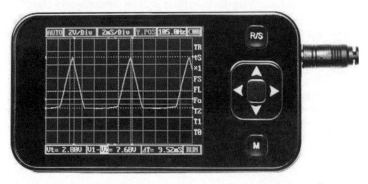

Figura 1.8 O DSO Nano da SeeedStudio (vendido pelo Sparkfun.com) é uma excelente opção para um osciloscópio digital de bolso barato (89 dólares) e cheio de recursos.

Cargas

Em um circuito, a "carga" refere-se a um dispositivo que usa a eletricidade. Existem vários exemplos de "carga", como um motor de corrente contínua, um LED ou uma resistência de aquecimento, e cada uma

Capítulo 1 ▪ Princípios básicos

dessas cargas cria uma reação diferente no circuito. Por exemplo, uma resistência (em um secador de cabelos ou aquecedor) é simplesmente um fio resistivo enrolado, feito de um metal que se torna vermelho brilhante quando está quente, mas que não se funde, ao passo que o motor elétrico usa eletricidade para energizar um campo eletromagnético em torno de uma bobina, fazendo o eixo do motor mover-se fisicamente. Vamos nos concentrar em dois tipos de carga: indutivas e resistivas.

Cargas indutivas

Se você aplicar energia a um dispositivo e ele criar energia de movimento, é provável que essa carga seja indutiva – o que inclui motores, relés e solenoides. As cargas indutivas criam um campo eletromagnético quando energizadas e, depois que a energia é desligada, geralmente levam algum tempo para perdê-la. Quando a energia é desligada por uma chave, o campo magnético extingue-se e a corrente remanescente retorna aos terminais de alimentação. Esse fenômeno, chamado de força contraeletromotriz, pode danificar os componentes de comutação em um circuito se eles não estiverem protegidos por diodos de retificação.

Cargas resistivas

A carga resistiva utiliza corrente elétrica para produzir luz ou qualquer outra forma de calor, em vez de um movimento mecânico. Nessa categoria incluem-se LEDs, elementos de aquecimento, filamentos de lâmpada, máquinas de solda, ferros de solda e muitos outros. As cargas resistivas usam uma quantidade constante de eletricidade porque a carga não é afetada por influências externas.

Conexões elétricas

Ao construir um circuito elétrico, você deve determinar a tensão de operação desejada antes de selecionar os componentes com os quais vai construí-lo. Apesar de baixos níveis de tensão CA exigirem um transformador, níveis específicos de tensão contínua podem ser conseguidos por métodos diferentes de conexão de baterias. Existem dois diferentes tipos de conexão elétrica: em série e em paralelo.

Conexões em série

Montar um circuito em "série" significa colocar os dispositivos em linha ou um após o outro. Muitas vezes usamos uma ligação em série com baterias para conseguir uma tensão maior. Para mostrar um exemplo desse circuito, usamos duas baterias de 6 V e 10 Ah com o terminal positivo (+) da primeira ligado ao terminal negativo (–) da segunda. Os únicos terminais livres são o terminal negativo (–) da primeira e o terminal positivo (+) da segunda, o que produzirá uma diferença de 12 V.

Quando duas baterias são dispostas em um circuito em série (ver Figura 1.9), a tensão é duplicada, mas a capacidade de ampère-hora permanece a mesma. Assim, as duas baterias de 6 V e 10 Ah trabalham em conjunto para produzir uma única bateria de 12 V e 10 Ah. Essa técnica pode ser útil para alcançar níveis específicos de tensão.

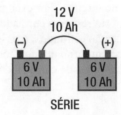

Figura 1.9 Duas baterias idênticas dispostas em um circuito em série produzem o dobro da tensão, mas a mesma capacidade de ampère-hora.

Conexões em paralelo

Montar um circuito em "paralelo" significa colocar todos os terminais comuns juntos. Isso quer dizer que todos os terminais positivos estão ligados entre si e todos os terminais negativos estão ligados entre si. Se colocarmos as duas baterias de 6 V e 10 Ah do exemplo anterior em um circuito paralelo (ver Figura 1.10), a tensão permanecerá a mesma, mas a capacidade de ampère-hora dobrará, resultando em uma única bateria de 6 V e 20 Ah.

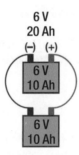

Figura 1.10 Duas baterias dispostas em um circuito paralelo produzem a mesma tensão, mas com o dobro da capacidade de ampère-hora.

Conexão em série e em paralelo

Também é perfeitamente aceitável organizar várias baterias em série e em paralelo ao mesmo tempo para atingir uma tensão e uma razão ampère-hora (ver Figura 1.11). Observe que existem dois conjuntos de baterias de 6 V a 10 Ah dispostas em série para produzir 12 V – e esses conjuntos estão dispostos em paralelo para produzir a mesma tensão, mas com capacidade para 20 Ah.

Para montar conjuntos de baterias, é importante usar baterias com a mesma tensão e capacidade de ampère-hora. Isso significa que você não deve associar uma bateria de 12 V com uma bateria de 6 V para conseguir 18 V.

Em vez disso, use três baterias de 6 V com a mesma capacidade para obter 18 V e evitar carga/descarga desiguais.

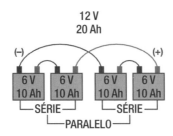

Figura 1.11 Ao montar dois conjuntos de baterias em série e colocá-las em paralelo, você pode criar uma bateria de 12 V com 20 Ah de capacidade usando quatro baterias de 6 V e 10 Ah.

ELETRÔNICA

O campo da eletrônica está relacionado com o controle de fluxo de corrente elétrica através de um circuito por meio, especificamente, de uma chave eletrônica. Antes da invenção da chave eletrônica, os circuitos elétricos eram ligados e desligados por meio de chaves mecânicas, e isso requer um movimento mecânico (isto é, que a chave seja movida manualmente para cima ou para baixo). Apesar de as chaves mecânicas serem perfeitamente aceitáveis e até mesmo preferidas para algumas aplicações, elas são limitadas com relação à rapidez com que podem ser ligadas, em virtude do movimento físico necessário durante o processo de comutação. Mesmo a chave eletromecânica (chamada de relé) não se qualifica como um dispositivo eletrônico, visto que ela usa eletricidade para gerar um movimento mecânico, e com ele realizar a mutação.

A chave eletrônica abstém-se da ação mecânica de comutação por usar uma reação elétrica dentro do dispositivo; portanto, não há componentes móveis. Sem movimento físico, esses dispositivos podem ser comutados muito rapidamente e com uma confiabilidade bem maior. A matéria-prima desses comutadores conduz a eletricidade apenas em determinadas circunstâncias – geralmente deve haver um nível de tensão ou corrente específicos na entrada e na saída do dispositivo para poder abri-lo ou fechá-lo. Quando o dispositivo é ligado, ele conduz eletricidade com um valor especificado de resistência. Quando o dispositivo está desligado, não conduz eletricidade e atua como um isolante. Esse tipo de componente eletrônico é chamado de "semicondutor" porque pode transformar-se em um condutor ou isolante, dependendo das condições elétricas.

Semicondutores

O que determina um circuito "eletrônico" é o uso de semicondutores no lugar de chaves mecânicas, porque eles permitem que os sinais elétricos sejam ligados a velocidades extremamente altas, o que não seria possível com circuitos mecânicos. Existem muitos semicondutores diferentes, e falaremos sobre alguns tipos importantes usados na maioria dos circuitos.

- Diodo: como uma válvula unidirecional para corrente elétrica, esse dispositivo permite que a corrente elétrica passe através dele em apenas uma direção – é extremamente útil por si só, mas também como base para a eletrônica do estado sólido.
- Diodo emissor de luz (*light emitting diode* – LED): esse tipo de diodo emite uma pequena quantidade de luz quando a corrente elétrica passa através dele.
- Resistência dependente da luz (*light dependent resistor* – LDR): esse tipo de semicondutor tem uma resistência que se altera, dependendo da quantidade de luz presente.

- Transistor bipolar de junção (*bipolar junction transistor* – TBJ): trata-se de uma chave eletrônica controlada pela corrente utilizada por suas propriedades de comutação rápida.
- Transistor de efeito de campo de óxido metálico semicondutor (*metal oxide semiconductor field effect transistor* – Mosfet): chave eletrônica controlada por tensão utilizada por suas propriedades de comutação rápida, baixa resistência e capacidade para ser operada em um circuito paralelo. É a base para a maioria dos circuitos amplificadores de potência.

Todos esses dispositivos têm várias camadas de silício positivamente e negativamente carregado, ligado a um *chip* com terminais metálicos condutores expostos para serem soldados no circuito. Como alguns transistores e Mosfets têm diodos embutidos para protegê-los de tensões reversas e força contraeletromotriz, é sempre bom analisar o *datasheet* do componente que você está usando.

Datasheet

Todo dispositivo deve ter seu *datasheet*, que pode ser obtido com o fabricante, geralmente fazendo download no respectivo site. O *datasheet* tem todas as informações elétricas importantes sobre o dispositivo. Os limites superiores, normalmente chamados de "valores máximos absolutos", mostram em que ponto o dispositivo sofrerá danos (ver Figura 1.12). Os limites inferiores (se for o caso) indicam em que nível o dispositivo não responderá às entradas – geralmente, isso não significa que haverá danos no dispositivo, mas simplesmente que ele não funcionará.

Figura 1.12 Aqui você pode ver um exemplo de *datasheet* da Fairchild Semiconductor para o transistor 2N2222 NPN. Primeiro são mostrados os encapsulamentos disponíveis e as configurações de pinagem e, em seguida, uma breve lista dos valores máximos absolutos.

Há também uma seção chamada "Características elétricas" para informar em que nível o dispositivo funciona corretamente, em geral mostrando o nível de tensão ou corrente exata que liga ou desliga o dispositivo. Esses valores são úteis para determinar que outros valores de componente (isto é, resistores e capacitores) devem ser selecionados ou se o dispositivo funcionará como pretendido.

O *datasheet* ("folha de dados") costuma fornecer muito mais informações do que você precisa, finalizando com gráficos e dimensões de encapsulamento. Alguns fornecem também recomendações de *layout* de circuitos e sugerem soluções para interfacear o componente com um microcontrolador. Para componentes populares ou comumente usados, você também pode consultar o site do fabricante a fim de obter outros documentos que mostram como eles são usados – estes são chamados de *application notes* ("notas de aplicação"), e podem ser bastante informativos.

Circuitos integrados

Alguns semicondutores têm vários componentes alojados em um mesmo *chip*, caso em que são chamados de circuitos integrados (CIs). Um circuito integrado pode conter milhares de transistores, diodos, resistores e portas lógicas em um minúsculo *chip* (ver Figura 1.13). Esses componentes são oferecidos em encapsulamentos maiores com terminais longos, e versões mais recentes estão sendo feitas em *chips* superpequenos "para montagem em superfície".

Figura 1.13 Aqui você pode ver um CI Dual Inline Package (DIP) de 8 terminais (à esquerda), e um CI DIP de 16 terminais (à direita). O Arduino Atmega168/328 é um CI DIP de 28 terminais (14 terminais de cada lado).

Encapsulamentos

Usamos semicondutores de diferentes tipos em vários encapsulamentos. O encapsulamento do componente refere-se à forma física, dimensão e configuração dos terminais em que se apresenta. Diferentes encapsulamentos permitem diferentes níveis de dissipação de calor, dependendo do semicondutor. Se você estiver procurando alta potência, os encapsulamentos maiores geralmente dissipam melhor o calor. Para circuitos de baixa potência, normalmente é desejável ter o encapsulamento mais compacto possível. Por isso, tamanhos menores talvez sejam interessantes. Os que mais costumamos usar são o TO-92 e o TO-220 (ver Figura 1.14), que abrigam desde sensores de temperatura até transistores e diodos.

O TO-92 é o menor encapsulamento usado para chaves transistorizadas de baixa potência e sensores. O encapsulamento TO-220 é comumente usado para aplicações de alta potência e é a base para a maioria dos transistores Mosfet de potência, capazes de lidar com cerca de 75 A antes de o metal dos terminais dos componentes danificar-se. O encapsulamento TO-220 tem também uma aba de metal embutida para ajudar a dissipar ainda mais calor do componente e permitir a fixação a um dissipador de calor, se necessário.

Figura 1.14 O encapsulamento menor (à esquerda), CI TO-92, é usado para reguladores de tensão de baixa potência, transistores de sinal e CIs de sensores. O maior, TO-220 (à direita), é usado para reguladores de tensão mais elevada, chaves de potência Mosfet e diodos de alta potência.

Componentes para furo passante

Ao longo deste livro, procuraremos a forma mais fácil de construir e modificar nossos projetos. Normalmente, isso implica usarmos peças que possam ser substituídas com facilidade, se necessário, e também usarmos peças grandes o suficiente para um iniciante sentir-se tranquilo para soldá-las.

No que diz respeito aos componentes semicondutores, o termo "furo passante" refere-se a qualquer componente cujos terminais transpassam os furos de uma placa de circuito impresso e soldados a uma "ilha" de cobre na parte inferior da placa. Esses componentes geralmente são grandes o suficiente para serem soldados com facilidade a uma placa de circuito impresso (PCI), mesmo para um iniciante. Muitos componentes usam terminais bem maiores que o necessário. Por isso, recomenda-se soldar o componente no devido lugar e no final cortar o excesso na parte inferior de cada um deles para evitar curtos-circuitos no lado de baixo da placa.

Soquetes para CI

"Soquete para CI" é uma base de plástico com contatos metálicos que se destinam a ser soldados à PCI (ver Figura 1.15). O CI é inserido no soquete ao final da soldagem, atenuando o risco de sobreaquecimento do CI durante o processo de soldagem. Isso também é útil para o caso de algo dar errado e provocar um dano no CI. Ele pode ser facilmente substituído sem necessidade de soldagem adicional. Por esse motivo, usamos soquetes para CIs o tempo todo.

Figura 1.15 Um soquete de CI que deve ser soldado a uma PCI para receber um CI quando o circuito for construído. Como esses soquetes custam menos de 1 dólar cada, podem ser amplamente usados.

Capítulo 1 ■ Princípios básicos

Componentes de montagem em superfície

Em vista dos saltos tecnológicos dos fabricantes nos últimos anos, o menor tornou-se o melhor. Isso levou à redução do tamanho dos componentes e CIs, de modo que é possível criar dispositivos menores que fazem a mesma coisa que seus homólogos maiores.

Embora esses dispositivos sejam internamente os mesmos, seus terminais são muito menores, e pode ser um pouco frustrante para um novato tentar soldá-los a uma PCI (ver Figura 1.6, à esquerda, que mostra um resistor de montagem em superfície). A principal diferença entre esses componentes de montagem em superfície e os componentes para furo passante é que os primeiros são soldados na parte superior da placa de circuito impresso sem necessidade de fazer furos. Normalmente, esses componentes ficam colados à PCI e exigem menor espaço de montagem, o que os torna desejáveis para aplicações que demandam economia de espaço.

Alguns componentes de montagem em superfície têm terminais expostos que podem ser soldados normalmente, mas outros têm terminais expostos apenas na parte de baixo do *chip*, o que requer que a solda seja feita em um forno de refluxo para montagem em superfície. Embora essa técnica de soldagem possa ser emulada por um forno elétrico, tentamos escapar da montagem em superfície nos circuitos que construímos neste livro para evitar a dificuldade adicional apresentada por esses componentes.

Nota ◆ No Capítulo 8, como não consegui encontrar uma placa de circuito necessária para completar o projeto deste livro, tive de usar um *chip* de montagem em superfície. Procurei o maior que havia para facilitar a solda, e foi mais fácil do que esperava.

Como já abordamos alguns termos e definições de eletrônica, agora devemos passar para alguns temas específicos do Arduino.

INTRODUÇÃO AO ARDUINO

O Arduino é um microcontrolador AVR programável que oferece um conjunto robusto de recursos, vinte terminais de E/S e um preço acessível – em torno de 30 dólares – para uma placa montada. O Arduino básico conecta-se ao computador por um cabo USB padrão, que oferece uma conexão serial com o PC e a fonte de alimentação de 5 V necessária para operá-lo (dispensa bateria quando se usa o cabo USB).

A equipe do Arduino também desenvolveu um programa para ser executado no computador (disponível para Windows, Mac e Linux) e usado para compilar o código e enviá-lo facilmente à placa Arduino, cujo *chip* adaptador USB (FTDI) permite que o computador a reconheça como um dispositivo serial assim que for conectada. O *software* e os *drivers* mais atuais necessários para a programação podem ser baixados gratuitamente no site www.arduino.cc. Confira a seção "Getting started" ("Iniciando") na página inicial do Arduino a fim de ver as instruções passo a passo para a instalação do *software* Arduino em seu sistema operacional:

http://arduino.cc/en/Guide/HomePage

O *software* do Arduino é considerado um ambiente de desenvolvimento integrado (*integrated development environment* – IDE). Esse é o *software* de programação usado para carregar o código para o microcontrolador Arduino. O IDE contém um editor de texto e um compilador que transforma a linguagem simplificada de programação do Arduino (que nós escrevemos) em um arquivo binário hexadecimal mais complicado que pode ser enviado diretamente para o microcontrolador.

A linguagem Arduino é uma variante da linguagem de programação C ++, mas usa bibliotecas incorporadas para simplificar as complexas tarefas de codificação e torná-las mais fáceis para os iniciantes. Se você não tem experiência em programação, vai se beneficiar imensamente com as páginas de referência do Arduino. Essas páginas mostram cada um dos comandos do Arduino e como usá-lo com um trecho de exemplo de código. Você pode visitar o site do Arduino para ver essas páginas ou usar a ajuda do Arduino IDE em "Help > Reference" ("Ajuda > Referência"):

www.arduino.cc/en/Reference/HomePage

Como a linguagem Arduino é um projeto de código aberto (*open source*), ela está sempre sendo melhorada e atualizada. Novas versões do Arduino IDE são lançadas com frequência. Por isso, é melhor atualizar seu sistema com a versão mais recente disponível. Neste livro, a maioria dos projetos usa o IDE 0019-0021, que pode ser baixado da página do Arduino.

Variantes do Arduino

O Arduino é oferecido em formas e tamanhos variados, mas apenas dois modelos usam *chips* completamente diferentes: o padrão e o mega. O padrão é o Arduino básico e refere-se ao *chip* Atmega8/168/328, enquanto o mega é uma placa Arduino distinta, tem mais terminais de E/S e usa um *chip* mais robusto, o Atmega1280. Como o Arduino é um projeto de código aberto, qualquer pessoa pode criar uma nova versão da placa Arduino e distribuí-la como lhe convier. Por esse motivo, vários outros fabricantes criaram "clones" do Arduino que funcionam como o Arduino padrão, mas são feitos por terceiros ou oferecidos em kit de montagem "faça você mesmo".

Há também placas Arduino sem conversor USB embutido. Nesse caso, você deve usar um cabo USB especial de programação (FTDI) para programá-las (ver Figura 1.16, à esquerda). O cabo de programação FTDI custa cerca de 20 dólares na Sparkfun.com (peça DEV- 09718). A vantagem de usar o *chip* FTDI em um cabo de programação separado, em vez de na própria placa Arduino, é que você pode fazer facilmente suas próprias placas do tipo Arduino usando apenas um *chip* Atmega328, um ressonador de 16 MHz e alguns outros componentes fáceis de encontrar. Se você adicionar um conector em barra de pinos, poderá até programar placas Arduino caseiras no próprio circuito (ver Figura 1.16).

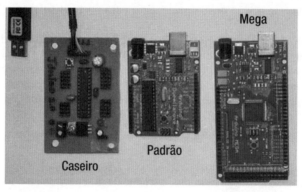

Figura 1.16 Três diferentes tipos de placa.

Capítulo 1 ■ Princípios básicos

Depois que comprei o cabo de programação FTDI na Sparkfun.com, envolvi-me em uma inesperada e inspirada temporada de montagens e fiz em torno de 15 clones diferentes do Arduino com diversas configurações de pinos, conectores de parafuso, conectores de R/C, conectores de servomotores e até mesmo algumas placas de extensão que podem ser empilhadas. Apesar de nenhuma das minhas placas caseiras ter a funcionalidade USB *onboard*, várias tinham conector de programação de seis pinos FTDI para permitir programação *in circuit* (no circuito). Por isso, tive de comprar apenas 8 dólares em peças para montar cada placa. Se você gostar de prototipagem, essa é a maneira de trabalhar com bom custo-benefício.

Você pode notar na Figura 1.16 que a placa Arduino caseira tem pouquíssimas peças. Isso ocorre porque há apenas três peças absolutamente necessárias para fazer um Arduino caseiro funcionar: o *chip* Atmega168, um ressonador de 16 MHz e um regulador de tensão de 5 V. Os capacitores, o LED de potência, os pinos do conector e o botão *reset* não são necessários, mas recomendados por motivo de confiabilidade e facilidade de integração em um projeto.

Observe que a versão caseira, à esquerda, usa o mesmo *chip* Atmega168 que o Arduino padrão, mas é programada por meio de um cabo de programação FTDI; a placa no centro é um Arduino Duemilanove padrão; e a última, à direita, é um Arduino mega.

Arduino padrão

O Arduino padrão baseou-se originalmente no *chip* Atmel Atmega8, um microcontrolador de 28 terminais com 20 entradas/saídas (E/S) no total. Dos 20 terminais controláveis, 6 são usados como entradas analógicas, 6 podem ser usados como saídas de PWM, e existem duas interrupções externas disponíveis para uso. O Arduino padrão "roda" em 16 MHz e tem três temporizadores ajustáveis, que poderão alterar as frequências de PWM (discutidas ainda neste capítulo).

Há duas outras variações que são compatíveis em pinagem com esse *chip*, o Atmgea168 e o Atmega328. Um tem maior quantidade de memória *onboard* que o anterior. As versões mais recentes do Arduino padrão vêm com os *chips* mais recentes, o Atmega328, em vez dos *chips* mais antigos – o Atmega8/168. Se você tiver um modelo Arduino mais antigo e quiser atualizar para um *chip* mais recente, com mais memória, poderá comprar um novo *chip* Atmega328 por cerca de 5,50 dólares: basta ligá-lo em seu Arduino (esses *chips* são compatíveis pino a pino e fisicamente iguais). Isso pode vir a ser um problema somente se você tiver um circuito que usa mais memória do que o Atmega8 tem a oferecer, mas esse problema é para usuários mais avançados e projetos maiores.

Uma das principais vantagens desse *chip* é que ele tem encapsulamento de CI para furo passante que pode ser removido da placa Arduino e facilmente montado em uma base de montagens (*breadboard*) ou soldado à placa perfurada de prototipagem para fazer um clone Arduino independente e usá-lo permanentemente em um projeto. O *chip* Atmega328 para furo passante é perfeito para prototipagem, quando usado com um soquete IC 28-DIP.

Nota ◆ Se de alguma forma você destruir um pino em seu Arduino, o problema provavelmente poderá ser corrigido pela substituição do *chip* Atmega168/328 por um novo, que custa 5,50 dólares. Você pode comprá-lo no Sparkfun.com com o *bootloader* do Arduino pré-instalado (peça de código DEV-09217). Já vi isso ocorrer várias vezes, e ainda uso minha primeira placa Arduino!

Arduino mega

O Arduino mega é o *outro* modelo que usa um *chip* Atmega1280 mais robusto, o qual seria como um Arduino padrão ampliado, com um total de 70 terminais de E/S (ver Figura 1.16, à direita). Entre eles, há 16 entradas analógicas, 12 saídas de PWM e 6 interrupções externas disponíveis. O mesmo *software* é usado para todos os modelos Arduino, e todos os comandos na linguagem Arduino funcionam em todos eles.

Esse modelo é oferecido apenas com o Atmega1280 montado em superfície na placa e não pode ser removido, o que limita sua versatilidade em comparação com o Arduino padrão. A princípio, essa placa custava em torno de 75 dólares, mas várias empresas introduziram clones Arduino mega que podem ser encontrados por cerca de 45 dólares. Se você puder adquirir um Arduino extra, é bom ter um à mão se precisar de mais pinos de E/S e não quiser alterar nenhum *hardware*.

Clones

Embora existam apenas dois modelos que usam diferentes *chips* de processamento de base, há um número infinito de clones do Arduino circulando pela internet para montar ou, em muitos casos, comprar. Um clone do Arduino não é uma placa Arduino oficialmente compatível, mas toda placa clone pode ter características próprias e específicas, como configuração de pino, tamanho e função. Tudo o que é necessário para ser compatível com o Arduino é que use o *software* Arduino IDE para carregar o código Arduino.

Existem até mesmo clones que fogem das especificações de *hardware* padrão, mas são compatíveis com o Arduino IDE, como o Arduino Pro Mini, que por padrão opera com 3,3 V e 8 MHz, em vez de 5 V e 16 MHz. Você pode usar qualquer um dos clones do Arduino com o *software* Arduino IDE, mas deve escolher a placa correta no menu Tools (Ferramentas).

Em suma, seja qual for o Arduino que você comprar para começar com este livro, desde que ele leve o nome Arduino, provavelmente funcionará muito bem. Usamos especificamente o Arduino padrão para vários projetos, um Arduino mega para um projeto, um Ardupilot (Arduino com GPS habilitado) para um capítulo e vários clones caseiros do Arduino. Vejamos agora o Arduino IDE para compreender melhor como ele funciona.

Arduino IDE

Supondo que já tenha seguido as instruções para baixar e instalar o Arduino IDE, agora você precisa abrir o programa. A primeira vez que abrir o Arduino IDE no computador, ele perguntará onde você gostaria de colocar seu "caderno de esboços" ou "*sketchbook*" (se estiver usando o Windows ou Linux). Se estiver usando um Mac, seu *sketchbook* será criado automaticamente em usuário/documentos/Arduino. Esse caderno é a pasta em que o IDE armazenará todos os *sketches* que você criar no IDE. Depois que selecionar a pasta Sketchbook, todo o seu conteúdo será exibido no menu File > Sketchbook (Arquivo > Sketchbook).

Ao abrir o IDE, aparecerá uma tela em branco pronta para você digitar código e uma barra de ferramentas em azul na parte superior da tela que fornece botões de atalho para os comandos mais comuns dentro do IDE (ver Figura 1.17). A Tabela 1.3 apresenta uma descrição de cada um.

Figura 1.17 O IDE tem uma barra de ferramentas na parte superior com atalhos para tarefas comuns. Ao usar o IDE, você pode passar o cursor do mouse sobre cada botão para ver a descrição.

Tabela 1.3 Botões da barra de ferramentas do Arduino IDE

	Compilar: Esse botão é usado para verificar a "sintaxe" ou correção do código. Se houver algo rotulado incorretamente ou qualquer variável ainda não definida, você verá um código de erro em letras vermelhas na parte inferior da tela do IDE. Se, no entanto, o código estiver correto, você verá a mensagem "Done Compiling" ("Compilação feita"), assim como o tamanho de seu *sketch* em quilobytes. Esse é o botão que você pressiona para verificar erros em seu código.
	Parar: Caso você esteja executando um programa que está se comunicando com o computador, se pressionar esse botão o programa será interrompido.
	Novo: Esse botão limpa a tela e permite que você comece a trabalhar em uma página em branco.
	Abrir: Esse botão permite que você abra um *sketch* existente a partir do arquivo. Você fará isso quando precisar abrir um arquivo que baixou ou um em que tenha trabalhado anteriormente.
	Salvar: Escolha esse botão para salvar seu trabalho atual.
	Carregar: Esse é um botão mágico que permite que você carregue seu código para o Arduino. O IDE compila o código antes de tentar carregá-lo para a placa, mas sempre pressiono o botão de compilação antes de fazer *upload*. Você pode obter uma mensagem de erro, se tiver com a placa errada selecionada no menu Tools > Board (Ferramentas > Board).
	Monitor Serial: O monitor serial é uma ferramenta para depuração (para descobrir o que está errado). A linguagem Arduino inclui um comando para imprimir valores que são colhidos no Arduino durante a função de *loop* e imprimi-los na tela do computador para que possa vê-los. Esse recurso pode ser extremamente útil se não estiver obtendo o resultado esperado, porque ele pode mostrar exatamente o que está ocorrendo. Usamos esse recurso amplamente para testar o código antes de instalá-lo em um projeto.

O *sketch*

O *sketch*, ou esboço, nada mais é do que um conjunto de instruções para o Arduino realizar. Os *sketches* criados com o Arduino IDE são salvos como arquivos .pde. Para criar um *sketch*, você precisa realizar as três partes principais: declaração de variável, função *setup* e função principal *loop* principal.

Declaração de variável

Declaração de variável é um termo elegante que significa que você precisa digitar o nome de cada entrada ou saída que deseja usar em seu *sketch*. Você pode renomear um pino de entrada/saída do Arduino com qualquer nome (isto é, led_pin, led, my_led, LED2, pot_pin, motor_pin etc.) e pode consultar o pino por esse nome em todo o *sketch*, em vez de pelo número do pino. Além disso, você pode declarar uma variável para um valor simples (não ligado a um pino de E/S) e usar esse nome para se referir ao valor dessa variável. Assim, quando quiser usar o valor da variável no final do *sketch*, lembrará com facilidade. Essas variáveis podem ser declaradas como vários tipos diferentes, mas o mais comum é usarmos um inteiro (int). Na linguagem Arduino, uma variável inteira pode conter um valor que varia de –32.768 a 32.767. Outros tipos de variável serão usados em exemplos posteriores (isto é, *float*, *long*, *unsigned int*, *char*, *byte* etc.) e são explicados, quando usados.

Veja a seguir um exemplo de declaração de variável:

```
int my_led = 13;
```

Em vez de enviar comandos para o pino com esse número do Arduino (ou seja, 13), renomeamos o pino 13 como "my_led". Sempre que quiseremos usar o pino 13, o chamaremos de my_led. Isso é útil quando existem muitas referências a my_led em todo o *sketch*. Se decidirmos alterar o número dos pinos ao qual my_led está atribuído (por exemplo, para o pino 4), você mudará isso uma vez na declaração da variável e, em seguida, todas as referências a my_led conduzirão ao pino 4 – o objetivo disso é facilitar a codificação.

A função setup

Essa função é executada uma vez, sempre que o Arduino for ligado. Esse geralmente é o lugar em que podemos determinar quais das variáveis declaradas são entradas ou saídas por meio do comando pinMode().

```
Example: setup() function:

void setup() {
  pinMode(my_led, OUTPUT);
}
```

Acabamos de usar a função setup() para declarar my_led como saída (OUTPUT precisa estar em CAIXA-ALTA no código). Você pode fazer outras coisas com a função setup(), como ligar a porta serial do Arduino, mas por enquanto isso é tudo.

Capítulo 1 ■ Princípios básicos

A função loop

Essa função é o lugar em que o código principal será colocado e executado repetidas vezes e continuamente, até que o Arduino seja desligado. É aí que informamos o que o Arduino deve fazer no processo. Toda vez que o processo atinge o fim dessa função de repetição, volta ao início.

Nesse exemplo, a função *loop* simplesmente pisca o LED de forma intermitente usando a função *delay* (ms) (atraso).

A alteração do primeiro delay(1000) determina por quanto tempo o LED deve permanecer ligado, enquanto a alteração do segundo delay(1000) determina por quanto tempo o LED deve permanecer desligado.

Veja a seguir um exemplo da função loop():

```
void loop() {
                                // início do loop, repita o seguinte:
  digitalWrite(my_led, HIGH);   // mude LED para ligado
  delay(1000);                  // espere por 1 s
  digitalWrite(my_led, LOW);    // desligue o LED
  delay(1000);                  // espere por 1 s
                                // termine o loop e volte para o início
}
```

Se você associar essas seções de código, terá um *sketch* completo. Seu Arduino deve ter um LED embutido para o pino digital 13, portanto esse *sketch* renomeia esse pino como my_led. O LED ficará ligado durante 1.000 ms (1 s) e, em seguida, ficará desligado durante 1.000 ms, indeterminadamente, até que você o desligue fisicamente. É recomendável mudar o tempo de atraso na Listagem 1.1 e fazer o *upload* para ver o que ocorre.

Listagem 1.1 Exemplo Piscando o LED

```
//Código 1.1 - Piscando
// Pisque o LED no pino 13

int my_led = 13;               // declaração da variável my_led

void setup() {
  pinMode(my_led, OUTPUT);     // use o comando pinMode() para atribuir my_led como um pino de⏎
                               // saída (OUTPUT)
}

void loop() {
  digitalWrite(my_led, HIGH);  // faça my_led igual a HIGH (ligue my_led)
  delay(1000);                 // espere por 1 s (1000mS)
  digitalWrite(my_led, LOW);   // faça my_led igual a LOW (desligue my_led)
  delay(1000);                 // espere por 1 s
}                              // retorne para o início do loop

// end code
```

Você pode copiar esse exemplo de código para a tela do Arduino IDE e pressionar o botão de compilação (ver Figura 1.18). Com o Arduino conectado à porta USB, você poderá pressionar o botão Carregar (*Upload*) para enviar o código para o Arduino. Se você digitar o código manualmente, não precisará adicionar os comentários, porque eles não serão compilados em código. Esse código não requer nenhuma entrada depois que é carregado, mas você pode alterar o tempo de atraso e recarregá-lo para ver a diferença.

Nota ♦ Você notará que em muitos *sketches* sempre há comentários, que são indicados por meio de duas barras (//), e, em seguida, algum texto. Qualquer texto adicionado após as duas barras invertidas não será convertido em código e serve apenas de referência: *///Isto é um comentário; não será processado como código.*

Figura 1.18 Tela do programa Arduino IDE com o exemplo de *sketch* de LED intermitente na Listagem 1.1.

Sinais

Vários são os tipos de sinal que o Arduino consegue ler e escrever, mas eles podem ser diferenciados em dois principais grupos: digital e analógico. Um sinal digital é +5 V ou 0 V, mas um sinal analógico pode ser qualquer tensão linear entre 0 V e +5 V. É possível também ler e gravar sinais de pulso digitais e comandos seriais usando o Arduino e diversas funções incluídas.

Sinais digitais

O Arduino Uno/Diecimila/Duemilanove tem catorze pinos de entrada/saída digitais chamados D0-D13. No Arduino, todo pino digital pode ser configurado como uma ENTRADA ou SAÍDA por meio do comando pinMode() na função setup(). Um sinal digital pode ter somente dois estados no Arduino: ALTO (*HIGH*) ou BAIXO (*LOW*). Isso ocorre independentemente de o sinal digital ser uma entrada ou

Capítulo 1 ▪ Princípios básicos

uma saída. Quando um pino está em 5 V, é considerado alto; quando está em 0 V ou GND, é considerado baixo.

Entradas digitais

As entradas digitais são úteis se você quiser determinar quando um botão foi pressionado (isto é, um sensor de colisão) e se uma chave está ligada ou desligada ou se quiser ler um pulso em um sensor para determinar seu valor oculto. Para determinar se uma entrada é alta ou baixa, use o comando digitalRead(pin). Um sinal de entrada digital nem sempre pode contar com a disponibilidade total de 5 V. Desse modo, o limite para conduzir um pino de entrada para alto é 3 V, e qualquer valor abaixo desse limiar é considerado baixo.

Os receptores R/C usados têm uma saída de sinais para servo que, em aviões/barcos/carros de modelismo, são pulsos de eletricidade levados para nível alto por um período curto, mas de duração específica, antes de voltarem para um nível baixo. A duração do pulso especifica a posição das alavancas de controle do transmissor R/C. Se você tentar verificar esse tipo de sinal com seu medidor de tensão, não verá o movimento da agulha. Isso porque o pulso é muito curto para ser registrado no medidor, mas qualquer entrada digital no Arduino pode ler um comprimento de pulso como um sinal de servo por meio do comando pulseIn().

Podemos ler informações de uma entrada digital não só com base no fato de ser alta ou baixa, mas com base *no tempo* em que permanece alta ou baixa. O Arduino é eficiente precisamente para medir o comprimento de pulsos elétricos curtos, até cerca de 10 µs! Isso significa que muitas informações podem ser codificadas para uma entrada digital em forma de pulso ou de comando serial.

Saídas digitais

A saída digital é igualmente simples, mas pode ser usada para fazer tarefas complexas. Se você tem um Arduino, já viu o *sketch* "Hello, World" ("Olá, Mundo!"), que simplesmente pisca o LED no pino D13 embutido na placa – esse é o uso mais simples de uma saída digital. Todo pino do Arduino é capaz de fornecer ou de drenar uma corrente de 40 mA em 5 V.

Muitas vezes, a corrente fornecida por um pino do Arduino não é suficiente para ligar nada além de um LED. Desse modo, um conversor de nível ou amplificador pode ser usado para aumentar a tensão e corrente que é ligada e desligada pelo Arduino para um nível compatível para o controle de motores, luzes ou relés. Além disso, os pinos digitais são a base para a transferência serial de dados, que pode enviar vários comandos através de uma única saída digital (Listagem 1.2).

Listagem 1.2 Criação de uma entrada e uma saída digital no mesmo *sketch*

```
// Exemplo de Código: Entrada e Saída
// Esse código vai atribuir uma entrada digital para o pino 2 do Arduino e uma saída digital para
o pino 13 do Arduino.
// Se a entrada é HIGH, a saída para o LED será LOW

int switch_pin = 2;      // renomeia o pino 2 do Arduino para "switch_pin"
int switch_value;        // precisamos de uma variável para guardar o valor de switch_pin, que
                         será "switch_value"
int my_led = 13;         // renomeia o pino 13 do Arduino para "my_led"

void setup(){
  pinMode(switch_pin, INPUT);       // diz ao Arduino que switch_pin(pin 2) é um Input
  pinMode(my_led, OUTPUT);          // diz ao Arduino que my_led(pin 13) é um Output
}
```

```
void loop(){
  switch_value = digitalRead(switch_pin);    // lê switch_pin e guarda o valor em switch_value

  if (switch_value == HIGH){                 // se o valor "for igual (==)" a  HIGH...
    digitalWrite(my_led, LOW);               // ... então desligue o LED
  }
  else {                                     // caso contrário...
    digitalWrite(my_led, HIGH);              // ...ligue o LED.
  }

}
// end code
```

Esse exemplo de código usa uma simples instrução *if* para testar o valor de switch_pin. Você pode ligar um fio (*jumper*) ao pino 2 do Arduino (switch_pin) – conecte a outra extremidade do fio ao GND ou a +5 V, para ver os valores de mudança de LED. Se o valor de entrada for alto, o Arduino definirá o pino my_led em baixo (desligado). Se o valor de entrada for baixo, o Arduino definirá o pino my_led em alto (ligado). Para saber mais sobre as declarações *if/else* com exemplos, consulte as páginas de referência do Arduino em http://arduino.cc/en/Reference/Else.

Caso especial: interrupções externas

Ao usar o comando digitalRead() para um pino de entrada no Arduino, você recebe apenas o valor que está disponível no momento exato em que o comando é chamado. No entanto, o Arduino tem capacidade para determinar quando o estado de um pino muda, sem usar o comando digitalRead(). Isso é chamado de *interrupção*. Uma interrupção é um método de entrada que avisa quando o estado de um pino muda, sem você precisar verificar. O Arduino padrão tem duas interrupções externas, nos pinos digitais 2 e 3, ao passo que o Arduino mega tem seis interrupções externas, nos pinos digitais 2, 3, 21, 20, 19 e 18.

A interrupção deve ser iniciada uma vez na instalação e deve usar uma função especial chamada de rotina de interrupção de serviço (*interrup service routine* – ISR), que é executada toda vez que a interrupção é disparada (ver Listagem 1.3). As interrupções podem ser configuradas para serem acionadas quando um pino muda de baixo para alto (subida), de alto para baixo (descida) ou simplesmente toda vez que o pino mudar de estado para uma ou outra direção.

Para melhor ilustrar esse processo, imagine que você está cortando a grama do quintal antes do almoço. Você sabe que o almoço ficará pronto em breve e não quer se atrasar, mas também não quer desligar o cortador de grama a cada cinco minutos para checar. Em vez disso, você pede a quem está cozinhando que vá lá fora e o avise quando o almoço estiver pronto. Dessa forma, você pode continuar cortando a grama sem se preocupar com o almoço.

Você é *interrompido* quando o almoço está pronto (o pino muda de estado) e, depois que você acaba de *comer* (a rotina de interrupção de serviço), pode voltar *a cortar a grama* (o *loop* principal).

Isso é útil porque verificar regularmente o estado de um pino que não muda de estado com frequência pode retardar as outras funções no *loop* principal. A interrupção simplesmente interromperá o *loop* principal durante o tempo necessário para percorrer o ISR e, em seguida, retornar imediatamente ao lugar exato em que parou no *loop*. É possível usar um pino de interrupção para monitorar um sensor de colisão em um robô que precisa parar os motores assim que for pressionado ou usar um pino de interrupção para capturar pulsos em um receptor R/C sem interromper o restante do programa.

A Listagem 1.3 requer o uso de um sistema de rádio R/C. O receptor R/C pode ser alimentado usando os pinos +5 V e GND do Arduino, ao passo que o sinal de R/C deve ser conectado ao pino 2 do Arduino. Se você ainda não tiver um receptor R/C, poderá testar esse exemplo posteriormente.

Capítulo 1 ▪ Princípios básicos   37

Listagem 1.3 Usando um pino de interrupção para capturar o comprimento de um pulso R/C

```
// Exemplo de Código - Usando um pino de Interrupção para capturar o comprimento de um pulso R/C
// Conecte o sinal de um receptor R/C no pino 2 do Arduino
// Ligue o trasmissor R/C se estiver usando as duas interrupções no Arduino
// Se receber um sinal válido, o LED no pino 13 está ligado.
// Se nenhum sinal válido for recebido, o LED está desligado.

int my_led = 13;

volatile long servo_startPulse;
volatile unsigned int pulse_val;
int servo_val;

void setup() {
  Serial.begin(9600);
  pinMode(servo_val, INPUT);

  attachInterrupt(0, rc_begin, RISING);      // inicie a interrupção na subida do sinal
}
// declarando a interrupção por rampa de subida
void rc_begin() {
  servo_startPulse = micros();
  detachInterrupt(0);        // desligue a interrupção por rampa de subida
  attachInterrupt(0, rc_end, FALLING); // ligue a interrupção por rampa de descida
}
// declarando a interrupção por rampa de descida
void rc_end() {
  pulse_val = micros() - servo_startPulse;
  detachInterrupt(0);        // desligue a interrupção por rampa de descida
  attachInterrupt(0, rc_begin, RISING); // ligue a interrupção por rampa de subida
    }
void loop() {
  servo_val = pulse_val;  // grave o valor da Interrupt Service Routine calculada

if (servo_val > 600 && servo_val < 2400){
    digitalWrite(my_led, HIGH);    // se o valor está no intervalo do R/C, ligue o LED

    Serial.println(servo_val);
}
else {
    digitalWrite(my_led, LOW);     // Se o valor não está no intervalo do R/C, desligue o LED.
}
    }
```

Esse código Arduino procura qualquer sinal válido de pulso de servo R/C de um receptor R/C ligado ao pino digital 2 do Arduino, que é o lugar em que a respectiva "interrupção externa 0" está localizada. Se for detectado um pulso válido (deve estar entre o comprimento de 600 µS e 2.400 µS), o LED no pino digital 13 ligará. Se não for detectado nenhum pulso, o LED permanecerá desligado.

Como a Listagem 1.3 usa uma interrupção, ela apenas captura os pulsos de R/C quando eles estão disponíveis, em vez de verificar o pulso a cada ciclo de *loop* (*polling*). Como alguns projetos exigem a execução de muitas tarefas diferentes a cada ciclo de *loop* (leitura de sensores, comando de motores, envio de dados em série etc.), o uso de interrupções pode economizar um valioso tempo de processamento, interrompendo o *loop* principal somente quando algo muda no pino de interrupção.

O único problema que encontrei ao usar as duas interrupções externas do Arduino é que elas estão disponíveis apenas nos pinos digitais 2 e 3, o que conflita com o uso do pino digital 3 como saída de PWM.

Sinais analógicos

Estabelecemos que um sinal digital de E/S deve ser baixo (0 V) ou alto (5 V). As tensões analógicas podem estar em qualquer ponto intermediário (2 V, 3,4 V, 4,6 V etc.) e o Arduino tem seis entradas especiais que podem ler o valor dessas tensões. Essas seis entradas analógicas de 10 bits (com conversores digital/analógico) podem determinar o valor exato de uma tensão analógica.

Entradas analógicas

A entrada está à procura de um nível de tensão entre 0-5 V e transformará essa tensão para um valor de 10 *bits*, ou de 0-1.023. Isso significa que, se você aplicar 0 V na entrada, verá um valor analógico de 0; se aplicar 5 V, verá um valor analógico de 1.023; e nada intermediário será proporcional à entrada.

Para ler um pino analógico, você deve usar o comando analogRead() com o pino analógico (0-5) que gostaria de ler. Uma observação interessante sobre entradas analógicas no Arduino é que elas não precisam ser declaradas como variáveis ou como entradas na configuração. Por meio do comando analogRead(), o Arduino reconhece automaticamente que você está tentando ler um dos pinos A0-A5, em vez de um pino digital.

Um potenciômetro (resistência variável) funciona como um divisor de tensão e pode ser útil como uma saída de uma tensão analógica de baixa corrente que pode ser lida pelo Arduino por meio de uma entrada analógica (ver Figura 1.19). A Listagem 1.4 apresenta um exemplo de leitura de valor do potenciômetro.

Figura 1.19 Esse potenciômetro de rotação tem três terminais. Os dois terminais externos devem ser conectados ao GND e +5 V, respectivamente (a orientação não importa), enquanto o terminal central deve ser conectado a um pino de entrada analógica no Arduino.

Listagem 1.4 Como ler uma entrada analógica

```
// Exemplo de Código - Entrada Analógica
// Leia um potenciômetro no pino 0 analógico
// E mostre o valor com 10 bits (0-1023) no monitor serial
// Depois de fazer o "upload", abra o monitor serial do Arduino IDE em 9600bps.

int pot_val;    // use a variável "pot_val" para guardar o valor lido do potenciômetro
```

Capítulo 1 ■ Princípios básicos

39

```
void setup(){
  Serial.begin(9600);   // inicie a comunicação serial do Arduino em 9600 bps
}

void loop(){
  pot_value = analogRead(0);   // use analogRead para ler o pino 0 analógico
  Serial.println(pot_val);   // use o comando Serial.print() para enviar o valor para ↵
                                o monitor
}

// end code
```

Copie o código anterior para o IDE e faça o *upload* para o seu Arduino. Esse *sketch* habilita a porta serial nos pinos 0 e 1 do Arduino usando o comando Serial.begin() – você conseguirá abrir o monitor serial no IDE e ver os valores analógicos convertidos do potenciômetro já ajustados.

Saídas analógicas (PWM)

Essa saída não é tecnicamente uma saída analógica, mas é o equivalente digital de uma tensão analógica disponível em um pino de saída. Esse recurso é chamado de modulação por largura de pulso e é uma forma eficiente de fornecer um nível de tensão em algum ponto entre a fonte e GND.

Em eletrônica, o termo PWM é empregado com muita frequência porque é um recurso importante e útil em um microcontrolador. Esse acrônimo significa *pulse width modulation* (modulação por largura de pulso) e é o equivalente digital de uma tensão analógica obtida com um potenciômetro. No Arduino, há seis dessas saídas nos pinos digitais 3, 5, 6, 9, 10 e 11. O Arduino consegue mudar facilmente o ciclo de trabalho ou saída a qualquer momento no *sketch*, por meio do comando analogWrite().

Para usar o comando analogWrite (PWM_pin, velocidade), você deve escrever em um pino PWM (pinos 3, 5, 6, 9, 10, 11). Como o ciclo de trabalho de PWM varia de 0 a 255, você não deve escrever nenhum valor superior ou inferior para o pino. Costumo acrescentar um filtro para garantir que nenhum valor de velocidade acima de 255 ou abaixo de 0 seja escrito em um pino PWM porque isso pode provocar um comportamento instável e indesejado (ver Listagem 1.5).

Listagem 1.5 Como comandar uma saída de PWM

```
// Exemplo de Código – Entrada Analógica – Saída PWM
// Leia o potenciômetro do pin 0 analógico
// A saída PWM no pino 3 será proporcional à entrada do potenciômetro (cheque com um multímetro).

int pot_val;   // use a variável "pot_val" para guardar o valor do potenciômetro
int pwm_pin = 3; // renomeie o pino Arduino PWM 3 = "pwm_pin"

void setup(){
    pinMode(pwm_pin, OUTPUT);
}

void loop(){

    pot_value = analogRead(0);          // leia o valor do potenciômetro no pino 0 analógico ↵
pwm_value = pot_value / 4; // pot_value max = 1023 / 4 = 255

    if (pwm_value > 255){          // filtre para garantir que pwm_value não ultrapasse 255
pwm_value = 255;

    }
```

```
    if (pwm_value < 0){            // filtre para garantir que pwm_value não seja menor que 0
pwm_value = 0;

}

analogWrite(pwm_pin, pwm_value);   // escreva pwm_value em pwm_pin

}
// end code
```

Esse código lê o potenciômetro como na Listagem 1.4, mas nesse caso também comanda um sinal de saída proporcional PWM para o pino digital 3 do Arduino. Você pode verificar a saída do pino 3 com um medidor de tensão – ele deve ler de 0 V a 5 V, dependendo da posição do potenciômetro.

Se você tiver um resistor de 330 ohm e um LED disponível, poderá conectar o resistor em série com um dos terminais do LED (apenas verifique se a polaridade do LED está correta) no pino 3 e GND do Arduino, para ver o brilho do LED diminuir e aumentar de 0% a 100% por meio de um sinal digital de PWM. Não podemos usar o LED no pino 13 para esse exemplo porque ele não tem o recurso de PWM.

Ciclo de trabalho

Em um sinal de PWM de 1 kHz, existem 1.000 ciclos ligado/desligado a cada segundo, cada ciclo com 1 ms de duração. Durante cada um desses ciclos de 1 ms, o sinal pode ser alto em parte do tempo e baixo no restante do tempo. Um ciclo de trabalho de 0% indica que o sinal fica baixo durante todo o tempo de 1 ms, enquanto um ciclo de trabalho de 100% fica alto durante todo o tempo de 1 ms. Um ciclo de trabalho de 70% fica alto durante 700 µs e baixo nos 300 µs restantes, para cada um dos 1.000 ciclos por segundo – desse modo, o efeito global do sinal é 70% do total disponível.

O ciclo de trabalho de uma saída de PWM no Arduino é determinado por meio do comando analogWrite (pino, ciclo de trabalho). O ciclo de trabalho pode variar de 0 a 255 e ser alterado a qualquer momento durante o programa – é importante impedir que o valor do ciclo de trabalho ultrapasse 255 ou fique abaixo de 0, porque isso provoca efeitos indesejados no pino PWM.

A maioria dos controladores de velocidade de motor altera o ciclo de trabalho (mantendo a frequência constante) do sinal de PWM que controla as comutações de potência do motor, a fim de alterar a respectiva velocidade. Esse é o método preferido para controlar a velocidade de um motor, porque relativamente nenhum calor é desperdiçado no processo de comutação.

Frequência

A frequência é dada em hertz (Hz) e reflete o número de ciclos (de comutação) por segundo. O ciclo de comutação ocorre num curto período quando a linha de saída passa de completamente alta para completamente baixa. Os sinais do PWM normalmente têm uma frequência definida e alteram o ciclo de trabalho, mas você pode mudar as frequências do PWM do Arduino de 30 Hz até 62 kHz (o que equivale a 62.000 Hz) adicionando uma única linha de código para cada conjunto de pinos PWM.

Em 30 Hz, a linha de saída será alterada de alta para baixa apenas trinta vezes por segundo, o que terá efeitos visíveis sobre uma carga resistiva como um LED, fazendo-o pulsar de ligado para desligado. A frequência de 30 Hz funciona muito bem para uma carga indutiva como a de um motor de corrente contínua, que leva um tempo maior do que é permitido para desenergizar-se entre os ciclos de comutação, gerando uma operação aparentemente suave.

Quanto maior a frequência, menos visíveis são os efeitos de comutação sobre a operação da carga, mas quando a frequência é muito alta os dispositivos de comutação começam a gerar excesso de calor.

Capítulo 1 ■ Princípios básicos

Isso ocorre porque, quanto maior a frequência, menor a duração do ciclo de comutação (ver Tabela 1.4), e se o ciclo de comutação for demasiadamente curto, a saída não terá tempo suficiente para mudar completamente de alto para baixo antes de voltar para alto. O comutador na verdade mantém-se em algum ponto entre ligado e desligado, em um estado de condução cruzada (também chamada "*shoot--through*") que gerará calor.

É simples determinar o comprimento total de cada ciclo de trabalho, bastando para isso dividir o tempo pela frequência. Como a frequência determina o número de ciclos de trabalho durante o intervalo de 1 segundo, basta dividir 1 s (ou 1.000 ms) pela frequência do PWM para determinar a duração de cada ciclo de comutação.

Para uma consulta rápida, veja algumas conversões comuns de tempo/velocidade:

- 1.000 ms = 1 s
- 1.000 µs = 1 ms
- 1.000.000 µs = 1 s
- 1.000 Hz = 1 kHz

A Tabela 1.4 mostra todas as frequências disponíveis para os pinos PWM do Arduino e em que pinos cada frequência está disponível.

Tabela 1.4 Lista de frequência *versus* tempo de ciclo de PWM

Frequência de PWM em Hertz	Tempo por ciclo de comutação	Pinos PWM do Arduino
30 Hz	32 ms	9 e 10, 11 e 3
61 Hz	16 ms	5 e 6
122 Hz	8 ms	9 e 10, 11 e 3
244 Hz	4 ms	5 e 6, 11 e 3
488 Hz	2 ms	9 e 10, 11 e 3
976 Hz (1 kHz)	1 ms (1.000 µs)	5 e 6, 11 e 3
3.906 Hz (4 kHz)	256 µs	9 e 10, 11 e 3
7.812 Hz (8 kHz)	128 µs	5 e 6
31.250 Hz (32 kHz)	32 µs	9 e 10, 11 e 3
62.500 Hz (62 kHz)	16 µs	5 e 6

Para mais informações sobre como alterar os temporizadores do sistema para operar em diferentes frequências de PWM, visite o site do *playground* do Arduino:

www.arduino.cc/playground/Main/TimerPWMCheatsheet

Exemplo de PWM doméstico

Para simular a frequência e o ciclo de trabalho com cronometragem manual (para fins de aprendizagem e experimentação), associe a Listagem 1.1 (Piscando o LED) e a 1.4 (potenciômetro) para poder alterar a frequência e o ciclo de trabalho de uma saída de pseudo-PWM no pino 13 (o LED embutido). Você só precisa de um potenciômetro ligado ao pino 0, analógico, do Arduino.

Usando cronometragem manual e o LED embutido no pino 13 do Arduino, podemos simular um sinal de PWM em frequências diferentes e com diferentes ciclos de trabalho de 0% a 100%, como mostrado na Listagem 1.6.

Listagem 1.6 Exemplo de pseudo-PWM

```
// Exemplo de Código - Exemplo de Pseudo-PWM (código de um PWM Pulse Width Modulation doméstico)
// Pisque o LED no pino 13 com um ciclo de trabalho variável
// O ciclo de trabalho é determinado pelo valor lido do potenciômetro no pino 0 analógico
// Mude a frequência do PWM reduzindo o valor da variável "cycle_val" para os seguintes valores:
// 10 milliseconds = 100 Hz frequency (fast switching)
// 16 milliseconds = 60 Hz (normal lighting frequency)
// 33 milliseconds = 30 Hz (medium switching)
// 100 milliseconds = 10 Hz (slow switching)
// 1000 milliseconds = 1 Hz (extremely slow switching) - impraticável, mas tente assim mesmo.

int my_led = 13;    // declare a variável my_led
int pot_val;        // use a variável "pot_val" para guardar o valor do potenciômetro
int adj_val;        // use essa variável para ajustar pot_val para um valor variável de frequência
int cycle_val = 33; // Use esse valor para ajustar manualmente a frequência do sinal do pseudo-PWM

void setup() {
  pinMode(my_led, OUTPUT);       // use o comando pinMode() para atribuir my_led como OUTPUT
}

void loop() {
  pot_val = analogRead(0);    // leia o valor do potenciômetro de A0 (retorna um valor entre 0 - 1023)
  adj_val = map(pot_val, 0, 1023, 0, cycle_val); // mapeie o intervalo de entrada ↩
                                 0 - 1023 em 0 - cycle_val

  digitalWrite(my_led, HIGH);    // faça my_led HIGH (ligado)
  delay(adj_val);                // continue ligado por este intervalo de tempo
  Write(my_led, LOW);            // faça my_led LOW (desligado)
  delay(cycle_val - adj_val);    // permaneça desligado por este intervalo de tempo

}
// end code
```

A Listagem 1.6 mostra como ajustar o ciclo de trabalho de um LED que pisca a 60 Hz (16 ciclos de comutação por segundo). Esse exemplo de *sketch* funciona apenas para fins didáticos. Como o valor de cycle_val também determina quantos passos estão no intervalo de desvanecimento do LED, você perderá a resolução de ciclo de trabalho à medida que aumentar a frequência. Escolhi 60 Hz para demonstrar uma frequência que é quase igual à das lâmpadas domésticas. Nessa velocidade de comutação, o olho humano não consegue detectar a pulsação, e o LED parece estar firmemente emitindo luz proporcional ao ciclo de trabalho.

Se você quiser aumentar manualmente a frequência do sinal de pseudo-PWM no *sketch* anterior, pode alterar a variável *cycle_val* para algo um pouco maior (frequência menor). Para alterar a frequência

Capítulo 1 ■ Princípios básicos

de 60 Hz para 30 Hz, é preciso modificar o tempo de ciclo, mudando a variável *cycle_val* de 16 ms para 33 ms. Além disso, você ainda pode usar o potenciômetro para alcançar os mesmos ciclos de trabalho, mas os resultados serão visivelmente menos regulares. À medida que a frequência de PWM fica abaixo de 60 Hz, você percebe uma pulsação no LED em qualquer ciclo de trabalho (exceto em 100%).

Como já analisamos várias funções básicas do Arduino, falaremos agora sobre os princípios básicos de montagem de circuito.

MONTAGEM DE CIRCUITOS

Uma coisa é conseguir programar o Arduino e testar um circuito elétrico, mas o que pode ocorrer se não for possível encontrar o circuito exato de que você precisa? Talvez seja mais fácil você mesmo montar o circuito. Primeiro, você precisa saber ler um projeto elétrico, que é chamado de esquema. Um esquema elétrico mostra um símbolo universal para cada componente eletrônico (bem como um nome e valor) e uma representação de como ele se conecta com os outros componentes do circuito.

Projeto do circuito

O projeto do circuito pode ser feito em um bloco de notas (no computador) ou em uma folha de papel, mas a reprodução de circuitos feitos à mão pode ser demorada e tediosa. Se você se preocupa em despender pouco tempo ao seu projeto, poderá usar um programa de código aberto ou *freeware* para criar um diagrama esquemático e um projeto de placa de circuito impresso (PCI) para seu circuito. Atualmente prefiro elaborar todo o projeto do meu circuito no computador – mesmo que não esteja pensando em gravar uma PCI com base no projeto, gosto de fazer pelo menos um diagrama esquemático para o circuito.

Existem vários bons programas de computador que podem ser usados para projeto de circuitos. Para os iniciantes, recomendo o programa de código aberto Fritzing, que usa uma biblioteca de componentes muito bem ilustrada para oferecer ao usuário uma sensação visual de como o circuito ficará, bem como um esquema adequado para cada projeto. Existe até uma placa Arduino disponível na biblioteca de componentes para você usar em seus diagramas esquemáticos – usei esse programa para gerar vários diagramas menores e exemplos ilustrativos.

Baixe o Fritzing em: http://fritzing.org/

Para usuários mais experientes, o Eagle Cad é um excelente programa de *design* de circuitos que pode ser usado em versões *freeware* ou pagas e tem amplas bibliotecas de componentes e ferramentas de *design* profissionais. Esse programa também é usado em vários capítulos para abrir e imprimir arquivos de projeto de PCI em seu computador.

Baixe o Eagle Cad em: www.cadsoft.de/

O Eagle Cad permite criar PCIs confiáveis, compactas e com aparência profissional que são ajustadas para atender exatamente às suas necessidades. Você gastará um pouco mais de tempo na preparação do circuito, mas conseguirá reproduzir facilmente quantas cópias quiser – uma tarefa tediosa se fosse utilizar o método mais simples de fiação ponto a ponto. Não se intimide com todos os botões disponíveis no programa. Ao deslizar o mouse sobre um botão, há uma descrição de sua função. Pense no Eagle como um verdadeiro programa de pintura para aficionados de computador.

Esse programa é um editor de placa de circuito impresso (PCI) e oferece uma versão gratuita para uso amador (com restrições ao tamanho da placa). Ele permite que você abra, edite e imprima tanto os quemas quanto arquivos de PCI com até duas camadas e uma área de serigrafia de 8,1 cm x 10,1 cm. Não se deixe enganar pela restrição de tamanho: é mais que suficiente para montar qualquer um dos circuitos usados neste livro e em muitos outros. Contudo, se você quiser montar sua placa-mãe para PC ou algo similar, precisará comprar a licença profissional para um tamanho ilimitado de placa de PC.

Falaremos mais sobre o uso de *software* de *design* para criação de circuitos no Capítulo 6. Por enquanto nos concentramos em alguns tipos diferentes de componente e em sua função. Embora existam muitos componentes disponíveis, apenas algumas peças são utilizadas nos projetos apresentados ao longo deste livro. Vejamos algumas imagens, símbolos elétricos e descrições referentes a cada uma.

Diagrama esquemático

Um diagrama esquemático é uma representação gráfica de um circuito que usa um símbolo padrão para cada componente elétrico com um número que representa seu valor. Isso pode ser útil para assegurar a polaridade adequada e a orientação de cada componente quando ele é colocado no circuito para soldar. Além disso, esse diagrama esquemático pode manter-se o mesmo, ainda que os valores ou o encapsulamento dos dispositivos usados no circuito mudem. Consulte a Tabela 1.5 para examinar alguns componentes e símbolos elétricos comuns encontrados em um diagrama esquemático.

Tabela 1.5 Símbolos de componentes comuns que você pode encontrar ao ler um diagrama esquemático

Componente	Símbolo	Descrição do símbolo
	VCC1	VCC: símbolo comum para uma bateria como fonte de alimentação. Bateria é um tipo de fonte de alimentação portátil que usa células para armazenar carga elétrica. As células podem ser dispostas em diferentes ordens para produzir níveis específicos de tensão. Aqui é mostrada uma bateria de 9 V geralmente usada em controle remoto ou detector de fumaça.
	S1	Chave: uma chave simples para abrir ou fechar um circuito. Esse tipo de chave, chamado de "chave de contato momentâneo", fecha o circuito quando o botão é pressionado. Ao soltar o botão, o circuito é novamente aberto. Esses botões são usados em circuitos eletrônicos para aplicações de baixa potência.
	D1	Diodo: o símbolo de um diodo, o lado de trás do triângulo (do lado esquerdo), é chamado de "ânodo" ou extremidade positiva, e o terminal com a lista (lado direito) é chamado de "cátodo" ou extremidade negativa. O diodo funciona como uma válvula unilateral – existem muitos tipos diferentes de diodo, e eles também são usados para construir portas lógicas, transistores e praticamente todos os outros tipos de semicondutor. Acostume-se com esse símbolo porque você o verá muitas vezes.

(continua)

Capítulo 1 ■ Princípios básicos

Tabela 1.5 Símbolos de componentes comuns que você pode encontrar ao ler um diagrama esquemático (*continuação*)

Componente	Símbolo	Descrição do símbolo
	LED1	Diodos emissores de luz (LED): são comumente usados em circuitos eletrônicos como luzes indicadoras porque são baratos, consomem pouca corrente, duram muito tempo e são bastante luminescentes para sua dimensão. Tenho um saco com vários LEDs coloridos na minha bancada porque é inevitável que use pelo menos um em cada projeto.
	R1	Resistor: é um componente de fio com uma resistência específica, usada para resistir ao fluxo de corrente através de um circuito ou para um dispositivo do circuito. Os resistores não são polarizados, o que significa que a corrente pode fluir em qualquer direção e não importa a orientação em que eles são instalados.
	R2	Resistor variável (potenciômetro): é o que normalmente você imagina ser um botão de volume. Esse resistor usa um mecanismo deslizante para mover um contator ao longo de um plano de resistência variável linear.
		Normalmente, existem três terminais em um potenciômetro e os dois externos são ligados a +5 V e GND (em qualquer ordem), enquanto o terminal central é a tensão de saída analógica variável do potenciômetro – o terminal central deve ser ligado à entrada do Arduino ou de outros circuitos de controle.
	Q-N	Transistor NPN como chave: o transistor é o tipo mais simples de chave digital. Existem muitas variações de transistor, mas usamos apenas os tipos TBJ e Mosfet. Na foto é mostrado um transistor bipolar de junção NPN 2N3904, comumente usado em circuitos eletrônicos com a função de chave para níveis de corrente de até 200 mA.
		O TBJ em geral é usado como chave de baixa potência e alta frequência que é facilmente controlada por meio de um Arduino. Um transistor tipo N é considerado uma chave do lado de baixo que muitas vezes é usado com o transistor tipo P.
	Q-P	Transistor PNP como chave: é semelhante ao tipo NPN, mas pode ser usado apenas como uma chave para VCC. Na foto é mostrado um transistor PNP 2N3906, que também consegue comutar cargas de até 200 mA e foi concebido para complementar o tipo NPN 2N3904.

(*continua*)

Arduino para robótica

Tabela 1.5 Símbolos de componentes comuns que você pode encontrar ao ler um diagrama esquemático (*continuação*)

Componente	Símbolo	Descrição do símbolo
		Por meio da combinação de PNP e NPN, você pode criar um circuito de amplificação ou isolação de sinal (ver Capítulo 3 para mais informações).
	C1	Capacitor: é um dispositivo capaz de reter determinada quantidade de carga elétrica que é usada para fornecer corrente para o restante do circuito ou para absorver variações bruscas de tensão para nivelar os sinais. A especificação desse capacitor eletrolítico é de 100 µF e 25 V. Você deve sempre escolher um capacitor com uma especificação de tensão de no mínimo 10 V superior à tensão de funcionamento do sistema. Exceder o limite de tensão pode explodir o capacitor! Alguns capacitores são polarizados e têm um terminal terra específico (indicado por uma listra ou um terminal mais curto), ao passo que os outros não são polarizados e podem ser colocados em ambas as direções.
	16MHz	Ressonador cerâmico: ocupa o lugar de um cristal e de dois capacitores porque tem dois capacitores embutidos. Basta conectar o terminal central ao GND e os terminais externos aos terminais Xtal1 e Xtal2 do *chip* Atmega168 (em qualquer ordem). Esse dispositivo oferece uma base para todas as funções de temporização no Arduino – tente imaginá-lo como um metrônomo digital.
	M1	Motor: esse símbolo geralmente indica um motor de corrente contínua de dois fios. Esse motor de corrente contínua com caixa de engrenagens acoplada é um pequeno motor de modelismo que pode ser usado em um projeto de robótica. Geralmente são usados dois fios para operar esse tipo de motor, caso em que a inversão da polaridade dos fios inverterá a direção do eixo de saída do motor.
	5V	Regulador de tensão: o regulador de tensão linear LM7805 é útil para converter qualquer entrada de tensão CC de 6 V-25 V em uma fonte de saída regulada de +5 V. Como ele é capaz de fornecer apenas 1 A de corrente, não é recomendável usá-lo para alimentar motores CC em um robô. Porém, ele funciona muito bem em uma placa de prototipagem ou para alimentar o Atmega168 em um circuito Arduino caseiro.
		Terra (GND): esse símbolo universal representa o sinal GND em um circuito. Todo circuito tem um sinal GND, porque é o caminho de retorno que completa o circuito – todos os sinais GND em um circuito devem ser ligados entre si e retornar para o terminal negativo da fonte de alimentação.

Na Figura 1.20, usamos alguns dos símbolos da Tabela 1.5 para um diagrama esquemático de circuito simples, com uma bateria (VCC1), uma chave (S1), um resistor limitador de corrente (R1) e uma luz LED (LED1). No esquema você pode ver os símbolos para cada componente conectado com linhas pretas, indicando uma conexão elétrica. Para ver que aparência um diagrama esquemático tem quando conectado, veja a Figura 1.21.

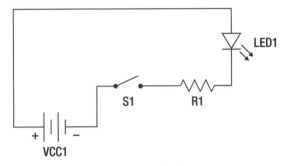

Figura 1.20 Esse diagrama esquemático mostra os símbolos de circuito para quatro componentes diferentes em um circuito simples.

O objetivo do diagrama esquemático anterior é mostrar as conexões elétricas dos componentes de *hardware* mostrados na Figura 1.21. Se tudo estiver conectado como mostrado no diagrama esquemático, o circuito funcionará como pretendido. Isso permite que os usuários montem circuitos sem levar em conta sua dimensão física ou aparência.

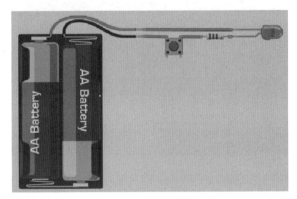

Figura 1.21 Essa imagem é uma ilustração do circuito do diagrama esquemático mostrado na Figura 1.22. Você pode ver a bateria (VCC1), a chave (S1), o resistor limitador de corrente (R1) e a luz vermelha (LED1). Ao pressionar o botão, o circuito é fechado e o LED acende. Ao soltá-lo, o LED apaga.

Prototipagem

Prototipagem é a arte de criar um projeto ou conceito de uma forma crua, concebido não para ser perfeito, mas para testar a viabilidade de uma ideia. Mesmo que você se sinta suficientemente tranquilo com seus cálculos matemáticos para determinar o peso e a velocidade aproximados de seu robô, na verdade você só saberá como ele funciona depois que o construir e experimentar. É aí que o protótipo vem a calhar.

Você pode construir um protótipo temporário com os materiais com os quais se sentir à vontade (madeira, PVC, metal etc.) Desde que ele seja robusto o suficiente para a montagem temporária de motores e baterias, você conseguirá ter uma boa ideia da velocidade e movimentação do robô real e ajustar correspondentemente o conjunto de engrenagens, a capacidade da bateria ou a tensão do sistema.

A prototipagem está relacionada não apenas com instalação de motores e engrenagens, mas também com projeto, montagem e teste de circuitos eletrônicos. Falamos também sobre algumas ferramentas úteis que tornam os testes e a montagem de circuitos muito mais fáceis.

Base para montagem (*breadboard*)

A base para montagem é uma placa de plástico para experimentos que pode ser comprada na maioria das lojas de produtos eletrônicos por menos de 20 dólares (ver Figura 1.22). É uma ferramenta valiosa para o experimentador de eletrônica porque é possível adicionar ou remover componentes para teste na grade de plástico sem precisar soldá-los. Bases para montagem não podem conduzir grande quantidade de corrente, portanto não devem ser usadas em projetos de alta potência. Contudo, antes de criar um modelo permanente, é recomendável usar uma base para montagem para testar qualquer circuito que você vier a construir.

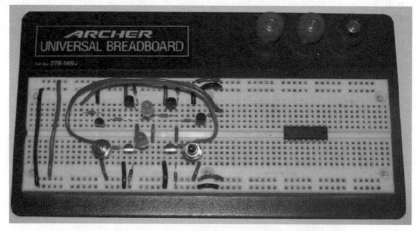

Figura 1.22 Essa é uma base para montagem comum encontrada no Sparkfun.com (peça PRT- 00112) ou em qualquer loja de componentes eletrônicos.

Placa perfurada para prototipagem (placa perfurada)

Assim que seu circuito estiver funcionando em uma base para montagem, você poderá fazer uma cópia réplica para usar como protótipo. Isso pode ser feito facilmente com uma placa perfurada e um ferro de solda. A placa perfurada é uma placa de circuito impresso (PCI) pré-perfurada com espaçamento de ~2,5 mm entre os furos para integrar facilmente a maioria dos componentes através deles (ver Figura 1.23). Todo furo na placa tem uma ilha de cobre própria para que você possa soldar, e toda ilha é separada da seguinte (exceto em projetos especiais). Esse método requer conexões com fio ponto a ponto, que podem ser entediantes se o circuito for grande, caso em que a melhor solução talvez seja você mesmo gravar sua PCI (ver Capítulo 6). Entretanto, a placa perfurada pode ser uma excelente plataforma para o construtor iniciante de circuito testar uma variedade de protótipos sem a necessidade de projetar e gravar uma PCI adequada.

Figura 1.23 Uma placa de prototipagem perfurada convencional com uma ilha de cobre individual para cada furo passante. Você pode construir circuitos completos nesse tipo de placa usando componentes, fio de cobre e ferro de solda elétricos. Como normalmente essa placa custa menos de 5 dólares, ela é útil para protótipos.

Placas de circuito impresso

Depois de verificar se um circuito está funcionando como pretendido em seu protótipo em placa perfurada, pode ser que você queira fazer dez cópias da placa dele para vender ou usar em outros projetos. A fiação manual das dez placas não é apenas tedioso, mas o fio usado em projetos de soldagem ponto a ponto pode quebrar ou se romper, comprometendo a confiabilidade.

Para evitar esse tedioso processo de fiação manual de toda placa de circuito que você vier a montar, uma alternativa é fazer o que é chamado de "placa de circuito impresso" ou, abreviadamente, PCI. A PCI pode ser feita à mão ou em um computador, e requer que você crie um desenho de trilhas de circuito em uma placa de fibra de vidro revestida de cobre (*copper clad*) e corroa o cobre em torno delas (ver Figura 1.24). Todos os fios de uma PCI são as trilhas de cobre criadas no desenho do circuito.

Com um circuito de cobre gravado na placa, você pode soldar os componentes diretamente no cobre – é isso que é chamado de placa de circuito. O Arduino é impresso em uma placa revestida de cobre em ambos os lados e coberta com epóxi azul para proteger as trilhas de cobre contra curto-circuito. Usando materiais fáceis de encontrar, você pode fazer suas placas de circuito impresso em casa em poucas horas (ver Capítulo 6).

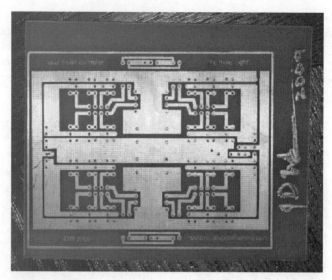

Figura 1.24 A placa de circuito impresso mostrada é um dos meus primeiros controladores de motor caseiros projetados no computador. Usando ao todo 28 chaves Mosfet para acionar dois motores CC, essa é a placa original usada no robô Lawn-bot (de 90,7 kg) apresentado no Capítulo 10.

Antes de finalizar um circuito eletrônico, é preciso soldar cada componente na PCI.

Soldagem

A solda elétrica em geral se refere à fusão de um componente eletrônico em uma PCI por meio de um ferro de solda e de uma solda elétrica, o que oferece uma conexão segura com a PCI. A ideia é fazer com que o terminal do componente e a ilha de cobre da PCI fiquem quentes o suficiente para que a solda se derreta quando os tocar. Por mais tentador que seja, você não deve aquecer apenas o fio de solda com o ferro de solda, porque ele só se fundirá ao terminal do componente e à ilha de cobre se eles também estiverem quentes.

Existem muitos tipos diferentes de solda, mas em conexões elétricas você deve usar uma solda elétrica com núcleo de breu, como mostrado na Figura 1.25. O uso de um fio de solda de menor diâmetro não requer temperatura extremamente alta para fundi-lo às ilhas de cobre e aos terminais dos componentes.

É melhor deixar o ferro aquecer completamente antes de tentar soldar. Não é possível soldar quando o ferro não está quente o suficiente, porque a solda não vai derreter! É recomendável soldar na ilha de cobre apenas o suficiente para preencher completamente os espaços ao redor do terminal do componente, mas não usar muita solda, porque isso cria uma bolha externa que pode tocar na outra ilha de componente ou trilha de cobre.

Você pode obter um ferro de solda por menos de 10 dólares na maioria das lojas de material eletrônico ou na Radio Shack. Embora os ferros sejam adequados para a maioria dos projetos, eles levam algum tempo para aquecer (cerca de dez minutos); além disso, como eles normalmente têm uma ponta grande, é difícil usá-los em lugares reduzidos.

Um ferro de solda de temperatura ajustável, com vários elementos de aquecimento, leva um minuto para aquecer e normalmente tem pontas menores para possibilitar a solda em projetos pequenos ou espaços reduzidos (ver Figura 1.26). É recomendável começar com um desses se você puder arcar com o custo: normalmente eles custam entre 50 e 150 dólares.

Capítulo 1 ▪ Princípios básicos

Figura 1.25 Um rolo de solda elétrica com núcleo de breu usado para a montagem de circuitos.

Figura 1.26 Usei ferros de solda baratos durante anos, até que minha esposa resolveu comprar um "bom" ferro de solda para mim. O Hakko 936 provavelmente não é perfeito, mas é de longe melhor do que os ferros de solda de 7-10 dólares que antes me faziam perder tempo. Ele aquece em questão de minutos e pode ficar muito mais quente do que um ferro normal, tornando a soldagem muito mais fácil.

Podemos levar algum tempo para nos acostumar com processo de soldagem. Por isso, antes de tentar montar uma PCI, é recomendável comprar uma placa de prototipagem perfurada e usá-la para praticar. Além disso, você pode comprar kits eletrônicos de vários fornecedores que vêm com todas as peças necessárias, PCI e instruções – você só precisará de um ferro de solda e de uma ou duas horas para a montagem. Comprei vários kits quando estava aprendendo a soldar, e eles me proporcionaram uma experiência de aprendizagem prática valiosa e interessante.

Atalhos para o processo de soldagem

Ao soldar placas perfuradas, às vezes pode existir um caminho livre entre duas ilhas com terminais que devem ser conectados. Para facilitar a solda e manter o circuito com todos os fios organizados, podemos usar alguns atalhos para simplificar as conexões (ver Figura 1.27).

- Opção 1 – Agrupamento com solda: você perceberá que, se aquecer ilhas de cobre adjacentes (mas separadas) e aplicar solda, a solda tenderá para ambas as ilhas, removendo espaço entre elas. Isso porque a solda não gruda na fibra de vidro da PCI se não houver revestimento de cobre. Se você adicionar solda "em excesso" nessas duas ilhas, perceberá que a solda derretida tentará saltar para o outro conjunto de solda derretida na outra ilha. Se tiver cuidado, poderá deixar a solda solidificar-se entre as duas ilhas, criando uma conexão de solda simples. Esse método pode ser útil para criar uma ponte entre duas ou três ilhas adjacentes. Entretanto, esse método não é aceitável para ligações de alta potência, porque a solda não consegue transferir grande quantidade de corrente.

- Opção 2 – Trilhas com fio: você pode usar também um fio de cobre sólido desencapado (16-20 AWG) diretamente nas ilhas de cobre que deseja conectar (ver A, B e D na Figura 1.27). Se a conexão for abranger várias ilhas, é desejável aplicar uma pequena quantidade de solda em cada ilha em que o fio tocar para que ele não se mova depois que o circuito estiver completo. Você pode também dobrar o fio em torno de outros componentes para fazer uma linha curva ou angular. Esse método produz resultados semelhantes a uma trilha de PCI caseira. Como cada fio é ligado diretamente de um terminal para outro, não pode haver fios cruzados de outros componentes na face inferior da placa de circuito impresso. Esse método é aceitável para aplicações de alta corrente, embora um calibre de fio apropriado deva ser usado para a quantidade de corrente a ser transferida.

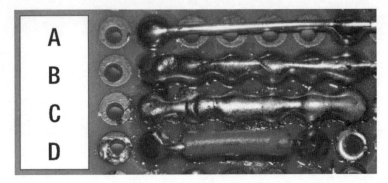

Figura 1.27 Como criar trilhas usando fio de cobre.

A trilha A é um fio desencapado e sem isolamento que é soldado apenas em cada extremidade. A trilha B é um fio desencapado que é soldado em cada ilha de cobre, o que o torna muito mais seguro que a trilha A. A trilha C nem sequer tem fio – é unicamente uma solda que une todas as seis ilhas. A trilha D é um fio que mantém seu isolamento, mas é soldado apenas em cada extremidade. É difícil conseguir a trilha C em mais de duas ou três ilhas e ela não é aceitável para aplicações de alta potência.

CONSTRUINDO UM ROBÔ

A construção real e prática de um robô é minha parte favorita do processo. É aqui que você começa a expressar sua criatividade por meio da concepção e construção de tudo o que você possa imaginar. Esse processo geralmente começa com algumas peças de metal ou madeira e alguns parafusos, porcas, barras roscadas, cola, fita adesiva e qualquer outra coisa que possa encontrar para dar vida a seu robô.

Primeiro você precisa decidir o que quer que seu robô faça e um objetivo (mesmo que seja simplesmente andar sem rumo). Você pode construir um robô autônomo que usa sensores para se orientar ou um robô controlado por rádio que usa entradas como controle. Se você nunca construiu um robô, provavelmente deverá começar por um pequeno. Vários dos capítulos deste livro utilizam servomotores do

Capítulo 1 ▪ Princípios básicos

tipo usado em modelismo para impulsionar o robô, os quais são conectados facilmente e diretamente ao Arduino sem a necessidade de um controlador de motor. Se incorporar menos peças em um projeto, ficará mais fácil e rápido montá-lo e modificá-lo, se necessário.

Seja o que for, não tente ser perfeito logo de cara. É melhor ter uma ideia satisfatória e um protótipo do que ter apenas um monte de *ideias verdadeiramente boas*. Por melhor que a ideia possa soar enquanto ainda estiver na cabeça, você não sabe se ela realmente funcionará se não a experimentar. Vários robôs deste livro passaram por VÁRIAS estruturas até eu encontrar uma que funcionasse e da qual gostasse. Se seu robô não funcionar como esperado na primeira tentativa, tome nota e tente novamente; é assim que um excelente robô é construído.

Fazer, testar, reformular, interromper, refazer – esse é o ciclo de *design*.

Hardware

Ter as ferramentas certas pode tornar o processo de construção muito mais fácil, mas nem todo mundo tem uma bancada totalmente abastecida. Como as ferramentas boas são caras, é recomendável comprar aquelas que você considera necessárias. Dessa forma você não terá ferramentas que nunca virá a usar.

Ferramentas básicas

Embora muitas ferramentas elétricas sejam em sua maioria opcionais, veja a seguir algumas ferramentas básicas que eu recomendo para começar. Você pode ir tão longe quanto quiser, mas esses itens têm de fazer parte de sua lista (ver Figura 1.28):
- Martelo
- Chaves de boca
- Alicates (padrão e de ponta fina)
- Descascadores e prensadores de fio
- Alicate de pressão
- Chaves de fenda comuns e Phillips
- Trena

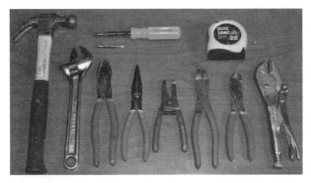

Figura 1.28 Meu kit de ferramentas básicas: jogo de chaves de fenda 6 em 1 (centro superior), trena de 25 pés (cerca de 8 m) (canto superior direito), e da esquerda para a direita: martelo, chave inglesa, alicate universal, alicate de ponta fina, descascador de fio, prensador de fio, cortador de fio e alicate de pressão.

Assim que você tiver um conjunto de ferramentas básicas, poderá começar a adquirir ferramentas mais avançadas quando precisar delas (ou quando puder adquiri-las). Provavelmente você precisará também dos seguintes itens para construir todos os projetos deste livro – você não precisa ter todas as ferramentas, mas é imprescindível ter acesso a elas.

- Computador: apesar de normalmente não haver um computador na bancada, você precisará de um para executar o *software* do Arduino e fazer *upload* de código. Esse computador não precisa ser o melhor e mais recente para executar o *software* do Arduino IDE. Praticamente qualquer um com porta USB servirá. Tanto o *software* Arduino quanto o Eagle Cad podem ser usados em Windows, Linux ou Mac.

- Voltímetro (multímetro): esse medidor não precisa ser caro. Geralmente o mais barato que conseguir encontrar medirá tensão CA/CC, resistência e corrente CC em torno de 250 mA. Prefiro um medidor analógico para poder ver todos os movimentos da agulha e como ela está reagindo ao sinal que estou testando – meu medidor digital salta diretamente para a leitura, o que facilita a leitura de valores precisos, mas dificulta mudanças de tensão.

- Furadeira elétrica: você precisará de uma. É possível obter uma furadeira elétrica por 20 dólares em praticamente qualquer loja de ferragens. Se quiser optar por algo melhor, adquira um kit de furadeira de 18 V sem fio por cerca de 75 dólares. Também é útil ter uma furadeira de coluna, se pretende gravar sua PCI. A furadeira de coluna geralmente pode ser comprada por cerca de 60 dólares. Você precisará também de algumas brocas, se estiver pretendendo usar metal.

- Serra: você provavelmente precisará de várias serras, mas o tipo depende da quantidade de trabalho que deseja realizar. A serra mais barata com a qual você pode se virar para cortar metal é o arco de serra, mas os metais espessos exigem um pouco de paciência. Uma serra vaivém (às vezes chamada de serra sabre ou serra tudo) é uma boa opção para o corte de praticamente qualquer coisa, como metal, madeira e PVC. A serra tico-tico é suficiente, se você já tem uma. Apesar de um pouco menos versátil para projetos de robótica, há momentos em que a serra tico-tico pode ser útil.

- Ferro de solda: se você pretende montar qualquer um dos circuitos apresentados neste livro, precisará de um. Lembre-se de manter a ponta sempre limpa com uma esponja molhada ou escova de aço enquanto estiver soldando. Você pode usar um ferro de 7 dólares da Radio Shack, mas eu recomendo um modelo de temperatura controlada e ajustável, se estiver pensando em soldar com frequência. Esse tipo de ferro aquece bem mais rápido e fica muito mais quente, mas pode custar de 50 a 150 dólares.

- Soldador: não é necessário, mas pode ser útil em projetos maiores. Um tipo padrão de arame com alimentação de 110 V é adequado. Lembre-se sempre de usar máscara de solda para evitar danos aos olhos, e nunca olhe diretamente para o arco de solda!

Matéria-prima

Trabalharemos com vários materiais diferentes neste livro, como madeira, metal, plástico e fibra de vidro. É sempre bom usar óculos e luvas de proteção ao cortar qualquer desses materiais. Você pode trabalhar com o material com o qual se sentir mais confortável, mas prefiro metal.

- Madeira: a madeira é o material mais fácil e barato, que também é forte o suficiente para suportar o peso de um grande robô. Por mais tentador que seja usar alguns sarrafos 2×4 para o quadro de um robô, eles tendem a empenar e rachar, o que torna essa ideia menos atraente para um projeto no qual investimos muito tempo. No entanto, a madeira pode ser útil para prototipagem.

- Plástico: gosto de usar folhas de acrílico em vez de vidro para aplicações transparentes e pequenas bases de robô, porque são fáceis de perfurar e atarraxar e podem ser cortadas com uma serra tico-tico. O PVC (tubo) pode ser útil para projetos em que se precisa de pouco esforço. Plexiglas, PVC e muitos outros tipos de plástico podem ser formados ou moldados com um soprador de ar quente.

Capítulo 1 ▪ Princípios básicos

- Metal: é difícil martelar o metal para construir uma base móvel de robô. O metal extremamente resistente é durável e pode ser unido por meio de soldagem ou parafusos/porcas. O corte é um pouco mais difícil, e exige uma serra de arco (e força no braço) ou uma serra sabre com lâmina de metal com dente fino. Uma vez construída, a estrutura metálica durará anos e não empenará nem deformará. A maioria das lojas de ferragens vende longas barras de aço e outros metais de 122 cm com perfis em ângulos variados por 5-25 dólares, dependendo do tamanho e da espessura.
- Fibra de vidro: é um excelente material para a criação de formas específicas que seriam quase impossíveis com metal ou madeira. Também é extremamente forte e rígida, depois de preparada, bem como à prova d'água. O processo requer a colocação de um tecido de fibra de vidro e, em seguida, a aplicação de duas demãos de resina sobre ele. A fibra leva mais ou menos uma hora para endurecer, mas libera alguns gases fortes. Uma lata de 1 litro de resina de fibra de vidro custa em torno de 25 dólares na maioria das lojas de ferragens (e dura muito tempo), e o tecido de fibra de vidro especial (às vezes chamado de "manta") custa em torno de 5 dólares o pé quadrado (cerca de 0,74 m^2).

Área de trabalho

O ideal é ter um amplo espaço para trabalhar, mas geralmente o espaço depende de nossas condições de vida. Quando eu morava em apartamento, havia peças de projeto espalhadas por toda parte e eu usava a varanda de trás para trabalhar com metais, para desespero de meus vizinhos. Como agora tenho casa, tento manter todos os projetos na garagem e realizo a maior parte dos trabalhos de corte/trituração barulhentos fora, onde há boa ventilação.

Há várias coisas que você deve considerar ao escolher o lugar para montar seus projetos. Esses fatores muitas vezes são ignorados, mas são importantes para sua segurança e daqueles que estão ao seu redor.

- Espaço de teste: como as coisas nem sempre saem de acordo com o planejado, é bom ter muito espaço sempre que estiver testando um robô ativo que possa oferecer riscos físicos para os outros. Vários dos robôs apresentados neste livro são grandes o suficiente para ferir gravemente pessoas e animais de estimação em caso de perda de controle. Não teste robôs grandes em espaços fechados ou perto de pessoas!
- Ventilação: inspirar substâncias contaminantes pode ser prejudicial para os pulmões e o cérebro. No caso da serragem, pode ser apenas desconfortável, mas respirar gases ácidos e corrosivos ou fumaça de solda pode ser um perigo para a saúde. Sempre trabalhe em área bem ventilada ou externa. Se estiver trabalhando com solda, líquidos corrosivos ou fibra de vidro, é aconselhável usar máscara para proteger os pulmões e ventilador para extrair os gases nocivos da área de trabalho.
- Segurança: esteja sempre atento aos seus robôs. É um bom hábito desligar o cabo de energia quando não estiver usando o robô a fim de evitar arranque acidental e possíveis riscos. Não subestime a capacidade dos robôs de provocar danos e destruir (mesmo que essa seja sua finalidade) objetos aleatórios nas proximidades.
- Crianças: se seu espaço de trabalho puder ser acessado por crianças, procure manter o ferro de solda fora do alcance delas e desconectado, guardar qualquer lâmina ou objeto cortante e pequenos componentes que possam ser confundidos com balas e doces em lugar seguro e desligar e desativar a chave de segurança (isto é, a bateria) de qualquer robô que possa ferir uma criança. Vários projetos deste livro usam motores destinados a transportar uma pessoa. Esses motores são potentes o suficiente para provocar danos físicos a pessoas se não for possível controlar o robô. Por esse motivo, sugiro que você mantenha pessoas e animais de estimação a pelo menos 6 m de distância de robôs móveis (a menos que eles já tenham sido testados exaustivamente) por motivo de segurança.

RESUMO

Para recapitular, neste capítulo discutimos primeiro os conceitos básicos de eletricidade, incluindo uma analogia do fluxo de corrente elétrica, propriedades elétricas, circuitos e tipos de conexão. Depois de analisar a eletricidade, falamos sobre eletrônica e semicondutores, *datasheet*, circuitos integrados e encapsulamento de CI.

Em seguida, apresentamos uma breve introdução ao microcontrolador Arduino, incluindo o Arduino IDE, duas principais versões do Arduino (padrão e mega), componentes de um *sketch* e, finalmente, diferentes sinais comuns disponíveis no Arduino.

Com uma breve discussão sobre o projeto de circuitos eletrônicos e alguns dos diferentes tipos de símbolos esquemáticos usados para vários componentes eletrônicos, falamos sobre as ferramentas básicas de que você precisa para os projetos deste livro e os materiais que são usados.

No capítulo seguinte, analisaremos de que forma o Arduino pode ser interligado com uma série de dispositivos diferentes.

CAPÍTULO 2

Arduino para robótica

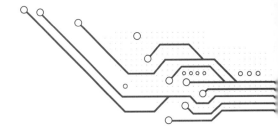

Com alguns conceitos básicos de eletricidade, do Arduino e da construção geral de robôs já revisados, vamos direto para algumas das tarefas específicas de interfaceamento necessárias para completar os projetos deste livro. No Capítulo 1, os exemplos de código usam componentes de baixa potência que podem ser conectados diretamente ao Arduino (LEDs, potenciômetros, receptores de R/C, chaves liga/desliga e assim por diante). Este capítulo se concentra em como fazer a interface do seu Arduino para chaves mecânicas, eletrônicas e ópticas, bem como alguns métodos diferentes de controle de entrada e, finalmente, fala um pouco sobre sensores.

Primeiro vamos discutir os conceitos básicos de interfaceamento com relés, transistores e controladores de motor para o Arduino. Depois discutiremos os vários métodos para controlar o seu Arduino – enfocando os métodos mais populares de controle sem fio. Por fim, dou minha opinião sobre os diversos tipos de sensores disponíveis para o uso em robótica.

Não há exemplos de código neste capítulo, mas a informação apresentada é útil para entender os métodos de interfaceamento, tipos de controle e sensores utilizados ao longo deste livro. Vamos começar apresentando alguns componentes de comutação (chaveamento) que podem permitir ao Arduino controlar dispositivos de alta potência.

INTERFACE COM O ARDUINO

Como o Arduino pode fornecer apenas uma corrente de cerca de 40 mA através de qualquer um dos seus pinos de saída, ele fica severamente limitado ao que pode alimentar efetivamente. Um LED típico de 5 mm vermelho requer cerca de 30 mA de corrente, de modo que o Arduino não tem nenhum problema em acendê-lo até 100% – mas terá dificuldade com qualquer coisa além disso. Usar o Arduino para controlar um dispositivo de alta potência requer a utilização de um "amplificador". Também chamado "isolador de sinal", um amplificador simplesmente reproduz um sinal de entrada de baixa potência com uma potência de saída muito mais elevada para alimentar uma carga.

Um amplificador básico tem uma entrada e uma saída – a entrada é um sinal de baixa potência (como o Arduino) e é usada para acionar um sinal de saída maior que irá alimentar a carga. Um amplificador perfeito é capaz de comutar um sinal de alta potência tão rápida e eficientemente quanto o Arduino comuta o sinal de baixa potência. Na realidade, os amplificadores não são perfeitamente eficazes, e um pouco de calor é dissipado no processo de comutação, o que muitas vezes exige a utilização de um dissipador de calor no dispositivo de comutação e, possivelmente, uma ventoinha para remover o calor (como a CPU do computador).

Existem diferentes tipos de circuitos de amplificação que podem ser interfaceados com o Arduino, dependendo do tipo de sinal utilizado. Para sinais de comutação lenta que usam o comando digitalWrite (), você pode fazer a interface do Arduino com um relé de alta potência. Para sinais PWM de chaveamento rápido que usam o comando analogWrite(), você deve usar um comutador de estado sólido, que permite o pleno controle de saída digital de 0% a 100%. Você também pode comprar um controlador eletrônico de velocidade pré-montado e usar o Arduino para fornecer os sinais de controle de entrada.

Primeiro vamos falar sobre uma chave ativada eletricamente – o relé –, que pode trabalhar com grandes quantidades de corrente e pode ser controlada usando o Arduino.

Relés

Um *relé* é uma chave elétrica que utiliza um solenoide eletromagnético para controlar a posição de um contator mecânico de potência. Um solenoide é semelhante a um motor porque utiliza um campo magnético para produzir o movimento físico do seu cilindro, mas, em vez de rodar como a saída do motor, o cilindro do solenoide se move para trás e para a frente num movimento linear. A maioria dos relés é encerrada em uma caixa de plástico ou metal para manter as peças que se movem protegidas de interferências externas e da poeira (ver Figura 2.1).

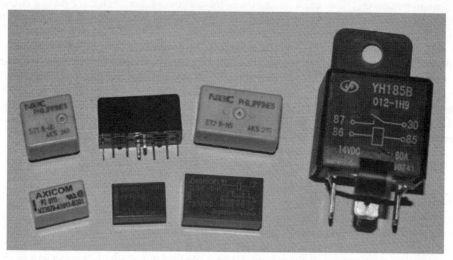

Figura 2.1 Aqui você pode ver uma variedade de relés, dos menores aos maiores. Os três relés menores na linha de baixo são chamados relés de "sinal", ou seja, seus contatos são especificados para menos de 2 A de corrente. Os três relés na linha superior são chamados relés de "potência", e seus contatos variam de 5 A a 25 A. Por último, o relé "mamute", na extrema direita, é um relé de potência automotivo, especificado em 60 A.

Existem duas partes em um relé: o solenoide e o contator, e cada uma é isolada eletricamente da outra. Essas duas partes podem, essencialmente, ser tratadas como partes separadas (mas relacionadas) de um circuito, porque cada uma tem suas próprias especificações. O solenoide dentro de um relé tem uma bobina elétrica com um êmbolo magnético que proporciona o movimento necessário para ligar e desligar a chave do contator. A bobina do relé deve ter especificadas tanto a sua resistência quanto a sua tensão de operação, de modo que você possa calcular a quantidade de corrente que consumirá quando em uso. O contator do relé é onde o sinal de alta potência é ligado. A chave do contator também tem uma tensão e uma corrente, que informam a você quanta energia pode esperar que o relé conduza antes que os contatos se danifiquem.

Tipos de relés

Relés estão disponíveis com vários tipos de operações diferentes, dependendo da aplicação pretendida, portanto é útil entender como cada tipo funciona para escolher com segurança o relé certo para cada situação.
- Normalmente aberto (NA): significa simplesmente que os dois contatos de potência do relé estão conectados quando a bobina do relé é ligada e desconectados quando a bobina do relé é desligada.
- Normalmente fechado (NF): trata-se do oposto do normalmente aberto: os contatos de potência estão conectados quando o relé está desligado e desconectados quando o relé está ligado.
- Com travamento: significa que o contator do relé não é acionado por mola, permanecendo na posição em que for colocado até que a polaridade seja invertida pela ação da bobina, o que devolve o contator à sua posição original. É comparável a um interruptor de luz doméstico padrão – ele fica ligado até você desligá-lo.
- Sem travamento: esse é o tipo "normal" de relé que usamos para chaves à prova de falhas. A chave do relé do contator tem mola e retorna à posição predefinida a menos que a alimentação seja aplicada à bobina. É comparável a uma chave interruptora momentânea – ela fica ligada apenas enquanto você pressiona o botão; caso contrário, salta de volta à posição "desligado".

Configurações de relé

Além de operar de diferentes maneiras, os relés podem ter seus contatos dispostos em diferentes configurações, dependendo da utilização. Existem quatro tipos comuns de relés que discutiremos brevemente – cada um deles tem só uma bobina, mas um número variável de contatos de potência. Qualquer uma dessas configurações do relé pode ser normalmente aberta ou normalmente fechada, com travamento ou sem travamento, como descrito anteriormente.
- Polo único, acionamento único (em inglês, *single pole, single throw* – SPST): esse tipo de relé usa uma bobina para controlar uma chave com dois contatos – há quatro contatos no total nesse relé (ver Figura 2.2).

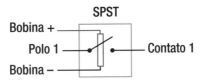

Figura 2.2 Este relé SPST tem um polo com um contato (uma chave simples).

- Polo único, acionamento duplo (em inglês, *single pole, double throw* – SPDT): esse tipo de relé usa uma bobina para operar uma chave com três contatos (ver Figura 2.3). O contato do meio é para a carga, o contato superior é para a Tensão1 e o contato inferior é para a Tensão2 (ou GND). Esse relé tem um total de cinco contatos e é útil para mudar um contato (polo 1) entre duas fontes diferentes (caminhos 1.1 e 1.2), e também é chamado de chave de três vias.

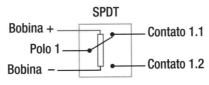

Figura 2.3 Este relé SPDT tem um polo com dois contatos (uma chave de três vias).

- Polo duplo, acionamento único (em inglês, *double pole, single throw* – DPST): esse tipo de relé usa uma bobina para operar duas chaves SPST independentes ao mesmo tempo (ver Figura 2.4). Esse relé tem no total seis contatos e é útil para mudar duas cargas ao mesmo tempo – as duas cargas sendo comutadas podem ser associadas (como um conjunto de fios de motor) ou separadas (como uma chave de alimentação dupla).

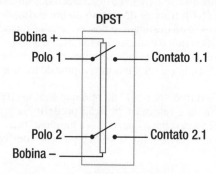

Figura 2.4 Este relé DPST tem dois polos e cada polo tem um contato (uma chave dupla).

- Polo duplo, acionamento duplo (em inglês, *double pole, double throw* – DPDT): esse tipo de relé usa uma bobina para operar duas chaves DPDT independentes ao mesmo tempo (ver Figura 2.5). Esse relé tem oito contatos no total e pode ser configurado como um circuito de ponte-H, o qual é discutido no Capítulo 3 (para controlar a direção de uma carga).

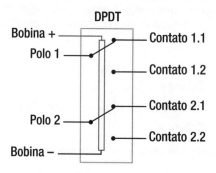

Figura 2.5 Este relé DPDT tem dois polos, e cada polo tem dois contatos (uma chave dupla de três vias).

Usos

Relés têm a vantagem de usar contatos de cobre espessos, de modo que podem ser facilmente usados para comutar altas correntes com uma quantidade relativamente pequena de corrente na entrada. Como o solenoide leva algum tempo para mover o contator, a modulação por largura de pulso (*pulse-width modulation* – PWM) não funciona com o relé. O sinal PWM aparece para o relé como uma tensão analógica, que pode ser alta o suficiente para ligar a bobina do relé ou ele simplesmente fica desligado, mas geralmente não é uma boa ideia usar um sinal PWM em um relé.

Você pode, entretanto, usar um relé para comutar cargas de alta potência utilizando o Arduino – incluindo iluminação, motores, aquecedores, eletrodomésticos, sejam eles CA ou CC, e quase qualquer outra coisa que use eletricidade. O relé é extremamente útil em robótica porque ele pode tanto chavear uma carga de alta potência quanto ser controlado eletronicamente (e, portanto, remotamente), o que abre muitas possibilidades para o seu uso. Você pode usar um relé de potência como um interruptor de energia de emergência controlado remotamente em um grande robô ou como uma chave de controle remoto para um motor elétrico ou luzes.

Usando dois relés SPDT (de três vias), podemos controlar a direção de um motor DC. Na Figura 2.6, você pode ver que, se ambas as bobinas (controle 1 e controle 2) são ativadas, o terminal de motor superior será ligado à tensão positiva da fonte de alimentação e o terminal inferior será ligado à tensão negativa da fonte de alimentação, fazendo com que o motor gire no sentido horário. Se a energia for removida de ambas as bobinas, o terminal do motor superior será ligado à de tensão negativa da fonte, e o terminal inferior, à tensão positiva da fonte, fazendo com que o motor gire no sentido anti-horário.

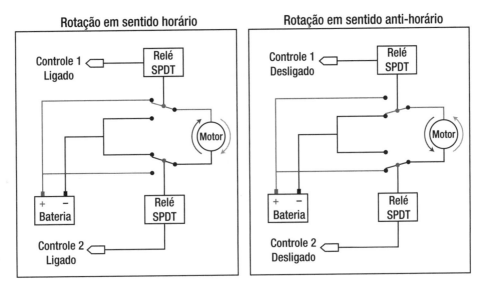

Figura 2.6 As figuras mostram como um motor de corrente contínua pode ser controlado por duas chaves de relé SPDT (ou uma chave de relé DPDT).

Antes de usar o relé, é preciso calcular a quantidade de energia necessária para alimentar sua bobina. Se a bobina do relé consumir mais corrente do que os 40 mA que o Arduino pode fornecer, será necessária uma chave de interface para ligar a bobina do relé usando o Arduino.

Calculando o consumo de corrente

Para determinar a quantidade de corrente que um relé consome, você deve primeiro determinar a resistência da bobina verificando o *datasheet* dele. Se essa informação não estiver disponível, você pode medir a resistência com um multímetro. Usando a resistência da bobina e a tensão nominal do relé, aplique a lei de Ohm para calcular o consumo de corrente da bobina.

Na Figura 2.7, você pode ver um modelo de *datasheet* do relé série G5-CA da Omron. Como você pode ver, o relé está disponível com três diferentes tensões de bobina (5 V, 12 V ou 24 V). A resistência da bobina para cada modelo está listada abaixo, juntamente com a corrente nominal. A versão 5 V dessa bobina de relé tem uma corrente nominal de 40 mA, baixa o suficiente para ser alimentada pelo Arduino sem o uso de um circuito de interface.

Specifications

■ Coil Ratings

Item	Standard, high-capacity, or quick-connect terminals		
	5 VDC	12 VDC	24 VDC
Rated current	40 mA	16.7 mA	8.3 mA
Coil resistance	125 Ω	720 Ω	2,880 Ω
Must-operate voltage	75% of rated voltage (max.)		
Must-release voltage	10% of rated voltage (min.)		
Max. voltage	150% (standard)/130% (high-capacity, quick-connect terminals) of rated voltage (at 23°C)		
Power consumption	Approx. 200 mW		

Note: 1. The rated current and coil resistance are measured at a coil temperature of 23°
2. The operating characteristics are measured at a coil temperature of 23°C.
3. The "maximum voltage" is the maximum voltage that can be applied to the rela

■ Contact Ratings

Item	Standard		
	Resistive load	Inductive load (cosϕ = 0.4, L/R = 7 ms)	
Contact form	Single		
Contact material	Silver alloy		
Rated load	10 A at 250 VAC; 10 A at 30 VDC	3 A at 250 VAC; 3 A at 30 VDC	
Rated carry current	10 A		
Max. switching voltage	250 VAC, 125 VDC		
Max. switching current	10 A		
Max. switching power (reference value)	2,500 VA, 300 W	750 VA, 90 W	

Figura 2.7 Exemplo de parte do *datasheet* de um relé; você pode ver as especificações tanto da bobina quanto dos contatos.

Embora esse *datasheet* específico exiba a corrente nominal da bobina do relé, alguns relés têm listada apenas a tensão de operação. Nesse caso, você deve medir manualmente a resistência da bobina do relé usando o seu multímetro e, em seguida, usar a lei de Ohm para calcular o consumo de corrente.

A partir do *datasheet* da Figura 2.7, usamos a lei de Ohm para verificar o consumo de corrente para um relé de 5 V com uma resistência da bobina de 125 ohm.

V = I * R

I = V / R

I = 5 V / 125 ohm

I = 0,040 A (40 mA) – O *datasheet* está correto!

Considerações sobre a força contraeletromotriz (back-EMF)

Como explicado no Capítulo 1, lembre-se de que uma bobina (solenoide) é um tipo de carga indutiva e produz uma força contraeletromotriz sempre que o solenoide é desligado. Essa força contraeletromotriz pode danificar seriamente os componentes eletrônicos de comutação que não estejam protegidos com um diodo retificador comum, como o diodo 1N4004 utilizado na Figura 2.8. O diodo é colocado entre os terminais da carga (nesse caso, a bobina do relé) para impedir que a força contraeletromotriz danifique o pino de saída Arduino.

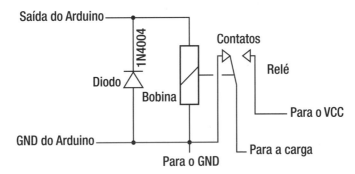

Figura 2.8 Este diagrama esquemático mostra a utilização de um diodo em paralelo à bobina do relé para proteger o pino de saída Arduino ou outro dispositivo de comutação da força contraeletromotriz produzida pela bobina do relé.

Embora o relé na Figura 2.7 *possa* ser acionado diretamente pela corrente disponível no Arduino, a maioria dos relés de potência exige um pouco mais de 40 mA para ligar. Nesse caso, precisamos de uma chave de interface para fornecer energia para a bobina do relé usando o Arduino. Para isso, precisamos primeiro discutir chaves de estado sólido (eletrônica).

Chaves de estado sólido

Uma *chave de estado sólido* é aquela que chaveia (comuta) uma carga elétrica usando *chips* de silício dopados sem partes móveis. Transistores, Mosfets, fototransistores e relés de estado sólido são todos exemplos de chaves de estado sólido. Como componentes eletrônicos de estado sólido não têm partes móveis, eles podem ser comutados muito mais rapidamente que os mecânicos. Você deve verificar o *datasheet* do fabricante relativo ao componente que está usando, mas sinais PWM normalmente podem ser aplicados a essas chaves a fim de fornecer uma saída variável para o dispositivo de carga.

Há dois lugares onde podemos colocar uma chave no circuito para controlar a potência na carga. Se a chave estiver entre a carga e a fonte de tensão positiva, ele é chamada de *chave superior*. Se a chave estiver entre a carga e a fonte de tensão negativa, é chamada de *chave inferior*, como mostrado na Figura 2.9.

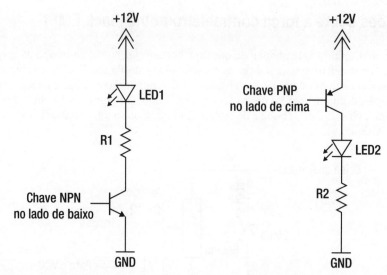

Figura 2.9 Aqui você pode ver a diferença entre uma chave superior e uma chave inferior.

Transistores

Um *transistor* é uma chave eletrônica que usa um sinal pequeno de entrada para mudar um sinal grande de saída, usando uma tensão de referência comum. Chaves transistoras diferem das chaves normais (como relés) porque não podem ser colocadas em qualquer lugar no circuito. Uma chave inferior deve usar um transistor dopado negativamente, enquanto uma chave superior deve usar um transistor dopado positivamente.

Existem três tipos comuns de transistores: o transistor bipolar de junção (TBJ), o transistor de efeito de campo metal-óxido-semicondutor (Mosfet) e o fototransistor. Todos esses dispositivos são chaves transistoras (eletrônicas) e funcionam como tal, mas cada um é ativado por um meio diferente. O TBJ é ativado pela aplicação de uma determinada quantidade de corrente elétrica ao seu terminal de base. O Mosfet atua como um TBJ, mas, em vez de uma corrente, você deve aplicar determinado nível de tensão para o terminal de porta (geralmente 5 V ou 12 V). O fototransistor é o mais diferente dos três, porque não é ativado por um sinal elétrico, mas pela luz. Podemos interfacear todos os três tipos de transistores diretamente para o Arduino.

Todos os tipos de transistores têm os valores nominais de tensão e de corrente (amperagem) exibidos em seus *datasheets* – a tensão nominal deve ser rigorosamente respeitada, porque ultrapassar esse limite provavelmente destruirá o transistor. A corrente nominal deve ser usada como um guia para determinar em que ponto a chave aquece a ponto de não poder ser usada. Como mencionado, você pode instalar um dissipador de calor e uma ventoinha para remover o calor do transistor, o que aumenta a corrente nominal.

Transistor bipolar de junção (TBJ)

Tipo mais comum de transistor, o TBJ é um amplificador/chave acionado por corrente cuja corrente de saída está relacionada à sua corrente de entrada, chamado de "ganho". Normalmente, é necessário o uso de um resistor limitador de corrente entre o Arduino e o transistor TBJ para evitar que este receba muita corrente e superaqueça. Os transistores também não têm nenhum diodo de proteção em caso de uma força contraeletromotriz de uma carga indutiva, por isso, quando alimentar um motor ou solenoide de relé, você deve usar um diodo de proteção, como mostrado na Figura 2.10. Se nenhum diodo de proteção de força contraeletromotriz for usado, é possível que o pino de saída do Arduino seja danificado se a chave com transistor também o for.

Um TBJ básico tem três terminais: base (entrada), coletor (saída) e emissor (comum). O emissor está sempre ligado a qualquer fonte de tensão positiva ou negativa (a polaridade depende do tipo de transistor), e o coletor está sempre ligado à carga. O terminal de base é usado para ativar a chave, que conecta os terminais do emissor e o do coletor juntos. Existem dois tipos de transistores TBJ, especificados pelo arranjo das três camadas dopadas de silício no *chip* semicondutor.

* Positivo Negativo Positivo (PNP): destinado a ser utilizado como uma chave superior, o emissor de um transistor PNP é conectado à fonte de tensão positiva, o coletor é ligado à carga e a base é utilizada para ativar a chave. Para desligar esse transistor, seu terminal de base deve ser igual ao seu terminal emissor (fonte de tensão positiva, ou simplesmente remover a alimentação do terminal de base). Ligar esse transistor é contraintuitivo porque você tem que aplicar uma corrente negativa, ou um sinal de 0 V (GND) ao terminal de base.
* Negativo Positivo Negativo (NPN): destinado a ser usado como uma chave inferior, o emissor de um transistor NPN conecta-se à fonte de tensão negativa (GND), o coletor liga-se à carga e a base é utilizada para ativar a chave. Para desligar esse transistor, seu terminal de base deve ser igual ao seu terminal emissor (de fonte de tensão negativa). Esse transistor é ligado através da aplicação de uma corrente positiva ao terminal de base (ver *datasheet* para os valores específicos do transistor).

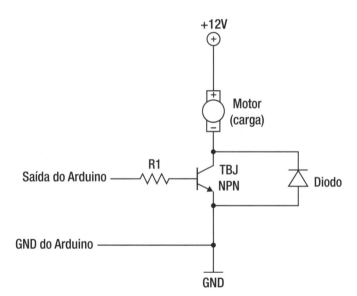

Figura 2.10 Este diagrama esquemático mostra um TBJ usado como uma chave inferior para acionar uma carga indutiva (motor) com um diodo de proteção contra a força contraeletromotriz em paralelo com a chave. Note que o transistor é acionado pelo resistor limitador de corrente (R1).

A maioria dos TBJ requer sinais de nível lógico (+5 V) a serem aplicados ao terminal de base, a fim de ativar a chave. Como o TBJ é acionado por corrente, quando a energia é removida de seu terminal de base, o transistor rapidamente desliga. A corrente necessária para ligar diferentes transistores varia, mas só vamos usar transistores que podem ser acionados nos níveis fornecidos pelo Arduino. O transistor NPN 2N2222A pode ser plenamente ligado com apenas alguns miliampères de corrente e pode comutar cerca de 1 A, de modo que pode ser utilizado como um amplificador simples como chave inferior. O 2N2907A é o análogo PNP do 2N2222A, comumente usado como uma chave superior simples. Ambos estão disponíveis nas lojas Radio Shack, Sparkfun.com e Digikey.com e são baratos (menos de 1 dólar cada).

MOSFET

Um Mosfet é um tipo de transistor que é acionado pela tensão em vez de ser acionado pela corrente como o TBJ. Esse tipo de chave também é capaz de atingir velocidades extremamente altas em PWM e normalmente tem resistência interna muito baixa, sendo ideais para uso em controladores de motor. Mosfets geralmente incluem um diodo de proteção interna (como mostrado na Figura 2.11) para isolar as tensões de saída a partir do sinal de entrada e proteger da força contraeletromotriz (Back-EMF) produzida pela carga, de modo que é geralmente aceitável interfacear diretamente o Arduino a uma chave Mosfet: trata-se de um componente a menos a ser adicionado ao circuito.

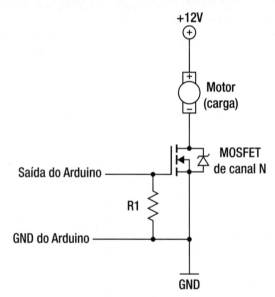

Figura 2.11 Este diagrama esquemático mostra uma chave Mosfet (com diodo integrado) usada como chave inferior para alimentar uma carga indutiva (motor). Note que não há necessidade de um resistor limitador de corrente, mas em vez dele um resistor *pull-down* (R1) é usado para manter a chave Mosfet desligada quando fora de uso.

Um transistor Mosfet é semelhante a um transistor TBJ porque eles têm terminais e tipos correspondentes. Os terminais do Mosfet são chamados de porta (entrada), dreno (saída) e fonte (comum), e correspondem aos terminais dos transistores TBJ base, coletor e emissor, respectivamente (ver Figura 2.12). Além disso, um Mosfet não é classificado como NPN ou PNP, e sim como canal N ou canal P para indicar seu modo de funcionamento. Para fins práticos, esses termos são permutáveis. Como as chaves Mosfet são acionadas por tensão e consomem muito pouca corrente, não é necessário o uso de um resistor limitador de corrente em série com o terminal de porta de um Mosfet (como no caso do TBJ), mas é boa prática a utilização de um resistor do terminal de porta para o terminal fonte (ver R1 na Figura 2.11) para desligar totalmente a chave quando fora de uso.

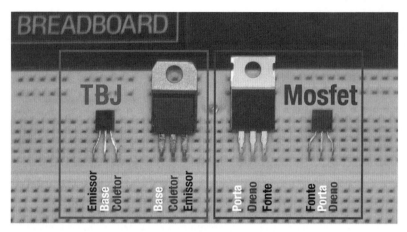

Figura 2.12 Embora possam ter fisicamente a mesma aparência, os TBJ (transistores) à esquerda são acionados por corrente e os Mosfets (transistores) à direita são acionados por tensão. Abaixo de cada transistor, os terminais estão rotulados – note que transistores com encapsulamentos semelhantes têm terminais correspondentes.

Nível lógico *versus* padrão

Um Mosfet normal requer cerca de 10 V aplicados ao terminal de base para ligar totalmente. Para acionar qualquer coisa acima de 5 V com um Arduino é necessário um deslocador de nível ou amplificador, de modo que usamos um Mosfet de nível lógico para uma integração direta. Um Mosfet de nível lógico pode ser ligado com um sinal de "nível lógico" de 5 V, que pode ser facilmente interfaceado para o Arduino. Lembre-se de que um Mosfet requer um nível de tensão específico para ser ativado, mas pouca corrente.

Mosfets também são sensíveis ao excesso de tensão "porta-para-fonte" (*gate-to-source*). Se o limite for excedido por um segundo sequer, o Mosfet pode ser destruído, por isso deve haver o cuidado de se trabalhar dentro dos limites de tensão do Mosfet. A tensão máxima que pode ser aplicada ao terminal de porta está especificada no *datasheet* como "tensão entre porta e fonte" ou "VGS" – esse número geralmente fica entre 18 VDC e 25 VDC.

Para acionar um Mosfet de porta padrão, existem diferentes CIs acionadores que usam sinais de entrada de nível lógico e uma fonte de energia secundária (normalmente 12 V) para enviar o sinal de saída amplificado para o terminal de porta do Mosfet. Muitos acionadores de Mosfet destinam-se a suprir o terminal de porta do Mosfet com grandes quantidades de corrente muito rapidamente, a fim de permitir velocidades de comutação de PWM de alta frequência. Por causa das frequências mais altas de PWM disponíveis com um acionador de alta corrente, usamos CIs acionadores de Mosfet em vários dos projetos neste livro.

Capacitância do Mosfet

Mosfet têm minúsculos capacitores ligados a seus terminais de porta para manter a tensão. A carga do capacitor permite que o Mosfet fique ativado, mesmo depois de a tensão ser removida da porta. Cada vez que o Mosfet é ligado, o capacitor da porta deve carregar e descarregar totalmente sua corrente. Por esse motivo, é uma boa ideia assegurar que a porta seja forçada ao estado desligado utilizando um resistor *pull-down* para descarregar o capacitor quando não estiver ativamente alimentado pelo Arduino (ver R1 na Figura 2.11). O uso de um resistor de 10 kohm do terminal de porta para o terminal fonte (porta para GND no canal-N, porta para VCC no canal-P) é suficiente para manter o Mosfet desligado quando fora de uso.

Conforme a frequência de PWM aplicada à chave Mosfet aumenta, o tempo permitido para o capacitor da porta carregar e descarregar diminui. Conforme isso acontece, o capacitor da porta exigirá mais corrente a partir do acionador para carregar totalmente e descarregar num curto período de tempo. Se a corrente disponível a partir do acionador não for suficiente para carregar e descarregar totalmente entre ciclos de comutação, a porta ficará em um estado parcialmente condutor, que pode resultar em excesso de aquecimento.

Dizer que um Mosfet precisa de muita corrente para chavear rapidamente pode parecer confuso, porque Mosfets exigem uma tensão específica para ligar e, normalmente, muito pouca corrente. Embora os 40 mA que o pino de saída de PWM do Arduino pode fornecer sejam mais que o suficiente para ligar ou desligar lenta e completamente um Mosfet, eles não bastam para carregar e descarregar totalmente o capacitor da porta do Mosfet em altas frequências de PWM, situação na qual o capacitor Mosfet precisa ser totalmente carregado e drenado entre 10 mil e 32 mil vezes por segundo!

O uso de um CI acionador Mosfet (*buffer* especializado de sinal) é a melhor maneira de acionar uma chave Mosfet porque pode fornecer muito mais corrente durante cada ciclo de comutação do que o Arduino. Um acionador Mosfet pode fornecer corrente o bastante para o Mosfet carregar e drenar completamente o capacitor da porta mesmo em altas frequências de PWM, o que é importante para reduzir o calor gerado no chaveamento quando este não é alimentado de forma eficiente. Você também pode omitir os resistores de *pull-up* ou *pull-down* do terminal de porta se estiver usando um excitador Mosfet para controlar um Mosfet – em vez disso, você deve usar um resistor de *pull-down* em cada terminal de entrada do CI acionador de Mosfet, sendo excitado a partir de um pino de saída PWM do Arduino.

Resistência no estado ligado – RDS(On)

Uma das propriedades mais importantes de um Mosfet é a resistência interna entre os terminais de dreno e fonte (RDS) quando a chave está ligada. Isso é importante porque a resistência do comutador determina a quantidade de calor que ele gerará com um determinado nível de potência. Podemos determinar o valor máximo de RDS(On) verificando o *datasheet* do fabricante. A potência máxima dissipada é determinada usando-se a resistência RDS(On) e a corrente contínua (em ampères) que vai passar pela chave.

Calculando o calor usando RDS(On) e a corrente do motor CC

Qual potência total passará por um Mosfet com um RDS(On) = 0,022 ohm (22 miliohm) e um consumo de corrente contínua de 10 A? Use o gráfico da lei de Ohm da Figura 1.3, no Capítulo 1. Queremos obter o calor produzido em watts e conhecemos a resistência do Mosfet e o nível de corrente contínua passando através do circuito. Então, precisamos usar a fórmula:

$$\text{Watts} = \text{corrente}^2 \times \text{resistência}$$

$W = I^2 \times R$
$W = 10 \ A \times 0,022 \text{ ohm}$
$W = 100 \ A \times 0,022 \text{ ohm}$
$W = 2,2 \ W$

Isso significa que um único Mosfet com um RDS(On) = 0,022 ohms dissipa 2,2 W se você tentar passar 10 A através dele. Na minha experiência, a dissipação de mais de 2 W por um Mosfet no encapsulamento TO-220 resulta em aquecimento excessivo. Sempre que mais dissipação de calor for necessária, é uma boa ideia acrescentar um dissipador de calor ou ventoinha de refrigeração para reduzir a temperatura de funcionamento e se livrar do calor excessivo. Um bom dissipador de calor ou ventoinha pode aumentar bastante a quantidade de energia (ou calor) capaz de passar com segurança através do Mosfet. Se os métodos de resfriamento não forem suficientes, você pode organizar vários Mosfets idênticos em um circuito paralelo, multiplicando a quantidade de corrente que o dispositivo chaveador pode suportar. Se você colocar vários Mosfets em paralelo, eles ainda operam apenas como uma única chave, porque são abertos e fechados simultaneamente e seus terminais comuns estão conectados.

Mosfets em paralelos

Uma das características mais úteis de um Mosfet é a capacidade de organizar várias chaves em paralelo para aumentar a capacidade de corrente e diminuir a resistência. Isso é feito simplesmente conectando todos juntos os terminais de dreno e conectando todos juntos os terminais de fonte (ver Figura 2.13). Os terminais de porta devem ser alimentados pelo mesmo sinal de controle, mas cada Mosfet deve ter seu resistor de porta a fim de dividir a corrente total disponível igualmente para cada um deles utilizado em paralelo – esses resistores podem ter um valor muito baixo, de 10 ohm a 330 ohm.

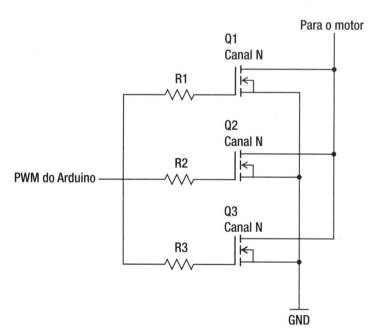

Figura 2.13 Três Mosfet (Q1, Q2 e Q3) dispostos num circuito paralelo (com todos os terminais iguais ligados), permitindo três vezes o fluxo de corrente e um terço da resistência correspondentes à utilização de um único Mosfet. Os resistores (R1, R2 e R3) estão posicionados apenas para distribuir uniformemente a corrente disponível do Arduino, mas não são necessários.

Nota ♦ Os limites de tensão dos Mosfets não mudam mesmo quando se utiliza o método paralelo. Se o limite de tensão for ultrapassado, você provavelmente explodirá cada Mosfet acionado!

A corrente total que pode ser transferida por meio de um conjunto paralelo de Mosfets é igual à quantidade de corrente que pode passar por um único Mosfet multiplicada pelo número de Mosfets utilizados em paralelo. Além disso, a resistência total do conjunto paralelo de Mosfets é igual ao RDS(On) dividido pelo número de Mosfets no circuito paralelo. Isso significa que usando dois Mosfets em paralelo você diminui a resistência pela metade – e quando a resistência é menor, também é menor a dissipação de calor.

FOTOTRANSISTORES

Um fototransistor funciona como um transistor NPN padrão, exceto pelo fato de que é acionado pela luz infravermelha de um LED em vez de uma corrente elétrica. Esses transistores são comumente usados em robôs seguidores de linhas para detectar diferenças de reflexo de luz em superfícies coloridas. Se o emissor e o detector infravermelhos (*infrared* – IR) são colocados em um encapsulamento de CI, o dispositivo é um isolador óptico, pois o dispositivo de baixa potência (emissor infravermelho) está eletricamente isolado da chave de alta potência (fototransistor), permitindo que os circuitos de entrada e saída sejam separados (eles têm diferentes fontes de energia).

Esse tipo de chave é como um híbrido de transistor/relé: ele tem isolamento elétrico como um relé, mas a chave é feita por um transistor. A característica peculiar que você obtém com um fototransistor é uma chave elétrica isolada com capacidade de comutação por PWM. Na Figura 2.14, a base é acionada utilizando a luz de um LED infravermelho ligado ao Arduino (usando o resistor limitador de corrente R1), o coletor (pino 4) está ligado ao terminal negativo da carga (como uma chave inferior) e o emissor (pino 3) está ligado ao GND.

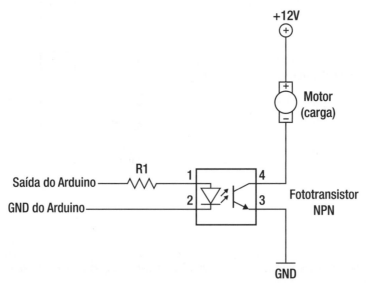

Figura 2.14 Este isolador óptico (par foto-transistor e LED IR) é utilizado como uma chave inferior para acionar um motor. Como a única coisa que liga o Arduino à carga é um feixe de luz infravermelha (sem um GND comum), não é preciso usar um diodo de proteção na chave (embora seu uso seja recomendado).

Interface com um controlador de motor

O termo *controlador de motor* refere-se a um amplificador que é projetado para controlar a velocidade e direção de um motor com um determinado conjunto de sinais de comando. Vamos discutir dois tipos de controladores de motor: CIs controladores de motor e controladores de velocidade eletrônicos (CVE).

Um CI controlador de motor é um *chip* de circuito integrado que foi concebido para utilizar um sinal de entrada de baixa potência para fornecer um sinal de saída de alta potência comandando a velocidade e a direção de um motor CC. Geralmente requer alguns componentes extras (alguns resistores, um capacitor e uma fonte de alimentação de +5 V do Arduino), mas dá conta do controle do motor.

Um CVE é um circuito controlador de velocidade de motor completo que aceita um ou mais tipos de sinais de entrada e cuja saída é uma dada velocidade e direção para o motor usando PWM. São geralmente unidades pré-montadas que custam mais caro mas requerem menos trabalho. Se você estiver com pressa, elas são úteis. A maioria dos CVE é feita para uso em equipamentos de modelismo de avião, carro e barco e utiliza um sinal de entrada de pulso de servo. Há também uma quantidade cada vez maior de CVEs voltados para uso em robótica, com uma variedade de diferentes opções de interface.

Circuitos integrados controladores de motor

Existem vários encapsulamentos de CIs baratos e fáceis de colocar em um circuito. O controlador de motor duplo, L293D, é um circuito integrado DIP de 16 terminais que contém dois circuitos acionadores protegidos e capazes de fornecer até 600 mA de corrente contínua para cada motor em até 36 VCC (ver Figura 2.15). O L298N é um *chip* similar que pode entregar até 2 A para cada motor. Esses *chips* (e outros) aceitam sinais de entrada padrão 0 V a 5 V e têm portas lógicas internas para evitar sobrecargas acidentais e comandos para o controlador que os levem a um estado destrutivo.

Observe na Figura 2.15 que existem conjuntos de quatro entradas e saídas, rotulados 1A (entrada) e 1Y (saída) até 4A e 4Y. O estado digital desses terminais de entrada determina o estado digital de seus terminais de saída amplificados correspondentes. Na prática, quando você aplica um sinal de 5 V (VCC1) ao terminal 1A, você recebe um sinal de 12 V (VCC2) no terminal 1Y. Há também um terminal de habilitação (*enable*) para cada conjunto de entrada/saída. O terminal de habilitação 1-2EN controla o estado de ambos os terminais de saída 1Y e 2Y simultaneamente, e o terminal de habilitação 3-4EN controla as saídas 3Y e 4Y. Você pode usar pinos digitais do Arduino para controlar os quatro pinos de entrada e definir a direção do motor, enquanto usa o sinal PWM em cada pino de habilitação para definir a velocidade de cada motor.

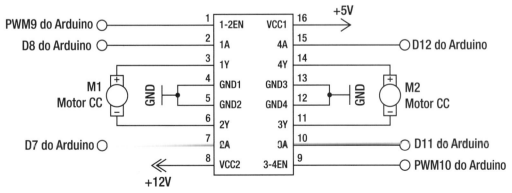

Figura 2.15 Um diagrama esquemático CI L293D, um duplo controlador de motor de 1A e como ele pode se conectar ao Arduino.

Se um CI controlador de motor se adapta às suas necessidades, mas você não quer construir seu circuito, existem vários kits comerciais e circuitos pré-montados disponíveis que usam CIs controladores de motores de pequeno porte. O *shield* de motor da Adafruit, no Capítulo 4, possui dois CIs controladores de motor L293D (ver Figura 2.16) capazes de alimentar até quatro motores CC com até 600 mA de corrente contínua cada. Basta plugar o *shield* em seu Arduino e pronto! – esse *shield* também está equipado com dois conectores para servomotor (ver Capítulo 3 para mais informações), que podem ser usados em conjunto com os quatro motores CC.

Figura 2.16 O *shield* de motor da Adafruit é um acionador de motor fácil de usar com o Arduino que pode acionar uma variedade de diferentes motores. Da esquerda para a direita: motor de corrente contínua, servomotor e motor de passo.

Controladores eletrônicos de velocidade (CEV)

Um CEV é um controlador de motor com um circuito de controle próprio. Destina-se a ser acionado usando um sinal especificado de entrada e não necessita de um microcontrolador. Há muitos CEVs diferentes pré-montados para uso tanto em veículos de modelismo (carros, barcos e aviões) quanto em robótica que aceitam um sinal específico de entrada e comandam o motor de forma adequada. Apesar de muitas dessas unidades serem projetadas para aceitar um sinal de pulso de servo de um sistema R/C padrão de modelismo ou uma tensão analógica de um potenciômetro, você pode usar o Arduino para emular o pulso de um servo ou o valor do potenciômetro analógico. Isso permite que você controle um dispositivo especializado CEV com o Arduino, usando qualquer método de entrada.

O controlador de motor Sabertooth 2x25 da Dimension Engineering (ver Figura 2.17) é um substituto versátil para qualquer dos controladores de motor feitos neste livro. É possível utilizar o Arduino para enviar sinais de controle para o Sabertooth para comandar cada um dos motores usando uma variedade de sinais diferentes. A proteção contra sobrecorrente é interna à placa, portanto ele simplesmente se desliga quando fica muito quente.

Capítulo 2 ■ Arduino para robótica

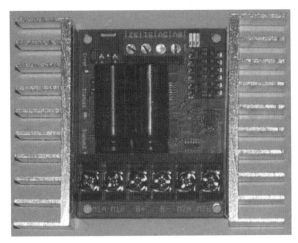

Figura 2.17 Este é o duplo controlador de motor de 25 A da Sabertooth 2x25. Apesar de não parecer grande coisa, ele pode fornecer a dois motores CC energia suficiente para mover várias centenas de quilos com uma velocidade decente.

Há muitos controladores de velocidade diferentes disponíveis, cada um exigindo uma interface de controle diferente; alguns são controlados por PWM, alguns usam comandos em série e outros usam tensões analógicas. Muitos CEVs para modelismo usam um pulso de servo como sinal de entrada para controlar cada um dos motores. Vamos usar os quatro principais métodos de interface de controle de motor, e vou descrever brevemente cada um deles.

- Controle por PWM simples: usa um sinal PWM para determinar a saída de 0% a 100% de um motor. O ciclo de trabalho do sinal PWM determina a velocidade proporcional de saída do motor, em uma direção. Esse é um método comum de controle de motor com controladores de motor caseiros que interagem diretamente com transistores como chaves e com alguns tipos de CIs acionadores de Mosfet. Ou você precisa de dois sinais PWM ou de um conversor de sinal de alta velocidade para acionar o motor em ambas as direções.

- Controle analógico bidirecional: usa um sinal analógico de 0 V a 5 V (ou PWM) para determinar a velocidade e a direção de um motor. Nesse modo, a posição central de 2,5 V é considerada neutra. Abaixo de 2,5 V o motor gira proporcionalmente para trás, com um valor de 0 V desenvolvendo 100% para trás. Acima de 2,5 V o motor gira para a frente, com um valor de 5 V desenvolvendo 100% para a frente – isso é chamado de "analógico".

- Controle R/C: usa um sinal de pulso especial de servo que codifica a posição da alavanca de controle do transmissor R/C. O sinal é um pulso de energia elétrica que tem um tempo específico, o qual varia de 1 milissegundo a 2 milissegundos, em que a posição neutra gera um pulso de 1,5 ms. Este tipo de interface é utilizado para conectar diretamente a maioria dos sistemas de rádio R/C de modelismo.

- Comando serial: usa um cabo serial conectado a um computador (USB) para receber uma série de pulsos de controle serial usados para controlar os motores.

CONTROLE DO USUÁRIO

Há muitas opiniões diferentes sobre o que exatamente define um "robô". Algumas pessoas acham que não é um robô a menos que tenha alguma inteligência, como a capacidade de tomar decisões com base em seu ambiente. A maioria dos equipamentos de robótica industrial é projetada para executar uma tarefa específica com boa precisão, repetidamente, mas esses robôs são controlados por seres humanos e não têm capacidade de tomar decisões. Alguns consideram que a robótica inclui a automação de um processo, mesmo que seja controlado por humanos. Para atender a todos, ampliamos o escopo, considerando todas essas coisas como robôs.

O método de controle de um robô varia de acordo com sua aplicação. Um robô estacionário pode precisar de comandos apenas quando o usuário quer que uma ação específica seja realizada, enquanto um robô móvel de movimento rápido necessita de várias atualizações de controle a cada segundo. Um robô autônomo também pode ter controle R/C para permitir usos múltiplos. O *chip* Arduino tem espaço suficiente para codificar vários métodos de controle no mesmo robô. O método de controle pode ser tão simples quanto um conjunto de botões colocados no robô ou tão complexo quanto um *chip* de GPS para guiar o robô a um conjunto de coordenadas de latitude e longitude por conta própria (ver seção RoboBoat, no Capítulo 9). Existem muitos métodos diferentes de controle, mas vamos discutir apenas alguns tipos comuns.

Controle com fio (*wired*)

É fácil interfacear o controle com fio com um Arduino, porque você simplesmente conecta os fios de cada botão, chave ou potenciômetro diretamente aos pinos de entrada do Arduino. Você pode até criar sua caixa de controle usando alguns potenciômetros, algumas chaves e botões e alguns poucos metros de cabo para termostato de oito fios comprado em loja de eletricidade. Usando um cabo de oito fios e um sinal comum GND, você pode facilmente ter seis ou sete canais analógicos ou digitais independentes em um controlador remoto.

Uma cadeira de rodas elétrica normalmente tem um controlador tipo *joystick* para o operador controlar seus movimentos, e alguns outros botões para ajustar desde a velocidade máxima dos motores até a inclinação do assento. Os resistores variáveis e botões desses controladores são conectados diretamente ao microcontrolador da cadeira. O projeto do Capítulo 11 é um robô estilo *segway*, que você pode ativar e dirigir por meio de um guidão – todas as conexões são ligadas permanentemente ao Arduino.

Às vezes não é possível usar um controle com fio em um robô, e você deve procurar uma solução sem fio. Existem várias para escolher, com diferentes aplicações e custo, por isso vamos discutir algumas.

Controle infravermelho

Um conjunto de sensores infravermelhos podem ser usados para controlar um robô, assim como você usa o controle remoto para mudar de canal na sua TV. Um controle remoto de TV envia um código de infravermelho específico para cada botão que é pressionado, de forma que seu televisor saiba o que fazer dependendo do botão pressionado (ou seja, aumentar/diminuir o volume, canal para cima/baixo e assim por diante). Usando esse mesmo conceito, você pode ler códigos infravermelhos no seu Arduino usando um CI receptor de infravermelho (ver Figura 2.18) e usar esses códigos para comandar um robô com uma ação robótica diferente para cada botão diferente pressionado.

Esse tipo de controle utiliza a luz emitida por um diodo emissor de infravermelho (IRED), que parece um diodo emissor de luz e funciona exatamente como ele, exceto pelo fato de que você não conseguir ver qualquer luz (a olho nu) quando o IRED está ligado. Como os dispositivos infravermelhos usam a luz para transferir o sinal, esse tipo de método de controle precisa de uma linha desempedida de visão entre o emissor e o receptor. Com um caminho de transmissão desempedido, um sensor de infravermelho tem um alcance efetivo de cerca de 6 m. Existem alguns "carrinhos" de R/C, micro-helicópteros para ambientes fechados e robôs de brinquedo que usam uma conexão infravermelha sem fio, como o popular Robosapien da WowWee brinquedos robóticos (www.wowwee.com).

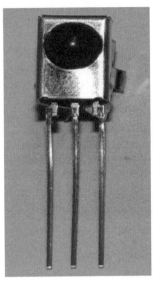

Figura 2.18 Usando um CI receptor infravermelho tirado de um velho videocassete (foto) você pode enviar sinais para o Arduino com o controle remoto da TV.

Sistemas de controle por rádio

Deixe-me começar por dizer que eu não sou nenhum especialista em rádio, então não sou qualificado para entrar em detalhes sobre as muitas possibilidades diferentes de transmissão de sinal de rádio – mas venho testando diversos métodos populares de controle por rádio e posso contar quais têm funcionado melhor para uso nos robôs.

O controle por rádio é provavelmente o método mais comum para o controle humano de um robô, porque não está estritamente limitado à operação na linha de visão e tem um alcance efetivo de até vários quilômetros. A maioria dos equipamentos de controle por rádio é destinada ao uso em aviões, barcos e carros de modelismo, mas o Arduino é uma excelente interface para implementar o controle de R/C de um robô. Um típico sistema de modelismo de controle por rádio consiste em um "transmissor" que é usado para capturar suas entradas e enviá-las através do ar, e um "receptor" que é usado para capturar esses sinais do ar e convertê-los em sinais elétricos utilizáveis (ver Figura 2.19).

Existem três tipos de sistemas de rádio que podem ser usados para controle de robôs: amplitude modulada (AM), frequência modulada (FM) e espalhamento espectral (2,4 GHz). Apesar de esses tipos de modificação de sinal serem diferentes, todos têm o mesmo objetivo: enviar os valores do transmissor para o receptor. Para projetos mais avançados, há também o Xbee, um popular *link* de 2,4 GHz sem fio.

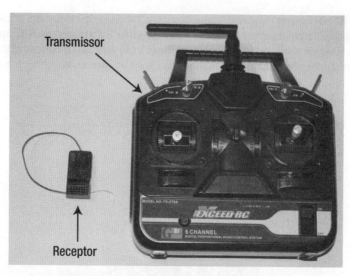

Figura 2.19 Este sistema de rádio de 2,4 GHz de modelismo inclui um transmissor de seis canais e um receptor por menos de 40 dólares na HobbyPartz.com (componente #79P-CT6B-R6B).

Amplitude modulada (AM)

Sistemas de rádio AM são, provavelmente, os mais utilizados, principalmente para carros e barcos de brinquedo controlados remotamente (27 MHz e 49 MHz são populares). Esses sistemas de rádio usam longas antenas de fios para transmitir seus sinais e são afetados por interferências de prédios, árvores e outros rádios nas proximidades (na mesma frequência). Sistemas de rádio AM normalmente não têm mais de três canais de controle utilizáveis, sendo menos populares para uso com robôs. Esses sistemas podem ser utilizados em pequenos robôs, mas devem ser evitados sempre que for necessária extrema confiabilidade e alcance. Esses sistemas podem ser conectados ao Arduino, mas devem ser evitados a menos que você já tenha um.

Frequência modulada (FM)

Nos Estados Unidos, todos os sistemas de rádio FM de 75 MHz são destinados ao uso em veículos terrestres (como carros e barcos) e todos os sistemas de rádio FM de 72 MHz são destinados ao uso em veículos aéreos (como aviões e helicópteros). Esses sistemas de rádio normalmente requerem um par casado de cristais colocado no transmissor e no receptor para determinar em que "canal" o rádio é operado – os cristais simplesmente sintonizam o Tx e o Rx na mesma frequência específica para que possam operar sem interferência. Sistemas de rádio FM normalmente têm uma boa abrangência em áreas abertas (até 1,6 km) e não são tão propensos a interferências como os sistemas AM, sendo utilizáveis na robótica.

Espalhamento espectral de 2,4 Ghz

A faixa de frequência de 2,4 GHz é comum para a transmissão de dados sem fio. Não apenas essa faixa de frequências é grande o suficiente para transmitir grandes quantidades de dados (como áudio, vídeo e *web*), como ela também pode fornecer uma conexão segura para os sistemas R/C, livre de interferência. Há muitos dispositivos que usam essa frequência, incluindo sistemas de câmera sem fio, roteadores de rede sem fio, sistemas de R/C e até mesmo o protocolo sem fio Bluetooth. Rádios de espalhamento espectral operam na frequência de 2,4 GHz, normalmente acima do nível de interferência de cercas elétricas e ruídos de motor, e não têm restrições de uso, sendo adequados para o uso em qualquer tipo de robô.

Sistemas R/C de 2,4 GHz usam um processo chamado de *binding* (ligação) para estabelecer uma conexão semipermanente entre o transmissor e o receptor. A ligação é a substituição por pares de cristal de frequência correspondente, utilizados em sistemas de R/C legados. O padrão de espalhamento espectral usa um processo chamado de "salto de frequência" para mudar constantemente canais de frequência (tanto do transmissor quanto do receptor simultaneamente) a fim de evitar que quaisquer outras rádios próximas cruzem os sinais. Um sistema de R/C é a forma mais barata de obter uma conexão segura de 2,4 GHz que possa ser conectada diretamente ao Arduino.

Xbee

O Xbee funciona como uma conexão serial sem fio de dados com taxas de dados selecionáveis, capaz de enviar e receber. Rádios Xbee são fabricados pela Digi International (www.digi.com) e usam o protocolo de comunicação sem fio Zigbee. Com uma variedade de aplicações, esses rádios são fáceis de interfacear com o Arduino, necessitando apenas de uma fonte de alimentação de 3,3 V e uma conexão para os pinos seriais TX e RX (D0 & D1) do Arduino.

Usando um conjunto de rádios Xbee, você pode criar seu controlador programável R/C personalizado ou uma conexão de telemetria para obter informações sobre o seu robô durante a operação (como a tensão da bateria, o consumo de corrente, velocidade, e assim por diante). Você ainda pode usar um par de rádios Xbee para programar, sem fio, um Arduino! Rádios Xbee estão disponíveis com diferentes níveis de potência para contemplar transmissões a distâncias maiores, proporcionando um alcance efetivo comparável a uma conexão comum R/C de 2,4 GHz. Por causa da versatilidade desse robusto *link* sem fio, há vários capítulos que discutem o uso de um par de Xbees tanto para controle do robô quanto para o seu monitoramento (ver Figura 2.20).

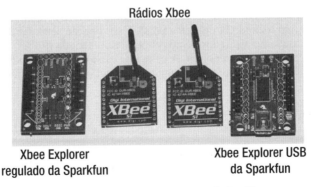

Figura 2.20 Um par de rádios 2,4 GHz Xbee (centro) com placas *breakout* da Sparkfun.com.

Há muitos varejistas que vendem rádios Xbee e *shields* adaptadores para permitir uma interface fácil com o Arduino. Um rádio Xbee básico custa cerca de 25 dólares, e as placas adaptadoras podem variar de 10 a 25 dólares cada. Uma placa adaptadora é necessária porque o espaçamento entre pinos do rádio Xbee é de 0,12 cm não compatível com uma placa de montagem ou placas perfuradas de prototipagem, que utilizam espaçamento de 2,54 cm. Na Figura 2.20, você pode ver dois rádios Xbee padrão (Sparkfun.com parte #WRL-08665), uma placa *breakout* regulada Sparkfun Xbee Explorer (Sparkfun.com componente #WRL-09132) para conectar ao Arduino e uma placa *breakout* Sparkfun Xbee Explorer USB (Sparkfun.com parte #WRL-08687) para conectar ao seu computador. Os fabricantes dos rádios Xbee também criaram um *software* chamado X-CTU, usado para alterar as configurações nos rádios Xbee enquanto conectados ao seu computador – o *software* X-CTU é de uso livre, mas atualmente só funciona no Windows.

SENSORES PARA NAVEGAÇÃO

Embora a criação de uma conexão de controle que converta a entrada do usuário em saída robótica possa ser extremamente útil, há algumas tarefas que exigem que o robô tome decisões próprias sem consultar um ser humano. Os três primeiros projetos robóticos deste livro (Capítulos 4, 5 e 7) usam algum tipo de consciência externa para dirigir o robô ao seu destino sem o uso de qualquer orientação do usuário.

Acredite ou não, você é realmente um ser autônomo (autocontrolado) que usa vários "sensores" diferentes para ajudar a determinar o ambiente ao seu redor. Seus olhos, ouvidos, nariz, mãos e boca têm sensações próprias que seu cérebro pode interpretar, resultando em alguma forma de inteligência. A partir desses sensores, seu cérebro é capaz de tomar decisões informadas sobre como seu corpo deve proceder para se manter livre de danos. Analogamente, um sensor robótico é um dispositivo acoplado a um robô para coletar informações sobre seus arredores. Sem os sensores, o robô não teria meios de saber o que está em torno dele ou como proceder. Essa é a maneira mais fácil de adicionar inteligência ao seu robô.

Existem muitos tipos de sensores e cada um lê o ambiente de forma diferente, por isso é comum a adição de vários tipos de sensores em um robô para que consiga efetivamente navegar em torno de obstáculos e coletar informações importantes. Um sensor pode medir luz, distância, proximidade, calor, gás, aceleração, ângulo, umidade, contato e posição de rotação (entre outros). Nós nos concentraremos nos sensores que são comprados prontos e oferecem mais versatilidade em relação ao preço.

Sensor de contato

O tipo mais simples de sensor que pode ser implementado é a chave de contato, que simplesmente diz ao robô se ele está ou não tocando em alguma coisa. Esse tipo de sensor é comumente chamado de "chave de colisão" e é usado no aspirador de pó robótico Roomba, da iRobot, para determinar quando ele esbarrou em uma parede ou outro objeto. A principal ressalva desse tipo de sensor é que ele exige que o robô tenha contato físico com um objeto antes de detectá-lo.

Chave de colisão

A chave de colisão é uma forma simples de sensor por consistir em apenas dois contatos elétricos (ver Figura 2.21). Se os contatos se tocam, a chave está fechada; caso contrário, está aberta. Nós usamos essa forma de chave como uma maneira de dizer ao robô quando ele tocou em algo. Se nós os colocarmos em vários locais do robô, não só saberemos quando o robô colidiu com alguma coisa como também poderemos determinar a melhor direção de deslocamento para evitar que ele bata nos mesmos objetos novamente.

Esse tipo de sensor também é útil como uma chave de fim de curso. Estas são comumente instaladas nos motores responsáveis pela abertura de portões de garagem. Quando o portão se abre até certo ponto, ele toca uma chave de fim de curso e a placa principal recebe um comando para que o motor cesse a elevação. É assim que ele sabe quando desligar.

Figura 2.21 Típica chave de colisão tátil com alavanca.

Esse tipo de sensor (ou qualquer chave) é lido como uma entrada digital usando o comando digitalRead() (ver Listagem 1.1 no Capítulo 1).

Sensores de distância e reflexão

A detecção de distância é útil quando o objetivo é determinar se um objeto está próximo sem que o robô precise tocá-lo. Um bom detector pode calcular a distância de um objeto com precisão de milímetros. Sensores de detecção usam a reflexão de ondas sonoras ou de luz para medir a distância entre o sensor e qualquer obstáculo na faixa de alcance. Diferentes métodos de detecção resultam em diferentes categorias efetivas de faixa, precisão e preço. Sensores de detecção de faixa podem ter um alcance de detecção eficaz de 1 cm até cerca de 8 m e custar desde apenas alguns dólares por um medidor de distância infravermelho até vários milhares de dólares por um medidor de distância laser. Usamos detecção infravermelha para o Linus no Capítulo 4 e medidor de distâncias ultrassônicos para o Wally no Capítulo 7.

Sensor IR

Os detectores de infravermelho usam um emissor de infravermelho para enviar "pacotes" de luz IR e um detector para verificar se eles refletem em objetos próximos. Medindo a quantidade de tempo que a luz leva para retornar para o detector, o sensor pode determinar a que distância está desse objeto. Localizadores de IR podem detectar objetos a distâncias de até 1,5 m – distâncias maiores exigem um medidor de distância de ultrassom. A série de sensores de proximidade infravermelhos GP2, da Sharp, está disponível na Sparkfun.com (componente #SEN-08958) por menos de 15 dólares e pode ser usada para detecção de objetos de curto alcance (até 1,5 m) (ver Figura 2.22).

Figura 2.22 Este é o detector Sharp GP2 IR (Sparkfun.com componente #SEN-08958).

Um par simples de emissor e detector de raios infravermelhos pode ser usado em curtas distâncias (menos de 7,6 cm) para determinar a refletividade aproximada de uma superfície à luz infravermelha. Esses pares simples de emissores e detectores de IR são a base para o robô seguidor de linha (Line-bot) do Capítulo 4. O emissor e o detector são montados lado a lado e voltados para a mesma direção. O emissor envia constantemente um fluxo de luz infravermelha em direção ao chão, enquanto o detector lê constantemente os reflexos da luz no chão.

Usamos um pedaço de fita refletora como uma linha de orientação para o robô seguir. Conforme o robô se afasta da fita refletora, os sensores de infravermelhos de cada lado começam a receber menos luz IR e, portanto, ajustam as saídas do motor para manter o robô centrado na fita. Usando esse esquema simples de orientação, podemos facilmente modificar o caminho que o robô vai seguir alterando o caminho da fita refletora. Existem vários tipos diferentes de encapsulamento do emissor e do fototransistor de infravermelhos que servem para um robô seguidor de linha (ver Figura 2.23).

Figura 2.23 Estes são três diferentes tipos de pares de emissores e detectores de infravermelhos. A dupla IR à direita é o tipo utilizado no Linus, o robô seguidor de linha do Capítulo 4. Esses sensores custam de 1 a 3 dólares cada na Digikey.com.

Capítulo 2 ▪ Arduino para robótica   81

Nota ♦ Muitos eletrodomésticos operados por controle remoto contêm um receptor de IR como os que você pode encontrar na Radio Shack ou na Digikey. Se acontecer de você ter um videocassete, DVD *player*, TV ou aparelho de som quebrado que não se importe em desmontar, você pode dessoldar o sensor IR da PCI e economizar algum dinheiro. Eles normalmente só têm três pinos: +5 V, GND e sinal.

Medidor de distância ultrassônico

O medidor de distância ultrassônico usa ondas sonoras de alta frequência que são refletidas por objetos próximos para calcular sua distância. Alguns sensores ultrassônicos exigem um microprocessador para enviar e receber um sinal do sensor, enquanto outros sensores calculam a distância no próprio sensor e têm um sinal de saída proporcional que pode ser facilmente lido pelo Arduino.

Medidores de distância ultrassônicos estão disponíveis numa variedade de ângulos de feixe que determina a largura da área detectável. Um ângulo de feixe estreito é mais adequado para detectar objetos mais distantes, enquanto um ângulo de feixe largo detecta melhor objetos a distâncias curtas. Esses sensores costumam custar entre 30 e 50 dólares e podem ser facilmente lidos pelo Arduino.

A marca MaxBotix de medidores de distância ultrassônicos tem processamento embutido, o que propicia que eles tenham saídas independentes de sinais serial, analógico e PWM ao mesmo tempo, aumentando a flexibilidade de interface (ver Figura 2.24). Esses medidores de distância medem com precisão distâncias de cerca de 15 cm a 7,5 m e são adequados para detectar e evitar obstáculos. Eu prefiro usar essa marca de medidores de distância ultrassônicos porque ela é confiável e fácil de interfacear com o Arduino usando qualquer um dos três sinais de saída.

Figura 2.24 O medidor de distância ultrassônico MaxBotix LV-EZ0 tem um alcance efetivo de 15 cm a 7,5 m (Sparkfun.com componente #SEN-08502).

Medidor de distância a laser

Este tipo de medidor de distância usa um laser para escanear os objetos ao seu redor, a exemplo de um *scanner* a *laser* nos caixas dos mercados. Um medidor de distância a *laser* pode ter um ângulo de visada de até 240°, dando-lhe uma visão muito mais ampla de seus arredores do que outros sensores. Cada vez que o *laser* faz uma rotação, ele faz leituras de distância em intervalos definidos. Quando a rotação se completa, o sinal é compilado e cria uma imagem da área circundante. Embora esse sensor tenha recursos avançados, a faixa de detecção máxima é de cerca de 4,5 m e eles são caros (normalmente custam cerca de mil dólares). Até que o preço abaixe um pouco, não vamos testar qualquer uma dessas unidades.

Orientação (posicionamento)

Existem vários sensores diferentes que podem determinar um ou mais aspectos da posição ou orientação de um robô. Um sensor de GPS pode dizer onde está em um mapa usando as coordenadas de latitude e longitude, enquanto um acelerômetro e giroscópio podem dizer a posição angular (inclinação) ou a velocidade de rotação do seu robô. Usando esses sensores, podemos criar uma plataforma de autonivelamento para um robô tipo Segway, ou carregar um conjunto de coordenadas GPS para que um robô navegue.

Acelerômetro

Um acelerômetro mede a força gravitacional ou a aceleração. Ao inclinar um acelerômetro ao longo do seu eixo de medida, podemos ler a força gravitacional em relação à inclinação. Acelerômetros estão disponíveis com até três eixos de detecção e podem ser diretamente interfaceados com o Arduino a partir de um sinal de saída analógico. Muitos dispositivos atualmente usam acelerômetros como interfaces de controle de entrada, detecção de choque, estabilização de plataformas e autonivelamento ou inclinação – esses dispositivos podem ser encontrados dentro de câmeras digitais, telefones celulares, computadores portáteis e os controladores do Nintendo Wii, para citar alguns.

Hoje, a maioria dos acelerômetros disponíveis são pequenos componentes de montagem de superfície, mas há muitas placas *breakout* diferentes que têm o sensor e todos os componentes de filtragem necessários (resistores e capacitores) soldados em um só lugar, para que você possa facilmente interfaceá-los com um Arduino. A Sparkfun.com tem uma grande variedade dessas placas de sensores prontas para o Arduino em diferentes configurações, a preços que variam de 20 a 50 dólares.

Existem três eixos que podem ser medidos por um acelerômetro, identificados como X, Y e Z, os quais correspondem a rolagem, arfagem e guinada (*roll, pitch e yaw*, respectivamente), respectivamente (ver Figura 2.25). Um acelerômetro de eixo único mede ou o eixo X ou o Y; um acelerômetro com dois eixos mede tanto o eixo X quanto o Y, e um acelerômetro com eixo triplo mede todos os três eixos. Cada eixo medido representa um grau de liberdade (*degree of freedom* – DOF) separado do sensor – assim, um acelerômetro de eixo triplo pode ser chamado de 3 DOF.

Acelerômetros são usados para medir mudanças gravitacionais, mas também são extremamente sensíveis a vibrações e movimentos ou choques repentinos, que podem distorcer o sinal de saída. Se um acelerômetro é usado para estimar um ângulo, é útil ter outro dispositivo que possa corrigir seus erros de curto prazo causados por vibrações. Um sensor "giroscópio" pode medir mudanças angulares, mas por meio de um método diferente, menos suscetível a mudanças gravitacionais repentinas.

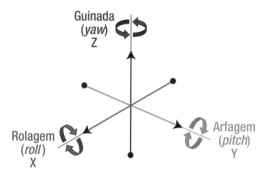

Figura 2.25 Esta figura mostra os três eixos de rotação, rolagem, arfagem e guinada, com seus símbolos correspondentes no acelerômetro (X, Y e Z).

Giroscópio

Um giroscópio é um sensor usado para detectar mudanças na velocidade de rotação ao longo de seu eixo de medida. Esses dispositivos são muitas vezes utilizados em conjunto com acelerômetros para produzir uma estimativa estável de ângulo de um robô para projetos de autonivelamento. Como um acelerômetro, giroscópios também são rotulados de acordo com o eixo que eles medem: X, Y ou Z.

Giroscópios tiram excelentes medidas no curto prazo, mas sofrem de um erro mecânico de longo prazo chamado de *drift* (deriva) que os leva para longe de seu ponto de partida, mesmo sem se mover. Para corrigir esse desvio, é preciso usar um acelerômetro com uma leitura de ângulo estável em longo prazo como ponto de referência para o giroscópio.

Unidade de medição inercial (*inertial measurement unit* – IMU)

Para contornar o incômodo de comprar um acelerômetro e giroscópio separados, os fabricantes combinam vários acelerômetros e giroscópios numa mesma placa de circuito para economizar espaço e custo. Uma placa de circuito que incorpora múltiplos sensores fisicamente alinhados uns com os outros é chamada de unidade de medição inercial. A IMU mostrada na Figura 2.26 tem dois giroscópios e um acelerômetro, medindo um total de seis eixos. Ao combinar as leituras do eixo X do acelerômetro e do eixo X do giroscópio, podemos criar uma medida de ângulo filtrada para uma plataforma de autonivelamento de eixo único no Capítulo 11.

A Sparkfun.com tem um excelente tutorial/guia de compras para acelerômetros, giroscópios e IMUs, explicando suas características e capacidades. Se você estiver interessado em aprender mais sobre esses sensores, vale a pena ler:

Tutorial Sparkfun.com sobre IMUs: www.sparkfun.com/tutorials.

Figura 2.26 Esta é a unidade de medição inercial Sparkfun Razor de 6 DOF (componente #SEN-10010) utilizada no Capítulo 11. Esta IMU contém dois giroscópios e um acelerômetro que, juntos, oferecem seis lados da orientação IMU medidos separadamente.

Posicionamento global por satélite (global positioning satellite – GPS)

Sistemas de posicionamento global por satélite (GPS) são sensores que usam os sinais de vários satélites de rastreamento no espaço para calcular sua posição, gerando em seguida um conjunto específico de coordenadas de latitude e longitude. O sensor GPS deve ser capaz de detectar os sinais de pelo menos três satélites para determinar sua posição, embora a maioria se conecte a até 20 satélites ao mesmo tempo a fim de obter o melhor sinal. O sensor em si pode ser adquirido por 50 a 150 dólares e oferece a detecção da posição, do tempo e da velocidade. A maioria das unidades precisa apenas de um sinal de alimentação e de terra para começar a gerar como saída um fluxo de dados seriais que pode ser lido pelo Arduino.

A saída de sinal do sensor GPS EM406 (mostrado na Figura 2.27) é uma sequência padrão NMEA que deve ser decodificada para se obter informações valiosas como latitude, longitude, velocidade e direção. Esse sinal é transmitido através de uma conexão serial padrão para o Arduino e pode ser usado em conjunto com outros sensores para guiar autonomamente um robô de um ponto para outro. Apesar de o GPS fornecer informações sobre a velocidade e direção do seu robô, ele deve estar se movendo para calcular essas grandezas. Simplesmente tomando a diferença de posição entre duas leituras, podemos determinar para que direção o robô está viajando e, de acordo com isso, conduzi-lo às coordenadas finais corretas.

Figura 2.27 O sensor GPS EM406, da Sparkfun.com (#GPS-00465), pode ser conectado diretamente ao Arduino, criando um veículo com autonomia de navegação (como o RoboBoat do Capítulo 9).

Capítulo 2 ■ Arduino para robótica

A característica peculiar do GPS é que os satélites podem ser acessados a partir de praticamente qualquer lugar do mundo. Por outro lado, justamente porque os satélites aos quais ele se conecta estão no espaço (realmente muito longe!), a precisão de acesso pode variar entre 3 m e 10 m. Isso significa que você não pode esperar que o seu robô pare todas as vezes no mesmo lugar usando como guia apenas a orientação padrão GPS. Seu robô pode acabar a 3 m de distância de onde você queria que ele fosse e seu caminho pode variar poucos metros com relação às suas expectativas. O GPS também não consegue detectar objetos móveis, árvores ou outros obstáculos que possam estar no caminho, por isso, se o seu robô for navegar no chão, é uma boa ideia instalar outros sensores de detecção de objetos para auxiliar a orientação por GPS (como medidores de distância ultrassônicos ou sensores de colisão).

GPS cinemático em tempo real (*real time kinetic* – RTK)

Para eliminar a lacuna na precisão de um sistema de GPS padrão, existe um sistema chamado GPS cinemático em tempo real (RTK), que usa uma "estação base" separada com uma posição conhecida para calcular a posição exata do receptor GPS com uma precisão de menos de 1 cm! A execução desse tipo de GPS normalmente requer mais configuração, o que nos coloca além do escopo deste livro. Se você precisa obter um 1 cm de precisão de uma unidade de GPS, isso é possível.

Sensores não autônomos

Alguns sensores não são utilizados para controle autônomo, mas para permitir que um usuário possa fazer coisas que de outra forma seriam impossíveis. Uma câmera sem fio, por exemplo, pode permitir que um operador de robô esteja em um local enquanto o robô é operado em um local diferente. Você também pode usar medidores de distância ultrassônicos, sensores de colisão, posicionamento GPS, sensores de temperatura ou dispositivos de *hardware* de monitoramento para ajudá-lo a operar o robô.

No Capítulo 8, construiremos um controlador de motor duplo para um robô móvel grande que foi construído com sensores de corrente instalados para monitorar a quantidade de energia que passa pelo controlador. Se a corrente excede um nível predeterminado no código, o Arduino imediatamente desliga a energia dos motores (por alguns segundos) para evitar o superaquecimento. Esse tipo de proteção é essencial para qualquer tipo de robô que tiver uma carga de trabalho desconhecida. É melhor que o seu robô pare de responder por alguns segundos para esfriar do que ficar superaquecido e se danificar (exigindo reparos).

Câmera

De longe, o sensor mais indicado para colocar no seu robô é a câmera sem fio. Existem vários sistemas por menos de 100 dólares que incluem tanto a câmera sem fio em cores (com áudio) quanto o receptor que se conecta a um televisor, computador ou um pequeno monitor LCD montado em seu transmissor R/C. Esses sistemas são geralmente construídos para uma conexão de rádio de 900 MHz ou 2,4 GHz, que pode transmitir um sinal de vídeo a distâncias entre 90 m e 240 m, dependendo da potência do rádio e de obstruções entre o transmissor e o receptor.

Você pode usar uma câmera sem fio de 2,4 GHz (ver Figura 2.28) com um microfone para transmitir um sinal de áudio e vídeo do seu robô a um posto de comando onde você vê e controla o robô. Isso o mantém seguro enquanto o robô vai aonde você precisa. Mais uma vez, esse sensor é mais bem utilizado com outros tipos de sensores para avisar o robô se ele bater em alguma coisa ou se estiver se aproximando de um objeto que a câmera não pode ver.

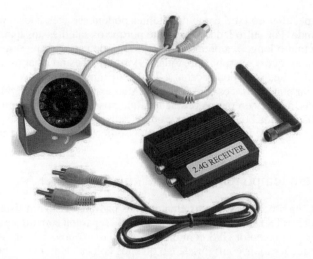

Figura 2.28 Esta câmera sem fio de 2,4 GHz, da Sparkfun.com (componente #WRL-09189), é uma excelente maneira de adicionar um conjunto remoto de olhos e ouvidos ao seu robô por cerca de 75 dólares.

Sensor de corrente

Um sensor de corrente é utilizado para medir a corrente que passa em um dado ponto, em um dado instante. Se um motor consome uma quantidade excessiva de corrente, podemos programar o Arduino (que controla o controlador do motor) para parar de acionar esse motor por um determinado período de tempo (de 1 s a 2 s) a fim de evitar superaquecimento. Protegendo o controlador do motor, é muito menos provável que ele falhe.

Existem vários tipos de sensores de corrente, mas eu prefiro usar um CI sensor de corrente, como o ACS-712 (5 A) ou o ACS-714 (30 A) da Allegro MicroSystems (Figura 2.29). Apesar de estar disponível apenas em oito pinos para montagem em superfície, o SOIC (Small Outline IC) é facilmente conectado tanto ao Arduino quanto a um motor. O CI só precisa de sinais de +5 V e GND para começar a emitir uma tensão analógica no pino VOUT, que é facilmente lida usando o Arduino em qualquer pino de entrada analógica – você pode até mesmo usar a fonte regulada de +5 V do Arduino para alimentar o CI sensor de corrente.

Figura 2.29 O sensor de corrente bidirecional ACS-712 pode ser utilizado em série com um dos terminais de carga para medir o nível de corrente. Ele pode ser facilmente lido usando uma entrada analógica no Arduino.

Na Figura 2.30, você pode ver um diagrama esquemático simples mostrando como se pode ligar o sensor de corrente ACS714 ao seu Arduino. O CI sensor de corrente precisa de uma fonte de alimentação de +5 V e de um capacitor de desacoplamento ligado do pino de filtro para o GND. Você deve então passar pelo menos um dos fios de alimentação do motor pelos pinos do sensor de corrente (como mostrado na Figura 2.30).

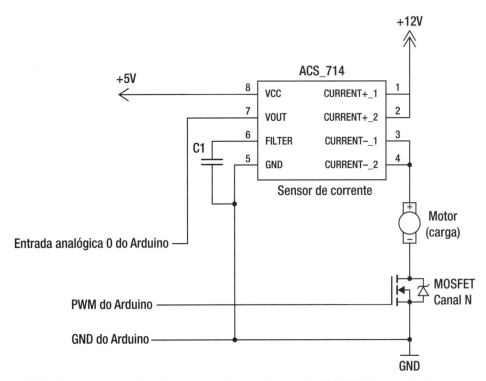

Figura 2.30 Um diagrama esquemático simples para o CI sensor de corrente ACS-712/714 em um circuito.

No Capítulo 8, no robô Explorer, usamos o sensor de corrente bidirecional ACS-714 de 30 A (irmão mais velho do ACS-712, mostrado na Figura 2.29) para medir a corrente que passa através de qualquer um dos acionadores de motor. Usando o Arduino para monitorar a tensão de saída analógica do sensor de corrente, podemos mandá-lo parar de enviar comandos aos motores se a leitura do sensor de corrente estiver acima de um certo nível – isso é o que se chama de proteção de "sobrecorrente" e pode evitar que um controlador de motor se autodestrua.

RESUMO

Este capítulo discutiu brevemente os vários métodos de interfaceamento e de controle que são usados neste livro, assim como alguns dos diferentes sensores.

Relés são confiáveis e fáceis de interfacear, mas produzem uma força contraeletromotriz (Back--EMF) e devem ser usados com um diodo de proteção quando acionados diretamente pelo Arduino. Transistores de vários tipos estão disponíveis e podem ser acionados diretamente pelo Arduino, mas devem ser especificamente colocados como uma chave superior ou inferior. CEVs estão disponíveis para aqueles que não querem construir seus próprios circuitos, mas normalmente custam mais caro do que construir um controlador de motor similar usando transistores ou relés.

Em seguida, falamos sobre alguns dos vários métodos de controle usando as conexões com e sem fio, incluindo controladores de infravermelhos e controladores por rádio. O radiocontrole é implementado utilizando uma variedade de métodos diferentes, sendo o mais comum deles o de 2,4 GHz. Usamos sistemas de radiocontrole de 2,4 GHz e Xbee para conexões seriais sem fio no controle e monitoramento das funções robóticas. O controle de rádio sem fio é usado neste livro nos projetos dos robôs: Explorer--bot, Lawn-bot 400 e o Battle-bot.

Por fim, exploramos alguns dos tipos de sensores disponíveis para a criação de um robô autônomo (autoguiado). Usamos chaves de contato no Bug-bot, detectores de infravermelho no Line-bot, sensores ultrassônicos no Wall-bot e GPS no RoboBoat para orientar esses quatro robôs em todo o seu curso, sem qualquer intervenção do usuário. Os sensores podem também ser usados para auxiliar um ser humano ao facilitar ou melhorar o controle, como no Explorer-bot ou no Seg-bot.

No próximo capítulo, discutiremos os vários tipos de motores elétricos, baterias e rodas popularmente usados em robótica.

CAPÍTULO 3

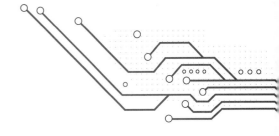

Vamos adiante

A esta altura, você provavelmente já está cansado de LEDs piscando e quer usar o Arduino para começar a acionar alguns motores, certo? Bem, este capítulo discute algumas das partes robóticas importantes que devemos usar para obter um robô móvel com o Arduino. Primeiro, vamos começar com os vários tipos e aplicações de motores elétricos; em seguida, discutiremos os circuitos que os movem. Por fim, este capítulo inclui uma breve descrição dos materiais que precisamos usar para concluir os projetos deste livro.

MOTORES ELÉTRICOS

Há muitos tipos diferentes de robôs dotados de diversos níveis de inteligência e mobilidade, mas o traço comum que você vai encontrar em quase todos eles é algum tipo de motor. Um motor elétrico é usado para converter o calor elétrico em movimento de rotação através de um conjunto de ímãs e enrolamentos de bobina, cuidadosamente dispostos. Energizando os magnetos (imã) com eletricidade, o enrolamento da bobina gira – um motor normalmente tem um eixo de saída ligado a esse magneto, de modo que você pode colocar uma roda ou uma engrenagem na ponta dele.

Um motor tem várias especificações, como velocidade (RPM), tensão, corrente e potência total. Geralmente podemos determinar se um motor atenderá ou não às nossas necessidades particulares combinando as especificações que são importantes para o nosso projeto. A velocidade em RPM do motor nos dá uma ideia de quão rápido ele será capaz de se mover, a tensão determina seu potencial e a especificação em watt nos diz qual combinação de tensão e corrente podemos usar para alimentar o motor sem superaquecê-lo.

Este livro centra-se na robótica móvel, portanto apenas as fontes de alimentação de corrente contínua (CC) são usadas. Apesar de motores CA serem úteis (máquinas de lavar, aparelhos de ar-condicionado, utensílios de cozinha, ferramentas elétricas etc.), eles são mais eficientemente operados quando conectado a uma fonte de alimentação CA apropriada. Como usamos baterias CC para todos os nossos robôs, utilizamos apenas os motores que usam energia CC (embora existam vários tipos – ver Figura 3.1).

Cada tipo diferente de motor de corrente contínua é utilizado para uma variedade de aplicações específicas, embora eles também possam ser manipulados para uso em uma grande variedade de diferentes tarefas robóticas. O mais simples dos motores elétricos é o motor CC com escova, que é comumente usado para aplicações de alta velocidade ou alto torque quando engrenagens de redução são usadas. Motores CC com escovas não são apenas usados em muitos dos projetos deste livro; também são comumente usados em motores com engrenagens de redução e servomotores.

Existem também motores CC que não têm escovas, e que operam trocando constantemente o campo eletromagnético em torno do eixo de saída utilizando uma sequência especial de excitação. Ambos os motores, de passo e CC sem escovas (BLDC), usam esse conceito e normalmente têm entre três e seis fios para a operação. Esses tipos de motores não podem ser acionados diretamente por uma fonte de tensão constante; em vez disso, requerem o uso de uma série de amplificadores e de sinais de entrada de um microcontrolador.

Figura 3.1 Existem motores de corrente contínua de todas as formas e tamanhos. O motor grande é feito para uma *scooter* elétrica, os dois do centro são motores pequenos de modelismo e os dois à direita são servo motores CC.

Motor CC com escova (tipo ímã permanente)

O motor de corrente contínua de ímã permanente (em inglês, *Permanent Magnet Direct Current* – PMDC), conhecido comumente apenas como motor CC com escova, é usado em dispositivos eletrônicos, robótica e brinquedos (ver Figura 3.1). O motor CC típico opera apenas com uma bobina dotada de dois fios. Este é de longe o tipo mais fácil de motor para acionar, controlar e manipular. Também é possível inverter o sentido de rotação do eixo de saída de um motor CC através da inversão da polaridade da tensão nos seus terminais.

A maioria dos motores CC tem escovas que tocam fisicamente um conjunto de contatos elétricos em rotação, chamados de *comutadores*, que são eletricamente conectados às bobinas do enrolamento deles. Quando cada escova toca um comutador diferente, a corrente elétrica é passada através de uma bobina, o que força o eixo de saída do motor a girar. Motores CC de ímã permanente normalmente têm dois ímãs fixados ao interior da carcaça: o enrolamento da bobina e o comutador montados nos seus eixos de saída – as escovas normalmente têm molas para ficarem firmemente acopladas aos contatos do comutador ao girar (ver Figura 3.2).

Um motor CC consome tanta potência quanto necessário a uma determinada tensão e consome mais (corrente) conforme aumenta a carga de trabalho. Um típico motor CC consome entre 50 mA a 50 A de corrente e tem velocidades que variam de 1.000 RPM a 20.000 RPM. Com engrenagens, podemos transformar a potência disponível de um motor de alta velocidade e baixo torque (ideal para terrenos planos) em baixa velocidade e alto torque (ideal para aclives), ou vice-versa, o que pode aumentar o aproveitamento da potência.

Os motores CC com escova utilizam o contato físico para transferir a potência dos terminais do motor para a bobina, por isso a troca periódica das escovas é necessária para os motores usados com frequência. Muitos motores CC têm escovas de fácil acesso que podem ser substituídas em questão de minutos.

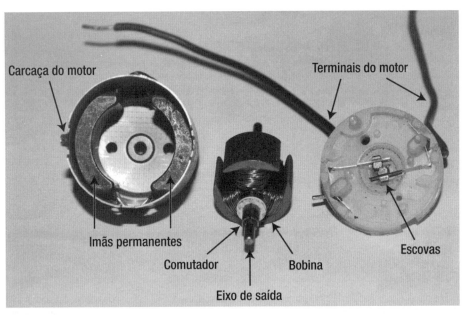

Figura 3.2 Um típico motor CC desmontado para visualização. O interior da caixa do motor (à esquerda) tem dois ímãs permanentes fixados e um furo para que o eixo de saída passe. O enrolamento da bobina (no centro) está envolvida com o comutador, o qual está montado no eixo de saída. As escovas (à direita) estão ligadas às extremidades dos terminais do motor, que são montados na tampa de plástico.

Motores sem escova (*brushless*)

Um motor CC sem escova (em inglês, *brushless direct current* – BLDC) usa um campo eletromagnético criado pela energização em sequência das suas três bobinas a fim de girar o eixo de saída. O fato de não ter escovas significa que esses motores têm um ciclo de vida mais longo e são mais confiáveis, dando-lhes uma vantagem sobre o motor CC com escova padrão. Graças à sua configuração anormal de bobinas, eles não podem ser operados com a mesma simplicidade que um motor CC com escova, exigindo o uso de um circuito acionador trifásico especial.

Motores BLDC usados para modelismo são especificados pelo número de RPMs que produzem por cada volt presente em seus terminais, denominados "KV". Por exemplo, um motor sem escovas com uma especificação 1.000 KV operado a 12 V produz 12.000 RPM (12 V × 1.000 KV = 12.000 RPM). Esses motores costumam ser utilizados para substituir motores CC com escova em casos em que a longevidade e a confiabilidade são preferíveis à facilidade de acionamento e custo. Eles substituíram quase completamente os motores CC em discos rígidos de computador, ventoinhas e unidades de CD-ROM/DVD (ver Figura 3.3). Nós usamos um motor CC sem escovas para alimentar o RoboBoat, no Capítulo 9.

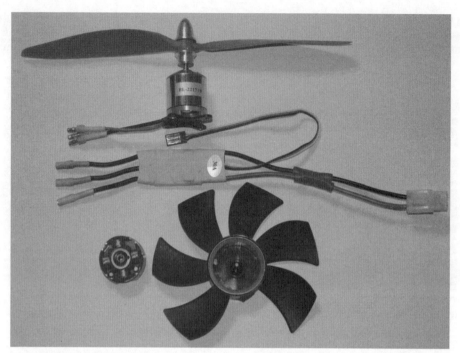

Figura 3.3 Motores CC sem escova costumam ser usados em ventoinhas de PC e em aviões de modelismo. A ventoinha de PC desta foto foi desmontada por ter uma pá quebrada. Você também pode ver o motor CC sem escovas de avião de aeromodelismo com um controlador de motor BLDC de 30A.

Motores de passo

Motores de passo são motores CC sem escova que têm duas ou mais bobinas independentes, em vez de três bobinas comuns, como um motor BLDC. Essas bobinas devem ser energizadas em intervalos definidos para manter o eixo de saída do motor girando, assim como ocorre com o motor BLDC. Isso significa que você não pode simplesmente aplicar energia aos fios e esperar que o motor gire. Esses motores devem ser acionados utilizando uma sequência especial temporizada fornecida pelo Arduino.

Os motores de passo têm um número definido de passos ou intervalos magnéticos; cada vez que uma bobina é ligada em sequência, o eixo do motor gira um passo. O número de graus por passo determina quantos passos existem em cada rotação do eixo de saída. Quanto mais passos o motor for capaz de dar, maior será sua resolução ou mais preciso ele será. Isso é comum em máquinas de comando numérico computadorizado (CNC), que usam dois ou mais motores de passo para controlar as coordenadas X e Y exatas da cabeça da máquina – eles podem retornar exatamente a qualquer ponto numa grade contando os passos em X e em Y para tal posição.

Os motores de passo estão disponíveis nos dois tipos básicos seguintes:
- Bipolar: estes motores de passo têm duas bobinas e são normalmente identificados por terem exatamente quatro fios (ver Figura 3.4). Cada conjunto de fios está ligado a uma bobina do motor e pode ser identificado através da medição da resistência da bobina com um multímetro. Cada bobina do motor de passo tem de ser ligada numa sequência especial a fim de girar o eixo de saída – exigindo que cada um dos quatro fios do motor seja alimentado por um amplificador de sinal (ou um controlador de motor duplo).

- Unipolar: estes motores de passo também têm duas bobinas, mas têm dois enrolamentos em cada uma delas, de modo que estes motores têm três fios por bobina (× 2), totalizando seis fios. Normalmente, é possível ligar os dois fios comuns de cada bobina juntos, resultando em um motor de cinco fios – em alguns motores isso já é feito internamente. Este motor tem o terminal positivo da fonte de alimentação conectada ao fio comum de cada bobina e uma chave por transistor de tipo N em cada um dos fios da bobina, ao negativo. Com a sequência certa de chaveamento do Arduino, este tipo de motor de passo é de fácil acionamento.

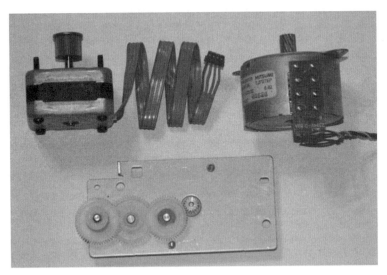

Figura 3.4 Alguns motores de passo bipolares, caracterizados pelos quatro fios em cada motor.

Os motores de passo são comumente usados em aplicações de alta precisão, como cabeças de impressora de computador, máquinas CNC e algumas aplicações robóticas.

Motores com caixa de redução

A potência de um motor a uma dada energia pode ser disposta de modo que ofereça ou alta velocidade ou alto torque. Pense em uma bicicleta de 18 marchas para visualizar como isso funciona: se você colocar a bicicleta em primeira marcha, sua pedalada vai fornecer um alto torque que permitirá que você suba uma colina íngreme com facilidade, à custa da velocidade. Colocar a bicicleta na marcha 18 tornará quase impossível subir uma colina íngreme, mas vai render excelente velocidade em terreno plano ou ladeira abaixo.

A potência produzida por um motor elétrico pode ser manipulada da mesma maneira. Para converter a energia, é preciso utilizar uma série de engrenagens ligadas ao eixo de saída do motor, ou comprar um motor com engrenagens acopladas ao eixo de saída, chamado de *motor com caixa de redução*. Um motor com caixa de redução reduz a velocidade do eixo de saída do motor de sua velocidade normalmente alta (1.000 a 20.000 RPM) a uma velocidade mais lenta de saída, mais apropriada para um robô móvel (ver Figura 3.5).

Um motor com caixa de redução pode usar qualquer tipo de motor elétrico, desde que tenha uma caixa com engrenagens que reduza a velocidade do eixo de saída. Cada motor com caixa de redução deve ter uma *relação de engrenagens* que especifica a relação entre a velocidade de entrada e a velocidade do eixo de saída do motor. Por exemplo, um motor com caixa de redução com uma relação de transmissão de 100:1 implica que o eixo de saída do motor CC deve girar 100 vezes para que o eixo de saída do redutor complete uma volta.

Figura 3.5 Aqui você pode ver um pequeno motor CC com caixa de redução (à esquerda), e o mesmo motor CC removido da caixa de redução plástica.

Servomotores

Um servomotor é um tipo especial de motor de corrente contínua que utiliza um codificador para determinar a posição do eixo de saída. Servomotores para modelismo consistem em um pequeno motor de corrente contínua, caixa de redução para diminuir a velocidade, potenciômetro codificador do eixo e circuitos de acionamento do motor, o que facilita seu interfaceamento direto com o Arduino (ver Figura 3.6). Os circuitos de acionamento do motor não são apenas usados para decodificar o sinal de entrada (pulso R/C para o servo), mas também para acionar o motor CC.

Esses motores podem se mover para uma posição específica rapidamente e requerem apenas três fios de interface com o Arduino (sinal, alimentação e terra). O sinal usado para operar o servo é um pulso de tensão preciso no tempo que varia de 1 ms a 2 ms – considerando que um pulso de 1,5 ms produz a posição central do servomotor. O servomotor procura atualizar-se com um novo pulso cerca de 50 vezes por segundo, ou a cada 20 ms.

Esses motores são destinados ao uso em carros, aviões, barcos e helicópteros de modelismo, mas também entraram na robótica por sua precisão, durabilidade e facilidade de uso. Você pode encontrar um servomotor de uso geral em uma loja local de modelismo por cerca de 15 dólares ou em diversos varejistas online por cerca de 5 dólares cada.

Servo motores para modelismo foram projetados para emular a posição da alavanca de controle do transmissor R/C. Se a alavanca de controle for movida para a posição mais alta, o eixo de saída do servomotor será igualmente movido 90° em uma direção. Se a alavanca de controle for movida para a posição mais baixa, o eixo de saída do servomotor se moverá 90° na direção oposta. A amplitude total da maioria dos servomotores de modelismo é de cerca de 180° (metade de uma rotação completa). Tentar fazer o eixo de saída mover-se além do seu ponto de parada provavelmente resultará em uma engrenagem desgastada.

Capítulo 3 ▪ Vamos adiante

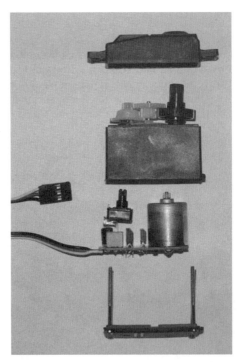

Figura 3.6 Vista desmontada de um servomotor grande mostrado na Figura 3.1 revelando engrenagens, potenciômetro, placa de circuito e motor de corrente contínua, normalmente encapsulados no interior do invólucro de plástico.

Rotação contínua

É verdade que o eixo de saída da maioria dos servomotores de modelismo pode rotacionar apenas de 0° a 180°, mas, mexendo nos componentes internos do servo, podemos alterar seu funcionamento para rodar continuamente como um motor com caixa de redução comum. Para fazer isso, simplesmente desconectamos o codificador do eixo (potenciômetro) e colocamos um divisor de tensão com resistores em seu lugar (um par de resistores ligados entre si), que informa à placa controladora que o motor estará sempre na posição central. Se qualquer pulso de sinal acima de 1,5 ms for recebido, ele vai girar o motor continuamente. Analogamente, se o pulso estiver abaixo de 1,5 ms, ele vai girar no sentido contrário. Isso pode nos dar a capacidade de controlar a rotação contínua para a frente ou para trás de um servomotor.

Você também pode modificar um servomotor de modelismo para operar como um motor CC com caixa de redução padrão (como no Capítulo 4) eliminando completamente o circuito de controle do servo e construindo seu controle. Esse método requer a remoção do potenciômetro e de todos os componentes eletrônicos, deixando apenas os dois fios do motor CC e todas as engrenagens. Se existirem quaisquer travas de plástico impedindo que o eixo de saída gire completamente, elas devem ser removidas. Isso permite que você acione o motor com controle de velocidade pleno usando um simples amplificador com transistor.

Atuadores lineares

Um atuador linear é um motor elétrico CC que converte o movimento de rotação em um movimento linear. Isso geralmente é feito usando uma haste com rosca ou outro mecanismo de parafuso. Esses motores são úteis para a elevação vertical de cargas ou para mover um objeto para a frente e para trás (como um volante). Eles podem ser usados para abrir automaticamente uma porta ou portão, aumentar/diminuir uma carga articulada ou mover um objeto para a frente e para trás (ver Figura 3.7).

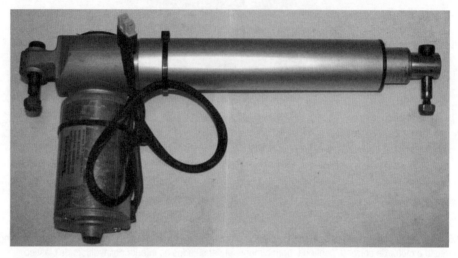

Figura 3.7 Motor atuador linear de uma cadeira de rodas motorizada, usado para ajustar a inclinação do assento.

O curso de um atuador linear refere-se à distância máxima a que ele pode se estender. A velocidade do atuador diz quão rápido ele vai se deslocar, geralmente em polegadas por segundo.[1] A potência do atuador é determinada pela potência nominal do motor que o aciona e geralmente é avaliada pela capacidade de carga máxima em quilos (ou libras) que o atuador pode levantar. Costuma ser suficiente usar um relé para controlar um atuador linear, ligando-o e desligando-o, a menos que você precise de um controle extremamente preciso, caso em que deve ser usado um controlador de motor.

Cálculo de potência

Como a corrente de um motor varia com a carga, a maioria dos motores de corrente contínua informa o nível de tensão em que se pode operar com segurança. Embora motores CC sejam geralmente tolerantes e possam receber um certo excesso de potência sem causar problemas, um nível de tensão excessivo pode queimar a bobina do motor.

Como discutido no Capítulo 1, a corrente consumida pelo motor depende do nível de tensão e da resistência interna da bobina. Depois que a tensão de funcionamento é decidida, pode-se medir a bobina do motor para determinar sua resistência e, por fim, usar a tensão e a resistência para calcular a corrente. Conhecendo a corrente e a tensão, você pode escolher um controlador de motor de tamanho adequado.

---

[1] Se for utilizado o sistema métrico decimal, a velocidade pode ser medida em metros por segundo. [N. T.]

Acionamento

O motor de corrente contínua é o motor mais simples de acionar; basta aplicar um sinal positivo a um fio e um sinal negativo ao outro e o seu motor deve mover-se, como mostrado na Figura 3.8. Se você trocar a polaridade dos fios, o motor vai girar no sentido oposto.

A velocidade do motor é dependente do nível de tensão de alimentação positiva – quanto maior for a tensão, mais rápido será o giro do eixo do motor. A potência do motor é a sua capacidade de manter a velocidade, mesmo com uma carga, e isso é determinado pela corrente disponibilizada pela fonte de energia – conforme a carga do motor aumenta, mais corrente é exigida das baterias.

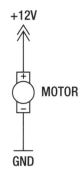

Figura 3.8 Para ligar um motor de corrente contínua, basta ligar um terminal ao positivo da fonte e o outro terminal, ao negativo.

Alguns dos nossos robôs têm motores potentes capazes de operar com até 24 VCC. Se os 24 V forem aplicados ao motor de uma só vez, é provável que o robô gire os pneus e patine! Nós não queremos quebrar nenhum dos nossos equipamentos ou bater em alguém que esteja por perto – porque nosso robô partiu sem controle quando ligamos os motores –, por isso vamos usar um controlador de motor para variar a tensão de 0 V até a tensão de alimentação (na maioria dos casos, 6 V, 12 V ou 24 V). Isso permite que o robô inicie lentamente e chegue aos poucos até a velocidade máxima, o que provoca menos estresse nas baterias durante a partida e propicia um controle mais preciso.

Podemos variar o nível de tensão nos motores usando um sinal de modulação por largura de pulso (PWM, do inglês *pulse width modulation*) para determinar o ciclo de trabalho de saída ou a porcentagem de tempo que permanece ligado. Como a utilização de PWM significa que a saída está ou totalmente ligada, ou totalmente desligada, os motores recebem tanta corrente quanto a fonte de alimentação permite para o ciclo de trabalho dado, e a potência pode variar de 0% a 100% para permitir o controle total da velocidade.

Escolhendo o motor certo

Motores de corrente contínua estão em praticamente qualquer dispositivo que tem partes móveis. Você pode conseguir motores CC em antigos toca-fitas cassete, videocassetes, brinquedos e ferramentas sem fio. Recuperar um motor de corrente contínua é geralmente fácil porque raramente eles são soldados a uma placa de circuito impresso (PCI), então você simplesmente desconecta os fios e remove todos os elementos de fixação que estão prendendo o motor no lugar. Se os fios estiverem soldados, apenas corte-os, deixando o fio conectado ao motor o mais comprido possível (a menos que você esteja pensando em soldar seus próprios fios aos terminais dele). Uma vez removido, você pode testar o motor ligando-o a uma bateria de 6 V ou 12 V (dependendo do tamanho).

Como mencionado anteriormente, motores com caixa de redução reduzem a velocidade do eixo de saída do motor a uma RPM utilizável para movimentar um robô. Quando estiver resgatando peças, você pode se deparar com um conjunto de motores que têm engrenagens redutoras de plástico ou de metal acopladas a eles: você pode reutilizar essas engrenagens e criar seu motor com caixa de redução improvisado. Motores com caixa de redução e conjuntos de engrenagens também podem ser encontrados em sites comerciais ou sites que vendem produtos excedentes do governo ou das forças armadas.

Sites que vendam excedentes:
- www.allelectronics.com
- www.goldmine-elec.com
- www.alltronics.com

Sites comerciais:
- www.Sparkfun.com
- www.trossenrobotics.com
- www.pololu.com
- www.superdroidrobots.com
- www.robotmarketplace.com

Em um ferro-velho local você pode encontrar motores de limpadores de para-brisa de 12 V que podem ser usados como motores de acionamento para robôs de médio porte. Você também pode encontrar motores potentes em lojas de sucatas procurando furadeiras sem fio com baterias ruins, ou com defeitos simples, mas com motores e caixas de redução em bom funcionamento.

A PONTE-H

Ao acionar um motor CC em uma única direção, não é necessário nenhum circuito especial para mudar o motor de ligado para desligado: basta uma simples chave em série com o terminal do motor. Mas para reverter a polaridade da tensão nos terminais, precisamos de um circuito de *meia ponte* ou um acionador do tipo *push-pull*. Esse circuito utiliza duas chaves (S1 e S3, como mostrado na Figura 3.9) para proporcionar um caminho de um terminal do motor para a alimentação de tensão positiva (VIN), ou para a tensão de alimentação negativa (GND). O uso de apenas uma dessas opções por vez evita um curto-circuito, e o outro terminal do motor fica permanentemente conectado ou ao VIN ou ao GND.

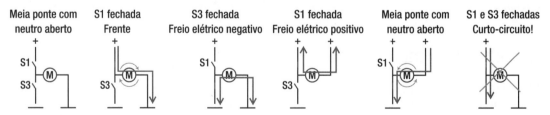

Figura 3.9 Vários estados da meia ponte.

A ponte é usada para determinar a polaridade correta nos terminais do motor em um momento apropriado. Para evitar um curto-circuito, você *nunca* deve fechar ambas as chaves de um mesmo lado da ponte (tanto o positivo como o negativo) simultaneamente (ver Figura 3.12). Para controlar a polari-

Capítulo 3 ■ Vamos adiante

dade de ambos os terminais do motor, precisamos de duas meias pontes idênticas dispostas em uma ponte-H (ver Figura 3.10).

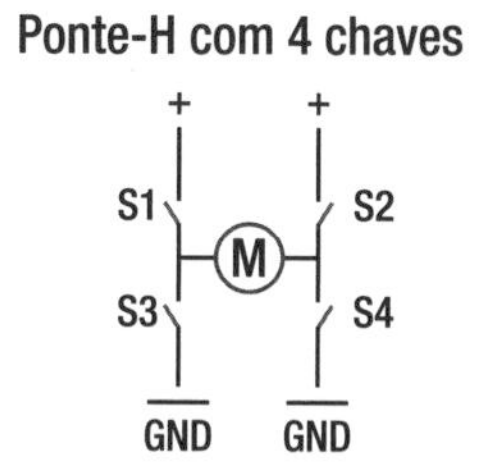

Ponte-H com 4 chaves

Figura 3.10 Observe como o circuito se parece com a letra "H". É por isso que o chamamos de ponte-H.

Para que o motor gire, a corrente da bateria deve fluir do polo positivo, através do motor, para o polo negativo, completando o circuito. Para que isso aconteça é preciso abrir uma chave de cada lado da ponte, uma no lado superior e outra no lado oposto inferior – o que significa que podemos ou ligar S1 e S4 para avançar, ou S2 e S3 para retroceder. A direção do fluxo de corrente através dos terminais do motor determina a direção em que o motor gira. Nós podemos manipular o fluxo da corrente fechando as duas chaves correspondentes juntas para obter o controle direcional do motor. Se todas as quatro chaves estiverem abertas (desconectadas), o motor fica *inerte*, ou seja, não existe um caminho para a corrente circular.

Gerando um freio

Há também uma condição aceitável chamada de *freio elétrico*, que se refere à ligação de ambos os terminais do motor num mesmo terminal de alimentação, em vez de deixá-los desconectados. Considerando que a maioria dos motores de corrente contínua atua como um gerador se você gira o eixo de saída deles, ao conectar ambos os terminais quer ao polo positivo ou ao polo terra, nós estamos essencialmente forçando a energia gerada de volta aos terminais de alimentação (ver Figura 3.11). Isso faz com que o motor resista ao giro, ou seja, o eixo de saída dele vai ser impedido de se mover graças às tensões opostas aplicadas aos terminais de alimentação. Nós podemos dizer ao Arduino que mantenha ambas as chaves do lado de baixo fechadas para formar um freio elétrico quando o robô estiver em neutro, a fim de nos certificarmos de que ele não vai descer morro abaixo ou se mover sem ser comandado. Alternativamente, se todas as chaves forem deixadas abertas em neutro (motor inerte), não haverá resistência para a geração de energia do motor – por isso, se ele estiver em uma descida, vai descer.

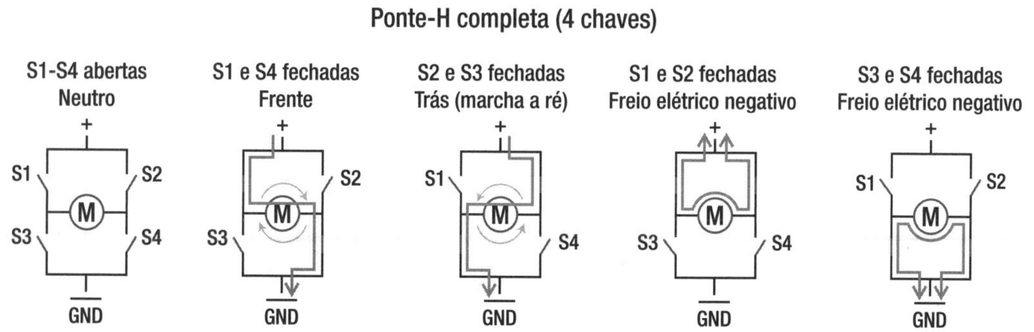

Ponte-H completa (4 chaves)

Figura 3.11 Estados de ponte-H aceitáveis.

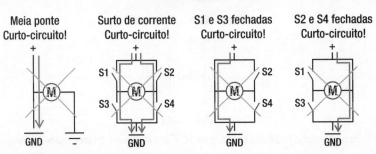

Figura 3.12 Estados de curto-circuitos da ponte-H – nada bom!

Implementação

Para criar um circuito em ponte-H, precisamos apenas de quatro chaves – duas delas têm que controlar o caminho da corrente desde o polo positivo da fonte até cada um dos terminais do motor, e as outras duas devem controlar o caminho da corrente desde o polo negativo da fonte até cada terminal do motor. Essas chaves são rotuladas como S1, S2, S3 e S4 nas ilustrações. Podemos usar qualquer tipo de chave que quisermos na ponte-H, dependendo da nossa aplicação. O chaveamento com relés funciona bem em operação com velocidade única (ligado/desligado), enquanto os transistores bipolares e Mosfets são mais adequados para o controle pleno da velocidade usando PWM.

Se você estiver fazendo uma ponte-H de menor potência com transistores TBJ, você deve incluir diodos de proteção do dreno para a fonte de cada transistor para protegê-los da força contraeletromotriz. Mosfets têm "diodos embutidos" que são capazes de lidar com essas tensões e correntes, de modo que geralmente é seguro interfaceá-los diretamente com o Arduino.

Discutiremos quatro abordagens caseiras diferentes para a construção de um circuito de ponte-H, cada um com suas vantagens e desvantagens. Começaremos com a implementação mais simples e progrediremos para as mais complexas.

Método 1: chaves simples

Nós podemos fazer uma ponte-H completa usando duas chaves de três vias (SPDT, do inglês *single pole double throw*) compradas em lojas de eletrônica, um motor de corrente contínua e uma bateria de 9 V. Essa ponte simples tem proteção contra curto-circuito inclusa, por isso não é possível deixá-la em um estado de curto-circuito. Ela pode, no entanto, ser colocada em qualquer estado aceitável para uma ponte-H: frente, ré, freio elétrico (positivo), freio elétrico (negativo) ou neutro. Cada chave no circuito tem três posições, liga/desliga/liga, o que permite mudar o contato central entre os dois contatos adjacentes (ou, nesse caso, os fios positivo e negativo da bateria).

Esse método mostra a simplicidade de um circuito básico de ponte-H, mas não fornece controle de velocidade (ou está ligado ou desligado). Embora esse possa ser um circuito robusto, seu uso é limitado, por isso geralmente só é bom para testes e fins educacionais.

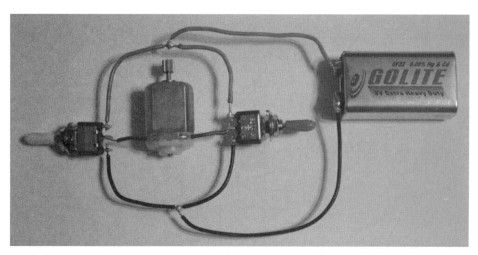

Figura 3.13 Aqui você pode ver um circuito básico de ponte-H com duas chaves SPDT, um motor de corrente contínua e uma bateria de 9 V. Observe como os terminais superiores de cada chave compartilham o fio positivo da alimentação, enquanto os terminais inferiores compartilham o fio negativo da alimentação. Os terminais centrais de cada chave são usados para conectar os sinais de alimentação aos terminais do motor.

Método 2: um relé DPDT simples

Neste método os fios são ligados como no Método 1, mas juntamos as duas chaves SPDT ao usarmos um relé DPDT, de modo que ele pode ser controlado pelo Arduino. Também podemos usar o Arduino para fornecer um sinal PWM simples para controle de velocidade do motor (ver Figura 3.14). A maneira mais simples de fazer isso é adicionar um Mosfet canal-N de nível lógico (ou vários em paralelo) para controlar o caminho do circuito até o terra. Ao utilizar um sinal de PWM no chaveamento ao terra da ponte-H (relé), pode-se controlar a velocidade do motor de 0% a 100%, ao passo que o relé muda a direção do motor. O relé atua como a chave do lado superior tanto quanto do lado inferior da ponte, de modo que há na verdade duas chaves de lado inferior nessa configuração: o relé é utilizado para rotear os terminais de alimentação e o Mosfet canal-N para fornecer o controle de velocidade PWM.

Isso proporciona um completo controle de velocidade de 0% a 100% e exige apenas outros quatro componentes além do relé: dois Mosfets canal-N de nível lógico, um diodo (para a bobina do relé) e uma pequena PCI de prototipagem (ou você pode fazer a sua). Dependendo do Mosfet, você pode esperar cerca de 10 A a 24 VCC sem dissipador de calor ou ventoinha; um Mosfet canal-N de nível lógico pode ser encontrado na Digikey.com por 0,50 a 5,00 dólares, para uma corrente de 100 mA a 200 A. Eu costumo escolher Mosfets de potência com a mais alta especificação de corrente na faixa de preço selecionada (qualquer coisa acima de 75 A), uma tensão nominal maior do que a que eu pretendo usar no meu projeto (normalmente um bom número fica entre 30 V e 55 V) e a mais baixa resistência possível no estado ligado (verificar o *datasheet* para RDS(On)).

Nós podemos construir esse circuito com dois Mosfets FQP50N06L canal-N da Digikey. Um Mosfet é necessário para fornecer controle de velocidade PWM, e outro é necessário para fazer a interface da bobina do relé com o Arduino para controle de direção.

O Mosfet do relé pode ser controlado por qualquer pino de saída digital do Arduino, ao passo que o Mosfet do controle de velocidade deve ser controlado por uma saída PWM do Arduino. Em seguida, conectamos o pino do Dreno do Mosfet ao relé, como mostrado na Figura 3.14, e o pino da fonte ao terra da fonte de alimentação. A PCI de prototipagem facilita a montagem e você pode adicionar terminais com parafuso para facilitar a fiação. Os limites de tensão e corrente desse circuito dependem das especificações do Mosfet e do relé, dando um potencial a ele, apesar de usar uma chave mecânica do relé.

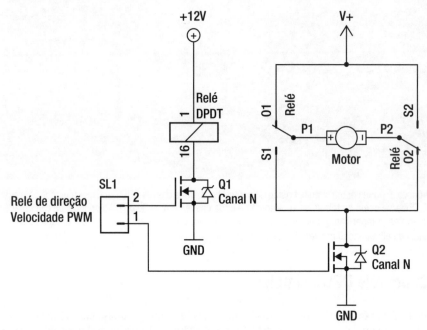

Figura 3.14 Um circuito de controle de velocidade PWM baseado em relé.

Método 3: Mosfets canal-P e canal-N

Em sequência, temos uma ponte-H básica de estado sólido que usa Mosfets de canal-P para as chaves do lado superior e Mosfets de canal-N para as chaves do lado inferior. Essa ponte-H não tem proteção interna contra curto-circuito, por isso você deve ter cuidado para não acionar ambas as chaves do mesmo lado da ponte, porque isso vai resultar em uma condição de surto de corrente. Esse projeto pode ser facilmente implementado em uma PCI de prototipagem, bem como a adição de vários Mosfets em paralelo para aumentar a capacidade de corrente. Essa ponte-H pode ser construída usando apenas dois Mosfets de potência de canal-P, dois Mosfets de potência de canal-N, dois Mosfets de sinal de canal-N e alguns resistores (ver Figura 3.15).

Esse método permite um circuito completo de estado sólido sem o uso de chaves mecânicas ou relés. Se esse circuito for operado dentro dos limites de tensão e corrente dos Mosfets, facilmente vai durar mais do que os métodos anteriores. Embora essa ponte seja mais complexa do que as duas anteriores, ela ainda tem limitações; esse projeto não é otimizado para altas frequências de PWM ou altas tensões, mas custa pouco e é fácil de construir.

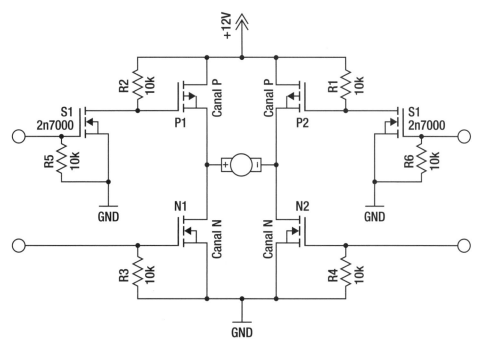

Figura 3.15 Observe os resistores de 10k de *pull-up* nos Mosfets de canal-P e os resistores de 10k de *pull-down* nos Mosfets de canal-N. Isso mantém os Mosfets no estado desligado quando fora de uso.

Método 4: ponte-H de canal-N

A maioria dos Mosfets de canal-P tem valores maiores de RDS(On), corrente nominal mais baixa e preços mais elevados do que seus equivalentes de canal-N, o que torna difícil projetar uma ponte-H simétrica.

Como você deve lembrar, para ligar um Mosfet canal-N (nível lógico), o pino da porta deve ser maior que 5 V em relação ao pino de fonte (geralmente o terra). Ao conectar um Mosfet canal-N ao contrário, podemos fazê-lo conduzir como uma chave do lado superior. Para fazer isso, nós conectamos o pino de dreno do Mosfet à alimentação de tensão positiva e o pino fonte ao motor ou carga. O único problema é que agora temos de fazer o pino da porta estar pelo menos 5 V acima da tensão de alimentação positiva através de *boot-straping*.

Então, como fazemos uma tensão maior do que a tensão de alimentação positiva das baterias? Uma bomba de carga é usada para recolher a tensão através de um diodo e armazenada em um capacitor toda vez que o sinal de PWM é trocado. Isso se chama *circuito de bootstrap* e é efetivamente um dobrador de tensão simples usado para fornecer às portas dos Mosfets um elevado nível de tensão. Existem vários CIs acionadores de ponte-H que incluem todos os circuitos necessários para essa operação e exigem apenas um capacitor externo e um diodo. Usamos esse tipo de *chip* acionador para permitir que o Arduino controle cada chave da ponte-H individualmente. Este tipo de ponte-H permite uma alta capacidade de corrente e velocidades rápidas de comutação PWM, que são características úteis para um controlador de motor de robô.

Para mais informações sobre pontes-H com canais-N e diagramas de circuitos, confira o projeto Open Source Motor Controller (OSMC). Você pode baixar circuitos completos e arquivos PCI, fazer perguntas ou criar sua versão e compartilhar seu progresso com o grupo.

www.robotpower.com/products/osmc_info.html

CIs de ponte-H

Para construir sua ponte-H deixando o projeto para um profissional, você pode se interessar por um CI de ponte-H. Um CI de ponte-H é um circuito completo de ponte-H que está contido em um pequeno *chip* de circuito integrado. Estes são normalmente montados em um circuito com muito poucos componentes extras, geralmente apenas alguns resistores e uma fonte de alimentação regulada para os comandos lógicos. Ao usar um CI de ponte-H, normalmente você pode contar com uma proteção contra surto de corrente, proteção contra sobrecarga térmica e recursos de alta frequência. Embora esses *chips* de ponte-H sejam muito menos propensos a ser destruídos pelo erro do usuário do que um projeto caseiro, eles também têm potências muito menores, geralmente com menos de 3 A de corrente contínua.

Existem vários CIs de ponte-H que incluem todas as quatro chaves e um método para controlá-las de forma segura. O L293D é um CI duplo de ponte-H que pode lidar com até 36 V e 600 mA por motor. O L298N é uma versão maior do L293D que pode suportar até 2 A (ver Figura 3.16). Existem alguns CIs que podem controlar até 25 A, mas eles são caros e difíceis de encontrar. Existem vários CIs de ponte-H que funcionam em alguns dos projetos menores deste livro, mas os robôs maiores necessitam de uma ponte-H de maior potência capaz de conduzir 10 A ou mais.

Figura 3.16 Eis o popular controlador de motor L298N com dupla ponte-H de 2 A em uma PCI caseira. Os outros componentes incluem um regulador de 5 V, o 7805, alguns diodos para proteger de força contraeletromotriz (Back EMF), um capacitor e alguns LEDs indicadores de direção. Esta placa pode ser utilizada para controlar a velocidade e a direção de dois motores CC independentes.

Mudando frequências do PWM

Nós conversamos sobre como frequências altas de PWM acabam por levar a perdas de comutação e condução cruzada. Então, qual frequência PWM usar? Se você não mudar nada no seu Arduino, as saídas PWM serão executadas em 1 kHz (pinos 5 e 6) e 500 Hz (pinos 11, 3, 9 e 10). Esta é considerada uma frequência PWM relativamente baixa para controladores de motor, porque nessa frequência há um "sonido" audível vindo do chaveamento das bobinas do motor.

Como a maioria dos controladores de motor pode lidar facilmente com um sinal PWM de 1 kHz, você pode deixar o Arduino com seus valores padrão. Se, no entanto, você quiser que seus motores fiquem em silêncio durante a operação, deve usar uma frequência PWM acima da faixa de audição humana, normalmente em torno de 24.000 Hz (24 kHz). Surge daí um problema porque alguns controladores de motor não são capazes de chavear em tão alta frequência – as perdas de comutação aumentam conforme a frequência PWM aumenta. Como essa é uma difícil tarefa de projeto, controladores de motor capazes de operar em velocidades de comutação silenciosas (24 kHz ou mais) são geralmente mais caros e bem construídos.

A frequência de cada pino de saída PWM no Arduino é controlada por um dos três temporizadores do sistema incorporados a ele. Pense em cada temporizador do sistema no Arduino como um metrônomo digital que determina quantas batidas haverá em cada segundo. O valor de cada temporizador pode ser alterado usando uma linha de código com uma configuração específica selecionada a partir da Tabela 3.1.

Para alterar a frequência de um pino PWM, selecione uma frequência disponível na Tabela 3.1 e substitua o <setting> no código a seguir com a definição correta encontrada no gráfico. Em seguida, adicione a seguinte linha de código na função setup() do seu *sketch*, dependendo do temporizador que deseja alterar:

```
TCCR0B = TCCR0B & 0b11111000 | <setting>; / / Timer 0 (pinos PWM 5 e 6)
TCCR1B = TCCR1B & 0b11111000 | <setting>; / / Timer 1 (pinos PWM 9 e 10)
TCCR2B = TCCR2B & 0b11111000 | <setting>; / / Timer 2 (pinos PWM 3 e 11)
```

Tabela 3.1 Configurações de frequência PWM disponíveis para cada temporizador do sistema do Arduino

Temporizador	<setting>	Divisor	Frequência (Hertz)
0 (pinos 5 e 6)	0x01	1	62500
0 (pinos 5 e 6)	0x02	8	7812,5
0 (pinos 5 e 6)	0x03	64	976,56
0 (pinos 5 e 6)	0x04	256	244,14
0 (pinos 5 e 6)	0x05	1024	61,04
1 (pinos 9 e 10)	0x01	1	31250
1 (pinos 9 e 10)	0x02	8	3906,25

(continua)

Tabela 3.1 Configurações de frequência PWM disponíveis para cada temporizador do sistema do Arduino (*continuação*)

Temporizador	<setting>	Divisor	Frequência (Hertz)
1 (pinos 9 e 10)	0x03	64	488,28
1 (pinos 9 e 10)	0x04	256	122,07
1 (pinos 9 e 10)	0x05	1024	30,52
2 (pinos 3 e 11)	0x01	1	31250
2 (pinos 3 e 11)	0x02	8	3906,25
2 (pinos 3 e 11)	0x03	32	976,56
2 (pinos 3 e 11)	0x04	64	488,28
2 (pinos 3 e 11)	0x05	128	244,14
2 (pinos 3 e 11)	0x06	256	122,07
2 (pinos 3 e 11)	0x07	1024	30,52

A Tabela 3.1 mostra as frequências disponíveis e suas configurações correspondentes. Você pode notar que algumas frequências estão disponíveis apenas em determinados temporizadores, o que torna cada pino PWM único. Por exemplo, para alterar a frequência nos pinos PWM 9 e 10 dos 500 Hz padrão para uma velocidade de chaveamento ultrassônica de 32 kHz, mude a configuração do temporizador Timer1 do sistema na função setup(), como mostrado a seguir:

```
void setup(){
   TCCR1B = TCCR1B & 0b11111000 | 0x01;
}
```

Ao alterar o temporizador Timer1 para uma configuração "0x01", os pinos PWM 9 e 10 passarão a funcionar a uma frequência de 32 kHz sempre que o comando analogWrite() for usado nos dois pinos. Alternativamente, você pode definir esses mesmos pinos PWM para operar na frequência mais baixa disponível (30 Hz) alterando o <setting> para "0x05".

Se você operar a saída PWM em uma frequência demasiadamente baixa (abaixo de 100 Hz), isso vai diminuir significativamente a resolução do controle – isto é, uma pequena mudança na entrada vai provocar uma mudança drástica na saída e essas mudanças parecerão instáveis e não uniformes como acontece em frequências mais altas. Em caso de dúvida, basta ficar com as frequências PWM padrão do Arduino, porque elas são suficientes para a maioria dos projetos de robótica, apesar de você poder ouvir seus motores.

> **Nota** ♦ Alterar o temporizador Timer0 do sistema do Arduino afeta a saída de determinadas funções de temporização que dependem do Timer0, como as funções delay(), millis() e micros().

Força contraeletromotriz

Força contraeletromotriz (Back EMF) é o termo utilizado para descrever a energia que tem de ser eliminada quando o campo eletromagnético de um indutor colapsa. Esse colapso acontece sempre que o motor é parado ou muda de direção. Se a tensão não puder ser desviada através de um diodo de retificação, ela pode danificar um transistor desprotegido e possivelmente danificar o pino do Arduino que o aciona. Um diodo retificador simples (1N4001) funciona para a maioria das bobinas de relé e pequenas pontes-H de até 1 A baseadas em transistores TBJ.

Um diodo de proteção deve ser colocado entre o terminal do motor e a fonte de alimentação. Se estiver utilizando uma ponte-H, um diodo deve ser colocado entre cada um dos terminais do motor e a fonte de alimentação tanto no polo positivo quanto no negativo, totalizando quatro diodos (ver Figura 3.17). Se você tiver uma ponte-H que não tem diodos de proteção, pode adicionar os diodos diretamente nos terminais do motor, como mostrado na Figura 3.18.

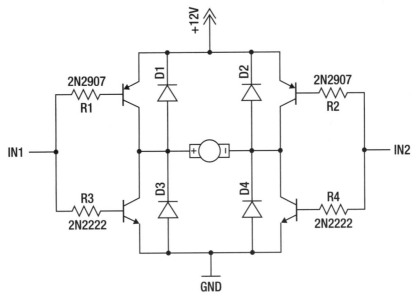

Figura 3.17 Os diodos de proteção devem ser colocados ao redor das chaves para protegê-las da força contraeletromotriz do motor, D1-D4 na imagem.

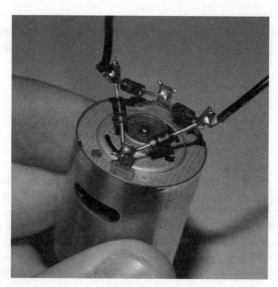

Figura 3.18 Note esta implementação de diodos de proteção para a força contraeletromotriz, soldados diretamente nos terminais. Isso elimina a necessidade de diodos incorporados no controlador de motor.

Sensor de corrente

Às vezes, a melhor maneira de proteger uma ponte-H caseira é instalar um dispositivo sensor de corrente para monitorar o nível de corrente que está passando através dela. Ao ler a saída de um sensor de corrente com o Arduino, podemos enviar um comando de parada para cada motor se o nível de corrente exceder um determinado valor. O recurso de proteção contra sobrecorrente usa o sensor de corrente para desativar o acionador se a potência atingir um nível perigoso, a fim de protegê-lo do superaquecimento. O uso desse recurso praticamente elimina erros do usuário que podem resultar na destruição de um controlador de motor.

A maneira mais simples de medir o nível de corrente em uma ponte-H é medir a queda de tensão em um resistor de potência. Esse resistor deve ser colocado em série com o motor e o terminal de tensão positiva, e o motor deve estar ligado e funcionando enquanto você mede a tensão sobre o resistor (ver Figura 3.19). Se conhecemos o valor exato da resistência em ohm e a tensão medida sobre o resistor, podemos usar a lei de Ohm para calcular a corrente que passa através da resistência e, por conseguinte, através do circuito.

O único problema com esse método é que o resistor cria calor no processo (energia elétrica desperdiçada). Por essa razão, o ideal é pegar um resistor com o menor valor possível (de 0,01 a 1 ohm), o qual deve ter uma potência suficiente para a quantidade de corrente que vai passar por ele.

Capítulo 3 ▪ Vamos adiante

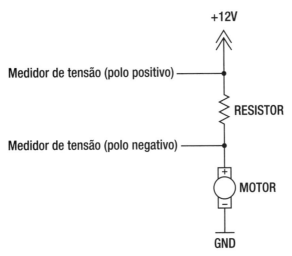

Figura 3.19 Ao medir a tensão sobre um resistor sensor de corrente, podemos calcular a quantidade de corrente que o motor está utilizando.

Por exemplo, se a queda de tensão em um resistor sensor de corrente é de 0,5 V e o valor do resistor é de 0,05 ohm, qual a quantidade de corrente que passa por ele, e qual será a potência nominal necessária?

Primeiro vamos determinar a corrente sobre o resistor: V = I * R

0,5 V = I * 0,05 ohm

I = 0,5 V / 0,05 ohm

I = 10 A

Se você medir 0,5 V em um resistor sensor de corrente de 0,05 ohm, a quantidade de corrente que passa no resistor é 10 A.

Agora, vamos calcular a dissipação de potência do resistor:

W = I^2 * R

W = (10 A * 10 A) * 0,05 ohm

W = 5 W

Como você pode ver, o resistor deve ser especificado para 5 W para ser capaz de lidar com 10 A que passam por ele sem problemas.

Existem opções melhores disponíveis para a detecção de corrente em uma ponte-H, como o sensor de corrente ACS-714 com base no efeito Hall, que pode medir com precisão até 30 A em qualquer direção e produz uma tensão de saída analógica proporcional que pode ser lida pelo Arduino. Esse sensor é mencionado no Capítulo 2 como um sensor não autônomo. Ele está disponível em uma placa *breakout* para uso com um controlador de motor já existente, ou como um CI que pode ser soldado diretamente em um projeto de controlador de motor (como os usados no robô Explorer-bot do Capítulo 8). Com esse mecanismo de realimentação, podemos usar o Arduino para monitorar a corrente de saída do motor e criar um método de proteção de sobrecorrente personalizada para evitar que o controlador do motor superaqueça.

Pontes-H comerciais (controladores de motores)

Se você não pretende construir seu controlador de motor, ainda terá que decidir qual deles comprar. É importante escolher um controlador de motor com um limite de tensão pelo menos alguns volts acima da tensão de operação desejada, porque uma bateria totalmente carregada fica geralmente alguns volts acima da especificação. Isso é importante porque se o limite máximo de tensão for excedido, mesmo durante alguns segundos, pode destruir os Mosfets, o que vai resultar numa ponte-H danificada. A corrente nominal é um pouco mais tolerante, de modo que se ela for excedida, a ponte-H vai apenas aquecer. Lembre-se de que o uso de um dissipador de calor ou ventoinha pode aumentar o limite máximo de corrente por meio da dissipação do calor, por isso muitas unidades comerciais têm dissipadores de calor ou ventoinhas embutidas para ajudar na dissipação do calor.

A ponte-H comercial pode custar entre 10 e 500 dólares ou mais, mas na hipótese de que você não tenha dinheiro sobrando, vamos nos concentrar principalmente no orçamento de controladores de motor. A maioria das unidades aceita sinais PWM, seriais ou de pulso R/C, e algumas têm a capacidade de ler vários tipos de sinais diferentes utilizando *jumpers* na placa para selecionar entre esses modos de operação. Você pode encontrar unidades que lidam com correntes contínuas que vão desde 1 A a 150 A e têm tensões nominais de 6 VDC a 80 VDC.

Pontes-H de baixa potência (até 3 A)

Este tipo de ponte-H fornece potência a pequenos motores de modelismo, geralmente menores do que um vidro de remédio. Há muitas pontes-H diferentes disponíveis em lojas online que podem trabalhar com altas correntes a preços que vão de 10 a 30 dólares (ver Tabela 3.2). L293D e L298N são dois CIs de ponte-H comuns nos quais se baseiam vários pequenos controladores de motor comerciais. O Ardumoto da Sparkfun é um *shield* de um controlador de motor duplo compatível com o Arduino que se baseia numa versão de montagem em superfície do CI de ponte-H L298N mostrado na Figura 3.16 e é capaz de suportar até 2 A por canal (ver Figura 3.20).

Figura 3.20 O Ardumoto da Sparkfun é um *shield* controlador de motor que é construído baseado no CI de ponte-H dupla L298N.

Essa classe de controladores de velocidade também inclui controladores eletrônicos de velocidade (CEV) para modelismo. Essas pontes-H geralmente trabalham apenas com tensões de até 12 V, pois a maioria dos veículos de modelismo não opera acima de 12 V. Eles podem, no entanto, lidar com uma quantidade considerável de corrente, mas aceitam apenas sinais R/C para servo como sinal de controle. Estão disponíveis tanto para motores CC com e sem escovas e são geralmente baratos e compactos.

Capítulo 3 ■ Vamos adiante

Tabela 3.2 Preço de algumas pontes-H comerciais de baixa corrente

Empresa	Modelo	Canais	Amperagem nominal	Preço (USD)
AdaFruit Industries	Motor-Shield	4	1-A	19,50
Sparkfun.com	Ardumoto	2	2-A	24,95

Pontes-H de média potência (até 10 A)

Esta gama de potência comporta motores que têm o tamanho máximo de uma lata de refrigerante. Estes começam a ter alguma potência considerável, mas geralmente são úteis apenas para a robótica como motores com caixa de redução para oferecer mais torque e velocidades mais baixas. Há também várias pontes-H comerciais diferentes para se escolher nessa categoria, geralmente variando de 30 a 100 dólares (ver Tabela 3.3). Nesse nível de potência, o controlador de motor pode gerar uma grande quantidade de calor, por isso pode ser uma boa ideia usar um dissipador de calor e ventoinha para manter tudo frio e aumentar sua faixa de operação.

Depois que você ultrapassa os 5 A, as opções de CIs encapsulados começam a diminuir – a maioria das pontes-H comerciais de média potência usa um CI acionador de ponte-H e um conjunto de quatro Mosfets canal-N de potência.

Tabela 3.3 Uma lista de controladores de motor comerciais de tamanho médio

Empresa	Modelo	Canais	Amperagem nominal	Preço (USD)
Pololu.com	24v12	1	12 A Contínua	42,95
Dimension Engineering	Sabertooth 2x12	2	12 A Contínua	79,99
Basic Micro	Robo Claw 2x10A	2	10 A Contínua	79,95

Pontes-H de alta potência (acima de 10 A)

Esta classe de ponte-H aciona os maiores motores de corrente contínua que usamos, na faixa de 15 A a 150 A. Esse tipo de motor é encontrado em *scooters* elétricas, cadeiras de rodas motorizadas e ferramentas elétricas e pode ser usado em robôs maiores pesando até 225 kg! Isto significa que ele provavelmente pode carregar você.

Existem várias opções de pontes-H de alta potência que variam de cerca de 60 a 500 dólares ou mais (ver Tabela 3.4). Esses controladores de motor geralmente são completos e incluem dissipadores de calor e ventoinhas para mantê-los frescos. Você deve ter cuidado ao conectar a alimentação a essas pontes, pois a maioria não inclui proteção contra a inversão de polaridade e a conexão incorreta dos fios não é coberta pela garantia!

112   Arduino para robótica

Tabela 3.4 Uma lista de controladores de motor comerciais sugeridos de tamanho grande

Empresa	Modelo	Canais	Corrente	Preço (USD)
Pololu.com	24v23 CS*	1	23 A Contínua	62,95
Basic Micro	Robo Garra 2x25A	2	25 A Contínua	62,95
Dimension Enginnering	Sabertooth 2x25	2	25 A Contínua	62,95
Dimension Enginnering	Sabertooth 2x25	2	50 A Contínua	62,95
Robot.Power.com	OSMC (montado)	2	160 A Contínua	62,95

* Esta ponte-H tem um sensor de corrente embutido no CI que pode ser lido usando o Arduino.

O Controlador de Motor de Código Aberto – Open Source Motor Controller (OSMC)

O OSMC é uma ponte-H de código aberto baseada no acionador de ponte-H HIP4081 da Intersil. Esse *chip* tem uma lógica incorporada para controlar uma ponte-H com Mosfet de canal-N em frequências de PMW de até 1 MHz (ou 1.000 kHz!). É impossível comandá-lo para um estado destrutivo, então você pode usar uma variedade de técnicas de entrada.

O *chip* acionador pode lidar com tensões de entrada de 12 V a 80 V e fornecer em torno de 2 A de corrente para os Mosfets. Isso é suficiente para acionar os 16 Mosfets usados no projeto atual da OSMC em uma frequência de PWM de cerca de 16 kHz. O uso de quatro Mosfets em paralelo por ramo da ponte-H traz a corrente nominal total a 160 A em até 48 VCC (tensão nominal limitada pelos Mosfets). Um único OSMC pode acionar apenas um motor CC e um pré-montado custa cerca de 219 dólares, mas pode ser utilizado para qualquer um dos robôs que vamos construir. Nós fornecemos um projeto completo para placas perfuradas que você pode construir sozinho por menos da metade do preço de um OSMC padrão, se quiser construir o seu.

Há um grupo no Yahoo! dedicado ao desenvolvimento desse projeto, bem como diversas variações oferecidas pelos usuários. Como o OSMC é de código aberto, você pode editar, modificar e mudar completamente o projeto para atender às suas necessidades. Se o seu projeto funcionar, é sempre de bom-tom compartilhá-lo com a comunidade OSMC.

http://tech.groups.yahoo.com/group/osmc/

Como 160 A podem ser um pouco mais do que a maioria das pessoas precisa, você pode instalar apenas o número de Mosfets que precisar. Eu construí dois OSMCs caseiros e só instalei dois Mosfets por ramo (no total, oito por placa) em um robô de 68 kg, conseguindo utilizar o robô continuamente por várias horas sem que a ponte-H se aquecesse.

Como o projeto OSMC não usa dissipadores de calor, é uma boa ideia adicionar um conjunto de dissipador e ventoinha acima dos Mosfets se você for exigir muita corrente deles.

Agora que temos uma ideia melhor de que tipo de motores e controladores de motor precisamos, vamos dar uma olhada mais cuidadosa na fonte de energia que move os motores: as baterias.

BATERIAS

O tipo e o tamanho da bateria que você escolher para o seu robô determina não apenas por quanto tempo ele conseguirá funcionar entre as recargas, mas também quão rápido ele vai conduzir os motores e quanta corrente pode ser descarregada de uma só vez. As baterias são especificadas pela sua tensão de saída e em Amp/hora, o que nos diz quanto tempo a bateria vai fornecer energia considerando uma carga particular. É importante saber que a maioria das baterias recarregáveis pode fornecer níveis de tensão que estão em torno de 10% a 15% acima da tensão nominal quando totalmente carregadas. Por essa razão, é uma boa ideia escolher um controlador de motor com uma tensão nominal de vários volts acima da tensão máxima de operação do seu projeto.

Você deve se lembrar de que associar as baterias tanto com conexões em série quanto em paralelo pode fornecer tensões de saída diversas e especificações mais elevadas em Amp/hora. Muitas vezes usamos essas técnicas para alcançar uma tensão específica com várias células de bateria menores. Constituições de baterias diferentes têm tensões diferentes de células: NiCd e NiMH têm 1,2 V por célula, baterias LiPo têm tipicamente 3,7 V por célula e baterias de chumbo-ácido têm 2 V por célula. Discutiremos apenas baterias recarregáveis porque elas são mais eficientes para projetos de robótica.

Baterias de níquel cádmio (NiCad)

Baterias NiCad existem há vários anos e oferecem um bom desempenho e um ciclo de vida de milhares de carregamentos. Essas baterias também são usadas em ferramentas elétricas sem fio, telefones sem fio mais antigos e baterias recarregáveis de uso geral (ver Figura 3.21). Baterias NiCad, no entanto, estão sujeitas a uma condição chamada de "memória", que ocorre quando elas são repetidamente carregadas antes de estarem descarregadas completamente. Isso faz com que a vida útil da bateria seja reduzida consideravelmente e é diferente da redução da vida da bateria por causa da idade. Se você tem alguma dessas baterias que ainda esteja boa, elas podem ser usadas para robôs pequenos a médios – caso contrário, as baterias NiMH são geralmente uma opção melhor pelo mesmo preço.

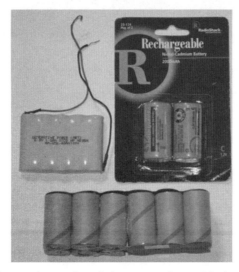

Figura 3.21 Baterias NiCad estão normalmente disponíveis nos tamanhos padrão das pilhas alcalinas: AA, AAA, C, D e assim por diante, mas têm uma tensão de célula de 1,2 V em vez de 1,5 V, como uma célula de bateria alcalina padrão.

Bateria de níquel-hidreto metálico (NiMH)

Estas baterias recarregáveis são comumente usadas nas ferramentas elétricas sem fio, telefones sem fio, telefones celulares, brinquedos e em muitas baterias recarregáveis de uso geral (AA, AAA e assim por diante) e ainda são feitas com NiMH. Essas baterias oferecem altos índices de Amp/hora para o seu tamanho, muitas vezes na faixa de 1.000 mAh a 4.500 mAh, e geralmente podem ser encontradas em células de 1,2 V, que podem ser dispostas em série para produzir a tensão que você precisar (ver Figura 3.22). Elas podem ser recarregadas muitas vezes, mas são propensas à redução da capacidade de carga à medida que envelhecem.

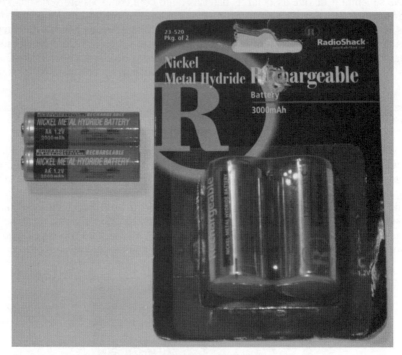

Figura 3.22 Baterias NiMH também estão disponíveis em tamanho padrão.

Baterias de polímero de lítio (LiPo)

Baterias de polímero de lítio estão entre os tipos de baterias mais recentes usadas por sua alta relação peso/potência. Com uma tensão típica de 3,7 V por célula, essas baterias são leves mas poderosas e são capazes de produzir grandes quantidades de corrente muito rapidamente. Baterias LiPo recentemente se tornaram muito mais acessíveis, tornando-se uma opção viável para muitos projetos de robótica, embora seja necessário carregá-las e descarregá-las corretamente para evitar o superaquecimento. Elas normalmente estão dispostas em embalagens com até seis células em série, totalizando 22,2 V (ver Figura 3.23).

Capítulo 3 ▪ Vamos adiante

Figura 3.23 Alguns tamanhos diferentes de baterias LiPo para modelismo que eu uso em projetos de robótica. São mostrados dois pacotes de 7,4 V (2 células), dois pacotes de 11,1 V (3 células) e um pacote de 18,5 V (5 células).

Se uma célula de polímero de lítio é descarregada abaixo de 3,0 V, ela pode se tornar volátil e até pegar fogo. Baterias LiPo também devem ser carregadas corretamente, pois também há risco de fogo. Por essa razão, recomenda-se que você aprenda mais sobre as baterias de lítio antes de usá-las em um projeto. Apesar de serem leves e armazenarem uma grande quantidade de energia, podem ser perigosas se as devidas precauções não forem tomadas. Muitas pessoas evitam usar essas baterias em favor de uma química mais tolerante.

Baterias de chumbo-ácido

Este é o tipo de bateria que você pode encontrar em seu carro, barco, carros de brinquedo motorizados, sistemas de energia solar e aplicações emergenciais em falta de energia. Elas são normalmente pesadas e volumosas, mas têm excelente potência e as especificações mais elevadas em Amp/hora que usamos, geralmente variando de 5 Ah até cerca de 150 Ah. Essas baterias estão normalmente disponíveis apenas em células de 6 V, 8 V, 12 V e 24 V, sendo a de 12 V a mais comum. Elas têm placas internas de chumbo dispostas em série, cada uma produzindo cerca de 2 V. A espessura dessas placas determina a utilização da bateria.

Existem vários tipos de baterias de chumbo-ácido para escolher, embora estejamos interessados apenas nas estacionárias e AGM (seladas) para uso em nossos robôs.
- Baterias estacionárias: este tipo de bateria tem placas de chumbo grossas projetadas para fornecer pequenas quantidades de corrente por longos períodos de tempo e podem ser descarregadas e recarregadas muitas vezes. Costumam ser usadas para alimentar luzes, rádios, bombas de água e outros acessórios em sistemas de barcos, RVs (veículos recreativos), sistemas de energia solar e emergenciais em falta de energia. Uma bateria estacionária tem uma especificação típica de 20 Ah a 150 Ah. Esse tipo de bateria funciona bem para ligar grandes robôs durante várias horas entre carregamentos.
- Baterias de arranque: este tipo de bateria tem muitas placas de chumbo finas capazes de entregar grandes quantidades de corrente muito rapidamente. É ideal para alimentar arranques automotivos que consomem correntes maiores em um curto espaço de tempo para dar a partida em motores. Se essa bateria for descarregada completamente várias vezes (mais que 5% a 10% de descarregamento), pode

ficar inutilizada! Essas baterias não são adequadas para serem descarregadas e recarregadas muitas vezes, de modo que evitamos esse tipo de bateria em nossos projetos de robótica.

- Bateria de célula úmida: inclui a maioria das baterias automotivas, porque elas têm tampas removíveis que permitem que você adicione água ou ácido, se necessário. Essas baterias são de longe as maiores e mais pesadas e devem ser montadas na posição vertical para evitar derramamentos, mas são boas para robôs maiores, quando é necessário um tempo maior de funcionamento.
- Bateria de célula gel: esta bateria é semelhante à de célula úmida em termos de potência, capacidade e tamanho. Entretanto, são seladas pelo fabricante para evitar derramamentos, o que permite que sejam montadas praticamente em qualquer posição. Uma bateria de célula gel é geralmente mais cara que uma bateria padrão de célula úmida, mas tem uma vida mais longa.
- Separador de fibra de vidro absorvente (*absorbed glass mat* – AGM): esta bateria é normalmente utilizada em aplicações de média potência, incluindo iluminação de emergência e algumas configurações de energia solar. São seladas pelo fabricante e podem ser montadas em qualquer posição. Também são comumente chamadas de baterias de chumbo-ácido seladas (*sealed lead acid* – SLA) (ver Figura 3.24). São acessíveis e normalmente especificadas de 2 Ah a 75 Ah. Operam de modo parecido com as baterias estacionárias e são projetadas para ser recarregadas muitas vezes. São geralmente um pouco pesadas para robôs pequenos, mas são uma excelente escolha para os de médio a grande porte e têm o melhor tempo de duração em relação ao preço.

Figura 3.24 Algumas baterias padrão AGM de chumbo-ácido seladas. Acima, duas baterias de 6 V e 4,5 Ah e abaixo uma bateria de 12 V e 7 Ah.

Cada tipo de bateria tem vantagens específicas. Observe na Tabela 3.5 que, apesar de as baterias NiCad e NiMH serem boas opções para a maioria dos projetos, as baterias LiPo são mais leves e as de chumbo-ácido, mais baratas. Cada uma tem uma aplicação própria em nossos projetos, e vamos usar cada tipo ao longo deste livro.

Tabela 3.5 Comparação de baterias

Tipo de bateria	Tensão	Volt/célula	Células	Preço (US$)	Peso	Amp/Hora
Polímero de lítio	11,1 V	3,7 V	3	32,00	397 g	5000 mAh
NiCad	12 V	1,2 V	10	49,99	900 g	5000 mAh
NiMH	12 V	1,2 V	10	49,99	900 g	5000 mAh
Chumbo--ácido (SLA)	12 V	2 V	6	15,99	1,8 kg	5000 mAh

Carregamento

É melhor comprar um bom carregador de bateria que tenha múltiplas tensões e correntes de carga. Um carregador de bateria automotiva ajustável típico vai de 6 V a 12 V e tem vários níveis de corrente, geralmente de 2 A a 15 A.

Como regra geral, uma taxa de carregamento normal não passa de 1/10 da especificação em Amp/hora. Isso significa que uma bateria com especificação de 5.000 mAh não deve ser carregada com uma corrente maior que 500 mA (5000 mAh / 10 = 500 mA). Se um carregador de bateria automotiva entregar corrente demais para as suas baterias, pode ser necessário usar um carregador para modelismo compatível com vários tipos de baterias.

Eu uso um carregador de bateria multifunção da Dynam Supermate DC6 para carregar todas as minhas baterias de NiCad, NiMH, LiPo e as de chumbo-ácido de pequeno porte, porque ele oferece tanto equilíbrio de carga quanto níveis de corrente selecionáveis para carregar uma variedade de tipos de baterias (ver Figura 3.25). Ele exige uma fonte de alimentação CC de 11 V a 18 V e pode carregar baterias de até 22,2 V. A maioria dos carregadores usados em modelismo também vem com vários e diferentes adaptadores de carregamento para contemplar os vários tipos de conectores comumente encontrados em baterias recarregáveis.

As baterias de lítio requerem uma atenção especial para evitar que superaqueçam e se incendeiem, por isso recomendo que você compre o carregador adequado para a bateria que escolheu. As baterias de lítio não têm efeito "memória", então você pode carregá-las quantas vezes quiser sem precisar descarregá-las completamente.

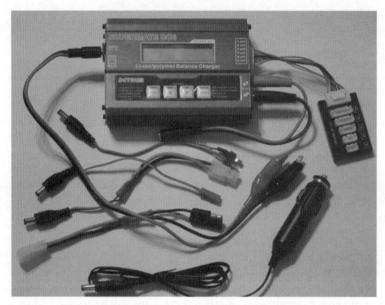

Figura 3.25 Um carregador multibaterias da Dynam DC6, compatível com baterias LiPo, NiMh, NiCd e de chumbo-ácido e dotado de uma taxa de carregamento ajustável.

MATERIAIS

Como ocorre com tudo o mais, existem vários materiais diferentes que você pode escolher para construir o seu robô. Cada um tem seu lugar específico e você não deve excluir nenhum material do seu estoque, porque ele pode ser a melhor solução para um problema futuro. Minha teoria é que quanto mais ferramentas você tiver disponíveis, mais soluções terá para um dado problema. Eu considero que o termo "ferramentas" é mais amplo do que apenas martelos e brocas e inclui seus materiais, criatividade e um conjunto geral de habilidades, como soldagem, carpintaria, moldagem de plástico, fibra de vidro, impressão 3D, costura, usinagem, fabricação de PCI ou qualquer coisa que o motive.

Madeira

A madeira é de longe o material mais fácil de encontrar. Teoricamente é possível fazer um robô com galhos de árvores, se você quiser, aplainando os galhos em tábuas e fazer uma estrutura de madeira bem-acabada. A madeira é geralmente usada apenas na prototipagem barata e no projeto de prova de conceito, porque é suscetível à flexão e deformação se não tiver tratamento adequado (ruim para peças montadas com precisão). Lâminas de madeira podem ser usadas para construir uma plataforma para a fixação de circuitos eletrônicos porque não são condutoras e são facilmente perfuradas quando estivermos fixando PCIs. A madeira também é boa para fazer cunhas ou espaçadores que podem ser muito difíceis de fazer usando aço.

Metais

Existem dois tipos de metal especialmente interessantes para qualquer construtor de robôs: aço e alumínio. Ambos fazem estruturas fortes e rígidas, resistentes à deformação e que durarão muitos anos se devidamente pintadas. Elas podem ser aparafusadas ou soldadas e são fortes o suficiente até mesmo para os robôs maiores.

- Aço: este metal pode ser montado com parafusos (requer furos) ou solda (requer soldador). As duas formas ficam muito firmes e provavelmente durarão mais que todas as outras partes do seu robô. O aço, porém, é pesado, por isso geralmente não é bom usá-lo em robôs pequenos, já que os motores menores não serão capazes de carregar uma estrutura feita com esse material. Grandes robôs se beneficiam de uma estrutura de aço porque o aço é forte e capaz de suportar bastante peso.
- Alumínio: este metal tem os mesmos usos gerais que o aço, mas é muito mais leve. Você pode construir robôs pequenos, médios e grandes com alumínio. A soldagem de alumínio requer equipamento especial, de modo que você talvez tenha que considerar aparafusar essas peças.

Se usar parafusos, você precisa perfurar orifícios do mesmo tamanho que os parafusos que você usa. Você deve comprar brocas próprias para perfurar aço e usar a velocidade mais alta da sua furadeira. Você também pode perfurar alumínio, madeira e plástico com uma broca de aço. Metais também podem ser aparafusados em roscas feitas nos orifícios perfurados, o que pode ajudar a diminuir o número de porcas necessárias para fixar as peças.

Se precisar cortar aço ou alumínio, você poderá usar uma esmerilhadeira angular, uma serra sabre (com lâmina própria para aço), um maçarico de corte, serras policortes, serras tico-tico ou arcos de serra, dependendo da sua seleção de ferramentas. Uma serra sabre é geralmente a que tem o corte mais rápido e limpo de todas as serras (é a que eu escolho para cortes rápidos), enquanto uma esmerilhadeira é útil para remover rebarbas.

Porcas e parafusos

Independentemente do material que você escolher para construir o seu robô, você vai precisar de algumas porcas e parafusos para prender tudo junto. O uso de uma porca e um parafuso para fixar duas peças de metal, madeira, plástico ou fibra de vidro pode fornecer uma excelente resistência, além de poderem ser removidos, se necessário.

Um parafuso é uma haste de metal com rosca de precisão e está disponível em quase todos os comprimentos e diâmetros imagináveis, tanto em tamanhos métricos quanto nos determinados pela SAE (*Society of Automotive Engineers*). É possível encontrar parafusos com várias formas de cabeças e tipos de rosca, mas todos eles servem para o mesmo propósito: prender dois ou mais objetos juntos.

Uma porca é um anel de metal com rosca que se fixa no parafuso. Como os parafusos, as porcas também estão disponíveis em várias formas e tamanhos e com diferentes tipos de rosca. Você provavelmente vai precisar de um alicate ou de uma chave de boca para apertar uma porca em um parafuso, e é aconselhável utilizar uma arruela de pressão para evitar que a porca se solte durante o uso.

Figura 3.26 Aqui você pode ver uma variedade de porcas e parafusos, como os usados em todo este livro.

Plásticos

O PVC é um plástico geralmente disponível que pode ser cortado, perfurado, parafusado e também soldado utilizando um fluxo de ar quente. Nós usaremos plástico PVC para fazer a montagem de um motor no Capítulo 9 e folhas transparentes de plexiglass (acrílico transparente) em vários projetos como base de fixação não condutora e como capa protetora.

Correntes e rodas dentadas

A corrente é usada para transmitir energia a partir de uma roda dentada acoplada ao motor de acionamento para uma roda dentada receptora acoplada à roda.[2] As correntes existem em diversos tamanhos diferentes, mas usamos apenas correntes de rolo plexiglass #25, também chamadas de correntes com passo de 1/4 de polegada. Esse tipo de corrente é comumente encontrado em *scooters* elétricas. Rodas dentadas também são especificadas por seu passo, por isso é importante que as rodas dentadas e as correntes sejam correspondentes, ou não vão se encaixar. Você pode escolher uma relação de transmissão para as rodas dentadas do motor e da roda selecionando o número de dentes em cada uma delas. Usar uma pequena roda dentado no motor e uma grande roda dentada na roda é uma boa forma de reduzir a unidade de tração, possibilitando uma velocidade reduzida e um torque maior.

---

[2] Como em uma bicicleta motorizada [N.T.].

Capítulo 3 ▪ Vamos adiante

As correntes são normalmente vendidas com elos de ligação universais para que você possa dimensioná-las para atender às suas necessidades. Ao usar uma configuração corrente e roda dentada, é importante manter a tensão da corrente adequada. Muita tensão pode resultar em uma corrente quebrada e tensão insuficiente cria uma folga na unidade de transmissão que pode resultar na quebra de dentes da roda dentada. Projetos que utilizam unidades de correntes de transmissão precisam ter motores ou rodas ajustáveis para tensionar as correntes de plexiglass, e isso pode complicar o processo de construção. Por isso é geralmente desejável usar motores com as rodas já presas, se conseguir encontrá-los.

Rodas

A roda é a fase final da unidade de tração. É ela que faz contato com o chão para impulsionar o robô. Como você deve saber, uma roda de diâmetro maior percorre uma distância maior que uma roda de diâmetro menor. Logicamente, isso faz sentido porque cada vez que o eixo de saída do motor faz uma revolução completa, o robô deve percorrer a mesma distância que a circunferência externa da roda. Assim, uma roda maior anda mais rapidamente do que uma menor usando a mesma RPM do motor.

Para robôs menores, você pode fazer suas próprias rodas de plexiglass ou madeira, ou comprar um carro de brinquedo na loja de sucata local com um conjunto de rodas aproveitável. Robôs maiores exigem que você encontre rodas normalmente fabricadas para cortadores de grama, carrinhos de mão, tratores cortadores de grama ou outros veículos de tamanho similar que possam transportar a mesma carga. Rodas muitas vezes exigem modificação para encaixar no eixo de saída do motor ou para receber uma roda dentada.

RESUMO

A esta altura você deve ser capaz de identificar os vários tipos de motores de corrente contínua e determinar qual tipo de motor você precisa para seu projeto. Neste capítulo, você aprendeu que motores CC com escovas padrão são normalmente identificados por terem dois fios e são, de longe, os mais comuns e mais fáceis de acionar, mas têm escovas que se desgastam após uso prolongado. Motores sem escovas (*brushless*) têm normalmente três fios e requerem um circuito especial para operar, mas têm excelente durabilidade e confiabilidade em alta velocidade. Os motores de passo têm quatro, cinco ou seis fios e também necessitam de um circuito de acionamento especial para operar, e têm um número específico de passos em cada rotação, o que os torna ideais para aplicações de rastreamento de posição. Servomotores usam um dispositivo de codificação para determinar a localização do eixo de saída, tornando-os ideais para a emulação de posição angular. Um atuador linear é um motor de corrente contínua que converte o movimento rotacional em movimento linear. Qualquer um desses motores pode ser acoplado a uma caixa de redução para converter sua energia de velocidade alta/torque baixo para velocidade baixa/torque alto.

Em seguida, discutimos os vários tipos de circuitos de ponte-H para controle de motor e seus estados possíveis. Agora você deve entender como comandar um circuito simples de ponte-H para a frente, para trás ou para frear eletricamente (frenagem positiva ou negativa), e como não comandar uma condição de surto de corrente (curto-circuito). Em seguida, passamos a discutir como mudar a frequência de PWM para cada temporizador do Arduino, bem como a forma de lidar com a força contraeletromotriz (back-EMF) e os benefícios de sensores de corrente em uma ponte-H. Terminamos falando de pontes-H, oferecendo algumas sugestões para vários tamanhos de controladores de motores com pontes-H comerciais.

Por fim, falamos sobre os vários tipos de baterias e materiais que vamos usar em nossos projetos. Apesar de baterias NiCad e NiMH terem uma alta capacidade de energia e serem prontamente disponíveis e fáceis de trabalhar, elas também podem ser caras. Baterias de chumbo-ácido são baratas e oferecem excelente potência, mas podem ser pesadas e, portanto, não são adequadas para pequenos robôs. Baterias de polímero de lítio (LiPo) são extremamente leves, proporcionam excelente potência e caíram consideravelmente de preço desde que foram lançadas, mas são sensíveis à descarga excessiva e, portanto, necessitam de circuitos mais complexos para garantir que não sejam completamente descarregadas.

Chega de conversa, vamos começar a construir alguns robôs! O primeiro é um pequeno robô autônomo que gosta de seguir linhas... Eu o chamei de Linus porque sou um *geek* Linux (obrigado, sr. Linus Torvalds!), e isso parecia se encaixar em seu comportamento.

CAPÍTULO 4

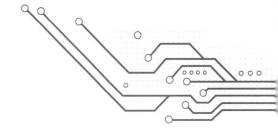

Linus, o Line-bot

Vamos começar com um pequeno robô no nosso primeiro projeto, apresentando os conceitos básicos de controle automatizado. Esse robô decide para onde ir com base em seu entorno e pode mudar de caminho se o ambiente for alterado. O propósito do Linus é seguir uma linha preta em uma superfície branca (ver Figura 4.1). Suas aspirações são bastante baixas, mas ainda assim é divertido fazer um experimento com ele, além de fácil (e barato) de construir.

Figura 4.1 O Linus quase acabado ao lado do seu caminho.

O custo deste projeto, como mostrado, é cerca de 80 dólares. Isso inclui uma placa controladora de motor comercial, dois servomotores de modelismo, uma placa de sensor infravermelho (IR) caseira e vários outros itens que podem ser usados por vários robôs (Figura 4.2).

Você também tem a opção de substituir componentes usados que já tenha, como servomotores usados (ou motores com caixa de redução), ou talvez você já tenha um controlador de motor e, se for esse o caso, o preço desse robô vai cair consideravelmente. Se você quiser economizar, também pode pular direto para o Capítulo 6 para aprender a fazer suas PCIs em seu PC com *software* livre. Você também pode montar esses circuitos na placa de prototipagem da Radio Shack.

124   Arduino para robótica

Começamos fazendo uma placa de sensor infravermelho para que o Linus possa detectar a cor da superfície abaixo dele, e em seguida passamos pelo processo de modificação de um servomotor de modelismo para funcionar com rotação contínua. Depois encaixamos as rodas traseiras sobre o eixo de saída do motor e fazemos um suporte para o rodízio (roda "boba" ou "louca") da frente. Nós então modificamos um recipiente de lata para servir de estrutura e instalamos os motores, a placa do sensor infravermelho, o Arduino com o *shield* controlador de motor e as baterias. Depois de tudo conectado, carregamos o código para o Arduino, fazemos uma trilha (caminho) para o Linus seguir e testamos a fim de descobrir quão rápido podemos fazê-lo percorrer a pista sem perder a trilha (o caminho). Depois de concluir a montagem do Linus você pode adicionar um LED para iluminação interior, um potenciômetro para ajuste de velocidade e pintar o seu chassi para dar a ele um pouco de estilo. Vejamos os componentes necessários para construir o Linus.

LISTA DE COMPONENTES DO LINUS

Para todos os projetos deste livro, espera-se que você tenha um Arduino (35 dólares), por isso não vamos incluí-lo no preço de cada projeto. No Capítulo 6, construiremos uma alternativa para seu Arduino original, que se destina a substituí-lo quando um projeto é concluído, assim você não tem que ficar comprando novos Arduinos. O preço por placa para você mesmo construir é cerca de 8 a 15 dólares cada, mas elas podem ser programadas somente com um cabo FTDI[1] (a partir de 15 dólares na Sparkfun.com), porque não há nenhuma interface USB integrada nas placas caseiras.

Eu também não incluí ferramentas ou outros materiais padrão (como fios) no custo de cada projeto, pois estes vão durar por vários projetos. Um rolo de fio rígido 22AWG é suficiente para a maior parte do livro, bem como um rolo de solda com núcleo de breu. Também é útil ter algumas peças de metal ou de alumínio de sucata à mão. Um pedaço de folha de alumínio plana de 90 cm permite que você faça vários suportes, apoios ou suporte de motor, portanto eu mantenho alguns pedaços de tamanhos diferentes na minha caixa de peças.

Esse projeto utiliza alguns componentes robóticos básicos: sensores, motores, rodas, um chassi, baterias, um controlador de motor e o seu microcontrolador Arduino (Figura 4.2). Se você já tem uma base de robô com vários desses componentes, talvez possa concluir esse projeto com apenas 15 dólares, que é o custo da placa de sensor infravermelho.

Você pode também substituir peças para poupar dinheiro se quiser: um conjunto de motores com caixa de redução que você já tenha em vez dos servomotores que eu usei, uma ponte-H caseira para o controlador de motor AF ou sensores IR pré-construídos da Sparkfun.com (item: ROB-09453) em vez de construir o seu. Com alguns ajustes, qualquer dessas alternativas deve funcionar. Você também pode economizar encomendando algumas da Digikey.com, porque receberá uma quantidade muito maior por quase o mesmo preço cobrado pela Radio Shack. A Tabela 4.1 mostra uma lista completa dos componentes. Este capítulo apresenta uma forma de construir um robô seguidor de linha (Line-bot).

---

[1]   FTDI é a sigla de Feature Technology Devices International, uma empresa escocesa especializada em tecnologia USB [N.T.].

Capítulo 4 ■ Linus, o Line-bot

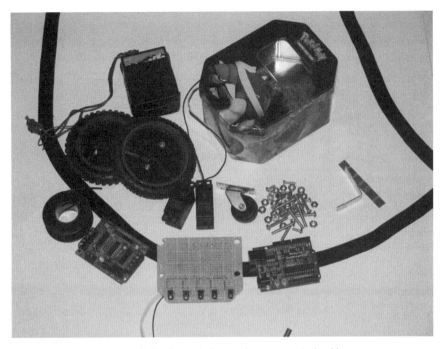

Figura 4.2 Aqui você pode ver as peças ainda não montadas usadas para construir o Linus.

Tabela 4.1 A lista dos componentes

Componente	Descrição	Preço (US$)
Shield de motor AF	AdaFruit.com (componente #81) – este *shield* do Arduino é capaz de excitar até 4 motores CC.	19,95
Dois servomotores de modelismo	HobbyPartz.com (componente #EXI-Servo-B1222) – servomotor EXI de modelismo tamanho padrão.	6,45 cada
Cinco emissores/detectores IR	Digikey (componente #TCRT5000L) – Pares emissor/detector infravermelhos padrão.	1,06 cada
Placa de prototipagem perfurada	Radio Shack (componente #276-158) ou semelhante. Qualquer pedaço de placa revestida de cobre de ~2,5 mm de prototipagem perfurada funcionará.	2,99
Cinco resistores de 10 kohm	Digikey (componente #P10KBACT) – pacote com 50 resistores.	1,78

(*continua*)

126   Arduino para robótica

Tabela 4.1 A lista dos componentes (*continuação*)

Componente	Descrição	Preço (US$)
Sete resistores de 150 ohm	Digikey (componente #P150BACT) – pacote com 50 resistores.	1,78
Chassi	Loja de sucata – usei a lata de um jogo de cartas infantil; latas de biscoito também servem.	0,39
25 porcas e parafusos	Loja de ferragens – parafusos #6 com porcas, ~1,2 cm a ~5 cm de comprimento.	3,00
Duas rodas motrizes	Recuperadas de moto de brinquedo achada na loja de sucata.	1,99
Roda rodízio	Loja de ferragem – usada para mover armários e coisas parecidas.	1,99
Bateria	Artigo de prateleira – 6 V, 1.000 mAh ou equivalente. Pode ser NiMh, NiCd ou não recarregável.	1,00
Chave de potência	Radio Shack (componente #275-612) – chave padrão SPST para ligar e desligar.	2,99
Dois LEDs	Digikey (componente #C503B-BAN-CY0C046) – eu usei dois LEDs azuis conectados aos terminais de saída do motor. Use a cor que quiser.	1,08
Potenciômetro de 5 K	Radio Shack (componente #271-1715) – usado para ajustar a velocidade do Linus sem reprogramação.	2,99
Tinta *spray*	Loja de ferragem – usada para dar um pouco de cor, mas não é necessária.	5,00
Total geral	Como testado	67,12

Isso, naturalmente, inclui o *shield* de motor da Adafruit, as baterias, que podem ser removidas e usadas em outros projetos, e a tinta *spray*, que vai durar por vários robôs. Essas peças devem ser utilizadas para facilitar a criação de protótipos, considerando que os circuitos artesanais devem substituir o Arduino e o *shield* de motor AF após o Line-bot ser liberado para uso permanente (após a conclusão do teste). Depois de concluir os projetos deste livro, você será capaz de construir facilmente um Arduino e um controlador de motor substitutos em casa, e por muito menos do que gastaria para comprar um novo Arduino e um *shield* de motor AF.

COMO O LINUS FUNCIONA

O emissor infravermelho emite um feixe contínuo de luz infravermelha que é refletida pelo solo de volta ao detector de infravermelho. Dependendo da reflexividade da cor que vem do solo, o detector recebe quantidades diferentes de luz infravermelha refletida. O detector é na verdade um fototransistor infravermelho que utiliza luz infravermelha para ativar sua base. Quanto mais luz infravermelha chegar ao detector, mais o transistor conduz. Usamos cinco sensores de IR alinhados para determinar a posição exata da linha não reflexiva sob o robô. Ajustando os dois motores de acionamento com base nas leituras dos sensores de linha, podemos manter o robô centrado na linha conforme ele se move na pista.

A pista

A pista deve ser de uma cor uniforme sem variações. Algumas folhas de cartolina branca funcionam muito bem com fita isolante preta para a linha (ver Figura 4.3). A linha oferece um contraste cromático que os sensores conseguem diferenciar. Você pode dispor a linha em qualquer formato que o robô a seguirá: ela pode ser sinuosa, ter interseções e laços ou pode ser um simples círculo. A coisa interessante sobre o Linus é que ele reage de maneira diferente sempre que dá uma volta pela pista. Como ele responde aos seus sensores, quando há uma divisão na pista ele pode ir para a esquerda na primeira vez e para a direita na vez seguinte! É interessante observar os processos decisórios dessa maquininha.

Figura 4.3 Esta foi a primeira pista que eu projetei para testar o Linus, e ela funcionou muito bem.

Agora que você sabe como o Linus se desloca na pista, vamos começar a construir a placa do sensor de infravermelho.

CONSTRUINDO A PLACA DO SENSOR IR

A placa do sensor IR é composta de cinco pares de emissores e detectores de infravermelho. Você pode fazer seus pares de emissor/detector de IR usando LEDs e fototransistores IR individuais da Radio Shack (peça #276-142), mas eles custam mais de 3 dólares o par, o que dá cerca de 15 dólares para todos os cinco sensores! A Digikey.com tem vários pares de emissores/detectores IR diferentes por cerca de 1 dólar cada, o que reduz o custo dos sensores infravermelhos para 5 dólares (ver Figura 4.4).

Figura 4.4 As peças necessárias para a construção da placa do sensor IR: cinco sensores infravermelhos da Digikey.com, cinco resistores de 150 ohm, cinco resistores de 10 kohm, um pouco de fio e um pedaço de placa de prototipagem da Radio Shack.

O LED emissor de infravermelho (azul ou transparente) fica ao lado de um fototransistor detector de infravermelho (que se parece com um LED preto) com uma pequena divisória entre eles. A pequena divisória garante que nenhuma luz IR seja lida pelo detector senão a refletida a partir da superfície (no nosso caso, o chão ou a linha). Os sensores não devem ser colocados um diretamente ao lado do outro (sem distância entre eles), a fim de evitar a interferência dos sensores adjacentes. Eles também não devem ser colocados tão distantes a ponto de existirem "pontos cegos" entre eles que não sejam lidos por nenhum sensor. Veja a Figura 4.5 para uma visão da placa do sensor infravermelho concluída.

Optei por colocar meus sensores com uma distância de ~1,2 cm entre si, o que funciona bem. Se você colocar a linha preta entre o sensor 2 e sensor 3, verá as duas saídas afetadas (o valor de saída desses sensores vai ser menor do que demais). Se você, no entanto, colocar a linha preta diretamente sob o sensor 3, somente o sensor 3 vai mostrar o valor alterado, enquanto os sensores 2 e 4 estarão longe o suficiente do sensor 3 para não detectar qualquer linha preta. Se os sensores estivessem mais juntos, tanto o sensor 2 quanto o sensor 4 iriam detectar a linha preta, mesmo se ela estivesse centralizada diretamente abaixo do sensor 3. A determinação do espaçamento entre cada sensor é uma questão de teste. Se você não tem ideia, comece espaçando os sensores de ~1,2 cm.

Capítulo 4 ■ Linus, o Line-bot 129

Figura 4.5 A placa do sensor IR com todos os cinco sensores instalados.

Para facilitar as coisas, escolhi usar um pedaço de placa perfurada para prototipagem, revestida de cobre, da Radio Shack, larga o bastante para permitir o espaçamento adequado entre os sensores infravermelhos. Essa placa é de aproximadamente ~4,5 cm por ~7,5 cm e a maior parte dela não é usada, exceto por alguns fios na horizontal e na vertical. Para começar a construir esse circuito, você primeiro precisa ver o diagrama esquemático (Figura 4.6) que mostra como cada sensor deve ser ligado no circuito, bem como a pinagem do sensor IR mostrado na Figura 4.7.

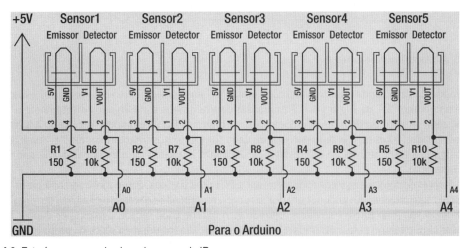

Figura 4.6 Este é o esquema da placa do sensor de IR.

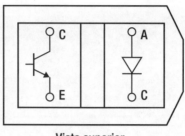

Vista superior

Figura 4.7 Esquema do sensor de IR (detector ou fototransistor = à esquerda, emissor = à direita).

Os nove passos seguintes vão guiá-lo para a construção da placa do sensor IR.
1. Coloque os sensores de IR na placa de prototipagem. Cada par de IR tem dois LEDs com um total de quatro terminais. A parte superior do par é o emissor (o LED de cor azul), e a parte inferior é o detector ou fototransistor (o LED de cor preta). A extremidade *chanfrada* do encapsulamento do sensor deve estar mais próxima da borda da placa, como mostrado na Figura 4.8.

Figura 4.8 A colocação dos sensores.

O ânodo de cada diodo emissor (marcado como "A" na Figura 4.7) e o coletor de cada fototransistor (marcado como "C" na Figura 4.7, à esquerda) devem ambos estar ligados diretamente a +5 V. O cátodo de cada emissor de IR (marcado como "C" na Figura 4.7, à direita) deve ser ligado à terra através de um resistor de 150 ohm, e o pino emissor de cada fototransistor (marcado como "E" na Figura 4.7) deve ser ligado à terra através de um resistor de 10 kohm – a saída para cada par de IR também está ligada a esse pino.
2. Depois de colocados, solde cada terminal à PCI para fixá-los, como mostrado na Figura 4.9. Para evitar o superaquecimento de qualquer um dos sensores, recomenda-se soldar o primeiro terminal de cada sensor, e então voltar ao início e soldar o segundo terminal de cada sensor, e assim por diante. Isso dá a cada sensor algum tempo para esfriar entre a soldagem de cada terminal na placa de prototipagem.

Capítulo 4 ▪ Linus, o Line-bot

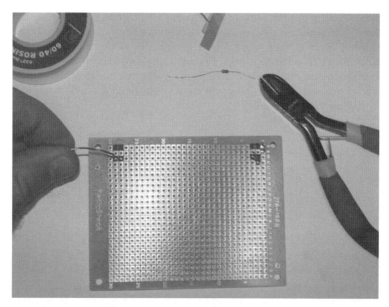

Figura 4.9 Soldando cada sensor no seu lugar na placa de prototipagem.

3. Depois de fixar cada um dos sensores, solde os dois pinos do lado direito de cada sensor: o ânodo do diodo emissor e o coletor do fototransistor (ver Figura 4.10). Você pode dobrar os terminais do lado direito até que eles toquem um ao outro e fiquem planos contra a placa. Então solde-os juntos, cortando o excesso com um alicate de corte.

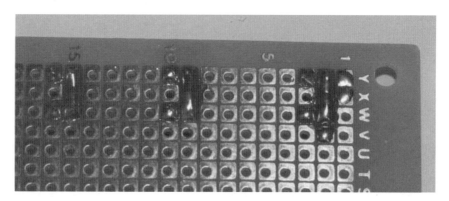

Figura 4.10 Fazendo uma "ponte de solda" entre o ânodo do diodo emissor e o coletor do fototransistor.

4. Em seguida coloque os resistores de *pull-down* de 10 k entre o pino de saída do fototransistor (detector) para o terra (ver Figura 4.11). Ao colocar os resistores de *pull-down* em cada pino de saída de cada sensor, estamos assegurando que as entradas analógicas do Arduino terão um valor padrão de 0, a menos que haja luz IR ativando o fototransistor. Fazemos isso porque o fototransistor IR atua como uma chave simples, permitindo que +5 V passe por ele quando ligado. Quando a chave está no estado desligado, é preciso usar um resistor de *pull-down* para dar à entrada analógica do Arduino um valor padrão (GND) para que ela não fique "flutuando".

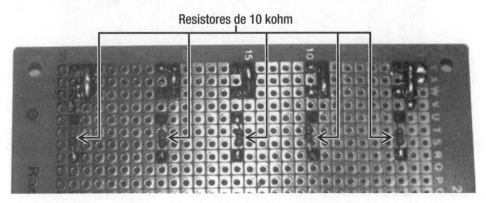

Figura 4.11 Instale os cinco resistores de 10 kohm do pino emissor de cada fototransistor a um terra comum.

5. Coloque os resistores de 150 ohm limitadores de corrente para os LEDs emissores de IR. A alimentação de 5 V através do resistor de 150 ohm habilita 33 mA para cada emissor IR, o que é um pouco menos que o valor da corrente máxima. Coloque cada resistor limitador de corrente de 150 ohm no pino de cátodo de cada diodo emissor de IR para o terra, como mostrado na Figura 4.12.

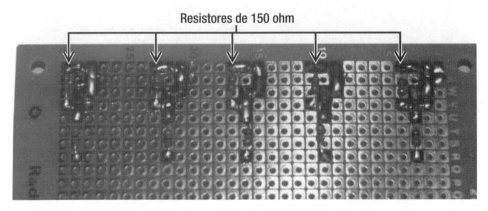

Figura 4.12 Instale os cinco resistores de 150 ohm nos pinos de cátodo do diodo emissor para o terra.

6. Conecte juntas todas as ilhotas ao 5 V. Você deve usar alguns fios de ligação como ponte para conectar cada ilhota à outra e, finalmente, para o fio de alimentação (fio branco) soldado na parte inferior direita da placa (ver Figura 4.13). A aparência não é importante, já que essa placa vai ficar escondida no chassi, mas certifique-se de que cada conexão está segura.

Capítulo 4 ▪ Linus, o Line-bot

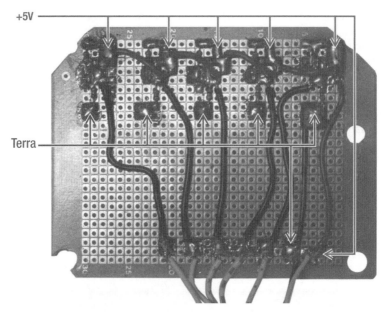

Figura 4.13 Passando com o fio vermelho por cada ilhota de +5 V, até o fio de alimentação branco +5 v. Na outra face da placa, todas as ilhotas de terra (GND) estão conectadas entre si e ligadas pelo fio preto ao terminal terra (GND) da fonte de alimentação.

7. Conecte os fios terra juntos. Eu liguei os fios terra no outro lado da placa, mas você pode colocá-los no mesmo lado que os outros fios, se preferir. Da mesma forma, os fios de terra devem ligar cada ilhota de terra (GND) entre si e, finalmente, o fio terra da fonte de alimentação no canto inferior direito da placa (fio preto), como mostrado na Figura 4.14.

Figura 4.14 Os fios de alimentação de terra do lado de cima podem ser roteados pela parte inferior, se você quiser, contanto que cada ilhota de terra esteja conectada.

8. Conecte os fios às entradas de sinal. Eu encontrei um conector de cinco fios em um velho videocassete que conecta facilmente todos os cinco sensores ao mesmo tempo. Você também pode usar fios comuns, e cada fio deve ter cerca de 20 cm de comprimento, o suficiente para alcançar as portas analógicas do Arduino. Esses fios de sinal devem ser soldados à parte superior de cada resistor de 10 k (entre a resistência e a saída do fototransistor), como mostrado na Figura 4.13.

9. Finalmente, eu cobri com um pouco de fita isolante os fios expostos na frente da placa para evitar curto-circuito com qualquer coisa externa, quando ele estiver voltado para baixo na estrutura metálica (ver Figura 4.15). Fita isolante é um excelente isolante e pode facilmente isolar qualquer conexão elétrica. Eu sempre mantenho vários rolos dessa fita à mão.

Figura 4.15 Fita isolante cobrindo os fios terra e de sinal para que não entrem em curto-circuito com a estrutura de lata.

A placa do sensor IR agora está pronta para ser testada e, em seguida, instalada no Linus. Para testar a placa de IR, basta ligar o fio de alimentação no +5 V do Arduino e o fio terra no terra (GND) do Arduino. Agora aponte sua câmera digital para os sensores e olhe através do visor. Você deve ver os LEDs infravermelhos exibindo uma cor azul-pálida, o que significa que estão funcionando.

Tudo o que resta a fazer é conectar os fios de saída dos sensores nas entradas analógicas do Arduino. Eu programei o Linus de tal modo que quando a placa de IR está voltada para baixo (como acontece quando instalada), o sensor de infravermelho da extrema esquerda é o número 1 e o sensor da extrema direita é o 5, o do centro é o 3 e assim por diante. O sensor 1 vai para a entrada analógica 0 do Arduino, e assim sucessivamente (ou seja, o sensor 3 vai na entrada analógica 2 e o 5 vai na entrada analógica 4).

MODIFICANDO UM SERVOMOTOR PARA ROTAÇÃO CONTÍNUA

Servomotores destinam-se a operar com uma amplitude de cerca de 180º. Isso significa que eles não rodarão em um círculo completo se não forem modificados. Modificando esses motores você não será capaz de usá-los da forma como foram destinados, porque esse procedimento é na maioria das vezes irreversível. Eu escolhi fazer assim porque no final você obtém motores com caixa de redução pequenos e confiáveis por cerca de 6 dólares cada, e eles podem ser encontrados na maioria das lojas para modelismo.

> **Nota** ♦ Se você tiver outros motores com caixa de redução e quiser usá-los, ótimo. Pode ser que você precise ajustar a velocidade dos motores ou a tensão da bateria do circuito, mas deve funcionar da mesma forma.

Há dois métodos que você pode usar para modificar um servomotor. Ambos os métodos envolvem remover fisicamente as "travas" de plástico que impedem o eixo do servo de girar além de 180°. As travas existem porque o eixo está ligado a um potenciômetro, e se fosse rodado para além de 180° o eixo do potenciômetro quebraria. Ambos os métodos envolvem também tirar de operação o potenciômetro, seja removendo-o fisicamente por completo e soldando dois resistores em seu lugar, seja empurrando-o para baixo para que ele não seja movido pela rotação do eixo de saída do servo.

Método 1: acionador CC direto com controlador externo de velocidade

O primeiro método (o que usei) envolve a remoção de toda a eletrônica de dentro do servomotor, deixando apenas o motor de corrente contínua e as engrenagens. O rabicho de três fios é soldado diretamente aos terminais do motor (fios vermelho e branco soldados a um terminal e o fio preto soldado ao outro terminal). Isso é simples e fácil de fazer, mas requer o uso de um controlador de motor externo para acionar os motores. Esses motores consomem pouca corrente, por isso até mesmo um CI controlador de motor duplo como o L293D vai funcionar (menos de 3 dólares na Sparkfun.com-sku: COM-00315).

Se você deseja modificar seus servomotores para serem motores com caixa de redução padrão, os seis passos seguintes o guiarão por esse processo.

1. Remover quatro parafusos da parte traseira da caixa do servomotor, como mostrado na Figura 4.16. Você precisa de uma chave de fenda Phillips pequena. Tenha cuidado ao abrir a caixa do motor porque as engrenagens tendem a cair.

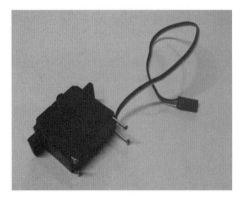

Figura 4.16 Remova os parafusos e a tampa traseira dos servomotores com uma chave de fenda Phillips pequena.

2. Remova o motor com a PCI e o potenciômetro como mostrado na Figura 4.17. Isso pode exigir alguma delicadeza para não quebrar as peças de plástico da carcaça, então seja cuidadoso e você não deverá ter problemas.

Figura 4.17 Remova os circuitos, e dessolde o motor da PCI. Em seguida, corte os fios vermelho, branco e preto ligados a PCI.

3. Retire a trava de plástico. Ela está localizada sob o eixo de saída. Você tem que remover a peça saliente de plástico que impede o eixo de girar 360°. Eu utilizei um ferro de solda para derreter a parte saliente de plástico (trava) e removê-la do eixo de saída (suavemente). A ideia aqui é garantir que o eixo do motor possa girar livremente (ver Figura 4.18).

Figura 4.18 Usando um ferro de solda, derreta a trava de plástico e remova-a da engrenagem principal preta. Ela se projeta em relação ao resto da engrenagem e a impede de girar continuamente.

4. Dessoldar o motor da PCI. Os terminais do motor no servo Futaba S3003 são soldados à PCI e devem ser dessoldados. É provável que você possa fazer isso com um ferro de solda comum se você não tiver um ferro de solda com sugador, a Radio Shack vende um ferro de solda decente por cerca de 12 dólares. Você pode guardar as placas de circuito se quiser tentar desfazer esse procedimento no futuro, embora eu não tenha tentado ainda fazer isso.
5. Solde os fios do servo diretamente aos terminais do motor, como mostrado na Figura 4.19. Eu soldei os fios vermelho e branco ao terminal com um ponto vermelho ao lado e o fio preto ao outro terminal.
6. Remonte e teste. Certifique-se de que todas as engrenagens estão em seus respectivos lugares (como na imagem), então dê um nó no fio do motor certificando-se de manter uma folga dentro do seu compartimento (ver Figura 4.19). Isso o impede de arrancar acidentalmente os fios dos terminais do motor. Agora ligue os dois terminais com +5 V e terra (GND) para verificar se o eixo de saída do motor gira.

Capítulo 4 ▪ Linus, o Line-bot   137

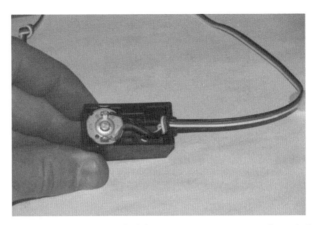

Figura 4.19 Solde os fios vermelho e branco ao terminal do motor com o ponto vermelho ao lado e o fio preto ao outro terminal. Agora ele está pronto para ser fechado.

Método 2: circuito de acionamento interno do motor por pulso

O segundo método envolve a remoção apenas do potenciômetro e a soldagem de dois resistores de 2,5 kohm em seu lugar, sob a forma de um divisor de tensão com resistores. Fazer isso diz ao circuito do servo que o motor está *sempre* na posição central. O circuito do servo determina qual a direção da rotação do motor com base no valor do potenciômetro. Se o servo recebe qualquer pulso acima de 1,5 ms, ele se move para a frente, e qualquer pulso abaixo de 1,5 ms o faz se mover para trás. Como o potenciômetro nunca chegará ao seu destino (lembre-se de que o substituímos por resistores fixos), ele vai girar continuamente até que um pulso diferente seja recebido.

Os seis passos seguintes o guiarão pelo processo de modificar seus servomotores e fazê-los funcionar como motores CC com caixa de redução que ainda utilizam os circuitos de acionamento do servo.

　　1. Remova quatro parafusos da parte traseira da caixa do servomotor. Você precisa de uma pequena chave de fenda Phillips. Tenha cuidado ao abrir a caixa do motor porque as engrenagens tendem a cair.

　　2. Remova o motor com PCI e o potenciômetro. Isso exige alguma delicadeza para não quebrar as peças de plástico da caixa.

　　3. Retire a trava de plástico. A trava está localizada sob o eixo de saída. Você tem que remover a peça de plástico saliente que impede o eixo de girar 360º. Eu utilizei um ferro de solda para derretê-la do eixo de saída (suavemente). A ideia aqui é garantir que o eixo do motor possa girar livremente.

　　4. Remova o potenciômetro da PCI (ver Figura 4.20). Você pode ou cortar as ligações ou dessoldá-las completamente. De qualquer maneira, você deverá colocar dois resistores de 2,5 kohm em seu lugar. Você precisa soldar o primeiro resistor do pino central do potenciômetro ao pino da esquerda. O segundo resistor vai do pino central ao pino da direita. Isso gera, o tempo todo, um sinal neutro de 2,5 V que faz o servomotor girar continuamente na direção ordenada.

　　5. Recoloque a PCI na carcaça do servo. Certifique-se de que os dentes das engrenagens deslizam para dentro sem esforço, ou primeiro remova as engrenagens e recoloque-as depois que o motor/PCI estiver no lugar.

　　6. Remonte e teste. Certifique-se de que todas as engrenagens estejam em seus respectivos lugares. Para testar o servomotor utilizando seu circuito, você precisa usar um comando de servo. Faça o *upload* do código da Listagem 4.1 a seu Arduino e teste o servo modificado com o método 2.

Figura 4.20 Você pode cortar os fios pretos do potenciômetro ou dessoldá-los. Depois, solde dois resistores de 2,5 kohm em cada pino externo e solde-os juntos no pino central.

Listagem 4.1 Teste um servomotor conectado ao pino 2 do Arduino

```
//Conecte o fio de sinal do servomotor ao pino 2 do Arduino, fio vermelho a +5 V,
//e fio preto a GND - então faça o upload para testar.
#include <Servo.h>           // inclua a biblioteca Arduino Servo
Servo Servo_Motor1;          // crie servo chamado "Servo_Motor1"
void setup()
{
  Servo_Motor1.attach(2);    // atribua o servo ao pino 2
}
void loop()
{
  Servo_Motor1.write(0);     // diga ao Servo_Motor1 para ir em sentido inverso
  delay (1000);              // espere 1 s
  Servo_Motor1.write(179);   // diga ao Servo_Motor1 para avançar
}
```

A vantagem de usar o segundo método é que graças à não remoção do circuito acionador do servo, você não precisa de um controlador de motor para acionar os motores. Você pode controlá-los com um simples pulso de qualquer pino digital do Arduino. Isso pode poupar 20 dólares na lista de componentes.

A desvantagem é que para manter o servo girando na direção correta, você deve enviar um pulso a partir do Arduino a cada 20 ms. Como isso pode complicar um pouco o código, eu escolhi modificar meus servomotores usando o método 1 e acioná-los com um controlador de motor. Dessa forma, qualquer motor com caixa de redução pode ser utilizado com o mesmo código.

Independentemente de como você escolheu modificar seus servomotores, ainda precisamos acoplar rodas a eles. Agora vamos discutir a forma de conectar as rodas ao suporte adaptador do servo.

MONTAGEM DAS RODAS MOTRIZES

Eu tive a grande sorte de encontrar brinquedos R/C (radiocontrolados) usados na loja de sucata local. Cada carro, barco ou moto geralmente rende vários motores de corrente contínua, rodas, caixas de redução e, às vezes, um servomotor ou outra peça interessante. É daí que vêm as rodas do Linus (ver Figura 4.21).

Figura 4.21 Algumas rodas de um carro de R/C achado na loja de sucata com o suporte de montagem do servo.

Embora existam muitas rodas que você pode comprar que são montadas diretamente no servomotor, optei por usar os suportes de montagem que vieram com meus servomotores (o suporte de quatro pernas em forma de cruz) e montá-los em duas rodas grandes que retirei de uma motocicleta velha de rádio controle encontrada na loja de sucata. Você pode usar qualquer diâmetro de roda que quiser (maiores = mais rápidas), contanto que possa anexar o suporte de montagem do servo a ela. Utilizei pequenos parafusos #6 para prender o suporte na roda, e ela fica bem presa com apenas dois parafusos, como mostrado na Figura 4.22.

Figura 4.22 Ambas as rodas com os suportes de montagem vindos com os servos já colocados e os motores ao lado delas.

Se estiver usando um conjunto de rodas recuperadas, siga os quatro passos a seguir para montar as rodas com os suportes de montagem dos servos.

1. Alinhe o suporte com o centro da roda e marque dois orifícios, um em cada extremidade do suporte.
2. Fure com uma broca tanto o suporte quanto a roda.
3. Fixe os parafusos firmemente com chave de fenda. Verifique se o centro do suporte está alinhado para que possa ser montado no eixo de saída do servo.
4. Repita o procedimento para a outra roda.

Com as rodas traseiras instaladas, só precisamos de um rodízio na frente para ter uma base móvel. Na próxima seção, vamos nos concentrar em fazer um suporte para usar na montagem do rodízio.

Fazendo um suporte de rodízio

A lata que usei era relativamente pequena e o espaço bastante apertado, então escolhi montar o rodízio na frente dela utilizando um suporte em "L" feito a partir de um perfil de alumínio. Minha primeira tentativa usava dois pedaços de perfil de alumínio que dobrei usando um torno de bancada. Mais tarde, usei o mesmo processo com um pedaço de alumínio de 5 cm de largura para fazer um único suporte grande em vez de dois pequenos, mas as duas formas funcionam.

Para construir um suporte de montagem para o rodízio, execute os seguintes passos:

1. Certifique-se de que o suporte dá ao rodízio espaço suficiente para girar livremente ao redor de si sem bater em nada. Em seguida, dobre os suportes no sentido do comprimento com um torno de bancada ou com um par de alicates, deixando cerca de 2,5 cm a 3,8 cm do lado de trás do suporte para fixá-lo na estrutura de metal (ver Figura 4.23).

Figura 4.23 Dobre os suportes de modo que haja espaço suficiente para girar o rodízio livremente ao seu redor. Em seguida, marque os suportes de montagem, usando os furos de montagem do rodízio, com um marcador permanente.

2. Faça furos para que a placa de montagem do rodízio encaixe nos suportes de alumínio, como mostrado na Figura 4.24. Meu rodízio exigiu dois suportes em "L" de ~4,45 cm por ~3,2 cm.

Capítulo 4 ■ Linus, o Line-bot

Figura 4.24 Faça furos através do suporte "L" onde marcado.

3. Use parafusos ou rebites para fixar o rodízio aos suportes em "L", como mostrado na Figura 4.25. Com os suportes montados, o rodízio está pronto para ser montado na estrutura.

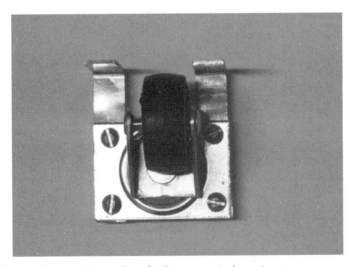

Figura 4.25 O rodízio com todos os quatro parafusos fixados ao suporte de montagem.

Nesse ponto, deve ser possível encaixar as duas rodas traseiras nos servomotores e o rodízio dianteiro deve estar fixado no suporte e pronto para ser instalado no chassi. Em seguida, precisamos construir o chassi.

FAZENDO UM CHASSI

Eu, na verdade, modifiquei uma lata de alumínio encontrada na loja de sucata para usar como chassi do Linus. Sempre que construo um robô, vasculho meu estoque de materiais e componentes para ver se alguma coisa pode ser reutilizada. Se não, vou até a loja de sucata mais próxima e vejo as ofertas. Dessa vez, encontrei uma pilha de latas velhas de biscoito vazias por cerca de 0,39 dólar cada! E, de fato, uma lata de biscoitos pode servir como uma excelente estrutura de metal leve para um pequeno robô. Eu comprei várias de diferentes formas e tamanhos para ter algumas opções mais tarde.

A lata que decidi usar foi de um jogo de cartas infantil do Pokémon com uma ótima janelinha de plástico transparente na tampa, de modo que é possível ver os componentes eletrônicos encaixados lá dentro. A tampa serve para enrijecer o chassi, mantendo as partes juntas e confinadas, mas também permitindo fácil acesso aos componentes eletrônicos, se necessário.

É preciso fazer várias modificações na lata para colocar dentro os motores, o Arduino e a placa de IR, e elas estão descritas nas etapas seguintes:

1. Primeiro, precisamos medir, marcar e cortar os furos para os motores de tração. A parte de baixo da lata deve ficar cerca de 0,6 cm acima do solo, para que o chassi não raspe durante a condução. Em primeiro lugar, meça o raio da roda e depois subtraia 0,6 cm da medida. Isso lhe diz exatamente quão alto na lata o centro do eixo da roda (eixo de saída do motor) deve ser montado. Use um marcador permanente para marcar esse ponto, medido a partir do fundo e na direção da parte traseira do chassi.

Em seguida, é hora de medir as dimensões do servomotor e marcá-las, centralizando-o com o ponto marcado. As dimensões dos meus cortes de montagem do motor foram de 1,9 cm de largura por 4,3 cm de comprimento, embora eu tenha adicionado uma certa folga para ter certeza de que poderia mover o motor um pouco se necessário. Meça a mesma distância no outro lado da lata.

Agora, usando uma ferramenta rotativa Dremel ou similar, corte cuidadosamente os rasgos que marcou com um disco de corte de metal (ver Figura 4.26). O metal da lata é afiado quando cortado, por isso use luvas para não se ferir!

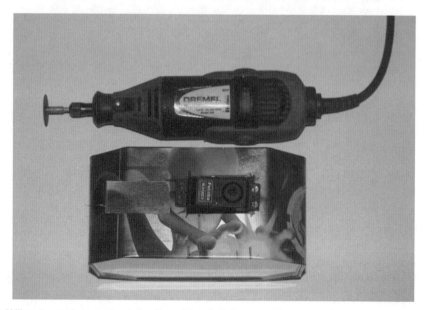

Figura 4.26 Utilizando uma ferramenta rotativa Dremel (ou similar), corte a lata com as dimensões de seus motores.

Capítulo 4 ▪ Linus, o Line-bot

2. Teste o encaixe dos servomotores nos cortes (rasgos) da montagem. Se eles couberem, coloque as rodas nos motores e verifique se há uma folga de cerca de 0,6 cm entre a parte inferior do chassi e o solo (essa distância deve ser igual dos dois lados). Depois de conseguir a folga correta, você pode fixar os motores com quatro parafusos e porcas #6 (ver Figura 4.27). Também pode agora fixar as rodas nos motores com os parafusos que vieram com seus servomotores. Basta encaixar a roda no eixo de saída e inserir o parafuso através do centro dela. Aperte o parafuso para que a roda não bambeie ou se mova para os lados.

Figura 4.27 Os cortes (rasgos) para as rodas foram feitos, as rodas testadas e o espaço entre o fundo e o chão parece ser bom (cerca de 0,6 cm a 1,2 cm).

3. Agora montaremos a estrutura do rodízio na frente do chassi, como mostrado na Figura 4.28. Faça furos em cada lado da parte de trás do suporte do rodízio para fixá-lo ao chassi. Depois, centralize o suporte do rodízio na parte frontal do chassi, ajuste a altura até que seja igual à da parte traseira (0,6 cm) e marque cada furo para fixação do suporte do rodízio ao chassi. Depois de marcar, fure o chassi e fixe o rodízio.

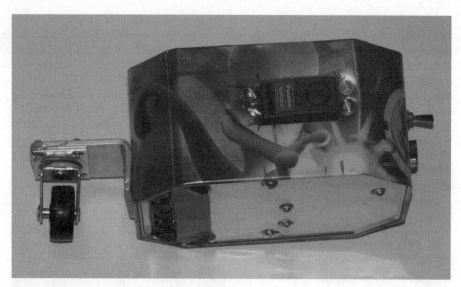

Figura 4.28 O conjunto do rodízio fixado ao chassi, juntamente com os motores.

Nota ♦ Voltei e substituí os dois suportes em "L" que havia feito anteriormente por uma única barra de alumínio com cerca de 5 cm de largura (mostrada na Figura 4.28). Eu a cortei no comprimento adequado e a dobrei em um torno de bancada, como havia feito com os suportes anteriores. Achei a nova peça melhor, mas você pode usar qualquer outro método que preferir.

4. Em seguida, precisamos fazer um corte (rasgo) para que os sensores IR possam "ver" através do fundo do chassi. Esse corte nos permite montar a placa do sensor dentro do chassi. Eu tive que cortar as bordas da minha PCI do sensor IR com um par de alicates para fazê-la caber dentro da lata, que tem formato irregular. Meça o contorno total dos sensores de IR e marque um retângulo no fundo da lata (posicionei minha placa do sensor na parte da frente do chassi). Esse é o local onde os sensores IR ficarão salientes no fundo do chassi e assim, poderão detectar a linha no chão. Corte cuidadosamente esse contorno (forma) com uma ferramenta Dremel (ver Figura 4.29).

Capítulo 4 ■ Linus, o Line-bot 145

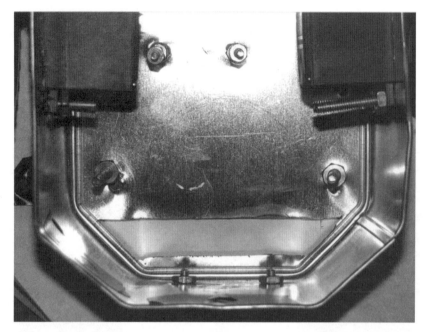

Figura 4.29 O corte (rasgo) feito para que a placa do sensor IR passe pelo chassi (lata) na direção do chão.

5. Coloque a placa de IR com os sensores para baixo e através do corte (rasgo) que você fez na base frontal do chassi. Com os sensores *saindo* pelo rasgo, marque quatro furos de fixação na placa de IR com um marcador. Você pode colocar os furos de fixação em qualquer lugar que não interfira com os fios do circuito. Faça os furos marcados com uma broca de ~3 mm e passe parafusos #6 através do fundo do chassi de fora para dentro. Agora, coloque a placa de IR sobre os parafusos e prenda-a com uma porca de cada lado (ver Figura 4.30). Certifique-se de que os sensores IR saem uniformemente pelo rasgo na base – ambos devem estar a cerca de 6 mm do chão.

Figura 4.30 Encaixe a placa do sensor IR no chassi, virada para baixo, e aperte as porcas.

6. Montando o Arduino. Agora precisamos adicionar alguns parafusos de fixação à base da estrutura para segurar o Arduino. Coloque o Arduino no fundo da lata (centralizado) e marque o contorno de recorte (rasgo) para que a porta de programação USB passe na parte de trás do chassi (também convém marcar um furo para o conector de alimentação CC). Usando uma broca de ~12,7 mm, faça um furo para cada conector nos pontos marcados. Com a porta USB estendendo-se ligeiramente pelo novo acesso (rasgo) na parte de trás do chassi, marque os três furos de fixação da placa do Arduino na base do chassi (lata) com um marcador permanente. Faça esses furos com uma broca de 1/8 (~3 mm) e fixe com três parafusos #6 (de ~12,7 mm a ~25,4 mm de comprimento), fixando cada um firmemente (ver Figura 4.31).

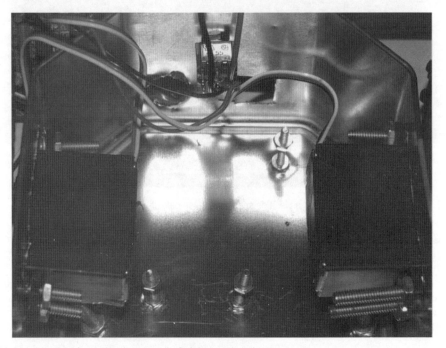

Figura 4.31 Instale os parafusos de montagem do Arduino no chassi.

7. Agora, coloque o Arduino sobre os parafusos de fixação e prenda com mais uma porca. A porta USB deve sobressair pela parte de trás do chassi, facilitando a programação.

8. Instale o *shield* de motor da Adafruit. Ele simplesmente é conectado em cima do Arduino. Você deve conectar o *jumper* VIN que permite que o Arduino use a mesma fonte de alimentação que o controlador do motor, o que simplificará a fiação.

Parabéns, você concluiu a construção da base do Linus, o robô seguidor de linha. Agora é hora de fazer as ligações elétricas (ver Figura 4.32).

Figura 4.32 Vista inferior do robô seguidor de linha terminado.

FAZENDO AS CONEXÕES

É hora de conectar cada um dos fios de sinal do sensor nas portas analógicas do Arduino, de acordo com a Tabela 4.2. Cada pino de entrada analógica é acessível a partir da parte superior do *shield* de motor AF. Ao ligar cada sensor infravermelho a uma entrada analógica do Arduino, o Linus terá cinco diferentes pontos de detecção.

Tabela 4.2 Onde conectar cada sensor ao Arduino

Número do sensor	Porta analógica do Arduino
Sensor 1	A0
Sensor 2	A1
Sensor 3	A2
Sensor 4	A3

(*continua*)

Tabela 4.2 Onde conectar cada sensor ao Arduino (*continuação*)

Número do sensor	Porta analógica do Arduino
Sensor 5	A4
Potenciômetro de controle da velocidade (se usar)	A5

Com os sensores postos, ainda precisamos conectá-los à fonte de alimentação. O Arduino é uma excelente opção aqui, porque tem um regulador de 5 V embutido – simplesmente conecte os fios de alimentação da placa do sensor de infravermelho aos pinos +5 V e GND do Arduino.

Por último, é preciso conectar os dois motores ao controlador. O motor esquerdo deve se conectar a M1, e o motor direito deve se conectar a M3 no *shield* de motor AF. Se o motor não girar para a frente quando alimentado, é preciso inverter sua polaridade, invertendo os fios dos terminais conectados ao *shield*. Com todos os componentes eletrônicos instalados, precisamos encontrar uma bateria que caiba no nosso chassi (ver Figura 4.33).

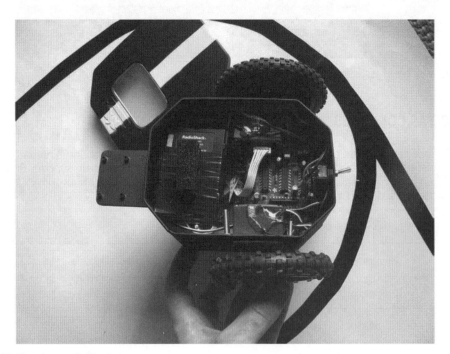

Figura 4.33 Vista interna do Line-bot.

Com todos os componentes eletrônicos montados no interior do Linus, precisamos adicionar apenas uma fonte de alimentação para fazê-lo se mover.

INSTALANDO AS BATERIAS

Você pode usar qualquer tipo de bateria que encontrar, desde que tenha entre 5 V e 8 V e se encaixe dentro do chassi. Eu estou usando dois pacotes de baterias de NiCad recarregáveis de 6 V e 1.000 mAh para R/C da Radio Shack. Eles estavam em liquidação por 0,50 dólar cada um com um carregador incluso, então comprei alguns e os associei em paralelo (terminais positivos juntos e terminais negativos juntos) para produzir 6 V com 2.000 mAh. Isso significa que ele funcionará na mesma velocidade que se tivesse um pacote de baterias (6 V), mas com o dobro do tempo de duração (1.000 mAh × 2).

Eu coloquei minhas baterias na frente do chassi acima do *shield* do IR. Eles se encaixam muito bem na frente dos motores, embora eu tenha colocado um pequeno pedaço de isopor entre a bateria e o interior do chassi para manter tudo seguro.

Se você não quiser usar um pacote de bateria, compre um suporte (porta-pilhas) na Radio Shack, que permite que você coloque quatro pilhas "AA" (recarregáveis ou normais) nele para produzir entre 4,8 V e 6 V dependendo do tipo usado (Radio Shack parte #270-391 – 1,79 dólar).

Tenha em mente que os servomotores foram projetados para funcionar com tensões de 4,5 V a 7,5 V. Usar uma tensão acima dessa faixa pode danificar o servomotor.

Instale a chave de alimentação

Eu usei uma chave SPST de alavanca para comutar o fio de alimentação positiva entre as baterias e os componentes eletrônicos. Ao colocar a chave na parte traseira do chassi acima da porta USB do Arduino, você pode facilmente cortar a energia com um toque. O fio positivo vindo da bateria deve ser soldado a um terminal da chave e o outro deve ser ligado à fonte de alimentação do *shield* do motor AF. Se você colocar o *jumper* VIN no *shield* de motor AF, seu Arduino vai ser alimentado com a mesma fonte do controlador de motor. O fio terra do Arduino pode ser conectado diretamente ao terra da bateria.

Com tudo instalado no chassi, é hora de carregar o código e começar a testar.

CARREGANDO O CÓDIGO

Agora que nós terminamos a parte mais difícil, é hora de carregar o código no seu Arduino. Primeiro, abra o IDE do Arduino e copie o código em um *sketch* em branco (você também pode baixar o código para não ter que digitar tudo). Depois de copiado, pressione o botão Compilar para se certificar de que não há erros. Agora selecione o seu *chip* Atmega no menu "*Tools • Board*" (eu estou usando o Arduino *Duemilanove* com o *chip* Atmega328). Por fim, ligue o Arduino à porta USB do PC e pressione o botão *Upload*. Você também pode fazer o download do código em:

https://sites.google.com/site/arduinorobotics/home/chapter4_files

O plano é que o Linus tente alinhar o sensor IR central (sensor 3) diretamente em cima da linha preta na pista (Listagem 4.2). Se a leitura do valor do sensor 3 estiver abaixo do limiar (lendo uma superfície preta), sabemos que o robô está centrado na linha e podemos comandá-lo para acionar ambos os motores para a frente.

Se a leitura do sensor 3 estiver acima do limiar, vamos então verificar tanto o sensor de centro--esquerda (sensor 2) quanto o de centro-direita (sensor 4) para ver se um dos dois está abaixo do limite. Se assim for, seguimos em frente com os dois motores; se não, vamos para o próximo teste.

Se por acaso os sensores 2, 3 e 4 estão todos acima do limiar, passamos a verificar os sensores 1 e 5 (os sensores da extrema esquerda e da extrema direita) para ver se algum deles está abaixo do valor limite. Se assim for, voltamos naquela direção para retornar ao centro.

150　　　　　　　　　　　　　　　　　　　　　　　　　　　　　　　　Arduino para robótica

Você pode ter que calibrar os valores máximo e mínimo para cada sensor, porque eles podem ser diferentes dos meus. Eles estão indicados como "s1_min" e "s1_max" para o sensor 1, e assim por diante. Para testar o valor máximo, coloque o robô já montado sobre sua pista de cartolina branca – sem fita preta por baixo dele, o que deve permitir que todos os cinco sensores leiam seu valor mais alto. Agora, coloque cada sensor acima da fita preta e grave tanto os valores máximos quanto os mínimos para cada sensor. Lembre-se: o sensor 1 deve ser o sensor da extrema esquerda, e o sensor 5 o da extrema direita (ver Tabela 4.1 para a lista de peças).

Listagem 4.2 Listagem de código completo para o Linus.

```
// Linus, o Line-bot
// Segue uma linha preta em uma superfície branca (cartolina e fita isolante).
// Código de JDW 2010 - fique à vontade para modificar.

#include <AFMotor.h> // isto inclui a biblioteca Afmotor para o controlador de motor

AF_DCMotor motor_left(1); // anexar motor_left ao motorshield Adafruit M1
AF_DCMotor motor_right(3); // anexar motor_right ao motorshield Adafruit M3

// Crie variáveis para as leituras dos sensores

int sensor1 = 0;
int sensor2 = 0;
int sensor3 = 0;
int sensor4 = 0;
int sensor5 = 0;

// Criar variáveis para leituras ajustadas

int adj_1 = 0;
int adj_2 = 0;
int adj_3 = 0;
int adj_4 = 0;
int adj_5 = 0;

// Você pode alterar os valores mín./máx. abaixo para fazer ajustes finos em cada sensor do seu robô

int s1_min = 200;
int s1_max = 950;

int s2_min = 200;
int s2_max = 950;

int s3_min = 200;
int s3_max = 950;

int s4_min = 200;
int s4_max = 950;

int s5_min = 200;
int s5_max = 950;

// este limiar define quando o sensor está lendo a linha preta
int lower_threshold = 20;

// valor para definir um limiar médio (metade do valor total de alcance 255)
int threshold = 128;
```

Capítulo 4 ▪ Linus, o Line-bot

```arduino
// este limiar define quando o sensor está lendo a cartolina branca

int upper_threshold = 230;

// este valor define a velocidade máxima do Linus (255 = max).
// o uso de um potenciômetro de velocidade vai se sobrepor a esta definição.


int speed_value = 255;

// fim de variáveis mutáveis

void setup()
{
  Serial.begin(9600); // inicia monitor serial para ver as leituras dos sensores

// declara motor esquerdo
 motor_left.setSpeed(255);
 motor_left.run(RELEASE);

// declara motor direito
 motor_right.setSpeed(255);
 motor_right.run(RELEASE);
}

void update_sensors(){

// isto vai ler o sensor 1
 sensor1 = analogRead(0);
 adj_1 = map(sensor1, s1_min, s1_max, 0, 255);
 adj_1 = constrain(adj_1, 0, 255);

// isto vai ler o sensor 2
 sensor2 = analogRead(1);            // sensor 2 = centro-esquerda
 adj_2 = map(sensor2, s2_min, s2_max, 0, 255);
 adj_2 = constrain(adj_2, 0, 255);

// isto vai ler o sensor 3
 sensor3 = analogRead(2);            // sensor 3 = center
 adj_3 = map(sensor3, s3_min, s3_max, 0, 255);
 adj_3 = constrain(adj_3, 0, 255);

// isto vai ler o sensor 4
 sensor4 = analogRead(3);            // sensor 4 = centro-direita
 adj_4 = map(sensor4, s4_min, s4_max, 0, 255);
 adj_4 = constrain(adj_4, 0, 255);

// isto vai ler o sensor 5
 sensor5 = analogRead(4);            // sensor 5 = direita
 adj_5 = map(sensor5, s5_min, s5_max, 0, 255);
 adj_5 = constrain(adj_5, 0, 255);
```

```
// verificar o valor do potenciômetro de velocidade, se ele estiver presente (para ler o potenciô-
metro, retire o comentário da linha abaixo)
/ / speed_pot = analogRead(5) / 4;

}

void loop(){

  update_sensors(); // atualize os sensores

  // speed_value = speed_pot; // Deixe o comentário, a menos que esteja usando potenciômetro

// primeiro, verifique o valor do sensor de centro
 if (adj_3 < lower_threshold) {

// se o valor do sensor central está abaixo do limiar, verifique os sensores ao lado
 if (adj_2 > threshold && adj_4 > threshold) {

  // se tiver verificado todos os sensores, ande para a frente
  motor_left.run(FORWARD);
  motor_left.setSpeed(speed_value);

  motor_right.run(FORWARD);
  motor_right.setSpeed(speed_value);
  }
  // você quer que o robô pare quando encontrar o retângulo preto.

  else if (adj_1 < 1){
    if (adj_2 < 1){
      if (adj_3 < 1){
        if (adj_4 < 1){
          if (adj_5 < 1){

        // se todos os sensores estão lendo preto, pare o Linus.
          motor_left.run(RELEASE);
          motor_right.run(RELEASE);

            }
          }
        }
      }
    }
  }
// se não, o sensor central está acima do limiar
// por isso precisamos verificar qual sensor está acima da linha preta
else {


  // primeiro verifique sensores 1
  if (adj_1 < upper_threshold && adj_5 > upper_threshold){
    motor_left.run(RELEASE);
    motor_left.setSpeed(0);

    motor_right.run(FORWARD);
    motor_right.setSpeed(speed_value);
  }
```

Capítulo 4 ■ Linus, o Line-bot

```cpp
// em seguida, verifique o sensor 5
else if (adj_1 > upper_threshold && adj_5 < upper_threshold){
  motor_left.run(FORWARD);
  motor_left.setSpeed(speed_value);

  motor_right.run(RELEASE);
  motor_right.setSpeed(0);
}

// se não forem os sensores 1 ou 5, em seguida verifique o sensor 2
else if (adj_2 < upper_threshold && adj_4 > upper_threshold){
  motor_left.run(RELEASE);
  motor_left.setSpeed(0);

  motor_right.run(FORWARD);
  motor_right.setSpeed(speed_value);
}

// se não forem o sensor 2, em seguida verifique o sensor 4
else if (adj_2 > upper_threshold && adj_4 < upper_threshold){
  motor_left.run(FORWARD);
  motor_left.setSpeed(speed_value);

  motor_right.run(RELEASE);
  motor_right.setSpeed(0);
}

}
//// Valores de impressão para cada sensor

//// valores para o sensor 1
  Serial.print("sensor 1: ");
  Serial.print(sensor1);
  Serial.print(" - ");

  Serial.print("Adj 1: ");
  Serial.print(adj_1);
  Serial.print(" - ");

//// valores para o sensor 2
  Serial.print("sensor 2: ");
  Serial.print(sensor2);
  Serial.print(" - ");

  Serial.print("Adj 2: ");
  Serial.print(adj_2);
  Serial.print(" - ");

//// valores para o sensor 3
  Serial.print("sensor 3: ");
  Serial.print(Sensor3);
  Serial.print(" - ");

  Serial.print("Adj 3: ");
  Serial.print(adj_3);
  Serial.print(" - ");
```

```
//// valores para o sensor 4
  Serial.print("sensor 4: ");
  Serial.print(sensor4);
  Serial.print(" - ");

  Serial.print("Adj 4: ");
  Serial.print(adj_4);
  Serial.print(" - ");
//// valores para o sensor 5
  Serial.print("sensor de 5: ");
  Serial.print(sensor5);
  Serial.print(" - ");

  Serial.print("Adj 5: ");
  Serial.print(adj_5);
  Serial.print(" ");

  Serial.print("Velocidade: ");
  Serial.print(speed_pot);
  Serial.println(" ");


}
// fim do código
```

Por fim, é preciso fazer uma pista para testar o Linus. A pista vai necessitar apenas de um rolo de fita preta e sua imaginação.

FAZENDO A PISTA

A pista é a parte divertida, porque pode ter qualquer formato ou tamanho que quiser. Optei por usar duas cartolinas compradas na papelaria, usando fita isolante preta para a linha (Figura 4.34). Eu coloquei as cartolinas lado a lado e fixei pelo lado de baixo com fita adesiva transparente. Você pode usar quantas cartolinas quiser; quanto mais, melhor. Você pode fazer pistas diferentes em cada lado da cartolina, então é melhor comprar alguns rolos de fita isolante.

Embora seja divertido assistir ao robô movendo-se pela pista de acordo com sua própria vontade, em algum momento você pode dar a ele um lugar para parar. Assim, escrevi uma seção de código que manda os motores pararem se todos os sensores estiverem lendo preto. Então, colocando um quadrado preto de fita isolante (de aproximadamente 10 cm por 10 cm) no final da pista, o robô vai parar quando chegar a esse local.

A pista da Figura 4.34 permite ao Linus passear durante o tempo que ele quiser, e seu caminho muda dependendo do ângulo em que ele entra em cada interseção de linhas. O único inconveniente é o Linus levar muito tempo para escolher o caminho que conduz ao retângulo preto.

Ao contrário da pista acima, a pista da Figura 4.35 tem um comprimento definido e talvez seja mais adequada para o cálculo de velocidade e ajuste das configurações do Linus. Essa trilha também é reversível, por isso, quando você chega ao retângulo preto no centro, pode se virar e voltar para o retângulo preto do início.

Capítulo 4 ▪ Linus, o Line-bot

Figura 4.34 Pista 1: O Linus se move continuamente sobre a linha preta, tomando decisões diferentes em cada volta. Caso chegue ao retângulo preto, poderá descansar.

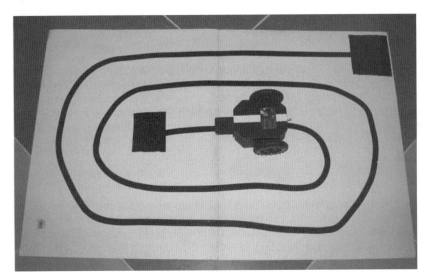

Figura 4.35 Pista 2: Esta pista começa no topo e termina no meio. Você pode virar o Linus para fazer com que ele volte por onde veio, mas ele vai parar de qualquer maneira. Esta pista é boa para testar o tempo por volta (para verificar se modificações no código resultam em um tempo de volta mais rápido).

TESTE

Depois de desenhar sua pista, coloque o robô na linha e ligue a energia. Você deve ver o Linus começar a se mover, e, se tudo estiver conectado corretamente, seguindo a linha preta. Você pode segurar a frente do robô com os sensores IR logo acima da linha preta, enquanto tira as rodas traseiras ligeiramente do chão. Quando o sensor 3 está diretamente sobre a linha preta, você deve ver as duas rodas girando. Se você mover o robô para a direita lentamente, você deve ver a roda esquerda parar, enquanto a roda direita gira a toda velocidade tentando corrigir a posição. Se você mover o robô para a esquerda, você deve ver a roda direita parar, enquanto a roda esquerda gira.

Se você quiser experimentar, pode alterar as seguintes variáveis para ver o Linus exibir um comportamento diferente na pista:

```
// este limiar define quando o sensor está lendo a linha preta
int lower_threshold = 20;

// valor para definir um limiar médio (metade do alcance total de 255 value)
int threshold = 128;

// este limiar define quando o sensor está lendo a cartolina branca
int upper_threshold = 230;

// este valor define a velocidade máxima do Linus (255 = máx.).
// o uso de um potenciômetro de controle de velocidade vai se sobrepor a esta definição.
int speed_value = 255;
```

Essas variáveis determinam quão longe da linha preta o robô se permitirá ir antes de tentar corrigir sua posição e a velocidade máxima do Linus. Se você bagunçar tudo, baixe novamente o código original.

COMPLEMENTOS

Agora que o seu Line-bot está montado e funcionando, você pode começar a adicionar a ele o que quiser. Eu adicionei dois LEDs azuis (um em cada motor) que acendem sempre que o motor está ligado. Eu também pintei o chassi com tinta *spray* de cor preta fosca e acrescentei uma faixa de corrida (*racing stripe*) branca no centro da tampa. Depois, acrescentei um potenciômetro na parte da frente, para ajustar facilmente a variável "speed_value" mencionada anteriormente, sem necessidade de reprogramação.

LED

Para adicionar LEDs a cada motor, basta ligar o LED aos terminais dele. Você pode comprar LEDs pré-polarizados (que já têm um resistor embutido), mas pode fazer o seu soldando um resistor (330 ohm a 1 kohm) a qualquer um dos terminais dele. Após instalar o resistor, conecte-os a cada terminal do motor (ver Figura 4.36). Você tem que ligar o terminal positivo do LED ao fio positivo do motor e o negativo do LED ao negativo do motor. Se você ligar ao contrário, 6 V não danificará o LED, mas ele não acenderá.

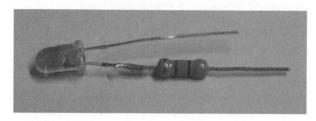

Figura 4.36 LED com resistor soldado a uma perna.

Capítulo 4 ■ Linus, o Line-bot   157

Depois de soldar os terminais do LED e do resistor e conectá-los aos terminais do motor, você precisa fixar o LED num lugar para que ele não balance (ver Figuras 4.37 e 4.38). Você pode fazer um furo pequeno em cada lado do chassi (lata) um pouco acima do motor e fixar os LEDs voltados para fora, para poder vê-los acender.

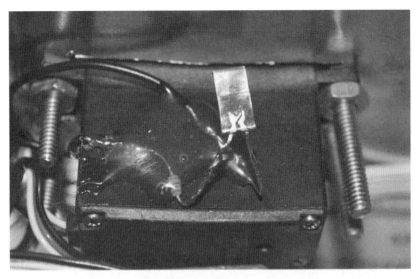

Figura 4.37 LED com resistor colado com cola quente ao topo da caixa do servomotor.

Figura 4.38 Os dois LEDs azuis acesos enquanto o robô se move para a frente com ambos os motores acionados.

Como já disse, a minha lata tem uma pequena janela de plástico transparente na tampa, por isso optei por montar meus LEDs na parte superior de cada servomotor. Os LEDs podem ser vistos através da janela de plástico toda vez que um motor girar para frente (ver Figura 4.39). Para mantê-los presos, eu usei uma pistola de cola quente, colocando uma pequena porção de cola em cada terminal de cada LED para mantê-los fixos na parte superior de cada motor. Essa cola mantém o LED bem firme, mas com uma chave de fenda é possível removê-lo no futuro sem danificar os motores.

Figura 4.39 Ambos os LEDs azuis acesos com a tampa fechada – é possível vê-los através da janela de plástico.

Pintura

Eu decidi que realmente não queria que o Linus exibisse um desenho do Pokémon, então tirei as rodas traseiras, protegi alguns lugares com fita e pintei o chassi (ver Figura 4.40). Eu quis mantê-lo simples, então apliquei uma demão de tinta cinza de fundo, depois uma demão de base de tinta preta fosca (ver Figura 4.42), então uma faixa no centro com tinta branca fosca. Eu também pintei o fundo com *spray* preto para me certificar de que nada seria refletido pelo fundo prateado da lata.

Capítulo 4 ■ Linus, o Line-bot 159

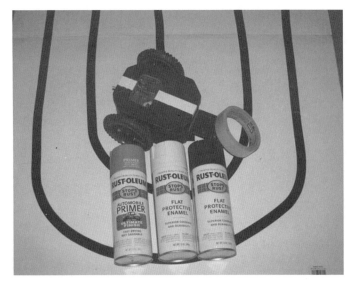

Figura 4.40 Usei três latas de *spray* Rust-oleum. Cada lata de tinta é suficiente para vários projetos diferentes, então vale a pena comprá-las.

Prepare o robô para a pintura usando algum papel branco para cobrir os componentes eletrônicos e fita verde para pintura para cobrir motores, rodízio, sensores de infravermelho e qualquer outro lugar que não deve ser pintado (ver Figura 4.41). Eu precisei proteger com fita a janela de plástico transparente da tampa para que ela continuasse transparente.

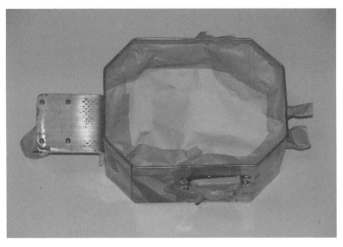

Figura 4.41 O robô está preparado com fita e pronto para a pintura.

Figura 4.42 A primeira demão de tinta preta fosca, após o fundo cinza.

Você deve pulverizar demãos finas e leves com a tinta *spray* e esperar cerca de 30 a 40 minutos antes da demão seguinte. Por último, a adição de uma faixa na tampa significa colocar fita em todos os lugares, exceto onde você deseja que a linha fique (ver Figura 4.43). Nesse caso, eu queria que a minha faixa tivesse a mesma largura que a linha da pista, então fiz uma medida aproximada com um rolo de fita isolante em cada extremidade e coloquei fita adesiva em todas as outras partes. Aí pintei a faixa com o fundo cinza, e depois apliquei o branco com o fundo já seco. Quando a última demão de tinta secar, você pode remover do Linus todas as fitas adesivas e recolocar as rodas nos eixos de saída dos motores, como mostrado na Figura 4.44.

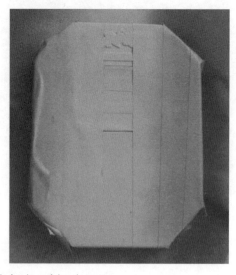

Figura 4.43 Aplicando a pintura de fundo na faixa da tampa.

E aqui está o produto final do trabalho de pintura com *spray*.

Figura 4.44 O trabalho de pintura acabado no Linus.

Adicionando o regulador de velocidade (potenciômetro)

Como os nossos cinco sensores só estão usando cinco das seis entradas analógicas do Arduino (A0-A4), ainda temos uma disponível (A5). A velocidade do robô pode ser alterada no código, ajustando o valor da variável "speed_value", mas adicionando um potenciômetro ligado ao último pino analógico remanescente podemos ajustar a velocidade máxima do robô rapidamente, sem reprogramar o Arduino. O potenciômetro de controle de velocidade não é necessário, mas facilita muito o teste do Line-bot.

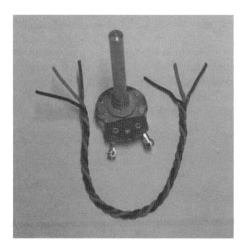

Figura 4.45 Um potenciômetro e três fios de cobre rígidos para usar no controle da velocidade.

162   Arduino para robótica

Se você optar por adicionar esse potenciômetro, precisará conectar o pino esquerdo no terra, o pino central no pino analógico 5 (o último) do Arduino e o pino direito ao +5 V do Arduino, de acordo com a Tabela 4.3. Em seguida, basta remover as linhas de comentário abaixo da linha "update_sensors();" no começo do *loop* principal, como mostrado no código seguinte. Isso diz ao Arduino para atualizar a variável "speed_value" a fim de igualar a leitura do potenciômetro cada vez que os sensores são atualizados.

Tabela 4.3 Carta de fiação do potenciômetro

Fio	Polo do potenciômetro	Conexão do Arduino
Vermelho	Polo esquerdo	Arduino +5 V
Verde	Polo central	Arduino A5 (entrada analógica 6)
Preto	Polo direito	Arduino terra

Mude isto:

```
void loop(){
  update_sensors();
  // speed_value = speed_pot;
```

para isto:

```
void loop(){
  update_sensors (); // esta linha permanece inalterada.
  speed_value = speed_pot; // linhas de comentário removidas a partir do início desta linha.
```

Para montar o potenciômetro, use uma broca de ~9,5 mm (ou o tamanho recomendado para o potenciômetro que você está usando) para furar na frente do chassi, um pouco acima do suporte do rodízio (ver Figura 4.46). Deslize o potenciômetro através do furo e use a arruela e a porca para prendê-lo.

Agora, ajustar a velocidade máxima do robô é tão simples quanto girar um botão. Isso vem a calhar se você estiver usando uma bateria maior que 6 V e achar que o robô se move muito rapidamente, ou se quiser testá-lo a uma velocidade mais lenta.

Capítulo 4 ■ Linus, o Line-bot

Figura 4.46 O potenciômetro de controle de velocidade encaixado na frente do chassi.

Você pode ver o Linus acabado na Figura 4.47.

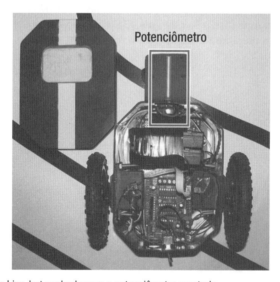

Figura 4.47 Vista superior do Line-bot acabado com o potenciômetro montado.

RESUMO

Neste capítulo, usamos luz infravermelha para detectar a refletividade de uma superfície. Descobrimos que superfícies de cores mais escuras (como a fita preta) refletem menos luz infravermelha que cores mais claras (como uma cartolina branca). Usando uma placa de sensor infravermelho caseira com cinco pares básicos emissor/detector de IR, o Linus é capaz de determinar qual sensor está diretamente acima da linha preta.

Nós também descobrimos como modificar um servomotor de modelismo padrão para rotação contínua, bem como a forma de remover o circuito do servo para operar como um motor CC padrão com caixa de redução. Nós então montamos as rodas motrizes com os suportes adaptadores do servo para fixar em cada motor e fizemos um suporte de montagem para o rodízio da frente.

O chassi para esse robô é uma lata que foi usada para guardar um jogo infantil de cartas e foi modificado usando uma ferramenta rotativa Dremel munida de um acessório de corte circular para metal. Os motores, o rodízio frontal e o Arduino foram então colocados no chassi. Depois de completar o chassi, instalamos o *shield* de motor Adafruit sobre o Arduino, uma bateria de 6 V para energia e fizemos as ligações da placa do sensor IR e da bateria para o Arduino e dos motores para o controlador do motor.

Com tudo instalado, nós carregamos o código para o Arduino, fizemos uma pista com cartolina branca e fita isolante e começamos a testar o Linus. Ao alterar as variáveis de velocidade e limiares de luz, conseguimos mudar a forma como o robô responde à pista. Após colocarmos o Linus para trabalhar, adicionamos luzes decorativas no chassi, um potenciômetro de controle de velocidade e, finalmente, demos a ele uma boa pintura.

No próximo capítulo, vamos construir outro robô autônomo utilizando sensores de *ping* ultrassônicos para detectar e manter uma distância específica da parede, conforme ele manobra autonomamente pelo cômodo... vamos nos preparar para construir o robô Wally, um seguidor de parede (Wall-bot).

CAPÍTULO 5

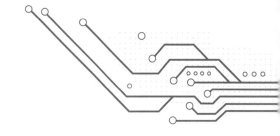

Wally, o Wall-bot

No capítulo anterior, mostrei uma aplicação simples de sensores infravermelhos para detectar variações de cor na superfície do piso e escolher uma direção de acordo com isso. Apesar de um robô com sensor IR ser autônomo, você precisa fazer uma linha no chão para ele seguir. Usando um tipo diferente de sensor chamado medidor de distância ultrassônico, permite que você meça distâncias de 15 cm a 8 m. Neste capítulo, nós faremos um robô chamado Wally (Figura 5.1), que usa esses sensores para navegar de forma autônoma em torno de um cômodo sem tocar em nada que não seja o chão.

Primeiro vamos construir um controlador de motor caseiro numa placa de prototipagem perfurada usando Mosfets de canal-N e canal-P para formar duas pontes-H. Em seguida, modificaremos a base de um brinquedo que usa dois motores para ser controlada usando o Arduino. Neste ponto você poderá escolher qualquer base que quiser para o robô. Depois de selecionar uma base, nós a modificamos para comportar o controlador de motor, o Arduino, três sensores ultrassônicos e uma bateria. Depois de montado, e com a fiação no lugar, podemos carregar o código e dar início aos testes.

Figura 5.1 Wally, o Wall-bot, pronto para funcionar.

COMO O WALLY FUNCIONA

Wally, o robô seguidor de parede (Wall-bot), tenta determinar a distância de uma parede próxima e segui-la até o seu fim. Ele consegue isso por meio de três sensores medidores de distância por ultrassom independentes, a fim de determinar a distância do robô até a parede, e ajustando a velocidade e o sentido para manter as leituras dentro de uma faixa especificada. Dois dos sensores são montados no lado direito do Wally, um no canto da frente e o outro no canto traseiro, ambos apontados para a parede (à direita). Ao colocar dois sensores no lado direito, nós não apenas sabemos quão longe Wally está da parede, mas podemos determinar quando os dois sensores estão equidistantes dela.

Com base na localização dos sensores, podemos determinar que, se as leituras dos sensores frontal direito e traseiro direitos são iguais, o robô está paralelo com a parede. Se o sensor frontal direito tem leitura menor que o sensor traseiro direito, o robô está se dirigindo para a parede. Por último, se a leitura do sensor frontal direito é maior que a do sensor traseiro direito, o robô está se afastando da parede (ver Figura 5.2).

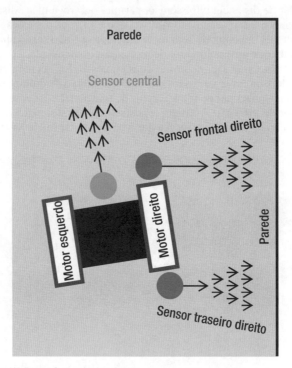

Figura 5.2 A imagem mostra Wally se afastando da parede.

Como queremos que o robô perceba a parede sem chegar a tocá-la, eu defini 20 cm como a distância desejada da parede. Isso diz ao Wally que se ele estiver a mais de 20 cm da parede, precisa se dirigir novamente a ela. Se ele estiver mais perto que 20 cm da parede, deve afastar-se dela. Quando ambos os sensores da direita são iguais a 20 cm, o Wally seguirá em frente até que isso mude. A ideia é ficar exatamente a 20 cm da parede, usando-a como caminho ao redor do cômodo.

Capítulo 5 ▪ Wally, o Wall-bot

O sensor central é usado para determinar quando uma parede termina e serve para evitar que o Wally colida com qualquer coisa à sua frente. Quando o sensor central dianteiro cai abaixo de 30 cm (por exemplo, ele está se aproximando do canto de um cômodo), Wally é instruído a virar um pouco à esquerda para ver se o caminho está livre. Se estiver, ele vai continuar seguindo a nova parede; se não, ele vai continuar girando até que haja espaço livre suficiente.

O resultado final é um pequeno robô que autonomamente se dirigirá ao redor de um cômodo permanecendo a cerca de 20 cm a 25 cm da parede. Quando o robô chegar a um canto (interno ou externo), ele vai determinar para qual direção virar a fim de continuar seguindo a parede. Você pode adicionar obstáculos encostados na parede para tentar confundir o Wally, mas, se estiver bem ajustado, ele não vai se enganar e continuará sua viagem ao redor do cômodo até que a energia de sua bateria acabe.

Os sensores utilizados no Wally podem ser de qualquer tipo capaz de efetuar medidas precisas (+/– 2,54 cm) de distância de 15 cm a 1,5 m. Embora existam vários medidores de distância para escolher (usando tanto medidores IR quanto ultrassom), selecionei alguns medidores de distância ultrassônicos da Maxbotics (Sparkfun peça #SEN-00639) dotados de um processador de sinal embutido e que têm como saída uma simples tensão analógica facilmente lida pelo Arduino usando o comando analogRead(pino). O sinal de saída analógico de cada sensor é calibrado para centímetros, por isso, se você deseja converter a saída para polegadas, basta dividir por 2,54 (porque há aproximadamente 2,54 centímetros em 1 polegada).

Para ler esse sensor em seu monitor serial, faça o *upload* do código seguinte no seu Arduino, ligue o sensor com +5 V e GND e ligue o sinal analógico do sensor no pino A0 do Arduino.

```
void setup() {
Serial.begin(9600);
}
void loop() {
int center_sensor = analogRead(0) / 2.54;   // lê sensor do pino A0 e converte para polegadas
Serial.println(center_sensor);  // mostra a leitura do sensor em polegadas.
}
```

Embora esses sensores produzam na maioria das vezes leituras confiáveis, é recomendável que você instale um capacitor de 100 uF entre os pinos +5 V e GND dos sensores para reduzir falhas nas leituras causadas por ruídos. O capacitor atua como uma pequena bateria que fornece energia para o sensor durante variações de energia e picos de tensão, tornando o funcionamento global mais estável.

Os componentes do Wally foram conseguidos principalmente com desmontagens ou feitos em casa, com exceção dos sensores de ultrassom e do Arduino. O chassi do Wally veio de um tanque de guerra (tank-steering[1]) de brinquedo com lagartas (sim, lagartas de tanque) achado na loja de sucata. O termo *tank-steering* se refere ao uso de dois motores independentes (um esquerdo e um direito) que controlam a velocidade e a direção do robô, não existindo rodas de direcionamento nesse tipo de sistema de transmissão. O chassi não precisa ser equipado com "lagartas" (Linus era um robô *tank-steering*). Eu encontrei pelo menos dez carros *tank-steering* R/C diferentes na loja de sucata local que funcionariam para o Wally (todos por menos de 3 dólares cada), embora o sistema de redução escolhido seja importante. Um sistema de redução que torne o movimento mais lento funciona melhor para o Wally.

O controlador do motor é uma ponte-H dupla de alta velocidade feita a partir de 12 Mosfets (8 de potência e 4 de sinal), 16 resistores e 2 CIs acionadores de Mosfet. Os acionadores de Mosfet são simples isoladores de sinais de alta velocidade – eles têm duas entradas, duas saídas, VCC e terra. Os acionadores de Mosfet agem como um amplificador para ativar os Mosfets de canal-N do lado inferior com um sinal PWM de 0% a 100% para controle total da velocidade. Os Mosfets de canal-P do lado

---

[1]   O termo *tank-steering* se refere a um sistema de tração diferencial.

168 Arduino para robótica

superior usam um pequeno transistor de sinal para ativá-los, porém são controlados por pinos digitais e não usando o PWM.

Essa ponte-H simples (x2) possibilita o controle de todas as quatro chaves de cada ponte-H de forma independente (chamado de controle de quatro quadrantes), permitindo a frenagem elétrica (através dos Mosfets do lado superior ou do lado inferior), mas não incorpora nenhuma proteção contra surto de corrente, por isso você deve se certificar de conectar tudo corretamente para evitar problemas. Como a ponte-H utiliza um controlador Mosfet, você pode chavear os Mosfets em frequências de PWM ultrassônicas para operação silenciosa (32 kHz no Arduino).

Nota ◆ Sem os acionadores Mosfet, a ponte-H ainda funciona, mas o Arduino não consegue fornecer a corrente necessária para frequências de PWM tão altas, por isso a velocidade de comutação limita-se a cerca de 1 kHz.

LISTA DE COMPONENTES DO WALLY

Precisamos pedir um punhado de componentes em um fornecedor online de eletrônica, alguns sensores ultrassônicos da Sparkfun.com e encontrar uma "base" ou chassi recuperado para o robô com rodas e motores (ver Tabela 5.1). Esse projeto deve funcionar bem com qualquer base de robô com sistema de tração diferencial.

Tabela 5.1 Lista de componentes do Wally

Componente	Descrição	Preço (US$)
Sensor ultrassônico	Sparkfun (componente #SEN-00639) – medidor de distância por ultrassom Maxbotics LV-EZ1. O alcance é de 15 cm a 6 m.	25,95 cada
Chassi	Comprado na loja de sucata. Eu encontrei um brinquedo de velocidade baixa, com *tank-steering*, por 3 dólares. Por acaso ele tem lagartas (não obrigatório). Seu chassi deve incluir os motores de acionamento com caixa de redução. DFRobot.com (componente #ROB0037).	3,00, 41,00
Baterias	6 V a 12 V, de preferência recarregável, capacidade de pelo menos 1 Ah.	5,00
Arduino	Eu usei o meu Arduino MEGA, embora qualquer Arduino sirva.	
Pistola de cola quente	Não é necessária, mas facilita muito a montagem dos sensores. A cola é removível sem muito esforço, bom para testar a localização dos sensores.	3,00

(continua)

Capítulo 5 ▪ Wally, o Wall-bot

Tabela 5.1 Lista de componentes do Wally (*continuação*)

Componente	Descrição	Preço (US$)
Barra de alumínio	Usei três pedaços pequenos de uma barra chata de alumínio com espessura de 3 mm e largura de 1,9 cm, comprada numa loja de ferragens. Comprimento total utilizado de 61 cm.	3,00
Parafusos e porcas	Uso porcas e parafusos #4 ou #6, com cerca de 5 cm de comprimento, para montar o Arduino e placas de controle do motor no chassi do robô. Essas porcas/parafusos são vendidas em pacotes com cinco unidades por menos de 1 dólar cada. Eu comprei dois pacotes.	2,00
Chave de alimentação	Radio Shack (peça #275.634). Opcional, mas recomendado. Basta colocá-la em série com a alimentação positiva da bateria. Digikey (componente #EG4810).	2,99
Conectores machos	Sparkfun (peça #PRT-00116) – usei estes para ligar os motores à ponte-H. Cada unidade tem 40 pinos. Eu só usei seis, mas é bom tê-los por perto.	2,50
Controlador do motor	Esta placa controla o acionamento dos dois motores para a frente/para trás, com controle de velocidade máxima por PWM de até 32kHz. As peças podem ser compradas na Digikey e na Radio Shack.	
Quatro transistores de sinal canal-N	Digikey (peça #2N7000) – estes são Mosfets canal-N de nível lógico de 200 mA utilizados para interfacear os Mosfets canal-P de potência. Praticamente qualquer Mosfet de nível lógico canal-N vai funcionar aqui.	0,39 cada
Quatro Mosfets canal-N	Digikey (peça FQP50N06L) – qualquer Mosfet canal-N vai funcionar desde que especificado para 52 A a 60 V.	1,25 cada
Quatro Mosfets canal-P	Digikey (peça FQP47P06) – este Mosfet tem uma alta tensão de porta para fonte (VGS) de +/–25 V, embora qualquer Mosfet canal-P funcione, desde que especificado para 47 A a 60 V.	2,26 cada
Dois drivers Mosfet TC4427	Digikey (peça #TC4427) – este driver Mosfet é usado para chavear os Mosfets canal-N de potência em altas velocidades de PWM (32 kHz) para um funcionamento silencioso.	1,33 cada

(*continua*)

Tabela 5.1 Lista de componentes do Wally (*continuação*)

Componente	Descrição	Preço (US$)
Quatro resistores de 10 k	Digikey (peça #ERD-S2TJ103V) – vendido em pacotes com dez por menos de 1 dólar. Também podem ser comprados na Radio Shack em um pacote com cinco por 0,99 dólar.	0,78
Quatro resistores de 150 ohm	Digikey (peça #ERD-S2TJ151V) – vendido em pacotes com dez por menos de 1 dólar. Também podem ser comprados na Radio Shack em um pacote com cinco por 0,99.	0,78
Dois soquetes de CI de 8 pinos	Digikey (peça #A24807) – estes também podem ser comprados na Radio Shack.	0,33 cada
Duas barras de 6 pinos fêmeas	Digikey (peça #3M9516) – estas barras são do mesmo tipo das usadas nos pinos analógicos A0-A5 do Arduino, e facilitam a passagem da fiação do controlador do motor para o Arduino.	0,94 cada
Placa de prototipagem PCI perfurada	Radio Shack (peça #276-147 ou peça #276-168).	3,99

O CONTROLADOR DO MOTOR

O controlador do motor é importante porque sem ele o seu robô não se move. Você pode usar qualquer tipo de controlador de motor, desde que ele suporte os motores no seu robô, embora eu tenha construído uma simples ponte-H dupla numa placa revestida de cobre perfurada da Radio Shack com alguns componentes da Digikey.com.

O Wally requer o controle para a frente e para trás de cada motor para virar completamente no final de uma parede, de modo que uma ponte-H completa deve ser usada para controlar cada um dos motores. As pontes-H de estado sólido mais simples podem conter apenas quatro transistores, mas limitações na frequência PWM e o calor gerado a partir da condução cruzada rapidamente tornam esse tipo de ponte pouco atraente. A adição de alguns componentes extras à simples ponte-H com quatro transistores pode propiciar um controlador de motor versátil e barato.

Decidi construir a ponte-H para o Wally atendendo aos seguintes critérios mínimos:

- Corrente contínua = 5 A
- Tensão nominal = 12 VCC
- Controle de velocidade eficiente (PWM)
- Fácil de construir
- Velocidade de comutação silenciosa PWM (32 kHz)

As chaves do lado superior

A ponte-H usa Mosfets canal-P para as chaves do lado superior e Mosfets canal-N para as chaves do lado inferior. Lembre-se de que um Mosfet canal-P (como um transistor PNP) é acionado quando alimentado por uma tensão no terminal da porta, em torno de *5 V a 10 V abaixo* da tensão de alimentação positiva, geralmente o terra. Para inverter o sinal necessário para acionar os Mosfets canal-P, usei pequenos Mosfets canal-N de sinais para fornecer um nível terra (GND) para acioná-los, enquanto um resistor *pull-up* de 10 kohm (para V+) os mantém desligados quando fora de uso. Esses Mosfets se destinam a ser controlados por um pino de saída digital e não estão preparados para ser acionados por meio de um sinal PWM.

As chaves do lado inferior

Os Mosfets canal-N do lado inferior da ponte são do tipo de nível lógico e podem ser acionados diretamente pelo Arduino, mas os 40 mA fornecidos pelos pinos PWM dele não são suficientes para acionar os Mosfets em frequências PWM mais elevadas. Para remediar essa situação, eu usei um *chip* controlador de Mosfet que amplifica o sinal PWM do Arduino para fornecer cerca de 2 A para os pinos de porta dos Mosfets, cerca de 100 vezes mais que a corrente que o Arduino pode fornecer! Graças a isso, os Mosfets canal-N podem ser acionados em frequências muito mais elevadas, sem causar quaisquer problemas.

O esquema elétrico do controlador de motor mostrado na Figura 5.3 ilustra o circuito de cada ponte-H. Como são necessárias duas pontes-H completas, você deve construir dois desse circuito mostrado na sua placa de prototipagem.

O acionador de Mosfet usa a fonte de tensão positiva das baterias para alimentar o pino da porta do Mosfet canal-N de potência, e, como o limite de tensão do CI acionador do Mosfet TC4427 é de apenas 18 V, então a tensão máxima desse circuito é 18 VCC. Eu testei esse circuito com baterias tanto de 6 V quanto de 12 V com excelentes resultados.

Usando a lista de componentes e o esquema elétrico do circuito, podemos começar a construir o controlador do motor.

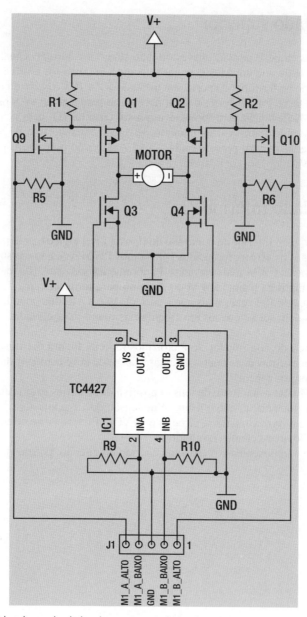

Figura 5.3 Esquema elétrico de um dos lados do nosso controlador de motor com ponte-H simples. O circuito completo contém dois destes lado a lado, com um V+ e GND comum.

Construindo o circuito

Para começar a construir essa ponte-H dupla, são necessários os seguintes materiais: um ferro de solda, solda com núcleo de breu, fios, uma placa de prototipagem, dois soquetes de CI de 8 pinos, dois conectores fêmea em barra com 6 pinos, quatro Mosfets canal-N de potência, quatro Mosfets canal-P de potência e quatro Mosfets canal-N de sinal. Depois de reunir as peças do controlador de motor (consulte a Tabela 5.1), os seguintes passos vão guiá-lo pelo processo de construção.

1. Coloque os soquetes de CI de 8 pinos (na placa de prototipagem e solde). Em seguida, conecte o pino 3 de cada soquete do CI (linha inferior, o pino à direita do centro) com um fio preto, porque este é o pino de terra (GND) de cada um deles. Também conecte os pinos 6 de cada CI (diretamente acima do pino GND) um ao outro com um fio vermelho, porque este é V+ para cada um deles. Eu conectei os dois conjuntos de fios no centro da placa entre os soquetes do CI (ver Figura 5.4).

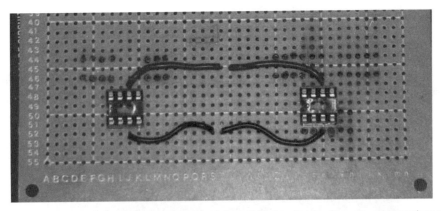

Figura 5.4 Você deve começar a construir a ponte-H colocando os dois soquetes dos CI na placa de prototipagem e conectando os pinos V+ e GND comuns de cada um deles para o centro da placa.

2. Pinos 1 e 8 (os pinos superior esquerdo e inferior esquerdo) do CI acionador de Mosfet TC4427 não são internamente ligados a nada – há apenas seis pinos ativos nesse encapsulamento de 8 pinos. Para ilustrar isso, eu cortei as ligações dos pinos 1 e 8 completamente para mostrar que eles não são necessários (ver Figura 5.5).

3. Instale os Mosfets. Repita essas instruções para cada lado do controlador de motor. Comece colocando os Mosfets canal-N de potência (FQP50-N06L) cerca de quatro ou cinco furos acima dos soquetes – o pino 5 (canto superior direito) do CI TC4427 controla o terminal de porta do Mosfet inferior direito, enquanto o pino 7 controla o terminal de porta do Mosfet inferior esquerdo. Usei um resistor de 150 ohm entre esses pinos e os terminais de porta dos Mosfets – esses resistores não são necessários. Distancie os Mosfets inferiores cerca de três ou quatro furos para que tenham espaço (deixe algum espaço na parte inferior para soldar), como mostrado na Figura 5.6.

4. Em seguida, coloque os Mosfets canal-P de potência diretamente acima dos Mosfets canal-N de potência, de forma que suas partes metálicas possam ser soldadas juntas. A parte metálica de um Mosfet está quase sempre ligada ao pino central (dreno) de um Mosfet TO-220. Soldando as partes metálicas (de dreno) correspondentes dos Mosfets de canais N e P juntos, não há necessidade de conectar os pinos centrais dos Mosfets por baixo da PCI (você pode até cortá-los), embora eu os tenha soldado às ilhotas da PCI para ajudar a manter o Mosfet no lugar. Os fios dos terminais do motor são soldados diretamente a essas ilhotas (ver Figura 5.6).

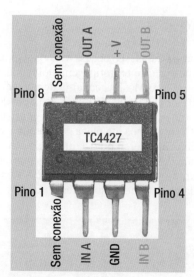

Figura 5.5 O CI acionador de Mosfet TC4427 utiliza seis de seus oito pinos. Para provar que eles não são necessários, eu cortei os pinos 1 e 8 do CI. Se você soldar esses pinos na placa, eles apenas servirão para manter o *chip* fixo.

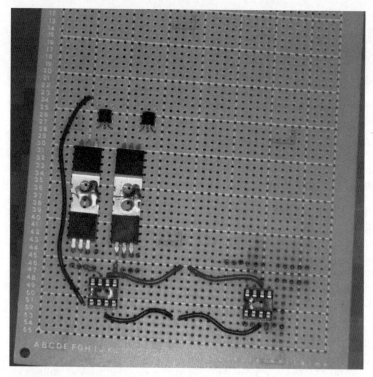

Figura 5.6 Todos os Mosfets na ponte-H esquerda estão instalados – o mesmo deve ser feito para a ponte-H direita.

5. Finalmente, coloque os Mosfets canal-N de sinal (2N7000) acima dos Mosfets canal-P de potência (FQP47-P06). O terminal de dreno do 2N7000 deve conectar-se ao terminal da porta do FQP47-P06, e o terminal de fonte do 2N7000 deve conectar-se ao terra; e o terminal de porta do 2N7000 deve ser conectado à entrada Arduino. Meus fios codificados por cores terminaram, então tive que usar o fio preto para as conexões dos quatro 2N7000 – são os fios que saem de cada lado dos soquetes dos CIs e vão para cima em direção aos Mosfets de sinal 2N7000 na Figura 5.7.

Figura 5.7 O conjunto de resistores na parte superior é usado para manter os Mosfets canal-P de potência e os Mosfets canal-N de sinal desligados quando não utilizados. O conjunto inferior de resistores é usado para manter as saídas do CI acionador de Mosfet desligadas, a menos que haja um comando do Arduino.

6. Instale os resistores. Lembre-se de que os Mosfets têm minúsculos capacitores dentro deles que devem ser drenados cada vez que eles são ligados para poder desligar totalmente. Isso é facilmente feito com um resistor de *pull-up* ou de *pull-down*. Os resistores podem ser instalados em qualquer direção.
7. Os Mosfets canal-P são desligados quando a tensão do terminal da porta é igual à do terminal de fonte, o qual está conectado à alimentação de tensão positiva. É bom, então, colocar um resistor de *pull-up* de 10 k do terminal porta para o terminal fonte de cada Mosfet canal-P de potência. Isso garante que, a não ser que estejam acionados, esses Mosfets vão ficar desligados.
8. Em seguida, instale os resistores de 10 k de *pull-down* entre os terminais da porta (centro) à fonte (à esquerda) dos Mosfets canal-N de sinal (2N7000), que os mantêm desligados a menos que sejam acionados pelo Arduino.
9. Esses resistores de *pull-down* para os Mosfets canal-N de potência são colocados de cada entrada (pinos 2 e 4) do CI acionador TC4427 ao terra (pino 3) para garantir que eles fiquem desligados por padrão. Os resistores de *pull-down* nos terminais de porta dos Mosfets canal-N de potência não são necessários agora que o CI acionador do Mosfet não vai deixá-los flutuando.

10. A Figura 5.7 mostra onde coloquei os resistores na minha placa de prototipagem. O furo exato que cada componente atravessa não é muito importante – apenas se atenha ao esquema para se certificar de que você está conectando cada componente corretamente. É útil manter uma lista das peças e suas descrições como referência durante a construção. Eu sempre consulto o diagrama de pinagem no *datasheet* do fabricante de cada componente para ter certeza de que sei qual pino se conecta a qual pino (o *datasheet* geralmente pode ser baixado do site do fabricante).

11. Os retângulos de cima e de baixo na Figura 5.8 mostram onde ficaram os resistores de *pull-up* e de *pull-down* (todos de 10 kohm). Os retângulos centrais mostram os resistores de porta opcionais (150 ohm) para os Mosfets canal-N de potência. Estes não são necessários e podem ser substituídos por fios *jumper*. Os retângulos de baixo mostram os resistores *pull-down* de entrada do TC4427.

Figura 5.8 O lado de trás da placa de prototipagem perfurada.

12. Instale os conectores e faça as conexões: eu usei dois conectores fêmeas de 5 pinos da Digikey para facilitar as conexões com o controlador do motor.

• Pino 1 do conector (extrema esquerda): controla o AHI (entrada A do lado superior) de cada ponte, que liga o Mosfet canal-P de potência usando o Mosfet canal-N de sinal. Essa entrada deve ser conectada ao terminal de porta do 2N7000.

• Pino 2 do conector: conecta o pino 2 (IN-A) do TC4427, que controla o ALI (entrada A do lado inferior) de cada ponte. Você deve usar um sinal PWM para controlar essa entrada.

• Pino 3 do conector: conecta ao terra.

• Pino 4 do conector: conecta ao pino 4 (IN-B) do TC4427, que controla a BLI (entrada B do lado inferior) de cada ponte. Você deve usar um sinal PWM para controlar essa entrada.

• Pino 5 do conector (extrema direita): controla o BHI (entrada B do lado superior) de cada ponte, que liga o Mosfet canal-P de potência usando o Mosfet canal-N de sinal. Essa entrada deve ser conectada ao terminal de Porta do 2N7000.

Capítulo 5 ▪ Wally, o Wall-bot 177

Depois de ligar os pinos do conector, faça conexões comuns como a fonte tensão + e o terra. O fio de tensão + deve passar pelos terminais de Fonte dos Mosfets canal-P aos pinos de alimentação de tensão + de cada CI TC4427 (pino 6). Esse fio de alimentação deve então conectar-se ao terminal positivo da bateria. Eu fiz algumas dessas conexões na parte inferior da placa, como mostrado na Figura 5.8. O fio terra deve conectar todos os terminais de Fonte dos Mosfets canal-N (Mosfet de potência e Mosfet de sinal), bem como o terminal de terra de cada CI TC4427 (pino 3) – este fio então, pode ser ligado ao terminal negativo da bateria.

Depois de concluído, o controlador do motor deve se parecer com a placa da Figura 5.9.

Figura 5.9 A ponte-H dupla concluída que servirá como o controlador do motor para esse projeto.

Como você pode ver na Figura 5.10, usar a placa perfurada rende um visual um pouco bagunçado, porque vários fios ficam no topo da placa, mas, se cada conexão estiver soldada corretamente, ela vai funcionar tão bem quanto uma PCI gravada.

Figura 5.10 Aqui você pode ver a parte inferior da base do chassi, incluindo os motores de acionamento fixados nas caixas de redução (preta) e os fios.

CONSTRUINDO O CHASSI

Usando uma configuração de *tank-steering*, você pode controlar a direção do robô por meio da variação da velocidade de cada motor. Ao ligar os dois motores de forma igual, o robô se desloca para a frente. Para virar à direita, reduza a velocidade de motor direito. Da mesma forma, a redução da velocidade do motor esquerdo força o robô a virar à esquerda. Com o controle bidirecional de cada motor, você pode acionar cada roda em direções opostas, alcançando um giro de raio zero (o que significa que ele pode girar 360° sem se mover para a frente ou para trás).

Para alcançar esse tipo de controle, você simplesmente precisa de um chassi com duas rodas motrizes, uma em cada lado do robô. Você pode construir a sua configuração de *tank-steering* com dois motores com caixa de redução ou servos de rotação contínua como fizemos com o Linus, o robô seguidor de linha (Line-bot), ou usar uma base de brinquedo ou robô com *tank-steering*, como o que eu consegui encontrar na loja de sucata. Se não conseguir encontrar um chassi reaproveitável, você pode se interessar por uma das várias bases de robô da DFRobot.com, como a plataforma de tanque móvel RP5, por razoáveis 41 dólares (ver Figura 5.11).

Figura 5.11 A plataforma de tanque móvel RP5 da DFRobot inclui dois motores de acionamento com caixas de redução, rodas e lagartas. Você pode facilmente colocar seu Arduino, baterias, controlador de motor e sensores nesse chassi.

Eu consegui encontrar um brinquedo de R/C com lagartas de tanque por 3 dólares na loja de sucata. A base do brinquedo era do tamanho perfeito para o Wally, então tirei tudo exceto a base do chassi com as lagartas e os motores encaixados no interior. A parte superior do chassi tinha espaço suficiente para montar o Arduino e o controlador de motor, enquanto a parte inferior era grande o suficiente para comportar duas baterias recarregáveis de 6 V.

1. Retire do chassi todos os componentes exceto os motores e a base. Se for reaproveitar um brinquedo velho, você pode remover todos os componentes eletrônicos porque vai construir o seu controlador de motor e o Arduino vai fornecer os sinais de controle. Tudo de que você precisa é ter acesso aos fios de cada um dos motores. Na Figura 5.10, o compartimento da bateria está no centro da base, e um conector de 6 pinos é usado para conectar ambos os motores e os fios de alimentação à placa principal.

2. Monte o controlador de motor e o Arduino. Use um marcador para marcar os furos de montagem no chassi e uma broca para fazer os furos. Após furar, fixe quatro parafusos para prender o controlador

de motor e três ou quatro parafusos para prender o Arduino (três furos para um Arduino normal e quatro furos para o Arduino Mega). Prenda com uma porca cada parafuso, com eles apontados para cima através do chassi. Eu tive que usar parafusos #8 para a placa controladora de motor e parafusos #4 para o Arduino (ver Figura 5.12).

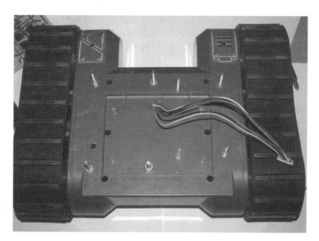

Figura 5.12 Chassi com parafusos de montagem instalados.

3. Agora você pode instalar o Arduino e o controlador de motor nos parafusos e conectar um ao outro (ver Figura 5.13). Você precisa de quatro saídas PWM e quatro saídas digitais para controlar as duas pontes. Use a Tabela 5.2 para conectar cada entrada do controlador de motor às saídas do Arduino, verificando cada fio duas vezes quando tiver acabado.

Figura 5.13 A base do chassi com o controlador de motor e o Arduino montados.

No código, vamos mudar os temporizadores Timer1 e Timer2 do sistema do Arduino na função setup(), para permitir a comutação PWM silenciosa em 32kHz. Em um Arduino normal, isso muda as

180

Arduino para robótica

saídas de PWM 9, 10, 11 e 13. No Arduino Mega, isso vai mudar as saídas de PWM 9, 10, 11 e 12. As saídas digitais (AHI e BHI para cada ponte) podem ser atribuídas a quaisquer pinos disponíveis.

Você pode usar qualquer placa, mas faz diferença como a conecta à cada ponte. Ou seja, você deve ter o cuidado ao realizar as conexões à entrada A do lado superior (AHI), à entrada A do lado inferior (ALI), à entrada B do lado superior (BHI) e à entrada B do lado inferior (BLI) de cada ponte corretamente, como mostrado na Figura 5.14. Se não estiverem conectadas corretamente, as pontes podem ser levadas a um curto-circuito. Certifique-se de que tudo está conectado de acordo com o esquema do circuito e gaste algum tempo olhando a Tabela 5.2, para se certificar de que cada conexão está ligada corretamente ao Arduino.

Tabela 5.2 Conexões do controlador do motor ao Arduino

Conexão da ponte	Código Arduino	Pino do Arduino	Pino Arduino Mega
Motor 2 – AHI	M2_AHI	8	8
Motor 2 – ALI (PWM)	M2_ALI	9	9
Motor 2 – BLI (PWM)	M2_BLI	10	10
Motor 2 – BHI	M2_BHI	7	7
Motor 1 – AHI	M1_AHI	2	2
Motor 1 – ALI (PWM)	M1_ALI	11	11
Motor 1 – BLI (PWM)	M1_BHI	3	12
Motor 1– BHI	M1_AHI	4	4

Nota ◆ Se estiver usando um Arduino padrão, M1-BLI deve ser conectado ao pino 3 PWM. Se estiver usando o Arduino Mega, M1-BLI deve ser conectado ao pino 12 PWM. As outras conexões são as mesmas, independentemente de qual placa você use.

Com as duas pontes-H ligadas ao Arduino conforme a Tabela 5.2, falta-nos conectar apenas os sensores e as baterias para concluir o Wally. Vamos começar fazendo alguns suportes para fixar os sensores ultrassônicos medidores de distância no chassi do Wally.

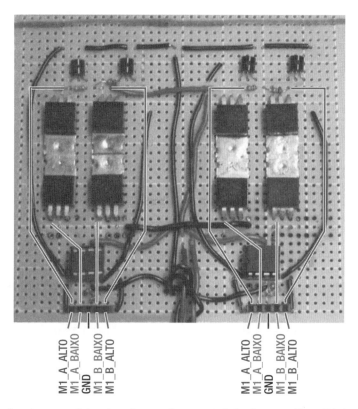

Figura 5.14 Aqui você pode ver os rótulos de cada conexão no controlador de motor. Use a Tabela 5.2 para fazer essas conexões com o Arduino.

INSTALANDO OS SENSORES

Com o robô pronto para se mover, agora você precisa instalar os sensores para guiá-lo ao longo do caminho. Comece encontrando um lugar na base móvel onde colocar cada sensor.

    Dois dos sensores ultrassônicos devem ser colocados no lado direito do robô de frente para a parede – um no canto da frente do chassi e o outro no canto traseiro. O terceiro sensor deve ser colocado na parte traseira do robô virado para a frente, para que o robô saiba quando está chegando perto do fim da parede. Eles devem ser colocados alto o suficiente para que sua visão da parede não seja obstruída por nada, então você provavelmente vai precisar fazer alguns suportes.

    Eu usei um pedaço de barra chata de alumínio de aproximadamente 1,9 cm de largura e 0,3 cm de espessura para fazer alguns suportes de montagem para os sensores. Comecei cortando três peças idênticas de 10 cm de comprimento. Em seguida, medi 2,5 cm a partir da extremidade de cada pedaço e os dobrei em um ângulo de 90°, como mostrado na Figura 5.15. O resultado é um suporte em forma de "L" (2,5 cm × 7,5 cm), que é facilmente fixado na estrutura para segurar um sensor.

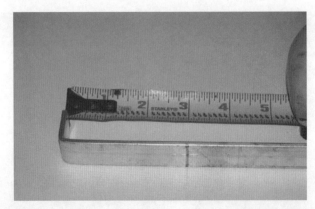

Figura 5.15 Os suportes dos sensores laterais foram feitos com um pedaço de barra chata de alumínio de 1,9 cm de largura.

Eu usei uma pistola de cola quente de uso geral para prender os sensores nos suportes e os suportes no chassi. Uma pistola de cola quente padrão é uma excelente ferramenta para prototipagem, porque você pode fazer conexões provisórias fácil e rapidamente. Colei o sensor na parte superior de cada suporte de montagem como mostrado na Figura 5.16, e em seguida colei o fundo de cada um dos suportes no topo da plataforma do chassi. Lembre-se: os sensores laterais devem ser fixados nos cantos dianteiro e traseiro do lado direito do Wally, de frente para a parede (ver Figura 5.18). O sensor traseiro deve ser fixado em algum lugar no centro do robô, virado para a frente.

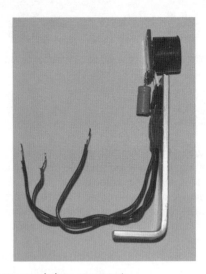

Figura 5.16 Esta imagem mostra um sensor colado ao seu suporte.

A face de baixo (inferior) da placa do sensor mostra a indicação para cada pino de saída (ver Figura 5.17). A saída analógica é o pino mais fácil de se ler com o Arduino. Você precisa apenas de três fios para operar cada sensor: GND (pino 1), +5 V (pino 2) e a saída analógica, rotulada "AN" (pino 5). Eu usei um conector fêmea de 6 pinos com pinos longos soldados ao sensor, então dobrei-os para baixo em um ângulo de 90° para facilitar a fixação. Como esses sensores são muito leves, eu escolhi fixá-los nos suportes de alumínio com uma pistola de cola quente. Apenas um pouco de cola no invólucro preto deve segurar firmemente o sensor na parte superior do suporte. A cola quente fixa firmemente, mas também pode ser removida com um pouco de força ou com um estilete.

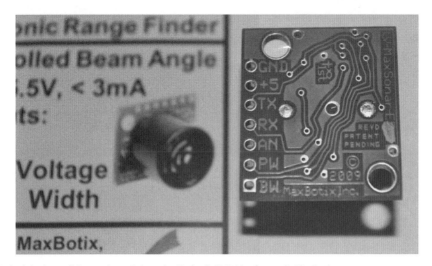

Figura 5.17 A série de medidores ultrassônicos de distância LV1 MaxSonar da Maxbotics.

O terceiro sensor deve ser fixado na traseira do robô, virado para a frente, para impedir que ele colida com qualquer coisa. Como a distância que o robô vai manter da parede é determinada no código e pode ser mudada para ajustar seu curso, a colocação exata do sensor geralmente não é necessária. Você pode verificar as leituras de cada sensor no monitor Serial no Arduino IDE para calibrar as distâncias desejadas.

O fabricante (Maxbotix) recomenda a instalação de um capacitor de 100 µF entre os pinos GND e +5 V de cada sensor para suavizar a saída do sensor durante quaisquer variações de tensão, resultando em leituras mais precisas. Basta soldar os terminais do capacitor na parte traseira do sensor. Certifique-se de que a tensão do capacitor é de pelo menos o dobro da tensão de trabalho (nesse caso, especificado para 10 V ou mais).

Para o medidor de distância central, eu usei um sensor maior da Maxbotics (Sparkfun peça #SEN-09009) que eu comprei para usar em um robô diferente. Trata-se de uma versão melhor, e para qualquer clima, que os outros dois sensores da Maxbotics com um alcance de ~7,6 m (cerca de 1,5 m a mais que os outros), mas custa bem mais: em torno de 100 dólares cada. Qualquer um dos sensores da Maxbotics funcionará no lugar do sensor central.

Figura 5.18 Esta é uma foto de todos os três sensores instalados no Wally. Os dois sensores laterais são de um modelo diferente do sensor maior central, mas todos eles são fabricados pela Maxbotix e têm a mesma pinagem de saída, o que significa que são lidos pelo Arduino da mesma maneira.

INSTALANDO A CHAVE DE ALIMENTAÇÃO E A BATERIA

Com o Arduino, o controlador de motor e os sensores instalados no chassi, você só precisa de uma fonte de energia e uma chave (opcional) para concluir o processo de construção e começar a testar. Você pode usar qualquer tipo de bateria que tiver à mão a partir de 6 V até 18 V, pois podemos ajustar a velocidade máxima da saída PWM no código do Arduino para limitar a tensão para os motores. Como o Wally provavelmente vai exigir alguns ajustes para se adequar à sua configuração, recomenda-se que você tenha baterias com valores de pelo menos 1 Amp/hora (1000 mAh) ou mais para permitir um tempo razoável de execução antes de recarregar.

As baterias podem ser encontradas em vendas de garagem, lojas de sucata e até mesmo seções de liquidação na Radio Shack e lojas de modelismo. Durante uma promoção alguns anos atrás, a Radio Shack liquidou suas baterias NiCd de 6 V-1 Ah, comumente usadas em carros de R/C, para substituí-las pelos equivalentes mais recentes de NiMH. Por alguma razão, a loja definiu o preço de cada bateria em 0,50 dólar cada, incluindo um carregador de parede, então eu comprei cerca de 10 delas por 5 dólares. Elas têm se provado uma compra valiosa para alimentar vários robôs que construí. Eu geralmente ou coloco dois pacotes em série produzindo 12 V-1 Ah para maior velocidade, ou dois em paralelo produzindo 6 V-2 Ah, para mais tempo de execução a velocidades mais lentas.

Você também pode comprar suportes de bateria da Radio Shack (componente #270-391, cerca de 2 dólares cada) para usar com pilhas AA padrão ou recarregáveis, que têm dois fios para você ligar em seu projeto. Os suportes são ligados em série, de modo que o pacote com quatro baterias AA produz 6 V com baterias de 1,5 V padrão, ou 4,8 V com baterias recarregáveis de 1,2 V. O pacote com oito pilhas AA padrão produz 12 V, ou 9,6 V com baterias recarregáveis. Embora quase qualquer bateria entre 3 V e 18 V funcione, o nível de tensão da bateria determina a velocidade global do Wally. Eu recomendo usar uma tensão de bateria de 6 V a 12 V, e se você achar que o Wally está um pouco rápido demais, pode ajustar sua velocidade máxima no código.

Eu usei duas baterias recarregáveis de 6 V e 1 Ah de NiCd ligadas em série para produzir 12 V para esse robô. Os motores têm potência de sobra para serem acionados e adicionar alta velocidade, se necessário, mas também são lentos o suficiente para o robô obter leituras precisas das paredes enquanto estiver em movimento.

Instalando uma chave na alimentação

É necessário uma chave para desligar facilmente a potência do robô sem remover quaisquer fios. Uma chave SPST simples funciona – basta conectar o terminal positivo da bateria a um polo da chave e o outro polo deve se conectar à entrada de alimentação do Arduino e do controlador de motor (ver Figura 5.19). O fio terra da bateria pode ser permanentemente conectado à rede terra do Arduino e do controlador de motor e não precisa passar por uma chave.

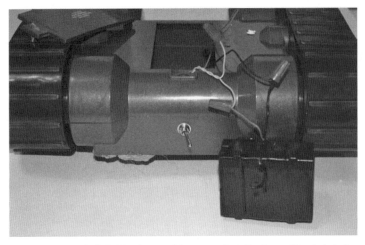

Figura 5.19 A chave de alimentação (SPST) é ligada em série com a alimentação positiva da bateria.

Na Figura 5.19 você pode ver como o fio positivo (fio vermelho) da bateria se conecta à chave (fio amarelo), que então passa pela chave e liga-se à fonte de alimentação principal. O fio negativo preto conecta-se diretamente à fonte de alimentação principal. A chave é colocada na parte traseira do robô (topo da imagem).

Com as baterias, os sensores, o controlador de motor e o Arduino colocados na base do robô, é hora de discutir o que queremos que o Wally faça e como escrever isso em código.

O CÓDIGO

Neste capítulo, devemos controlar oito diferentes pinos de saída do Arduino para comandar as duas pontes-H. Para tornar isso mais fácil, usamos uma *função()* na linguagem Arduino. Você pode criar uma função que é um conjunto específico de comandos com um nome de função – e sempre que esse nome de função for chamado no *loop* principal, o conjunto específico de comandos será processado.

186 Arduino para robótica

Por exemplo, para fazer ambos os motores irem para a frente, você tem que digitar todos os comandos da Listagem 5.1 sempre que você quiser mudar a velocidade, a direção ou parar.

Listagem 5.1 Código necessário para avançar a diferentes velocidades

```
void loop(){

  // Comande o motor 1 para a frente à velocidade 255
  digitalWrite(m1_AHS, LOW);
  digitalWrite(m1_BLS, LOW);
  digitalWrite(m1_BHS, HIGH);
  analogWrite(m1_ALS, 255);
  // Comande o motor 2 para a frente à velocidade 128
  digitalWrite(m2_AHS, LOW);
  digitalWrite(m2_BLS, LOW);
  digitalWrite(m2_BHS, HIGH);
  analogWrite(m2_ALS, 128);

delay(1000);

  // Comande o motor 1 para a frente à velocidade 64
  digitalWrite(m1_AHS, LOW);
  digitalWrite(m1_BLS, LOW);
  digitalWrite(m1_BHS, HIGH);
  analogWrite(m1_ALS, 64);
  // Comande o motor 2 para a frente à velocidade 192
  digitalWrite(m2_AHS, LOW);
  digitalWrite(m2_BLS, LOW);
  digitalWrite(m2_BHS, HIGH);
  analogWrite(m2_ALS, 192);

  delay(1000);

}
```

Definindo esses conjuntos comuns de comandos em funções uma única vez usando a declaração void() (ver Listagem 5.2), podemos simplesmente chamar o nome da função sempre que quisermos usar esse conjunto específico de comandos. Esse código é o mesmo da Listagem 5.1, mas em vez disso usa funções() para declarar as incômodas sequências de códigos. Os nomes das funções() são então chamados ao longo do *loop*() conforme sejam necessários. Isso torna a função *loop*() muito mais limpa, mais fácil de ler e também menos propensa a erros de codificação.

Listagem 5.2 Usando funções para declarar sequências de codificação

```
void loop(){
          // No loop, vamos chamar as funções com os nomes declarados abaixo
          // Lembre-se de incluir um valor de velocidade nos parênteses para int x ou int y.
          m1_forward(255); // acione o motor 1 para a frente à velocidade máxima em 255
          m2_forward(128); // acione o motor 2 para a frente à metade da velocidade em 128

          delay(1000);

          m1_forward(64); // acione o motor 1 para a frente à velocidade máxima em 64
```

Capítulo 5 ■ Wally, o Wall-bot

```
        m2_forward(192); // acione o motor 2 para a frente à metade da velocidade em 192

        delay(1000);

}

// funções dos motores
void m1_forward(int x){
  digitalWrite(m1_AHS, LOW);
  digitalWrite(m1_BLS, LOW);
  digitalWrite(m1_BHS, HIGH);
  analogWrite(m1_ALS, x);
}
void m2_forward(int y){
  digitalWrite(m2_AHS, LOW);
  digitalWrite(m2_BLS, LOW);
  digitalWrite(m2_BHS, HIGH);
  analogWrite(m2_ALS, y);
}
```

Apenas lembre-se de que você deve chamar a função sempre que quiser usá-la – simplesmente declarar a função não faz com que ela seja usada. Eu declarei várias funções nesse *sketch* para definir ações repetitivas como comandar cada motor separadamente para ir para a frente, para trás ou parar. Cada função é declarada separadamente no final do *sketch* (a localização da declaração da função não importa).

Você vai notar que há um número entre parênteses após os comandos de avanço ou de reversão: ele se chama *argumento*. O argumento é usado para declarar a velocidade PWM que você quer que os motores recebam (definida pelas variáveis "int x" e "int y" nas funções dos motores abaixo do *loop*). O número pode ir de 0 (parado) a 255 (velocidade máxima) na faixa de PWM. O comando de parada de cada um dos motores não necessita de um número entre parênteses porque a interrupção não tem uma velocidade.

Há também várias declarações condicionais "if/else" utilizadas nesse código para testar as leituras do sensor contra os valores-limite definidos. O código pode parecer confuso, mas eu tentei explicar cada linha para que você possa entender o que está acontecendo enquanto o lê.

Objetivos do código

O principal objetivo do Wally é manter seu lado direito paralelo à parede enquanto se locomove ao redor de um cômodo. Se um dos sensores laterais faz uma leitura maior ou menor que o outro, o código vai ajustar as saídas de cada um dos motores para corrigir sua posição e igualar novamente as leituras dos sensores. O terceiro sensor, central, é usado para "manter um olho no caminho" e certificar-se de não colidir em nada acidentalmente. Se a leitura do sensor central cair abaixo de um limiar definido, Wally vai virar à esquerda e continuar ao longo da próxima parede. O curso do Wally é ajustado pela redução da energia no motor na direção em que você quer que ele vire. Eu mencionei que se você alimentar os dois motores igualmente (M1 e M2), o robô andará em linha reta. Se você quiser virar à esquerda, reduza a alimentação (ou pare) do motor esquerdo (M1) e o Wally vai virar à esquerda; se você quiser virar à direita, reduza a alimentação (ou pare) do motor direito (M2).

Na Figura 5.20, o Wally está se dirigindo em direção à parede – quando o sensor frontal direito lê ~17,8 cm e o sensor traseiro direito lê ~22,9 cm, o Wally sabe que não está mais paralelo à parede e deve reduzir a potência de M1 enquanto aplica plena potência a M2 para corrigir sua orientação.

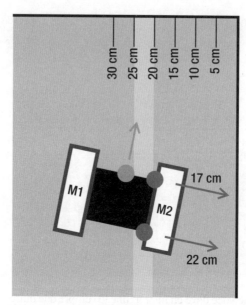

Figura 5.20 Quando o Wally não está paralelo à parede, as leituras dos seus sensores laterais não serão iguais e ele tentará corrigir sua posição.

Para manter as leituras dos sensores laterais iguais, escolha um intervalo de tolerância. Fazemos isso por meio da seleção de um limiar mínimo e máximo. O limite mínimo determina quando o robô está muito perto da parede e deve se afastar. Da mesma forma o limite máximo determina quando o robô está demasiado longe da parede e deve retornar. Na Figura 5.21, eu escolhi 20 cm como o limite inferior e 25 cm como o limite superior (deixando uma tolerância de 5 cm). Isso diz ao Wally que se os seus dois sensores laterais estiverem dentro dessa faixa, deve seguir em frente, e se qualquer um dos dois sensores laterais estiver fora desse intervalo (acima ou abaixo), deve verificar e corrigir o erro ajustando os motores.

Isso significa que o Wally tem uma tolerância de 5 cm para compensar irregularidades na parede e ainda continuar seguindo em frente. Se ele sair dessa zona de tolerância de 5 cm, o Arduino vai corrigir sua posição até que os seus dois sensores do lado direito estejam entre 20 cm e 25 cm da parede. Você pode ajustar os limiares inferior e superior dos sensores da direita de 20 cm a 25 cm para os valores que quiser; eles podem até ser iguais, se você não quiser tolerância.

O sensor central é usado para determinar quando o Wally está se aproximando do fim de uma parede e o impede de bater nela. Contanto que a leitura do sensor central esteja acima do limiar (neste caso, 30 cm), o Arduino vai utilizar os sensores laterais da direita para ajustar a saída do motor e manter o Wally no caminho. Se a leitura do sensor central cair abaixo do seu limiar, o Wally vai parar, virar à esquerda e continuar seguindo a próxima parede (ver Figura 5.21). Se a parede for um canto externo, quando os sensores laterais do Wally chegarem ao canto da parede, eles vão instruí-lo a virar à direita e continuar seguindo a parede.

Idealmente, o Wally andaria paralelo à parede com ambos os sensores laterais dentro do limite da linha sombreada (de 20 cm a 25 cm da parede) sem deixar de se mover para a frente. Realisticamente, pequenos solavancos na unidade de tração e irregularidades nas paredes podem impedir que seu caminho seja uma linha reta perfeita. Mas, depois de alguns ajustes, o Wally é capaz de percorrer quase toda a casa sem assistência (e sem tocar em quaisquer paredes).

Capítulo 5 ▪ Wally, o Wall-bot

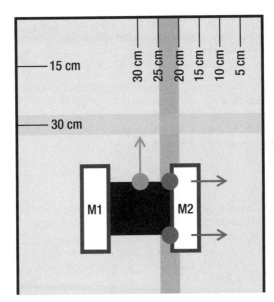

Figura 5.21 O Wally vai parar quando a leitura do sensor central cair abaixo do seu limiar; eu testei o Wally com um limiar do sensor central entre 30 cm e 50 cm.

Agora que entendemos como o Wally deve funcionar, vamos fazer o *upload* do código.

O *upload* do código da Listagem 5.3 disponibiliza o código a ser utilizado com o Arduino padrão. Se você usar o Arduino Mega, altere "m1_BLS 3" para "m1_BLI 12, e use a Tabela 5.2 para se certificar de que a ponte-H está conectada corretamente antes de prosseguir.

Listagem 5.3 O código principal do Wally

```
// Wally, o Wall-bot.
// Segue a parede à direita e vence obstáculos, utilizando três sensores ultrassônicos
// Ligue os sensores ultrassônicos Maxbotics às entradas analógicas Arduino A0, A1 e A2.
// Os pinos motores da ponte-H estão listados abaixo e mostrados na Figura 5.14

// crie variáveis para cada leitura do sensor
int front_right_sensor = 0;
int back_right_sensor = 0;
int center_sensor = 0;

// defina pinos para o motor 1
int m1_AHI = 2;
int m1_ALI = 11;
int m1_BLI = 3;     // 12 no Arduino Mega
int m1_BHI = 4;

// defina pinos para o motor 2
int m2_AHI = 8;
int m2_ALI = 9;
int m2_BLI = 10;
int m2_BHI = 7;
```

```arduino
// variáveis para armazenar os limiares superiores e inferiores
int threshold = 20; // Use este para ajustar o limiar do sensor central.
int right_upper_limit = 10; // Use este para ajustar o limiar do sensor superior direito.
int right_lower_limit = 8; // Use este para ajustar o limiar do sensor inferior direito.

// variáveis velocidade
int speed1 = 64; // definição para 1/4 da velocidade
int speed2 = 128; // configuração de 1/2 da velocidade
int speed3 = 192; // configuração de 3/4 da velocidade
int speed4 = 255; // configuração da velocidade máxima

// fim das variáveis

void setup(){

    // mudar a frequência PWM para o temporizador Timer1 do Arduino
    // pinos 9 e 10 no Arduino padrão ou pinos 11 e 12 no Arduino Mega
    TCCR1B = TCCR1B & 0b11111000 | 0x01;
    // mudar a frequência PWM para o temporizador Timer2 do Arduino
    // pinos 3 e 11 no padrão Arduino ou pinos 9 e 10 no Arduino Mega
    TCCR2B = TCCR2B & 0b11111000 | 0x01;

    Serial.begin(9600);

    // configure os pinos do motor como saídas

    pinMode(m1_AHI, OUTPUT);
    pinMode(m1_ALI, OUTPUT);
    pinMode(m1_BHI, OUTPUT);
    pinMode(m1_BLI, OUTPUT);

    pinMode(m2_AHI, OUTPUT);
    pinMode(m2_ALI, OUTPUT);
    pinMode(m2_BHI, OUTPUT);
    pinMode(m2_BLI, OUTPUT);
}
void gather(){

    // função para atualizar todos os valores do sensor
    // Divida cada sensor por 2,54 para obter a leitura em Polegadas.
    back_right_sensor = analogRead(0) / 2,54;
    front_right_sensor = analogRead(1) / 2,54;
    center_sensor = analogRead(2) / 2,54;
}

void loop(){

    gather(); // chame função para atualizar os sensores

    // primeiro, verifique se o sensor central está acima de seu limiar:
    if (center_sensor > threshold) {

        // o sensor dianteiro direito (FRS) está abaixo do valor limiar mais baixo?
        if (front_right_sensor < right_lower_limit){
            // se sim, verifique se o sensor traseiro direito (BRS) está também abaixo do limiar inferior:
            if (back_right_sensor < right_lower_limit){
```

Capítulo 5 ■ Wally, o Wall-bot

```
    // Wally está muito próximo da parede, voltar:
    m1_stop();
    m2_forward(speed3);
  }
  // caso contrário, veja se BRS está acima do limiar superior:
  else if (back_right_sensor > right_upper_limit){
    // Wally está se dirigindo à parede - corrigir o problema:
    m1_stop();
    m2_forward(speed3);
  }
  // (caso contrário) Se BRS não está acima do limiar superior ou abaixo do limiar inferior,
deve estar dentro da faixa:
  else{
    // Wally está apenas um pouco fora do intervalo de tolerância, faça pequenos ajustes para
longe da parede:
    m1_forward(speed2);
    m2_forward(speed3);
  }
}

// caso contrário, se FRS não estiver abaixo do limiar inferior, veja se ele está acima do li-
miar superior:
  else if (front_right_sensor > right_upper_limit){
    // FRS está acima do limiar superior, verifique se ele ainda pode detectar uma parede pró-
xima (use o valor limite do sensor central):
  if (front_right_sensor > threshold){
  // Wally poderia estar lendo um canto externo, verifique BRS:
    if (back_right_sensor < right_upper_limit){
    // Se BRS ainda está dentro do alcance, faça pequenos ajustes:
    m1_forward(speed3);
    m2_forward(speed2);
  }
  // Caso contrário, verifique se BRS também está acima do limiar:
  else if (back_right_sensor > threshold){
  // Wally encontrou um canto externo! Vire à direita:
    m1_forward(speed4);
    m2_reverse(speed1);
  }
}
  // FRS está acima do limiar superior, veja se BRS está abaixo do limiar inferior:
  else if (back_right_sensor < right_lower_limit){
    // se sim, traga Wally de volta para a parede
    m1_forward(speed3);
    m2_forward(speed1);
  }
  // se não, verifique se BRS também está acima do limiar superior:
  else if (back_right_sensor > right_upper_limit){
    // se sim, traga Wally de volta para a parede:
    m1_forward(speed2);
    m2_stop();
  }
```

```
    // Caso contrário,
    else{
        // se não, faça pequenos ajustes para levar Wally de volta ao caminho
        m1_forward(speed3);
        m2_forward(speed2);
    }

}

// se não; FRS está dentro de ambos os limites laterais, então podemos prosseguir verificando BRS.
else {
    // veja se BRS está acima do limiar superior:
    if (back_right_sensor > right_upper_limit){
        // se sim, faça ajustes:
        m1_forward(speed1);
        m2_forward(speed3);
}
// se BRS estiver dentro do limiar superior, verifique se ele está abaixo do limiar inferior:
else if (back_right_sensor < right_lower_limit){
        // se sim, faça o ajuste oposto:
        m1_forward(speed3);
        m2_forward(speed1);
}
// caso contrário, AMBOS os sensores laterais estão dentro do intervalo de tolerância:
else {
        // Então, ande para a frente!
        m1_forward(speed2);
        m2_forward(speed2);
    }

}

}

// Se o sensor central não estiver acima do limiar superior, ele deve estar abaixo dele, hora de
PARAR!
else {
    // Se o sensor central estiver ABAIXO do limiar, vire à esquerda e reavalie paredes
    // Parar Wally

    m1_stop();
    m2_stop();
    delay(200);
    // Virar Wally para a esquerda (por 500 ms)
    m1_reverse(speed4);
    m2_forward(speed4);
    delay(500);
    // Parar novamente
    m1_stop();
    m2_stop();
    delay(200);
}
```

Capítulo 5 ■ Wally, o Wall-bot

```
// Agora, imprima valores do sensor no monitor serial
Serial.print(back_right_sensor);
Serial.print(" ");
Serial.print(front_right_sensor);
Serial.print(" ");
Serial.print(center_sensor);
Serial.println(" ");

// Fim do loop

}

// Crie funções para ações do controlador de motor
void m1_reverse(int x){
  // função para motor 1 reverso
  digitalWrite(m1_BHI, LOW);
  digitalWrite(m1_ALI, LOW);
  digitalWrite(m1_AHI, HIGH);
  analogWrite(m1_BLI, x);
}

void m1_forward(int x){
  // função para motor 1 para a frente
  digitalWrite(m1_AHI, LOW);
  digitalWrite(m1_BLI, LOW);
  digitalWrite(m1_BHI, HIGH);
  analogWrite(m1_ALI, x);
}

void m1_stop(){
  // função para o motor 1 parar
  digitalWrite(m1_ALI, LOW);
  digitalWrite(m1_BLI, LOW);
  digitalWrite(m1_AHI, HIGH); // freio elétrico usando FETs do lado alto
  digitalWrite(m1_BHI, HIGH); // freio elétrico usando FETs do lado alto
}

void m2_forward(int y){
  // função para motor 2 para a frente
  digitalWrite(m2_AHI, LOW);
  digitalWrite(m2_BLI, LOW);
  digitalWrite(m2_BHI, HIGH);
  analogWrite(m2_ALI, y);
}

void m2_reverse(int y){
  // função para motor 2 reverso
  digitalWrite(m2_BHI, LOW);
  digitalWrite(m2_ALI, LOW);
  digitalWrite(m2_AHI, HIGH);
  analogWrite(m2_BLI, y);
}
```

```
void m2_stop(){
  // função para motor 2 parar
  digitalWrite(m2_ALI, LOW);
  digitalWrite(m2_BLI, LOW);
  digitalWrite(m2_AHI, HIGH); // freio elétrico usando FETs do lado alto
  digitalWrite(m2_BHI, HIGH); // freio elétrico usando FETs do lado alto
}

void motors_release(){
  // função para liberar os dois motores (sem freio elétrico)
  // liberar todos os motores abrindo todas as chaves. O robô vai ficar inerte ou rolar se estiver
em uma rampa.
  digitalWrite(m1_AHI, LOW);
  digitalWrite(m1_ALI, LOW);
  digitalWrite(m1_BHI, LOW);
  digitalWrite(m1_BLI, LOW);

  digitalWrite(m2_AHI, LOW);
  digitalWrite(m2_ALI, LOW);
  digitalWrite(m2_BHI, LOW);
  digitalWrite(m2_BLI, LOW);
}
```

Depois de carregar o código em seu Arduino e verificar todas as suas conexões com a ponte-H dupla e os sensores, ligue o robô e coloque-o perto de uma parede. Se todos os sensores estiverem conectados corretamente e os motores estiverem girando no sentido correto, o robô deve começar a seguir a parede.

Verifiquei para que ficasse a uma distância definida da parede deixando-o seguir uma longa parede (4,5 m) sem obstruções. Depois de completar alguns testes sem qualquer problema, comecei a adicionar alguns obstáculos para ele superar. Uma caixa ou um pedaço de madeira colocado perpendicularmente à parede força o Wally a parar e contornar o obstáculo, mantendo a distância definida em relação ao obstáculo assim como fez com a parede. O tamanho, forma e espessura dos obstáculos determina quão bem os sensores ultrassônicos serão capazes de "vê-los" e reagir de forma adequada.

Você pode ajustar as configurações dos limiares e das velocidades para fazer o seu Wall-bot variar a velocidade do motor, a tensão da bateria e o raio de giro, fazendo-o funcionar da maneira que você quiser. A Listagem 5.4 mostra as variáveis que podem ser ajustadas para o desempenho do Wally.

Listagem 5.4 Variáveis que podem ser alteradas durante os testes

```
// variáveis para armazenar os limiares superiores e inferiores
int threshold = 20; // Use este para ajustar o limiar do sensor central.
int right_upper_limit = 10; // Use este para ajustar o limiar do sensor superior direito.
int right_lower_limit = 8; // Use este para ajustar o limiar do sensor inferior direito.

// variáveis velocidade
int speed1 = 64; // configuração para 1/4 da velocidade
int speed2 = 128; // configuração de 1/2 da velocidade
int speed3 = 192; // configuração de 3/4 da velocidade
int speed4 = 255; // configuração de velocidade máxima
```

Capítulo 5 ▪ Wally, o Wall-bot

As variáveis de velocidade estão lá simplesmente oferecendo várias opções para experimentar durante o teste. Você pode alterá-las ao longo de todo o código (ou inserir seus valores de velocidade para testar de 0 a 255). Para ver as leituras dos sensores do Wally, conecte-o ao seu PC e o mantenha ao lado de uma parede.

RESUMO

Neste capítulo, usamos medidores ultrassônicos de distância para detectar objetos próximos e evitar colisões, enquanto o robô se desloca por um cômodo. Como a maioria dos cômodos tem paredes, eu decidi usar a parede como guia para o robô. Com os três sensores estrategicamente colocados no chassi do robô, somos capazes de detectar objetos à direita e à frente.

Para poupar algum dinheiro em componentes, eu fiz uma visita a uma loja de sucata local e achei um brinquedo robótico velho com uma base com lagartas de tanque. Comprei o brinquedo, removi a parte de cima, retirei os componentes eletrônicos e comecei a prepará-lo para eletrônica. Se você não conseguir encontrar um brinquedo de segunda mão que sirva, existem várias bases de robô disponíveis online, incluindo uma que é um substituto perfeito para a base utilizada no Wally –DFRobot.com (peça #ROB0037).

Nós construímos a nossa ponte-H dupla para o controlador de motor sobre uma placa de prototipagem perfurada, que recebe seus comandos do Arduino. O controlador de motor requer vários componentes da Digikey.com e um pouco de paciência para a montagem. Depois de completada, colocamos o controlador de motor e o Arduino na base utilizando várias porcas e parafusos pequenos. Em seguida, ligamos cada conexão do controlador de motor ao Arduino de acordo com a Tabela 5.2, checando duas vezes cada conexão.

Os suportes de sensores foram feitos com uma barra chata de alumínio de 1,9 cm de largura e fixados ao chassi usando cola. Os sensores foram colados à parte superior de cada suporte de montagem e, em seguida, conectados às entradas analógicas do Arduino (A0, A1 e A2). Por último, nós instalamos a chave de alimentação e a bateria na base do chassi.

No próximo capítulo, discutiremos o processo de concepção de circuitos em seu computador usando *software* CAD (*freeware*) e, em seguida, faremos placas de circuito impresso para os seus projetos na sua casa, no seu quintal! Tudo de que você precisa é um ferro de passar roupa, alguns produtos químicos básicos, acesso a uma impressora a laser e um pouco de papel de revista, e você pode ter placas de circuito que duram por muito tempo, fáceis de replicar e que podem ser personalizadas para qualquer projeto. Também aprenderemos a construir nossas placas programáveis compatíveis com o Arduino para usar em projetos futuros.

CAPÍTULO 6

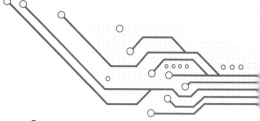

Fazendo placas de circuito impresso

Neste capítulo vamos mudar de direção e, em vez de construir um robô, vamos nos concentrar na produção de uma placa eletrônica Arduino (e outros circuitos eletrônicos) para uso nos próximos capítulos. Embora existam muitas peças de robô disponíveis no mercado, às vezes ou não é possível encontrar a peça perfeita ou é mais rentável construir a sua. Este capítulo aborda alguns conceitos básicos para ajudá-lo a começar a projetar seus circuitos eletrônicos usando um programa de projeto auxiliado por computador (Computer Aided Design – CAD). Você pode achar que imprimir suas placas de circuito requer equipamento caro e treinamento especial, mas é possível projetar e construir sua placa de circuito impresso (PCI) por menos de 25 dólares e em apenas algumas horas. Vou conduzi-lo pelo processo que julguei barato, eficaz e fácil de fazer, na garagem ou no quintal.

Você provavelmente já viu uma PCI verde-escura em um computador ou outro dispositivo eletrônico e a olhou com espanto. Cada dispositivo eletrônico tem uma placa de circuito única, criada para uma finalidade específica. Essas placas são extremamente úteis para a criação de um circuito em uma área muito mais compacta do que usar uma placa perfurada e fios. A razão pela qual a placa pode ser menor é que cada fio é substituído por uma *trilha* de cobre. Trilhas são filetes chatos de cobre colados a uma placa isolante de fibra de vidro. As trilhas são criadas usando um programa de computador que simula o *layout* de uma placa de circuito e permite que você coloque os componentes nela para ver como tudo se encaixa antes de criar a PCI.

Este capítulo abrange três etapas básicas para fazer uma PCI: a criação de um projeto de circuito usando um programa CAD, a transferência do desenho do seu computador para a placa revestida de cobre e a gravação na placa de cobre com uma solução ácida, deixando apenas as trilhas acabadas escondidas sob o desenho. É claro que cada uma dessas etapas principais tem seu conjunto detalhado de passos que, se forem seguidos corretamente, vão capacitá-lo para reproduzir qualquer desenho de circuito que desejar.

NOÇÕES BÁSICAS DE PCI

A PCI é feita usando um pedaço de placa de fibra de vidro de cerca de 1,6 mm de espessura, que é revestida com uma fina camada de cobre em um ou em ambos os lados. Tudo de que você precisa para criar as trilhas em uma placa revestida de cobre (PCI virgem) é uma camada de tinta ou *toner* capaz de resistir a ataques de produtos químicos e proteger o revestimento de cobre fino. Essa camada pode ser um marcador permanente preto, o *toner* de uma impressora a laser ou mesmo esmalte de unha.

Nota ♦ Certifique-se de usar uma impressora a laser com *toner* preto; impressoras jato de tinta não funcionam para esse método.

Você pode criar um desenho de circuito no computador usando um dos vários programas de código aberto ou gratuitos (*freeware*) de projeto de circuitos ou encontrar um arquivo de código aberto com um diagrama de circuito para download e impressão. Para transferir um projeto do papel para o cobre, você precisa imprimir o desenho em um pedaço de papel brilhante de revista, colocar o lado impresso voltado para a placa de cobre e aquecer a parte de trás do papel com um ferro de passar roupas por alguns minutos. O ferro derrete o *toner* do papel e o transfere para a placa de cobre. Quando esfria, a placa é embebida em água morna até que a proteção de papel seja facilmente removida e o *toner* permaneça impresso no cobre.

Depois de transferido, o *toner* da impressora atua como um revestimento de plástico sobre o cobre, que o protege da solução ácida de corrosão. Um produto químico corrosivo é utilizado para dissolver o cobre (ou qualquer outro metal que não esteja revestido com *toner* plástico), deixando apenas a placa de fibra de vidro e todo o cobre que está sob o *toner* transferidos na impressão. Após a conclusão do processo de corrosão, o revestimento de transferência (*toner*) é removido com um solvente (como a acetona), revelando as trilhas de cobre. Cada placa deve ser perfurada com pequenos orifícios para colocar os componentes que precisam atravessá-la de modo que cada terminal possa ser soldado à trilha de cobre.

Cuidado ◆ Sempre use proteção ocular e de pele quando trabalhar com ácido muriático ou outros produtos químicos corrosivos porque eles podem queimar! Se seus olhos ou sua pele entrarem em contato com o ácido, lave-os imediatamente com água.

Fazer PCIs em casa é um jeito divertido de aprender mais sobre eletrônica – nos força a aprender os nomes dos terminais de cada componente e a ver como eles se conectam; é uma experiência de valor inestimável. Depois de concluir a primeira placa, você provavelmente vai se sentir confiante o suficiente para começar a projetar seus circuitos e produzi-los sozinho em casa. Não se preocupe se você estragar uma placa, já que uma placa PCI de 5 dólares normalmente será grande o suficiente para fazer vários circuitos pequenos, e um galão de ácido muriático de 12 dólares será suficiente para corroer 100 ou mais PCIs. Depois de conseguir alguns suprimentos básicos, o custo para produzir placas adicionais cai consideravelmente. Você também pode encontrar placas revestidas de cobre menos caras por atacado ou em lojas de sucata, perfeitas para o aprendizado e construção de circuitos de baixa potência.

DO QUE VOCÊ PRECISA PARA COMEÇAR

Você não precisa comprar nada para começar a desenhar um circuito, pois existem vários programas para desenho de circuito de código aberto. Mesmo o popular programa de desenho de circuitos Eagle tem uma versão gratuita disponível para uso pessoal. Você precisa fazer o download de um desses programas para concluir os projetos deste capítulo (mesmo que você faça somente o download de um arquivo de circuito pronto para impressão).

Você deve usar uma impressora a laser monocromática para o método apresentado neste livro. Se você não tem uma impressora a laser, fale com um amigo que tenha uma impressora ou peça ajuda a uma gráfica rápida perto de você. O papel normal não funciona para transferir o *toner* para a placa de cobre, por isso você deve usar um tipo de papel brilhante como as páginas de uma revista. Isso geralmente significa alimentar manualmente cada pedaço de papel na impressora.

Transferir o desenho requer um ferro de passar roupas, uma placa revestida de cobre (PCI), uma esponja abrasiva (tipo Scotch-brite) e um pouco de acetona ou diluente de tinta. Esses itens podem ser encontrados na loja de tinta mais próxima, com exceção da PCI, que pode ser comprada na Radio Shack ou na Digikey.com.

Capítulo 6 ▪ Fazendo placas de circuito impresso

O processo de gravação requer uma solução ácida que dissolve qualquer cobre desprotegido da placa de fibra de vidro. Existem dois tipos de solução corrosiva que eu tentei com sucesso: uma solução pré-misturada de cloreto férrico (disponível na Radio Shack) e uma solução caseira de ácido muriático e peróxido de hidrogênio (minha preferida). Embora qualquer uma delas funcione, a solução de cloreto férrico leva mais tempo para corroer a placa e produz apenas cerca de duas PCIs por garrafa (473 mililitros = 10 dólares). A solução de ácido muriático e peróxido de hidrogênio é mais rápida na dissolução do cobre, mais fácil de encontrar e mais barata que a solução pré-misturada se você fizer várias placas.

A Tabela 6.1 lista os itens de que você precisa para começar a fazer suas PCIs. Você pode encontrar a maioria das peças e materiais nas lojas de ferragens, supermercados ou na Radio Shack.

Tabela 6.1 Lista de peças e materiais para PCI

Componente	Descrição	Preço (US$)
Impressora a laser monocromática	Newegg.com – quase qualquer impressora a laser que usa *toner* preto serve. *Toner* de laser colorido não funciona, nem impressoras jato de tinta preta ou colorida. Se você não tem uma impressora a laser monocromática, provavelmente conhece alguém que tem, ou pode ir a uma gráfica rápida e pedir a alguém que imprima seu desenho. Eu uso uma *Brother* 7020.	59,99
Papel brilhante de revista	Recicle – eu uso velhas revistas *Cosmopolitan* da minha esposa com grande sucesso. Tentei outras revistas com sucessos e fracassos. Páginas apenas com texto e sem imagens são ideais.	Reciclado
PCI revestida de cobre	Radio Shack (componente #276.1499) – esta é a placa de fibra de vidro revestida de cobre que vai ser gravada. Ela pode ser comprada como uma placa dupla face, aproximadamente 11,4 cm por 15,2 cm. Você pode cortar esta placa antes de usar se o seu desenho for menor que o tamanho total da placa. Uma peça deve render várias placas de circuitos pequenas. A Digikey também vende placas de PCI revestidas de cobre.	3,99
Esponja abrasiva Scotch-brite	Loja de ferragens – tem grãos levemente abrasivos e torna a superfície de cobre brilhante e limpa antes da transferência do desenho.	2,00
Acetona	Loja de ferragens – removedor de esmalte, acetona de pintura, diluente de tinta – eu usei todos com sucesso. Ele simplesmente precisa limpar a superfície e, posteriormente, remover o *toner* após a gravação.	3,00
Ferro de passar	Recicle – qualquer ferro de passar roupas deve funcionar; você deve colocá-lo em sua configuração mais alta de calor sem vapor. Você deve remover qualquer água do ferro só para ter certeza. Se você não tem um, procure um usado na loja de sucata ou *garage sale*. Ele não precisa ser bonito.	5,00

(continua)

Tabela 6.1 Lista de peças e materiais para PCI (*continuação*)

Componente	Descrição	Preço (US$)
Ácido muriático	Loja de tinta ou de ferragem – ele vem em um garrafão de 3,78 litros (1 galão) para limpeza de concreto. Comprei o meu na loja de tintas da Sherwin Williams – 1 galão é suficiente para gravar pelo menos 100 placas. Se você encontrar um tamanho menor/mais barato, compre-o.	12,00 por galão
Solução de peróxido de hidrogênio	Farmácia – esta é a mesma solução que você compra na farmácia para colocar em pequenos cortes e arranhões. Um frasco é suficiente para gravar cerca de 3 a 5 placas.	1,00 por frasco
Luvas de borracha	Loja de ferragens – você precisa de luvas de borracha para proteger as mãos da solução corrosiva. Como o produto corrosivo reage apenas com metal, luvas de borracha são uma boa proteção. Quaisquer luvas de borracha funcionam, embora luvas para produtos químicos sejam ideais.	1,00
Recipiente de corrosão	Recicle – qualquer recipiente de plástico ou vidro serve. NÃO USE RECIPIENTES DE METAL, porque o produto corrosivo vai corroê-lo. Eu uso um recipiente de plástico reciclado de alimentos (creme de leite, manteiga e assim por diante) com uma tampa.	Reciclado
Furadeira	Harbor Freight Tools (componente #38119) – eu uso uma furadeira de coluna para fazer os furos de cada componente na PCI após a corrosão. Você pode usar uma furadeira manual, mas vai ser mais difícil alinhar os furos com precisão.	20,00 a 60,00
Brocas	Harbor Freight Tools (componente #44924) – devem ser muito pequenas, porque os furos devem ser grandes o suficiente apenas para os terminais dos componentes passarem. Se forem grandes demais, será extremamente difícil soldá-los.	6,00
Ferro de solda	Qualquer ferro de solda vai servir. Eu usei tanto ferros baratos da Radio Shack quanto ferros caros de temperatura controlada, e ambos funcionam. Eu não digo que da mesma forma, mas com certeza ambos dão conta do trabalho. A Amazon é um bom lugar para procurar, ou a loja de eletrônica mais próxima.	8,00 a 70,00
Toalhas de papel	Para limpar a PCI e, posteriormente, remover o *toner* preto da placa gravada. Você precisa de cerca de 2 a 4 folhas limpas.	2,00
Bomba de ar	Loja de animais de estimação – uma bomba de ar de aquário funciona bem. Ela não é necessária, mas acelera tremendamente o processo de corrosão. Você também precisa de cerca de 61 cm de mangueira de borracha.	10,00

Capítulo 6 ■ Fazendo placas de circuito impresso

Agora que temos a lista geral de peças e os passos básicos estabelecidos, vamos entrar em mais detalhes sobre o processo de desenho do circuito.

Primeiro, vamos discutir alguns detalhes importantes sobre o *software* de projeto e depois mergulhamos no desenho e construção de alguns circuitos.

DESENHO DO CIRCUITO

Antes de a PCI poder ser corroída, ela deve ter um desenho de circuito aplicado ao cobre. Embora existam muitos programas diferentes que você pode usar para criar circuitos eletrônicos em seu computador, eu foco no uso do popular programa Eagle, da CadSoft. O Eagle pode ser usado em Linux, Mac e Windows e tem uma versão *freeware* disponível para uso pessoal (*hobby*). A versão gratuita é limitada apenas pelo tamanho da PCI que ele deixa você desenhar (10,1 cm × 8,1 cm). Muitos circuitos podem ser desenhados nesse espaço, como um clone do Arduino que requer apenas uma PCI de 6,3 cm × 7,6 cm. Se você realmente gostar e decidir usar o Eagle e quiser começar a construir PCIs para vender ou construir PCIs com um tamanho ilimitado, você pode comprar uma licença para ter uma versão completa do Eagle.

Site da CadSoft EUA: www.cadsoftusa.com/

Você pode instalar o Eagle baixando o arquivo para o seu sistema operacional e seguindo as instruções no seguinte site:

www.cadsoft.de/download.htm

Para mais opções de *softwares*, cheque os seguintes outros programas de desenho de circuitos (estes podem não funcionar em todos os sistemas operacionais):

Geda: www.gpleda.org/index.html

Fritzing: http://fritzing.org/

KiCad: www.lis.inpg.fr/realise_au_lis/kicad/

PROCURANDO PROJETOS DE CÓDIGO ABERTO

Se você está pensando que isso está além da sua capacidade, eu sugiro começar devagar. Em vez de resolver desenhar seu circuito, comece fazendo o download do programa de desenho de circuito e alguns arquivos do site https://sites.google.com/site/arduinorobotics. Você pode abrir os arquivos com o programa de desenho (CAD) e ver o que acha – talvez faça mais sentido se baixar o programa CAD, depois um dos arquivos do site deste livro e experimentar.

Muitos projetos eletrônicos de código aberto disponíveis na internet incluem arquivos de *layout* para você construir, como é o caso de muitos dos produtos da Sparkfun.com. Esses arquivos podem ser baixados, abertos e impressos para uso em seu projeto. A maioria dos arquivos de projetos que eu já vi foi criada em Eagle, outra razão pela qual eu prefiro usá-lo. Se você não quer gastar tempo projetando suas placas, mas quer economizar um pouco de dinheiro, fazer o download de *layouts* que alguém já testou é geralmente uma aposta segura. Com uma boa lista de peças e esquema (para que você saiba a orientação de cada componente), você deve ser capaz de realizar quase qualquer projeto de PCI.

Como o Arduino tem o código aberto, todos os arquivos (esquemas, placas) necessários para construir sua PCI também estão disponíveis para você baixar e usar gratuitamente. Existem muitas variantes diferentes da placa Arduino, então você pode escolher aquela que se adapta às suas necessidades.

Você pode visualizar as diferentes variantes do Arduino no seguinte site:

http://arduino.cc/en/Main/Hardware

Procurando por pontes-H, esquemas e arquivos de placas Eagle no Google, eu encontrei vários bons projetos disponíveis para download. Se você tiver disposição também pode encontrar uma infinidade de esquemas para circuitos de controladores de motor com pontes-H que poderá usar no Eagle para criar seu *layout* de placa.

Entre as muitas opções, o Controlador de Motor de Código Aberto (Open Source Motor Controller – OSMC) se destaca como uma excelente ponte-H com farta documentação, suporte online através do grupo OSMC do Yahoo! e uma faixa de potência extremamente robusta (160 A em 48 VCC). Como é um projeto de código aberto, muitas pessoas uniram-se a ele e projetaram variantes da OSMC para atender às suas necessidades, publicando os arquivos de projeto de suas versões para outras pessoas usarem. Esses projetos estão disponíveis para download para qualquer pessoa que entrar no grupo Yahoo! OSMC.

Você pode encontrar mais informações sobre o projeto OSMC, incluindo os arquivos necessários para construir a sua, visitando o seguinte site:

www.robotpower.com/products/osmc_info.html

Fazendo seus projetos

São duas as principais funções de qualquer programa de desenho de circuitos: editar *esquemas* e editar *placas*. O editor de esquemas é utilizado para criar um diagrama de funcionamento do circuito por meio de símbolos de componentes e para determinar sua orientação e posição correta. O editor de placas usa um arquivo de esquema compatível para adicionar cada componente no circuito em uma PCI virtual, permitindo a reorganização de cada componente até encontrar o posicionamento ideal. Usando as várias ferramentas do programa de projeto, você pode redimensionar a largura de cada trilha na PCI (dependendo dos requisitos de potência dela).

O editor de esquemas não diz respeito ao tamanho correto ou à localização dos componentes. Ele pode ser considerado a planta baixa que mostra ao construtor o que deve ir onde. A fim de manter as coisas organizadas, muitas vezes você verá os pinos terra e +VIN conectados aos seus respectivos símbolos (GND, +12 V, e assim por diante), em vez de conectados uns aos outros. Ou seja, as trilhas que serão conectadas juntas no arquivo da placa nem sempre estarão visivelmente conectadas no esquema (mas elas terão o mesmo nome se estiverem conectadas). Isso é feito para que haja menos fios cruzando o esquema, o que o torna mais fácil de ler.

Para fazer um *layout* de placa no Eagle, você deve começar com um esquema, a fim de que o programa saiba que componentes devem ser conectados no *layout* final da placa. O Eagle pode converter um arquivo de esquema compatível (.sch) em um arquivo de *layout* de placa (.brd), que é o que você vai usar para imprimir e transferir para a PCI de cobre.

Capítulo 6 ■ Fazendo placas de circuito impresso

Esquemas

Esquemas usam símbolos elétricos para cada componente do circuito a fim de mostrar a orientação e a conexão de cada um deles. Esses símbolos são discutidos no Capítulo 1, com algumas imagens dos símbolos de vários componentes mais usados. O símbolo elétrico de cada componente deve estar no *datasheet* do fabricante mostrando o diagrama de pinagem.

O editor esquemático do Eagle tem uma ferramenta chamada *Net*, que permite que você desenhe fios virtuais entre os componentes que devem ser conectados.

Depois que cada componente estiver conectado no esquema, o Eagle transfere os componentes para o editor de *layout* de placa para você configurar. Cabe a você posicionar cada componente onde quer que ele fique, mas o Eagle pode ajudar com o roteamento dos fios. Lembre-se de que alguns componentes estão disponíveis em múltiplos encapsulamentos (TO-220, TO-92, 28-DIP IC, e assim por diante). Quando você adicionar componentes ao editor de esquema, escolha o componente com o tipo de encapsulamento que você pretende usar no circuito real. Quaisquer alterações nos pinos de conexão do circuito devem ser feitas no editor de esquema – mudanças feitas no editor de esquema imediatamente aparecem no editor de placa também. Depois de ter um esquema viável, você pode transferi-lo para o editor de placa de circuito.

LAYOUTS DE PLACA

Depois de obter um arquivo de esquema, denotado pelo tipo de arquivo *.sch, você pode ir do editor de esquema para o editor de placa selecionando a opção *Switch to Board* no menu *File*. Isso abrirá a janela do editor de placa com todos os componentes (em escala) utilizados no esquema. Qualquer conexão feita usando a ferramenta *Net* no esquema aparece como um fio fictício (*air-wire*) no editor de placa (mostrado como uma fina linha amarela) para indicar uma ligação entre as duas partes.

Você vai notar que os componentes não estão na área de *layout* automaticamente (indicado pela caixa). Você deve colocá-los na área de *layout* ou um de cada vez, ou usar a ferramenta *Group* para selecionar todos os componentes de uma só vez e, em seguida, usar a ferramenta *Move*, clicando com o botão direito do mouse no esquema e selecionando *Move Group*. Depois que todos os componentes estiverem colocados dentro da área de *layout*, você pode começar a organizá-los de modo que cada trilha seja a mais curta possível. O recurso *Ratsnest*, disponível no menu *Tools*, encurta cada fio virtual o máximo possível e o conecta a um fio igual mais próximo. Isso possibilita que você visualize melhor onde as trilhas ficarão enquanto posiciona os componentes.

Depois de se sentir satisfeito com o seu *layout* de componentes, de preferência evitando o cruzamento de fios, você pode selecionar o recurso *Auto*, no menu *Tools*, que automaticamente roteia as trilhas na placa. Depois que o roteador automático terminar, pode ser necessário arrumar algumas delas. Se você quiser refazer uma trilha, basta usar a ferramenta *Ripup* no menu *Edit* para remover um fio no editor de placa, o que retorna a conexão a um fio virtual até que você a roteie novamente com a ferramenta *Wire*, disponível no menu *Edit*.

Antes de começar a mexer no Eagle, dedique algum tempo ao estudo desses vários símbolos de atalho das ferramentas dele e suas descrições na Tabela 6.2. Essas ferramentas estão disponíveis ao longo do lado esquerdo da tela tanto no editor de esquema quanto no editor de placa. Ao selecionar um desses botões com o mouse, você consegue usar a ferramenta para editar seu projeto.

Tabela 6.2 Ferramentas comumente usadas nos editores de esquema e de placa do Eagle

	A ferramenta *Move* é usada para pegar um fio, componente ou grupo e movê-lo. A ferramenta *Move* desloca os componentes de acordo com a grade, por isso, se você não consegue mover alguma coisa para o local que você quer, diminua um pouco o espaçamento da grade selecionando o recurso *Grid* no menu *View*. Espaçamentos de grade comuns são 2,54 mm, 1,27 mm e 0,635 mm.
	A ferramenta *Copy* é usada para copiar uma parte de um grupo de componentes. Em geral, essa ferramenta deve ser utilizada apenas no editor de esquema.
	A ferramenta *Mirror* é usada para espelhar um componente. Em geral, essa ferramenta deve ser utilizada apenas no editor de esquema (a menos que você saiba o que está fazendo).
	A ferramenta *Rotate* é usada para girar um componente, fio ou grupo de componentes. Selecionar um componente com a ferramenta *Move* e clicar no botão direito do mouse também gira o componente selecionado.
	A ferramenta *Group* é usada para desenhar uma caixa (ou outra forma) em torno de um conjunto de fios ou componentes, a fim de mover, copiar ou espelhar todo o grupo. Essa ferramenta é útil para pegar um circuito inteiro e movê-lo sem estragar nenhuma das ligações internas. Se o botão do mouse for pressionado e mantido, ele começa a formar um retângulo. Se for pressionado uma vez, você pode desenhar uma forma ao redor de qualquer conjunto de componentes que quiser, clicando no botão esquerdo para terminar a forma.
	A ferramenta *Change* é usada para alterar um componente, fio ou outro objeto no editor. Primeiro, você deve selecionar a ferramenta *Change* e, em seguida, uma caixa aparecerá com uma lista de opções. Após selecionar a opção que você deseja alterar, clique no objeto no editor e a mudança será feita. Ela é útil para alterar o tamanho de um grupo de trilhas ou o diâmetro de um furo.
	A ferramenta *Delete* é usada para apagar um fio, componente ou grupo. Se você cometer um erro, use essa ferramenta para se livrar do erro. Você pode excluir um único fio ou um grupo de fios, depois de usar a ferramenta *Group* para definir o grupo.
	A ferramenta *Add* é usada para adicionar componentes ao esquema. Você pode pesquisar as bibliotecas disponíveis simplesmente digitando uma frase na barra de pesquisa e pressionando *Enter*. Note que o número específico de componentes só pode ser encontrado quando se usa o editor de esquema. Os componentes disponíveis no editor de placas são geralmente tipos de encapsulamento (ou seja, TO-220 ou T0-92).

(cotinua)

Capítulo 6 ■ Fazendo placas de circuito impresso

Tabela 6.2 Ferramentas comumente usadas nos editores de esquema e de placa do Eagle (*cotinuação*)

	A ferramenta *Name* é usada tanto no editor de placa quanto de esquema para nomear um componente ou fio. O nome de um fio não só permite que você identifique com o que está trabalhando, como também o Eagle vai monitorar fios e componentes com o mesmo nome para se certificar de que eles estão conectados. O nome de um componente permanece o mesmo, independentemente do seu valor.
	A ferramenta *Value* é usada para inserir o valor ou a referência de um componente para que você saiba qual componente vai para onde. Um componente comum, como um resistor, deve ter o valor do componente (ou seja, 10 k ou 330 ohm), enquanto um componente específico, como um regulador de 5 V, deve usar o código do fabricante (ou seja, LM-7805 ou LM-2675).
	A ferramenta *Ripup* é utilizada para fazer um fio voltar a ser um fio não roteado (ou fio virtual). Se você usar a ferramenta *Auto-router* e não gostar da maneira como ela posiciona os fios, você pode usar essa ferramenta para remover o fio e roteá-lo manualmente usando a ferramenta *Wire*.
	A ferramenta *Wire* é usada para desenhar uma linha no editor de placas. São essas linhas que compõem as trilhas da PCI em uma placa de circuito impresso acabada. Utilize esta ferramenta para posicionar os fios na placa para conectar componentes conforme necessário. Você pode alterar a largura de um fio usando o menu *drop-down* depois de selecionar a ferramenta – a largura padrão é de 0,4 mm, o que é bom para as trilhas de baixa potência, mas as trilhas de alta potência devem ter largura de ~1,8 mm ou mais.
	A ferramenta *Text* é usada para criar um rótulo tanto no editor de esquema quanto de placa. Você pode alterar o tamanho da fonte ou a camada sobre a qual o texto aparece.
	A ferramenta *Rectangle* é usada para desenhar um retângulo de linha sólida na placa. Isso deve ser usado se você quiser preencher uma grande parte da placa com um retângulo de fio. É melhor usar a ferramenta *Wire* para desenhar trilhas na PCI porque o seu comprimento e largura podem ser posteriormente alterados sem excluir.
	A ferramenta *Polygon* é usada para desenhar uma forma ao redor do circuito a fim de definir um plano de terra. Ao usar a ferramenta *Name* para renomear a forma do polígono com o mesmo nome da trilha de terra (normalmente "GND"), o Eagle preenche todos os espaços vazios com uma ilhota que é ligado à terra. Isso é útil para preencher o espaço não utilizado e reduzir a quantidade de cobre que precisa ser corroído.
	A ferramenta *Net* é usada para fazer conexões no editor de esquema. Essa ferramenta cria fios virtuais e deve ser ligada aos pinos do componente no esquema. O tamanho do fio na vista esquemática não afeta o tamanho real da trilha na PCI. Você pode excluir esses fios se cometer um erro.

(*cotinua*)

Tabela 6.2 Ferramentas comumente usadas nos editores de esquema e de placa do Eagle (*cotinuação*)

A ferramenta *Via* é usada para colocar uma ilhota com um furo na placa de circuito impresso. O diâmetro da ilhota pode ser alterado na barra de ferramentas depois de ser selecionado (1,8 mm é um bom tamanho). Se você fizer os furos diretamente no centro de cada ilhota, a PCI terminada será espaçada perfeitamente e a colocação dos componentes será fácil. Você pode conectar as trilhas diretamente às ilhotas com ou sem furo de um componente.

A ferramenta *Ratsnest* é usada para otimizar os fios virtuais e encher um plano poligonal (como um plano GND). Essa ferramenta é útil para arrumar os fios conforme você posiciona os componentes no editor de placas, facilitando a organização deles.

A ferramenta *Auto* é usada para permitir que o Eagle roteie automaticamente, transformando os fios virtuais em trilhas de PCI. Se você usar um desenho de face única, mude a configuração "1 TOP" para "N/A" na opção *Preferred Directions* na aba *General* da configuração do *Autorouter* (você verá essa caixa quando selecionar a ferramenta *Autorouter*) – caso contrário, basta clicar em OK e assistir ao Eagle rotear os fios.

Agora que você conhece um pouco algumas das ferramentas e suas funções, vamos fazer o nosso projeto usando o Eagle.

Vamos criar um projeto. Se esta é sua primeira tentativa de fazer uma PCI, você deve começar com uma simples. Faremos uma ponte-H de 1 A usando transistores NPN e PNP. Veremos brevemente como criar um esquema no Eagle e, em seguida, transferiremos o esquema para o editor de placas, onde poderemos reorganizar os componentes a fim de criar um arquivo PCI utilizável. Comece abrindo o programa de desenho de circuito Eagle no seu computador e pegue uma xícara de café ou chá – você ficará no computador por algum tempo (provavelmente cerca de uma ou duas horas).

Trabalhando com o editor de esquemas

Começamos nosso projeto usando o editor de esquemas. Os passos seguintes vão guiá-lo através da criação do esquema:

1. Abra o editor de esquemas: abra o programa Eagle em seu computador e selecione *Schematic* na opção *New* do menu *File*, como mostrado na Figura 6.1.

Capítulo 6 ■ Fazendo placas de circuito impresso

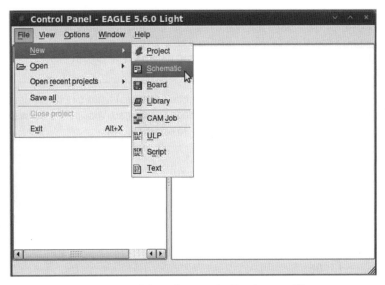

Figura 6.1 A seleção de um novo esquema em *Schematic*, na opção *New* do menu *File*.

2. Adicione símbolos de fonte de alimentação: com o editor de esquemas aberto, selecione *Add* no menu *Edit* (ver Figura 6.2). Digite *supply* na caixa de pesquisa e pressione *Enter* no teclado. Role para baixo até ver o símbolo "+24 V" e selecione-o, colocando-o sobre o esquema. Em seguida, selecione *Add* novamente e encontre o símbolo "GND", colocando-o no esquema.

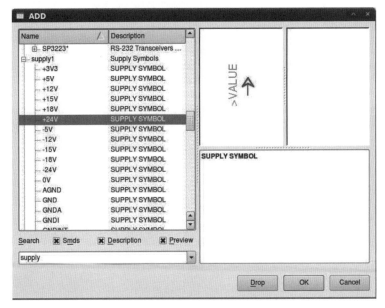

Figura 6.2 Adicionando símbolos de fontes de alimentação para +24 V e GND.

208   Arduino para robótica

3. Adicione transistores: selecione a ferramenta *Add*, procure por "2N2907" (transistor PNP) e adicione dois transistores. Selecione a ferramenta *Add* novamente, procure por "2N2222" (transistor NPN) e adicione quatro transistores. Você precisa usar a ferramenta *Mirror* para mudar a direção dos três transistores no lado direito do esquema, conforme mostrado na Figura 6.3.

Dica ♦ Pressionar o botão do meio do mouse (a roda do mouse) antes de colocar um componente deve ativar a ferramenta *Mirror*, efetivamente invertendo sua direção. Você pode fazer isso como pede o passo 3 ao colocar os transistores no lado direito do esquema.

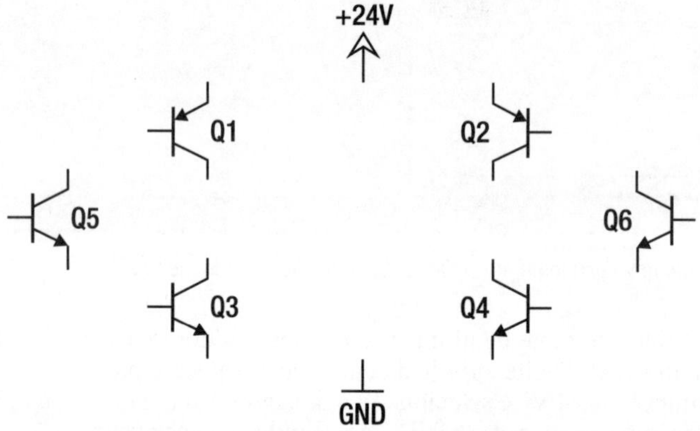

Figura 6.3 Q1 e Q2 são transistores PNP utilizados como chaves do lado superior da ponte-H; Q3 e Q4 são transistores NPN utilizados como chaves do lado inferior; e Q5 e Q6 são transistores NPN usados para inverter o sinal de controle para os transistores PNP.

4. Adicione os resistores: os resistores são utilizados para limitar a quantidade de corrente permitida para cada transistor, de modo que vamos colocar cada um na frente do pino da base de cada transistor (o pino do meio, como mostrado na Figura 6.4). O *datasheet* do transistor NPN 2N2222 recomenda a aplicação de 1 mA a 10 mA de corrente ao pino da base para obter o ganho mais eficiente de corrente. Para fazer isso usando os +5 V produzidos a partir de cada pino de saída do Arduino, vamos usar resistores padrão de 1 kohm que fornecerão 5 mA para o pino da base de cada transistor (Lei de Ohm).

Capítulo 6 ■ Fazendo placas de circuito impresso

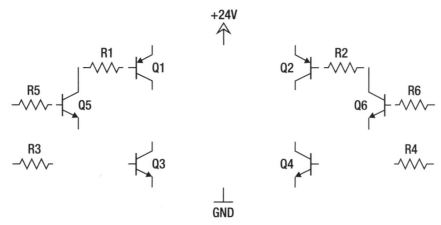

Figura 6.4 Os resistores de polarização limitadores de corrente são adicionados a cada transistor no esquema, representados pelos componentes R1 a R6.

5. Adicione os diodos: coloque quatro diodos 1N914 entre os terminais do motor e as trilhas de alimentação positiva e negativa, com os cátodos (do lado da faixa) voltados para a alimentação de tensão positiva (ver Figura 6.5). Esses diodos protegem os transistores da força contraeletromotriz (Back-EMF).

6. Faça as conexões: usando a ferramenta *Net*, conecte cada pino dos componentes à sua conexão apropriada, como mostrado na Figura 6.5. Adicione dois símbolos de GND aos pinos emissores de Q5 e Q6. Estes podem ser copiados do símbolo GND que você já colocou no passo 1. Eu adicionei um símbolo de motor no centro da ponte-H, para indicar onde os terminais do motor devem ser conectados, mas isso não é obrigatório.

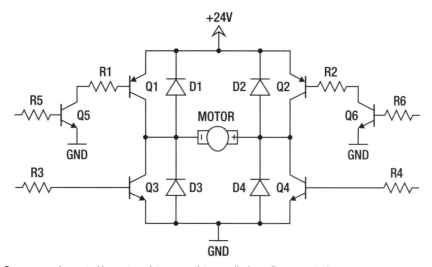

Figura 6.5 O esquema da ponte-H com transistores, resistores, diodos e fios conectados.

7. Conecte as entradas comuns umas às outras: agora vamos unir as entradas conectadas a R6 e R3 para garantir que quando essa entrada é ALTA, o motor vai girar para a frente. Depois, temos que unir as outras entradas de R5 e R4, de modo que quando essa entrada for ALTA, o motor vai girar no sentido inverso.

Para unir essas entradas no esquema, use a ferramenta *Name* para dar a ambos o mesmo nome. Optei por nomear as entradas de R3/R6 = ARDUINO_DP10, e as entradas de R4/R5 = ARDUINO_DP9. Unindo as entradas comuns, apenas dois fios são necessários para acionar a ponte em qualquer sentido.

Nota ♦ O único problema é que você *não deve* deixar as duas entradas ALTAS ao mesmo tempo, porque isso vai causar uma condição de surto de corrente e possivelmente danificará a ponte, se não tiver um fusível de proteção.

8. Adicione os conectores: selecione a ferramenta *Add* e digite MTA02-100 na caixa de pesquisa. Adicionando esses conectores, dados por um conjunto de ilhotas alinhadas e distanciadas de 2,54 mm entre elas, você pode adicionar barras de pinos machos ou um conector similar.

Eu coloquei três desses conectores no esquema para fornecer uma conexão para os fios de alimentação (J1), terminais do motor (J2) e entradas de controle (J3).

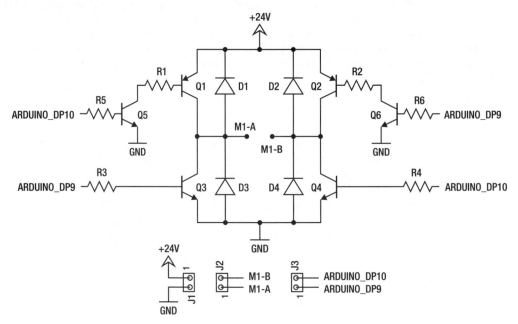

Figura 6.6 Depois de passar a fiação de cada componente no esquema, você deve nomear cada sinal (entradas, saídas e trilhas de potência) para garantir que elas serão conectadas no editor de placas.

Agora que você tem um esquema viável para usar, deve estar pronto para mudar do editor de esquemas para o editor de placas, onde o Eagle vai lhe fornecer os componentes físicos que serão utilizados

Capítulo 6 ▪ Fazendo placas de circuito impresso

para fazer sua placa. Não se preocupe em fazer tudo perfeito no editor de esquemas antes de mudar para a placa, porque você vai poder fazer alterações no esquema mesmo enquanto trabalha no editor de placas (as alterações são atualizadas imediatamente entre os dois editores).

Trabalhando com o editor de placas

O objetivo de usar o editor de placas é colocar os componentes físicos utilizados no esquema em uma placa de circuito virtual para então organizá-los. O desafio é colocar os componentes de modo que nenhuma das trilhas de sinal cruze com outra. Se você precisar cruzar duas trilhas e não conseguir encontrar um resistor ou diodo para funcionar como uma ponte (para passar a trilha por baixo do componente), você terá que usar um fio *jumper* para fazer a conexão. Em primeiro lugar, nós convertemos o nosso arquivo de esquema em um arquivo de *layout* de placa de circuito.

Os passos seguintes vão guiá-lo pelo processo de desenho do *layout*:

1. Mude para o editor de placas: quando seu arquivo esquemático estiver pronto, selecione *Switch to board* no menu *File* (ver Figura 6.7). Ao selecionar essa opção, o Eagle avisa que nenhum arquivo de placa existe para o esquema no qual você está trabalhando, e perguntará se você deseja criar um. Responda "yes" e o editor de placas se abrirá com todos os componentes do esquema e as linhas virtuais respectivas conectando cada pino de componente, de acordo com o esquema.

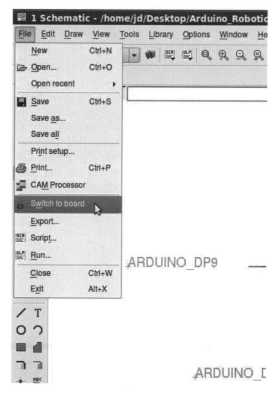

Figura 6.7 Selecione o menu *File* no editor de esquemas e escolha a opção *Switch to board*.

2. Mova os componentes: com todos os componentes agora colocados na tela do editor de placas, posicione cada componente na área de trabalho do *layout*, que está na caixa de ferramentas na janela do editor de placas, como mostrado na Figura 6.8.

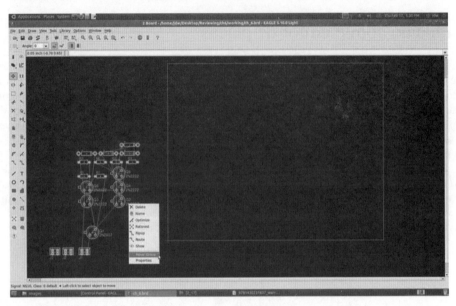

Figura 6.8 Cada componente precisa ser movido para a área de trabalho do *layout* de placas.

3. Organize as partes no editor de placas: o arranjo da Figura 6.9 não vai permitir cruzar as trilhas quando as rotearmos. É bom ativar a grade de espaçamento no editor de placas para que você possa se certificar de que tudo está alinhado corretamente, pois essa será a aparência da sua PCI quando ela for concluída. Para ativar, escolha *Display* na opção *Grid* do menu *View* no editor de placas e marque a caixa de seleção *On*. O tamanho da grade deve estar configurado automaticamente para 1,27 mm. Os contornos dos componentes são dimensionados com precisão com base nos componentes reais que você vai colocar na placa, por isso certifique-se de que os contornos dos seus componentes não estão se sobrepondo no *layout*, porque eles também vão se sobrepor quando você tentar montar sua placa.

Capítulo 6 ▪ Fazendo placas de circuito impresso

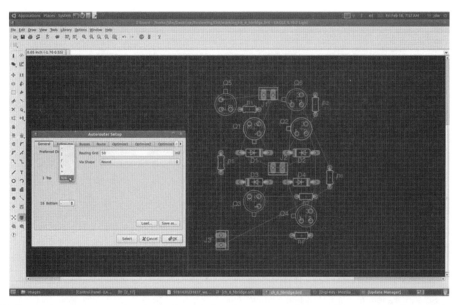

Figura 6.9 Com cada componente colocado na placa, você pode começar a rotear as trilhas para substituir as linhas virtuais.

4. Fazendo a fiação manualmente: comece usando a ferramenta *Wire* no menu *Tools* para conectar as ilhotas dos terminais dos componentes que estão ligados por linhas virtuais.

Eu roteei os fios de potência (+24 V), GND e terminais dos motores M1 e M2 para substituir as linhas virtuais amarelas mostradas no editor de placas. As trilhas de alimentação e dos terminais do motor conduzem a maioria da corrente nesse circuito, por isso vamos fazer suas trilhas um pouco maiores do que as outras. A largura padrão para uma trilha no Eagle é de 0,4 mm, adequada para uma trilha de sinal, mas não para as trilhas de potência de um circuito amplificador. Para aumentar uma trilha, você deve selecionar a guia *Width* com a ferramenta *Wire* selecionada e alterar a largura para 1,27 mm antes de seu roteamento – você pode retornar para 0,4 mm ou 0,6 mm para rotear as trilhas de sinal (ver Figura 6.10).

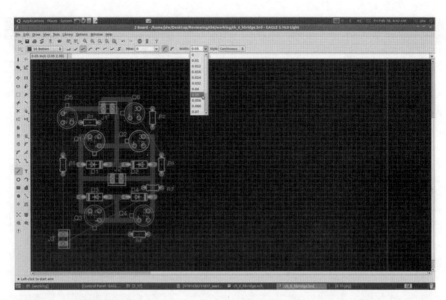

Figura 6.10 Selecione a ferramenta *Wire*, altere a largura para 1,27 mm e faça primeiro o roteamento de cada trilha de potência, GND e terminais do motor.

5. Roteando a alimentação: clique no botão *Ratsnest* para remover as linhas virtuais após substituí-las por trilhas. Termine o roteamento ligando as trilhas restantes. Você pode usar os resistores e diodos nessa placa como pontes para rotear as trilhas por baixo, como foi feito com R2, R3 e D3 na Figura 6.11. Observe que a trilha de terra que vai de Q5 e Q6 para Q3 e Q4 ainda não está roteada – essa trilha será conectada usando o plano terra na etapa 8.

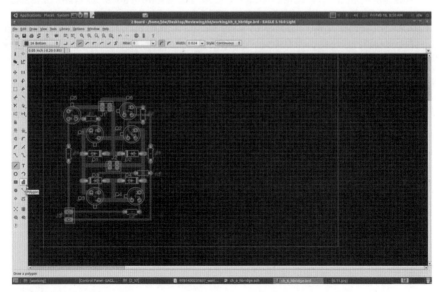

Figura 6.11 Use uma largura menor para terminar as trilhas de sinal e, em seguida, selecione a ferramenta *Polygon* para criar um plano terra.

6. Faça um plano terra: para preencher todo o espaço vazio na PCI com uma área de cobre de GND comum, você deve selecionar a ferramenta *Polygon* no menu *Draw* (ver Figura 6.11). Ao selecionar a ferramenta *Polygon*, desenhe completamente uma linha em torno do circuito, dando algum espaço das bordas. Para finalizar o polígono (na verdade, um retângulo neste exemplo), clique duas vezes no ponto de partida. Quando a linha for concluída, utilize a ferramenta *Name* para dar ao polígono o mesmo nome da fonte de terra, geralmente GND (ver Figura 6.12).

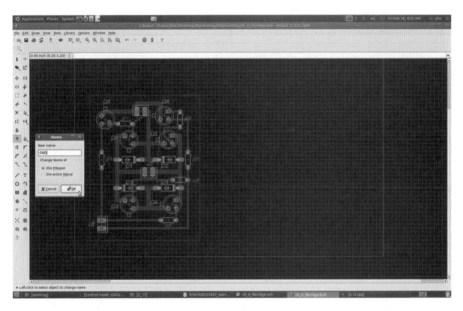

Figura 6.12 Depois de criar o polígono, use a ferramenta *Name* para nomear o polígono GND, efetivamente preenchendo qualquer espaço vazio na PCI com uma área de cobre conectada ao GND da PCI – isso se chama plano terra.

7. Definindo distanciamentos entre trilhas: agora você precisa definir as distâncias do plano terra para que as trilhas não fiquem muito próximas umas das outras. Alterar o distanciamento entre as trilhas facilita muito a transferência do projeto para a PCI de cobre. Selecione *DRC* no menu *Tools* e, em seguida, vá para a aba *Clearance*. A partir daí, altere as primeiras três caixas de seleção (sob a coluna *Wire*) de 8 mil para 30 mil[1], como mostrado na Figura 6.13.

---

[1] MIL é a menor unidade de comprimento no sistema inglês, equivalendo a 0,001 polegada, e é usada no *software* Eagle.

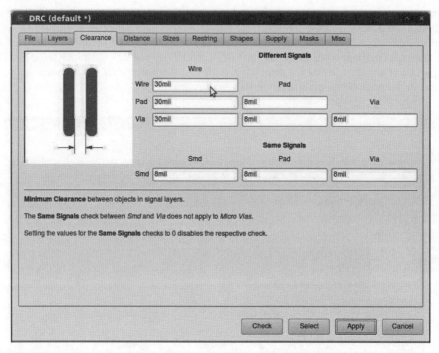

Figura 6.13 Alterar as distâncias aumenta o espaço entre as trilhas e o plano terra.

8. Preenchendo o plano terra: após nomear o polígono e definir as distâncias, clique no botão *Ratsnest* mais uma vez para preencher o plano terra (ver Figura 6.14). Isso preenche todo o espaço vazio com um grande bloco de cobre que está conectado a todas as conexões terra do circuito. O uso de um plano terra nem sempre é necessário, mas impede que você tenha que remover uma quantidade excessiva de cobre da placa durante a corrosão, resultando em um tempo muito menor. Você pode brincar com as distâncias se quiser adicionar mais espaço entre as ilhotas e as trilhas. Escolhi 30 mil de distância porque sempre dá certo. Tive problemas com o distanciamento padrão de 8 mil, que tende a tornar as lacunas tão pequenas que a solda se acumula nelas e chega a outras trilhas, causando dificuldades durante a montagem.

Capítulo 6 ▪ Fazendo placas de circuito impresso 217

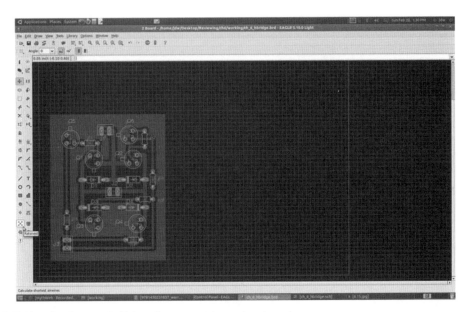

Figura 6.14 Usando a ferramenta *Ratsnest* para preencher o plano terra.

9. Preparando para impressão: agora você está quase pronto para imprimir o desenho no papel de revista e transferi-lo para uma PCI. Antes de imprimir, devemos acrescentar quatro furos de fixação usando a ferramenta *Hole*. Coloquei meus furos de fixação em cada canto da placa. Se você precisar de mais espaço em torno das bordas, não hesite em alterar a área do polígono do plano de terra para ganhar algum espaço extra.

Você também precisa desligar as camadas indesejadas antes de imprimir. Como queremos imprimir apenas as trilhas de cobre sobre a placa com o *toner*, as outras camadas que mostram os contornos dos componentes, nomes e valores devem ser todas temporariamente desligadas. Vá no menu *View*, escolha *Display/Hide Layers* e selecione apenas as três camadas seguintes: *Bottom*, *Pads* e *Vias*, como na Figura 6.15. O projeto agora está pronto para impressão.

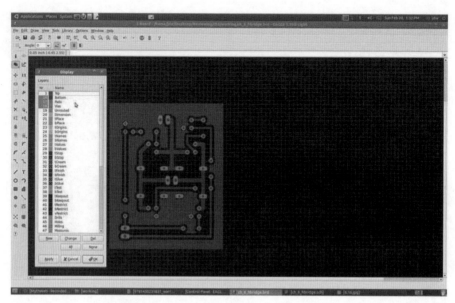

Figura 6.15 Quando estiver pronto para imprimir, certifique-se de ter selecionado apenas as camadas que você deseja transferir. Para um projeto de face única *through-hole*[2] como este, precisamos apenas das camadas *Vias*, *Pads* e *Bottom*.

10. Imprimindo o desenho: Para imprimir, escolha *Print*, no menu *File*, e verifique se as caixas de seleção estão marcadas para *Black* e *Solid* na caixa de seleção *Options*, como mostrado na Figura 6.16. Alimente com um pedaço de papel de revista na bandeja de alimentação manual da sua impressora a laser e pressione OK para imprimir.

> **Nota** ♦ Como a tinta utilizada na maioria das revistas não é *toner*, não será transferida para a PCI quando aquecida com o ferro de passar roupas. Apenas o *toner* impresso no papel com o seu desenho será transferido, de modo que você pode selecionar praticamente qualquer página da revista que quiser. Apesar de uma página apenas com texto preto em um fundo branco ser ideal (como a parte de trás de uma propaganda de remédio que explica os efeitos colaterais), páginas com fotos e texto colorido também funcionarão, embora possam tornar mais difícil ver seu projeto até que esteja totalmente transferido.

---

[2] *Through-hole* é o termo para montagens em que os terminais dos componentes são inseridos através de furos e soldados do outro lado.

Capítulo 6 ■ Fazendo placas de circuito impresso

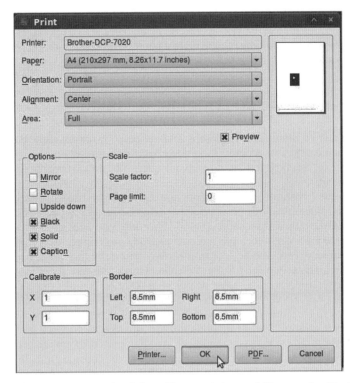

Figura 6.16 Quando você estiver pronto para imprimir, certifique-se de ter escolhido as opções *Black* e *Solid* no menu *Print Setup*.

Supondo que o papel seja alimentado corretamente e a impressão não esteja manchada (isso acontece de vez em quando), você está pronto para transferir com o ferro de passar roupas o seu desenho para a PCI. Se você está pensando em fazer isso agora, vá em frente e ligue o ferro de passar roupas para que ele aqueça.

TRANSFERINDO O DESENHO

O próximo passo no processo de fabricação da PCI é transferir o desenho que você acabou de fazer para a placa virgem revestida de cobre. Se você for gravar a ponte-H, vai usar apenas um lado da placa revestida de cobre, então não é necessário uma placa dupla-face. Eu escolhi fazer uma placa de lado único para o projeto porque alinhar as impressões de cada lado da placa para transferir as duas camadas leva tempo, requer paciência e pode frustrar um iniciante.

Nós acabamos de descrever como fazer um esquema e convertê-lo em um arquivo de placa, projetar a placa de circuito física e imprimir o desenho com o Eagle. Nós projetamos uma ponte-H simples usando transistores bipolares de junção PNP e NPN para mostrar o básico do processo de desenho de PCIs. Com o processo de criação explicado, vamos passar para a etapa ativa da construção de PCIs, o que pode ser feito usando qualquer arquivo de desenho de placa de circuito.

Antes de começar com a transferência para a PCI, vamos adicionar o desenho de um circuito do Arduino para construirmos juntos, em vez de fazer somente o desenho da ponte-H criado anteriormente. Portanto, vamos construir simultaneamente tanto a ponte-H quanto o circuito clone do Arduino com os passos descritos a seguir.

Vamos fazer um clone do Arduino: o Jduino

Não é certo mostrar a você como fazer PCIs sem detalhar como fazer um clone do Arduino. Se você é como eu e faz um monte de coisas, comprar um novo Arduino para cada projeto pode sair caro. Além disso, depois que você faz um projeto ficar do jeito que quer, você provavelmente não vai reprogramá-lo, a menos que algo quebre.

A boa notícia é que é bastante fácil fazer com que o cérebro por trás do Arduino trabalhe por conta própria depois de ter sido retirado da placa principal dele. São poucas as peças necessárias para fazê-lo funcionar: um *chip* Atmega, um ressonador de 16 MHz e um regulador de 5 V com alguns pequenos capacitores. Você pode fazer isso funcionar em uma placa de prototipagem da Radio Shack, mas o Arduino tem um espaçamento estranho de ~3,8 mm entre os pinos digitais 7 e 8, o que impedirá que um Arduino de placa perfurada aceite *shields*. Se você não planeja usar quaisquer *shields* em um determinado projeto, pode desconsiderar as posições de pinos do Arduino completamente e fazer a sua versão. Há muitas opções para se fazer o Arduino, mas vou lhe mostrar como fazer um clone básico do Arduino, compatível com os *shields*, que só não tem porta USB. Você deve ter um cabo FTDI de programação (o mesmo usado para o Arduino Pro, Ardupilot e muitos outros) para programar esse Arduino.

Eu queria projetar minha versão econômica do Arduino para usar em meus projetos, economizar um pouco de dinheiro e ainda fazer experiências. É um projeto básico, mas trabalha com outros *shields* do Arduino e tem seu próprio regulador de 5 V, um LED indicando que está ligado e uma porta de programação FTDI.

Se você não quiser investir no cabo de programação FTDI, ainda pode usar esse Arduino programando o *chip* Atmega na sua placa Arduino principal e em seguida transferindo o *chip* programado para a placa do clone. Eu uso o cabo de programação FTDI com muitos dos meus clones do Arduino, porque consigo fazer placas programáveis por cerca de 10 dólares cada, incluindo o *chip* Atmega.

Não vou mostrar o passo a passo de como projetar o clone do Arduino no Eagle (embora eu o encoraje a experimentar construí-lo com base no esquema), mas você pode baixar os arquivos de desenho para esse projeto no site hospedado no Google para os projetos do livro Arduino Robotics:

https://sites.google.com/site/arduinorobotics

O clone do Arduino exige que você encomende algumas peças online, porque a loja de eletrônicos mais próxima pode não ter o ATMega328, os ressonadores de 16 MHz ou os conectores machos/fêmeas. A Tabela 6.3 apresenta uma lista completa para o clone do Arduino. Faça a compra na Sparkfun.com e você estará a caminho de fazer o seu Arduino.

Capítulo 6 ■ Fazendo placas de circuito impresso

Tabela 6.3 Lista de componentes do Arduino

Componente	Descrição	Preço (US$)
PCI revestida de cobre	Radio Shack (componente #276.1499) – placa revestida de cobre, 11,4 cm × 15,2 cm de dupla face por 3,99 dólares. Isso é o suficiente para fazer dois ou três clones do Arduino.	3,99
Atmega328	Sparkfun (componente #DEV-09217) – *chip* Atmega328 com *bootloader* Arduino instalado.	5,50
Ressonador de 16 MHz	SparkFun (componente #COM-09420) – usado para gerar o *clock* para o *chip* Atmega corretamente.	0,50
Soquete 28 pinos DIP	Sparkfun (componente #PRT-07942) – soquete para permitir a remoção do *chip* Atmega.	0,50
Cabo de programação FTDI (opcional)	Sparkfun (componente #DEV-09718) – cabo para programar o clone do Arduino. Não é necessário, mas torna o clone programável sem necessidade de remover o *chip* Atmega. Programa todos os futuros clones do Arduino que você construirá.	17,95
Barras de conectores de 40 pinos-fêmea	Sparkfun (componente #PRT-00115) – essas barras permitem ligar os fios de prototipagem em seu novo Arduino. Você pode cortar quantos precisar em uma fileira. Ela vem com 40 pinos-fêmea.	1,50
Regulador 5 V 7805	Sparkfun (componente #COM-00107) – fornece 5 V constantes para o *chip* Atmega.	1,25
Dois capacitores de 10 uF/25 V	Sparkfun (componente #COM-00523) – esses são os valores mínimos, mas podem ser maiores se você já tiver um estoque de capacitores.	0,45
Botão de *reset*	Sparkfun (componente #COM-00097) – este botão permite resetar o Arduino ao programar ou reiniciar.	0,35

A ponte-H que criamos no início deste capítulo requer algumas peças que podem ser compradas na Radio Shack, Sparkfun.com ou Digikey.com (ver Tabela 6.4).

Tabela 6.4 Lista de componentes para a ponte-H com TBJ

Componente	Descrição	Preço (US$)
Quatro transistores NPN 2N2222	Radio Shack (componente #276.1617) – pacote com 15.	2,99
Dois transistores PNP 2N2907	Radio Shack (componente #276.1604) – pacote com 15.	2,59
Seis resistores de 1 kohm	Radio Shack (componente #271-004) – pacote com 5.	0,99
Quatro diodos 1N914	Radio Shack (componente #276.1122) – pacote com 10.	1,49
Um pedaço de placa revestida de cobre	Use o que sobrou do clone do Arduino.	
Seis barras de conectores	Sparkfun (componente #PRT-00116) – você também pode soldar os fios diretamente na PCI em vez de usar barras de pinos.	2,50 (opcional)

Fazendo a transferência

Abra o Eagle em seu computador e faça o download dos arquivos para o projeto 6. Isso inclui tanto a ponte-H concluída quanto o clone do Arduino.

1. Abra o arquivo: Abra o arquivo "bjt_h-bridge.brd" ou o "jduino.brd", dependendo se você está construindo a ponte-H ou o clone do Arduino. Se você tem seu arquivo.brd que quer experimentar, ainda assim pode seguir os passos de transferência e corrosão. Ligue seu ferro de passar roupas no máximo para preaquecê-lo.

Seguindo as instruções descritas na seção "Criando um projeto com o Eagle" para a impressão dos desenhos (ver Figura 6.16), selecione a ferramenta *Layers* no menu do editor de placas e certifique-se de que apenas as camadas *Bottom*, *Pads* e *Vias* estão selecionadas. Agora você deve ver apenas a camada de fundo azul, as ilhotas verdes e as vias onde os furos serão perfurados. Lembre-se de que quando você abre um desenho que tem um plano terra no Eagle, primeiro você deve selecionar a ferramenta *Ratsnest* para preenchê-lo. Depois de preenchido, o desenho está pronto para impressão.

Imprima o desenho no papel de revista, alimentando-o manualmente na impressora. Depois de imprimir, certifique-se de que não há borrões ou riscos do *toner* na impressão (ver Figura 6.17).

Capítulo 6 ■ Fazendo placas de circuito impresso

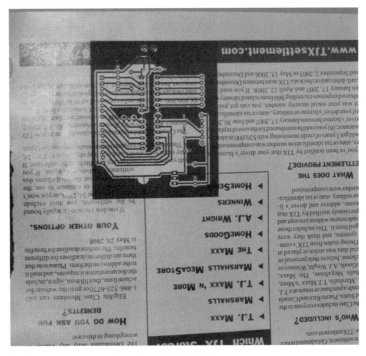

Figura 6.17 O desenho impresso em um pedaço de papel de revista.

2. Redimensionando o desenho: Agora você deve ter um desenho impresso no centro de um pedaço de papel de revista. Reveja a impressão do *toner* e verifique se a impressora não fez quaisquer marcas ao longo do desenho e que o preto do *toner* não tem falhas, se não, reimprima! Tenha cuidado a partir deste ponto para não tocar no *toner* ou em qualquer parte do desenho impresso porque isso pode transferir óleo ou sujeira de seus dedos para a impressão, o que pode impedir a transferência.

Recorte as impressões com estilete ou tesoura, com 3 mm a mais que o desenho impresso, tomando cuidado para não tocar no *toner*. Coloque o desenho do tamanho redimensionado (lado com o *toner* para cima) sobre a PCI para ver quão grande ela precisa ser, e marque os cantos com um marcador (ver Figura 6.18).

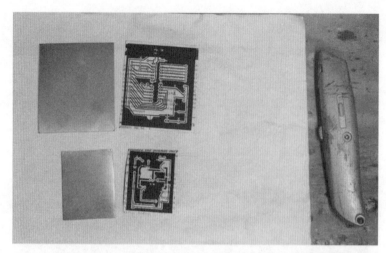

Figura 6.18 Ambos os desenhos impressos e redimensionados, prontos para serem transferidos para o revestimento de cobre.

3. Redimensione a PCI: Com a PCI marcada, use um estilete para riscar a PCI de cada lado. Faça sulcos em linhas retas e precisas com o estilete, marcando várias vezes para fazer um bom sulco. Se estiver usando uma PCI dupla face, repita na outra face. Agora parta a PCI ao longo da linha sulcada; ela deve se quebrar facilmente, mas você pode ter que usar seu estilete para tirar as rebarbas. Você tem que fazer isso para cada PCI para evitar o desperdício de placa revestida de cobre (ver Figura 6.19).

Figura 6.19 As duas peças de placa revestida de cobre cortadas no tamanho certo e prontas para a limpeza.

Capítulo 6 ▪ Fazendo placas de circuito impresso

4. Limpe a PCI. É hora de limpar a superfície da placa revestida de cobre com a esponja abrasiva Scotch-Brite. Usando a esponja, esfregue vigorosamente a PCI, até toda a superfície ficar brilhante. Ajuda muito esfregar a PCI de cima para baixo ou da esquerda para a direita, mas não em ambos os sentidos.

Com a PCI brilhando e parecendo nova, use uma toalha de papel umedecida com acetona ou diluente de tinta para remover qualquer sujeita ou poeira do cobre dela. Limpe a superfície de cobre pelo menos cinco vezes com uma parte limpa de toalha de papel, dobrando-a depois de cada limpeza. Cada vez que limpar, ponha um pouco mais de acetona sobre a toalha para se certificar de ter retirado toda a poeira restante até a toalha de papel não ter nenhuma sujeira visível por pelo menos duas limpezas consecutivas.

Figura 6.20 Ambas as placas depois de esfregadas com a esponja Scotch-Brite e limpadas cuidadosamente com diluente (acetona também funciona).

Quando eu comecei a fazer minhas PCIs, foi muito difícil conseguir fazer o *toner* se transferir para o cobre. Eu fazia tudo corretamente até este passo, mas não estava limpando completamente o cobre ("completamente" é a palavra-chave), o que resultava em desenhos parcialmente transferidos para o revestimento de cobre. Fiquei frustrado nas primeiras vezes até que percebi que ainda havia uma micropoeira sobre a superfície de cobre. Limpar excessivamente a superfície de cobre antes da transferência resolveu esse problema para sempre. Em caso de dúvida, limpe novamente.

5. Transfira o desenho para o cobre com o ferro de pasar roupa: A PCI agora deve estar tão limpa quanto possível, então deixe-a secar por cerca de 1 minuto (a acetona deve evaporar completamente). Agora coloque o desenho impresso voltado para baixo, sobre a superfície de cobre limpa da PCI.

Segurando um dos cantos com o dedo, coloque delicadamente o ferro de passar roupas (quente) sobre a outra metade do projeto por cerca de 5 s, dando-lhe apenas tempo suficiente para fundir o *toner* no cobre (ver Figura 6.21). Agora, solte o dedo e coloque o ferro suavemente sobre todo o desenho, e não mova o ferro para trás e para a frente enquanto estiver sobre ele. Certifique-se de colocar a parte central do ferro sobre o desenho, para aquecê-lo uniformemente.

Figura 6.21 Aqueça cada placa com um ferro de passar roupas (na configuração de temperatura máxima), colocando uma folha extra de papel de revista entre o ferro e a parte de trás da folha com o desenho.

Após aplicar por cerca de 30 s diretamente sobre o desenho, remova o ferro de passar roupas e coloque outra folha de papel de revista sobre o desenho para atuar como uma proteção entre o ferro e a parte superior do desenho. Agora você pode aplicar pressão enquanto, lenta e suavemente, move o ferro para a frente e para trás. Eu uso a frente do ferro e pressiono com firmeza enquanto o movo da frente para trás, certificando-me de alcançar todas as partes da placa. Isso assegura que cada trilha é pressionada para o cobre enquanto é aquecida. Depois que cada parte do desenho foi pressionada com a parte dianteira do ferro, aqueça toda a placa com o centro do ferro por cerca de 3 minutos, aplicando tanta força para baixo quanto possível sem movê-lo.

Nota ♦ Você não deve passar o ferro de passar roupas diretamente sobre o desenho pois isso pode rasgar o papel, fazendo com que qualquer trilha de *toner* seja danificada também. Para evitar isso, coloque outra folha de papel de revista sobre o desenho e mova o ferro sobre ela. Assim, se você rasgar o papel, não vai rasgar o desenho.

---

6. Remova a proteção de papel: depois que o trabalho de transferência estiver concluído, deixe a placa repousar por cerca de 5 minutos para esfriar. Após a placa de cobre esfriar a ponto de você poder pegá-la pelas bordas sem queimar sua mão, coloque-a em um recipiente de plástico com água morna e deixe-a descansar por 10 a 20 minutos (veja a Figura 6.22). Quanto mais tempo você deixá-la de molho, mais fácil será o trabalho de remoção do papel.

Capítulo 6 ▪ Fazendo placas de circuito impresso 227

Figura 6.22 Coloque as placas resfriadas em um recipiente de plástico e adicione água morna com um pouco de sabão para dissolver o papel de revista.

Após a imersão, remova a PCI da água e esfregue levemente o papel com o polegar (não com as unhas). Ele deve começar a descascar como uma polpa molhada e melequenta, mas as trilhas de *toner* devem permanecer. Se a transferência se deu de acordo com o plano, o *toner* deve ficar sobre o cobre e não sairá com a ação de seu dedo.

Nota ♦ Não use as unhas para remover o papel! O *toner* aderiu ao cobre, mas ainda pode ser raspado facilmente.

---

7. Inspecione a transferência: depois que todo o papel for removido, inspecione o desenho para certificar-se de que todo o *toner* foi transferido com sucesso. Se houver pequenas manchas de não transferência, você pode retocá-las com um marcador permanente ou esmalte de unha. Se muito do *toner* não foi transferido, provavelmente é melhor tentar refazer o processo de transferência, repetindo os passos 4 a 6.

Na Figura 6.23, observe que o lado direito do meu projeto não foi totalmente transferido. Como todas as trilhas foram bem transferidas, eu decidi corrigir isso com um pouco de esmalte de unha. Você pode aplicar um pouco de esmalte de unha, esperar até secar, e em seguida raspar o excesso antes da corrosão.

Figura 6.23 O projeto da ponte-H foi transferido com sucesso, com exceção de um ponto no plano de terra, que eu remendei usando esmalte de unha.

Na Figura 6.24, o clone do Arduino foi transferido com sucesso, com exceção de uma pequena mancha no canto inferior esquerdo, que está contida no plano terra e pode ser corrigida com um marcador permanente ou esmalte de unha.

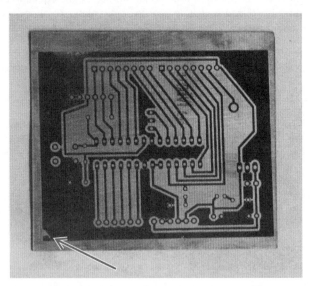

Figura 6.24 O desenho do clone do Arduino foi bem transferido, exceto por uma pequena mancha próximo ao canto, consertada com marcador permanente preto.

Capítulo 6 ■ Fazendo placas de circuito impresso

Depois que você estiver satisfeito com os desenhos transferidos e tiver feito as correções necessárias, é hora de corroer a placa revestida de cobre para remover qualquer cobre que não estiver coberto por *toner*, marcador ou esmalte de unha. Neste ponto, você deve estar ciente de que o próximo passo requer o uso de uma mistura química para dissolver metal. Embora isso não seja mais perigoso do que colocar produtos químicos na piscina, é preciso tomar cuidado quando estiver perto de substâncias químicas (proteção nos olhos e luvas de borracha). Você também deve manter uma fonte de água por perto (balde ou mangueira) para remover quaisquer produtos químicos que entrarem em contato com a sua pele ou roupa.

CORROSÃO

Supondo que sua transferência tenha funcionado corretamente, você está pronto para gravar a sua placa e revelar as trilhas de cobre que serão o seu circuito. Escolha um local para realizar corrosão. Como os produtos químicos podem ser perigosos, é uma boa ideia fazer isso em uma área externa e com muita ventilação.

Reúna os materiais da lista da Tabela 6.1 e as PCIs que você vai corroer. Posicione um ventilador para soprar os gases para fora e para longe de você; certifique-se de usar luvas de borracha e óculos de proteção. O peróxido de hidrogênio é um desinfetante tópico de pele usado para limpar pequenos cortes e arranhões – você também pode usá-lo como um enxague bucal para limpar os dentes ou tratar aftas. O ácido muriático, por outro lado, é um produto químico usado para limpar concreto ou como agente de limpeza de piscina, e pode causar queimaduras se ficar na sua pele sem ser lavado. Quando esses dois produtos químicos se misturam, a solução dissolve lentamente cobre, alumínio e a maioria dos metais, por isso é aconselhável que você use uma vasilha de plástico como recipiente para a corrosão. Como o ácido muriático é corrosivo, ele descolore concreto. Eu uso uma caixa de papelão desmontada e achatada sob os recipientes de corrosão para evitar que a mistura chegue ao chão.

Dosando a solução

Com todas as suas partes reunidas, é hora de dosar a solução corrosiva. Use um copo plástico de medidas para dosar os 240 mililitros de peróxido de hidrogênio e derrame-o no tanque de corrosão (o recipiente de plástico). Agora dose, com cuidado, 120 mililitros de ácido muriático e também derrame-o na vasilha de corrosão. Depois que o ácido muriático é misturado ao peróxido de hidrogênio, alguns vapores são liberados – **não respire esse gás!** Agora é seguro colocar a placa PCI revestida de cobre no tanque de corrosão.

Na Figura 6.25, você verá três vasilhas de plástico diferentes:

- A vasilha de plástico no centro é utilizada com o borbulhador de ar como um recipiente de corrosão (Método 1).
- A vasilha de creme de leite, que foi lavada, é usada como recipiente de corrosão sem bolha (Método 2).
- A vasilha de plástico maior, à direita, eu enchi com cerca de 5 cm de água e nela coloquei os dois recipientes de corrosão durante todo o processo. É usado para neutralizar imediatamente qualquer solução corrosiva que respingue dos recipientes.

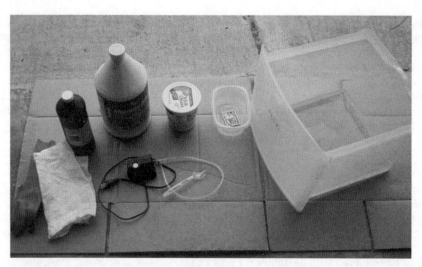

Figura 6.25 Os produtos químicos e materiais necessários para corroer uma PCI em casa. Os dois recipientes de dimensões menores serão utilizados para os diferentes métodos de corrosão.

Isso faz com que sempre haja água por perto para diluir a solução corrosiva. Se o produto corrosivo entra em contato com a água, ele imediatamente perde sua capacidade de corrosão, por isso certifique-se de não colocar água no recipiente desses produtos durante o processo.

Existem várias maneiras diferentes de corroer uma PCI, então vou mostrar as duas com as quais estou mais familiarizado. O Método 1 pode ser considerado mais seguro, mas requer o uso de uma bomba de ar (borbulhador de aquário), que custa cerca de 10 dólares. O Método 2 elimina a necessidade de um agitador colocando a PCI e a solução corrosiva em um recipiente fechado que será movimentado pela sua mão para agitar a solução. É mais provável haver derramamento ou respingo nesse método comparado ao primeiro.

Corrosão: Método 1

Usando qualquer recipiente pequeno de plástico e um borbulhador de ar, você pode corroer uma PCI revestida de cobre em cerca de 10 minutos. O borbulhador de ar é utilizado como um agitador para ajudar a remover o cobre mais rapidamente. Coloque a extremidade do tubo de ar por baixo da PCI submersa na solução corrosiva. Coloque o desenho para baixo e o tubo sob a placa – as bolhas devem levantar a placa, fluindo sobre o desenho. Você pode ter que reposicionar a placa a cada poucos minutos para que as bolhas cheguem a todas as partes dela. Use uma colher ou garfo de plástico para levantar a PCI no recipiente e posicioná-la, tomando cuidado para não riscar o desenho (ver Figura 6.26).

Capítulo 6 ■ Fazendo placas de circuito impresso 231

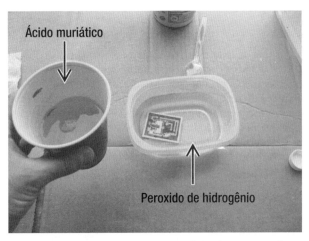

Figura 6.26 Misturar a solução corrosiva requer dois recipientes de plástico (um de corrosão e um copo de medidas) e a PCI que você vai corroer.

Nota ♦ Solução corrosiva = 2 partes de peróxido de hidrogênio + 1 parte de ácido muriático.

À medida que o produto corrosivo reage com o cobre, ele fica com uma cor verde-brilhante (ver Figura 6.27). Use o borbulhador de ar para forçar as bolhas para o fundo do tanque. À medida que as bolhas sobem passando pela placa, elas removem o excesso de cobre que se dissolveu, acelerando, assim, o processo de corrosão – isso é chamado de *agitador*.

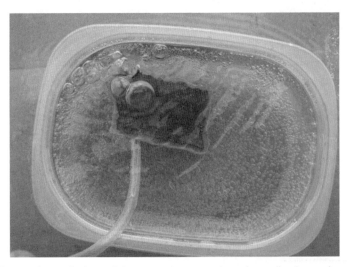

Figura 6.27 A solução corrosiva muda de cor de transparente para verde conforme dissolve o cobre.

Se você não tem um borbulhador de aquário ou não quer comprar um, você pode usar um método alternativo de corrosão, agitando a PCI manualmente.

Corrosão: Método 2

O recipiente de plástico de creme de leite é utilizado para corroer sem um borbulhador de ar. Em vez de depender do movimento das bolhas criadas pela bomba de ar, fazemos o movimento manualmente agitando o recipiente tampado, com o produto corrosivo e a PCI dentro. Como o recipiente é circular, a placa não encostará nas paredes do recipiente (o que é bom), e, perfurando a tampa com pequenos furos de alfinete, podemos encher o recipiente com três quartos do produto corrosivo e movê-lo por cerca de 5 minutos para agitar o cobre sem o uso do borbulhador (ver Figura 6.28).

Esse método deverá ser feito sobre um recipiente maior de água e usando luvas, uma vez que a tendência é derramar algum produto corrosivo para fora durante a agitação. Não tente esse método sem perfurar a tampa – a solução cria alguns gases que devem ser capazes de escapar do recipiente fechado.

Figura 6.28 O recipiente de plástico com a PCI dentro, a meio caminho do término da corrosão.

Encha o recipiente de plástico com três quartos de ácido e, em seguida, coloque a tampa perfurada. Agite suavemente ou gire para um lado e para outro em um movimento circular durante cerca de 3 minutos (você pode fazer pausas). Esse método utiliza a rotação constante do líquido para remover o cobre corroído. Observe que o *toner* na placa não consegue encostar nas paredes do recipiente, eliminando assim o risco de ele ser removido do cobre; apenas os cantos da placa de circuito impresso conseguem tocar o recipiente de plástico.

Cuidado ♦ Algum produto corrosivo *sairá* pelos furos e, possivelmente, de debaixo da tampa de seu recipiente. É melhor fazer isso sobre um balde com um quarto de água. Dessa forma, se você derramar ácido, ele se neutralizará na água sem danificar nada.

Quando a placa estiver com a corrosão terminada, você será capaz de ver através da placa entre as trilhas. Remova a placa e lave-a com água limpa.

Capítulo 6 ■ Fazendo placas de circuito impresso

Segure a placa contra a luz e verifique se não há trilhas se tocando. A luz ilumina a fibra de vidro e permite que você veja apenas as trilhas de cobre (ver Figura 6.29).

Figura 6.29 Utilize uma fonte de luz para verificar se todo o cobre foi corroído exceto o cobre das trilhas transferidas do desenho. A luz passa através da placa de fibra de vidro, mas não através das trilhas de cobre.

Quando você tiver terminado de corroer (usando qualquer método), você deve ter uma placa de circuito onde apenas o *toner* é visível (cobrindo o cobre). A Figura 6.30 mostra a ponte-H com TBJ ao lado do clone do Arduino, ambas corroídas e ainda com o *toner*.

Figura 6.30 Ambos as PCIs após a corrosão – repare que o cobre foi removido, deixando apenas o *toner* transferido.

Quando você terminar de corroer suas PCIs, despeje a solução corrosiva restante em um balde com água para diluí-la. Em seguida, despeje a solução diluída em uma área não usada (o fundo do quintal ou a beira da estrada), porque é uma solução de água ácida.

Removendo o *toner*

Agora que o cobre foi corroído por todo o desenho, não há mais necessidade do *toner*. Você precisa remover o *toner* da PCI para revelar as trilhas de cobre sob ele (ver Figura 6.31). A maneira mais fácil de remover o *toner* é com acetona ou diluente e algumas toalhas de papel.

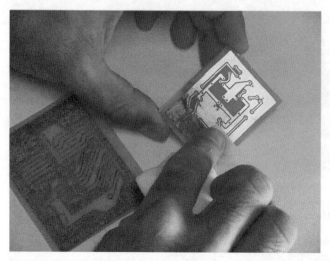

Figura 6.31 Usando uma toalha de papel umedecida em acetona, esfregue o *toner* na parte de trás da placa de circuito impresso. A acetona deve dissolver o *toner*, permitindo sua remoção com pouco esforço.

Umedeça um pouco de acetona em uma toalha de papel e comece a esfregar o desenho até que o *toner* comece a sair (ver Figuras 6.31 e 6.32). Você pode ter que dobrar a toalha de papel no meio e adicionar mais acetona; apenas certifique-se de remover todo o *toner* da superfície do cobre.

Figura 6.32 Removendo o *toner* do clone do Arduino.

Capítulo 6 ▪ Fazendo placas de circuito impresso

Agora você deve ter uma PCI limpa com trilhas de cobre visíveis e pronta para ser furada nas ilhotas e vias (ver Figura 6.33). Cada furo deve estar evidenciado por um círculo de cobre. Se você tem um furo que não aparece (talvez o *toner* tenha borrado), consulte o arquivo da placa no Eagle para garantir que todos os furos do arquivo de projeto apareçam na placa.

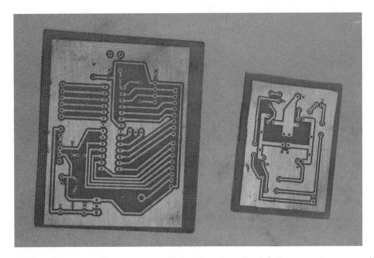

Figura 6.33 As duas PCIs após a corrosão – apenas os filetes de cobre são visíveis com o *toner* removido.

Não olhe para trás; você está quase terminando! Tudo o que resta a fazer para cada PCI são os furos para cada componente e soldá-los no lugar. A furação requer alguma paciência, boa iluminação e uma mão firme.

FURAÇÃO

Embora haja muitas maneiras de perfurar uma PCI, eu gosto de usar a minha útil furadeira de bancada para essa etapa. A mesa da furadeira garante que cada furo seja feito perpendicularmente à PCI, e oferece um controle preciso sobre a altura do mandril, ou seja, cada buraco pode ser perfeitamente posicionado. Tomara que você tenha uma furadeira de bancada (ou acesso a uma), porque é muito mais fácil fazer furos com precisão com ela do que com uma furadeira manual (ver Figura 6.34).

É importante utilizar o diâmetro certo de broca – se ela for pequena demais, você não será capaz de passar os terminais do componente através dele; se for grande demais, haverá um espaço entre o terminal do componente e a ilhota, dificultando a soldagem.

A Harbor Freight Tools vende um conjunto de pequenas brocas para PCI por menos de 10 dólares (item #44924) que funcionam tanto com a furadeira manual quanto com a de bancada. Se você não tem certeza sobre o tamanho da broca, teste em alguma sucata de placa revestida de cobre para ver se o terminal de um componente vai passar pelo furo. Não é incomum a utilização de várias brocas de tamanhos diferentes em uma PCI que tenha muitos componentes com terminais de diferentes diâmetros.

Depois que cada furo é feito, verifique se eles estão espaçados corretamente ajustando o soquete de CI, conectores e LEDs. As placas já devem estar prontas para a colocação e soldagem dos componentes.

Figura 6.34 A placa PCI do clone do Arduino na furadeira de bancada.

SOLDAGEM

Soldar os componentes à PCI é o passo final no processo de construção e, na minha opinião, o mais divertido. Você precisa consultar os arquivos de esquemas e de placas deste capítulo para se certificar de que colocou cada componente corretamente. Eu sempre começo a soldagem com os componentes que não são facilmente danificados (soquetes de CI e conectores) e, depois, passo para as partes mais sensíveis (LEDs, capacitores e CIs): desse modo, não são expostos a muito calor durante a soldagem (ver Figura 6.35).

Ao soldar, lembre-se de aquecer a ilhota de cobre e os terminais dos componentes e deixar a solda uni-los. Se você tentar aquecer a solda sobre o cobre, provavelmente fará uma bagunça que resultará em soldas frias que podem causar mau contato no futuro. Uma solda bem-feita parece brilhante, prateada e lisa. Quando aquecida adequadamente, a solda derrete e ocupa todas as fendas, formando uma porção regular em torno do terminal do componente.

Vamos agora começar a construir cada placa, começando com o clone do Arduino. Certifique-se de que tem todas as peças da Tabela 6.2 para o clone do Arduino e/ou da Tabela 6.3 para a ponte-H com TBJ.

Capítulo 6 ▪ Fazendo placas de circuito impresso

Figura 6.35 Comece a construir o clone do Arduino colocando o soquete de CI de 28 pinos, os conectores fêmeas e o LED com resistor na PCI.

Construindo o clone do Arduino

O clone do Arduino é um circuito fácil de construir; todos os componentes são *through-hole* e poucos deles são polarizados (o regulador de tensão, os LEDs e os capacitores maiores). Os resistores, o ressonador de 16 MHz, os capacitores de cerâmica e os conectores podem ser instalados em qualquer direção.

1. Instale o soquete do CI e os conectores: Embora o soquete de CI seja simétrico e funcione em qualquer direção, ele tem um chanfro em uma das extremidades – este é utilizado para indicar o pino 1 do soquete do CI e deve apontar para o botão de *reset* (afastado do regulador de tensão) neste circuito. Certifique-se de que cada terminal está totalmente inserido através da placa e comece soldando os quatro cantos (ver Figura 6.36). Verifique o soquete para ter certeza de que está bem encostado à placa e depois solde os terminais restantes.

Depois de soldar o soquete de CI, insira os dois conectores de 8 pinos e os dois conectores de 6 pinos nas laterais do clone do Arduino e solde-os à placa. Esses conectores em barras também são simétricos, por isso a orientação não importa.

Figura 6.36 Ao instalar um soquete de CI ou outro componente com vários terminais, sempre prenda primeiro os pinos dos cantos e certifique-se de que o soquete está encostado na placa antes de prosseguir a soldagem dos pinos restantes.

2. Instale o LED de ligado/desligado (vermelho) e teste: Insira o LED indicador de ligado/desligado, que está conectado ao +5 V do regulador de tensão, através de um resistor de 330 ohm para a linha de terra. Insira o LED na placa com a perna longa (cátodo positivo) do LED voltada para o soquete do CI; em seguida, insira o resistor de 330 ohm e solde ambos no lugar. Como o positivo do LED está ligado ao pino de +5 V do clone do Arduino, e não há nenhum regulador de tensão instalado ainda, você pode ligar o clone do Arduino com outra alimentação de +5 V e terra para testar o LED, como na Figura 6.37.

Figura 6.37 O clone Arduino com soquete de CI, conectores e LED de ligado/desligado instalados. Usando outro Arduino ou qualquer fonte de alimentação de 5 V, você pode alimentar o LED para testá-lo antes de continuar.

Capítulo 6 ▪ Fazendo placas de circuito impresso   239

3. Instale as partes restantes: agora você deve instalar os componentes restantes para completar o clone do Arduino (ver Figura 6.38).

- Ressonador de 16 MHz: instale em qualquer orientação. Não dá para instalar de maneira incorreta. Dobre-o para baixo antes de soldar.
- Conectores macho: instale os conectores macho de 6 pinos para o conector FTDI e o conector de 2 pinos para o conector de alimentação. Podem ser instalados em qualquer direção.
- Capacitores: os capacitores de alumínio utilizados para o regulador de tensão são polarizados e devem ser colocados com a faixa preta voltada para o terra. Os capacitores cerâmicos utilizados para o conector FTDI são não polarizados e podem ser colocados em qualquer direção.
- Botão de *reset*: o botão de *reset* é retangular e não dá para ser colocado de forma incorreta. Também coloque o resistor de *pull-up* de 10 k entre o botão de *reset* e o soquete do CI.
- LED D13 (verde): o outro LED é ligado no pino digital 13; coloque o terminal mais longo (positivo) voltado para o soquete de CI e, em seguida, um resistor de 330 ohm. Este LED acende-se sempre que o pino digital 13 é acionado em ALTO.
- Regulador de tensão: por último, coloque o regulador de tensão 7805 na placa e dobre-o para baixo. Você pode usar cola quente para prendê-lo na placa, se necessário. Se você quiser conectar o pino de terra próximo ao pino digital 13, deve soldar um fio da ilhota ao terra do regulador de tensão 7805, como mostrado na Figura 6.38.

Figura 6.38 O clone do Arduino (jduino) terminado e pronto para uso.

Construindo a ponte-H com TBJ

A ponte-H com TBJ é bastante simples, exigindo apenas seis tipos diferentes de componentes, incluindo a PCI. Você precisa de quatro transistores NPN, dois transistores PNP, seis resistores de 1 kohm, quatro diodos, três conjuntos de conectores macho e da PCI. O objetivo é que o projeto seja usado como uma ferramenta de aprendizagem, pois é fácil de corroer, soldar e usar. Ela pode lidar com corrente contínua de 1 A até 30 VDC com os pares 2N2222 (NPN) e 2N2907 (PNP).

Os passos seguintes vão guiá-lo neste processo:
1. Instale os transistores e os diodos. Esses componentes devem ser colocados corretamente para que a ponte-H funcione. Instale os transistores como mostrado na Figura 6.40. O pino do emissor (pino 1) de cada transistor NPN (2N2222) deve se conectar ao plano terra (GND), e os pinos do emissor dos transistores PNP (2N2907) devem ser ligados à fonte +VIN. Os quatro transistores NPN devem ser colocados em cada extremidade da placa, enquanto os dois transistores PNP devem ser colocados no centro dela. Veja a Figura 6.39 para a pinagem dos transistores.

Os dois diodos do lado esquerdo da Figura 6.41 (mais próximos dos transistores PNP) devem ter seu lado listrado (cátodo) de frente para o centro da placa, enquanto os dois diodos à direita devem ter seu lado listrado voltado para o lado de fora dela (ver Figura 6.41).

Figura 6.39 A pinagem padrão de um transistor TBJ no encapsulamento TO-92. O emissor (à esquerda) é rotulado como pino 1 nos arquivos de esquema e de placa, a base (no centro) é marcada como pino 2 e o coletor (à direita) é marcado como pino 3.

2. Instale os pinos do conector. Essa placa precisa de três conjuntos de pinos de conectores para conectar o motor, fonte de alimentação e entradas do Arduino. Esses conectores podem ser machos ou fêmeas, como usado no clone do Arduino. Você pode, alternativamente, soldar os fios diretamente na localização de cada pino do conector se não quiser usá-los. Se estiver usando conectores machos, é preciso cortá-los da tira usando um alicate de corte como mostrado na Figura 6.40.

Capítulo 6 ▪ Fazendo placas de circuito impresso

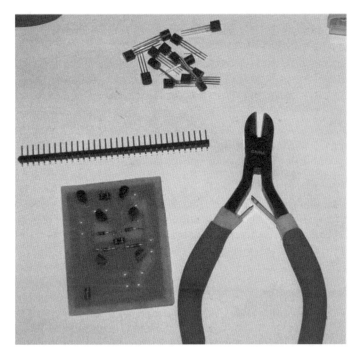

Figura 6.40 Corte três conjuntos de pinos duplos da tira com um alicate de corte e solde um deles para os terminais de alimentação, outro para os terminais do motor e o último para as conexões de entrada.

3. Instale os resistores. Os últimos componentes a serem instalados são os seis resistores de 1 kohm que limitam a quantidade de corrente permitida a cada base de transistor. Os resistores não são polarizados e podem ser instalados em qualquer direção. Quando terminar, verifique se sua placa se parece com a mostrada na Figura 6.41 antes de testá-la.

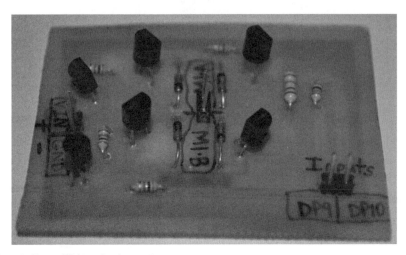

Figura 6.41 A ponte-H com TBJ terminada, pronta para uso.

> **Nota** ♦ Os dois transistores NPN no topo da placa são usados para inverter o sinal para os transistores PNP e podem ser transistores NPN 2N3904, 2N4401 ou 2N2222. Todos os resistores devem ser de 1 kohm e devem ser de 1/8 W. Os diodos podem ser qualquer um à venda na Radio Shack, incluindo os diodos 1N4001 de 1 A e os diodos 1N4148 de 200 mA de comutação rápida. Como a ponte é especificada apenas para 1 A, qualquer um desses diodos funcionará.

A única exigência dessa ponte é que você não leve ambas as entradas para ALTO ao mesmo tempo, pois isso vai causar uma condição de surto de corrente e, provavelmente, queimará o fusível ou a ponte, se nenhum fusível estiver instalado. Você vai notar que um dos meus resistores é um resistor maior de 1/4 W, mas isso não é importante porque o valor ainda é 1 kohm (acabaram meus resistores de 1/8 W durante a construção).

Essa ponte-H é perfeita para controlar a velocidade e direção de pequenos motores de modelismo de até 1 A. Isso inclui a maioria dos motores de corrente contínua utilizados para dirigir carros de R/C, bem como servomotores e alguns motores com caixa de redução.

TESTE

Agora que você concluiu tanto o clone do Arduino quanto a ponte-H com TBJ, pode usá-los para controlar um motor CC. Eu adicionei um único potenciômetro (mostrado na Figura 6.42) conectado à porta analógica 0 do Arduino. Usamos esse potenciômetro e o código da Listagem 6.1 para controlar a velocidade e a direção de um motor CC. Eu decidi testar o clone do Arduino e a ponte-H juntos para verificar seu funcionamento (qualquer pequeno motor CC servirá).

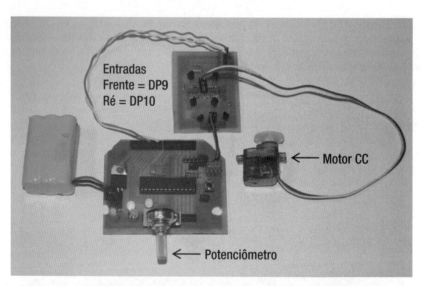

Figura 6.42 Aqui temos o clone do Arduino (jduino), a ponte-H com TBJ, um motor CC, bateria de 7,2 V e um potenciômetro (ligado ao A0 do clone do Arduino) para controlar a velocidade e direção do motor CC. Eu modifiquei o clone do Arduino um pouco para colocá-lo no robô do Capítulo 7.

Capítulo 6 ■ Fazendo placas de circuito impresso

Se o eixo do potenciômetro está na posição central, o motor está desligado e o LED verde D13 está ligado. Se o eixo do potenciômetro é girado para a direita, o motor vai girar proporcionalmente para a frente, com o extremo deslocamento do potenciômetro à direita correspondendo à velocidade máxima nesse sentido. Se ele é girado para a esquerda, o motor começa a girar no sentido inverso de forma proporcional, com a extrema esquerda sendo a velocidade máxima. Esse tipo de esquema de controle utiliza uma entrada para permitir o controle bidirecional da saída, o que é excelente para a nossa finalidade de teste.

Faça o *upload* do código da Listagem 6.1 e conecte as entradas da ponte-H com TBJ com os pinos PWM do Arduino D9 = para a frente e D10 = para trás. A fonte de alimentação da ponte-H pode ser entre 5 V e 30 VCC. A fonte de alimentação para o Arduino pode ter entre 5 V e 12 VCC. O potenciômetro controla tanto a direção quanto a velocidade do motor (qualquer potenciômetro vai funcionar) – usei um que eu já tinha. Para testar o LED verde que nós adicionamos ao D13 do clone do Arduino, programei o LED verde para ser ativado quando o potenciômetro estiver centrado (em ponto morto) – isso lhe dá uma ideia melhor de onde parar.

Listagem 6.1 Testando o JDuino

```
// CODE
// Teste a ponte-H TBJ e o clone do Arduino.
// Conecte a entrada a partir da ponte-H TBJ aos DP9 e DP10 do Arduino
// Conecte o potenciômetro ao pino 0 analógico do Arduino.

int forward = 9; // use o pino 9 (PWM) para girar o motor para a frente
int reverse = 10; // use o pino 10 (PWM) para girar o motor para trás
int LED = 13; // use LED no pino 13 para indicar ponto morto
int potentiometer_value = 0; // Leia o potenciômetro para determinar direção e velocidade
int deadband = 20; // determina a banda morta a partir do centro - um número mais alto é igual a
uma zona neutra maior.

void setup(){

  Serial.begin(9600); // inicie o monitor serial a 9.600 bps

  // configure os pinos PWM para serem saídas
  pinMode(forward, OUTPUT);
  pinMode(backward, OUTPUT);

  // configure o pino de LED para ser saída
  pinMode(LED, OUTPUT);

}

void loop(){


  // leia potenciômetro (0-1023) e divida por 2 = (0-511).
  // Agora quebre isso em 255 em qualquer direção (0-255 = faixa de valor PWM).↵
potentiometer_value = analogRead(0) / 2;

  if(potentiometer_value > 256 + deadband) {
    digitalWrite(reverse, LOW);
    analogWrite(para a frente, potentiometer_value - 256);
    digitalWrite(LED, LOW);
```

```
      Serial.print(potentiometer_value - 256);
      Serial.print("  ");
      Serial.print(potentiometer_value);
      Serial.print("  ");
      Serial.println("  Forward  ");
  }
  else if(potentiometer_value < 255 - deadband) {
    digitalWrite(forward, LOW);
    analogWrite(reverse, 255 - potentiometer_value);
    digitalWrite(LED, LOW);

    Serial.print(255 - potentiometer_value);
    Serial.print("  ");
    Serial.print(potentiometer_value);
    Serial.print("  ");
    Serial.println("  Reverse  ");
  }
  else {
    digitalWrite(forward, LOW);
    digitalWrite(reverse, LOW);
    digitalWrite(LED, HIGH);
    Serial.print(potentiometer_value);

    Serial.print("  ");
    Serial.println("  STOP  ");
  }
}

// abra o monitor serial para ver a leitura do potenciômetro e a direção do motor
// fim do código
```

Se você não tem um motor de corrente contínua pequeno o suficiente para testar, pode usar um medidor de tensão para testar as saídas para o motor nos pinos M1-A e M1-B da ponte-H (pinos centrais do conector). A leitura da tensão nesses pinos deve ser proporcional à posição do potenciômetro em relação à fonte de tensão positiva da ponte-H.

RESUMO

Neste capítulo, demonstramos como usar um programa de desenho de circuitos (usando o Eagle, da CadSoft) para projetar e construir uma PCI a partir do zero. Começamos por criar um esquema para uma ponte-H simples utilizando transistores bipolares de junção. Depois de completar o esquema, utilizamos o *software* de projeto (Eagle) para converter o esquema em um *layout* de placa de circuito. Com o editor de placas de circuito, conseguimos reorganizar os componentes do esquema para caber em uma PCI virtual.

Após a criação do arquivo de *layout* do circuito, vimos como imprimir o desenho dele em um pedaço de papel brilhante de revista para ser transferido para a placa revestida de cobre. Em primeiro lugar, limpamos a placa de cobre cuidadosamente com uma esponja Scotch-Brite e depois removemos o pó com acetona e toalhas de papel (limpe bem!). Após a limpeza, aquecemos o ferro de passar roupas e transferimos o desenho para a placa de cobre com o calor dele por aproximadamente 3 minutos,

Capítulo 6 ■ Fazendo placas de circuito impresso245

certificando-nos de pressionar firmemente em cada parte do desenho para uma transferência plena. Depois de resfriada, a placa de circuito foi colocada em água morna e sabão para dissolver o papel de revista, deixando apenas o *toner* depositado ao cobre.

Depois de transferir o desenho para a placa de cobre, cuidadosamente misturamos uma solução química de duas partes de peróxido de hidrogênio para uma parte de ácido muriático em um recipiente de plástico, para fazer uma solução corrosiva. As placas de circuito, em seguida, foram submersas na solução corrosiva durante cerca de 5 minutos (com agitação intermitente), até que todo o cobre fosse dissolvido. Após a corrosão, as placas foram lavadas em água fria e o *toner* foi removido com toalhas de papel e acetona.

Em seguida, discutimos como furar as PCIs para cada ilhota e via no desenho do circuito e, finalmente, colocamos cada componente no lugar e soldamos. As placas de circuito acabadas foram inspecionadas e testadas usando um potenciômetro e um motor CC para garantir que não houvesse curtos-circuitos ou trilhas cruzadas. Se tudo correu bem, o motor deve girar com controle de velocidade em qualquer direção, e parar quando o potenciômetro está centrado.

No próximo capítulo, vamos construir outro robô autônomo que se orienta em torno de um cômodo usando apenas sensores de colisão. Usamos o clone do Arduino deste capítulo para construir o robô Bump-bot, bem como alguns sensores de colisão caseiros.

CAPÍTULO 7

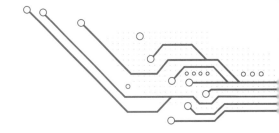

Bug-bot

Neste capítulo, você construirá um robô (o Bug-bot) que utiliza sensores de colisão para navegar em torno de objetos e explorar uma área, muito parecido com o que um inseto faria. O sensor de colisão não é nada além de dois fios que ganham contato quando o robô colide com algo, informando ao Arduino que ele precisa encontrar um novo caminho (Figura 7.1). Esses sensores são comumente usados para a detecção de objetos, mas exigem que o robô tenha contato físico com o objeto para detectá-lo. Alguns robôs incorporam vários tipos de sensores para evitar objetos e navegar com autonomia; estes geralmente incluem um sensor de colisão na parte da frente e/ou de trás do robô para pará-lo, se os outros sensores não o pararem.

Figura 7.1 Os componentes visíveis do Bug-bot: três sensores de colisão do lado esquerdo da figura, uma bateria, um clone do Arduino no centro, dois sensores tipo antena à direita e dois servomotores de modelismo com rodas fixadas sob um chassi caseiro de plexiglass.

O mais simples dos sensores de colisão pode ser construídos utilizando um pedaço de fio rígido, uma porca e um parafuso. Para ilustrar isso, eu decidi construir os sensores de colisão da frente do Bug-bot

248   Arduino para robótica

a partir do zero. Então, usei chaves SPST para os sensores traseiros, que têm para-choques de alumínio ligados a elas.

LENDO UMA CHAVE COM O ARDUINO

A maior parte do código para este projeto envolve a leitura do estado digital de um pino de entrada. Lembre-se, no Capítulo 1, que uma entrada digital pode ser lida apenas como ALTO (+5 V) ou BAIXO (GND). Você pode ler o estado de uma chave digital a partir de qualquer pino do Arduino usando o comando digitalRead(pin). O estado padrão de cada pino pode ser ALTO ou BAIXO, dependendo de como você deseja fazer a interface com a chave. Neste projeto, eu me concentrei em usar o menor número de componentes possível e manter o projeto simples.

Conectar cada chave do sensor de colisão é simples: um polo da chave se conecta ao pino de entrada do Arduino; o outro, ao GND. O Arduino tem resistores internos de *pull-up* de 20 kohm em cada pino que podem ser ativados por código, se necessário. Para minimizar a quantidade de componentes necessários (sem resistores extras para comprar), você pode utilizar esses resistores internos para manter o pino de entrada em ALTO, a menos que a chave de colisão o conecte ao GND. Embora possa fazer mais sentido (para mim, pelo menos) manter a entrada em BAIXO usando um resistor *pull-down* e só ler ALTO (+5 V) se a chave estiver ativada, porque isso exigiria um pouco menos de corrente elétrica (mas os pinos do ATmega168 são capazes de manter apenas entradas ALTO, e não BAIXO). Portanto, você deve utilizar os resistores *pull-up* internos do Arduino para evitar o uso de resistores externos.

Para usar os resistores *pull-up* internos do Arduino, você simplesmente declara o pino como ENTRADA usando pinMode() na função setup(); então, com o digitalWrite, configure por *software* o pino como ALTO. Com o resistor *pull-up* ativado, o pino digital 2 na Listagem 7.1 é ALTO por padrão, a não ser que seja trocado para BAIXO por alguma outra fonte (ou seja, a chave de colisão). Você pode testar o seguinte exemplo executando-o em seu Arduino e visualizando no monitor serial. Conecte o pino 2 ao GND para ver uma leitura 0; caso contrário, ele lê 1.

Listagem 7.1 Lendo uma chave de contato

```
// Exemplo 7.1 de código: Lendo uma chave de contato
// Fios da chave devem ligar ao GND e ao pino digital 2 do Arduino
// O LED no pino 13 ficará ligado (On), a não ser que o pino 2 esteja conectado ao GND
// A variável "button_state" vai conter o valor da chave
// O valor da chave pode ser HIGH (1) ou LOW (0)

int LED = 13; // use o LED conectado ao pino 13
int button = 2; // use o pino 2 para ler a chave
int button_state; // use esta variável para conter o valor de "chave" (pino 2).

void setup(){
  Serial.begin (9600); // Inicie monitor serial a 9.600 bps.

  pinMode(LED, OUTPUT); // Declare "LED" (pino 13) como uma SAÍDA.
  pinMode(chave, INPUT); // Declare "chave" (pino 2) como uma ENTRADA.
  digitalWrite(chave, HIGH); // Ative o resistor pull-up interno no pino 2.
}

void loop(){
  button_state = digitalRead(chave); // leia a chave

    if(button_state == 0) { // se o button_state é igual a 0 (LOW),
    Serial.println("LOW"); // então imprima em série a palavra "LOW"
```

```
      digitalWrite(LED, LOW);  // e desligar o LED do pino 13.
  }
  else {  // Caso contrário, a entrada é igual a 1 (HIGH)
    Serial.println("HIGH");  // então imprima em série a palavra "HIGH"
    digitalWrite(LED, HIGH);  // e ligue o LED do pino 13.
  }
}
```

COMO FUNCIONA O BUG-BOT

Este robô funciona como um veículo autônomo, deslocando-se por um cômodo até colidir com um obstáculo. A ideia é posicionar os sensores de modo que tenham a mais ampla área de detecção possível; isso garante que o robô não vá de encontro a um obstáculo sem detectá-lo. Também é importante que os sensores respondam rapidamente para que o robô tenha tempo de parar antes de colidir com o obstáculo. Dessa forma, o robô não vai correr como um touro numa loja de porcelana, derrubando as coisas conforme se choca com elas.

De colisão (tipo antena)

Ao projetar os sensores de colisão frontal para este projeto, eu pensei que poderia ser divertido modelar esta função como um sensor de colisão real, como a antena de um inseto. Para sentir seu caminho por um cômodo, muitos insetos dependem fortemente de suas antenas. Um dos objetivos dessas antenas é detectar uma alteração no meio ambiente (ou seja, uma parede ou obstáculo) antes que o inseto possa atingi-la, para dar-lhe tempo de mudar seu caminho.

Nessa mesma linha, decidi fazer duas antenas que servem como sensores na parte da frente do Bug-bot (ver Figura 7.2) para detectar uma parede ou um obstáculo. O projeto é bastante simples: o fio de uma entrada do Arduino conecta-se a um fio enrolado (uma mola caseira) e a um parafuso ligado ao GND que passa através do centro da mola, sem tocá-la. Se a mola helicoidal é movida, ela toca o parafuso e se conecta ao GND, notificando o Arduino de que o robô tocou em alguma coisa.

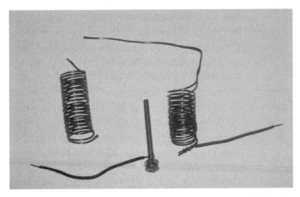

Figura 7.2 Os sensores tipo antena são simples chaves de contato que usam um fio de cobre enrolado ligado ao pino de entrada do Arduino e a um parafuso ligado ao GND.

Desenrolei cerca de 12,7 cm de fio do topo da mola e o endireitei para ficar na frente do robô, como as antenas de uma formiga ou lagarta. Quando o robô estiver a centímetros de uma parede ou de outro objeto, as antenas de fio tocarão o objeto, o que move a mola helicoidal até ela tocar o parafuso aterrado que passa no centro. Quando a chave é fechada, o Arduino para imediatamente, o robô, volta, vira e segue em uma nova direção. Dessa forma, o robô pode cruzar o cômodo suavemente, sem causar problemas.

Sensores de para-choque

Os sensores de colisão traseiros são feitos usando três chaves de alavanca conectadas a chapas de alumínio para ampliar seu alcance de detecção de colisão. São chaves SPST simples que custam cerca de 2 dólares cada e funcionam da mesma forma que as antenas colocadas na frente. Eu decidi separar o para-choque traseiro em três partes, esquerda, centro e direita, de modo que o robô saiba onde colidiu.

Agora que você entende como os sensores de colisão são interfaceados com o Arduino, reveja a lista completa de componentes para o Bug-bot (Tabela 7.1) antes de construir.

LISTA DE COMPONENTES PARA O BUG-BOT

A lista de componentes para esse projeto deve ser um pouco menos cara do que a dos capítulos anteriores (Tabela 7.1), isso porque esse robô é construído no "estilo MacGyver". Para manter o custo baixo, fizemos um chassi simples de acrílico. O clone do Arduino foi emprestado do Capítulo 6. Os sensores tipo antena são feitos de apenas alguns itens que você deve ter na sua casa, e você não precisa comprar um controlador de motor por causa das modificações dos servomotores utilizados.

Tabela 7.1 Componentes do Bug-bot

Componente	Descrição	Preço (US$)
Dois servomotores: rotação contínua	HobbyPartz.com (componente #Servo_SG5010). Estes são servomotores mais baratos.	4,90 cada
Clone do Arduino: do Capítulo 6 (ou outro Arduino)	Clone caseiro do Arduino – usa um cabo FTDI para programação, tem regulador próprio +5 V e aceita a maioria dos *shields* Arduino.	10,00 a 15,00
Três chaves de fim de curso tipo SPST	Sparkfun componente #COM-00098 – as chaves são na verdade SPDT, mas você usa apenas dois dos três polos.	1,95 cada
Bateria de 6 V	Sparkfun componente #PRT-08159 – suportes para quatro baterias AA fornecem 4,8 V (com baterias recarregáveis de 1,2 V) ou 6 V (com alcalinas de 1,5 V).	2,00

(*continua*)

Capítulo 7 ■ Bug-bot

Tabela 7.1 Componentes do Bug-bot (*continuação*)

Componente	Descrição	Preço (US$)
Duas rodas	Peguei duas rodas de um carro de R/C que eu já havia comprado numa loja de sucatas.	1,00
Folha de plexiglass de 30 cm × 40 cm, 6 mm de espessura	A loja de ferragem mais próxima deve vender placas de plexiglass de 6 mm de espessura, ou você pode encomendá-la online.	7,00
Barra chata de alumínio com 1,9 cm de largura, 3 mm de espessura, 30 cm de comprimento	Novamente, a loja de ferragem mais próxima deve vender peças sortidas de metal; se não, veja online.	3,00
Duas chaves de alimentação SPST	Radio Shack, componente #275-324 – são chaves SPST padrão: uma é usada para a alimentação e a outra, para alternar o modo de operação do robô. São opcionais, mas facilitam as coisas.	2,99 cada

A maioria dessas peças deve estar disponível em lojas para você comprar; entretanto, servomotores são geralmente mais baratos online. Os sensores de colisão podem ser feitos com qualquer chave de contato momentâneo (tipo *push-botton*), podem ser recicladas, podem ser diferentes umas das outras, não importa como, desde que funcionem.

Nota ◆ Se você não quiser construir um novo chassi de robô, pode reutilizar ou adicionar sensores de colisão a um dos robôs anteriores: Linus ou Wally. Apesar de eu construir uma plataforma diferente para cada projeto para dar exemplos das muitas maneiras de construir um robô, a maioria dos conceitos e exemplos utilizados neste livro pode ser colocada em outra plataforma robótica e deve exigir apenas pequenos ajustes.

Eu digo isso para que você saiba que não tem que realmente construir três robôs para fazer três coisas diferentes – se você puder comprar apenas as partes de um chassi, ainda pode adicionar vários sensores diferentes e fazer um robô multifuncional. Se você já tem um chassi, pode pular as partes relacionadas ao chassi e simplesmente adicionar os sensores ao seu robô já existente.

OS MOTORES

Para este robô, eu usei novamente os servomotores de modelismo modificados para rotação contínua. Você pode comprar esses motores na Sparkfun.com (componente #ROB-09347) pré-modificados, ou pode modificar um servomotor normal usando o roteiro descrito neste capítulo.

Esses motores consomem pouca potência e oferecem uma grande quantidade de torque para o seu tamanho, mas precisam ter as rodas montadas neles (como você fez no Capítulo 4). Felizmente, a maioria dos servomotores vem com um saquinho com vários suportes adaptadores de vários tamanhos que encaixam no seu eixo de saída. Procure encontrar duas rodas (geralmente a partir de um carro de brinquedo de sucata) e depois verifique os suportes adaptadores do servo para ver qual deles tem o melhor ajuste – normalmente é o maior.

Modificando os servomotores

Ao modificar os servomotores para o Linus, o robô seguidor de linha (Capítulo 4), tirei todo o circuito eletrônico e deixei apenas o motor CC e as engrenagens; agora, no caso do Bug-bot, modifiquei apenas o circuito para manter o uso do controlador de motor que o acompanha. Você deve lembrar que essa modificação requer a remoção tanto da trava de plástico no eixo de saída do motor quanto do potenciômetro de posicionamento. Sem retirar essas duas peças, o eixo de saída do servo não pode, fisicamente, realizar uma rotação completa (ver Figura 7.3).

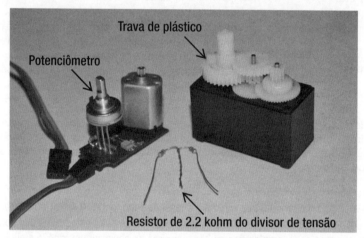

Figura 7.3 À esquerda, você pode ver o potenciômetro montado na placa de controle do servomotor. No centro, está o divisor feito a partir de dois resistores de 2,2 kohm para substituir o potenciômetro. À direita, a caixa de redução do servomotor com a trava plástica, que deve ser removida.

Os materiais necessários para a modificação do servomotor de posicionamento para rotação contínua são os seguintes:
- Chave de fenda Phillips pequena
- Ferro de solda
- Alicate de corte
- Dois resistores 2,2 kohm

O potenciômetro informa a posição atual do eixo de saída para o controlador de motor embutido para que ele saiba como comandar o motor, assim você só precisa remover o potenciômetro (dessoldar) e substituí-lo por um divisor com resistores de 2,2 kohm. Você deve fazer o divisor com resistores conectando os terminais de cada um deles aos furos laterais antes ocupados pelo potenciômetro e os outros dois terminais livres de cada um dos resistores conectados ao orifício central (ver Figura 7.4). O divisor com os resistores cria um sinal que simula a posição central do potenciômetro, influenciando assim o servomotor a pensar que está sempre centrado, independentemente da posição real do eixo de saída.

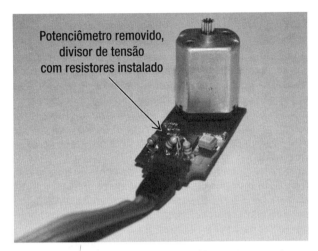

Figura 7.4 O potenciômetro foi removido e um divisor com resistores foi soldado em seu lugar.

Para concluir o processo de rotação contínua, você também deve remover a trava de plástico no eixo de saída do motor para permitir que ele gire 360°. Para acessar a trava, retire a tampa preta de plástico da caixa com engrenagens para alcançar a base do eixo de saída (como foi feito no Capítulo 4). Você deverá ver uma pequena saliência de 3 mm × 3 mm no eixo plástico de saída que o impede de girar 360°. Você deve remover completamente essa trava de plástico usando um pequeno estilete (ver Figura 7.5). Teste o eixo de saída depois de remover a trava plástica para se certificar se ele gira livremente antes de remontar.

Figura 7.5 A trava removida da engrenagem plástica maior (que também é o eixo de saída da caixa de redução).

Essa modificação permite que você acione o servomotor diretamente de qualquer pino do Arduino, usando o circuito interno de acionamento do motor do servo. O servo agora funciona como um motor com caixa de redução com um controlador de motor que aceita sinais de entrada por pulso.

Controlando os servomotores

Lembre-se de que o circuito de acionamento do servomotor usa um sinal de entrada com pulsos de 1.000 μs a 2.000 μs de um receptor de R/C para acionar o motor até a posição correta. Ao substituir o potenciômetro por dois resistores de 2,2 kohm (como um divisor de tensão), o servo "pensa" que o eixo do motor está sempre na posição central, independentemente de onde ele estiver. Se você comandar o servo para a frente totalmente (pulsos de 2.000 μs), o motor gira indefinidamente para a frente e nunca chega ao seu destino (ou seja, rotação contínua). Para parar o servo, você deve fornecer-lhe um pulso de sinal que o comanda para a posição definida pelo divisor com resistores de 2,2 kohm (este deve ser um pulso de aproximadamente 1.500 μs).

Depois de substituir o potenciômetro por um divisor com resistores, você deve testar os servos modificados não apenas para garantir que eles funcionam corretamente, mas também para determinar o pulso de parada para cada motor e gravá-lo para usar no código final. Usando o exemplo de código da Listagem 7.2, você pode conectar o potenciômetro removido do servomotor para a entrada A0 do Arduino e abrir o monitor serial para ver os valores. Basta girar o potenciômetro até que o motor pare de girar e gravar o valor mostrado no monitor serial do seu computador. Para configurar o seu Arduino e o servomotor para usar o código de teste do exemplo, ligue o fio de controle do servomotor (branco ou amarelo) ao pino D9 do Arduino e um potenciômetro conectado ao pino A0, conforme mostrado na Figura 7.6. Você também precisa conectar os fios +5 V e GND ao servo e ao potenciômetro.

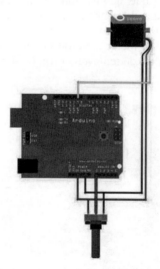

Figura 7.6 As conexões necessárias para testar os servomotores modificados com o Arduino e um potenciômetro.

Convertendo o valor de pulso para graus

Use a biblioteca Servo.h do Arduino para tornar o código mais fácil de ler e entender. A biblioteca fornece as funções necessárias para acionar os servomotores com apenas uma linha de código no *loop* cada vez que você quiser mudar a velocidade ou a direção. Em vez de comandar o servo com um valor específico de pulso, a biblioteca interpola a faixa de pulso de 1.000 μs a 2.000 μs para a faixa de 0° a 179°, típica de um servomotor de modelismo padrão não modificado. Para parar o servomotor, você

Capítulo 7 ■ Bug-bot

deve comandá-lo para a sua posição central (a posição fornecida pelo divisor com resistores de 2,2 k) utilizando um pulso neutro, tipicamente 89 usando a biblioteca do servo (a meio caminho entre 0 e 179).

Use a Listagem 7.2 para testar cada motor e encontrar o pulso neutro de parada. Para evitar recarregar o código para o Arduino várias vezes, eu adicionei o uso temporário do potenciômetro para ajudar a encontrar esse valor para cada motor.

O código da Listagem 7.2 destina-se ao teste de um servomotor de rotação contínua usando um potenciômetro para controlar a velocidade e direção. Se tentar usar esse código com um servomotor padrão que não tenha sido modificado, a sua posição angular corresponderá à posição do potenciômetro.

Listagem 7.2 Teste do servo de rotação contínua

```
// Conecte o fio de sinal do servomotor (branco ou amarelo) ao pino D9 do Arduino
// Conecte os  fios +5 V e GND do servo à fonte de alimentação do Arduino
// Conecte o potenciômetro (pino central) ao pino A0 e ao +5 V e GND.

#include <Servo.h> // Inclua a biblioteca Servo.h Arduino

Servo servo1; // crie "servo1"
int speed_val; // use "speed_val" para manter o valor do potenciômetro

void setup(){
  Serial.begin(9600); // inicie monitor serial a 9.600 bps
  servo1.attach(9); // anexe "servo1" ao pino 9
}

void loop(){

  // leia o potenciômetro, ajustar-se à faixa de valor angular da biblioteca do servo (0-179)
  speed_val = mapa(analogRead(0), 0, 1,023, 0, 179);

  // escreva o valor de potenciômetro ajustado para servo1
  servo1.write(speed_val);

  // imprima o valor ajustado no monitor serial
  Serial.println(speed_val);
}
```

Esse código permite controlar qualquer tipo de servomotor padrão de modelismo ou de rotação contínua. Se seu servomotor não é modificado, ele simplesmente imita a posição do potenciômetro. Se você tiver um servo modificado para rotação contínua, o potenciômetro comanda a direção e velocidade do servomotor.

Com os servomotores modificados e testados, prossiga com a montagem dos suportes adaptadores nas rodas e, em seguida, nos servomotores.

Montando as rodas nos servos

Você pode montar as rodas nas placas adaptadoras do servo usando parafusos pequenos, cola quente ou ambos. Você pode escolher praticamente qualquer brinquedo velho com rodas removíveis para montar nos servomotores, contanto que tenha certeza de que elas estejam alinhadas e não oscilem ao girar.

Primeiro, fure o centro da roda com uma broca que seja maior que a cabeça do parafuso de fixação no eixo do servo, de modo que possa parafusar a placa de adaptação no eixo de saída do servo uma vez que esta placa esteja fixada na roda (ver Figura 7.7).

Figura 7.7 Perfure o centro de cada uma das rodas usando uma broca de 6,3 mm para o parafuso de fixação atravessar completamente, de modo que ele se encaixe firmemente contra a placa adaptadora de montagem do servo.

Agora, monte as placas adaptadoras nas rodas, alinhando-as o melhor possível com o centro antes de colar, como mostra a Figura 7.8. Gire a roda olhando através do furo do eixo para se certificar de que ela esteja alinhada corretamente com a placa adaptadora.

Agora você pode testar o ajuste das rodas montando-as nos eixos de saída dos servomotores para se certificar de que as placas adaptadoras estão montadas no esquadro. Teste o servomotor comandando-o para atingir velocidade máxima nas duas direções; ao girar, verifique se as rodas giram uniformemente sem oscilar de um lado para o outro.

Figura 7.8 Centralize as placas adaptadoras do servo em cada roda antes de colar. Você pode usar uma supercola ou cola quente de alta resistência.

Com as rodas montadas nos motores, você pode começar a construir o chassi.

Capítulo 7 ▪ Bug-bot

CONSTRUINDO O CHASSI

Construa o chassi do modo mais simples possível, o que requer apenas um círculo de plexiglass com recortes para os motores e rodas. (Eu adicionei uma segunda peça de plexiglass como uma placa superior, que é opcional.) Você pode cortar plexiglass com uma serra tico-tico com uma lâmina de dentes finos. O plexiglass provavelmente deve vir revestido por película protetora; ela deve ser mantida enquanto você marca as linhas e corta, para proteger o acabamento transparente dos arranhões. Você pode remover a película depois que terminar de cortar, revelando a superfície transparente.

Marcando o plexiglass

Eu usei uma peça com ~20,3 cm de diâmetro usada para proteger a boca de um fogão elétrico (ver Figura 7.9) como molde para marcar o plexiglass com um marcador permanente. Como o chassi será do tamanho que você o cortar, você pode escolher um molde maior e construir um robô maior. O molde redondo que eu usei era na verdade uma pequena peça de fogão elétrico, identificada como um protetor de chama de ~15 cm de diâmetro, que, incluindo a borda externa, mede ~20,3 cm.

Figura 7.9 Marque um círculo no plexiglass usando um marcador permanente e uma lata, tigela ou qualquer objeto com ~15,2 a 20,3 cm ou do tamanho que você gostaria que seu chassi fosse. Se você é bom em artes, pode desenhar à mão livre um formato para o seu chassi.

Com o círculo marcado, você também precisa marcar os recortes para os motores. Comece colocando os pares de roda/motor sobre a folha de acrílico, com as rodas centradas no círculo e paralelas uma à outra, como mostrado na Figura 7.10. Marque no plexiglass dois entalhes grandes o suficiente para que as rodas se encaixem. As rodas não podem ficar para fora da borda do plexiglass, porque você quer que o robô gire sem que elas colidam.

Figura 7.10 Coloque os motores e o rodízio sobre o plexiglass e marque o contorno das rodas motrizes e os furos de fixação para os rodízios.

Agora que você tem tudo marcado no chassi de plexiglass, ele está pronto para ser cortado.

Cortando o plexiglass

Com o chassi marcado, agora é hora de cortar a linha circular do molde com uma serra tico-tico. À medida que você cortar a folha de plástico, mova a serra lentamente, com o motor a toda velocidade para garantir um corte limpo e evitar rachaduras. Se mover lentamente e mantiver os olhos sobre a lâmina para se certificar que esta fique sobre a borda externa da linha de marcação, deve levar de 2 a 3 minutos para cortar essa peça (ver Figura 7.11).

Na Figura 7.11, você pode ver a peça circular de plexiglass após o corte com a serra tico-tico ao longo da linha marcada. Corte do lado externo da linha, porque sempre é possível melhorar o corte, mas fica difícil fazer isso se você já cortou errado (ou seja, você cortou na borda interna da linha).

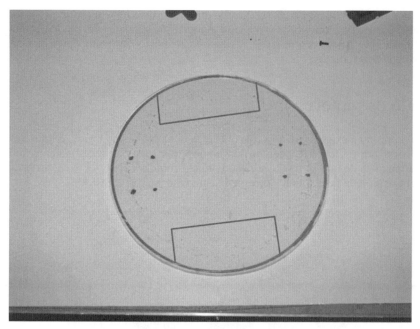

Figura 7.11 A forma circular foi cortada, os furos de montagem dos rodízios foram marcados e o contorno das rodas motrizes foi marcado.

Agora você pode fazer os recortes para os motores e fazer os furos para os rodízios, como mostrado na Figura 7.12.

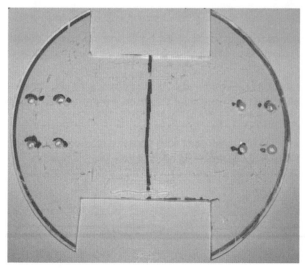

Figura 7.12 Após o corte com uma serra tico-tico (lâmina de dentes finos) e perfuração para os rodízios, a base do chassi está pronta para o encaixe dos motores e das rodas.

Na Figura 7.12, você pode ver o chassi circular que foi cortado para permitir que as rodas se encaixem. Eu alinhei os motores com as rodas presas e marquei sua silhueta com um marcador permanente vermelho, alinhando-os o mais centralizado possível. Nesse ponto, você também pode fazer os furos de montagem para os dois rodízios.

Colocando os motores

Coloque os motores no plexiglass usando cola quente para mantê-los no lugar. Aplique cola o suficiente para cobrir a maior parte da carcaça do servomotor; em seguida, pressione cada motor contra o chassi, assegurando-se de que os motores estão paralelos um ao outro e com os cortes. Os eixos dos motores devem se projetar para fora do plexiglass, como mostra a Figura 7.13.

Figura 7.13 Usando uma pistola de cola quente, cole cada motor no lugar sobre o chassi de acrílico. Centralize os eixos de saída dos motores recortes de cada lado do chassi, deixando-os acessíveis para a colocação das rodas.

Agora você pode colocar as rodas com placas adaptadoras nos eixos de saída do servomotor. Basta colocar a placa adaptadora no servo; em seguida, insira o parafuso de fixação e aperte-o.

Nota ♦ Se os motores não estiverem colocados paralelos um ao outro, as rodas apontarão numa direção divergente, e o robô não se deslocará completamente em linha reta.

Montando os rodízios

Com os motores afixados, você precisa colocar os dois rodízios, um na frente e outro atrás do robô; isso mantém o robô equilibrado quando vai em um ou no outro sentido. Eu usei oito pequenos parafusos para fixar o rodízio no plexiglass, usando três porcas em cada parafuso para prender e ajustar a altura deles. Você precisa de oito parafusos e 24 porcas no total para montar os dois.

Use a primeira porca para fixar cada parafuso firmemente à placa de montagem do rodízio. Utilize a segunda porca para definir a altura do rodízio em relação ao chassi; ela deve ser colocada no parafuso da metade para baixo (para começar). A terceira porca fixa o plexiglass à segunda porca de ajuste da altura. Se você precisar ajustar a altura do rodízio, afrouxe as porcas dois e três, ajuste a altura desejada e volte a apertar as porcas dois e três no chassi de acrílico (ver Figura 7.14).

Figura 7.14 Use três porcas em cada parafuso para tornar ajustável a altura dos dois rodízios.

Os motores e os rodízios são as únicas coisas na base do chassi (ver Figura 7.15). O Arduino, a bateria e os sensores são montados na parte superior para fácil acesso. Eu furei um buraco grande de 1,25 cm de diâmetro através do chassi para passar os fios do servomotor da base para o topo, para ligá-los ao Arduino.

Com a parte inferior do chassi terminada, agora deve-se dar atenção ao topo, onde o Arduino, os sensores dianteiros e traseiros, as chaves e a bateria serão montados.

Figura 7.15 Do lado de baixo do chassi você pode ver os motores montados com as rodas presas.

Montando o Arduino

Monte o Arduino na parte superior do chassi de plexiglass. Eu usei quatro parafusos para montar o meu clone do Arduino no chassi do Bug-bot; mas, se você usar um Arduino padrão, só precisará de três.

A maneira mais fácil de montar o Arduino é usar porcas e parafusos de tamanho # 6 (de 2,54 cm ou mais) para fixá-lo ao chassi. Coloquei o Arduino onde eu queria fixá-lo e usei um marcador permanente para marcar os furos de montagem no plexiglass. Quando marcados, fure o plexiglass, instale os parafusos apontando para cima e prenda-os firmemente com uma porca em cada um (ver Figura 7.16). Esses parafusos devem agora se encaixar muito bem nos furos de montagem do Arduino, e então você pode usar mais algumas porcas sobre o Arduino para fixá-lo firmemente ao chassi.

Figura 7.16 Meça e marque quatro furos para montar o Arduino na base do chassi; em seguida, faça os furos marcados e use parafusos # 6 para fixar o Arduino no lugar.

Capítulo 7 ■ Bug-bot

Quando o Arduino estiver no lugar, você ainda precisa montar a bateria e construir os sensores antes de fazer as conexões.

Instalando a bateria

Você pode montar a bateria em qualquer lugar onde houver espaço; mas, como geralmente ela é a parte mais pesada do robô, coloque-a acima dos eixos das rodas ou o mais próximo possível dele.

Para manter a bateria no lugar, marquei e furei um orifício em cada extremidade do plexiglass e as prendi com duas fitas de náilon, como mostrado na Figura 7.17). Você pode facilmente cortar e substituir as fitas, se necessário, mas elas podem se manter fixas com segurança por muitos anos se você não mexer nelas. Alternativamente, você pode colocar um pouco de cola quente com uma pistola para fixar a bateria no topo do chassi de plexiglass.

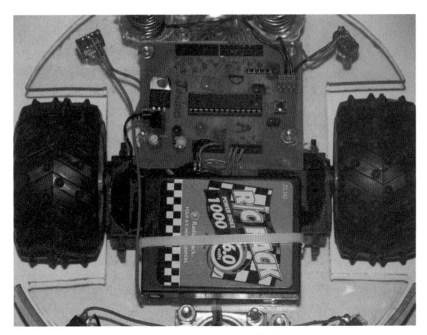

Figura 7.17 A bateria de 6 V amarrada ao chassi com uma fita de náilon.

Eu usei outro pacote de bateria de 6 V por 1.000 mAh de NiCad da Radio Shack (um dos meus achados na gôndola de liquidação por 0,47 dólar) e a velocidade do motor ficou apropriada. Para um tempo de execução maior, você pode adicionar várias baterias em paralelo.

Para instalar as chaves de alimentação e modo, eu usei uma chave de alimentação (SPST) entre a bateria e o Arduino, permitindo fácil comutação de potência (ver Figura 7.18). A chave de alimentação pode ser de qualquer tamanho, mas deve ter uma especificação de corrente de 5 A ou mais para garantir que não superaqueça.

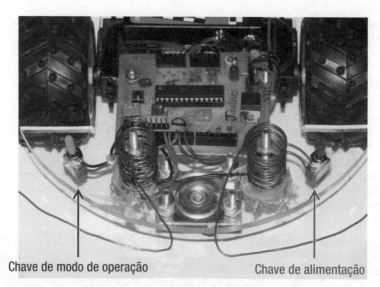

Figura 7.18 Para completar a construção básica do robô, instale a chave de alimentação e a chave de modo opcional para mudar a direção do Bug-bot.

Para adicionar a chave de modo, você precisa montar uma segunda chave no chassi. Esta é uma chave tipo SPST usada para mudar a direção padrão do Bug-bot, dependendo dos sensores que você usar. Conecte os dois pinos da chave de modo ao pino 4 digital do Arduino e ao GND.

Agora que você tem um Arduino alimentado, vamos fazer alguns sensores para manter o Bug-bot em seu caminho.

FAZENDO OS SENSORES

Este robô tem dois tipos diferentes de sensores de colisão: sensores tipo antena e chaves de colisão. Faça os sensores tipo antena com os materiais que encontrar em casa, enquanto as chaves de colisão são pequenas chaves de fim de curso com para-choques de alumínio fixados a elas.

Sensores tipo antena frontais

Os sensores tipo antena são muito fáceis de fazer. Você precisa de um fio rígido de cobre 14AWG-18AWG com tamanho entre 1,2 m e 1,8 m (nu ou desencapado) e uma haste ou tubo de 1,9 cm para ser envolvido (ver Figura 7.19). Comece retirando qualquer isolamento de borracha do fio de cobre, deixando-o em um único pedaço longo. Após descascado, coloque a haste ou o tubo de ~1,9 cm de diâmetro em um torno de bancada ou morsa com uma das extremidades do fio de cobre também presa junto com ela. Comece a enrolar o fio de cobre tão justo quanto possível até o seu fim, apertando-o periodicamente enquanto você o enrola. Faça isso duas vezes, porque você tem dois sensores tipo antena frontais.

Figura 7.19 Esta imagem mostra o fio enrolado em torno de uma haste de 1,9 cm para dar-lhe uma forma espiralada (à esquerda), mantendo o enrolamento quando a haste é removida (à direita).

Você pode desfazer 15 cm do fio bobinado em uma das extremidades para deixá-lo reto. É daí que vem a forma das antenas; dobre-o como quiser. Em seguida, solde um conector na parte inferior do enrolamento para ligar no Arduino. O fio GND deve ser soldado diretamente no parafuso colocado no centro da bobina, como mostrado na Figura 7.20.

Ative os resistores *pull-up* internos nos pinos do Arduino usados para ler cada sensor. As entradas leem ALTO, a menos que você feche uma chave e conecte ao GND.

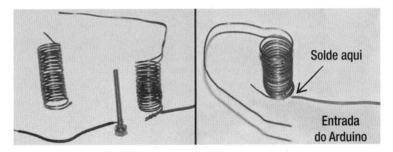

Figura 7.20 Solde um fio GND na cabeça de cada um dos parafusos e solde um fio de sinal na base de cada bobina.

Faça um furo no plexiglass em cada lado da roda de rodízio frontal para montar os parafusos ligados ao GND para os sensores tipo antena. Aperte a porca firmemente nos parafusos ligados ao GND e coloque os fios enrolados em torno deles com as antenas no topo. Se você usar uma forma cilíndrica de 1,9 cm para enrolar suas antenas, deve haver bastante espaço entre ela e o parafuso. Em seguida, posicione o fio helicoidal tão próximo do centro quanto você puder e cole com cola quente a base da bobina ao chassi de plexiglass, muito livremente. Não faz mal colar as duas espiras inferiores da bobina, mas tente não deixar a cola encostar em qualquer uma das outras espiras de cobre, pois isso pode prejudicar a flexibilidade do sensor.

Os sensores de colisão traseiros

Os sensores de colisão na traseira do robô são pequenas chaves de fim de curso da Sparkfun.com que detectam quando o robô colide com alguma coisa. Há três dessas chaves de colisão, cada uma com seu pequeno para-choque para ampliar a faixa de colisão de cada sensor.

A Figura 7.21 mostra as peças necessárias para o para-choque traseiro: três chaves SPST e um pedaço de barra chata de alumínio de 30 cm de comprimento, 0,3 cm de espessura e 1,9 cm de largura. Vergue a barra chata para se ajustar ao contorno da parte traseira do chassi de plexiglass. Use uma morsa e vergue ligeiramente a barra de alumínio a cada 5 cm a 7,5 cm; em seguida, coloque-a contra a parte traseira do chassi para se certificar que se ajusta.

Figura 7.21 As três chaves de contato utilizadas para a parte de trás do robô, com um pedaço de 1,9 cm de largura de barra chata de alumínio vergado na curvatura do chassi.

Quando ajustado com a curvatura da traseira do robô, você pode cortar o para-choque traseiro de alumínio em três partes iguais com um arco de serra e montar cada parte em um dos sensores (ver Figura 7.22). Juntos, os sensores criam um para-choque traseiro capaz de detectar impacto na esquerda, no centro e na direita. Também fiz três pequenos suportes em "L", cada um a partir de uma peça de alumínio de cerca de 1,25 cm de largura e 5 cm de comprimento. Cole esses suportes às chaves para ajudar a fixá-las ao chassi de plexiglass.

Com a barra de alumínio cortada em três pedaços, monte os sensores com as chaves de colisão sobre o chassi do robô e fixe os para-choques. Comece colando com cola quente os pequenos suportes em "L" nos lados e no fundo de cada chave de colisão.

Em seguida, cole a parte inferior de cada "L" ao chassi, um no centro e os outros dois igualmente espaçados entre o centro e cada roda motriz. Certifique-se de que há cerca de 1,25 cm entre cada sensor para permitir o movimento, quando ativado, sem tocar o outro.

Figura 7.22 A barra de para-choques de alumínio, cortada em três partes iguais para cada chave de colisão, e os pequenos suportes em "L" usados para montar as chaves de colisão na traseira no chassi.

Por fim, cole com cola quente os para-choques de alumínio às alavancas das chaves de fim de curso (ver Figura 7.23). Você pode usar Epoxy, um pequeno parafuso, cola quente, solda ou qualquer combinação destes para montar os para-choques às alavancas de comutação, desde que fiquem seguros quando colidirem.

Com todos os sensores instalados e os para-choques montados, esse robô tem todo o *hardware* de que precisa, mas você ainda tem que fazer as conexões.

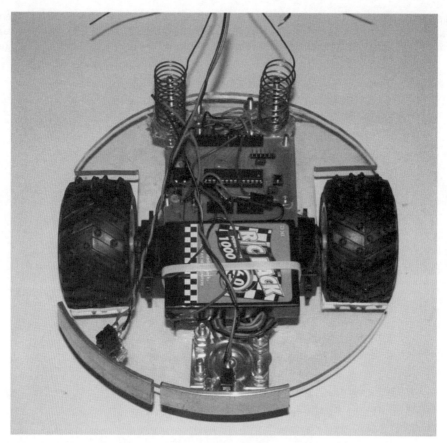

Figura 7.23 Duas das três chaves de contato traseiras e os para-choques de alumínio instalados. Verifique se os fios soldados nas chaves de contato são longos o suficiente para alcançar o Arduino.

FAZENDO CONEXÕES COM FIOS

Você precisa conectar cinco sensores, dois motores e uma bateria ao Arduino antes de carregar o código e testar. Os dois sensores tipo antena na parte dianteira conectam-se aos pinos digitais 2 e 3. Os sensores de colisão na parte traseira conectam-se aos pinos analógicos 0, 1 e 2, que são também chamados de pinos digitais 14, 15 e 16, respectivamente, quando usados como entrada digital ou como saída digital. Mais uma vez, os pinos de entrada analógica são usados apenas como entradas digitais, porque eles estavam mais próximos dos sensores do para-choque traseiro. Use a Tabela 7.2 para se assegurar de que cada fio está conectado corretamente antes de prosseguir.

Capítulo 7 ■ Bug-bot

Tabela 7.2 As ligações que precisam ser feitas a partir dos motores, chave de modo e cada sensor ao Arduino

Componente	Conexão	Conexão no Arduino
servo_L	Fio de controle (branco, amarelo, laranja) do conector do servo.	D9
servo_R	Fio de controle (branco, amarelo, laranja) do conector do servo.	D10
mode_pin	Chave: ligue um terminal ao GND e o outro ao pino de entrada digital Arduino.	D4
antennae_L	Fio nu e enrolado de cobre com um fio separado conectando a base da bobina ao pino de entrada digital Arduino.	D3
antennae_R	Fio nu e enrolado de cobre com um fio separado conectando a base da bobina ao pino de entrada digital Arduino.	D2
bumper_R	Chave SPST: conecte um terminal ao GND e o outro ao pino de entrada digital Arduino.	D14 (A0)
bumper_C	Chave SPST: conecte um terminal ao GND e o outro ao pino de entrada digital Arduino.	D15 (A1)
bumper_L	Chave SPST: conecte um terminal ao GND e o outro ao pino de entrada digital Arduino.	D16 (A2)

Lembre-se de conectar os sinais de alimentação aos conectores do servomotor (VIN+ e GND da bateria) e os sinais de GND de cada sensor e à chave de entrada. Depois de conectar tudo (ver Figura 7.24), você pode carregar o código para o Arduino e dar vida ao Bug-bot!

Com as etapas de construção necessárias fora do caminho, agora carregue o código do Arduino e comece a testar.

Figura 7.24 O Bug-bot com todos os sensores instalados, pronto para ser testado.

CARREGANDO O CÓDIGO

O código para o Bug-bot deve ser fácil de seguir. Esse robô tem apenas chaves digitais, então você pode realmente usar qualquer sensor em qualquer pino do Arduino com o comando digitalRead(). Eu os liguei ao pino mais próximo de cada sensor, mas você pode fazer os ajustes de que precisar. Apenas lembre-se de fazer as alterações correspondentes no código.

Para facilitar as coisas, servomotores são controlados utilizando a biblioteca Servo.h do Arduino. Essa biblioteca procura um valor angular de entrada entre 0 e 179 para comandar a velocidade e a direção de um servo de rotação contínua, sendo que um valor 89 deve comandar o servomotor para parar. A biblioteca Arduino Servo tira parte da codificação complicada quando se trabalha com sinais de pulso para servomotor.

Para saber mais sobre essa biblioteca, visite as páginas de referência do Arduino em http://arduino.cc/en/Reference/Servo.

Criando um atraso

O ponto negativo do uso de um sinal de pulso para controlar os servomotores é que um pulso é necessário a cada 20 ms, mais ou menos, para manter a rotação do motor. Se não for recebido um pulso, o motor para e espera até receber um pulso válido. Por exemplo, andar para trás por um segundo e, em seguida, virar à direita por 500 ms utilizando a função delay() pausaria o *loop* principal, e sinais de pulso não seriam enviados até o delay() estar completo.

Capítulo 7 ■ Bug-bot

Para contornar o problema do delay(), registre o valor do temporizador do sistema principal em uma variável e use-o como uma marca temporal para realizar uma ação por um período específico de tempo. A função while() cria um *loop* que se repete até que sua condição não seja mais verdadeira, o que pode ser útil com uma marca temporal. Basta gravar o valor do temporizador do sistema quando o *loop* while() começa, e então verificar o temporizador do sistema múltiplas vezes até que ele atinja o tempo especificado. Quando a condição for atendida, o *loop* while() termina e retorna ao *loop*() principal. A Listagem 7.3 evita usar a função delay() para ligar um LED por 3 s e depois desligá-lo por 3 s.

Listagem 7.3 Piscar LED utilizando os millis(), o valor do temporizador e a função while()

```
// Código 7.3 - Definir tempo sem usar delay()
// Pisca LED no pino 13 pelo tempo estabelecido pela variável "delay_time"

int led = 13;
int delay_time = 3000;
long timerVal;

void setup(){
  pinMode(led, OUTPUT);
}

void loop(){

  timerVal = millis(); // registra o valor millis()
  while (millis() < timerVal + delay_time){
    digitalWrite(led, HIGH); // liga o LED pelo delay_time
  }
  timerVal = millis(); // registra o valor millis()
  while (millis() < timerVal + delay_time){
    digitalWrite(led, LOW); // desligar o LED pelo delay_time
  }
}
```

Esse exemplo registra o valor do temporizador do sistema principal millis() em milissegundos. O "atraso" desejado para a ação é então referenciado em relação ao valor registrado millis(), enquanto o resto do *loop* while() continua. Cada vez que o *loop* roda, ele verifica o novo valor millis() e o compara com o original que foi gravado (ou seja, quando a chave de colisão estava desarmada). Se o novo valor estiver abaixo do valor que você definiu (isto é, 3.000 ms), ele continua no *loop*; caso contrário, o Arduino sabe que se passaram 3 s desde que começou a ação e sai da função while(), voltando para o *loop* principal. Esse método permite que os motores sejam atualizados continuamente, mesmo enquanto o robô está andando para trás ou virando.

Variáveis

Ao ler o valor millis() do temporizador do sistema, use um tipo de variável que possa acomodar um número grande. Agora reveja alguns dos tipos disponíveis mais comuns.

A variável padrão *int* pode acomodar um valor de 2 bytes de –32.768 a 32.767. Embora isso funcione para a maioria das variáveis, o temporizador do sistema millis() faz a contagem em milissegundos, e existem 1.000 em cada segundo. Isso significa que o valor millis() do temporizador pode extrapolar o intervalo de valores inteiros 32.767 (definido nas páginas de referência do Arduino) cerca de 32 s depois de ligar o Arduino. O tipo de variável *int* não funciona para esse fim.

272   Arduino para robótica

Consulte a página de referência do Arduino para obter mais informações sobre a variável *int* em http://arduino.cc/en/Reference/Int.

Ao mudar de *int* para uma *unsigned int*, o valor não pode mais ser negativo, obtendo-se assim um intervalo de 0 a 65.535. Isso apenas dobra a capacidade da variável de tipo *int*, que agora extrapola em 65 s quando a contagem é em milissegundos, portanto você realmente precisa de um tipo diferente de variável.

Consulte a página de referência do Arduino para obter mais informações sobre a variável *unsigned int* em: http://arduino.cc/en/Reference/UnsignedInt.

A variável *long* pode conter números maiores que 4 *bytes* que variam de –2.147.483.648 a 2.147.483.647. Essa variável tem uma faixa de valor exponencialmente maior e deve ser mais adequada para seu uso. Como 2.147.483.647 ms correspondem a cerca de 24 dias, esse tipo de variável deve ser adequado para as suas necessidades nesse projeto.

Consulte a página de referência do Arduino para obter mais informações sobre a variável *long* em http://arduino.cc/en/Reference/Long.

Você pode dobrar o intervalo da variável *long* alterando-a para uma variável *unsigned long*. Um valor *unsigned* (sem sinal) não pode conter um número negativo, de modo que o intervalo começa a contar a partir do 0. Isso significa que uma variável *unsigned long* pode conter um valor que varia de 0 a 4.294.967.295 ms, cerca de 48 dias.

Consulte a página de referência do Arduino para obter mais informações sobre a variável *unsigned long* em http://arduino.cc/en/Reference/UnsignedLong.

A variável *long* seria suficiente para o Bug-bot (eu não planejo executá-lo por 24 dias seguidos!), mas preferi usar a variável *unsigned long* para armazenar o valor dos millis() nesse *sketch* porque o valor dos millis() nunca é negativo.

A variável nesse *sketch* que contém o valor dos millis() é declarada da seguinte forma:

```
Unsigned long timer_startTick;
```

O temporizador millis() do sistema também sofre *reset* após cerca de 48 dias, então se o seu Bug-bot ainda executar essa variável long sem sofrer *reset*, não se preocupe. O temporizador do sistema vai "estourar" no momento em que acabar a contagem do valor *unsigned long*, e o seu robô de funcionamento extremamente duradouro continuará ativo.

O código

Pronto para carregar? Copie o texto da Listagem 7.4 em seu Arduino IDE ou faça download do arquivo em https://sites.google.com/site/arduinorobotics/home/chapter7_files.

Cada linha de código é comentada para descrever o que ela faz. Várias funções de movimento do motor estão no final do código (após o *loop*) para evitar que você precise escrever tantos comandos.

Listagem 7.4 O código principal que deve ser carregado para o Arduino

```
    // Bug-bot v1.2
// dois Servomotores (modificados para rotação contínua) com configuração tank-steering (pinos 9
e 10).
// cinco sensores de colisão no total - 2 na frente (pinos 2 e 3) e 3 na traseira (pinos 14, 15 e 16).
// Todos os sensores são normalmente ALTOS (1) usando resistores de pull-up internos do Arduino.
// Sensores são postos em BAIXO (0) quando entram em contato com a chave conectada ao GND.
// Os dois conjuntos de sensores podem ser usados (dianteiro ou traseiro) alterando a chave de modo
no pino 4.
```

Capítulo 7 ▪ Bug-bot

```
// Pino 4 (ALTO ou BAIXO) muda a direção padrão do robô e sensores.
//
// incluir a biblioteca Servo.h Arduino

#include <Servo.h>

// cria instâncias para cada servo usando a biblioteca Servo.h
// para mais informações, consulte: http://arduino.cc/en/Reference/Servo
Servo servo_L;
Servo servo_R;

/////////////////////////// Variáveis utilizadas para teste (você pode alterá-las)
///////////////////

// use para determinar a direção dos sensores do robô e quais sensores usar.
int mode_pin = 4; // conectar a chave de modo ao pino digital 4

int antennae_L = 3; // conectar sensor de antena esquerdo ao pino digital 3
int antennae_R = 2; // conectar sensor de antena direito ao pino digital 2

int bumper_R = 14; // conectar sensor de colisão direito ao pino analógico 0, que é o pino 14 quan-
do usado como um pino digital
int bumper_C = 15; // conectar sensor de colisão central ao pino analógico 1 (pino digital 15)
int bumper_L = 16; // conectar sensor de colisão esquerda ao pino analógico 2 (pino digital 16)

// Valor para mudar o pulso de ponto de parada do servo - use o Código 7.2 para determinar o pul-
so específico para cada motor
int servo_R_stop = 89; // defina a posição Morto para Servo Direito - mude conforme necessário
int servo_L_stop = 89; // defina a posição Morto para Servo Esquerdo - mude conforme necessário

// integra para usar para atualizar servomotores
// altere esses valores para alterar as várias ações motoras
int stop_Time = 1000; // pare por 1.000 ms = 1 s
int backup_time = 700; // pare por 700 ms = .7 s
int turn_time = 300; // vire (qualquer uma das duas direções) por 300 ms = .3 s

/////////////////////////// Fim das variáveis utilizadas no teste ///////////////////// /////////////

// nomes de valores usados para armazenar variáveis temporais.
unsigned long timer_startTick;

// nomes de valores usados para armazenar estados da antena
int antennae_R_val;
int antennae_L_val;

// nomes de valores usados para armazenar estados do para-choque
int bumper_R_val;
int bumper_C_val;
int bumper_L_val;

// Defina os valores de velocidade para a frente e para trás valores para o Servo Direito com base
na posição Morta
int servo_R_forward = servo_R_stop + 50;
int servo_R_reverse = servo_R_stop - 50;

// Defina os valores de velocidade para a frente e para trás valores para o Servo Esquerdo com base
na posição Morta
```

```
int servo_L_forward = servo_L_stop - 50;
int servo_L_reverse = servo_L_stop + 50;

// fim das variáveis


// Comece a configuração
void setup(){

  Serial.begin(9600); // inicia conexão serial a 9.600 bps

  servo_L.attach(9); // liga servo_L ao pino 9 usando a biblioteca Servo.h
  servo_R.attach(10); // liga servo_R ao pino 10 usando a biblioteca Servo.h

  pinMode(mode_pin, INPUT); // declara entrada
  digitalWrite(mode_pin, HIGH); // habilita resistor pull-up

  pinMode(antennae_R, INPUT); // declara entrada
  digitalWrite(antennae_R, HIGH); // habilita resistor pull-up
  pinMode(antennae_L, INPUT); // declara entrada
  digitalWrite(antennae_L, HIGH); // habilita resistor pull-up

  pinMode(bumper_R, INPUT); // declara entrada
  digitalWrite(bumper_R, HIGH); // habilita resistor pull-up
  pinMode(bumper_C, INPUT); // declara entrada
  digitalWrite(bumper_C, HIGH); // habilita resistor pull-up
  pinMode(bumper_L, INPUT); // declara entrada
  digitalWrite(bumper_L, HIGH); // habilita resistor pull-up
}
// Termina configuração

// Começa loop
void loop(){

  /////////////////////////////////////////////////
  // Se o switch_pin for BAIXO, use os sensores das antenas
  /////////////////////////////////////////////////
  if (digitalRead(mode_pin) == 0){

    antennae_R_val = digitalRead(antennae_R); // ler antena Direita
    antennae_L_val = digitalRead(antennae_L); // ler antena Esquerda

    // Use sensores das antenas
    // verificar se qualquer sensor das antenas é igual a GND (ele está sendo tocado).
    if (antennae_R_val == 0 || antennae_L_val == 0){

      // Agora verifique se apenas a antena esquerda foi tocada
      se (antennae_R_val == 0 && antennae_L_val == 1){
        // se sim, imprimir a palavra "Esquerda"

        Serial.println("Esquerda");
        // reinicie o temporizador
        timer_startTick = millis();
        // Pare motores
```

Capítulo 7 ■ Bug-bot

```
    stop_motors();
    // volte um pouco
    backup_motors();
    // vire um pouco à direita
    turn_right();
  }

  // caso contrário, se o sensor direito foi tocado e o esquerdo não
  else if (antennae_R_val == 1 && antennae_L_val == 0){
    // imprima a palavra "Direito"
    Serial.println("Direito");
    // reinicie o temporizador
    timer_startTick = millis();
    // Pare os motores
    stop_motors();
    // volte um pouco
    backup_motors();
    // Vire um pouco à esquerda
    turn_left();
  }

  else {
    // caso contrário, ambos os sensores de antenas foram tocados
    // imprima a palavra "Ambos"
    Serial.println ("Ambos");
    // reinicie o temporizador
    timer_startTick = millis();
    // Pare motores
    stop_motors();
    // volte um pouco
    backup_motors();
    // Vire em qualquer direção
    turn_left();
  }

}

else {
  // caso contrário nenhum dos sensores foi tocado, então vá em frente!
  forward_motors();
}

// imprima os estados de cada antena
Serial.print("sensor de direita");
Serial.print(antennae_R_val);
Serial.print(" ");
Serial.print("sensor de esquerda");
Serial.print(antennae_L_val);
Serial.println(" ");
  // Fim dos sensores das antenas

}
```

```cpp
///////////////////////////////////////////// ////////
// Caso contrário, se o switch_pin é ALTO, use os sensores do para-choque
///////////////////////////////////////////// ////////
else {

  // ler os sensores do para-choque
  bumper_R_val = digitalRead(bumper_R);
  bumper_C_val = digitalRead(bumper_C);
  bumper_L_val = digitalRead(bumper_L);

  // Use sensores do para-choque
  // verifique se o para-choque direito foi tocado
  if (bumper_R_val == 0){
    // se sim, imprima a palavra "Direito"
    Serial.println("Direito");
    // reinicie o temporizador
    timer_startTick = millis();
    // Pare motores
    stop_motors();
    // volte um pouco
    ahead_motors();
    // vire à Esquerda
    turn_left();

  }

  // verifique se o para-choque esquerdo foi tocado
  else if (bumper_L_val == 0){
    // caso afirmativo, imprima a palavra "Esquerda"
    Serial.println("Esquerda");
    // reinicie o temporizador
    timer_startTick = millis();
    // pare motores
    stop_motors();
    // volte um pouco
    ahead_motors();
    // vire à Direita
    turn_right();
  }

  // verifique se o para-choque central foi tocado
  else if (bumper_C_val == 0){
    // se sim, imprima a palavra "Centro"
    Serial.println("Centro");
    // reinicie o temporizador
    timer_startTick = millis();
    // Pare motores
    stop_motors();
    // volte um pouco
    ahead_motors();
    // vire à Esquerda
    turn_left();
  }
```

Capítulo 7 ■ Bug-bot

```
      else{
         // caso contrário nenhum sensor foi tocado, então vá em frente (que é na verdade reverter
quando a direção é mudada)!
         reverse_motors();
      }

         // imprima os estados de cada para-choque
         Serial.print("Para-choque direito  ");
         Serial.print(bumper_R_val);
         Serial.print("  ");
         Serial.print("Para-choque esquerdo  ");
         Serial.print(bumper_R_val);
         Serial.print("  ");
         Serial.print("Para-choque central  ");
         Serial.print(bumper_L_val);
         Serial.println("  ");
      }
      // Fim dos sensores do para-choque
}
///////////////////// Fim do Loop /////////////////////


// Começando funções de controle do motor
void stop_motors(){
  // pare motores pelo período de tempo definido na variável "stop_time"
  while(millis() < timer_startTick + stop_time){
    servo_L.write(servo_L_stop);
    servo_R.write(servo_R_stop);
  }
  timer_startTick = millis(); // redefinir variável do temporizador
}

void backup_motors(){
  // volte pela quantidade de tempo definida na variável "backup_time"
  while(millis() < timer_startTick + backup_time){
    servo_L.write(servo_L_reverse);
    servo_R.write(servo_R_reverse);
  }
  timer_startTick = millis(); // redefinir variável temporizador
}

void ahead_motors(){
  // avance pela quantidade de tempo definida na variável "backup_time"
  while(millis() < timer_startTick + backup_time){
    servo_L.write(servo_L_forward);
    servo_R.write(servo_R_forward);
  }
  timer_startTick = millis(); // redefinir variável temporizador
}

void turn_right(){
```

```cpp
  // vire à direita pela quantidade de tempo definida na variável "turn_time"
  while(millis() < timer_startTick + turn_time){
    servo_L.write(servo_L_forward);
    servo_R.write(servo_R_reverse);
  }
}

void turn_left(){
  // vire à esquerda pela quantidade de tempo definida na variável "turn_time"
  while(millis() < timer_startTick + turn_time){
    servo_L.write(servo_L_reverse);
    servo_R.write(servo_R_forward);
  }
}

void reverse_motors(){
  // retroceda indefinidamente
    servo_L.write(servo_L_reverse);
    servo_R.write(servo_R_reverse);
  }

void forward_motors(){
  // avance indefinidamente
    servo_L.write(servo_L_forward);
    servo_R.write(servo_R_forward);
  }
// Fim das funções de controle do motor

// Fim do código
```

O loop() principal começa com a leitura do estado da chave para verificar se ela deve usar os sensores tipo antena frontais ou os sensores do para-choque traseiro. Depois de determinar isso, os sensores individuais são lidos para determinar seus estados. Enquanto nenhum sensor é tocado, o Bug-bot pode dirigir para a frente até esbarrar em alguma coisa.

Você pode programar alterações aleatórias ou cronometradas em determinada direção para surpreender crianças ou animais de estimação que possam estar seguindo o seu Bug-bot com alguma expectativa. As possibilidades de movimento são inteiramente de sua escolha, mas você tem os movimentos e ações básicas para uma exploração simples.

Quando você terminar o teste e quiser tornar o seu robô mais atraente visualmente, vá para a próxima seção para fazer uma cobertura com tema de inseto para o Bug-bot.

FAZENDO UMA COBERTURA

Com o chassi montado e os sensores instalados, agora coloque uma cobertura em seu robozinho. Corte um pedaço de plexiglass do mesmo tamanho que a base (20,3 cm), mas dessa vez simplesmente corte o círculo, sem recortes. A parte superior pode ser pintada ou adesivada, ou você pode produzir um mascote para acompanhá-lo. Você pode fazer um desenho no computador e colá-lo à parte superior da tampa de acrílico com cola de artesanato tipo Mod-Podge para adicionar um pouco de estilo.

Uma vez que existem dois parafusos na parte da frente do robô atravessando os sensores tipo antena, eu os utilizei para encaixar a cobertura na frente. Você precisa adicionar um terceiro parafuso na parte traseira do robô perto dos sensores de para-choque para segurar a extremidade traseira da cobertura, inserido a partir da base e apontando para cima. Você pode usar novamente duas porcas em cada parafuso para prender a cobertura de plexiglass na altura desejada acima da eletrônica, bateria e rodas (ver Figura 7.25).

Figura 7.25 Corte outro pedaço de acrílico de ~20,3 cm para usar como uma peça superior no Bug-bot. Ela pode servir como tampa e proteger o Arduino de danos.

Depois de cortar a parte superior, marque os três locais dos parafusos com um marcador permanente e fure nos três locais marcados. Após a perfuração, faça um teste de encaixe da tampa transparente sobre os parafusos para certificar-se de que ela se encaixa corretamente e está centralizada acima e paralela à peça de *plaxiglass* inferior. Após checar o encaixe da peça superior, é hora de decorá-la um pouco.

Minha esposa usou o programa de código aberto Inkscape para criar um molde de ~20,3 cm com um *design* interessante, baseado em um inseto. Nós projetamos um pequeno retângulo diretamente acima do Arduino para que ele continuasse transparente, sem desenhos, permitindo ver o "cérebro" do robô através de sua nova pele. O desenho foi impresso em papel branco normal usando uma impressora em cores, colocado sobre a tampa de plexiglass, com o excesso de papel cortado com um estilete. Usamos uma camada fina de cola de artesanato Mod-Podge sob o desenho e, em seguida, outra camada sobre ele, removendo todas as bolhas de ar com um pequeno pincel durante a aplicação. Certifique-se de posicionar o desenho onde você quer da primeira vez; se você tentar movê-lo depois de colá-lo, provavelmente vai rasgar o papel úmido.

Nota ♦ Se você acabar passando a cola Mod-Podge sobre a janela transparente no centro, remova-a suavemente antes de secar (cerca de 15 minutos depois da aplicação) com algumas hastes de algodão umedecido para garantir que o plexiglass secará perfeitamente transparente.

Certifique-se de colar na orientação correta (parte de cima e de baixo da tampa) para que ela mostre o lado impresso do desenho quando instalada. Na Figura 7.26, você pode ver a parte inferior da tampa depois da colagem do desenho; o verso do papel branco sem impressão e a caixa de janela transparente são tudo que se pode ver a partir do fundo.

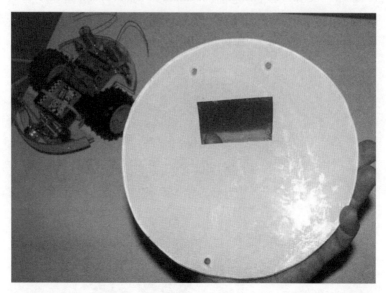

Figura 7.26 A tampa com desenho impresso e colado na parte superior. Aqui você pode ver a vista da parte inferior do desenho (papel branco), os orifícios de montagem e a janela no centro para se ver o Arduino embaixo.

Depois da montagem da tampa no chassi, você pode ver o Bug-bot terminado na Figura 7.27. Eu pintei duas anilhas de laranja para colocar nos parafusos da frente porque isso faz parecer que o Bug-bot tem olhos. Eu também pintei de preto os sensores tipo antena (apenas as extremidades) para dar-lhe um olhar mais realista de inseto robótico.

Capítulo 7 ■ Bug-bot

Figura 7.27 O Bug-bot terminado com sensores tipo antena de contato, sensores de colisão traseiro e cobertura decorativa para dar ao robô um exterior de tema entomológico.

RESUMO

Neste capítulo, você construiu uma estrutura simples, com dois servomotores de rotação contínua, cinco sensores de contato, uma bateria, algumas rodas e um Arduino. Esse robô simples é programado para explorar de forma autônoma um cômodo como um inseto o faria, usando sensores tipo antena para comunicar a ele quaisquer obstruções.

Se as antenas do Bug-bot tocarem em algo, ele para imediatamente de andar e vira (dependendo de qual antena foi tocada) a fim de encontrar um novo caminho. Os sensores tipo antena foram concebidos para se estenderem alguns centímetros para além da frente do chassi do robô, de modo que quando um objeto é detectado, o robô tem tempo suficiente para parar de se mover antes de bater em algo. Há também três tipos de sensores de para-choque instalados na parte traseira do robô, usados para detectar objetos quando o robô anda na outra direção. Usando uma chave de modo, a direção do deslocamento e os sensores usados podem ser alterados das antenas na frente para os sensores de para-choque traseiros, em modo de operação dual.

O Bug-bot pode ser ajustado e otimizado para reagir de forma diferente quando ele tocar um objeto, ou possivelmente até mesmo treinado para passar por um labirinto. Sensores de colisão são usados nos populares robôs de limpeza doméstica como o iRoomba e são sempre úteis para evitar que os robôs atropelem acidentalmente alguma coisa. O próximo capítulo se concentra em um robô de escala maior capaz de andar em ambiente externo... à noite... sem fio. Alguém aí disse câmera de visão noturna?

CAPÍTULO 8

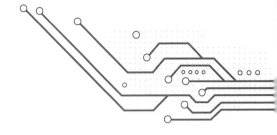

Explorer-bot

Os robôs mostrados anteriormente neste livro foram feitos para serem totalmente autônomos, operando sem a intervenção do usuário. Nosso próximo projeto coloca o controle em suas mãos, permitindo que você decida aonde o robô vai e o que faz. O robô é forte o suficiente para carregar um ser humano e pode se locomover ao ar livre com facilidade. Para fazer com que o robô seja ainda mais acessível, ele tem uma câmera sem fio posicionada em seu topo, para que você possa operá-lo sem vê-lo (ver Figura 8.1).

Figura 8.1 O Explorer-bot terminado, pronto para uso.

Embora seja divertido ver um robô vagando, tomando decisões a respeito de sua direção, às vezes você precisa direcioná-lo para um local específico que só pode ser alcançado quando guiado por um ser humano. Para fazer isso, você precisa de um sistema de controle que responda a suas entradas várias vezes por segundo para garantir que o robô pare quando você diz a ele que pare. Nós discutimos brevemente os métodos de radiocontrole (R/C) no Capítulo 2, "Arduino para robótica", mas agora é hora de implementarmos esse controle em um robô.

COMO O EXPLORER-BOT FUNCIONA

O Explorer-bot é semelhante ao Linus do Capítulo 4, "Robô Linus, o line-bot", mas muito maior e mais poderoso. Algumas características tornam esse robô único em relação aos projetos anteriores deste livro; vamos discuti-las antes de continuar.

Controle por R/C

Usei um equipamento R/C comum de modelismo interfaceado diretamente com o Arduino. Esse tipo de sistema de rádio requer um transmissor (Tx) e um receptor (Rx), que são usados para transmitir seus comandos ao Arduino para controlar os motores (ver Figura 8.2). Os sinais de controle são atualizados aproximadamente 50 vezes a cada segundo, para que as alterações de comando pareçam suaves nos motores.

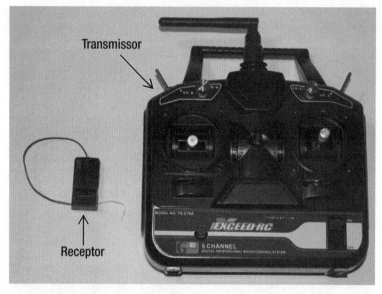

Figura 8.2 Um transmissor e receptor de rádio de 2,4 GHz.

Use um equipamento de rádio de 2,4 GHz para a comunicação R/C, pois é uma frequência permitida para veículos de superfície controlados e aeronaves de R/C.

Você pode comprar um bom sistema de radiocontrole para hobbistas na internet por cerca de 40 dólares (www.hobbypartz.com componente #79p-CT6B-R6B) ou em sua loja local de modelismo. O uso de equipamento de rádio de 2,4 GHz garante que não haverá outros operadores R/C vizinhos no mesmo canal que poderiam causar interferências. Esses sistemas também são facilmente interfaceados com o Arduino usando qualquer pino de entrada digital. O receptor R/C requer uma tensão de alimentação de +5 V, que pode ser fornecida a partir da fonte regulada de +5 V do Arduino. Lembre-se de unir também as linhas de terra (GND).

> **Nota** ◆ O receptor R/C precisa apenas de uma conexão de alimentação, embora existam pinos +5 V e GND para cada canal R/C; qualquer um deles pode alimentar toda a unidade.

Motores potentes

Embora existam muitas boas opções de motores CC com caixa de redução, eu prefiro um conjunto de motores de cadeira de rodas, porque eles têm excelente potência e velocidade adequada para um robô grande. Eles operam geralmente entre 6 V e 30 VCC (quando especificados em 24 VCC) e juntos podem transportar aproximadamente de 180 kg a 225 kg, o que os torna uma opção versátil para robôs de médio a grande porte que pesam entre 13 kg e 130 kg. Dependendo do peso do robô, esses motores consomem entre 3 A e 30 A continuamente, mas podem consumir de 50 A a 100 A, ou mais, se travados.

Eu usei dois motores para cadeira de rodas da marca Fracmo com tensão nominal de 24 V e 9 A. Esses motores têm seis furos em cada lado de uma caixa de redução plana, que são utilizados para montá-los em uma cadeira de rodas motorizada. Eu usei esses furos de montagem para fixar duas cantoneiras de aço de 1,9 cm de aba por 46 cm de comprimento no topo da caixa de redução do motor e uma terceira cantoneira de aço também aparafusada nela, usada para montar o rodízio frontal.

Sensoriamento de corrente

O controlador para esses motores enormes precisa lidar com uma corrente de 30 A e ter algum tipo de realimentação para determinar se o controlador do motor está sobrecarregado ou não. Para conseguir isso, eu projetei uma simples ponte-H dupla que incorpora um sensor de corrente de +/– 30 A em cada uma delas para que o Arduino leia exatamente quanta energia é consumida pelos motores, sempre que necessário. Se um motor consome mais corrente (em ampères) do que o limite estabelecido no código do Arduino, o Arduino envia comandos de parada aos dois motores por 1 s para evitar que eles superaqueçam o controlador do motor. Isso garante que a PCI estará protegida e que o robô não será capaz de gerar calor excessivo na placa, o que resultaria em trilhas de PCI queimadas. (Confie em mim, eu fiz isso várias vezes, e não é divertido de reparar.)

Habilitado para vídeo

O robô pode ser conduzido quando dentro do campo de visão do operador, ou usando a câmera de vídeo sem fio de bordo para transmitir o vídeo a uma estação base. A câmera de vídeo tem funções de *pan* e *tilt* para permitir uma completa rotação de 180° ao longo de dois eixos, o que proporciona uma visão ajustável dos arredores do robô. O vídeo vem de uma câmera para ambientes ao ar livre, sem fio, com um recurso automático para visão noturna ativado por meio de um fotodetector embutido. Quando o nível de luz está muito baixo, os LEDs infravermelhos ligam automaticamente, fornecendo uma excelente visão noturna.

Habilitado para Xbee

Além de ter controle R/C, este robô usa outro protocolo sem fio chamado Xbee, que é usado para criar uma conexão serial entre o Arduino e o seu PC. Ele pode ser usado para substituir completamente o controle R/C, se você quiser controlar o robô exclusivamente a partir de seu computador. Como o Xbee é um dispositivo de 2,4 GHz, a faixa é comparável à dos sistemas de rádio R/C. O Xbee funciona usando dois rádios: um ligado ao seu computador e o outro ligado ao Arduino, controlando o robô. Usar uma configuração de dois rádios Xbee é como ter seu Arduino conectado ao computador, só que sem fio. Você pode enviar e receber valores usando uma conexão serial do seu PC ou de um dispositivo programável (como outro Arduino).

Neste capítulo, os rádios Xbee transmitem dados do Arduino a um computador para que você visualize, em tempo real, as leituras do sensor de corrente e as leituras do R/C em seu monitor serial. No Capítulo 13, "Controle alternativo", eu recorro à ajuda de um amigo para revisar o Explorer-bot e escrever uma interface serial entre o Arduino e o seu computador (através do enlace Xbee) para controlar o robô usando um controlador tipo *game pad* para PC.

Agora, dê uma olhada no que você precisa para construir o Explorer-bot.

LISTA DE COMPONENTES DO EXPLORER-BOT

Várias partes deste robô podem ser substituídas por peças semelhantes. Os motores podem ser praticamente qualquer motor CC com caixa de redução que se encaixe em seu chassi. Tanto o Arduino quanto o controlador do motor podem ser construídos ou comprados, dependendo de quanto trabalho você deseja ter neste projeto (ver Tabela 8.1).

Tabela 8.1 Lista de componentes do Explorer-bot

Componente	Descrição	Preço (US$)
Dois motores CC de alta potência com rodas acopladas	Você pode encontrar esses conjuntos de motor/rodas de cadeira de rodas motorizadas no eBay ou retirá-los de uma cadeira de rodas motorizada velha.	150,00 por conjunto
Transmissor/receptor R/C de 2,4 GHz	Para controle R/C você necessita de um transmissor com receptor padrão (mín. 2 canais).	35,00
Clone do Arduino – do Capítulo 6 (qualquer Arduino serve)	Clone caseiro do Arduino – usa cabo FTDI para a programação, tem seu próprio regulador +5 V e aceita a maioria dos *shields* para Arduino.	10,00 a 15,00
3,6 m de cantoneira de aço de 1,9 cm	São vendidas nas lojas de ferragens em tamanhos de ~0,9 m, ~1,2 m e ~1,8 m. Eu comprei duas das de 1,8 m e ainda sobrou um pouco.	10,00

(continua)

Tabela 8.1 Lista de componentes do Explorer-bot (*continuação*)

Componente	Descrição	Preço (US$)
Rodízio grande (frente)	Loja de ferragens – escolhi uma roda emborrachada para evitar que o robô fizesse barulho.	10,00
Dois servomotores de modelismo – tamanho grande	Hobbypartz.com, componente #Servo_SG5010 – eles devem ser padrão; servomotores não modificados serão usados para o mecanismo *pan/tilt* da câmera.	5,00 cada
Câmera sem fio de 2,4 GHz ou 900 MHz	Sparkfun, componente #WRL-09189 – a câmera é usada para controlar o robô remotamente; é opcional, mas é interessante.	55,00
Barra chata de alumínio de 5 cm de largura e 1,6 mm de espessura	Você precisa de dois pedaços de 18 cm para fazer os suportes de montagem da câmera. Eu comprei um pedaço de 60 cm.	2,00
Pedaço de acrílico (plexiglass) de 30,5 cm por 61 cm	Sua loja de ferragens deve vender folhas de acrílico fundido (plexiglass) com 6 mm de espessura, ou você pode comprar online.	15,00
Barra de aço chata de 5 cm de largura, 3 mm de espessura e 61 cm de comprimento	Novamente, sua loja de ferragens deve vender peças sortidas de metal.	4,00
Duas chaves simples (SPST)	Radio Shack componente #275-324 – são chaves padrão SPST: uma para a alimentação e outra para comutar o modo de operação do robô. Elas são opcionais, mas podem facilitar as coisas	2,99
Caixa plástica de 5" × 7" (12,7 cm × 17,8 cm)	Radio Shack componente #270-1807 – 7" × 5" × 3" (12,7 cm × 17,8 cm × 7,6 cm).	4,99
Dois rádios Xbee	Sparkfun componente #WRL-08876 – eu comprei a versão de alta potência, capaz de transmitir por até 1 milha (1,6 km). Eu também usei rádios da série 2.5.	40,00 (cada)

(*continua*)

288 Arduino para robótica

Tabela 8.1 Lista de componentes do Explorer-bot (*continuação*)

Componente	Descrição	Preço (US$)
XBee Explorer USB	Sparkfun componente #WRL-08687 – esta unidade tem um regulador interno de 3.3 V e pode ser interfaceada diretamente com o computador utilizando um cabo mini USB.	24,95
XBee Explorer Regulated	Sparkfun componente #WRL-09132 – esta unidade tem um regulador interno de 3.3 V e pode ser interfaceada diretamente com o Arduino usando os pinos DIN e DOUT.	9,95
Controlador do motor: as partes listadas são para construir dois destes controladores na mesma PCI		
Dois CIs sensores de corrente ACS714 +/- 30 A	Digikey componente #ACS714ELCTR-30A – estes sensores de corrente medem de -30 A até +30 A na saída para o motor.	4.66 (cada)
Oito Mosfets canal P de potência – STP80PF55	Digikey componente #STP80PF55 – eles são mais baratos se você comprar dez ou mais.	2,92 (cada)
Oito Mosfets canal N de potência – STP80NF55-08	Digikey componente #STP80NF55-08 – eles são mais baratos se você comprar dez ou mais.	2,44 (cada)
Quatro Mosfets canal N de sinal – 2N7000	Digikey componente #2n7000 – eles são mais baratos se você comprar dez ou mais.	0,40 (cada)
Dois CIs reguladores de 12 V	Digikey componente #L78S12CV – regulador de 12 V, 2 A, com entrada de 12 a 30 VCC.	0,82 (cada)
Dois CIs acionadores de Mosfets – TC4427	Digikey componente #TC4427CPA – soldar na placa um soquete de 8 pinos facilita seu uso.	1,37 (cada)
Oito diodos de sinal 1N914	Digikey componente #1N914 – eles são mais baratos se você comprar dez ou mais. São usados entre o pino de porta (*gate*) dos Mosfets de potência de canal N para acelerar o tempo de desligamento.	0,12 (cada)
Dois blocos de terminais de cinco vias	Digikey componente #ED2612 – serão os terminais de entrada.	0,52 (cada)

(*continua*)

Capítulo 8 ■ Explorer-bot

Tabela 8.1 Lista de componentes do Explorer-bot (*continuação*)

Componente	Descrição	Preço (US$)
Dois blocos de terminais de quatro vias	Digikey componente #A98361 – serão os terminais de saída do motor e de alimentação principal.	1,31 (cada)
Capacitores	Dois de 1.000 μF/50 V, dois de 470 μF/25 V, quatro de 1 μF/50 V e dois de 1 nF/50 V.	5,00
Resistores	Oito de 10 kohm (Digikey componente #CF14JT10K0), oito a doze de 150 ohm (Digikey componente #CF14JT150R).	1,44 (50 unidades)
Uma placa de fenolite cobreada	Digikey componente #PC9-ND – 3" × 4,5" (7,6 cm × 11,4 cm) com uma face acobreada.	4,76

Além dos materiais da lista de componentes, você também precisará de algumas ferramentas para fazer esse projeto sem dificuldades. Para fazer um chassi robusto, você precisará usar aço ou alumínio, ambos chatos de se cortar com uma serra manual. Eu recomendo usar uma serra sabre (ou serra tico-tico), com uma lâmina para metal de dentes finos para cortar os vários pedaços de metal deste projeto. Também pode ser útil ter uma esmerilhadeira angular, ferramenta Dremel ou esmerilhadeira para limpar arestas do metal criadas durante o processo de corte. Você também precisa de um punhado de parafusos e porcas de 6,3 mm a 19 mm para unir os pedaços do chassi. Finalmente, você precisará de uma furadeira elétrica (com brocas de metal) para fazer os furos para os parafusos que juntam as partes do chassi.

CONSTRUINDO O CHASSI

O chassi deste robô pode ser tão simples quanto possível, construído principalmente para acomodar os motores e as rodas. O chassi deve fixar os dois motores traseiros e suas rodas ao rodízio da frente, suportar as baterias e abrigar todos os componentes eletrônicos. Eu escolhi utilizar uma cantoneira de aço de 1,9 cm para a maior parte do chassi, coberto por um deque de plexiglass. Eu queria que esse robô passasse por portas comuns de uma casa, mas também fosse grande o suficiente para atravessar terrenos acidentados e montes sem problemas.

Especificações

Antes de construir a estrutura mostrada na Figura 8.3, revise as especificações e materiais de que você precisará para fazê-la:
- Dimensões da caixa de redução = 13,97 cm C • 7,62 cm L • 8,89 cm A
- Dimensões da bateria = 15,24 cm C • 6,35 cm L • 8,89 cm A (cada)
- Rodas traseiras = diâmetro de 30,48 cm

- Rodízio = roda de 15,24 cm de diâmetro, medindo 17,78 cm do suporte de montagem ao chão.
- Chassi = 43,18 cm C • 48,26 cm L • 19,5 cm A
- Dimensões totais do robô com rodas e câmera = 50,8 cm C • 60,96 cm • 68,58 cm A

O chassi básico é feito usando cinco peças de metal, dezesseis parafusos, dois conjuntos de rodas/motores de tração e o rodízio da frente. O aço é uma excelente escolha para um robô grande porque é extremamente forte e pode ser soldado ou aparafusado. No entanto, quando usado em grandes quantidades, o aço se torna pesado. Conforme o robô fica mais pesado, o consumo de corrente dos motores aumenta, então usar muito aço pode acabar exigindo um grande esforço do seu controlador de motor e drenando as baterias mais rapidamente, reduzindo o tempo de operação. Tente usar aço apenas para o esqueleto do chassi, e use uma folha de plexiglass (acrílico) para o deque do robô para reduzir o peso.

Vários passos são necessários para criar a estrutura. Em primeiro lugar, corte um pedaço de metal para unir as partes inferiores dos motores e proporcionar uma base para abrigar baterias. Em seguida, corte mais duas peças para fixar a parte superior, uma barra de suporte para o rodízio e, finalmente, a peça principal do chassi, que deve ser cortada e dobrada para dar ao chassi a sua forma. Então, é só uma questão de montar os motores e o rodízio no novo chassi de metal para fazê-lo se mover. As seções a seguir vão orientá-lo com os passos necessários para construir o chassi.

Figura 8.3 O chassi do Explorer-bot.

Adicionando o suporte de bateria

A primeira coisa que fiz foi cortar um pedaço de barra de aço plana de 48,26 cm para fixar a parte debaixo das caixas de redução dos motores, bem como para proporcionar um local para abrigar as baterias. Como as baterias que eu uso têm 15,24 cm cada, meu chassi precisava ter um espaço mínimo de 30,48 cm entre as caixas de redução dos motores para elas se encaixarem. Meus motores têm seis furos para fixação de cada lado da caixa de redução para aparafusar o suporte inferior, e eu usei apenas os dois furos de fixação centrais em cada uma (ver Figura 8.4). Eu decidi usar duas baterias de 12 V nesse robô, que podem ser arranjadas para operar em 24 V e 7 Ah (em série) ou em 12 V e 14 Ah (em paralelo).

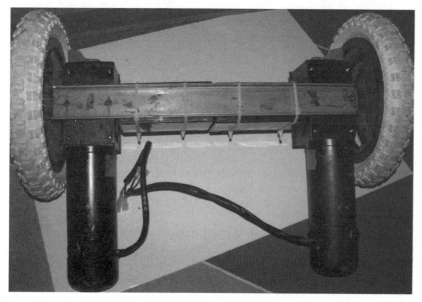

Figura 8.4 A barra de suporte da bateria fixada ao fundo das caixas de redução dos motores, usando dois parafusos para fixá-la a cada um dos motores.

O suporte da bateria não é nada além de um pedaço chato de uma grande barra de aço de 48,26 cm de comprimento por 5,08 cm de largura e 3,1 mm de espessura. Essa peça é montada nos furos centrais da parte inferior das caixas de redução dos motores. Eu usei dois parafusos em cada caixa de redução para prender o suporte em seu lugar. Quando preso, você terá um espaço para montar as duas baterias entre os motores. Minhas baterias, por acaso, eram da mesma altura das caixas de redução dos motores, então se encaixaram muito bem entre eles (ver Figura 8.5).

Figura 8.5 Os dois motores de tração ligados entre si pela viga da bateria.

Corte as cantoneiras superiores do chassi

A cantoneira inferior deve ter dois furos em cada extremidade para ser montada no suporte para os motores. Meça a distância entre os dois furos de montagem do motor (meus motores têm um espaçamento de 6,35 cm, entre os furos de fixação). Agora, marque e faça os dois furos (com 6,35 cm de distância) em cada extremidade da cantoneira inferior. Você deve, depois, fixar essa cantoneira ao fundo das caixas de redução dos motores. Verifique duas vezes para certificar-se de que as duas baterias se encaixam nesse espaço, antes de prosseguir para a próxima etapa.

Corte das barras de suporte superior

Corte dois pedaços de 48,26 cm da cantoneira de aço de 1,90 cm de largura usando uma serra sabre, se disponível, ou um arco de serra. Essas duas peças podem prender os motores na parte superior enquanto mantêm as rodas paralelas uma à outra. Essas peças também exigem marcar e perfurar dois furos de fixação em ambas as extremidades de cada barra. Os furos de fixação devem ter a mesma medida que na etapa anterior (6,35 cm para mim).

Meça, marque e depois faça os furos na estrutura superior das barras de suporte para fixá-las nos motores (ver Figura 8.6).

Figura 8.6 As duas barras de suporte superiores do chassi, utilizadas para fixar os motores no topo, as quais devem ser do mesmo comprimento que a barra de suporte inferior da base da bateria.

Coloque apenas os parafusos de dentro nas barras de suportes superiores por ora. Você usará os furos de fixação externos no próximo passo para também fixar a peça principal do chassi aos motores (ver Figura 8.7).

Figura 8.7 Comece fixando as duas barras de suporte superiores do chassi com quatro parafusos. Não coloque os parafusos do lado de fora do chassi ainda, porque haverá mais uma peça de chassi instalada antes desses parafusos serem aparafusados nos motores.

Corte e dobra da peça principal do chassi

A peça principal do chassi dá ao robô a sua forma e permite a fixação de um rodízio na frente, que se liga à parte de trás da armação. Eu fiz quatro cortes com minha serra sabre com uma lâmina para metal, cortando em forma de V um dos lados da cantoneira de aço em pontos previamente medidos (ver Figura 8.8). Quando cortada em V, a cantoneira de aço pode ser facilmente dobrada; você dará a forma permanente quando aparafusar a peça a cada caixa de redução dos motores com dois parafusos de cada lado (quatro parafusos no total). Você precisa medir a distância entre os dois furos de fixação dos motores e fazer dois furos em cada lado.

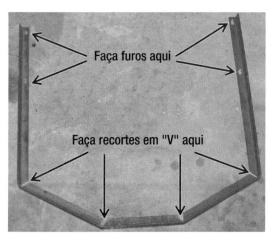

Figura 8.8 Comece a modificar a peça principal do chassi com cortes em forma de V conforme mostrado; em seguida, faça os furos (medidos) para fixar cada motor, como mostrado.

Para evitar ter cantos vivos, típicos de uma forma quadrada padrão, eu decidi escolher uma forma semioctogonal com um nariz achatado e com cantos inclinados e menos pontudos. Dobre a peça recém-cortada na forma mostrada pela Figura 8.9, certificando-se de que as pernas de 35,56 cm estejam a cerca de 48,26 cm de distância uma da outra.

Figura 8.9 Este diagrama mostra as dimensões de cada segmento da peça principal do chassi, entre cada corte em V.

Com a peça principal do chassi cortada, você ainda precisará adicionar uma barra transversal para fornecer suporte para o rodízio da frente.

Adicionando uma barra transversal e fixando o rodízio

Como usamos uma cantoneira de aço fina de 1,90 cm de largura, só há espaço suficiente para montar dois dos quatro parafusos da base do rodízio da frente. Já que isso pode deixar a roda da frente chacoalhando um pouco, você precisará adicionar uma barra transversal na dobra mais baixa de cada lado da peça principal do chassi, certificando-se de que ela passa pelos outros dois furos de fixação da placa de montagem do rodízio. Se você tem um ferro de solda, poderá soldar a barra no lugar com um cordão de solda (ver Figura 8.10). Caso contrário, você poderá colocar um parafuso em cada extremidade da barra da peça principal do chassi para mantê-las firmemente unidas.

Agora você deve estar pronto para fixar o rodízio à peça principal do chassi e à barra transversal, fazendo furos sempre que necessário. Um diagrama da vista superior do chassi é mostrado na Figura 8.11.

Quando estiver escolhendo um rodízio, você deve medir a altura de seu conjunto de rodas traseiras para determinar a altura aproximada do deque. Ao combinar a altura do rodízio com a altura do deque do robô, você pode evitar a necessidade de uma dobra no chassi para compensar a diferença de altura. A base do rodízio normalmente tem quatro furos em uma placa retangular montada sobre um rolamento. Esses furos devem ser usados para fixar a estrutura do rodízio à frente do chassi do robô. Quando você for colocar objetos perto da frente do robô, deve se lembrar de que o rodízio deve girar 360° sem raspar em nada.

Minha montagem do rodízio tem uma altura total de 17,78 cm, com uma roda de 15,24 cm de diâmetro. Como a altura do deque principal é de aproximadamente 19,05 cm quando fixada aos motores, o rodízio que usei dá ao robô um pequeno ângulo inclinado para a frente que mal dá para perceber.

Capítulo 8 ■ Explorer-bot

Figura 8.10 A peça principal do chassi pronta para ser montada aos motores e às rodas.

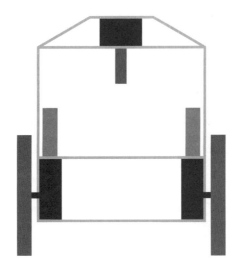

Figura 8.11 Este diagrama mostra as várias peças do chassi unidas.

Com o rodízio fixado na frente da estrutura, agora é possível montar a parte de trás da peça principal do chassi nos motores. Você pode ver a peça principal do chassi fixada às caixas de redução dos motores através dos furos restantes nas duas barras de suporte superiores do chassi, conforme mostrado na Figura 8.12.

Quando a peça principal estiver fixada ao conjunto traseiro do chassi e a roda de rodízio fixada na frente, a estrutura estará completa. Agora você pode prosseguir para a construção do controlador do motor ou adicionar uma plataforma de plexiglass opcional ao topo do chassi.

Figura 8.12 A peça principal do chassi fixada às rodas traseiras por quatro parafusos através dos furos de fixação restantes de cada lado.

DEQUE DE PLEXIGLASS (OPCIONAL)

Eu costumo usar placas acrílicas de plexiglass transparentes em projetos que precisam de uma cobertura ou tampa. O interior do robô ainda pode ser visto quando montado, adicionando um efeito interessante de "olhe, mas não toque". Essas placas também podem ser cortadas e ajustadas para qualquer formato e perfuradas para fixar chaves de potência, componentes eletrônicos ou uma "caixa de projeto". O plexiglass é mais leve do que um pedaço do mesmo tamanho de vidro e é muito mais resistente contra rachadura ou quebra.

Cortei o plexiglass para se ajustar à seção retangular da parte superior do chassi, de 45,72 cm (L) por 33,02 cm (C). Em seguida, o acrílico pode ser montado na estrutura de metal usando parafusos de 6,35 cm. Depois, usei o deque de plexiglass para fixar a caixa de projeto com todos os componentes eletrônicos dentro para um acesso mais fácil. As placas de plexiglass geralmente vêm com uma película protetora em cada lado; deixe essa película intacta até que você termine todos os cortes. Quando a película for removida, o material transparente deve estar livre de riscos.

Com o chassi terminado, você precisa de um controlador de motor para por esse robô em movimento.

CONSTRUINDO O CONTROLADOR DO MOTOR

Se você não estiver interessado em construir um controlador de motor e gostaria de comprar um, por favor consulte as (numerosas) sugestões de controladores de motores no Capítulo 3, "Vamos adiante", Tabela 3.4, e veja algumas opções diferentes.

O controlador de motor para esse projeto é mais complexo que os controladores anteriores por causa do tamanho e da potência dos motores. Como a maioria dos controladores de motor pode lidar com os motores de uma cadeira de rodas elétrica de 9 A de potência, seu preço estará na faixa de 100 dólares ou mais (para os dois motores). Eu decidi construir uma ponte-H simples com Mosfets, que também têm um sensor de corrente embutido que permite criar um limitador de corrente ajustável.

Capítulo 8 ▪ Explorer-bot

O recurso de limitação de corrente é importante porque é a única maneira de você saber se os motores estão consumindo mais corrente do que o controlador de motor suporta. O resultado da passagem de muita corrente pelo seu controlador de motor é, geralmente, uma trilha de cobre da PCI "frita", ou um Mosfet explodido! Monitorando a corrente com um CI sensor de corrente e o Arduino, você poderá parar instantaneamente qualquer motor que exceder um nível predefinido.

Sensoriamento e limitação de corrente

A necessidade de limitação de corrente em seu robô depende da potência dos motores. Se você usar um motor com redução menor cuja corrente de sobrecarga (*stall current*) seja de 15 A, você provavelmente vai queimar o motor antes de conseguir queimar um controlador de motor de 25 A nominais para corrente contínua.

Esses motores para cadeiras de rodas motorizadas, no entanto, foram projetados para transportar não apenas uma cadeira do tamanho de um robô grande, mas também um ser humano – para subir rampas, para atravessar um estacionamento, e tudo isso sem "queimar". Isso significa que cada motor pode consumir de 50 A a 100 A durante uma sobrecarga (dependendo do motor), que gera calor o bastante para queimar o ponto fraco de um controlador de motor.

Eu usei o sensor de corrente ACS714 +/- 30 A da Allegro Microsystems para medir a corrente que flui através de uma das duas saídas do motor em cada ponte-H. O sensor de corrente AC714 opera com uma fonte de alimentação de +5 V, que pode ser fornecida pelo Arduino. O sensor tem três conexões: +5 V, GND e o sinal de saída analógico. A tensão de saída de cada sensor é, na verdade, centrada em 2,5 V quando os motores não estão em movimento (0 A) e sobe gradualmente até 5 V conforme a corrente flui no sentido "positivo" (ou seja, quando o motor gira para a frente), ou cai gradualmente para 0 V conforme a corrente flui no sentido "negativo" (ou seja, quando o motor gira no sentido inverso).

O Arduino pode ler o valor do sensor de corrente em qualquer pino de entrada analógica e traduzir o nível de tensão para um valor entre 0 e 1.023, em que o valor central de 0 A corresponde a 512 (1.023/2). O *datasheet* do ACS-714 diz que a sensibilidade de tensão é de 66 mV por ampère, por isso você deve calcular quantos milivolts compõem cada "passo" da faixa de valores de 0 a 1.023 das entradas analógicas do Arduino para poder determinar quantos ampères foram medidos em um determinado momento.

Há apenas um problema: o *chip* do sensor de corrente está disponível somente como um *chip* para montagem de superfície (*surface mount device* – SMD), o que exige um pouco de experiência durante a soldagem à PCB. Também fiz um projeto alternativo de PCI sem o sensor de corrente, para aqueles que não querem usá-lo.

Projeto da ponte-H

Para esta ponte-H, eu usei Mosfets de canal-P e de canal-N de potência, ambos para 80 A e 55 VCC. Eu usei o *driver* de Mosfet do tipo *low-side* TC4427 como um isolador de sinal para que o Arduino forneçesse o sinal de PWM para os Mosfets de canal-N (similarmente ao controlador de motor do Capítulo 5, do Wally). O TC4427 fornece 1,5 A para os pinos de porta do Mosfet durante a comutação de alta velocidade do PWM, permitindo usar o acionamento ultrassônico (silencioso) do motor, com o PWM em 32 kHz. Cada Mosfet de canal-N também tem um diodo de recuperação rápida de sinal ligado ao seu pino de porta para ajudar a drenar o excesso de corrente mais rapidamente entre os ciclos de comutação.

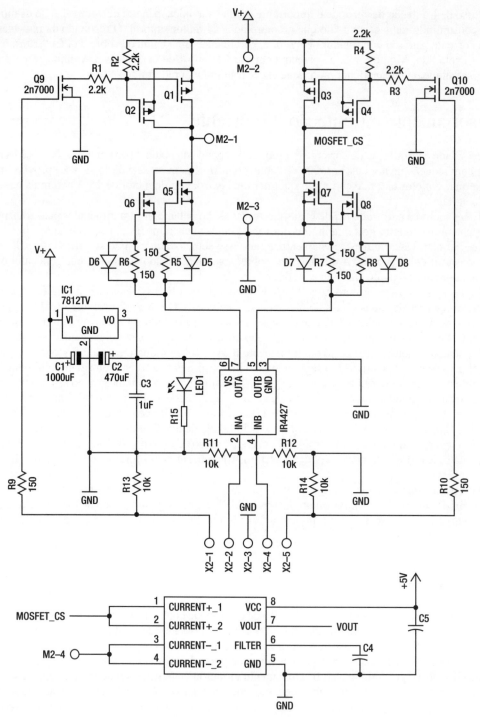

Figura 8.13 O esquema eletrônico do controlador de motor caseiro com ponte-H usado no Explorer-bot. Este esquema descreve um circuito de ponte-H; o controlador de motor completo requer dois circuitos desses idênticos.

Capítulo 8 ■ Explorer-bot

Os Mosfets de canal-P são ligados usando pequenos Mosfets de canal-N de sinal, e para desligá-los usam resistores de *pull-up*, configurados como divisores de tensão, até a tensão de alimentação. Os Mosfets de canal-P (AHI e BHI) são ligados ou desligados apenas quando mudam de direção e não devem ser acionados com um sinal de PWM. O divisor de tensão permite que você escolha os valores dos resistores de acordo com a tensão de operação desejada; os valores dos resistores utilizados neste capítulo são seguros para serem usados com baterias de 12 V a 24 V.

Além de usar Mosfets de maior potência do que o último controlador de motor construído, essa placa tem Mosfets duplos. Ou seja, eu coloquei dois Mosfets em paralelo em cada "perna" das duas pontes-H para duplicar a capacidade de condução de corrente do controlador de motor e reduzir pela metade a resistência. Lembre-se do Capítulo 1, "Introdução", que menor resistência é igual a menos calor.

Agora é hora de juntar as peças necessárias e começar a construir o controlador de motor! Se você ainda não tentou corroer uma PCI, talvez seja necessário rever o Capítulo 6, "Fazendo placas de circuito impresso", para construir esse circuito. Quando estiver pronto, siga estes passos para imprimir, transferir, corroer e construir a PCB.

1. Baixe os arquivos da PCI para o Eagle em https://sites.google.com/site/arduinorobotics/home/chapter8.
2. Abra o arquivo .brd e selecione apenas as camadas *Bottom*, *Pads* e *Vias* no menu *Layers*.
3. Clique no botão *Ratsnest* para preencher o plano de GND.
4. Imprima em papel revista usando as opções *Black* e *Solid*.
5. Transfira com um ferro de passar o desenho para a placa cobreada.
6. Corroa a PCI.
7. Fure a PCI.
8. Coloque os componentes usando arquivos de serigrafia e esquemas eletrônicos; depois solde.
9. Teste com uma fonte de alimentação de 12 V e sinais de entrada de 5 V, verificando a tensão nos terminais do motor.

Para obter instruções sobre como corroer uma PCI, consulte o Capítulo 6. Ao montar cada placa, certifique-se de verificar a serigrafia no arquivo Eagle, o esquema eletrônico do controlador de motor e os *datasheets* dos componentes para verificar a orientação adequada de cada um.

Nota ♦ Para soldar o sensor de corrente ACS714 para montagem de superfície, é melhor aquecer as ilhotas de cobre e aplicar uma pequena quantidade de solda antes de colocar os *chips*. Para melhores resultados, solde o lado do terminal do motor do primeiro sensor de corrente. Quando você tiver os dois primeiros terminais firmemente soldados e cada pino alinhado, solde cuidadosamente os pinos restantes, aquecendo cada pino pelo menor tempo possível.

O arquivo de placas do Eagle na Figura 8.14 mostra apenas uma das duas pontes-H necessárias. Você pode imprimir duas placas separadas, ou usar o arquivo de placa de impressão dupla que tem duas dessas pontes-H lado a lado, prontas para impressão em uma única placa. Ambas compartilham um plano de terra comum, portanto apenas um fio GND precisa ser conectado ao Arduino.

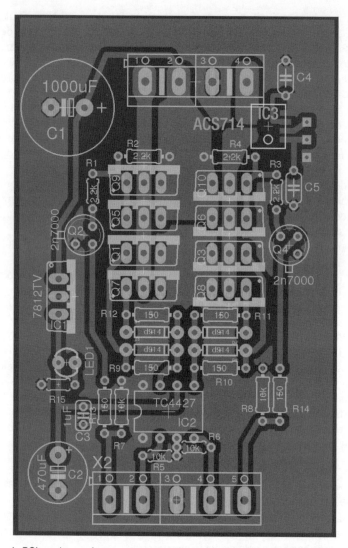

Figura 8.14 O arquivo de PCI usado para fazer o esquema da ponte-H mostrado na Figura 8.13.

Use a serigrafia (contorno dos componentes) do arquivo de placa da PCI mostrado na Figura 8.14 para posicionar cada componente antes de soldar. Você também deve se certificar de que seu controlador de motor, quando acabado, se parece com o mostrado na Figura 8.15.

Algumas notas sobre o *layout* do controlador do motor:
- A extremidade listrada (cátodo) dos diodos deve ficar voltada para o centro de cada ponte-H.
- Os pinos fonte dos Mosfets de potência devem ficar voltados para o centro de cada ponte-H.
- Os resistores podem ser colocados em qualquer orientação.
- A extremidade chanfrada do CI TC4427 deve ficar voltada para o lado esquerdo da placa.

A Figura 8.15 mostra uma foto da placa com a ponte-H dupla acabada. Observe os dois conjuntos de barras de pinos perto do topo da placa; estes se conectam aos sensores de corrente ACS714 montados na parte inferior da placa. Note também que apenas um dos pinos centrais de GND se conecta ao Arduino na parte inferior.

Esse projeto de controlador de motor possibilita o controle individual de cada chave eletrônica da ponte-H. Embora essa ponte seja capaz de atingir velocidades ultrassônicas (32 kHz) de comutação por PWM, os sinais de PWM devem ser usados apenas nas entradas dos lados baixos que alimentam o CI do acionador de Mosfet de alta velocidade. As entradas do lado de cima, que controlam os Mosfets de canal-P, não estão configuradas para comutação de alta velocidade e devem ser ligadas e desligadas somente quando mudar de direção ou parar. Agora que você tem um controlador de motor funcionando, é hora de configurar o Arduino para controlá-lo.

Figura 8.15 O controlador de motor duplo concluído, com oito Mosfets em cada ponte-H.

CONFIGURANDO O ARDUINO

Você pode usar um Arduino padrão para este projeto, apesar de eu ter usado uma placa caseira para o *chip* Atmega que é programado usando um cabo de programação FTDI. A vantagem de usar um Arduino de fabricação caseira (ou qualquer Arduino programado com um cabo FTDI) é que o módulo Xbee Explorer Regulated pode conectar-se diretamente na porta de programação FTDI, fornecendo tanto a alimentação quanto as conexões seriais necessárias do Xbee para o Arduino (ver Figura 8.16).

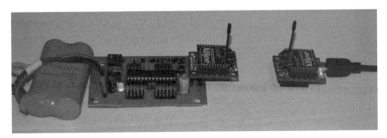

Figura 8.16 A placa *breakout* Xbee da Sparkfun.com.

Diversas outras variantes do Arduino também usam o porto de programação FTDI, como o Arduino Pro e o Pro mini. O objetivo dessas placas é criar uma alternativa menor para a placa principal do Arduino incorporando o *chip* de programação FTDI no cabo de programação, em vez de colocar um em cada placa Arduino. Isso torna cada placa um pouco mais barata e mais fácil de fazer em casa.

Além disso, como eu pude projetar a placa *breakout* do Arduino no Eagle, adicionei terminais com parafuso a cada pino digital e conectores macho de 3 pinos para cada pino analógico, fornecendo os sinais +5 V e GND para os sensores de corrente conectados a essas portas. Você também pode conectar servomotores diretamente nesses pinos facilitando o seu interfaceamento.

Você pode baixar os arquivos de placas do Eagle para construir seu próprio Arduino em https:// sites.google.com/site/arduinorobotics/home/chapter8.

Se usar uma placa Arduino padrão, precisará usar quatro fios *jumper* para fazer a interface do adaptador Xbee Explorer Regulated da SparkFun para ela. A placa adaptadora Xbee tem um regulador embarcado (*on-board*) de 3,3 V, para que ele aceite uma tensão 5 V do Arduino. É necessário ligar o GND e o +5 V ao Arduino; em seguida, conecte o pino DOUT do Xbee ao DP0 (rx) do Arduino e o DIN do Xbee ao DP1 (tx) do Arduino.

Conectando as pontes-H

Cada ponte-H tem quatro chaves eletrônicas que podem ser controladas individualmente. Esse projeto eletrônico básico funciona bem, mas não tem nenhuma proteção interna que impeça uma situação particular de curto-circuito, porque essa proteção é feita no código; você deve verificar todas as conexões duas vezes para garantir que a fiação está correta. As conexões da ponte-H são rotuladas como AHI (*A high input*, ou "entrada A alta"), ALI (*A low input*, ou "entrada A baixa"), BLI (*B low input*, ou "entrada B baixa") e BHI (*B high input*, ou "entrada B alta"). As entradas baixas são conectadas aos Mosfets canal-N de potência, e as entradas altas conectadas aos Mosfets canal-P de potência. Como só os Mosfets de canal-N de potência serão acionados com um sinal PWM, eles se conectam a quatro das seis saídas PWM do Arduino (pinos de PWM 3, 9, 10 e 11).

Eu não uso os pinos de PWM 5 e 6, se possível, porque pretendo mudar a frequência padrão desses PWM e não quero afetar o Timer 0 (temporizador 0) do sistema. Para usar frequências PWM diferentes é preciso mudar os temporizadores do sistema utilizados pelos pinos de PWM. Como os pinos PWM 5 e 6 estão ligados ao Timer 0 do sistema principal, mudar esse temporizador também muda as saídas de todas as funções dependentes do Timer 0 (ou seja, Delay(), millis() e micros()). Como você precisa só de quatro saídas PWM, mas precisa também alterar o tempo padrão de todas essas saídas, use os pinos PWM 9 e 10 ligados ao Timer 1 (temporizador 1) e os pinos PWM 3 e 11 ligados ao Timer 2 (temporizador 2), mudando ambos para uma frequência de PWM de 32 kHz para uma operação silenciosa dos motores. Os pinos 5 e 6 serão utilizados, mas apenas como pinos de saída digital; a capacidade PWM desses pinos não será utilizada para este projeto.

Faça cada conexão do Arduino ao controlador do motor, ao Xbee e ao receptor R/C, de acordo com a Tabela 8.2.

Eu escolhi montar todos os meus componentes eletrônicos em uma caixa de projeto de 12,7 cm por 17,8 cm da Radio Shack. Essa caixa fornece um lugar para montar tanto o controlador de motor quanto o Arduino com Xbee. A caixa pode então ser movida sem desconectar o Arduino do controlador de motor. A caixa do projeto é opcional, mas permite uma instalação mais elegante.

Capítulo 8 ▪ Explorer-bot 303

Tabela 8.2 Conecte cada fio ao Arduino como mostrado aqui: verifique duas vezes cada conexão antes de testar

Entrada/Saída	Conexão no Arduino
Xbee DOUT	pino digital 0 (rx) do Arduino
Xbee DIN	pino digital 1 (tx) do Arduino
Entrada R/C para cima/baixo (ELE)	pino digital 2 do Arduino
Entrada R/C esquerda/direita (AIL)	pino digital 6 do Arduino
Chave de entrada R/C (AUX)	pino analógico 0 do Arduino
Sensor de corrente do M1 (no controlador do motor)	pino analógico 1 do Arduino
Sensor de corrente do M2 (no controlador do motor)	pino analógico 2 do Arduino
BHI do M1 (no controlador do motor)	pino digital 7 do Arduino
BLI do M1 (no controlador do motor)	pino PWM 3 do Arduino
ALI do M1 (no controlador do motor)	pino PWM 11 do Arduino
AHI do M1 (no controlador do motor)	pino digital 8 do Arduino
BHI do M2 (no controlador do motor)	pino digital 5 do Arduino
BLI do M2 (no controlador do motor)	pino PWM 10 do Arduino
ALI do M2 (no controlador do motor)	pino PWM 9 do Arduino
AHI do M2 (no controlador do motor)	pino digital 4 do Arduino

CONFIGURANDO O XBEE

Você pode escolher entre três tipos diferentes de rádios Xbee: Série 1, Série 2.5 e 900 MHz. Todos esses modelos permitem a transmissão de dados seriais em altas velocidades (de 115.200 bps para cima) com módulos de alta e baixa potência. Nós vamos nos concentrar nos módulos de baixa potência da Série 1 (Sparkfun componente #WRL-08665), que estão prontos para serem usados. Tudo o que você precisa fazer é conectar cada rádio Xbee nas placas adaptadoras da Sparkfun para começar (ver Figura 8.17).

Para configurar o Xbee, você precisa do seguinte:
- Dois rádios Xbee
- Xbee Explorer Regulated

- Xbee Explorer USB
- *Software* de programação XCTU Xbee (grátis: baixe a última versão em www.digi.com)
- Cabo USB mini

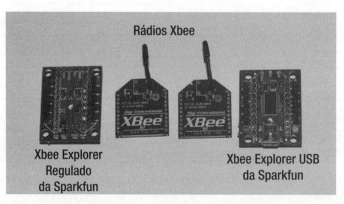

Figura 8.17 Da esquerda para a direita: o Xbee Explorer Regulated, dois rádios Xbee e o Xbee Explorer USB.

Ao utilizar os módulos da Série 1 para a transmissão de dados simples, descobri que não era necessário reprogramá-los e que os módulos Xbee vêm configurados de fábrica para se comunicarem entre si com uma taxa de 9.600 bps. Se você quiser usar uma taxa de transmissão serial diferente ou alterar os rádios Xbee para operar em um canal privado, você precisa usar o *software* de programação XCTU.

Embora os módulos da Série 2.5 sejam apenas alguns dólares mais caros do que os da Série 1, eles usam um tipo diferente de rede, que requer que cada Xbee tenha um papel específico e, portanto, deve ser programado como tal; eles não funcionam sem ser reprogramados. Embora eles funcionem tão bem quanto a Série 1 para transmissão de dados simples, há um pouco mais de configuração necessária para poder utilizá-los. A menos que você tenha um motivo para usar a Série 2.5, fique com os módulos da Série 1.

Nota ♦ Os módulos Xbee de alta potência oferecem um alcance de até 1 milha (1,6 km), mas exigem mais de 200 mA de corrente. Os módulos de baixa potência têm um alcance de aproximadamente 300 pés (91 m), e consomem apenas cerca de 50 mA de corrente. As placas SparkFun Explorer podem alimentar os dois tipos de Xbee. Quando conectado, o enlace (*link*) de rádio Xbee emula um cabo USB sem fio; ou seja, você pode se conectar ao Arduino usando o monitor serial para ler atualizações em tempo real dos sensores de corrente e dos sinais de R/C. Para este capítulo, configure os módulos Xbee para comunicação entre o PC e o robô para enviar atualizações de estado (*status*). O Capítulo 13 usa esse enlace para controlar o robô a partir do PC.

Testando os Xbees

Para testar a conexão Xbee, carregue o código da Listagem 8.1 no Arduino e abra um monitor serial com a porta USB do Xbee Explorer para verificar a conexão. Com o monitor serial aberto, digite qualquer caractere na caixa de texto e clique em Enviar. Se tudo se conectar corretamente, os caracteres que você tiver enviado para o Arduino voltam através do Xbee e aparecem no monitor serial.

Listagem 8.1 Este código pode ser usado para testar a conexão dos Xbee do seu PC até o Arduino e de volta até o seu PC

```
// Código 8.1 - Código teste do Xbee

int incomingByte = 0;    // para os dados seriais de entrada

void setup() {
  Serial.begin(9600);    // abre porta serial, define taxa de dados em 9.600 bps
  pinMode(13, OUTPUT);

}

void loop() {

  // envie dados somente quando você receber dados:
  if (Serial.available() > 0) {
    // leia o byte de entrada:
    incomingByte = Serial.read();

    // diz o que você recebeu:
    Serial.print("I received: ");
    Serial.println(incomingByte, BYTE);

    digitalWrite(13, HIGH); // ligue pino LED 13
    delay(1000); // deixe LED aceso por 1 s

  }
  else {
    digitalWrite(13, LOW); // caso contrário, desligue o pino LED 13
  }
}
```

Depois de carregar o código, alimente a placa adaptadora Xbee Explorer Regulated com +5 V e GND, conecte o pino DOUT ao DP0 (rx) do Arduino e o pino DIN ao pino DP1 (tx) do Arduino. Caso você tenha construído o clone do Arduino, basta conectar o Xbee Explorer na porta de programação FTDI do Arduino.

Lembre-se de que a taxa de transmissão do monitor serial deve ser ajustada em 9.600 bps antes que você possa se comunicar através dos Xbee. Se você deseja uma taxa de transmissão diferente, precisará reprogramar os dois rádios Xbee com a velocidade desejada e alterar a velocidade no código Arduino.

O último componente a adicionar ao Explorer-bot é uma câmera sem fio utilizada para proporcionar um enlace de áudio/vídeo quando o robô é guiado por um lugar que não pode ser visto pelo operador.

ADICIONANDO UMA CÂMERA

Para adicionar a visão remota ao seu robô, você precisa de uma câmera sem fio (ver Figura 8.18). A maioria das câmeras de vídeo sem fio comuns opera na faixa de frequência de 900 MHz ou 2,4 GHz. Se quiser evitar interferência com o seu rádio R/C de 2,4 GHz e o Xbee de 2,4 GHz, você provavelmente deve escolher a câmera de vídeo de 900 MHz, se disponível. Caso contrário, você pode experimentar um pouco mais de interferência do que o ideal em razão de outros dispositivos, mas uma câmera de 2,4 GHz pode servir mesmo assim.

Figura 8.18 Qualquer câmera sem fio pode servir para esse fim. Eu usei uma câmera com visão noturna automática.

Como o robô tem controle pleno de velocidade e pode se virar para qualquer direção, você pode simplesmente fixar uma câmera de vídeo sem fio no topo do seu robô e pronto – você pode girar o robô para ver o que está a sua volta. Algumas câmeras de vídeo vêm com uma bateria recarregável embutida que permite a ausência de fios para alimentar à câmera. A câmera que eu comprei tem um cabo RCA na parte de trás que alimenta a câmera com uma fonte de alimentação de 12 V.

O receptor da câmera tem saídas RCA para vídeo e áudio. Eu simplesmente liguei o cabo amarelo RCA da porta de vídeo do receptor à entrada de vídeo da minha TV, e liguei o adaptador CA para 9 V na parede, e instantaneamente comecei a assistir imagens da câmera sem fio. Você também pode usar uma tela menor de LCD, de 17,8 cm ou 22,8 cm, em seu transmissor R/C para ter um controle de vídeo portátil; mas também precisaria adicionar uma bateria ao seu transmissor.

Pan e *tilt*

Para permitir o controle da posição da câmera sem mover o chassi robô, você precisa de uma base com *pan* e *tilt* (giro na horizontal e vertical) para a câmera. As funções de *pan* e *tilt* são alcançadas através do uso de dois servomotores de modelismo de tamanho padrão para criar eixos X e Y com 180° de rotação ao longo de cada um deles. Essa configuração dá uma visão completa de qualquer coisa na frente do robô e permite uma movimentação muito mais precisa do que a oferecida por ele, além da capacidade de olhar para cima e para baixo.

Ao ligar os servomotores diretamente ao receptor R/C, você pode controlar a orientação da câmera de vídeo usando o transmissor R/C, sem a sobrecarga extra para processar os sinais por meio do Arduino. (Alternativamente, esses servos podem ser controlados pelo Arduino, se necessário.)

O mecanismo *pan/tilt* requer dois servomotores de modelismo de tamanho padrão e dois pedaços de barra chata de alumínio de 17,8 cm e 5,1 cm de largura (ver Figura 8.19). A barra chata foi cortada e dobrada em duas peças em forma de C, onde se encaixa a câmera de vídeo montada no topo.

Figura 8.19 O mecanismo *pan/tilt* é feito de algumas peças de alumínio, algumas porcas e parafusos, e dois servomotores de R/C.

Para fazer a base da câmera *pan/tilt*, conclua as seguintes etapas.

Faça o primeiro suporte

Corte o primeiro pedaço de alumínio de 17,8 cm com um arco de serra ou uma serra sabre com uma lâmina de dentes finos para metais. Em seguida, meça e marque a barra chata em três seções: 5,1 cm em cada extremidade e 7,6 cm no centro (5,1 cm na extremidade esquerda + 7,6 cm no centro + 5,1 cm na extremidade direita = 17,8 cm no total). Use um torno de bancada ou morsa de bancada para dobrar esse pedaço de barra chata nos pontos marcados em ângulos de 90°, para que fique com uma forma parecida com um "C". Depois, faça os furos de montagem do servo.

Agora use um dos servomotores para marcar o seu contorno, centrada na lateral da primeira peça de alumínio. Depois de marcado, faça o rasgo para o servomotor utilizando uma ferramenta Dremel com minidisco de serra circular para metal, como mostrado na Figura 8.20.

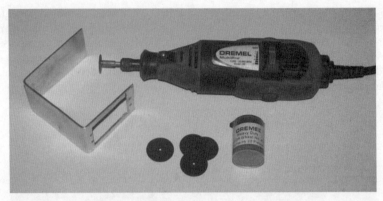

Figura 8.20 Recorte o encaixe para o servomotor utilizando uma ferramenta Dremel e um minidisco de serra circular para metais.

Depois de testar o encaixe do servomotor, marque os quatro furos de fixação com um marcador permanente e fure. Use quatro parafusos com porcas de tamanho #8 para fixar o servomotor no suporte, como mostrado na Figura 8.21.

Figura 8.21 Monte o servomotor no primeiro suporte de alumínio.

Faça o segundo suporte

O segundo suporte só precisa ser dobrado e ter alguns furos. Meça e marque o suporte de 4,4 cm em cada extremidade e de 9 cm no centro, totalizando 17,8 cm. Dobre o suporte nos pontos marcados para ter a mesma forma que o primeiro. Esse suporte tem de ser fixado à placa de montagem do primeiro servo em um dos lados (ver Figura 8.22), e precisa de um parafuso de articulação de 6,3 cm do outro lado para permitir que a câmara gire livremente sobre o pivô. A câmera deve ser fixada no topo desse suporte.

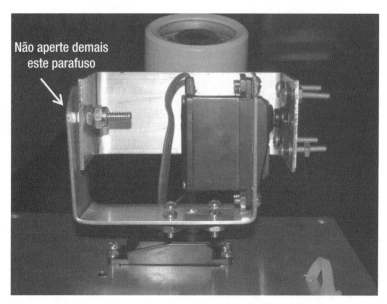

Figura 8.22 *Pan/tilt* feito com servomotores terminado com a câmera instalada.

O segundo servomotor é o motor principal que gira todo o conjunto de *pan/tilt*, como mostrado na parte inferior da Figura 8.22. Eu fixei este motor numa chapa de alumínio que é aparafusada em uma barra de elevação de 61 cm, montada na parte de trás do chassi do robô. A barra de elevação serve para dar à câmera um melhor ponto de visão.

Para fixar o servo na placa de alumínio (obtida como uma peça adicional da caixa de projeto da Radio Shack), novamente marque o contorno do servomotor usando um marcador permanente e corte-o com uma ferramenta Dremel e um minidisco de serra circular para metal. Você pode, então, fixar o conjunto de *pan/tilt* no topo desse servomotor. Com os servomotores instalados, você pode controlar a direção deles usando dois canais livres no seu transmissor R/C.

Com o conjunto de *pan/tilt* da câmera concluído, tudo o que você precisa fazer é carregar o código e começar a testar.

CARREGANDO O CÓDIGO

Agora é hora de carregar o código no Arduino e conferir duas vezes suas conexões. Quando você estiver confiante de que conectou tudo corretamente, faça o download da Listagem 8.2 do site do livro, e lembre-se de pressionar o botão Compilar para verificar se há erros antes de fazer o *upload* para o Arduino. Atualizações deste código estão na página do Capítulo 8 no site https://sites.google.com/site/arduinorobotics/home/chapter8.

310 Arduino para robótica

Listagem 8.2 Este é o código principal para o Explorer-bot. Verifique todas as conexões conforme a Tabela 8.2 antes de carregar o código.

```
// Código 8.2 - Explorer-bot
// Decodifique 3 sinais R/C conectados aos pinos A3, A4 e A5.
// O código é usado para conduzir um robô com tração diferencial (tank-steering) por meio de um
controle joystick (volante misto)
// O canal AUX é usado para alternar o modo de velocidade rápida/lenta.
// ESTE CÓDIGO USA CANAIS MISTURADOS - você precisa usar o canal 1 para cima/baixo, e o canal 2
esquerda/direita.

int ppm1 = 17;    // entrada digital do canal Elevator do R/C, marcado como "ELE" - conectar ao
pino A3 do Arduino
int ppm2 = 18;    // entrada digital do canal Aileron do R/C, marcado como "AIL" - conectar ao pino
A4 do Arduino
int ppm3 = 19;    // entrada digital do canal de chave do R/C, marcado como "AUX" (se equipado) -
conectar ao pino A5 do Arduino

// variáveis para ler o canal 1 R/C
unsigned int servo1_val;
int adj_val1;

// variáveis para ler o canal 2 R/C
unsigned int servo2_val;
int adj_val2;

// variáveis para ler canal 3 R/C
unsigned int servo3_val;
int adj_val3;



// Conexões do controlador de motor ao Arduino
int motor1_BHI = 7;     // m1_B lado alto (Mosfet canal-P) saída digital
int motor1_BLI = 3;     // m1_B lado baixo (Mosfet canal-N) saída de PWM
int motor1_ALI = 11;    // m1_A lado baixo (Mosfet canal-N) saída de PWM
int motor1_AHI = 8;     // m1_A lado alto (Mosfet canal-P) saída digital

int motor2_BHI = 5;     // m2_B lado alto (Mosfet canal-P) saída digital
int motor2_BLI = 10;    // m2_B lado baixo (Mosfet canal-N) saída de PWM
int motor2_ALI = 9;     // m2_A lado baixo (Mosfet canal-N) saída de PWM
int motor2_AHI = 4;     // m2_A lado alto (Mosfet canal-P) saída digital

int ledPin1 = 13;    // utilizado como um indicador de ponto morto
int ledPin2 = 12;    // usado como uma luz indicadora de sobrecorrente que acende quando a cons-
tante current_limit é ultrapassada por um ou outro motor.

int current_sense_1;    // variável para armazenar o valor do sensor de corrente do motor esquerdo
int current_sense_2;    // variável para armazenar o valor do sensor de corrente do motor direito
int current_limit = 25; // define o limite de corrente que, quando excedido por qualquer motor,
desliga os motores durante um tempo de "resfriamento" ("cool_off").
```

Capítulo 8 ▪ Explorer-bot

```cpp
int cool_off = 1000;    // quantidade de tempo (milissegundos) com que os motores devem se des-
ligar caso excederem o current_limit mencionado acima (25 A)


/////////////////////////////

int deadband = 10; // define a zona morta total - este número é dividido por dois para obter a
banda morta em cada direção. Um valor mais elevado corresponde a uma banda neutra maior.
int deadband_high = deadband / 2; // Define deadband_high como metade da banda morta (exemplo:
10/2 = 5)
int deadband_low = deadband_high * -1; // define deadband_low como a metade negativa da banda
morta
(exemplo: 5 * -1 = -5)

int x; // variável utilizada para misturar adj_val1
int y; // variável utilizada para misturar adj_val2

int left; // variável usada para armazenar o valor misto para o motor esquerdo
int right; // variável usada para armazenar o valor misto para o motor direito

int speed_low; // variável para definir o valor da baixa velocidade determinada por adj_val3
int speed_high; // variável para definir o valor da alta velocidade em adj_val3

int speed_limit = 255; // define 255 como velocidade limite padrão (velocidade máxima), a não ser
que seja chaveada.

// variáveis para guardar os valores de mapeamento velocidade
int speed_max = 255;
int speed_min = 0;

// fim de variáveis

void setup() {
  TCCR1B = TCCR1B & 0b11111000 | 0x01; // mude frequência de PWM dos pinos 9 e 10 para 32 kHz
  TCCR2B = TCCR2B & 0b11111000 | 0x01; // mude frequência de PWM dos pinos 3 e 11 para 32 kHz

  Serial.begin(9600);

  // pinos do motor1
  pinMode(motor1_ALI, OUTPUT);
  pinMode(motor1_AHI, OUTPUT);
  pinMode(motor1_BLI, OUTPUT);
  pinMode(motor1_BHI, OUTPUT);

  // pinos do motor 2
  pinMode(motor2_ALI, OUTPUT);
  pinMode(motor2_AHI, OUTPUT);
  pinMode(motor2_BLI, OUTPUT);
  pinMode(motor2_BHI, OUTPUT);

  // leds
  pinMode(ledPin1, OUTPUT);
  pinMode(ledPin2, OUTPUT);
```

```
// entradas PPM do receptor de R/C
pinMode(ppm1, INPUT);
pinMode(ppm2, INPUT);
pinMode(ppm3, INPUT);

// espere 1 s após ligar e antes de começar o loop para dar tempo para o R/C conectar-se
delay(1000);

}



void loop() {
  // vá primeiro para a função current_sense() abaixo do loop
  current_sense();
  // em seguida, vá para função pulse() abaixo do loop
  pulse();

  // Agora podemos verificar os valores de R/C para ver em que direção o robô deve ir:

  if (x > deadband_high) {      // se a entrada R/C Cima/Baixo está acima do limite superior, ir
para a FRENTE

    // Indo para a frente, agora verifique se devemos ir em frente, virar à esquerda ou à direita.
    if (y> deadband_high) {      // ir para a frente, enquanto vira à direita proporcionalmente à
entrada R/C esquerda/direita
      left = x;
      right = x - y;
      test();
      m1_forward(left);
      m2_forward(right);
      // quadrante 1 - para a frente e para a direita
    }
    else if (y < deadband_low) {      // ir para a frente, enquanto vira à esquerda proporcional-
mente à entrada R/C esquerda/direita
      left = x - (y * -1); // Lembre-se de que, neste caso, y será um número negativo
      right = x;
      test();
      m1_forward(left);
      m2_forward(right);
      //quadrante 2 - para a frente e para a esquerda
    }
    else {      // alavanca esquerda/direita está no centro, siga em frente
      left = x;
      right= x;
      test();
      m1_forward(left);
      m2_forward(right);
      // vá para a frente ao longo do eixo X
    }
  }
```

Capítulo 8 ■ Explorer-bot

```
  else if (x < deadband_low) {      // caso contrário, se a entrada R/C Cima/Baixo for menor que o
limite inferior, VÁ PARA TRÁS

    // lembre-se de que x é inferior a deadband_low, ele sempre será um número negativo, preci-
samos multiplicá-lo por -1 para torná-lo positivo.
    // agora verifique se a entrada direita/esquerda do R/C é para a esquerda, para a direita ou
centrada.
    if (y > deadband_high) {      // vá para trás enquanto vira à direita proporcionalmente à en-
trada R/C esquerda/direita
      left = (x * -1);
      right = (x * -1) - y;
      test();
      m1_reverse(left);
      m2_reverse(right);
      //quadrante 4 - ir para trás e para a direita
    }
    else if (y < deadband_low) {      // ir para trás enquanto vira à esquerda proporcionalmente à
entrada R/C esquerda/direta
      left= (x * -1) - (y * -1);
      right = x * 1;
      test();
      m1_reverse(left);
      m2_reverse(right);
      //quadrante 3 - vá para trás e para a esquerda
    }
    else {      // alavanca esquerda/direita está no centro, ir para trás em linha reta
      left = x * -1;
      right= x * -1;
      test();
      m1_reverse(left);
      m2_reverse(right);
      // vá para trás em linha reta ao longo do eixo x
    }
  }

  else {      // se nenhuma das duas condições anteriores for atendida, então a entrada (Cima/Baixo)
do R/C está centralizada (neutra)

    // Parar motores!
    left = 0;
    right = 0;
    m1_stop();
    m2_stop();

  }

  // Imprima os 2 valores R/C

  Serial.print(servo1_val);
  Serial.print("   ");
  Serial.print(servo2_val);
  Serial.print("   ");
```

314

Arduino para robótica

```arduino
  // agora imprima o valor do limite de velocidade
  Serial.print(speed_limit);
  Serial.print("   ");
  // finalmente, imprima os valores dos sensores de corrente
  Serial.print(current_sense_1);
  Serial.print("   ");
  Serial.print(current_sense_2);
  Serial.println("   ");

}
// Fim do loop



// Começo da função current_sense()
void current_sense(){

  // leia sensores de corrente do controlador do motor
  current_sense_1 = analogRead(1);
  current_sense_2 = analogRead(2);

  // determine em qual direção cada motor está girando
  if (current_sense_1 > 512){
    current_sense_1 = current_sense_1 - 512;
  }
  else {
    current_sense_1 = 512 - current_sense_1;
  }
  if (current_sense_2 > 512){
    current_sense_2 = current_sense_2 - 512;
  }
  else {
    current_sense_2 = 512 - current_sense_2;
  }

  // ajuste o valor de direção para ampères. Divida por 13,5 para obter ampères
  current_sense_1 = current_sense_1 / 13.5;
  current_sense_2 = current_sense_2 / 13.5;

  // se qualquer valor em ampère está acima do limite, pare ambos os motores por 1 s
  if (current_sense_1> current_limit || current_sense_2> current_limit){
    m1_stop();
    m2_stop();
    digitalWrite(ledPin2, HIGH);
    delay(cool_off);
    digitalWrite(ledPin2, LOW);
  }
}
// Fim da função current_sense
```

Capítulo 8 ■ Explorer-bot

```cpp
// Começo da função pulse()
void pulse(){

  // leia o pulso para o servo1 da entrada ELE
  servo1_val = pulseIn(ppm1, HIGH, 20000);
  // verifique se ele é válido
  if (servo1_val > 800 && servo1_val < 2200){
    // então ajuste-o a um intervalo de valores de -255 a 255 para velocidade e direção
    adj_val1 = map(servo1_val, 1000, 2000, -speed_limit, speed_limit);
    x = constrain(adj_val1, -speed_limit, speed_limit);
  }
  else {
    // se o pulso não for válido, iguale-o a 0
    x = 0;
  }

  // leia o pulso para o servo2 da entrada AIL
  servo2_val = pulseIn(ppm2, HIGH, 20000);
  // verifique se ele é válido
  if (servo2_val> 800 && servo2_val < 2200){
    // então ajuste-o a um intervalo de valores de -255 a 255 para velocidade e direção
    adj_val2 = map(servo2_val, 1000, 2000, -speed_limit, speed_limit);
    y = constrain(adj_val2, -speed_limit, speed_limit);
  }
  else {
    // se o pulso não for válido, iguale-o a 0
    y = 0;
  }

  servo3_val = pulseIn(ppm3, HIGH, 20000);
  if (servo3_val > 1600){
    speed_limit = 255;
  }
  else{
    speed_limit = 128;
  }
}
// Fim da função pulse()



// Começo da função test()
int test() {

  // certifique-se de que não tentaremos escrever qualquer valor de PWM inválido para a ponte-H,
  ou seja, acima de 255 ou abaixo de 0.
  if (left > 254) {
    left = 255;
  }
  se (left < 1) {
```

```
    left = 0;
  }
  if (right > 254) {
    right = 255;
  }
  se (right < 1) {
    right = 0;
  }
}
// Fim da função test()



// Crie instâncias únicas para cada direção do motor, de modo que não possamos escrever uma con-
dição de curto-circuito para a ponte-H.
void m1_forward(int m1_speed){
  digitalWrite(motor1_AHI, LOW);
  digitalWrite(motor1_BLI, LOW);
  digitalWrite(motor1_BHI, HIGH);
  analogWrite(motor1_ALI, m1_speed);
  digitalWrite(ledPin1, LOW);
}

void m1_reverse(int m1_speed){
  digitalWrite(motor1_BHI, LOW);
  digitalWrite(motor1_ALI, LOW);
  digitalWrite(motor1_AHI, HIGH);
  analogWrite(motor1_BLI, m1_speed);
  digitalWrite(ledPin1, LOW);
}

void m2_forward(int m2_speed){
  digitalWrite(motor2_AHI, LOW);
  digitalWrite(motor2_BLI, LOW);
  digitalWrite(motor2_BHI, HIGH);
  analogWrite(motor2_ALI, m2_speed);
  digitalWrite(ledPin1, LOW);
}

void m2_reverse(int m2_speed){
  digitalWrite(motor2_BHI, LOW);
  digitalWrite(motor2_ALI, LOW);
  digitalWrite(motor2_AHI, HIGH);
  analogWrite(motor2_BLI, m2_speed);
  digitalWrite(ledPin1, LOW);
}

void m1_stop(){
  digitalWrite(motor1_BHI, LOW);
  digitalWrite(motor1_ALI, LOW);
  digitalWrite(motor1_AHI, LOW);
```

```
  digitalWrite(motor1_BLI, LOW);
  digitalWrite(ledPin1, HIGH);
}

void m2_stop(){
  digitalWrite(motor2_BHI, LOW);
  digitalWrite(motor2_ALI, LOW);
  digitalWrite(motor2_AHI, LOW);
  digitalWrite(motor2_BLI, LOW);
  digitalWrite(ledPin1, HIGH);
}
// Fim das funções dos motores
```

Esse código usa dois canais de um receptor R/C para controlar a direção e a velocidade do Explorer-bot, utilizando, também, um controlador de motor caseiro. Como eu usei um transmissor R/C com pelo menos quatro canais de controle disponíveis para uso, decidi designar a alavanca de controle esquerda do transmissor para operar o sistema de câmera *pan/tilt*, e a alavanca de controle direita para determinar a velocidade e a direção do robô.

Embora existam servomotores sendo utilizados neste projeto, eles não são controlados pelo Arduino. Em vez disso, eles se conectam diretamente ao receptor R/C, o que alivia o processamento extra que seria exigido do Arduino para processar esses sinais.

Eu instalei duas chaves de alimentação separadas, uma para o Arduino e outra para o controlador de motor. Dessa forma eu posso resolver problemas no Arduino sem os motores estarem ativos. Essas chaves foram fixadas no deque de plexiglass. Quando você estiver confiante de que cada entrada está conectada corretamente, ligue o Arduino, esperando até que o LED do receptor R/C acenda (mostrando que a conexão está ativa) para alimentar o controlador do motor. Quando conectado, você pode ligar o controlador do motor e fazer um teste completo do robô pelo quintal.

Você pode usar esse robô com um código diferente, como o encontrado no Capítulo 10: Lawn-bot 400, utilizando a conexão serial sem fio de 2,4 GHz do rádio Xbee.

RESUMO

Neste capítulo, você construiu um controlador de motor potente com sensor de corrente embutido para alimentar um robô grande para uso ao ar livre equipado com uma conexão de áudio/vídeo, controle remoto por rádio e telemetria para monitoramento sem fio do Arduino do robô. Esse robô precisou de uma estrutura de aço, grandes motores CC com redução (de cadeira de rodas motorizada) e um sistema de controle de rádio de 2,4 GHz capaz de uma transmissão de sinal confiável e de longa distância.

O objetivo desse robô é ainda indeterminado, embora seja extremamente divertido para brincar. Você pode usar o Explorer-bot como um robô de segurança para patrulhar remotamente locais escuros, frios ou indesejáveis por algum outro motivo, ou apenas como uma desculpa para brincar com um robô legal. Eu já coloquei uma pequena cadeira no topo desse robô (ver Figura 8.23 para uma imagem da plataforma onde se pode colocar uma cadeira), o que imediatamente converte o robô em serviço de táxi para crianças (ou gatos)... só não deixe que as crianças dirijam sozinhas!

No próximo capítulo, você irá para o mar aberto com o RoboBoat guiado por GPS. Esse projeto concentra-se em guiar um barco estilo catamarã em um lago, usando um sensor de GPS e uma variante do Arduino projetada especificamente para a integração com os produtos de modelismo R/C.

Figura 8.23 O Explorer-bot pronto para a ação.

CAPÍTULO 9

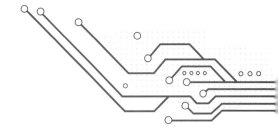

RoboBoat

Este capítulo se concentrará na construção de um modelo de catamarã (RoboBoat) guiado por um piloto automático baseado em GPS. O RoboBoat vai seguir um caminho pré-programado que é definido por você por meio do Google Earth.

    Minha motivação para este projeto veio de um lugar totalmente diferente: mergulho. Sou viciado nesse *hobby* há cerca de 30 anos, e durante este tempo sempre tentei combinar esportes e questões técnicas. Algumas vezes, isso resultou em alguns eletrônicos subaquáticos estranhos, como lâmpadas LED, ponteiros laser à prova d'água, computadores de mergulho feitos em casa, equipamentos de enchimento de tanque controlados eletronicamente, e assim por diante...

    A ideia de um barco robô nasceu durante uma expedição a um lago no norte dos Alpes italianos que fica a 2.300 m acima do nível do mar. O local de mergulho era totalmente desconhecido para nós, e eu suponho que tenhamos sido as primeiras pessoas a transportar 45 kg de equipamento de mergulho nas costas até essa altitude para mergulhar. Não tínhamos dados sobre a profundidade desse lago, e, como eu sou uma pessoa muito curiosa, queria saber com antecedência o que aquele mergulho tinha reservado para nós. Então eu peguei um sonar, montado em uma prancha de *bodyboard*, e nadei por todo o lago para ver as profundezas abaixo da superfície. Em princípio, esse método funcionou muito bem, mas nadar em um lago com água a uma temperatura de 4 ºC não é divertido, mesmo com uma roupa de mergulho de *neoprene* com 7 mm de espessura.

    Quando voltei para casa, a ideia de automatizar esse processo de reconhecimento continuou na minha cabeça, e eu tentei vários métodos para controlar remotamente um modelo de navio que carregava consigo um sonar. Resumindo essa longa história, nenhum desses métodos me contentou.

    Para criar um mapa digital de profundidade de um lago, você precisa de uma plataforma que seja capaz de seguir em linha reta por pelo menos algumas centenas de metros. Fazer isso com um modelo de navio controlado por R/C é um verdadeiro desafio por várias razões:

- Para obter dados de profundidade que possam ser processados em um mapa 3D, você precisa de valores de profundidade tomados ao longo de linhas retas paralelas.
- Manter uma linha reta é difícil quando o barco está a mais de 100 m de distância, porque você não é mais capaz de vê-lo.
- Seguir caminhos paralelos também é difícil se você não tem um caminho de referência.

Finalmente, depois de muitas abordagens por tentativa e erro, eu cheguei a uma configuração que funcionou muito bem:

- Um catamarã com um bom comportamento de seguir linhas, que segue graciosamente uma linha reta.
- Uma montagem, semelhante a um moinho de vento, que utiliza uma hélice de avião e um motor de corrente contínua sem escovas para a propulsão.
- Um sistema de piloto automático de *hardware/software* controlado por GPS, baseado em uma plataforma Arduino chamado ArduPilot.

ALGUMAS PALAVRAS ANTES DE COMEÇARMOS

Quando eu era um estudante universitário (ou seja, muito tempo atrás), cursei uma matéria de projeto de malhas de controle. Uma das tarefas foi otimizar os parâmetros da malha de controle para um conjunto que equilibrava uma vara de madeira. A vara foi montada em um patim, fixado em ambos os lados a uma corda. A corda foi ligada a um motor que movia o patim com a vara para a frente e para trás. O motor era controlado por um controlador PID analógico. Funcionava muito bem; o patim oscilava um pouco e mantinha a vara perfeitamente na posição vertical. Todo o conjunto parecia muito rústico, e a vara de madeira era de fato um galho de árvore. Eu perguntei ao meu professor por que não fazer uma montagem mais perfeita com uma vara de metal em vez de um galho, e com uma melhor montagem para o puxa e empurra. Sua resposta foi curta:

"Se a sua montagem for mecanicamente perfeita, ninguém vai acreditar que o sistema é equilibrado pela eletrônica".

Com isso em mente, eu projetei o RoboBoat. A mecânica é muito simples e, por vezes, rústica. Mas se você vir o seu catamarã em um lago, seguindo uma linha reta e retornando ao ponto de partida como um bumerangue, verá como meu professor estava certo.

LISTA DE COMPONENTES PARA O ROBOBOAT

Vamos começar com a lista de componentes para todos os materiais que são necessários para construir o barco (Tabela 9.1), o conjunto de propulsão e a eletrônica. Eu tentei usar materiais fáceis de encontrar em lojas de bricolagem e de modelismo.

Tabela 9.1 Lista de componentes do RoboBoat

Componente	Descrição	Preço (US$)
Conjunto propulsor		
Tubo de PVC, 170 mm de comprimento	Tubo de PVC com 25 mm de diâmetro externo na loja Home Depot SKU #193755.	2,00
Haste de PVC, 50 mm de comprimento	20 mm de diâmetro externo, aparado no torno para se encaixar exatamente no diâmetro interior do tubo. Se não encontrar, use um tubo de PVC de 20 mm. Por exemplo, Home Depot SKU #193712.	2,00
Placa base	Placa de alumínio ou PVC de C 50 mm $\times$ L 160 mm e 5 mm de espessura, na Home Depot.	1,00
Dois braços do leme	Podem ser encontradas em lojas de modelismo ou na Hobbyking.com, componente #OR7-601GRx10 ou similar.	1,04 (pacote com 10 peças)

(continua)

Capítulo 9 ▪ RoboBoat

Tabela 9.1 Lista de componentes do RoboBoat (*continuação*)

Componente	Descrição	Preço (US$)
Duas varetas de válvula (*pushrods*)	Podem ser encontradas em lojas de modelismo, são de fio de aço, com 1 ou 1,5 mm de diâmetro, 100 mm de comprimento cada.	1,00
Dois ou quatro conectores de varetas de válvula	Usados para conectar as varetas das válvulas às pontas do leme; lojas de modelismo ou Hobbyking.com, componente #GWPHD001 ou similar.	2,20 (pacote com 5 peças)
Servo RC	Qualquer servo RC de tamanho "padrão" serve. Por exemplo, HobbyKing.com, componente #BMS-410STD.	5,00 a 12,00
Motor	O ROBBE ROXXY3 ROXXY BL-Outrunner 2827-26 componente #477926 vem com kit de montagem do motor; ou motor BLDC semelhante, Kv entre 800 RPM/v e 1.200 RPM/v, 100-200 W.	30,00
Hélice	APC de 25,4 cm × 12,7 cm ou 27,94 cm × 12,7 cm Hobbyking.com, componente #APC10x5-E ou similar.	2,00
Parafusos	Parafuso M5*20 mm de cabeça cônica (chata ou *countersunk*), para fixar o pivô à placa de base, da Home Depot.	0,10
Eletrônica		
PCI ArduPilot	Placa ArduPilot, disponível na Sparkfun: www.sparkfun.com/products/8785. Não se esqueça de modificá-la conforme descrição.	24,95
Adaptador de programação	FTDI BASIC *Breakout* 5 V, disponível na SparkFun: www.sparkfun.com/products/9716.	14,95
Cabo USB	Você também vai precisar do cabo USB tipo A para Mini-B; se você ainda não tiver um, compre este: www.sparkfun.com/products/598cable.	3,95

(*continua*)

322 Arduino para robótica

Tabela 9.1 Lista de componentes do RoboBoat (*continuação*)

Componente	Descrição	Preço (US$)
Duas barras de 3 pinos	Barras *Breakaway* para furo passante de 2,54 mm www.sparkfun.com/products/116 ou similar.	2,50
Duas barras de 6 pinos	Faça como o produto citado acima.	–
Controle eletrônico de velocidade	Controlador de motor CC sem escova, tipo 20 A, disponível em lojas de modelismo ou na Hobbyking.com, componente #TR_P25A.	12,00 a 30,00
Módulo GPS	EM406 da SparkFun ou DIYDrones.com, www.sparkfun.com/products/465 ou http://store.diydrones.com/EM_406_GPS_1Hz_p/em-406a.htm, vem pronto com o cabo.	60,00
Pacote de baterias	Qualquer pacote 3S LiPo com pelo menos 3.000 mAh vai servir. Por exemplo, na HobbyKing.com, componente #Z50003S15C.	30,00 a 40,00
Conectores de potência	Procure na loja de modelismo mais próxima; tipo TAMYIA ou semelhante.	3,00
Barco		
Placa de isopor EPS ou XPS	Material de base para os cascos, Home Depot, de C 1.000 mm × L 500 mm × E 100 mm.	10,00 a 20,00
Placa de XPS	Material de base para o convés, Home Depot, L 600 mm × E 400 mm × E 25 mm.	5,00 a 10,00
Papelão	Use para fazer os moldes para os cascos, cerca de 1 mm de espessura.	–
Fita adesiva dupla face	Usada para colar os moldes ao bloco de isopor, da Home Depot.	4,00
Cola EPS/XPS	Cola de contato para juntar os segmentos, por exemplo, a www.dyisupermarket.com/uhu-por--polystyrene-foam-glue.htm.	5,00
Quatro bucha de parafuso para isopor (*foam anchor*)	Usado para conectar os cascos ao convés, Home Depot.	10,00

(*continua*)

Capítulo 9 ■ RoboBoat

Tabela 9.1 Lista de componentes do RoboBoat (*continuação*)

Componente	Descrição	Preço (US$)
Tecido de fibra de vidro	Use tecido fino, por exemplo, Home Depot SKU #846759.	10,00
Resina epóxi	Use uma com tempo de secagem de aproximadamente 20 a 30 minutos. Encontrada em lojas de modelismo ou de materiais marítimos.	20,00 a 40,00
Aleta	Use folhas de poliestireno de PVC com 3 mm de espessura ou compensado pintado ou similar. Por exemplo, da Home Depot.	5,00
Quatro parafusos olhal M5	Usado para conectar o convés aos cascos, 40 mm de comprimento, da Home Depot.	5,00
Espaçadores de madeira compensada	Faça com madeira compensada pintada, 40 mm × 40 mm, faça um furo de 5 mm no meio. Home Depot.	1,00

Ferramentas/materiais adicionais (disponíveis na Home Depot ou outras lojas de bricolagem)
- Luvas descartáveis de borracha ou plástico
- Cortador de isopor de fio quente (veja abaixo a construção)
- Estilete (eu usei um da Stanley)
- Lixa de granulometria média
- Pincel descartável

Agora, vamos revisar alguns dos materiais e ferramentas mais importantes que você precisará para construir a estrutura do catamarã. As seções a seguir fornecem mais detalhes sobre cada item (ainda neste capítulo, vamos ver o conjunto propulsor, a eletrônica e o *software*).

Espuma de poliestireno

Esse material é um dos plásticos mais populares do mundo. Ele é feito de poliestireno ou PS. Como mostrado na Figura 9.1, existem dois tipos gerais disponíveis: poliestireno expandido (EPS) e poliestireno extrudido (XPS).

O EPS é mais leve e menos rígido que o XPS. Ambos os tipos podem ser encontrados geralmente em lojas de bricolagem na forma de painéis rígidos com várias espessuras.

O EPS é geralmente branco e tem poros visíveis do tamanho de alguns milímetros. Quando você quebra esse material, vê alguns dos poros voando ao redor como pequenas bolhas. Esse material é muito leve, macio e não é tão fácil de lixar.

O XPS é geralmente colorido e é normalmente utilizado para o isolamento de porões. É mais caro, pesado e duro do que a versão de baixa densidade, mas é mais fácil de tratar com lixa.

Qualquer um dos dois materiais servirá para a construção dos cascos. Eu prefiro o XPS, pois o acabamento final fica melhor. Para os cascos, uma espessura de 100 mm é adequada. Se você não encontrar essa espessura na loja mais próxima, basta levar as placas mais finas e colá-las umas às outras até obter a espessura adequada. Falaremos mais sobre a cola depois.

Ambos os materiais compartilham de uma desvantagem: eles podem ser facilmente derretidos pela maioria dos solventes orgânicos. Se você deseja iniciar qualquer tratamento nesse material com tinta, resina ou massa, por favor, tente antes em um pedaço de material não utilizado e espere pelo menos uma hora para observar o que acontece. Usar o material errado em poliestireno pode estragar o seu dia em segundos!

Figura 9.1 EPS à esquerda e XPS à direita.

Resina epóxi

Vamos utilizar esse produto em combinação com tecido de fibra de vidro para revestir o EPS/XPS e fornecer mais resistência ao casco. Aqui estão alguns conselhos prévios.

Por favor, não utilize outro material para o revestimento que não seja esse. Há outras resinas de dois componentes disponíveis no mercado; a maioria delas pode ser encontrada em lojas de bricolagem como resinas ou massa de vidraceiro. A maioria delas é baseada em poliéster, e esse material definitivamente não é compatível com poliestireno. Aqui está um teste: se cheirar como plástico, você pode ter certeza de que você escolheu o produto errado.

Voltando para o epóxi: essa é uma resina de dois componentes, disponível na maior parte das lojas de *hobby* ou modelismo. Normalmente, ela é compatível com a maioria dos materiais, até mesmo o poliestireno. Existem várias marcas disponíveis desse produto. Por favor, peça mais informações ao seu revendedor local ou pesquise na internet.

Depois de misturar os dois componentes na proporção certa (resina e endurecedor), você vai obter um líquido semelhante ao mel, que pode ser manuseado por cerca de 15 a 30 minutos, até começar a engrossar. O tempo total para a cura é de cerca de 12 a 24 horas, dependendo do produto. Por isso, é boa prática iniciar o trabalho à noite, deixá-lo curar durante a noite e acordar com um casco reforçado (se tudo der certo) em sua oficina.

Existem dois métodos de mistura que você pode usar: por peso ou volume. Por favor, leia as instruções que acompanham o produto. Normalmente, ambos os métodos são descritos. A proporção tem de ser mantida dentro de uma certa precisão (cerca de +/−5% está bom). Atenção, tenha cuidado com isso, ou você vai acabar com um casco pegajoso durante anos.

Após a mistura dos dois componentes, agite vigorosamente durante pelo menos um minuto e deixe mais um minuto de descanso para eliminar as bolhas de ar.

Luvas

Por favor, use luvas descartáveis de borracha ou de plástico durante todo o tempo em que estiver em contato com o material, por estas razões:
1. O produto não é venenoso, mas pode irritar a pele.
2. Você certamente vai entrar em contato com o líquido extremamente pegajoso quando for aplicá-lo ao casco, e não é divertido trabalhar com dedos pegajosos.
3. O material pode ser facilmente limpo das luvas com toalhas de papel.

Tecido de fibra de vidro

Tecido de fibra de vidro é feito de filamentos de vidro muito finos. Esses filamentos são tecidos como tecido "normal" (ver Figura 9.2).

Figura 9.2 Tecido de fibra de vidro entrelaçada com 80 g/m².

Há muitos produtos de fibra de vidro disponíveis. Para o revestimento do casco, um tecido fino deve ser usado para se obter uma superfície lisa e para facilitar o trabalho.

Tecidos grossos de fibra de vidro ou mantas de fibra de vidro não são adequados, pois esses materiais são muito rígidos para serem manuseados. A fibra de vidro é geralmente especificada com base em "peso por área". Valores em torno de 80 g/m^2 são perfeitos.

O tecido de fibra de vidro pode ser facilmente cortado em pedaços apropriados com tesouras. Você terá que comprar tesouras especialmente para esse trabalho, porque o desgaste das lâminas é muito maior em comparação com o corte de tecidos de pano ou papel, e as tesouras podem (com certeza vão) ser contaminadas por resina epóxi. A resina epóxi endurecida em fibra de vidro pode ser cortada com um estilete afiado. Isso é útil para cortar o excesso de material antes de lixar.

Cola

Para colar os segmentos juntos, você deve usar cola para isopor. Ela deve ser encontrada em lojas de modelismo ou na maioria das lojas de bricolagem. A cola é um adesivo de contato, como outros, mas tem um solvente que é compatível com o poliestireno.

Com os materiais fora do caminho, vamos discutir as ferramentas.

Cortador de isopor e estilete

Um cortador de isopor de fio quente é absolutamente obrigatório para fazer um bom corte dos segmentos. Se você não quiser comprar um cortador, pode facilmente fazer o seu. Existem muitos projetos na internet; por favor, dê uma olhada neste site: www.instructables.com/id/Hot-wire-foam-cutter/. Ou simplesmente procure no Google por "cortador de isopor" e você vai encontrar muitos *links* de projetos para fazer o seu.

Você não precisa de um com mesa, uma vez que o modelo de papelão será o seu guia. O comprimento do fio deve ser pelo menos 300 mm para dar espaço suficiente para trabalhar. Por favor, teste-o antecipadamente em peças de isopor não utilizadas.

Um estilete afiado também é útil para aparar e cortar o isopor.

Diversos

A folha de lixa é útil para alisar a superfície. Após o corte térmico dos segmentos, a superfície do isopor fica um pouco rugosa por causa do material derretido. Eu sugiro, em primeiro lugar, colar todos os segmentos uns aos outros e, em seguida, lixar um pouco. Tenha o cuidado de não usar uma lixa muito grossa e não aplicar muita força sobre o material.

Para aplicar a resina epóxi sobre o isopor e sobre o tecido, um pincel descartável é perfeito. Após usá-lo, o pincel fica inutilizado. Eu não conheço nenhum solvente que remova a resina. Compre alguns pincéis baratos e jogue-os fora após o uso.

O PROJETO ROBOBOAT

Antes de chegar à solução do catamarã, eu tentei muitas montagens monocasco, mas todas tinham o mesmo problema: elas não seguiam em linha reta. Esse problema pode ser superado com uma quilha que vai bem abaixo da superfície da água, mas eu queria uma plataforma que tocasse somente a superfície, para evitar contato com plantas aquáticas (essa é também a razão pela qual escolhi uma hélice aérea e não uma hélice aquática).

Um catamarã é uma construção muito estável, que pode ser vista como um "barco sobre trilhos", e, além disso, existe muito espaço entre as duas quilhas para qualquer tipo de carga. Modelos de catamarãs do tamanho que eu queria são muito raros em nautimodelismo, então eu decidi criar o meu. Eu comecei com uma construção bastante fácil, com uma seção transversal triangular que funcionou muito bem, mas não era otimizada para singrar porque a superfície molhada de uma forma triangular é quase a pior coisa que pode ser concebida para isso (ver Figura 9.3).

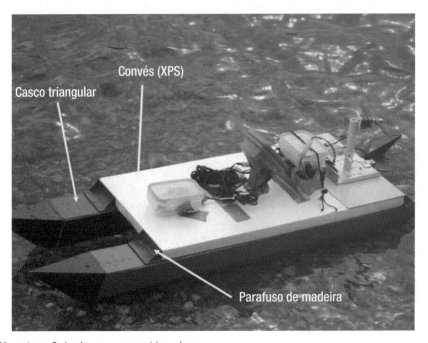

Figura 9.3 Um catamarã simples com cascos triangulares.

A construção final que escolhi é muito fácil. Enquanto lê esta revisão, lembre-se de que existem muitos materiais que podem ser usados em vez das folhas de poliestireno de PVC, como madeira de balsa, compensado resistente à água, ou algo semelhante.

Eu usei folhas de poliestireno de PVC com uma espessura de cerca de 2,54 mm. Esse material é muito leve, pode ser facilmente cortado com estilete Stanley e pode ser colado com cola quente. As paredes laterais são feitas de folhas retangulares no tamanho de 1.000 mm × 150 mm. As pontas dianteiras e traseiras são idênticas e são feitas de folhas triangulares. No interior do casco, folhas triangulares adicionais dão ao casco certa estabilidade. A parte superior também é feita de uma folha retangular de tamanho 1.000 mm × 110 mm. Fazer alguns moldes de papelão ajuda bastante, especialmente para as folhas triangulares que formam as pontas dianteiras e traseiras. Cole tudo com cola quente e é isso!

A conexão entre os dois cascos (o convés) é feita com uma folha de isopor XPS dura, medindo C 381 mm × L 381 mm × E 25,4 mm. A placa de isopor é fixada aos cascos por parafusos de 100 mm de comprimento, com a ajuda de perfis com ângulos de 90°, que são colados no topo dos cascos.

Essa construção pode ser facilmente desmontada. Basta remover os parafusos.

O tamanho total desse catamarã é de 1.400 mm de comprimento, 400 mm de largura e 150 mm de altura, com um peso líquido de cerca de 3,5 kg. O consumo de energia para manter uma velocidade aproximada de 3,5 mph (ou 5,5 km/h, ou cerca de 3 nós) é de cerca de 110 W, quando o barco tem que carregar uma carga extra de cerca de 2 kg.

Esse projeto de barco tem funcionado bem em muitas ocasiões como uma prova de conceito para a abordagem de catamarã. Ele também mostrou que o ajuste dos parâmetros do controlador PID (falaremos mais sobre isso depois) é muito menos crítico do que em um projeto monocasco. A forma em V dos cascos dá uma excelente estabilidade em linha reta, e não há necessidade de aletas adicionais, como em outras formas de quilha.

Se você tiver uma bateria de capacidade suficiente ou se quiser somente fazer viagens curtas, esse projeto é absolutamente suficiente. Entretanto, se quiser um projeto mais eficiente, uma quilha mais elaborada é obrigatória.

Depois de algumas pesquisas na internet, encontrei alguns projetos interessantes para modelos de cascos de catamarã em um site francês. O que responde à maioria das minhas necessidades chama-se WR-C21, e há também um arquivo .dxf disponível para download. Um amigo especialista em CAD-3D importou esse arquivo em seu sistema CAD e criou um modelo tridimensional a partir do arquivo .dxf bidimensional. Com esse modelo, foi possível cortar o casco em secções com 100 mm de comprimento.

Agora, vamos construir o barco.

MONTANDO O BARCO

Nesta seção, eu vou conduzi-lo através do processo de construção do casco do barco.

Os moldes

Os moldes em papel com as seções transversais dos cascos podem ser encontrados em um arquivo pdf para download em:

`http://code.google.com/p/roboboat/downloads/list`

Imprima duas vezes todos os moldes dos segmentos, do "Segmento 1" até o "Segmento 14". Cada molde de segmento é composto de dois contornos: o interior e o exterior. Essa é a razão pela qual você deve imprimi-los duas vezes. Cole a impressão em papelão com uma espessura de cerca de 1 mm. Em seguida, corte um molde interno e externo de cada segmento com tesouras, como eu fiz para o Segmento 6, mostrado nas Figuras 9.4 e 9.5.

Capítulo 9 ▪ RoboBoat

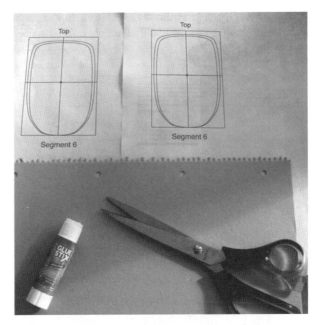

Figura 9.4 Os moldes impressos.

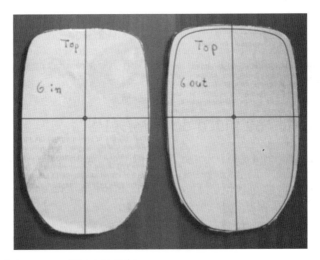

Figura 9.5 Os moldes colados em papelão e recortados.

Se houver rebarbas, remova-as com lixa. Aplique fita adesiva dupla face na parte de trás dos moldes (Figura 9.6). Não há necessidade de cobrir todo o molde com a fita. Um pedaço de 20 mm deve ser suficiente. Não retire o papel protetor ainda.

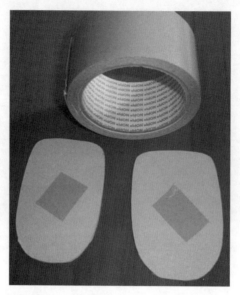

Figura 9.6 Os moldes da parte de trás, com fita adesiva.

O primeiro e o último segmentos (1 e 14) devem ser manuseados com delicadeza porque as extremidades são muito finas. Encurtei esses segmentos para metade do seu comprimento original, que era de 50 mm. Isso encurtará o comprimento total do casco a 1.300 mm, mas não terá qualquer efeito sobre o desempenho do barco.

Colando os moldes na placa de EPS/XPS

Agora, começa a parte mais crítica do trabalho. Você tem que ajustar as partes dianteira e traseira dos moldes entre si e, em seguida, colá-las na placa de isopor. As placas vêm pré-cortadas com bordas muito precisas, e isso ajuda muito o ajuste (ver Figura 9.7). Primeiro marque uma linha retangular exata na parte da frente e nos lados adjacentes da placa.

Capítulo 9 ▪ RoboBoat

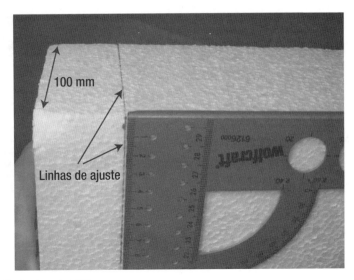

Figura 9.7 Preparação da placa de EPS.

Em seguida, pegue o molde externo, retire o papel de proteção da fita adesiva e ajuste a linha do isopor à linha vertical da cruz impressa no molde. Alinhe esse molde à borda superior da placa (ver Figura 9.8).

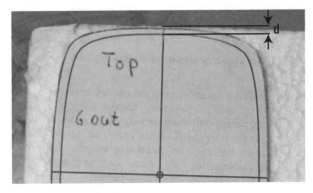

Figura 9.8 Alinhamento do molde na placa de EPS.

Em seguida, meça a distância vertical (d) entre o molde exterior e o interior e ajuste o molde interior na parte de trás da placa de acordo com essa medida. Por exemplo, mova-o (d) centímetros para baixo a partir da borda superior. Note que as distâncias verticais nos segmentos do meio estão próximas de zero.

Cortando os segmentos

Você tem que usar um cortador de isopor de fio quente para isso. A Figura 9.9 mostra uma foto da minha versão caseira.

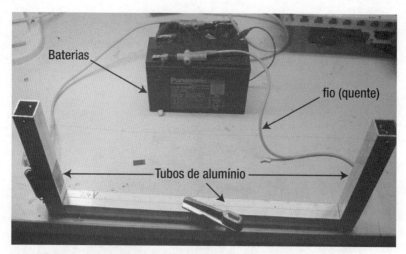

Figura 9.9 O cortador de isopor feito pelo autor.

Em primeiro lugar, separe o segmento da placa fazendo um recorte aproximado, deixando cerca de 12,7 mm de isopor de folga em volta dele, como mostrado na Figura 9.10. Agora, essa peça será muito mais fácil de ser feita com um cortador de isopor de fio quente.

Figura 9.10 Recorte grosseiro de um segmento.

Em seguida, corte o excesso de material utilizando o molde de papelão como guia, como mostrado na Figura 9.11. Ajuste a temperatura do fio para obter um bom corte. Temperaturas muito altas vão derreter o material sob o molde.

Faça alguns testes até que os resultados sejam satisfatórios.

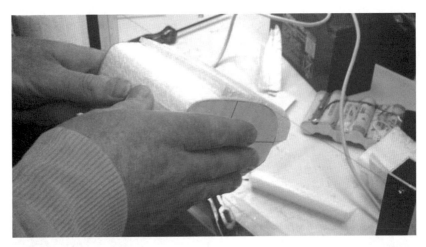

Figura 9.11 Corte fino de um segmento.

O segmento pronto agora deve se parecer com o mostrado na Figura 9.12. É importante identificar cada lado do segmento cortado com uma caneta hidrográfica depois de retirar os moldes. Você vai precisar dessa rotulagem mais tarde, quando for colar os segmentos uns aos outros.

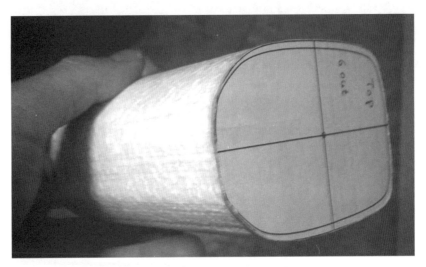

Figura 9.12 Um segmento após o corte.

Colando os segmentos uns aos outros

Esse passo é simples. Aplique uma camada de cola a uma das superfícies, coloque a outra superfície contra ela, pressione firmemente e, em seguida, separe-as. Com esse método, você terá uma fina camada de cola em ambos os lados. Deixe alguns minutos para secar até que a cola na superfície tenha uma consistência de borracha e ainda seja um pouco pegajosa. Em seguida, junte as superfícies e pressione com firmeza. Atenção! Ajuste as duas superfícies exatamente, antes de juntá-las. Não haverá segunda chance. A cola age imediatamente! Na Figura 9.13, você pode ver os dois segmentos antes da colagem.

Figura 9.13 Dois segmentos adjacentes com cola de EPS/XPS.

Depois de ter colado todos os segmentos juntos, o resultado deverá se parecer com a Figura 9.14.

Figura 9.14 Todos os segmentos colados.

Para alisar a superfície e remover o excesso de material, use a lixa. Isso vai levar algum tempo. É melhor fazer o lixamento em ambientes abertos e usar roupas velhas, porque fará muito pó de poliestireno durante esse processo.

Colocação das buchas para isopor

As buchas para isopor (*foam anchors*) são muito úteis para fixar o convés aos cascos. Normalmente, essas buchas são usadas para segurar os parafusos em paredes que foram isoladas com painéis de isopor ou em paredes de placa de gesso (*drywall*). Procure por esse item em lojas de "faça você mesmo" (DIY, *Do It Yourself*). A que eu uso se parece com a da Figura 9.15.

Figura 9.15 Uma bucha para isopor comprada em lojas DIY.

Normalmente, essas buchas são feitas para parafusos para madeira. Para segurar parafusos para metal, eu inseri um de rosca M5 na bucha (ver Figura 9.16).

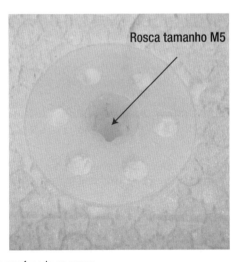

Figura 9.16 A bucha para isopor aparafusada no casco.

Para dar mais resistência, você pode aplicar um pouco de resina epóxi na bucha antes de inseri-la no isopor.

As posições das buchas estão no meio dos segmentos 7 e 11, como você pode ver na Figura 9.17.

Figura 9.17 O posicionamento das buchas.

O revestimento

Esse é um trabalho delicado, por isso é melhor estar preparado. Coloque um monte de folhas de jornal velho ao redor da área de trabalho antes de começar. Para manter o casco no lugar, faça uma base com restos de isopor e insira duas buchas para isopor com dois parafusos M5 rosqueados, como mostrado na Figura 9.18.

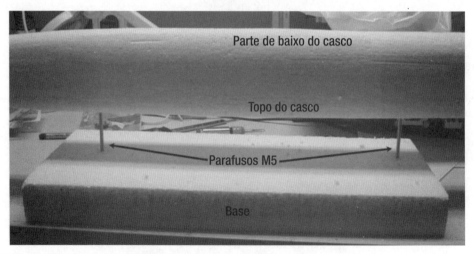

Figura 9.18 O casco antes do revestimento.

Isso vai manter o casco no lugar durante o revestimento com o tecido de fibra de vidro.

Fiz o revestimento em duas etapas: em primeiro lugar, revesti o fundo do casco e, em seguida, a parte superior. Também fiz áreas de sobreposição na parte superior. Para segurar a fibra de vidro ao isopor, utilize alguns alfinetes que possam ser removidos após o endurecimento do epóxi.

Primeiro, corte um pedaço retangular de fibra de vidro com tamanho de 1.350 mm × 300 mm. Isso cobrirá todo o comprimento e vai deixar uma sobra de cerca de 20 mm no topo. Coloque-o sobre o casco que está de cabeça para baixo sobre a base. Ajuste o material. Faça um corte nas rugas e sobreponha o material. Se a fibra de vidro estiver bem posicionada, misture o epóxi de acordo com as instruções do produto que estiver usando. Use luvas de borracha. Em seguida, aplique o epóxi sobre a fibra de vidro salpicando com o pincel. A fibra de vidro vai absorver o epóxi e vazar para o isopor. Tente espremer para fora o ar que ficar preso entre o isopor e o tecido.

Quando terminado, o casco deve ficar parecido com o da Figura 9.19.

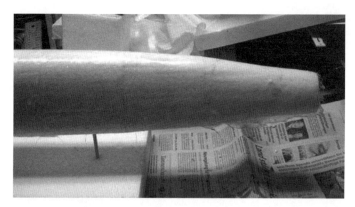

Figura 9.19 O casco revestido com tecido de fibra de vidro e resina epóxi.

Se você não tiver uma folha de fibra de vidro tão grande, também pode fazer um remendo com partes menores. Isso facilitará o trabalho, especialmente se você não estiver familiarizado a trabalhar com fibra de vidro. Basta sobrepor os pedaços e salpicá-los com o pincel.

Após o endurecimento do epóxi (geralmente após 12 horas), você poderá tirar o casco da base de suporte e olhar para o seu trabalho. O excesso de material pode ser cortado com um estilete afiado. Para revestir a parte de cima, coloque um pouco de fita adesiva sobre os furos das buchas para evitar que a resina epóxi entre neles. Em seguida, fixe o casco (por exemplo, entre dois tijolos) e aplique a fibra de vidro e o epóxi como descrito anteriormente.

Aplicando o acabamento

Depois de revestir as duas faces de ambos os cascos, ainda há algumas coisas para fazer. As pontas dos últimos segmentos (1 e 14) também devem ser revestidas. Você pode fazer isso cortando folhas de fibra de vidro correspondentes às secções transversais e colando-as no isopor com o epóxi. Uma forma alternativa para realizar o acabamento das pontas é fazer uma "massa" misturando resina epóxi e um material de preenchimento, como flocos de algodão ou microesferas de vidro (disponíveis em lojas de modelismo). Você pode então aplicar esse material nas extremidades.

Depois que o epóxi endurecer, corte o excesso de material com um estilete e lixe um pouco para alisar a superfície e as extremidades.

As aletas

Para dar uma boa estabilidade em linha reta, você deve adicionar pequenas aletas nas extremidades dos cascos. As aletas são simplesmente folhas triangulares que podem ser feitas de vários materiais (Figura 9.20). Eu usei folhas de poliestireno de PVC com uma espessura de cerca de 22 mm. Qualquer outro material impermeável dessa espessura vai funcionar. Você pode até usar a madeira compensada, se pintada ou tratada com uretano. Recorte um triângulo com tamanho de 100 mm × 40 mm e cole-o na ponta dos cascos. Eu usei cola quente, que funciona bem se você tiver usado uma lixa para deixar a superfície áspera antes de aplicar a cola.

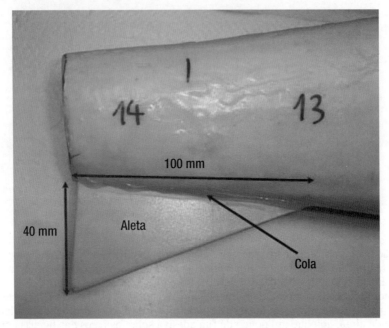

Figura 9.20 As aletas.

Pintura

Não há necessidade de pintura, mas, por uma questão de visibilidade, sugiro aplicar um pouco de tinta fluorescente neles. Você pode usar qualquer tipo de tinta, pois o epóxi funciona como uma camada de isolamento para o isopor. É uma boa prática aplicar uma demão de fundo branco e, em seguida, aplicar a demão fluorescente com um pincel ou *spray*. A demão de fundo branco vai aumentar a visibilidade da tinta fluorescente.

O convés

Essa é uma tarefa relativamente fácil, em comparação com a fabricação dos cascos. Basta cortar uma folha de 600 mm × 400 mm de um painel de isopor XPS com uma espessura de pelo menos 20 mm. Para dar resistência, você pode revestir essa placa com epóxi, mas não é obrigatório, pois o XPS é muito sólido. Se você não tem XPS, use o EPS e revista-o com epóxi. A Figura 9.21 mostra as dimensões e a posição dos quatro furos de montagem para os cascos. Os furos são simétricos, então eu coloquei as dimensões apenas para referência. Os furos na parte do meio da placa são para a fixação de outras superestruturas e não são relevantes neste momento da montagem.

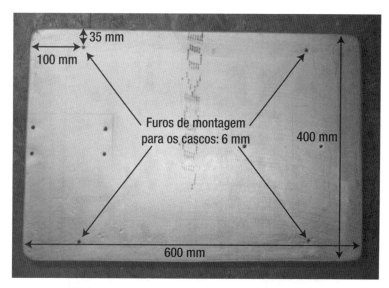

Figura 9.21 O convés com furos de montagem.

Concluindo a montagem

Agora, o grande momento chegou! Para a montagem, eu usei parafusos olhais M5 e alguns espaçadores retangulares de madeira compensada para prender todas as partes juntas (ver Figura 9.22). Os olhais são úteis para amarrar algumas das superestruturas ao convés.

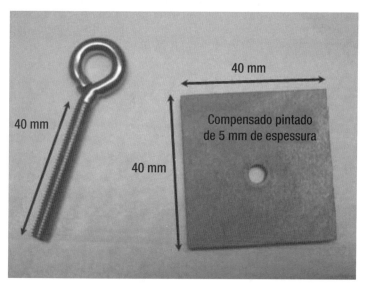

Figura 9.22 Material de montagem para a conexão do convés e cascos.

Simplesmente aparafuse o painel do convés aos cascos e aperte até que fique bem firme (ver Figura 9.23). Não aperte demais os parafusos, para evitar danos ao isopor.

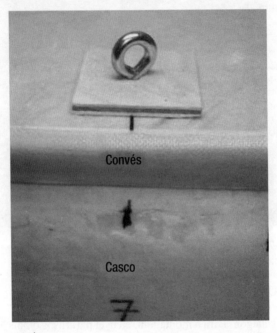

Figura 9.23 Convés e casco montados.

Se você tiver feito o trabalho direito, você deve obter algo parecido com a Figura 9.24.

Com a montagem do casco completa, vamos passar para a construção do sistema de propulsão. Catamarãs são tipicamente propelidos pelas velas ao vento. O RoboBoat tem um tipo bem diferente de propulsão: um gerador de vento que será descrito na próxima seção.

Figura 9.24 A plataforma do catamarã acabada.

A MONTAGEM DO PROPULSOR

Foi um caminho longo e árduo até chegar ao conjunto que eu estou usando atualmente. Eu tentei várias abordagens e acabei com algo que eu chamo de "montagem do moinho de vento", mostrado na Figura 9.25. Então, o que é isso?

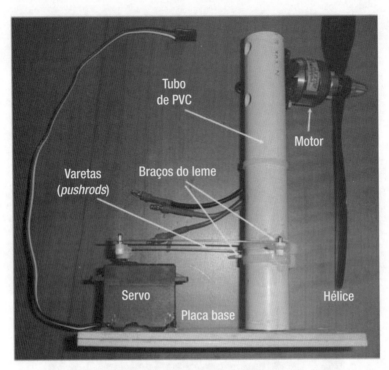

Figura 9.25 O conjunto de propulsão.

Trata-se simplesmente de um motor com hélice que está montado num tubo que fica sobre um pivô. O tubo é ligado com um servo de RC. Isso é tudo.

Em comparação com o barco comum propulsionado por hélices subaquáticas, a configuração movida a ar tem algumas vantagens:

- Uma hélice de água é mais complicada de instalar, porque você tem que atravessar o casco, introduzindo assim o problema de vedá-lo contra a infiltração de água indesejada.
- Um conjunto de propulsão movido a ar não tem problemas com plantas aquáticas, que podem se enrolar na hélice de um sistema aquático.
- Kits de motor/hélice para aviões de R/C são muito comuns e amplamente disponíveis.
- Todo o conjunto é concebido como um "módulo", que pode ser facilmente montado em diferentes plataformas flutuantes.
- O módulo é uma combinação de propulsão e direção e pode ser mudado como um todo.
- O direcionamento do vetor de empuxo, conseguido ao girar a hélice, é muito eficiente.

Há muitas maneiras de construir tal conjunto. O que eu estou descrevendo aqui não é obrigatório; dê uma chance à sua criatividade e encontre suas próprias soluções. Estou na feliz situação de ter um torno mecânico e, portanto, foi razoavelmente fácil fazer um pivô que se encaixa perfeitamente.

Para a construção, eu basicamente usei um tubo de PVC com um diâmetro externo de 1" (25 mm), que fica em um pivô.

Na próxima seção, vamos discutir o conjunto de propulsão e os passos necessários para construí-lo.

A placa base

Para montar e desmontar facilmente todo o conjunto para diferentes cascos, eu coloquei todos os componentes em uma placa base intermediária (ver Figura 9.26). Uma placa de 4 mm de espessura de alumínio é a melhor escolha se você quiser uma construção sólida. Nas fotos deste livro, eu usei duas folhas de poliestireno de PVC coladas uma à outra. Outros materiais resistentes à água e suficientemente rígidos serão adequados (por exemplo, plexiglass, compensado pintado etc.). A placa base é fixada ao convés do barco com quatro parafusos. Para isso, faça quatro furos com 12,7 mm de distância de cada extremidade.

O pivô é aparafusado à placa base com um parafuso M5 de cabeça chata. Faça um furo de 6 mm escareando de um lado. A placa base também vai prender o servo. A altura do servo tem que ser ajustada para coincidir com a ponta do leme do conjunto de giro.

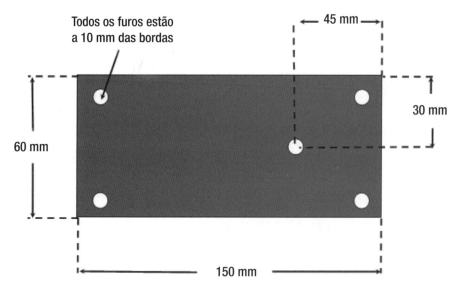

Figura 9.26 Desenho da placa base.

O pivô

O pivô é feito com uma haste de PVC com um diâmetro de 20 mm. Na parte inferior fica um parafuso M5, o qual é utilizado para fixar o pivô à placa base (ver Figura 9.27). Este é o único componente cuja manufatura pode exigir um torno. A articulação deve corresponder aproximadamente ao diâmetro interno do tubo. Uma conexão tipo "luva" de cano de PVC que corresponde ao tubo de PVC (do lado de fora) também pode funcionar, mas eu nunca experimentei.

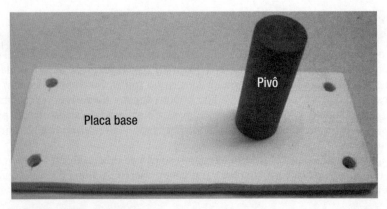

Figura 9.27 O pivô montado sobre a placa base.

O tubo

O tubo mostrado na Figura 9.28 suporta o motor e faz parte do pivô. Ele é feito de um tubo de 25 mm de PVC. Para utilizar hélices com diâmetros de até 279,4 mm, o tubo deve ter um comprimento de 170 mm.

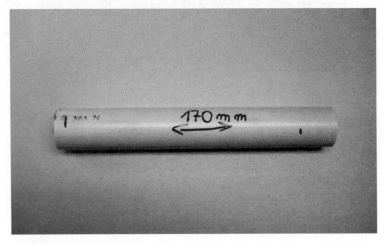

Figura 9.28 O tubo de PVC.

Para fixar o motor, faça simplesmente dois furos com 3 mm de diâmetro na parte superior do tubo, como mostrado na Figura 9.29. Se o seu motor tem um eixo em ambos os lados, faça um furo de cerca de 8 mm no tubo para ter espaço para o eixo. Para facilitar a montagem, faça dois furos de 8 mm no lado oposto dos furos de 3 mm. Em seguida, fixe o motor no tubo usando parafusos M3.

Capítulo 9 ▪ RoboBoat

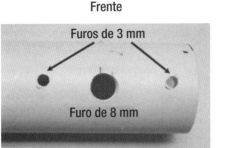 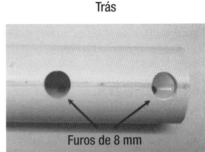

Figura 9.29 Orifícios de montagem para o motor.

Os braços do leme

Ligue com varetas os braços do leme, presos ao tubo, no servo. Existe uma de cada lado do tubo, o que vai proporcionar uma conexão do tipo puxa-empurra com o servo, que é mais estável do que uma única vareta. Eu usei braços do leme de uso geral para modelos R/C, disponíveis em lojas de modelismo. A parte inferior do tubo deve ser aplainada com uma lima para dar espaço para a fixação dos braços do leme. Os braços podem ser colados no tubo com cola de contato ou cola epóxi de dois componentes (ver Figura 9.30). Certifique-se de que os orifícios na ponta estão alinhados com o centro do tubo de PVC.

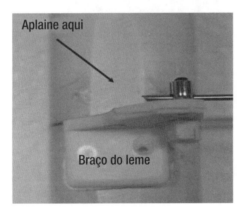

Figura 9.30 Um braço do leme colado ao tubo.

O motor

Basicamente, você pode usar qualquer motor capaz de girar uma hélice e que produza empuxo suficiente para empurrar o barco para a frente. Eu usei um motor CC sem escovas do tipo *outrunner* (BLDC) mostrado na Figura 9.31 por várias razões. Motores com escovas também podem ser usados, mas, se você planeja usar o barco para fazer viagens longas, um BLDC é a melhor escolha porque não há escovas para desgastar. Motores BLDC, adequados para o barco, são amplamente disponíveis e relativamente

baratos. Vou descrever minha configuração em profundidade, mas, se você quiser usar outros tipos, aqui estão as diretrizes básicas para a escolha:
- Tensão: de 6 a 14 V (duas ou três baterias LiPo em série)
- Kv: entre 600 e 1.200 RPM/V
- Potência: entre 100 W e 200 W

Com uma hélice adequada, você deve obter um empuxo de pelo menos 450 g. O diâmetro da hélice deve estar na faixa de 22,8 cm a 28 cm.

Motores *outrunner* BLDC têm seus ímãs acoplados a uma "gaiola" que percorre as bobinas do estator. O eixo é fixado à gaiola. Por esse motivo, a maior parte de "fora" do motor é que gira. Isso faz com que a montagem desse motor seja diferente da montagem de motores com escovas. Se possível, utilize um que tenha uma montagem de eixo sobre a gaiola e que seja vendido com um kit de montagem, o qual consiste no motor, na hélice e em um conector da hélice (*propeller driver*).

O empuxo do propulsor deve estar no intervalo de cerca de 500 g a 800 g. Já fiz várias medidas com diferentes tipos de motores e hélices.

A seguinte combinação é a que estou usando atualmente:
- Motor: ROBBE ROXXY BL – Outrunner 2827-26
- Hélice: APC 279,4 mm × 254 mm

O motor normalmente é vendido em um kit com a fixação do motor e o conector da hélice.

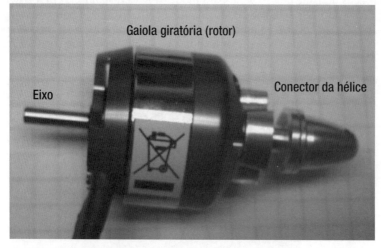

Figura 9.31 Um motor BLDC do tipo *outrunner.*

O servo

Use um servo RC padrão que pode ser encontrado em lojas de modelismo. O braço do adaptador do servo deve ter um diâmetro de 45 mm. O servo pode ser colado ou aparafusado à placa base. Para obter melhor desempenho, use parafusos para prender o servo.

As varetas de aço (*pushrod*)

Varetas de aço com diâmetro de 1 a 1,5 mm são as mais adequadas para a conexão entre os braços do servo e os braços do leme fixados ao tubo. Se você puder encontrar conectores, do tipo com furo passante e um parafuso para prender, a montagem e o ajuste serão muito fáceis. Se não, você pode dobrar as extremidades dos arames em 90º e inseri-los nos orifícios dos braços.

ELETRÔNICA

Eu devo dar crédito à comunidade ArduPilot (Arduino), que tornou possível a conclusão deste projeto: a homepage DIYDrones.com é um verdadeiro tesouro quando você tem que lidar com robótica não tripulada. Um agradecimento especial a Chris Anderson e Jordi Muñoz, que são os fundadores desse grande projeto de *hardware* e código aberto. O elemento-chave da eletrônica que usei foi derivado de um piloto automático baseado em Arduino que foi originalmente concebido para aviões de modelismo, chamado de ArduPilot (AP).

Antes de nos aprofundarmos, vamos primeiro conferir o panorama geral de todo o sistema. Como você pode ver na Figura 9.32, o sistema eletrônico completo é bastante simples. É composto dos seguintes componentes:

- Uma PCI ArduPilot
- Um módulo GPS
- Um CEV para motores CC sem escovas
- Um motor
- Um servo RC
- Um pacote de baterias

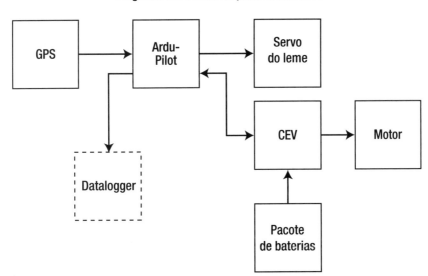

Figura 9.32 Diagrama em blocos da eletrônica.

Vamos ver esses componentes com mais detalhes, assim você saberá como eles interagem uns com os outros.

O coração do sistema: a PCI do ArduPilot

A pequena placa de circuito impresso mostrada na Figura 9.33 tem todos os elementos essenciais necessários para controlar um veículo por GPS. Ela se baseia no mesmo microprocessador ATmega328 utilizado no Arduino, embora o ArduPilot utilize uma versão muito pequena do *chip* para montagens de superfícies.

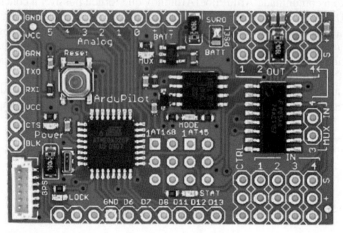

Figura 9.33 A PCI do ArduPilot.

A placa é compatível com a plataforma Arduino, por isso é muito fácil para o usuário modificar e carregar um novo *software* para ela. A placa é composta, principalmente, dos seguintes componentes:
- Um microcontrolador AVR 8-bit, o ATmega328
- Um microcontrolador AVR ATtiny para alternar entre R/C e controle autônomo (não utilizado neste projeto)
- Um conector de interface para GPS
- Interfaces para controlar servos R/C e controladores eletrônicos de velocidade (CEV).
- Um multiplexador que pode alternar o controle entre o controle R/C e o microcontrolador
- Vários outros recursos usados para os modelos de avião e que não serão utilizados neste projeto

O módulo GPS

O módulo GPS mostrado na Figura 9.34 é o "sensor" do sistema de piloto automático, semelhante ao que você talvez encontre dentro de uma unidade de GPS automotiva comercial ou numa unidade GPS para campo. Ele mede a posição, a velocidade e a direção reais do barco. Ele é conectado à placa ArduPilot via um conector do tipo SMD pequeno. O cabo para a conexão entre o módulo de GPS e o ArduPilot geralmente é fornecido com o módulo.

Capítulo 9 ▪ RoboBoat 349

Figura 9.34 O módulo GPS EM406.

A placa ArduPilot "conversa" com o módulo GPS por meio de uma conexão UART (serial). Há uma coisa importante a considerar: o microcontrolador ATmega328 tem apenas uma interface UART embutida, que também é utilizada para a programação do *chip*. Para evitar conflito, o módulo de GPS *deve* ser desligado da placa ArduPilot durante a programação! Mais informações sobre a programação na seção "O *software*".

Até o momento da escrita deste capítulo, o módulo EM406 GPS continua sendo a minha unidade favorita para trabalhar. Existem muitos outros módulos de GPS no mercado que também podem servir, mas o EM406 provou ser muito robusto e confiável.

O controlador eletrônico de velocidade (CEV)

O dispositivo mostrado na Figura 9.35 tem duas funções: fornecer à placa ArduPilot uma tensão regulada de 5 V e controlar a velocidade do motor BLDC. A placa ArduPilot é alimentada com 5 V derivados de um CEV com o chamado "circuito eliminador de baterias" (CEB). Trata-se simplesmente de um regulador linear que fica dentro da eletrônica do CEV e fornece uma fonte de 5 V regulados provenientes da tensão da bateria. A conexão com o CEV é feita por meio de um conector padrão de servo R/C com três pinos. Há muitos CEVs no mercado, e é impossível sugerir qual é o melhor. É aconselhável comprar um que seja compatível com o motor que você vai usar.

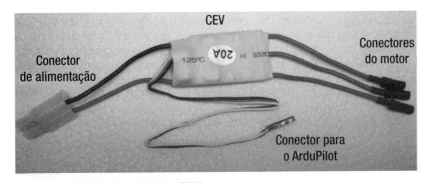

Figura 9.35 O controlador eletrônico de velocidade (CEV).

O motor

O motor é o motor CC "sem escovas" (BLDC). Ele produz o empuxo que leva o barco para a frente.

Motores BLDC geralmente tem três fios. Os conectores são soldados diretamente aos fios de modo que possam ser facilmente ligados ao CEV. Se o motor girar na direção errada, basta trocar dois fios e o motor girará na direção oposta. Deve-se ter cuidado para que os fios não interfiram com a hélice. Utilize abraçadeiras de náilon para fixá-los à haste de PVC, que já foi descrita na seção "a montagem do propulsor" neste capítulo.

O servo do leme

O servo do leme vira a "montagem do moinho de vento" para guiar o barco. Aqui você pode usar um servo R/C padrão. Servos desse tipo estão amplamente disponíveis. Há também os servos chamados de "alto torque"; eles são mais poderosos, porém mais lentos. Qualquer uma das duas versões é adequada para fazer o trabalho. Por favor, não use mini ou micro servos; eles são úteis para modelos de aviões, mas para um barco podem ser pequenos demais.

O pacote de baterias

A bateria fornece energia elétrica para toda a eletrônica e, principalmente, para os motores. Há muitas soluções possíveis quando se trata de escolher uma bateria. Na verdade, eu preferiria comprar uma bateria LiPo 3S com uma capacidade de cerca de 4.000 mAh. Esse tipo de bateria é agora muito comum em modelos de R/C, e pode ser encontrada online pelo mesmo preço que os tipos mais velhos de baterias (como NiMH ou NiCad). Se você quiser utilizar outras baterias, use os seguintes dados como diretriz:

- Tensão: entre 10 V e 12 V
- Capacidade: 4.000 mAh ou superior
- Corrente suportada: 6 A a 8 A (taxa de descarga 10 c ou melhor)

Como o peso para um barco não é tão crítico quanto o de um avião, você também pode verificar que baterias do tipo chumbo-ácido poderiam também funcionar.

Para carregar as baterias, utilize um carregador adequado. Cuidados especiais devem ser tomados na utilização de baterias que contenham lítio, como LiIon e tipos de LiPo, para que não sejam completamente descarregadas. O lítio que está nas pilhas pode começar a pegar fogo quando a bateria está sobrecarregada ou em curto. Um incêndio de lítio não pode ser apagado com água. Eu recomendo fortemente o carregamento de baterias de lítio ao ar livre, colocadas sobre materiais inertes, como pisos de pedra.

Algumas palavras sobre conectores de potência: existem alguns "tipos padrão" de conectores disponíveis no mercado. Normalmente, o CEV e as baterias vêm com conectores. Se eles forem incompatíveis, você terá que cortar um deles (ou do CEV ou da bateria) e soldar o conector apropriado. Eu tenho usado conectores do tipo TAMYIA para todos os meus projetos, porque eles são fáceis de encontrar e muito robustos.

Montagem da eletrônica

Para tirar o máximo proveito desta seção, você deve estar familiarizado com as noções básicas de solda. Se você não estiver seguro, pergunte a alguém que tem conhecimento e que possa ajudá-lo com

Capítulo 9 ■ RoboBoat

o assunto. Também recomendo a leitura dos tutoriais no site da Sparkfun.com, onde há grande quantidade de artigos e guias que podem ajudar os iniciantes em eletrônica embarcada.

Começamos a montagem com a placa ArduPilot, que normalmente é vendida sem os conectores para os servos e o de programação. Todos os conectores que precisam ser soldados na placa são do tipo barras de pinos com um espaçamento entre pinos de 2,54 mm que podem ser encontradas em quase todas as lojas de eletrônica ou no site www.sparkfun.com/products/116.

As barras podem ser facilmente cortadas ou simplesmente partidas no tamanho desejado. Para a placa ArduPilot, precisamos de duas barras conectoras de 3 vias e uma de 6 vias, e isso é tudo. A Figura 9.36 mostra as localizações. Os conectores de servo são chamados OUT1 e OUT2 no esquema elétrico. O conector de programação é chamado JP2 ou USB/SERIAL no esquema elétrico.

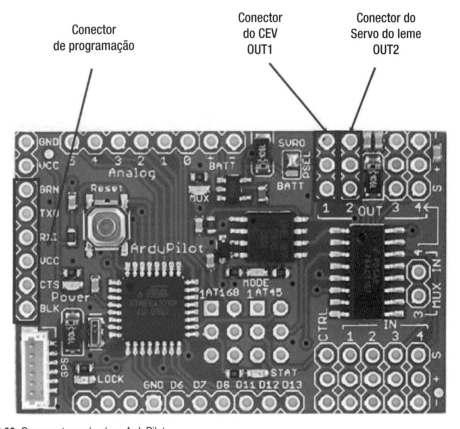

Figura 9.36 Os conectores da placa ArduPilot.

Depois de soldar os conectores, temos que fazer uma modificação na placa (ver Figura 9.37). Precisamos fazer isso porque a placa fornece uma funcionalidade de sobreposição de R/C que é indispensável quando você a usa como um *hardware* de piloto automático para máquinas voadoras.

Para isso, um CI multiplexador é integrado na placa que é usada para alternar o controle dos servos, quer para o microcontrolador ATmega328, quer para um receptor de R/C. O controle do multiplexador é feito pelo microcontrolador ATtiny (localizado à direita do *chip* ATmega328), que por padrão alterna o controle para o receptor R/C. Para o controle do barco, não precisamos dessa funcionalidade. Para nos certificarmos de que o ATtiny não alterne o multiplexador para a posição errada, nós temos que dar ao ATmega328 o controle sobre o multiplexador. Na verdade, não há nenhuma maneira de fazer essa mudança por *software*, por isso temos de modificar o *hardware*. Isso é simples de se fazer elevando o pino 6 do microprocessador ATtiny que controla o multiplexador. Você pode fazer isso dessoldando o pino ou cortando-o com um estilete. Se você estiver familiarizado com solda em SMD, também pode dessoldar todo o *chip*, porque ele não será necessário.

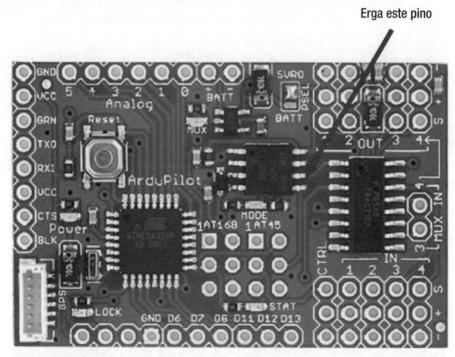

Figura 9.37 A modificação MUX.

O ADAPTADOR DE PROGRAMAÇÃO

Você precisará do adaptador mostrado na Figura 9.38 para fazer o *upload* de novos *softwares* e pontos de referência (*waypoints*) para a placa do ArduPilot. Ele contém um *chip* conversor de USB para serial para que você possa conectar esse adaptador a uma porta USB do seu computador que executa o ambiente Arduino. Antes de usar esse adaptador, você tem que instalar os *drivers* para esse dispositivo em seu computador. Siga as instruções na *homepage* do Arduino para configurar o ambiente. O adaptador que estou usando vem da Sparkfun eletrônica. Você encontrará o produto e toda a documentação necessária em www.sparkfun.com/products/9716.

Capítulo 9 ■ RoboBoat 353

Figura 9.38 O adaptador de programação.

O *SOFTWARE* E O PLANEJAMENTO DA MISSÃO

Como você pode esperar, o *software* é uma parte importante de qualquer sistema de piloto automático. Como a tarefa principal do piloto automático é manter um veículo em um curso predefinido, duas de suas tecnologias-chave são o Sistema de Posicionamento Global (GPS) e os microcontroladores. Então, antes de mergulharmos no *software* e no planejamento da missão, vamos examinar mais de perto uma dessas tecnologias-chave, o GPS.

Receptores GPS

Os receptores GPS estão amplamente disponíveis agora como dispositivos portáteis do tamanho de telefones celulares ou até mesmo de relógios. Para o nosso projeto, usamos apenas o *hardware* do receptor de tais dispositivos. Eles estão disponíveis na forma de módulos OEM do tamanho de uma moeda de dólar ou menor. Todos esses módulos têm uma interface serial que transmite um fluxo de dados seguindo o protocolo da National Marine Electronics Association (NMEA). A NMEA estabeleceu um padrão de comunicação para a conexão de dispositivos eletrônicos marinhos como *dataloggers*, bússolas digitais, sonares e GPS. O protocolo NMEA consiste em "sentenças" ASCII que saem do dispositivo periodicamente. Cada uma dessas sentenças contém várias informações de navegação (por exemplo, a posição atual, velocidade, rumo, horário UTC etc.). Para o nosso sistema de piloto automático, precisamos apenas de duas informações do receptor: a posição real do barco e a direção que ele está seguindo.

Algumas palavras sobre o comportamento dos receptores de GPS: um receptor de GPS fornece saídas de informação de rumo válidas somente quando é movido com uma velocidade mínima de cerca de 1,5 mph (3 km/h). Quando o barco está parado ou se movendo muito lentamente, as informações de rumo do receptor de GPS não são confiáveis e o barco pode mover na direção errada. O comportamento dos diferentes módulos receptores GPS quando parados difere, e, geralmente, a forma como cada módulo se comporta exatamente tem que passar por engenharia reversa. O EM406, que eu uso, tem um bom desempenho em baixas velocidades (acima de 3 km/h) e fornece informações de rumo aleatórias

354   Arduino para robótica

com o veículo parado. Por causa disso, eu deixo o barco navegar à deriva por cerca de 5 s após zarpar, sem qualquer controle do GPS. Após esse tempo, o receptor GPS fornecerá dados de rumo confiáveis que podem alimentar o *software* do piloto automático. Outra coisa importante é que os receptores de GPS não fornecem imediatamente dados válidos de navegação. Há vários modos em que os receptores funcionam quando ligados. É importante conhecer dois modos principais:

- Arranque a frio (*cold start*): isso normalmente acontece quando você liga o dispositivo depois de longos períodos sem alimentação. Nesse modo, os receptores modernos (como o EM406) precisam de alguns minutos para chegar à sua primeira conexão com um satélite. Então não se preocupe se o piloto automático não reagir imediatamente após ligado.

- Arranque morno (*warm start*): isso acontece quando o receptor já está ligado e teve uma conexão válida algumas horas antes. Nesse caso, é preciso um tempo entre alguns segundos e alguns minutos para obter uma conexão válida. O EM406 tem um capacitor embarcado que alimenta o oscilador do relógio interno e as chamadas "informações efemérides" dos satélites por cerca de uma semana.

O tempo decorrente de um arranque morno não pode ser previsto, mas, em geral, podemos aplicar uma regra simples: quanto mais tempo o módulo estiver desligado, mais tempo ele levará para obter a primeira conexão.

Considere também que sempre que estiver testando o receptor, você deve ter uma visão clara do céu. Em ambientes cobertos ele geralmente não vai funcionar.

Alguns receptores possuem um LED embutido que indica o estado do receptor. No EM406, o LED acende quando o receptor está esperando por uma conexão válida e começa a piscar quando dados de navegação válidos estão disponíveis.

Agora, vamos falar sobre o *software* do nosso sistema de piloto automático.

O *software*

O *software* foi desenvolvido utilizando o Arduino IDE. Você deve se familiarizar com os conceitos básicos da linguagem de programação C e com o Arduino se quiser fazer suas modificações no *software*.

Resumidamente, o *software* do microprocessador ArduPilot é projetado para realizar as seguintes tarefas:

1. Iniciar o *hardware*; aguardar até que o módulo de GPS tenha uma conexão válida e, em seguida, iniciar o motor.
2. Obter as informações de posição e orientação reais do GPS.
3. Calcular a distância e a direção para o próximo ponto de referência.
4. Calcular a diferença entre a orientação atual e a direção desejada e usá-la para orientar para o servo do leme (essa é uma visão muito simplificada do algoritmo PID, mas, essencialmente, é assim).
5. Quando a posição real estiver próxima (dentro do alcance) do primeiro ponto de referência, muda para o próximo ponto de referência.
6. Se/quando o último ponto de referência é atingido, desliga o motor; se não, volta ao passo 2.

Você pode baixar o *software* em

http://code.google.com/p/roboboat/downloads/list ou em Apress.com.

Lá você encontrará um arquivo chamado AP_RoboBoat.zip. Se você descompactar esse arquivo, terá todos os arquivos de código-fonte para o piloto automático que controla o RoboBoat. O *software* é dividido em seis módulos (abas na IDE do Arduino) e dois arquivos de cabeçalho. De acordo com as convenções do Arduino, esses arquivos devem ser colocados em uma pasta que tem o mesmo nome do programa principal. Nesse caso, copie-os para uma pasta chamada AP_RoboBoat. Dê um duplo clique no arquivo com extensão .pde. O Arduino IDE abrirá e você poderá prosseguir.

Capítulo 9 ■ RoboBoat

Nas seções a seguir, vou descrever brevemente a função dos módulos. Esses módulos compõem o sistema de *software* inteiro do piloto automático. Se você construiu o barco e o sistema de propulsão como descrito anteriormente, não deve haver necessidade de modificações.

O MÓDULO AP_ROBOBOAT

Esta aba contém a declaração das variáveis globais e das duas funções do Arduino setup() e loop() (Listagem 9.1). A função setup() faz toda a inicialização dos periféricos de *hardware* e espera até que uma primeira leitura seja disponibilizada pelo GPS. A função loop() contém o código principal do programa e faz toda a navegação.

Listagem 9.1 AP_RoboBoat.pde

```
/ * Por Chris Anderson, Jordi Munoz, modificado por Harald Molle para uso em barcos de modelo * /
/ * Nov/27/2010
/ * Versão 1.1 * /
/ * Lançado sob uma licença Apache 2.0 de código aberto * /
/ * A homepage do projeto está em DIYdrones.com (e ArduPilot.com)
/ * Esperamos que você melhore o código e o compartilhe conosco no DIY Drones! * /

#include "defines.h"
#include "waypoints.h"

// Definição das variáveis globais
int waypoints; // contador de pontos de referência

unsigned int integrator_reset_counter = 0; // variável do contador (em segundos) para o tempo de
interrupção do Integrador após uma mudança do ponto de referência

byte current_wp = 0; // Esta variável armazena o ponto de referência atual que estamos tentando
atingir.

int wp_bearing = 0; // Direção para o ponto de referência atual (em graus)
unsigned int wp_distance = 0; // Distância para o ponto de referência atual (em metros)

// Informações obtidas pelo GPS
float lat = 0; // Latitude atual
float lon = 0; // Longitude atual
unsigned long time; // tempo UTC atual
float ground_speed = 0;      // Velocidade de solo
int curso = 0;               // Curso de solo
int alt = 0;                 // Altitude acima do mar

// Variáveis tipo flag
byte jumplock_wp = 0; // Ao mudar de ponto de passagem, essa trava vai permitir apenas uma
transição.
byte gps_new_data_flag = 0; // Uma flag simples para sabermos quando temos novos dados de GPS.

// variável com o setpoint do leme, armazena o valor calculado para o servo do leme
int rudder_setpoint = 0;
```

```
byte fix_position = 0; // Variável flag para indicar a posição de GPS válida

// Inicialização do Arduino, ponto de entrada depois de ligado
void setup()
{

  init_ardupilot(); // Inicializa os periféricos de hardware específicos

  waypoints = sizeof(wps) / sizeof (LONLAT); // calcular o número de pontos de referência

  Init_servo(); // Inicializa os servos, ver aba "Servo_Control".

  test_rudder(); // Apenas mova o servo para ver que há algo vivo
  bldc_arm_throttle(); // Inicializa o controlador BLDC

  print_header(); // imprime a linha de cabeçalho no canal de debug

  delay(500); // espera até o buffer de Tx da UART ter sido esvaziado com certeza

  init_startup_parameters(); // Espera primeira correção do GPS

  test_rudder(); // Move leme-servo para ver que o tempo de zarpagem está próximo

  bldc_start_throttle(); // inicia o motor

  delay (5000); // passa os primeiros 5 s sem controle de GPS para estabilizar o vetor de direção

  init_startup_parameters(); // ressincronizar GPS

}

// Laço principal do programa começa aqui

// Laço principal do Arduino
void loop()
{


  gps_parse_nmea(); // analisar as mensagens NMEA que chegam do Módulo de GPS e armazena dados
relevantes em variáveis globais

  if((gps_new_data_flag & 0x01) == 0x01) // Verificando nova flag de dados GPS "GPRMC" em posição
  {
  digitalWrite(YELLOW_LED, HIGH); // pulsa o LED amarelo para indicar uma sentença de GPS recebida
  gps_new_data_flag & = (0x01 ~); // Limpando flag de dados novos...
  rudder_control(); // Função de controle para orientar o curso para o próximo ponto de referência
    if (integrator_reset_counter ++ < WP_TIMEOUT) // Força I e D a zero por WP_TIMEOUT segundos depois
de cada mudança de ponto de referência
      reset_PIDs();

  send_to_ground(); / * Imprimir valores no datalogger, se ligado, apenas para debugging * /
  } // fim if gps_new_data...
```

Capítulo 9 ■ RoboBoat

```
  // Certifica-se de que o piloto automático vai saltar SÓ UM ponto de referência

  if ((wp_distance < WP_RADIUS) && (jumplock_wp == 0x00)) // Verificar se a distância até o ponto
de referência é inferior a WP_RADIUS metros, e verificar se a trava está aberta
  {
    current_wp ++; // Muda o ponto de referência
    jumplock_wp = 0x01; // Trava o comutador de ponto de referência.
    integrator_reset_counter = 0;

    if(current_wp >= waypoints) // Verifica se passamos por todos os pontos de referência, se sim
parar motor
    finish_mission();
  } // fim if wp_distance...

  digitalWrite(YELLOW_LED, LOW); // Desligando o LED de status
} // fim do loop ()
```

MÓDULO DEBUG

Esta aba contém algumas funções para teste e integração do sistema. Se você tem um *datalogger* serial, pode usá-lo para gravar os dados do *loop* de controle PID que são emitidos a cada segundo.

Listagem 9.2 Debug.pde

```
// Variáveis de Debug do PID
float pid_p;
float pid_i;
float pid_d;
float pid_dt;
int dbg_pid_error;

// Saída de debugging, envia o valor de variáveis internas ao datalogger a cada segundo
// Valores de ponto flutuante são multiplicados e convertidos em números inteiros para enviá-los
pela função Serial.print
void send_to_ground(void)
{
    Serial.print(course);
    Serial.print("\t");

    Serial.print((int)wp_bearing);
    Serial.print("\t");

    Serial.print(dbg_pid_error);
    Serial.print("\t");

    Serial.print(wp_distance);
    Serial.print("\t");

    Serial.print(tempo);
    Serial.print("\t");

    Serial.print((int)rudder_setpoint);
    Serial.print("\t");
```

```
        Serial.print((int)current_wp);
        Serial.print("\t");

        Serial.print((int)pid_p);
        Serial.print("\t");

        Serial.print((int)pid_i);
        Serial.print("\t");

        Serial.print((int)pid_d);
        Serial.print("\t");

        ground_speed *= 18,0; // Converter milhas/h para km/h * 10
        Serial.print((int)ground_speed);
        Serial.print("\t");

        Serial.print(alt);

        Serial.println();


}
// Saída de debugging, envia o valor de variáveis internas ao datalogger uma vez na inicialização
// Valores de ponto flutuante são multiplicados e convertidos em números inteiros para enviá-los
pela função Serial.print
void print_header(void)
{
    // Cabeçalhos para as constantes do Sistema
    Serial.println("KP_HEADING\t\t KI_HEADING\t\t KD_HEADING\t\t INTEGRATOR_MAX\t\t RAM");
    delay(250);
    Serial.print ((int)(KP_HEADING * 100));
    Serial.print("\t\t");
    Serial.print ((int)(KI_HEADING * 100));
    Serial.print("\t\t");
    Serial.print ((int)(KD_HEADING * 100));
    Serial.print("\t\t");
    Serial.print ((int)(INTEGRATOR_LIMIT));
    Serial.print("\t\t");
    Serial.println( ram_info() );
    delay(250);

    // cabeçalho para as variáveis de debugging
    Serial.println ("Act\t Setp\t err\t Dist\t Time\t Rudd\t WP\t pid_p\t pid_i\t pid_d\t speed\t
alt");
    delay (250);
}

// função para calcular a quantidade restante de RAM em Bytes
// Verifique sempre, se você tiver alterado o array de pontos de referência (ver o cabeçalho da
saída de debug)
int ram_info()
{
    uint8_t * heapptr;
    uint8_t * stackptr;
```

Capítulo 9 ▪ RoboBoat

```
stackptr = (uint8_t *) malloc (4);      // usar stackptr temporariamente
heapptr = stackptr;                     // salvar valor do ponteiro heap
free (stackptr);                        // liberar a memória novamente (set stackptr para 0)
stackptr = (uint8_t *) (SP);            // salvar valor do ponteiro stack

return ((int) stackptr - (int) heapptr);
}
```

MÓDULO INIT

Esta aba contém todas as funções de inicialização para o *hardware* (Listagem 9.3).

Listagem 9.3 Init.pde

```
void init_ardupilot(void)
{
  gps_init_baudrate();
  Serial.begin(9600);

  // Declarando os pinos

  pinMode(5, INPUT); // Pino de modo (não utilizado)
  pinMode(11, OUTPUT); // Pino de saída do simulador (não utilizado)
  pinMode(MUX_PIN, OUTPUT); // Pin MUX, só se aplica aos Hardwares modificado!
  pinMode(BLUE_LED, OUTPUT); // Travar pino do LED na placa ardupilot, indica dados válidos de GPS
  pinMode(YELLOW_LED, OUTPUT); // LED de status, pisca quando conexão válida de satélite é recebida
  pinMode(SERVO1_IN_PIN, INPUT); // Entrada do acelerador do Rx do RC (usado somente para controle
RC)
  pinMode(SERVO2_IN_PIN, INPUT); // Entrada do Leme do Rx do RC (usado somente para controle RC)

#ifdef RADIO_CONTROL
  init_RC_control(); // Inicializa rádio controle
#endif

  switch_to_ardupilot(); // controle dos servo feito pelo Ardupilot por padrão
}

void init_startup_parameters(void)
{
  // sim, um loop do-while, verifica repetidamente até que tenhamos uma posição GPS válida e lat
seja diferente de zero.
  // Eu verifico repetidamente a Lat, porque às vezes falha e define a lat inicial como zero. Dessa
forma, nunca dá errado
  do
  {
    gps_parse_nmea(); // Lendo e analisando dados GPS
  }
  while(((fix_position < 0x01) || (lat == 0)));

  // Outra verificação
  gps_new_data_flag = 0;
```

```
do
{
  gps_parse_nmea(); // Lendo e analisando dados GPS
}
while((gps_new_data_flag&0x01 ! = 0x01) & (gps_new_data_flag&0x02 ! = 0x02));
rudder_control(); // Eu coloquei isso aqui porque eu preciso calcular a distância até o próximo
ponto de referência, caso contrário, ele vai começar no ponto de referência 2.

}
```

MÓDULO DE NAVEGAÇÃO

Esta aba é uma das mais importantes do piloto automático (Listagem 9.4). Contém o chamado "analisador NMEA", que decodifica os dados do GPS e armazena-os em variáveis globais. A aba também contém as funções para calcular o ângulo de direção e a distância até o próximo ponto de referência.

Listagem 9.4 Navigation.pde

```
// Variáveis utilizadas pelo analisador NMEA
char buffer[90]; // Buffer serial para pegar dados de GPS
/ *Ponteiros GPS* /
char *token;
char *search = ",";
char *brkb, *pEnd;
/ ************************************************
* Esta função analisa as strings NMEA...
* É bem complexa, mas nunca falha e funciona bem com todos os módulos de GPS e velocidades de
transmissão... :-)
* Basta alterar o valor Serial.begin() na primeira aba para velocidades de transmissão maiores
************************************************ /

void gps_parse_nmea(void)
{
  char const head_rmc[] = "GPRMC"; // Cabeçalho NMEA GPS para buscar
  char const head_gga[] = "GPGGA"; // Cabeçalho NMEA GPS para buscar

  static byte unlock=1; // algum tipo de flag de evento
  static byte checksum=0; // o checksum gerado
  static byte checksum_received=0; // Checksum recebido
  static byte counter=0; // contador geral

  // Variáveis temporárias para algumas tarefas, especialmente usadas na parte de análise GPS
  unsigned long temp=0;
  unsigned long temp2=0;
  unsigned long temp3=0;


  while(Serial.available() > 0)
  {
    if(unlock == 0)
    {
```

```
buffer[0]=Serial.read();//coloca um byte no buffer

if(buffer[0]=='$')//Verifique se é o preâmbulo $
{
  unlock=1;
}
/ ************************************************** /
else
{
  buffer[counter]=Serial.read();

  if(buffer[counter]==0x0A)//Procura por \F
  {

    unlock=0;

    if (strncmp (buffer, head_rmc, 5) == 0) // análise $GPRMC começa aqui
    {

      /*Gerando e analisando o checksum recebido,*/
      for(int x=0, x<100; x++)
      {
        if(buffer[x]=='*')
        {
          checksum_received=strtol(&buffer[x+1],NULL,16);//Analisador recebeu verificação de
soma...
          break;
        }
        else
        {
          checksum ^= buffer[x]; //Realiza XOR nos dados recebidos...
        }
      }
      if(checksum_received == checksum//Verificando checksum
      {
        /* Token vai apontar para os dados entre vírgula " ' ", devolve os dados na ordem
recebida */
        /*A ordem GPRMC é: UTC, UTC status ,Lat, N/S indicator, Lon, E/W indicator,
speed, course, date, mode, checksum*/
        token = strtok_r(buffer, search, &brkb); //Contém o cabeçalho GPRMC, não é usado

        token = strtok_r(NULL, search, &brkb); //Tempo UTC, não é usado
        time = atol (token);
        token = strtok_r(NULL, search, &brkb); // Dados UTC válidos? Talvez não é usado...


        //Longitude em graus, minutos decimais. (ex. 4750.1234 graus minutos decimais =
47.835390 graus decimais)
        //Onde 47 são graus e 50 os minutos e .1234 os decimais dos minutos.
        //Para converter para graus decimais, divida os minutos por 60 (incluindo as casas
decimais),
```

//Exemplo: "50.1234/60=0.835390", em seguida, adicione os graus, ex: "47+0.835390= 47.835390" graus decimais

```
token = strtok_r(NULL, search, &brkb); //Contém Latitude em graus minutos decimais...
```

//Serial.println(token);

//pegando apenas os graus e minutos sem casas decimais,
//strtol para de analisar até atingir o ponto decimal "." Exemplo de resultado 4750, elimina .1234

```
temp = strtol (token, &pEnd, 10);
```

//pega apenas as casas decimais dos minutos
//resultado do exemplo 1234.

```
temp2 = strtol (pEnd + 1, null, 10);
```

//juntando graus, minutos e os decimais de minutos, agora sem o ponto...
//Antes era 4750.1234, agora o resultado do exemplo é 47501234...

```
temp3 = (temp * 10000) + (temp2);
```

//módulo para deixar apenas os minutos decimais, eliminando apenas os graus...
//Antes era 47501234, o resultado do exemplo é 501234.

```
temp3 = temp3 % 1000000;
```

//Dividindo para obter apenas os graus, antes era 4750

//O resultado do exemplo é 47 (4750/100 = 47)

```
temp /= 100;
```

//Juntando tudo e convertendo em variável float...
//Primeiro eu converto os minutos decimais em graus decimais armazenados em "temp3", exemplo: 501234/600000= .835390
//Então eu adiciono os graus armazenados em "temp" e adiciono o resultado da primeira etapa, exemplo 47+ .835390=47.835390
//O resultado é armazenado na variável "lat"...

```
lat=temperatura + ( (float)temp3 / 600000 );
```

```
token = strtok_r(NULL, search, &brkb); //lat, norte ou sul?
//Se o caractere é igual a S (sul), multiplique o resultado por -1.
if(*token == 'S')
{
   lat = lat * -1;
}
```

// Este é o mesmo procedimento em uso para lat, mas agora para Lon....

```
token = strtok_r(NULL, search, &brkb);
```

// Serial.println(token);

```
temp = strtol (token, &pEnd, 10);
temp2 = strtol (pEnd + 1, null, 10);
```

Capítulo 9 ■ RoboBoat

```
                temp3 = (temp * 10000) + (temp2);
                temp3 = temp3% 1000000;
                temp /= 100;
                lon=temp + ((float) temp3 / 600000);

                token = strtok_r(NULL, search, &brkb); //lon, leste ou oeste?
                if(*token == 'W')
                {
                   lon = lon * -1;
                }
                token = strtok_r(NULL, search, &brkb); //Velocidade de solo?
                ground_speed = atof(token);

                token = strtok_r(NULL, search, &brkb); //Curso?
                course = atoi(token);

                gps_new_data_flag |= 0x01; // Atualiza a flag para indicar chegada de novos dados.

                jumplock_wp=0x00;//removendo trava de ponto de referência.

             }
             checksum=0;
        } //Fim da análise de GPRMC
        if (strncmp (buffer,head_gga,5) == 0) // Análise de $GPGGA começa aqui

        {
           /*Gerando e analisando o checksum recebido, */
           for(int x=0, x<100; x++)
           {
              if(buffer[x] == '*')
              {
                 checksum_received = strtol(&buffer[x+1], NULL, 16); //Analisando o checksum
recebido...
                 break;
              }
              else
              {
                 checksum ^= buffer[x]; //Realiza XOR nos dados recebidos...
              }
           }
           if(checksum_received == checksum) // Verificando checksum
           {
              token = strtok_r(buffer, search, &brkb);//cabeçalho GPGGA, não mais utilizado
              token = strtok_r(NULL, search, &brkb);//UTC, não é usado!!
              token = strtok_r(NULL, search, &brkb);//lat, não é usado!!
              token = strtok_r(NULL, search, &brkb);//norte/sul, não, também...
              token = strtok_r(NULL, search, &brkb);//lon, não é usado!!
              token = strtok_r(NULL, search, &brkb);//oeste/leste, não, também
              token = strtok_r(NULL, search, & brkb);//Correção de posição, usada!!
              fix_position = atoi (token);
              token = strtok_r(NULL, search, &brkb);//satélites em uso!! Não...
              token = strtok_r(NULL, search, &brkb);//HDOP, não é necessário
```

```
                token = strtok_r(NULL, search, &brkb);//ALTITUDE, é o único significado dessa string...
em metros, é claro.
                alt = atoi(token);
                if(alt < 0)
                {
                   alt = 0;
                }

                if(fix_position >= 0x01)
                   digitalWrite(BLUE_LED, HIGH); // LED de status...
                else
                   digitalWrite (BLUE_LED, LOW);

                gps_new_data_flag |= 0x02; // Atualiza a flag para indicar que novos dados chegaram.
             }
             checksum=0; //Reiniciando o checksum
          } // fim da análise $ GPGGA

          for(int a=0; um<=counter; a++) // reiniciando o buffer
          {
             buffer[a]=0;
          }
        counter=0; //Reiniciando o contador
      }
      else
      {
        counter++; //Incrementando contador
      }
    }
  }

}
/ ************************************************
* //Função para calcular o curso entre dois pontos de referência
* //Estou usando as fórmulas reais - sem falsificações de tabela de pesquisa!
************************************************ /
int get_gps_course(float flat1, float flon1, float flat2, float flon2)
{
  flutuar calc;
  flutuar bear_calc;

  flutuar x = 69,1 * (flat2 - flat1);
  flutuar y = 69,1 * (flon2 - flon1) * cos (flat1/57,3);

  calc=atan2(y,x);

  bear_calc = graus(calc);

  if(bear_calc<= 1){
    bear_calc=360+bear_calc;
  }
  return bear_calc;
}
```

Capítulo 9 ▪ RoboBoat

```c
/ ***************************************************
* //Função para calcular a distância entre dois pontos de referência
* //Estou usando as fórmulas reais
************************************************** /
unsigned int get_gps_dist(float flat1, float flon1, float flat2, float flon2)
{
    flutuar x = 69,1 * (flat2 - flat1);
    flutuar y = 69,1 * (flon2 - flon1) * cos(flat1/57,3);

    return (float)sqrt((float)(x*x) + (float)(y*y))*1.609,344;
}
/ ************************************************** /
// Calcula erro de direção e escolhe o caminho mais curto para a direção desejada
/ ************************************************** /
int compass_error(int PID_set_Point, int PID_current_Point)
{
    float PID_error=0;//Variável temporária
    if(fabs(PID_set_Point-PID_current_Point) > 180)
        {
            if(PID_set_Point-PID_current_Point < -180)
            {
              PID_error=(PID_set_Point+360)-PID_current_Point;
            }
            else
            {
              PID_error=(PID_set_Point-360)-PID_current_Point;
            }
        }
        else
        {
          PID_error = PID_set_Point-PID_current_Point;
        }

        return PID_error;

}
// Esta função interrompe todas as atividades e nunca vai retornar
// Este é o fim...
void finish_mission(void)
{
  bldc_stop_throttle();

#ifdef RADIO_CONTROL
  switch_to_radio(); // Devolva o controle para o rádio
#endif

  while (1) // laço eterno, se o tempo limite atingido (e começar a nadar para recuperar o barco)
  {
    digitalWrite(YELLOW_LED, LOW); // LED amarelo piscando rapidamente para indicar chegada
    delay(100);
    digitalWrite(YELLOW_LED, HIGH);
    delay(100);
  }
}
```

366   Arduino para robótica

```
/ ************************************************
* controle de leme, lê informações do GPS, calcula navegação, executa PID e envia os valores para
o servo.
************************************************** /
void rudder_control(void)
{

  wp_bearing=get_gps_course(lat, lon, wps[current_wp].lat, wps[current_wp].lon); //Calculando dire-
ção, esta função está localizada na aba GPS_Navigation.

  wp_distance = get_gps_dist(lat, lon, wps[current_wp].lat, wps[current_wp].lon);
// Calculando distância, esta função está localizada na aba GPS_Navigation.
  rudder_setpoint = MIDDLE_RUDDER+PID_heading(compass_error(wp_bearing, curso)); //Posição central
+ PID(compass_error(curso desejado, curso atual)).

  pulse_servo_rudder((long)rudder_setpoint); //Enviando valores para servo, 90° é a posição central.
}


// Esta função muda o EM406 para 9.600 Baud
// Normalmente, o padrão do EM406 é NMEA e 4.800 Baud após longos períodos de desligamento

void gps_init_baudrate(void)
{
    Serial.begin(4800); // Tentar sempre em 4.800 Baud primeiro.
    delay(100);
    Serial.println("$ PSRF100,1,9600,8,1,0*0D"); // comando para mudar SIRFIII para NMEA, 9.600, 8, N,
1
    atraso(100);
    Serial.begin(9600); // finalmente, muda de volta para taxa de 9.600
}
```

MÓDULO DE CONTROLE PID

Esta aba contém a função que faz a malha de controle para a navegação em linha reta (Listagem 9.5). Esse é um dos módulos mais importantes, porque ele usa um algoritmo PID que é implementado de uma forma muito simples. O comportamento da malha PID é controlado por constantes que são descritas na secção "As constantes PID".

Listagem 9.5 PID_Control.pde

```
// Variáveis da malha PID
int heading_previous_error;
float heading_I = 0.0;              // Armazena o resultado do integrador

/ ************************************************
* PID= P+I+D Esta função só funciona quando uma segunda atualização do GPS é usada.
************************************************** /
int PID_heading(int PID_error)
{
```

Capítulo 9 ■ RoboBoat

```
static_float heading_D; //Armazena o resultado do derivador
static_float heading_output; //Armazena o resultado do malha PID
dbg_pid_error = PID_error; // deBug

heading_I += (float)PID_error;

heading_I = constrain(heading_I, -INTEGRATOR_LIMIT, INTEGRATOR_LIMIT); //Limitar o integrador do
PID...

// Parte da derivação
heading_D = ((float)PID_error - (float)heading_previous_error);

heading_output = 0,0; // Limpando a variável.

heading_output = (KP_HEADING * (float)PID_error); //Parte proporcional, é apenas a constante KP
* erro... e adicionando à saída
pid_p = (KP_HEADING * (float)PID_error);

heading_output += (KI_HEADING * heading_I); //Adicionando resultado do integrador...
pid_i = (KI_HEADING heading_I *);

heading_output += (KD_HEADING * heading_D); //Adicionando resultado do derivador...
pid_d = (KD_HEADING * heading_D);




// Adiciona todos os resultados do PID e limita a saída...
heading_output = constrain(heading_output, (float)HEADING_MIN,
(float)HEADING_MAX);//limitando a saída...

heading_previous_error = PID_error;//Salvando o erro real para usar mais tarde (na parte da
derivação)...

// Agora verificando se o usuário selecionou o modo normal ou reverso (servo)...
if(REVERSE_RUDDER == 1)
{
  return (int)(-1 * heading_output);
}
else
{
  return (int)(heading_output);
}
}
/ ************************************************
* Reinicia todos os PIDs
************************************************ /
void reset_PIDs(void)
{
  heading_previous_error = 0.0;
  heading_I = 0.0;
}
```

368   Arduino para robótica

MÓDULO SERVO_CONTROL

Esta aba contém as funções que fornecem os pulsos de saída para o servo do leme e para o CEV para o motor (Listagem 9.6). Esse módulo utiliza a unidade de modulação por largura de pulso (PWM) do microcontrolador AVR que é usado em todas as plataformas Arduino.

Listagem 9.6 Servo_control.pde

```
/ *************************************************** ************
* Configurando o hadware PWM... Se você quiser entender isso,
* você deve ler o Datasheet do ATmega168..
* As funções a seguir são otimizadas para velocidade. A biblioteca Servo do Arduino pode não fun-
cionar, porque consome mais tempo de processamento do que estas
*************************************************** ************* /


void Init_servo(void)//Esta parte vai configurar o PWM para controlar o servo 100% por hardware,
para não perder tempo da UCP.
{
  digitalWrite(RUDDER,LOW);//Definindo pinos de saída do servo
  pinMode(RUDDER,OUTPUT);
  digitalWrite(THROTTLE,LOW);
  pinMode(THROTTLE,OUTPUT);

  /*Configurações do Timer 1 para PWM rápido*/
  //Nota: esses strings estranhas que seguem, como OCRI1A, são na verdade registros predefinidos
ATMega168.
  //Nós carregamos os registradores e o chip faz o resto.

  //Lembre-se de que os registros não declarados aqui permanecem zero por padrão...
  TCCR1A =((1<<WGM11)|(1<<COM1B1)|(1<<COM1A1)); //Por favor, leia página 131 do datasheet, estamos
alterando as configurações de registros de WGM11, COM1B1, COM1A1 para 1, isso é tudo...
  TCCR1B = (1<<WGM13)|(1<<WGM12)|(1<<CS11); //Prescaler definido como 8, o que nos dá uma resolução
de 2us, leia a página 134 do datasheet
  OCR1A = 2000; //o período do servo 1, lembre da resolução de 2us, 2000/2 = 1000us o período de
pulso do servo...
  OCR1B = 3000; //o período do servo 2, 3000/2=1.500 us, mais ou menos na posição central...
  ICR1 = 40000; //50 hz freq...O datasheet diz (system_freq/prescaler)/target frequency. Assim,
(16000000hz/8)/50hz=40000,
  //deve ser 50 hz, pois é o padrão de servo (a cada 20 ms, e 1hz = 1seg) 1.000ms/20ms=50hz, coisa
da escola primária...
}

/ ************************************************
* Função para pulsar o acelerador do servo
*************************************************** ************* /
void pulse_servo_throttle (long angle)//Vai converter o ângulo em relação à posição equivalente do
servo...
{
  //ângulo=constranger(ângulo,180,0);
  OCR1A = ((angle * (MAX16_THROTTLE - MIN16_THROTTLE)) / 180L + MIN16_THROTTLE) * 2L;

}
```

Capítulo 9 ▪ RoboBoat

```
/ ***************************************************
* Função para pulsar o servo de guinada/leme ...
***************************************************/
void pulse_servo_rudder (long angle) // converte o ângulo para a posição equivalente do servo...
{
  OCR1B = ((ângulo *(MAX16_RUDDER - MIN16_RUDDER)) / 180L + MIN16_RUDDER) * 2L;


}
void bldc_arm_throttle(void) // "arma" o controlador BLDC para o acelerador
{
  delay(2000);
  bldc_stop_throttle(); // então muda para aprox. zero, servo do controlador armado
  delay(4000);
}

void bldc_start_throttle(void) // motor sem escova (controlador Multiplex)
{
  pulse_servo_throttle(MOTOR_SPEED); // define a velocidade do motor
}

// função para parar o motor // motor sem escova (controlador Multiplexador)
void bldc_stop_throttle(void)
{
  pulse_servo_throttle(MOTOR_OFF); // mudar para aprox. zero
}

void test_rudder(void)
{
  pulse_servo_rudder(MIDDLE_RUDDER + HEADING_MIN);
  delay(1500);
  pulse_servo_rudder(MIDDLE_RUDDER + HEADING_MAX);
  delay(1500);
  pulse_servo_rudder(MIDDLE_RUDDER);
  delay(1500);
}


// Módulo para controlar o ArduPilot via Radio Controle (RC)
// Você tem que usar um equipamento de RC que suporte uma funcionalidade à prova de falhas
// Por exemplo, se o transmissor for desligado, deve haver
// "silêncio" no canal do receptor (tanto no nível ALTO quanto no BAIXO)
// Na verdade, eu testei isso com um sistema de 2,4 GHZ da SPEKTRUM.
// Sistemas analógicos podem sempre ter como saída alguns pulsos graças a sinais recebidos erro-
neamente
// Meu controlador de rádio barato de 27 MHz não funcionou
// Por favor, verifique cuidadosamente antes de você começar!

// Função para verificar se há pulsos na entrada Rx do leme

// Peguei o canal do leme, porque no SPEKTRUM a função à prova de falhas
// emite pulsos no canal do acelerador (velocidade padrão), quando o transmissor está desligado.
```

```
// Esta função verifica o "silêncio" no canal do leme.
// Se houver silêncio, o transmissor é desligado e o controle deve ser dado ao
// ArduPilot


// Retornar 0 se nenhum pulso disponível (timeout > 25 ms)
int check_radio(void)
{
  return (int) pulseIn(SERVO2_IN_PIN, HIGH, 25000); // Verifica se existem pulsos na entrada Rx do
leme;
}


// Função para mudar o Multiplexador para o ArduPilot
void switch_to_ardupilot (void)
{
  digitalWrite(MUX_PIN, HIGH); // servos controlados por Ardupilot
}

// Função para mudar o Multiplexador para o receptor de RC
void switch_to_radio (void)
{
  digitalWrite(MUX_PIN, LOW); // servos controlados por controle de rádio
}
```

ARQUIVOS DE CABEÇALHO

Para adequar o *software* às suas necessidades particulares, há dois arquivos de cabeçalho adicionais que são chamados defines.h e waypoints.h. O primeiro arquivo contém todas as constantes que podem ser modificadas de acordo com as suas necessidades. Vou descrevê-las em profundidade a seguir. O arquivo waypoints.h contém um vetor (*array*) constante predefinido que armazena as coordenadas de latitude e longitude do caminho que o barco deve seguir (esse arquivo é mais discutido na seção "Planejamento de missão").

♦ Consulte http://code.google.com/p/roboboat/downloads/list ou Apress.com para os arquivos para download.

Instalando o *software*

Para carregar o *software* para a placa do ArduPilot, você vai precisar do seguinte:

- Um computador PC ou Mac que execute o Arduino IDE; você pode baixar a versão mais recente desse ambiente de desenvolvimento em www.arduino.cc site.
- Uma placa externa (*breakout*) FTDI da SparkFun com o cabo USB.

- Uma fonte de alimentação para a placa ArduPilot, uma bateria e um CEV sem motor.
- Uma pasta que contém o *software* do piloto automático; lembre-se de que a pasta deve ter o mesmo nome que o programa principal.

Depois de atender a todos os pré-requisitos, você pode executar os seguintes procedimentos:
- Instale o Arduino IDE.
- Configure o Arduino IDE.
- Compile e faça o *upload* do código.
- Personalize o código (opcional).

Instalando o Arduino IDE

Antes de iniciar o Arduino IDE, você deve instalar os *drivers* do conversor de USB para serial e, em seguida, deve dizer ao Arduino qual porto serial deve usar para se comunicar com a placa. O procedimento para isso é descrito em profundidade para os diversos sistemas operacionais na seção *Getting started* do site do Arduino: http://arduino.cc/en/Guide/HomePage.

Depois de clicar duas vezes no arquivo AP_RoboBoat.pde, o Arduino IDE deve iniciar e você deve ver uma tela parecida com a Figura 9.39.

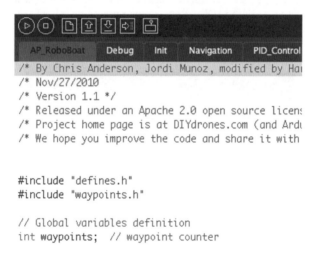

Figura 9.39 Tela do Arduino IDE.

Configurando o Arduino IDE

Depois de ter instalado com sucesso o Arduino IDE, você deve dizer ao Arduino que tipo de placa você está usando. O ArduPilot usa um microprocessador ATmega328 e a placa se aproxima do Arduino Duemillanove Board. Então, selecione Arduino Duemilanove w/ATmega328 no menu *Tools* do Arduino IDE, como mostrado na Figura 9.40.

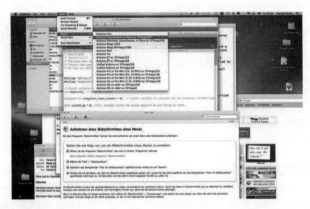

Figura 9.40 Selecionando o *hardware*.

Compilando e enviando o código

Agora você deve estar pronto para fazer o *upload* (carregamento) do código para a placa. Se você já tiver carregado o AP_RoboBoat no Arduino IDE, simplesmente pressione o botão de *upload* e o IDE vai começar a compilar o código-fonte e iniciar o *upload* automaticamente (Figura 9.41). Você pode ver isso no rápido piscar dos LEDs vermelho e verde do conversor USB para serial (ver Figura 9.42).

Botão de *upload*

Figura 9.41 O botão de *upload* no Arduino IDE.

Figura 9.42 Conectando o ArduPilot ao adaptador de programação.

Se o *upload* deu certo, você está pronto para fazer os primeiros testes com o barco, que são descritos na seção "Integração do sistema".

Personalizando o código

Normalmente, você não precisa fazer mudanças no código, se tiver feito todas as etapas de acordo com a descrição deste capítulo. No entanto, se quiser personalizar o *software* para suas necessidades, você terá que modificar o arquivo de cabeçalho defines.h. Eu coloquei todas as constantes de sistema relevantes nesse arquivo e vou dar uma breve descrição de algumas das configurações mais importantes. Nas seis seções a seguir, vou descrever todas as configurações relevantes desse arquivo.

Personalizando o controle do leme

Há uma constante que controla a "polaridade" dos movimentos do leme. Se você construiu o conjunto de propulsão conforme descrito neste livro, não há necessidade de alterar essa diretiva (o valor padrão é 1):

```
#define REVERSE_RUDDER 1 // normal = 0 e reverso = 1
```

Outra constante controla a posição central do servo do leme:

```
#define MIDDLE_RUDDER 90 // posição central do servo do leme em graus, ajuste para afinar as correções, se necessário
```

Com essa constante, você poderá realizar o ajuste fino da posição central do servo. Se você estiver usando uma vareta de aço (*pushrod*) fixa, que não pode ser ajustada, você pode usar essa diretiva para ajustar a posição do meio do seu conjunto. Lembre-se de que isso funciona apenas para pequenas alterações na gama de +/− 10°. Como parte do processo de iniciação, o *software* move primeiro o leme para suas extensões máximas e então o reposiciona para a posição central. Assim, você pode ver onde a posição central realmente fica.

Personalizando a constante PID

As constantes seguintes são as mais críticas e controlam a estabilidade do barco:

```
#define KP_HEADING 2.0 // parte proporcional do controle PID
#define KI_HEADING 0.07 // parte integrativa do controle PID
#define KD_HEADING 0.00001 // parte derivativa do controle PID (não utilizada)
```

O *software* utiliza um algoritmo de malha de controle proporcional-integrativo-derivativo (PID) para a estabilização do curso. Eu não vou me aprofundar na teoria de controle em malha fechada, mas você deve saber de algumas coisas: o KP_HEADING controla o "ganho" da diferença entre o *setpoint* e o curso real. Se você aumentar esse valor, o barco vai reagir mais rapidamente às mudanças na direção e é provável que oscile. Se você diminuir esse valor, as curvas vão ficar mais longas e o barco vai reagir mais lentamente às mudanças de direção. Um valor entre 1,0 e 2,0 deve servir, se você tiver construído o barco conforme descrito anteriormente. O KI_HEADING controla a parte integrativa do algoritmo e vai adicionar estabilidade de longo prazo, correção do desvio e precisão para o curso. Tenha muito cuidado ao modificar esse parâmetro; valores muito altos podem obrigar você a recuperar o barco a nado!

A parte derivativa é normalmente utilizada para reagir a mudanças rápidas, mas não vai funcionar para o tipo de barco que estamos usando. O que estamos usando para o barco é apenas a parte PI; portanto, o valor KD_HEADING é definido perto de zero.

Personalizando a velocidade do motor

Os seguintes conjuntos de constantes definem a velocidade do motor de propulsão. Ela depende muito da combinação CEV/motor/hélice/bateria que você está usando. O valor é em "graus" virtuais porque estamos usando as mesmas funções que controlam um servo R/C que se situa na faixa de 0° a +180°. Com a combinação que eu estou usando, a definição de 80 produz um empuxo de cerca de 500 g.

```
#define MOTOR_SPEED 80 // em torno de 5 A com o Roxxy Outrunner
```

Personalizando o timeout dos pontos de referência

A constante a seguir diz respeito à otimização do comportamento linear do barco. Como mencionado anteriormente, estamos usando um controle de malha PI. Essa não é toda a verdade. A parte integrativa pode se perder quando o barco tem de realizar uma volta (normalmente quando muda de um ponto de referência para outro). E por isso pode demorar um pouco até o barco recuperar uma linha reta. Para otimizar isso, a parte integrativa do algoritmo é forçada a zero por alguns segundos após uma mudança de ponto de referência, o que por sua vez faz da malha de controle um tipo proporcional simples por alguns segundos. Com a configuração atual, a parte integral da malha de controle (que dá a precisão) começa cerca de 50 m após o ponto de referência. Note que se você tiver definido seus pontos de referência muito próximos uns aos outros, vai ficar somente com um controlador do tipo P.

```
#define WP_TIMEOUT 15 // Valor do contador do timeout dos pontos de referência em segundos
```

Personalizando o raio do ponto de referência

A constante seguinte é necessária porque a precisão da medição do GPS e a precisão global do barco não são absolutamente exatas. Para evitar que o barco fique rodeando sem parar um ponto de referência, uma mudança para o próximo ponto de referência é acionada quando o barco está dentro do perímetro de WP_RADIUS de distância de um ponto de referência definido. Eu uso um valor no intervalo de 10 a 20 m, que dará bons resultados.

```
#define WP_RADIUS 15 // Raio para considerar ponto de referência atingido em metros
```

Personalizando as extensões do leme

As duas constantes a seguir definem a máxima extensão em graus que o servo pode girar em torno da definição MIDDLE_RUDDER. Essa configuração também define o raio mínimo que o barco pode alcançar em uma curva.

```
#define HEADING_MAX 60 // posição máxima do servo em graus
#define HEADING_MIN -60 // posição mínima do servo em graus
```

Nota ◆ Normalmente, não há necessidade de alterar essas constantes. Você deve primeiro se familiarizar com o código se quiser alterar as configurações para a otimização e personalização do seu sistema, pois quaisquer alterações podem levar a um comportamento estranho do barco!

O próximo grande passo é o "planejamento da missão", que é a parte em que você define para onde o seu barco deve ir e (espero) onde ele tem que voltar.

Planejamento da missão

Até aqui, tudo bem, mas como é que vamos dizer ao piloto automático para onde ir?

A missão do barco pode ser vista como uma lista dos pontos de referência que a embarcação tenta alcançar. Um ponto de referência é representado em um formato WGS84 de longitude/latitude que é comum para a maioria dos receptores de GPS e sistemas de informação geográfica, como o Google Earth. Os valores de latitude e longitude são expressos em graus. A latitude se inicia no Equador, vai para o norte até alcançar +90° no Polo Norte e desce para o sul até alcançar o Polo Sul em –90°. A longitude começa com 0° em Greenwich (que é uma pequena cidade nos arredores de Londres, Inglaterra, onde o Observatório Real está localizado), vai para o leste com valores positivos até +180° e para o oeste com valores negativos até –180°. Normalmente, para a navegação, as coordenadas são expressas em graus, minutos e segundos. O que vamos usar no *software* é um formato de ponto flutuante em que as coordenadas estão representadas em graus decimais, o que facilita a utilização delas em cálculos.

As coordenadas dos pontos de referência são armazenadas num vetor constante que pode ser encontrado no arquivo waypoints.h, que faz parte do código ArduPilot. Para planejar uma nova missão, você precisa simplesmente copiar as coordenadas dos novos pontos de referência para esse vetor, recompilar o código e descarregá-lo para a placa.

Aqui está um exemplo (encontrado no arquivo waypoints.h) com três pontos de passagem que representam um curso triangular em um lago no sul da Alemanha.

```
LONLAT wps[] =
{
10.021409,  48.350234,
10.020944,  48.350475,
10.021905,  48.350598 /* Home*/
};
```

Nesse exemplo, o primeiro valor (10.021409) é a longitude do primeiro ponto de referência, o segundo valor (48.350234) é a latitude do primeiro ponto de referência, o terceiro valor (10.020944) é a longitude do segundo ponto de referência, e assim por diante.

O último ponto de referência deve ser escolhido muito perto da margem do lago. Depois de atingir esse ponto de referência, o *software* do piloto automático desliga o motor, e o barco vai (com sorte) ficar à deriva pelos últimos metros até a margem, sem propulsão.

Após a inicialização do código, os pontos de referência são copiados para a memória RAM do microcontrolador. O ATmega328 tem apenas 2 kB de memória RAM, de modo que a quantidade de pontos de referência que podem ser armazenados é limitada. Os dois valores de ponto flutuante de um ponto de referência consomem 8 *bytes* de RAM. Eu recomendo não usar mais de 100 pontos de referência para uma única missão (o que é muito).

Utilizando o Google Earth para as coordenadas

Há muitas maneiras de obter as coordenadas da missão. A que eu realmente prefiro é aquela que usa o Google Earth. O uso do programa é gratuito; ele roda em plataformas PC, Mac e Linux, e a precisão das imagens de satélite está geralmente na faixa de alguns metros. O programa pode ser baixado em www.google.com/earth.

Capítulo 9 ▪ RoboBoat

Para planejar uma missão com o Google Earth, você tem que definir um caminho. Isso é feito clicando no ícone do caminho na barra de comandos (ver Figura 9.43). Você pode então adicionar pontos de referência ao caminho simplesmente clicando nos lugares aonde você quer ir (ver Figura 9.44).

Figura 9.43 Botão "adicionar caminho" no Google Earth.

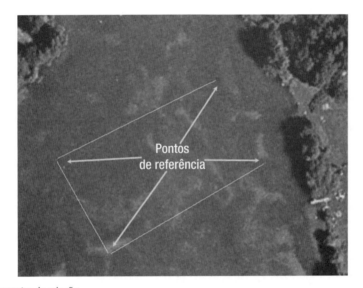

Figura 9.44 Uma amostra de missão.

Quando tiver terminado, dê ao caminho um nome e armazene-o como um arquivo .kml. Isso é feito clicando com o botão direito do mouse no nome do caminho criado na barra de navegação lateral do Google Earth e selecionando "salvar lugar como". É importante escolher .kml como formato de arquivo porque esse formato é baseado na linguagem XML e pode ser facilmente editado com um editor de texto.

Em seguida, você precisa abrir o arquivo .kml com um editor de texto de sua escolha. Um arquivo .kml típico se parecerá com o da Figura 9.45.

378 Arduino para robótica

```
<?xml version="1.0" encoding="UTF-8"?>
<kml xmlns="http://www.opengis.net/kml/2.2" xmlns:gx="http://www.google.com/kml/ext/2.2"
xmlns:kml="http://www.opengis.net/kml/2.2" xmlns:atom="http://www.w3.org/2005/Atom">
<Document>
        <name>Test mit Lineal.kml</name>
        <Style id="sn_ylw-pushpin">
                <LineStyle>
                        <color>ff0000ff</color>
                        <width>2</width>
                </LineStyle>
                <PolyStyle>
                        <fill>0</fill>
                </PolyStyle>
        </Style>
        <Placemark>
                <name>Test mit Lineal</name>                  Coordenadas dos pontos de referência
                <styleUrl>#sn_ylw-pushpin</styleUrl>
                <LineString>
                        <tessellate>1</tessellate>
                        <coordinates>
                                10.02109518987307,48.35076100306986,0
                10.02003617743083,48.35030483570462,0 10.02033731414647,48.34998321856332,0
                10.02158407280307,48.35026252663885,0
                        </coordinates>
                </LineString>
        </Placemark>
</Document>
</kml>
```

Figura 9.45 Por dentro de um arquivo .kml.

A única coisa de que precisamos são as coordenadas localizadas entre as etiquetas <coordinates> e </coordinates>. Copie essas coordenadas e cole-as em um novo arquivo. As coordenadas estão no formato longitude, latitude, altitude. A altitude é geralmente 0 e esse valor deve ser excluído. Formate os valores para que os pares lon/lat fiquem cada um em uma linha.

Se tiver terminado a sua edição, o arquivo deve ser semelhante a isto:

```
10.02109518987307,48.35076100306986,
10.02003617743083,48.35030483570462,
10.02033731414647,48.34998321856332,
10.02158407280307,48.35026252663885
```

O Google Earth cria muitas casas depois do ponto decimal. O Arduino usa apenas 5 ou 6, mas isso não importa, porque o compilador vai formatá-lo na representação adequada do ponto flutuante.

Depois de terminar a edição, você tem que copiá-la e colá-la na matriz definida na guia waypoints.h. Seu resultado deve então ficar assim:

```
LONLAT wps[] =
{
10.02109518987307,48.35076100306986,
10.02003617743083,48.35030483570462,
10.02033731414647,48.34998321856332,
10.02158407280307,48.35026252663885
};
```

Após essa etapa, você deve recompilar o código e carregá-lo na placa: basta pressionar o botão de *upload*, como já descrito anteriormente. Se todas as etapas anteriores foram cumpridas, você pode começar a integração de todos os componentes, que serão descritos na próxima seção.

JUNTANDO TUDO

Depois de ter fabricado os cascos, o convés e o conjunto de propulsão e de ter integrado a eletrônica com o *software*, é chegado o momento de juntar as peças de todo o sistema. Os profissionais chamam essa etapa de "integração do sistema". Alguns conselhos prévios: o que estamos fazendo é um projeto de modelismo com componentes de modelismo R/C. Alguns desses componentes não são brinquedos e podem machucar pessoas. Por favor, tenha extremo cuidado ao seguir essas instruções.

- A bateria deve ser manuseada com cuidado. Não "curto-circuite" os terminais; isso pode acontecer quando você tem que soldar o conector de alimentação aos cabos que saem da bateria. As baterias LiPo podem entregar correntes muito elevadas quando em curto e isso pode causar um incêndio ou queimaduras graves. Ao soldar, sempre isole os terminais de cobre com fita isolante. Como já mencionado, o carregamento da bateria deve sempre ser feito ao ar livre ou em uma área controlada. O carregador deve suportar o balanceamento de carga das células. Por favor, leia com atenção as instruções que vêm com o carregador.
- A próxima fonte de problemas pode ser o motor. Um motor BLDC é muito potente. Antes de conectá-lo à placa ArduPilot, certifique-se de que você fixou todos os parafusos que prendem o motor. Se o motor começar a vibrar, por exemplo, quando um dos parafusos fica solto, o mesmo acontecerá com os outros parafusos em frações de segundo. Uma gota de cola sobre as roscas dos parafusos será suficiente para evitar o problema. Além disso, faça sua primeira experiência com o motor sem a hélice. Depois de ter montado a hélice, mantenha-se longe dela! As lâminas são muito afiadas e podem feri-lo.
- Ao operar o conjunto de propulsão completo, certifique-se de tê-lo fixado a algo rígido como uma mesa ou o convés do barco.
- O conjunto todo gira arbitrariamente quando você opera o sistema eletrônico parado. Mantenha as coisas longe do ponto de giro do conjunto do motor. Prenda os cabos com abraçadeiras de náilon ao tubo de PVC. Se os cabos entrarem no propulsor, isso pode estragar o motor (e o resto do seu dia).
- Quando você operar o barco na água, certifique-se de que ninguém está na água. De acordo com a lei de Murphy, você pode ter certeza de que o barco vai bater na única pessoa que estiver nadando. Acredite em mim, eu sei do que estou falando! Um conjunto com cerca de 3 kg de peso tem um impulso muito alto quando se desloca a 10 km/h e bate em uma pessoa. Em terra, isso pode ser somente doloroso; em água, pode ser fatal!
- Pergunte ao dono do local se você pode deixar um barco sem condutor navegar lá.
- Adicione uma chave de alimentação principal entre a parte de trás e a bateria, e torne-a facilmente acessível. Isso pode ajudar a desligar todo o sistema muito rapidamente quando algo inesperado acontecer (e certamente vai).

Nota ✦ Eu não descrevi o alojamento dos componentes eletrônicos. Cabe a você encontrar o seu caminho para encapsular os componentes eletrônicos e torná-los à prova de respingos. Eu uso um pote de plástico do tipo que pode ser encontrado na maioria das cozinhas (não se esqueça de informar o chefe da cozinha antes de fazer alguns furos em uma de suas amadas Tupperwares). O CEV pode aquecer; coloque-o em um lugar ventilado. O meu é revestido com borracha de silicone para torná-lo à prova d'água. Coloque-o ao "ar livre", fora do pote de plástico.

Integrando o sistema

Agora vamos percorrer o passo a passo da integração:

1. Conecte os cascos ao convés com quatro parafusos M5, como já descrito na seção "Montagem do casco".
2. Monte o conjunto de propulsão na parte de trás do convés com quatro parafusos M5. Use porcas borboleta para facilitar. Não se esqueça de colocar as anilhas de madeira compensada retangulares sob as porcas borboleta. Prenda os cabos do motor para que eles não se enrosquem no propulsor. Eu prendi os cabos no tubo de PVC com uma abraçadeira de náilon.
3. Ligue o CEV e o cabo de servo à placa do ArduPilot (ver Figura 9.46). O fio terra é geralmente preto, ou marrom, e aponta para a extremidade da PCI.

Figura 9.46 Conexão do CEV à placa do ArduPilot.

4. Conecte o módulo de GPS à placa do ArduPilot. Certifique-se de que o adaptador de programação está desconectado, porque o GPS compartilha a mesma porta e, se ambos estiverem ligados, não vai funcionar.
5. Conecte os três cabos do motor ao CEV. Se o motor girar na direção errada, basta trocar dois cabos.
6. Cheque três vezes todas as conexões. Se você tiver ligado tudo corretamente, a fiação deve se parecer com a da Figura 9.47.
7. Conecte a bateria em um ambiente externo. Se estiver conectada corretamente, deve acontecer o seguinte:
   - Na placa ArduPilot, dois LEDs vermelhos devem estar acesos.
   - O LED vermelho no módulo de GPS deve estar aceso.

- O servo deve girar o máximo num sentido e, em seguida, retornar para a posição central.
- Após alguns minutos, o LED no módulo de GPS deve começar a piscar e, ao mesmo tempo, o LED azul na placa do ArduPilot deve estar aceso.
- O motor deve iniciar alguns segundos depois.
- O servo deve executar movimentos arbitrários.

8. Se todos os pontos acima conferem, o sistema está agora totalmente operacional e você pode desligá-lo com segurança.

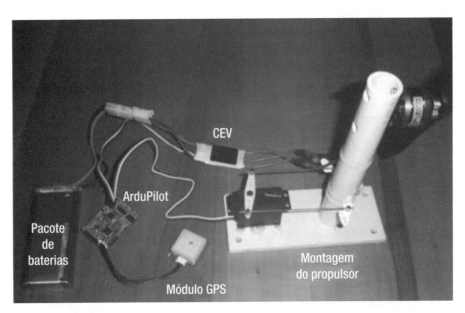

Figura 9.47 O sistema todo ligado.

Navios à vista!

Agora, é hora de colocar o barco na água. É muito emocionante fazer isso pela primeira vez. Para evitar efeitos colaterais indesejados, aqui estão algumas dicas que podem ser úteis:

- Tenha o seu traje de banho à mão. Se você tem um par de nadadeiras, leve-as com você. Se você tem um barco (quero dizer, um real, não um modelo R/C) ou conhece alguém que é dono de um, melhor ainda. Uma roupa de neoprene pode ser útil para águas frias.
- Para a primeira partida, sugiro fixar uma linha de pesca com um comprimento de pelo menos 100 m na parte de trás dos cascos e colocar os pontos de passagem a cerca de 50 m de distância do ponto de partida. A linha de pesca pode tornar o barco mais lento, mas você consegue testar se o barco encontra seus pontos de referência e, se algo inesperado acontecer, você poderá puxar o barco de volta sem a necessidade de nadar. Deixe o carretel de linha de pesca fluir livremente, e não se esqueça de prender o fim da linha ao carretel.
- Se você tiver um computador portátil, leve-o com você. Você pode precisar dele para ajustar os valores do controlador PID. Se você planejou a sua missão com o Google Earth, tenha certeza de ter a região da sua missão no cache. Com isso, o Google Earth também funciona sem uma conexão de internet e você pode fazer um novo plano mesmo em locais muito remotos.

SOLUCIONANDO PROBLEMAS

Se você tiver problemas para fazer tudo funcionar, a seguir estão algumas instruções para a solução deles. Além disso, existem algumas dicas úteis no site do projeto: http://code.google.com/p/roboboat/.
Por favor, dê uma olhada nesse site para se atualizar com as últimas notícias e revisões de *software*.

O empuxo fornecido pelo motor/hélice não é suficiente

Isso pode ter mais de uma razão. Primeiro, verifique se a hélice está montada da maneira certa. Se você estiver usando uma hélice normal (não invertida), o lado com as marcas da hélice deve apontar para o corpo do motor (para a frente do barco). O motor deve girar no sentido horário se visto por trás, como mostrado na Figura 9.48.

Figura 9.48 O sentido de rotação da hélice.

Talvez a configuração do *motorspeed* esteja muito baixa para a sua combinação CEV/motor. Aumente o valor da diretiva #define MOTOR_SPEED no arquivo defines.h.

O motor não arranca

Cada CEV é diferente. E cada um deles tem um microcontrolador com *software* dele. A maioria deles é programável para adaptá-los às necessidades do usuário. A maioria deles tem uma função à prova de falhas para evitar um arranque acidental do motor.

Eu adicionei alguns códigos no site para você verificar o que está errado. Normalmente, isso tem a ver com o comportamento à prova de falhas do seu CEV. Primeiro leia o manual para ver como ele é implementado. Geralmente funciona da seguinte maneira: coloque o acelerador em um valor médio e espere alguns segundos. Em seguida, coloque o acelerador em um valor mínimo por alguns segundos – isso vai "armar" o CEV. Você poderá ouvir alguns códigos de *bip* saindo das bobinas do motor. Em seguida, coloque o acelerador no valor desejado. Se você tem um controle remoto com um transmissor e receptor, ligue o receptor ao CEV e teste as configurações com o transmissor. As funções de comando do acelerador podem ser encontradas na guia Servo_Control.pde do *software*. Dê uma olhada neles e ajuste os valores de acordo com as suas necessidades.

Note que no *software* atual, o motor arranca somente depois que o GPS consegue uma leitura de posição válida.

RESUMO

Espero que todas as informações dadas aqui sejam suficientes para você começar o seu projeto de barco.

Lembre-se de usar este capítulo como um guia para suas ideias. Não há necessidade de seguir as descrições à risca; há muitos caminhos que levam a Roma. Se os materiais que eu usei não estão disponíveis, sinta-se à vontade para tentar outros, fazer modificações se quiser, experimentar e se divertir.

Para mais informações sobre este projeto, acesse http://code.google.com/p/roboboat/.

CAPÍTULO 10

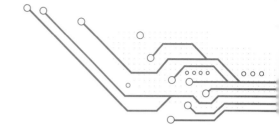

Lawn-bot 400

Até agora, cada robô apresentado foi destinado para fins educacionais, de pesquisa e de testes. Este robô junta diversão e aprendizado ao cumprimento real de uma tarefa.

Em outras palavras, o Lawn-bot (Lawn-bot 400, Figura 10.1) é um ajudante de jardinagem controlado remotamente.

Figura 10.1 O Lawn-bot concluído, trabalhando no quintal.

♦ Por que Lawn-bot 400? Bem, eu não gostei dos primeiros 399 protótipos. Na verdade, o 400 foi simplesmente adicionado ao final do Lawn-bot como uma brincadeira para fazê-lo parecer mais importante.

Eu sempre gostei de ficar ao ar livre, mas nunca empurrando um cortador de grama pelo quintal. Então, para evitar a tediosa tarefa de andar pelo meu quintal por duas horas a cada poucas semanas, sendo atingido por pedras e gravetos e respirando uma nuvem de poeira e pólen, eu decidi fazer um robô para empurrar o cortador de grama para mim. Tudo o que eu precisava era algo forte o suficiente para empurrar a plataforma do cortador de grama, que poderia ser controlada remotamente.

Você começará construindo o chassi do robô e, em seguida, escolherá e instalará os componentes eletrônicos. Primeiro vamos ver como o Lawn-bot funciona.

COMO O LAWN-BOT FUNCIONA

O Lawn-bot funciona como uma versão maior do robô explorador do Capítulo 8, o "Explorer-bot", usando dois motores CC potentes com caixa de redução reaproveitados de uma cadeira de rodas elétrica, um robusto chassi de metal e um *link* R/C de 2.4GHz. Esse robô é diferente porque tem um cortador de grama movido a gasolina preso em seu chassi, uma caçamba de carrinho de mão operada remotamente na parte superior, pneus para uso externo e um conjunto de faróis de alta potência para fornecer luz se operar à noite.

Como o Lawn-bot está destinado a ser um robô de trabalho, ele deve ser equipado em conformidade: com motores facilmente capazes de transportar uma pessoa, bateria com energia suficiente para durar várias horas e um controlador de motor que tenha embutido um protetor de sobrecorrente; o Lawn-bot deve ser capaz de lidar com qualquer coisa que você colocar nele.

O Lawn-bot utiliza dois motores de acionamento (esquerda e direita) para impulsionar o robô para a frente ou para trás com diferentes velocidades. Ao alterar a potência aplicada a cada roda, o robô pode ser virado com grande precisão. As alavancas de controle do transmissor R/C determinam quão rápido e em que direção cada motor gira (ver Figura 10.2).

Figura 10.2 Esta imagem mostra o esquema de controle para o Lawn-bot. A alavanca de controle esquerda do transmissor comanda o motor esquerdo (para a frente ou para trás) e a alavanca de controle direita controla o motor direito.

Ao mover a alavanca de controle esquerda para cima, o motor esquerdo gira para a frente com velocidade proporcional. Mover a mesma alavanca de controle para baixo faz o motor esquerdo girar no sentido inverso. Para fazer com que o robô se movimente para a frente, você deve aplicar a mesma potência em ambos os motores e na mesma direção; para virar à esquerda ou à direita, diminua a potência do motor em cuja direção você deseja virar. Esse tipo de condução permite um *raio de giro nulo*; se um motor é acionado para a frente e o outro para trás, o robô começa a girar no lugar em um círculo completo (sem se mover para a frente ou para trás).

A seguir estão algumas características específicas do Lawn-bot necessárias para ajudá-lo a completar suas tarefas.

Plataforma do cortador de grama

O Lawn-bot pode cortar grama usando um cortador de grama a gasolina que está preso ao seu chassi. Para operar o cortador de grama, basta puxar a corda de partida do motor a combustão e, em seguida, ativar os motores CC com o transmissor R/C para dirigir o cortador de grama a qualquer lugar cuja grama você queira cortar. Se algum lugar tiver escapado, dê a volta! Você vai se surpreender com quão pouco esforço você fará durante a condução do Lawn-bot. A gasolina que alimenta o cortador de grama não afeta a capacidade de tração do Lawn-bot; os motores de acionamento são elétricos e não têm dependência operacional sobre o cortador de grama.

Baterias de alta capacidade

O Explorer-bot do Capítulo 8 usou motores CC de alta potência com caixa de redução para conduzir o chassi, mas não pesava tanto como o Lawn-bot, então usamos pequenas baterias de SLA que forneceram um tempo de operação suficiente. O Lawn-bot é pesado e iria drenar um pequeno conjunto de baterias de SLA em questão de minutos.

Para se certificar de que você tem bateria suficiente para terminar o quintal, você precisa de um conjunto de grandes baterias de chumbo-ácido estacionárias. Esse tipo de bateria é geralmente reservado para uso em barcos e RVs para alimentar motores elétricos de popa, rádios, bombas e luzes, e pode ser descarregado/carregado muitas vezes. Não tente usar uma bateria do tipo de partida, porque estas não são destinadas a ser totalmente descarregadas e são susceptíveis a falhas se drenadas abaixo de um certo ponto. As baterias estacionárias que eu usei eram da Everlast Marine, especificadas em 12 V e 80 Ah. Essa bateria fornece energia suficiente para acionar o Lawn-bot continuamente por cerca de 3 a 6 horas, dependendo do terreno.

Chassi de aço

O chassi deste robô precisa ser resistente. Essa gaiola feita de cantoneira de aço de 5,1 cm pode ser conduzida na grama densa, lama, sobre pedras e mesmo por áreas muito arborizadas, sem quaisquer problemas. A estrutura resistente de aço é a espinha dorsal do Lawn-bot, proporcionando a força de que necessita para aguentar a maioria das condições externas. Você pode usar parafusos para unir as partes do chassi, precisando apenas de uma furadeira para fazer furos e uma serra para fazer cortes. Uma pequena máquina de soldar pode fortalecer as conexões depois que se tem certeza de que as peças se encaixam, mas não é necessária.

Caçamba basculante

Depois de ver quão bem o Lawn-bot cortava a grama, eu comecei a pensar em outros usos para ele. Um dos primeiros apareceu quando minha esposa me pediu para ajudá-la a levar alguns sacos de terra até uns vasos que estavam no outro lado do quintal, cada um com mais ou menos 23 kg. De fato, o Lawn-bot pode transportar até 69 kg de terra sem nenhum problema, o que me deu uma ideia.

Para o transporte de terra, pedras, ferramentas ou qualquer outra coisa que eu não tinha vontade de carregar, montei uma caçamba de carrinho de mão basculante sobre o robô usando duas dobradiças de portão. E, claro, para não ter que levantar a caçamba manualmente, eu instalei um atuador linear de 24 V (motor de elevação) para despejar o conteúdo da caçamba com o apertar de um botão.

Os pneus

Este é o primeiro robô a usar pneus (de ar) para serviços pesados. A maioria dos cortadores de grama do tipo empurrar[1] vem equipada com rodas de plástico pequenas que fornecem pouca tração e não podem ser usadas no Lawn-bot. Os pneus oferecem tração muito melhor do que as rodas sólidas de borracha ou plástico, e também funcionam como um amortecedor para absorver os choques e solavancos causados por terrenos acidentados. Para a frente, use rodízios próprios para serviços pesados de 25 cm e, para a parte traseira, rodas para serviços pesados de 33 cm, cada uma especificada para carregar cerca de 136 kg. Cada roda traseira deve estar equipada com uma roda dentada e uma corrente, que se conecta a uma roda dentada menor no eixo de saída do motor.

Faróis

Se acontecer de você cortar grama à noite, este robô tem até mesmo dois faróis ajustáveis que podem ser ativados a partir do transmissor R/C. Ao adicionar dois faróis halógenos de neblina de automóveis de 55 W à frente do chassi e um relé como chave simples de interface, você pode iluminar tudo o que esteja na frente do Lawn-bot. Essas luzes também são boas de se ter por perto quando uma atividade leva você para fora à noite; basta conduzir o robô para perto de você e acender as luzes superbrilhantes. Usando apenas os faróis, uma das baterias deve ter energia suficiente para mantê-los acesos durante pelo menos 8 horas!

Mecanismo antifalhas

Agora, se você acha que um cortador de grama não tripulado parece perigoso, você pode estar certo; é por isso que você também precisa incluir obrigatoriamente uma chave remota antifalhas que possa desconectar toda a energia dos motores em caso de emergência ou perda de sinal. A principal função do Arduino neste projeto é monitorar um terceiro canal de R/C antifalhas para um sinal válido. Se em algum momento o sinal for perdido, ou o operador acionar a chave antifalhas no transmissor R/C, o

---

[1]   Um cortador de grama com rodas, operado por um usuário que empurra o equipamento enquanto anda [N. T.].

Capítulo 10 ■ Lawn-bot 400

Arduino está programado para remover imediatamente toda a energia do controlador do motor, desativando, assim, o robô. O mecanismo antifalhas fica desligado por padrão, então a única maneira de ativar o robô é fornecer ao Arduino um sinal específico R/C. Usando um circuito separado para controlar o mecanismo antifalhas, há pouca chance de o robô ficar fora de controle.

FERRAMENTAS E LISTA DE COMPONENTES

Você pode criar seu Lawn-bot de várias maneiras, dependendo do que você pretende fazer com ele. Alguns cortadores de grama têm rodízios na frente e pode ser preciso substituir apenas as rodas traseiras por dois motores de cadeira de rodas. Por essa razão, não vou dizer que você *deve* ter um tipo específico de chassi, pois pode ser mais fácil para você fazer pequenas modificações no próprio cortador de grama. Mas, na maioria dos casos, será mais fácil construir um chassi em torno da plataforma do cortador de grama para fornecer um lugar seguro onde montar as baterias e a eletrônica.

Cortador de grama

Não importa como você planeja construir seu robô, ele precisa de um cortador de grama para cortar grama. Uma das coisas legais deste projeto é você reutilizar um velho cortador de grama de empurrar, e praticamente qualquer cortador de grama vai servir. Peguei um cortador de grama usado, marca Weed-Eater de 55 cm em uma oficina de reparo de motores pequenos por cerca de 60 dólares e o usei por dois anos antes de convertê-lo no Lawn-bot. Se você ainda não tem um cortador de grama que funcione, precisa comprar um antes de continuar.

Se você planeja simplesmente cortar a grama, pode querer se concentrar em construir a menor estrutura possível para reduzir o peso, estendendo assim o tempo de duração da bateria e reduzindo o consumo de corrente dos motores. Eu queria um robô multiuso que não somente cortasse minha grama, mas também carregasse materiais e terra, o que requer uma estrutura de metal resistente. Há muitas opções e possibilidades para construir um robô que corta a grama; você deve construir o que funcionar melhor para você.

Listas de componentes

A lista de peças para este projeto é extensa. E como você pode não encontrar as peças exatas que usei (ou pode encontrar algo melhor), podem ser necessários pequenos ajustes para adequar a disponibilidade da peça e o seu projeto específico.

Como várias seções diferentes do Lawn-bot podem ser substituídas de forma independente e o resto do robô se manter inalterado, eu decidi colocar listas de peças separadas no início de cada seção correspondente. Há, no entanto, várias ferramentas que podem tornar este projeto um pouco mais fácil, e elas estão listadas na Tabela 10.1.

Tabela 10.1 Lista de ferramentas do Lawn-bot

Ferramenta	Uso	Preço (US$)
Furadeira	Para fazer furos em metal – eu usei uma furadeira sem fio de 18 V da Ryobi.	20,00 a 75,00
Brocas de perfuração: 3,2 mm, 6,35 mm, 9,5 mm, 12,7 mm e 16 mm	Brocas pequenas para furos piloto – as outras brocas precisam ser do tamanho dos parafusos que você usar.	Pacote sortido, de 10,00 a 15,00
Trena	Você precisa medir peças de metal para cortar e espaçar furos antes de perfurar.	5,00
Arco de serra ou serra sabre (com lâminas para metal)	Para cortar cantoneira de aço e outras peças metálicas do chassi. Escolha a serra elétrica, se você puder pagar. Esmerilhadeiras angulares também funcionam.	5,00 a serra de arco, 50,00 a elétrica
Chave de boca regulável e/ou conjunto de chaves de boca	Usadas para apertar porcas e parafusos.	5 a 20
Soldador (opcional, mas útil)	Eu uso um soldador com arame, de 110 V para soldar pequenas juntas e peças permanentes ao chassi	60,00 a 150,00 (opcional)
Ferramenta rotativa Dremel com discos de corte para metal	Usada para cortar rasgos no quadro.	40,00
Abraçadeira	Para prender grupos de fios.	3,00
Martelo	Pode ser útil.	3,00

Os três componentes importantes do chassi serão abordados separadamente conforme o chassi for sendo construído. Primeiro, escolha as rodas, em seguida, comece a cortar e montar as peças do chassi principal e, finalmente, instale os dois motores de acionamento e conecte as correntes a cada roda motriz. Após terminar o chassi, vá para a instalação da eletrônica.

AS RODAS

As rodas são uma parte importante do Lawn-bot porque determinam quanto de tração ele tem e quanto peso ele pode aguentar. Optei por usar pneus tanto para os rodízios dianteiros quanto para as rodas motrizes traseiras para proporcionar uma condução mais suave, mais tração e uma capacidade de carga maior do que as rodas de borracha de núcleo sólido proporcionariam.

Eu sempre tive sorte ao encontrar rodas para projetos de robótica nas lojas de ferramentas Harbor Freight; as rodas motrizes de 25 cm custaram aproximadamente 13 dólares cada e os rodízios dianteiros em torno de 16 dólares cada (ver Tabela 10.2 e Figura 10.3).

Tabela 10.2 Componentes necessários para as rodas e rodas dentadas

Componentes	Descrição	Preço (US$)
Rodas traseiras: rodas/pneus com 33 cm de diâmetro × 10 cm de largura (× 2)	Harbor Freight Tools componente #67467.	13,99 cada
Rodas dianteiras: rodízio pneumático de 25 cm × 10 cm de largura, com montagem rodízio de 360° (× 2)	Harbor Freight Tools componente #38944.	16,99 cada
Rodas dentadas para o motor (× 2)	Roda #25, com 17 dentes, 12,7 mm de diâmetro interno com ranhura. Goldmine-elec.com componente #G13610.	1,50 cada (× 2)
Rodas dentadas para a roda de tração (× 2)	Roda #25, com 55 dentes, PartsForScooters.com componente #127-9.	17,00 cada (× 2)
Chaveta para o eixo do motor (× 2)	Multipack de uma loja automotiva.	5,00 (embalagem sortida)

Rodízios dianteiros

Os rodízios dianteiros têm 25 cm de diâmetro, com uma altura total de montagem de cerca de 33 cm, incluindo a placa de fixação (ver Figura 10.3, à esquerda). Cada roda do rodízio tem um suporte com raio de giro de 360°, permitindo que a roda se mova livremente em qualquer direção. Certifique-se de que as rodas dianteiras estão separadas o suficiente para que não esbarrem umas nas outras ao virar.

Rodas de tração traseiras

As rodas traseiras têm 33 cm de diâmetro, e devem ser montadas num eixo em vez de em um suporte como o rodízio (ver Figura 10.3, à direita). Assim, a altura de montagem do eixo traseiro é igual ao raio da roda, que é de 16,5 cm (33 cm/2 = 16,5 cm). Você deve usar duas peças suspensoras na traseira do chassi para superar a diferença de altura entre o eixo traseiro, com 16,5 cm e o rodízio dianteiro, com 33 cm. Os rolamentos utilizados para a montagem da roda no eixo têm um furo de 16 mm, ou seja, essa roda precisa de barra roscada (eixo) de 16 mm na qual será montada.

Figura 10.3 O rodízio dianteiro e a roda de tração traseira da Harbor Freight Tools.

Você pode usar qualquer tamanho de rodas/pneus que encontrar, embora eu recomende o uso de pneus para robôs para ar livre porque eles absorvem grande parte da jornada acidentada, o que ajuda a proteger a eletrônica. Quando eu estava pronto para dar os últimos retoques no Lawn-bot e começar a usá-lo em tempo integral, eu tirei as rodas traseiras, apliquei o máximo possível de graxa no cubo central da roda e depois as recoloquei no robô, para impedir o travamento dos rolamentos.

Observação ♦ Lembre-se, ao construir seu chassi, de que os rodízios giram em um círculo completo. Você deve tomar o cuidado de garantir que nada em seu chassi interfira com a rotação completa de qualquer um deles.

Agora instale as rodas dentadas nas rodas motrizes e nos eixos de saída do motor. Estes se ligam uns aos outros, com uma corrente para transmitir a potência dos motores para as rodas.

Instalando rodas dentadas

Existem dois tipos diferentes de rodas dentadas usadas neste robô. As rodas dentadas menores (pivô) têm 17 dentes e são montadas diretamente no eixo de saída do motor. Essa roda dentada tem o mesmo tamanho de furo (orifício de montagem) que o eixo de saída do motor, e tem uma ranhura com fenda (que usa uma chaveta) para impedir o escorregamento entre o eixo do motor e a roda dentada.

Instale a roda dentada menor no eixo da saída do motor colocando a chaveta sobre o eixo e deslizando-a, através da ranhura, prendendo-a. Quando estiver no lugar, use uma pequena chave sextavada (chave Allen) para apertar o parafuso de fixação da roda dentada para travar a chaveta no lugar.

As rodas dentadas maiores têm 55 dentes e são montadas diretamente nas rodas traseiras com três parafusos (6,35 mm de diâmetro, 10,16 cm de comprimento) para prendê-las de forma segura. Eu paguei cerca de 2 dólares por cada roda dentada menor e 16 dólares cada maior (ver Figura 10.4). Ambos os conjuntos de rodas dentadas destinam-se ao uso com corrente #25.

Capítulo 10 ▪ Lawn-bot 400

Figura 10.4 As duas rodas dentadas de tamanhos diferentes usadas em cada um dos lados do robô.

Agora fixe as rodas dentadas grandes às rodas de tração traseira. As três etapas seguintes vão guiá-lo por esse processo.

1. Prepare as rodas dentadas traseiras. Comece colocando cada parafuso através dos orifícios de fixação da roda dentada e use uma porca em cada um deles para apertá-los de forma segura à roda dentada. Quando apertados, use mais uma porca em cada parafuso e as rosqueie cerca de 2,5 cm.
2. Monte as rodas dentadas. Em seguida, coloque o novo conjunto roda dentada/parafuso no centro da roda e marque o ponto onde cada parafuso toca a roda. Faça furos de 6,35 mm em cada marca, certificando-se de que o centro da roda dentada se alinha ao centro do cubo da roda. Se não estiver centrada, a roda não consegue girar num círculo perfeito, o que pode provocar a ruptura da corrente.

Nota ♦ Verifique se a roda dentada está centrada no cubo da roda antes de prendê-la na roda.

---

3. Prenda a roda dentada na roda. Deslize os três parafusos através dos furos na roda, vire a roda e rosqueie a última porca de cada parafuso, fixando firmemente. Em seguida, use a segunda porca, frouxamente rosqueada entre a roda e a roda dentada, para servir de porca de apoio, dando à terceira (e última) porca algo contra o que se apertar (ver Figura 10.5).

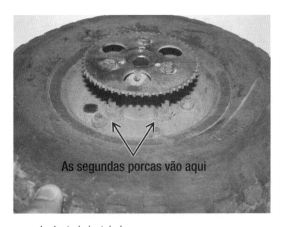

Figura 10.5 A roda traseira com a roda dentada instalada.

394 Arduino para robótica

Quando você tiver as duas rodas dentadas maiores presas às rodas traseiras, poderá construir o chassi. Na próxima seção, você montará as peças do chassi necessárias para montar as rodas.

O CHASSI

O chassi é principalmente composto de peças de aço aparafusadas, formando uma gaiola de metal ao redor da plataforma do cortador de grama. O interior do chassi deve ser grande o suficiente para acomodar a plataforma do cortador de grama que você usar, por isso, cada medida do chassi deve ser tomada especificamente para o seu cortador de grama.

O chassi conecta as rodas de tração, os motores, o cortador de grama e os rodízios dianteiros em conjunto, oferecendo uma plataforma sólida, por isso deve-se tomar cuidado para garantir que cada parafuso esteja apertado e cada peça se encaixa firmemente. Qualquer ponto fraco do seu chassi *ficará* aparente quando você for cortar a grama. É melhor planejar com antecedência do que passar um sábado consertando o seu robô em vez de usá-lo.

Antes de começar a construir o chassi, dê uma breve olhada na lista de componentes na Tabela 10.3.

Tabela 10.3 Lista de componentes do chassi

Componente	Descrição	Preço (US$)
Cantoneira de aço de 5 cm	Três pedaços de 121 cm de comprimento, longarinas principais (A), um suporte transversal traseiro (B) e duas barras suspensoras do chassi (E).	8,00 cada
Tubo de aço quadrado de 2,5 cm	Um pedaço de 121 cm de comprimento, dois suportes transversais frontais usados para montar os rodízios frontais.	4,00
Barra chata de aço de 2,5 cm	Um pedaço de 121 cm de comprimento, suporta as braçadeiras.	3,00
Barra roscada de 16 mm	Uma longa peça de 92 cm, usada para o eixo traseiro. Também precisa de seis porcas de 16 mm.	10,00
Vinte e quatro porcas, parafusos, arruelas planas e arruelas de pressão de 16 mm	Compre o dobro de arruelas planas; você pode precisar de uma em cada lado dos parafusos.	10,00
Duas baterias estacionárias	Lojas automotivas – eu usei duas baterias em série, especificadas em 12 V, 80 Ah cada, para produzir 24 V, 80 Ah no total.	62,00 cada

O chassi completo do Lawn-bot pode ser montado com apenas dez peças. A altura do chassi foi decidida pela altura dos rodízios da frente que escolhi, que pode ser diferente de acordo com o projeto.

A Figura 10.6 mostra as dez principais peças da estrutura, agrupadas por cores;[2] as partes que têm a mesma cor/letra devem ser cortadas no mesmo comprimento.

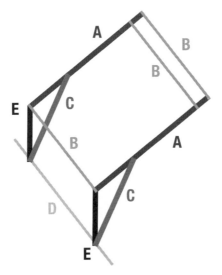

Figura 10.6 As diversas peças necessárias para construir o chassi.

Segue uma listagem de cada parte do chassi e a forma como cada peça deve ser cortada.
- A (× 2) – Azul = 2 longarinas principais: cantoneira de aço de 5 cm com 121 cm de comprimento.
- B (× 3) – Verde = 3 suportes transversais: 2 frontais são de tubo quadrado de 2,5 cm, 1 traseiro é de cantoneira de aço de 5 cm, todas com 50,8 cm de comprimento.
- C (× 2) – Vermelho = 2 barras de escora: barra chata de aço 2,5 cm, todas com 25,4 cm de comprimento.
- D (× 1) – Amarelo = eixo traseiro de tração: barra roscada de 16 mm, com 92 cm de comprimento.
- E (× 2) – Preto = Barras suspensoras do chassi: cantoneira de aço de 5 cm, todas com 20,3 cm de comprimento.

As duas longarinas principais (A) são as partes longas que se estendem da parte traseira do robô para a frente. Os três suportes transversais (B) são montados nas duas longarinas principais (A) em ambas as extremidades. Os suportes transversais dianteiros são então fixados aos rodízios frontais. As barras suspensoras traseiras do chassi (E) mantêm as longarinas principais niveladas embora o eixo (D) esteja cerca de 30,5 cm abaixo do topo do chassi; estes devem ser medidos para caber no seu chassi. As duas barras de escora (C) mantêm as barras suspensoras do chassi firmemente no lugar. A Figura 10.7 mostra uma imagem do robô montado, posicionando fisicamente as partes da ilustração da Figura 10.6.

As barras suspensoras do chassi não são visíveis porque as rodas traseiras as cobrem, mas o resto das peças pode ser visto na Figura 10.7. O diagrama é apenas para o chassi; não inclui a plataforma que é mostrada a seguir. Essas medidas não são ciência de foguetes, podem ser um pouco diferentes e ainda assim funcionar bem. O segredo para a construção do chassi é ter determinação a

---

[2] Para ver as imagens coloridas, por favor utilize seu smartphone para ler o código QR ao lado da figura [N. T.].

fazer o chassi funcionar e resolver os problemas encontrados. Se você fizer um furo no lugar errado, não se preocupe com isso; apenas faça um novo no lugar certo e vá em frente. Esse será o seu protótipo, por isso não tem que ser perfeito.

Figura 10.7 O eixo e a barra de suporte do chassi.

Se você usar um cortador com uma plataforma de 56 cm, seu chassi básico sem rodas, baterias ou acessórios terá cerca de 121 cm de comprimento × 50 cm de largura × 33 cm de altura (as dimensões do meu robô). Com o suporte da bateria montado na traseira, a caçamba do carrinho de mão montada no topo e as rodas montadas, minhas medidas para o robô são um pouco maiores: 132 cm de comprimento × 76 cm de largura × 66 cm de altura.

Os 11 passos seguintes vão guiá-lo através do corte de cada pedaço de metal e montagem do chassi:
1. Corte as duas longarinas principais (A) que usam uma cantoneira de aço de 5 cm. Dependendo do tamanho do seu chassi, você pode não ter que as cortar; você pode comprar peças de 91 cm de comprimento ou de 121 cm em lojas de ferragens, o que pode funcionar muito bem. Eu usei peças de 121 cm para essas longarinas do chassi.
2. Corte os três suportes transversais (B). O suporte traseiro deve ser feito com uma cantoneira de 5 cm e os dois suportes dianteiros devem ser de tubos quadrados de 2,5 cm. Essas três peças devem ser todas cortadas do mesmo tamanho para garantir que o robô seja quadrado. Para a minha plataforma do cortador de grama de 56 cm, a largura necessária para proporcionar espaço adequado acabou sendo de 50,8 cm, que pode ser um pouco diferente dependendo do tamanho do seu cortador.
3. Parafuse a barra de suporte transversal traseira (cantoneira de aço de 5 cm) às extremidades das duas longarinas principais do chassi. Faça um furo em cada extremidade tanto do suporte transversal quanto das longarinas principais para uni-los. Alinhe o suporte transversal com a parte inferior das longarinas principais.
4. Monte os suportes transversais dianteiros (tubo quadrado de 2,5 cm) com os rodízios na frente das longarinas principais da estrutura. Faça um furo em cada extremidade dos suportes transversais e das longarinas principais (ver Figura 10.8).

Capítulo 10 ■ Lawn-bot 400

Figura 10.8 As longarinas principais ligadas às barras de escora dos rodízios frontais.

5. Corte as barras suspensoras do chassi. Meça a altura de seus rodízios; agora subtraia o raio da roda traseira e adicione 2,5 cm. Os 2,5 cm extras servem para proporcionar algum espaço para fazer um furo de montagem; minhas barras suspensoras foram cortadas em 20 cm cada.

6. Monte as barras suspensoras do chassi. Furei a parte superior de cada barra suspensora para parafusá-las às longarinas principais. Quando apertada, você pode notar que a barra suspensora pivota sem muita força. Para mantê-las no lugar, você precisa de uma barra de escora em cada lado do chassi, ligando a parte de baixo de cada barra suspensora às longarinas principais. Isso cria um triângulo que, quando parafusado, não permite mais que as peças da barra suspensora traseira pivotem. Essas peças não precisam ter exatamente o mesmo comprimento, porque elas simplesmente seguram as barras suspensoras no lugar (ver Figura 10.9).

Figura 10.9 A barra de escora da barra suspensora do chassi ligada às longarinas principais.

7. Monte o eixo traseiro. Eu usei uma barra roscada de 16 mm (91,4 cm de comprimento) para servir como eixo traseiro. Você precisa de quatro porcas de 16 mm para montar o eixo ao chassi e mais

duas porcas para prender as rodas traseiras no eixo quando instalado. Para montar o eixo, faça um furo de 16 mm na parte inferior de cada barra suspensora do chassi, a 2,5 cm a partir da extremidade inferior de cada barra suspensora.

Deslize a barra roscada através do buraco de um lado; então rosqueie duas das porcas na extremidade da barra roscada. Essas duas porcas devem se encaixar de forma segura ao interior das barras suspensoras. Quando as duas porcas interiores são rosqueadas em direção ao centro da barra roscada, continue deslizando a barra roscada através do outro orifício do eixo na outra barra suspensora.

Agora passe mais duas porcas na barra roscada, uma de cada lado. Aperte as duas porcas de cada lado de forma segura a cada barra suspensora.

Certifique-se de que você tem aproximadamente a mesma quantidade da barra roscada saindo de cada lado do quadro; você pode cortar o excesso com um arco de serra quando as rodas forem montadas mais tarde.

8. Teste o ajuste das rodas traseiras e verifique a parte superior do chassi para se certificar de que esteja nivelado. Com as 10 peças do chassi montadas e os rodízios frontais fixados, você pode colocar as rodas traseiras sobre o eixo traseiro para garantir que suas medições estão corretas e que a parte superior do chassi está nivelada (ver Figura 10.10).

Figura 10.10 O chassi terminado.

9. Aperte todos os parafusos. Depois de verificar que o chassi está alinhado, você pode voltar e apertar cada porca e parafuso para prendê-los bem. Eu utilizei parafusos de 9,5 mm de diâmetro (variando de 2,5 cm a 5 cm de comprimento) para a maior parte do chassi, usando às vezes parafusos de 6,35 cm de diâmetro em peças que sofrem menor esforço. Agora você deve ter um chassi capaz de transportar várias centenas de quilos.

10. Fixe a plataforma do cortador. A plataforma do cortador de grama precisa de apenas quatro pedaços de metal para ser fixada nas longarinas principais do chassi do robô. O comprimento dessas quatro peças de suporte do cortador de grama é determinado pela distância vertical do centro das longarinas principais do chassi até o chão, menos o raio das antigas rodas do cortador de grama.

Exemplo: minhas longarinas medem 33 cm do centro ao chão. As rodas do meu velho cortador tinham um raio de 10 cm, então eu fiz os meus quatro suportes para o cortador com 23 cm (33 cm – 10 cm) de comprimento usando tubos quadrados de 2,5 cm.

Teste o ajuste da plataforma para se certificar de que existe espaço suficiente em torno do chassi. Verifique especificamente se os rodízios dianteiros giram livremente e a folga do pneu traseiro (ver Figura 10.11).

Figura 10.11 O robô com a plataforma do cortador presa por quatro barras de suporte de metal.

11. Por fim, adicione um pequeno suporte na parte de trás do chassi para suportar as grandes baterias estacionárias. Esse suporte pode ser feito com sucata de metal ou o que tiver sobrado do chassi. Basta medir as baterias para garantir que o suporte é grande o suficiente para mantê-las na base e use dois ganchos para amarrar o suporte à parte superior do chassi. Eu usei um soldador para fixar essas junções (ver Figura 10.12).

Figura 10.12 O suporte da bateria na parte traseira do chassi do robô.

Com o chassi completo, monte os motores e conecte a corrente e as rodas dentadas à unidade de tração.

A UNIDADE DE TRAÇÃO

A unidade de tração neste robô é um pouco mais complicada que nos meus outros robôs, usando uma corrente e rodas dentadas para transmissão de potência dos motores para as rodas. Normalmente, é mais fácil usar motores de cadeira de rodas que já têm as rodas montadas a eles (como fizemos com o Explorer-bot no Capítulo 8), porque isso não só elimina uma etapa de construção extra, mas também é muito mais confiável do que o uso de correntes e rodas dentadas. No entanto, vamos discutir como criar uma unidade de tração com corrente/rodas dentadas apenas caso você não consiga encontrar motores com rodas pré-montadas.

A unidade de tração que eu construí usa corrente de rolo #25 e rodas dentadas #25. As rodas dentadas devem ser do mesmo tamanho (#25) da corrente, ou os dentes da roda não vão se encaixar corretamente nos elos dela. Antes de começar, dê uma olhada na lista de componentes da unidade de tração na Tabela 10.4.

Tabela 10.4 Lista de componentes da unidade de tração

Parte	Descrição	Preço (US$)
Dois motores CC com caixa de redução	Ebay.com – eu usei motores CC com caixa de redução de cadeiras de rodas motorizadas, como os usados no Capítulo 8.	75,00 o conjunto
Cantoneira de aço de 5 cm	Loja de ferragens – você precisa de 40 cm no total, cortadas ao meio para os suportes de montagem do motor.	4,00
Oito parafusos de 6,35 mm de cabeça cônica (chata), 19 mm de comprimento, com porcas e arruelas de trava	Loja de ferragens – estes são usados para prender os motores.	2,00
3 m de corrente de rolo #25	Allelectronics.com componente #CHN-25.	2,50 cada 30 cm ($\times$ 10)
Elos de corrente mestre ($\times$ 2)	ElectricScooterParts.com componente #CHN-25ML. Permitem que você conserte ou redimensione uma corrente	1,00 cada

Comece fazendo um suporte de montagem para cada motor; monte as rodas dentadas a cada eixo da roda motriz e no eixo do motor de tração e corte e instale cada corrente de transmissão. Faça alguns suportes para montar os motores de modo que você possa ajustar a posição de cada um deles, o que permite que você ajuste a tensão de cada corrente.

Suportes de montagem do motor

Ao usar motores e rodas separadas, você deve encontrar uma maneira de transferir a potência a partir do eixo de saída do motor de tração às rodas. Eu escolhi montar um conjunto de rodas dentadas aos motores e às rodas motrizes e usar uma corrente para conectá-los. O problema quando se utiliza uma corrente para transmitir energia é encontrar a sua tensão adequada, nem muito esticada, nem muito frouxa, porque ambas as situações podem causar problemas durante a operação. Para obter a tensão correta, é necessário um mecanismo de tensionamento que permita o ajuste de cada corrente até que ela esteja correta; é aí que entram os suportes de montagem do motor.

Para ajustar a tensão de cada corrente, tive que fazer suportes para montagem do motor. Estes nada mais são que um pedaço de cantoneira de aço de 5 cm e cerca de 20 cm de comprimento (cada). A montagem dos motores a esses suportes usa quatro pequenos parafusos (ver Figura 10.13), e o aparafusamento dos suportes em alguns furos especialmente feitos nas longarinas principais. Ao cortar dois "canais" (rasgos) no topo das longarinas, os suportes de montagem do motor podem deslizar para frente e para trás quando os parafusos são afrouxados.

Figura 10.13 A placa de montagem do motor com parafusos de 6,35 mm.

Os quatro passos seguintes vão guiá-lo pela montagem de cada suporte do motor.
1. Meça e corte dois pedaços de cantoneira de aço de 5 cm por 20 cm de comprimento cada uma.
Na Figura 10.10, você pode ver o motor da cadeira de rodas motorizada, o suporte de montagem do motor de 20 cm com os furos e os pequenos parafusos/arruelas/porcas para fixar o motor no suporte de montagem. Os parafusos têm cabeças cônicas; isso permite que a parte inferior do suporte de montagem do motor fique rente às longarinas principais do chassi quando montado.

2. Monte os motores nos suportes. Para fazer isso, você precisa marcar e fazer seis furos em cada suporte. Os quatro furos centrais devem ter 6,35 mm de diâmetro e fixam o motor ao suporte, ao passo que os dois furos exteriores são de 9,5 mm e são utilizados para fixar o suporte de montagem do motor às longarinas principais.

Primeiro, coloque um de seus motores no centro de cada suporte de montagem e marque os furos de fixação para cada um deles. Em seguida, marque um furo (centralizado) em cada extremidade do suporte de montagem do motor, a cerca de 2,5 cm de cada extremidade; estes devem prender os suportes de montagem dos motores no chassi.

Por último, faça os furos no suporte de montagem do motor e fixe o motor a ele usando quatro parafusos de cabeça cônica. Meus motores têm quatro orifícios de fixação com rosca de 6,35 mm em cada caixa de redução.

Quando terminar, o suporte de montagem do motor com motor CC anexado deve ser semelhante à Figura 10.14.

Figura 10.14 O motor preso ao suporte de montagem.

3. Fure o suporte de montagem do motor. Com os motores presos nos suportes, faça sulcos nas longarinas principais do chassi para a montagem do motor. Esses sulcos permitem que os parafusos que prendem o suporte do motor nas longarinas deslizem ao longo delas, de modo que você possa ajustar a tensão das correntes de transmissão.

Comece por colocar os suportes de montagem dos motores (com os motores montados) nas longarinas principais do chassi. O suporte de montagem do motor feito de cantoneira de aço de 5 cm deve assentar-se muito bem sobre as cantoneiras de aço de 5 cm das longarinas principais. Deslize os suportes do motor para trás tanto quanto possível na direção da traseira do chassi (sem ficar saliente na parte traseira) e marque a localização de ambos os furos de montagem (nas longarinas principais) com um marcador permanente ou lápis. Essas marcas serão a posição mais recuada do suporte de montagem do motor. Em seguida, deslize o suporte de montagem do motor 5 cm para frente e marque dois furos novamente com um marcador permanente ou lápis.

Fure com broca de 9,5 mm ambos os conjuntos de marcas; em seguida, desenhe uma linha entre as partes de cima e entre as partes de baixo de cada conjunto de furos. Use uma ferramenta rotativa Dremel com um disco de corte de metal para cortar essas duas linhas, fazendo, assim, dois canais (rasgos) do diâmetro da broca. Quando você terminar de cortar o centro de cada canal com a ferramenta Dremel, você deve deslizar a broca de 9,5 mm para a frente e para trás sem resistência através do canal.

A Figura 10.15 mostra os dois rasgos de montagem do suporte de montagem do motor após a furação e o corte do metal entre eles com uma ferramenta Dremel. Você deve ter ficado com dois rasgos de 9,5 mm de largura e 5 cm de comprimento cada.

Figura 10.15 Os rasgos do suporte de montagem do motor cortados nas longarinas principais.

4. Prenda o suporte de montagem do motor nas longarinas principais do chassi. Você precisa de dois parafusos de 9,5 mm, quatro arruelas lisas e duas arruelas de pressão para montar cada motor ao chassi.

Coloque o suporte de montagem do motor na longarina da estrutura principal e use os dois parafusos para fixá-la. Coloque uma arruela em cada parafuso antes de colocá-lo através do rasgo do suporte de montagem do motor e depois outra arruela por baixo da longarina da estrutura principal em cada parafuso de montagem. Finalmente, coloque uma arruela de trava e uma porca na extremidade do parafuso e fixe apenas apertando com a mão, porque depois você vai precisar instalar a corrente e ajustar a tensão.

Para verificar se o seu suporte de montagem do motor funciona, deslize-o para a frente e para trás para se certificar de que ele se move. O suporte deve avançar cerca de 5 cm (o comprimento dos rasgos de montagem). A Figura 10.16 mostra a montagem completa do motor, montado nas longarinas principais com os dois parafusos prateados que prendem o suporte de montagem do motor no chassi.

Nota ♦ Embora eu tenha instalado meus motores "apontando" para a parte traseira do robô, isso não faz diferença na operação. Tentei montar os motores para os dois lados e gostei mais da aparência quando apontavam para trás.

Com os motores presos ao chassi, tudo o que você precisa fazer para completar a unidade de tração é cortar e instalar as correntes para cada motor.

Figura 10.16 A montagem do motor fixada aos rasgos do chassi com dois parafusos.

INSTALANDO A CORRENTE

Na Figura 10.17, você pode ver uma das correntes usadas no Lawn-bot (você precisa de duas delas), juntamente com um elo universal de corrente mestre (*master*) usado para ajustar o comprimento da corrente, se ela precisar ser redimensionada. Eu comprei um pedaço de 3 m dessa corrente por cerca de 25 dólares e os elos universais da corrente mestre por cerca de 1 dólar cada; compre bastantes desses, porque eles também são úteis para reparar uma corrente quebrada.

Depois de colocar cada suporte do motor na posição central dos canais, você deve colocar a corrente em torno de ambas as rodas dentadas e usar um marcador permanente preto para marcar o elo que se sobrepõe ao início. Agora corte a corrente para o comprimento marcado usando a sua ferramenta Dremel. Minhas correntes ficaram com 71 cm de comprimento cada.

Após cortar no comprimento certo, use um elo universal de corrente mestre para ligar as duas extremidades soltas da corrente uma à outra em torno da roda dentada. Agora, envolva delicadamente a corrente em volta da roda dentada do motor, e mova o motor para a frente até a corrente ficar esticada. Quando a corrente tiver cerca de 6 mm de "jogo" quando pressionada com o dedo, você pode apertar os dois parafusos do suporte de montagem do motor às longarinas principais.

Sempre verifique duas vezes a tensão da corrente após ter fixado os parafusos no chassi, porque eles podem ter esticado ou afrouxado a corrente desde o teste anterior. Se isso tiver ocorrido, solte os parafusos e faça pequenos ajustes até obter a tensão adequada. Quando terminada, sua corrente deve ficar semelhante à da Figura 10.18.

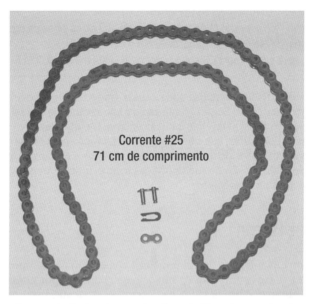

Figura 10.17 Cada corrente de transmissão deve ter aproximadamente 71 cm de comprimento e requer um elo mestre para conectar cada extremidade cortada.

Figura 10.18 O motor com corrente ligada a ambas as rodas dentadas.

> **Nota** ◆ Eu sempre verifico a tensão adequada apertando ambos os lados da correia cerca de 7,5 cm abaixo da roda dentada do motor com o dedo indicador e o polegar. Se a corrente ceder mais de 6 mm de algum dos lados, está muito frouxa. Se não ceder nada, está muito esticada.

Se sua corrente estiver frouxa demais, pode causar trancos desnecessários na roda dentada do motor, o que pode quebrar os dentes. Se a corrente estiver muito esticada, ela não vai permitir nenhuma variação ou alongamento do chassi e vai ficar mais propensa a se quebrar.

Após ter as correntes colocadas, seu chassi deve estar pronto para se mover. Você pode testar a saída do motor ligando um medidor de tensão aos seus terminais e empurrando o robô para vê-lo agir como um gerador, produzindo tensão no medidor conforme o robô se move. Agora que a construção está concluída, instale o sistema eletrônico.

O CONTROLADOR DE MOTOR

Para a primeira versão do Lawn-bot, eu decidi projetar e construir o meu próprio controlador do motor, que eu chamei de Triple8. Esse controlador de motor funcionou bem por mais de um ano, até que em um dia quente de verão (durante o uso pesado), o conector de alimentação derreteu e escapou da placa. Consertei o Triple8, mas isso me fez pensar: se ele pode ficar quente o suficiente para derreter sem que eu saiba, ele acabará queimando novamente em algum momento. Eu percebi então que se o controlador do motor queimasse, meu jardim não ia continuar tão bonito.

Como esse robô é bastante usado para tarefas domésticas importantes, eu decidi comprar uma unidade de controlador de motor comercial que se protegeria do superaquecimento durante o uso.

Comprando um controlador de motor

A maioria dos controladores de motores disponíveis no mercado pode ser controlada usando o Arduino, mesmo que se destine a trabalhar com um tipo de sinal específico. Se você nunca construiu um controlador de motor antes ou não se sente confiante fazendo reparos com um ferro de solda, eu recomendo a compra do controlador de motor Sabertooth 2x25 (ou similar) para o acionamento dos motores principais.

O Sabertooth 2x25

Sabertooth 2x25 é um controlador de motor CC duplo feito pela Dimension Engineering capaz de lidar com 25 A continuamente com picos de 50 A (ver Figura 10.19). A Sabertooth tem um microcontrolador integrado (na verdade, o mesmo tipo de *chip* que o Arduino, embora não reprogramável) que pode aceitar sinais R/C, tensão analógica, ou comandos seriais, dependendo das configurações das chaves DIP. Esse *driver* também incorpora proteção contra sobrecorrente, autocalibração para o modo R/C e utiliza freio regenerativo para uma parada mais eficiente.

Esse controlador de motor desliga automaticamente a energia dos motores se o nível da corrente exceder 50 A para não danificar a PCB e os Mosfets. Esse limite de autopreservação fica evidente quando do o robô parece ter dificuldades para subir uma rampa íngreme ou fazer uma rápida mudança de direção.

A solução é subir lentamente uma rampa e distribuir a potência entre os dois motores uniformemente para evitar "estressar" excessivamente qualquer um dos canais do controlador de motor.

Figura 10.19 O controlador de motor Sabertooth 2x25.

O Sabertooth tem um módulo DIP de 6 portas no canto da PCI perto dos terminais de parafuso de entrada. A orientação dessas chaves pode configurar o Sabertooth para operar em modos diferentes e com diferentes opções, incluindo o tipo de bateria, tipo de entrada e métodos de controle. Essas chaves DIP devem ser configuradas corretamente para o Sabertooth funcionar corretamente. Consulte o site do fabricante para obter uma explicação completa dessas chaves em www.dimensionengineering.com/sabertooth2x25.htm.

Use o Sabertooth no modo R/C, conectando as entradas S1 e S2 aos dois principais sinais de acionamento do receptor R/C: THR (motor esquerdo) e ELE (motor direito). As chaves DIP devem ser ajustadas para o modo de R/C, como mostrado na Figura 10.20.

Figura 10.20 Ajuste as chaves DIP como mostrado para controle R/C.

A Tabela 10.5 exibe alguns controladores de motores adequados para acionar o Lawn-bot.

Tabela 10.5 Opções de controladores de motor

Controlador de motor	Característica	Preço (US$)
Sabertooth 2 × 25 (usado neste capítulo) www.dimensionengineering.com	Controla ambos os motores, proteção contra sobrecorrente, até 24 VCC, 25 A, vários modos de entrada, dissipador de calor embutido.	125,00
Pololu 24v23 CS (× 2) www.pololu.com	Controlador de motor único, 24 VCC, 23 A, sensor de corrente, deve ser acionado pelo Arduino ou outro uC, requer apenas 1 pino PWM por motor.	63,00 (× 2)
Basic Micro Robo Claw 2 × 25 www.basicmicro.com	Semelhante ao Sabertooth em especificações, com suporte para encoder.	125,00

Mesmo quando se utiliza um controlador de motor comercial, você ainda pode adicionar uma ventoinha ou dissipador de calor para ajudar a dissipar mais calor. Fazer isso pode aumentar o limite máximo de corrente do controlador do motor.

Ventoinhas de refrigeração

A maneira mais fácil de otimizar qualquer controlador de motor é adicionar uma ventoinha para dissipar o calor. Como elas são relativamente baratas (2 dólares cada), faz sentido planejar a instalação de uma acima de qualquer controlador de motor que será usado continuamente por um longo período de tempo. Eu normalmente uso uma ventoinha 80 mm de PC (ver Figura 10.21).

Uma ventoinha típica gira em 2.000 a 3.000 RPM e só consome cerca de 150 mA a 12 VCC. Eu costumo ligá-las diretamente à fonte de alimentação de +24 V do controlador do motor e GND, que vem das baterias principais. Isso faz com que a ventoinha funcione com uma tensão duas vezes maior do que aquela à qual se destina, duplicando assim tanto o RPM quanto o consumo de corrente (aproximadamente). A desvantagem é que as ventoinhas podem não durar tanto tempo quanto durariam se funcionassem em 12 V. Elas oferecem muito mais refrigeração para o controlador do motor em 24 V, e eu tive que substituir apenas uma ventoinha em mais de um ano de uso, de modo que acredito que valha a pena.

Figura 10.21 Uma ventoinha de refrigeração de PC padrão 80 mm funciona perfeitamente para remover o calor de um controlador de motor.

Feedback do controlador do motor

Quando usei meus primeiros controladores de motor feitos em casa, eu trazia o robô até mim periodicamente para que eu pudesse colocar o dedo na parte de trás dos Mosfets e ver se eles estavam muito quentes (apesar de ter uma ventoinha montada diretamente acima deles). Essa era a única maneira pela qual eu conseguia receber algum *feedback* (retroalimentação) para ver se precisava pará-lo por alguns minutos e deixar tudo esfriar.

Para se divertir enquanto corta a grama, você provavelmente não vai querer parar para verificar os Mosfets a cada 15 minutos, e certamente não vai querer queimar seu controlador de motor se esquecer de checá-lo. A resposta é deixar o Arduino monitorar a corrente do motor por você, mas para isso você precisa de um sensor de corrente. Cada um dos controladores de motor na Tabela 10.2 tem um sensor de corrente embutido para fornecer proteção de sobrecorrente. Se utilizar um controlador de motor que não tem um sensor de corrente embutido, não se preocupe! Você pode usar uma placa *breakout* de sensor de corrente externa para monitorar seus controladores de motor usando o Arduino.

O circuito integrado sensor de corrente

O sensor de corrente bidirecional de +/– 30 A ACS714 (usado no Capítulo 8) pode ser usado para os robôs maiores, como este, para medir a corrente que atravessa o circuito do controlador do motor. A Pololu.com vende uma placa *breakout* com esse *chip* instalado que permite que você simplesmente o coloque em série com um dos fios do motor, entre o controlador do motor e o motor (ver Figura 10.22). Você pode então conectar cada sensor ao Arduino em um dos pinos de entrada analógica para ler o nível da corrente como uma tensão analógica.

Figura 10.22 O CI sensor de corrente ACS-714 de +/– 30A da Pololu (item #1187).

Com algumas linhas de código, você pode dizer ao Arduino que verifique esse valor cada vez que o *loop* principal é executado e pare os motores se o limite desejado for excedido. Dessa forma, o Arduino checa o controlador do motor constantemente para se certificar de que ele não está se sobrecarregando. Esse método de *feedback* é uma forma eficaz de proteger o seu controlador de motor do superaquecimento e da queima de uma trilha da PCI ou de um componente de chaveamento.

Agora que você escolheu um controlador de motor, precisa adicionar um Arduino para controlar tudo o mais no robô, incluindo mecanismo antifalha, faróis e caçamba basculante.

O ARDUINO

O Arduino neste projeto pode decodificar vários sinais R/C para controlar o mecanismo antifalha e qualquer outro acessório que você possa ter em seu robô, como faróis, uma chave de desligamento do cortador de grama ou um motor de elevação para uma caçamba basculante.

Comecei com duas placas Arduino no meu Lawn-bot, usando uma para decodificar os sinais R/C para os motores principais de acionamento e o outro Arduino para decodificar os canais restantes para os acessórios. Agora, depois de mudar para o Sabertooth 2x25 como o controlador de motor para o Lawn-bot, uso apenas um Arduino para controlar o mecanismo antifalha e todos os outros acessórios, deixando a decodificação dos sinais de controle do motor para o Sabertooth. Você ainda pode usar o Arduino para decodificar os sinais de acionamento do receptor R/C ou de outra fonte de controle se quiser, e eu forneço o código no site do livro para ambas as opções.

Com o trabalho extra da decodificação dos sinais de acionamento do motor conferido ao Sabertooth 2x25, o Arduino tem menos responsabilidade e pode, assim, decodificar mais canais R/C sem se preocupar com os intervalos de atualização para os motores. Sob essas circunstâncias, você pode decodificar todos os canais R/C disponíveis com o Arduino usando pulseIn() e controlar todos os acessórios ou componentes que você quiser.

Capítulo 10 ■ Lawn-bot 400

Prendendo as conexões para uma viagem acidentada

Este robô será conduzido entre alguns dos terrenos mais irregulares e acidentados que você vai encontrar com qualquer um dos seus robôs caseiros. Meu Lawn-bot normalmente passa por grama alta, galhos de árvores, por arbustos, pelo bosque e vai a qualquer outro lugar aonde não me sinto disposto a ir. Além das colisões, o arranque do motor a gasolina no cortador de grama garante que quaisquer parafusos ou fios soltos serão prontamente sacudidos e soltos. Por essa razão, é uma boa ideia certificar-se de que seu Arduino tem conexões seguras que não vão soltar com alguns solavancos e vibração constante.

Construindo uma placa *breakout*

Alternativamente, você pode construir sua placa Arduino com terminais de parafuso por cerca de 10 a 15 dólares e um pouco de solda. Você pode gravar um dos exemplos deste livro, criar seu próprio projeto Arduino em Eagle, ou simplesmente usar uma placa de prototipagem perfurada e fios *jumper* da Radio Shack para uma abordagem mais fácil. Eu fiz as duas coisas e elas funcionam igualmente bem; meu atual Lawn-bot usa um clone Arduino construído sobre um pequeno pedaço de placa perfurada com um terminal de parafuso para cada pino.

Eu prefiro construir uma placa *breakout* Arduino para usar no Lawn-bot, porque ele é muito usado e normalmente fica sujo. Eu me sentiria mal ao ver minha pobre placa Arduino Duemilanove (que me ensinou tanto!) trabalhando tão duro quanto eu faço o robô trabalhar. Além disso, o prejuízo é menor se algo ruim acontecer com uma placa *breakout* de 12 dólares e você tiver que construir outra.

Nota ◆ Alimente o receptor R/C com +5 V e GND da fonte de alimentação do Arduino para garantir que ele sempre terá potência.

Na Figura 10.23, você pode ver a minha placa *breakout* Arduino arranhada e suja em um pedaço de placa perfurada, com terminais de parafuso com espaçamento de 0,5 cm para cada pino e um regulador LM7805 de +5 V (todos da Radio Shack). Eu tive que pedir o Atmega328, o botão de *reset* e o ressonador de 16 Mhz na Sparkfun.com.

A construção de um Arduino em uma placa perfurada de prototipagem com terminais de parafuso é muito básica. Eu soldei um soquete de CI 28 DIL no centro da placa e 20 terminais de parafuso à esquerda e à direita da placa. Cada saída Arduino é conectada (usando fios *jumper*) a um terminal de parafuso na borda da placa. Há também um ressonador 16 MHz para o *chip* Atmega328 e um regulador de +5 V para fornecer uma tensão de alimentação regulada para ele. Coloquei dois capacitores no circuito, um ligado à entrada do LM7805 e outro ligado às saídas (+5 V).

Os terminais de parafuso na parte inferior oferecem energia proveniente da bateria não regulada, enquanto o terminal de parafuso superior fornece acesso à alimentação regulada +5 V para alimentar o receptor R/C com o LM7805. Você pode adicionar o botão de *reset* opcional mostrado na parte superior da placa, embora eu nunca tenha tido que resetar essa placa. (É mais fácil desligar a chave de alimentação.)

Figura 10.23 Esta placa *breakout* é construída em uma placa de prototipagem perfurada, utilizando terminais de parafuso da placa para a conexão segura de cada fio.

A Tabela 10.6 mostra uma lista de componentes para a placa *breakout* Arduino.

Tabela 10.6 Lista de componentes para a placa *breakout* Arduino

Componente	Descrição	Preço (US$)
Placa de circuito perfurada	Radio Shack componente #276-150.	2,00
Soquete de CI de 28 pinos DIP	Sparkfun componente #PRT-07942.	1,50
Regulador de tensão 7805	Sparkfun componente #COM-00107.	1,25
Ressonador cerâmico 16 MHz	Sparkfun componente #COM-09420.	1,00
Nove terminais de parafuso 2-pos	Sparkfun componente #PRT-08432.	0,95 cada

(*continua*)

Capítulo 10 ■ Lawn-bot 400

Tabela 10.6 Lista de componentes para a placa *breakout* Arduino (*continuação*)

Componente	Descrição	Preço (US$)
Dois terminais de parafuso 3-pos	Sparkfun componente #PRT-08433.	1,00 cada
Botão de *reset*	Sparkfun componente #COM-00097.	0,35
LED com resistor de 330 ohm	LED indicador de energia.	1,00
Dois capacitores – 10 uf–220 uf, 16 V–50 V	Eu coloquei dois capacitores na placa para o regulador de tensão.	1,00
Fio	Radio Shack.	3,00

Se você quer construir sua placa *breakout* Arduino, utilize o esquema da Figura 10.24 para fazer as conexões corretas. Esse esquema é simplista e não inclui uma porta de programação FTDI, então você deve usar um Arduino padrão para programar o *chip* Atmega; em seguida, deve transferi-lo para o soquete para CI da placa *breakout*. Como esse robô não é feito para ser um veículo de teste, mas um robô cortador de grama em tempo integral, a placa *breakout* provavelmente não será reprogramada o bastante para justificar uma porta de programação.

Como essa não é uma PCI, mas uma placa de prototipagem, você precisa fazer todas as conexões na placa utilizando a fiação ponto a ponto, como mostrado no esquema. Quando terminar, sua placa de prototipagem deve ser semelhante à da Figura 10.25.

Se você preferir construir uma PCI para o Arduino neste projeto, arquivos do Eagle estão disponíveis para um Arduino com terminais de parafuso em cada pino de entrada e saída digital para conexões seguras. Além de ter terminais de parafuso, cada pino analógico também recebe +5 V e GND para fácil integração com seu receptor R/C. Usando conectores fêmea de servo, você pode não apenas fornecer ao Arduino os sinais de cada canal R/C, mas também fornecer +5 V e sinais de GND para alimentar o receptor R/C com a alimentação regulada dele.

Para baixar os arquivos PCI para um clone do Arduino com terminais de parafuso e outros arquivos relacionados a este capítulo, visite https://sites.google.com/site/arduinorobotics/home/chapter10.

Agora você só precisa de um mecanismo antifalha para se certificar de que pode desligar esse robô se ele ficar fora de alcance ou fora de controle.

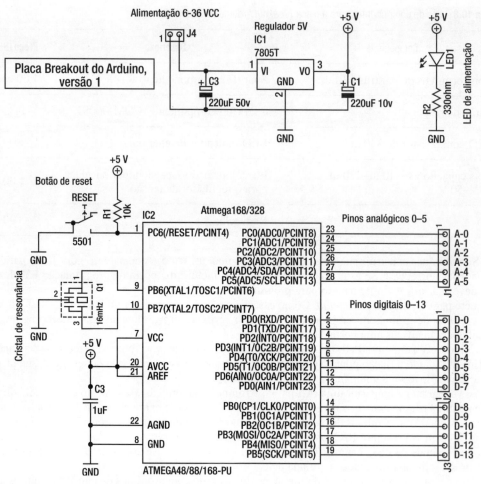

Figura 10.24 O esquema da placa *breakout* Atmega.

Capítulo 10 ■ Lawn-bot 400

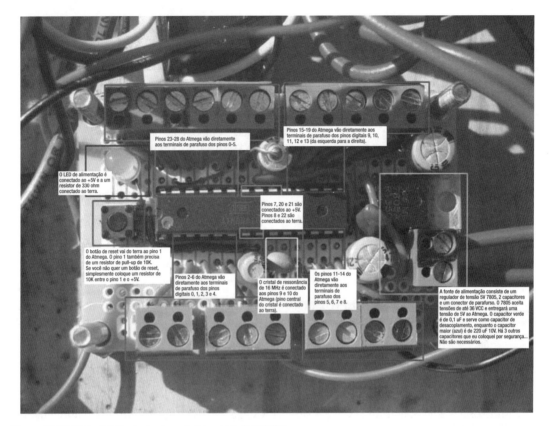

Figura 10.25 Vista detalhada da placa Arduino com descrições.

O MECANISMO ANTIFALHA

Este robô é grande e perigoso e deve ter uma chave com mecanismo antifalha instalado para permitir o usuário desativar remotamente os motores. O mecanismo antifalha consiste em um relé de alimentação para automóvel (corrente nominal de 60 A, 14 V), um Mosfet ou transistor para fazer a interface do relé com o Arduino e um canal extra no transmissor R/C dedicado a chavear o mecanismo antifalha (ver Tabela 10.7).

Tabela 10.7 Lista de componentes do mecanismo antifalha

Componente	Descrição	Preço (US$)
Sistema de rádio de 2,4 GHz	Transmissor Spektrum DX5e e receptor BR6000.	110,00
Placa de circuito perfurada	Radio Shack componente #276-150 – usada para construir circuitos de interface de relé.	2,00
Mosfet de nível lógico de canal-N com resistor pull-down de 10 k resistor	Digikey componente #FQP50N06L – este Mosfet canal-N (de nível lógico) deve chavear praticamente qualquer bobina de relé. Especificado em 52 A.	1,05
Relé de potência SPST	Radio Shack componente #275-001.	7,00

O canal usado no sistema R/C para controlar o mecanismo antifalha não deve ser do tipo alavanca de controle que retorna ao centro quando solta (como os canais de *drive*), mas um tipo de chave de alternância que está ligada ou desligada.

Chave de alternância para R/C

O transmissor de rádio Spektrum DX5e e o sistema R/C de 2,4GHz Spektrum BR6000 utilizam uma chave disponível para uso no sexto canal do receptor (ver Figura 10.26). Essa chave de alternância pode fornecer ao receptor R/C um de dois pulsos ao receptor R/C: cerca de 1.000 µs se chaveado para BAIXO e cerca de 2.000 µs se chaveado para ALTO. Se você optar por usar um sistema R/C diferente de 2,4 GHz que não tem uma chave de alternância utilizável já instalada no seu transmissor, você pode ter que sacrificar a utilização de outro canal não utilizado para adicionar a chave seletora para o mecanismo antifalha. Se estiver usando o receptor Spektrum BR6000, basta ligar o canal AUX ao Arduino para acessar o sinal do mecanismo antifalha.

A tensão de entrada da chave de alternância no transmissor R/C só pode ser +5 V ou GND (já que não há potenciômetro na chave de alternância), de modo que o valor do pulso do servo interpretado pelo receptor R/C pode ser de 1.000 µs ou 2.000 µs (aproximadamente) quando lido pelo Arduino. Essa é exatamente a funcionalidade de ligar/desligar de que você precisa para a chave antifalha, que é simplesmente uma chave de desligamento sem fio para a alimentação de +24 V do controlador do motor usando um relé de potência. Quando decodificado, você precisa verificar apenas se o sinal é ALTO ou BAIXO, por assim dizer. Considere a Listagem 10.1.

Capítulo 10 ■ Lawn-bot 400

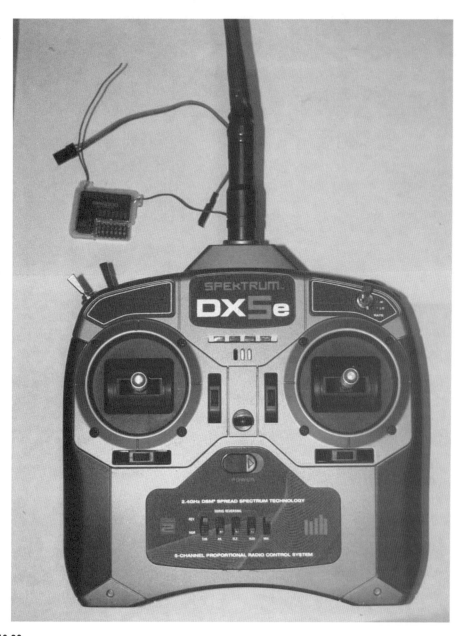

Figura 10.26

Listagem 10.1 Usar canal único R/C antifalha para chavear sem fio um LED no Arduino

```
// Código para ler um canal R/C antifalha e mudar pino digital On/Off
// Conectar receptor R/C para +5 V e GND com o abastecimento Arduino.
// Conectar também canal AUX do receptor R/C para o Arduino D2.
// Se mecanismo antifalha for On, LED D13 também ligará - caso contrário LED está desligado.

int ppm = 2; // ler receptor R/C a partir deste pin
int servo_val; // usar "servo_val" para manter o comprimento do pulso
int LED_pin = 13; // controlar LED no Arduino D13

void setup() {
  Serial.begin(9600); // inicia monitor serial
  pinMode(LED_pin, OUTPUT); // declara saída
  pinMode(ppm, INPUT); // declara entrada
}

void loop() {

  // usar comando pulseIn() para ler o comprimento do pulso em D2, com um tempo limite de 20 ms
(20000 µs)
  servo_val = pulseIn(ppm, HIGH, 20000);

  // verificar o comprimento do pulso para ver se ele está acima de 1.600 µs (isto é, acima do
neutro)
    if (servo_val > 1600){
    // se sim, acenda LED
    digitalWrite(LED_pin, HIGH);
    Serial.println("mecanismo antifalha ativo!");

  }
  else {
    // de outra forma se o sinal estiver abaixo de 1.600 µs, desligue LED
    digitalWrite(LED_pin, LOW);
    Serial.println("à prova de falhas desligado");
  }
}
// final do código
```

Esse é o método exato que usei para decodificar cada um dos canais digitais R/C disponíveis a partir do receptor, no código principal do Lawn-bot. Agora que você sabe como ler o canal antifalha do receptor R/C e converter o pulso lido em um valor ALTO ou BAIXO no Arduino, aprenda como fazer a interface do Arduino para um relé de alta potência para controlar o mecanismo antifalha, luzes, motor de elevação, ou qualquer outra coisa que você possa pensar em adicionar.

Relé de potência

O relé de potência da Radio Shack que eu uso é para fins automotivo e com tensão e corrente nominais de 14 VCC e 60 A, embora eu o tenha usado para chavear 24 VCC e cerca de 30 A a 50 A por mais de um ano sem problemas (ver Figura 10.27). A bobina para ativar o relé consome aproximadamente

200 mA em 12V e pode ser ligado através de um único Mosfet de nível de lógico canal-N interfaceado com o Arduino.

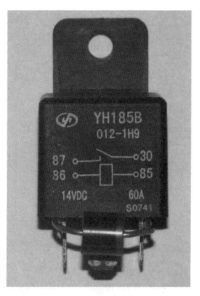

Figura 10.27 O relé de potência antifalhas usado para chavear a fonte de alimentação principal para o controlador do motor.

O relé de potência SPST normalmente aberto tem quatro terminais: dois ativam a bobina do relé conectando um terminal à fonte de alimentação de +12 V e o outro terminal ao pino de dreno do Mosfet canal-N, como mostrado na Figura 10.28. Os outros dois terminais do relé são os contatos de potência usados para controlar o fornecimento de energia +24 V indo para o controlador do motor. O relé é "normalmente aberto" porque você quer ter certeza de que ele está desconectado por padrão e a única maneira de ativá-lo (ou seja, ligar o controlador do motor) é colocando o pino de controle do relé antifalha do Arduino em ALTO.

O relé de potência pode ser controlado por qualquer pino de saída do Arduino, usando um simples Mosfet canal-N de nível lógico para controlar o fornecimento do GND para a bobina do relé, como se mostra no esquema da Figura 10.28. O Mosfet tem um diodo de proteção embutido para evitar que a força contraeletromotriz (*Back-EMF*) produzida pela comutação da bobina danifique o Mosfet ou o pino de saída do Arduino. Se você quiser usar um transistor TBJ tipo NPN para controlar a bobina do relé, deve soldar um diodo externo aos dois terminais da bobina do relé de potência porque a maioria dos transistores TBJ não tem diodos internos embutidos.

Nota ♦ O relé de potência é um SPST e, portanto, tem quatro terminais. Os dois terminais prata marcados 85 e 86 ativam a bobina do relé, enquanto os dois terminais cobre marcados 87 e 30 são os contatos de potência utilizados para chavear a alimentação de tensão positiva entre o fio positivo da bateria e o terminal +VIN do Sabertooth 2x25.

Os terminais de alimentação do relé podem ser revertidos sem problema, e a bobina do relé não é polarizada (você pode inverter a polaridade da bobina e ela ainda ativa o relé), a menos que você adicione o diodo externo através dos terminais da bobina. Se você adicionar o diodo externo, tem que aplicar o sinal de +12 V ao terminal listrado do diodo (cátodo) e GND (através do Mosfet canal-N) à outra extremidade do diodo (ânodo).

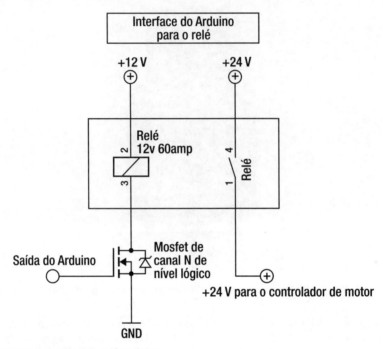

Figura 10.28 Esquema da interface do relé antifalha.

Evitando problemas causados por um canal R/C antifalha

A maioria dos sistemas R/C tem um pulso antifalha ao qual o receptor R/C pode reverter se perder o sinal do transmissor. A maioria dos equipamentos R/C multicanais é feita para aviões de modelismo que não usam reverso, de modo que o receptor R/C geralmente pode reverter o canal do acelerador para 0% (ou pulsos de aproximadamente 1.000 μs) como um mecanismo antifalha se o receptor perder sua conexão com o transmissor. Afinal, você não quer o seu avião voando em direção ao pôr do sol a toda velocidade quando ele não for mais controlável. O restante dos canais armazena sua última posição conhecida quando o sinal se perde.

Esse mecanismo antifalha do acelerador cria um problema para os veículos bidirecionais porque o canal do acelerador é usado tanto para a frente quanto para trás. Isso significa que quando o sinal é perdido e o receptor R/C reverte o sinal de aceleração para um pulso constante de 1.000 μs, ele está na verdade conectando o motor ao canal do acelerador no reverso total 100%! Você pode imaginar que isso poderia ser potencialmente perigoso se você tiver um cortador de grama funcionando, conectado a um robô descontrolado.

Para evitar isso, eu recomendo usar o receptor de robô 2,4 Ghz Spektrum BR6000, especificamente projetado para uso com robôs. Esse receptor tem um antifalhas programável para cada canal, que é determinado pela posição de cada canal durante o processo de ligação de Tx/Rx. Se o sinal é perdido

Capítulo 10 ▪ Lawn-bot 400   421

entre o Tx e Rx, o receptor reverte cada canal para o valor pré-ajustado (centrado). Isso permite que você defina cada um dos canais de acionamento do motor para neutro se o sinal é perdido, configurando o mecanismo antifalhas externo controlado pelo Arduino para "desligado". Isso significa que se o sinal for perdido ou o transmissor desligado, não apenas os sinais de acionamento são revertidos para a posição neutra e os motores interrompidos, como também o canal de segurança antifalhas reverte para desligado, o que desconecta a energia para o controlador de motor – mecanismo antifalha duplo!

Tudo o que resta agora é fazer conexões e carregar o código antes de mostrar seu novo Lawn-bot para a vizinhança.

FAZENDO CONEXÕES

Várias conexões precisam ser feitas para colocar o seu Lawn-bot em movimento. Primeiro, conecte o Arduino e o mecanismo antifalha; em seguida, conecte o controlador do motor Sabertooth aos motores e fonte de alimentação. Use a Tabela 10.8 para fazer conexões entre o Arduino, receptor R/C e controlador de motor da Sabertooth.

Tabela 10.8 Conexões tanto para o Arduino quanto para o controlador de motor Sabertooth 2x25

Conexão	Descrição	Arduino	Sabertooth
THR – Receptor R/C	Para motor de condução esquerdo.	x	S1
AILE – Receptor R/C	Para motor de elevação da caçamba.	D5	x
ELE – Receptor R/C	Para motor de condução direito.	x	S2
RUD – Receptor R/C	Para chave de desligamento do cortador de grama.	D3	x
GER – Receptor R/C	Para faróis.	D4	x
AUX – Receptor R/C	Para relé antifalha.	D2	x
+12 V	Derivação central das baterias fornece 12 V para Arduino e relés.	+VIN	x
+24 V	Fio positivo das baterias.	x	B+
GND	Fio negativo das baterias.	GND	B–
Relé antifalha	Pino de saída de interface do Arduino com Mosfet canal-N que controla o relé do mecanismo antifalha.	D6	x

(continua)

Tabela 10.8 Conexões tanto para o Arduino quanto para o controlador de motor Sabertooth 2x25 (*continuação*)

Conexão	Descrição	Arduino	Sabertooth
Chave de desligamento do cortador (se usada)	Pino de saída de interface do Arduino com Mosfet canal-N que controla o relé da chave de desligamento do cortador.	D7	x
Luzes (se usadas)	Pino de saída de interface do Arduino com Mosfet canal-N que controla o relé das luzes.	D8	x
Motor de elevação para cima (se usado)	Pino de saída de interface do Arduino com Mosfet canal-N que controla o relé SPDT do motor de elevação (para cima).	D9	x
Motor de elevação para baixo (se usado)	Pino de saída de interface do Arduino com Mosfet canal-N que controla o relé SPDT do motor de elevação (para baixo).	D10	x
Motor de tração esquerdo	Conecta os dois terminais dos motores ao Sabertooth M1A e M1B.	x	M1
Motor de tração direito	Conecta os dois terminais dos motores ao Sabertooth M2A e M2B.	x	M2

Lembre-se de ligar os sinais de potência +5 V e GND do Arduino para o receptor R/C.

O CÓDIGO

O código para este projeto lê quatro sinais de pulso para servo do receptor R/C e utiliza esses valores para controlar até quatro relés de potência diferentes. Um dos relés de potência deve ser utilizado como uma chave de segurança contra falhas para o controlador do motor, mas os outros três estão disponíveis para uso geral. As seções a seguir mostram como utilizar esses três canais extras, mas, por enquanto, carregue o código. Para melhor descrever o que acontece no código, eu comentei quase todas as linhas com uma breve explicação.

A Listagem 10.2 mostra o código para controlar o mecanismo antifalha e acessórios. Faça o download do código deste capítulo e carregue em seu Arduino em https://sites.google.com/site/arduinorobotics/home/chapter10.

Capítulo 10 ■ Lawn-bot 400

Listagem 10.2 Este código lê pulsos de quatro canais R/C e os converte em saídas digitais para controlar um conjunto de relés de potência

```
// Código 10.2 - O Lawn-bot
// Código principal usado para controlar o antifalha e acessórios.
// Conectar canal R/C antifalhas AUX em D2 do Arduino.
// ENTRADA da chave de desligamento do cortador conecta a D3
// ENTRADA dos faróis conecta a D4
// ENTRADA do motor de elevação da caçamba conecta a D5
//
// SAÍDAS estão listadas por função
// você vai precisar de uma placa de interface de relé para cada saída Arduino
// você também vai precisar de um conjunto de relés SPDT para controlar as funções CIMA/BAIXO do
motor de elevação
// Você pode alterar os usos para cada um desses pinos para se adaptar ao seu projeto
// JD Warren 2010

int ppm1 = 2; // Entrada R/C para o canal antifalhas
int ppm2 = 3; // Entrada R/C para chave de desligamento do cortador
int ppm3 = 4; // Entrada R/C para luzes
int ppm4 = 5; // Entrada R/C para o motor de elevação da caçamba - ou qualquer outra coisa de que
você goste.

int failsafe_switch = 6; // pino usado para chavear o relé antifalhas
int mower_kill = 7; // pino usado para alternar o relé da chave de desligamento do cortador

int lights_Pin = 8; // pino usado para chavear relés dos faróis ou ponte-H PWM para controle de
brilho
int bucket_lift_up = 9; // pino usado para elevar caçamba via ponte-H
int bucket_lift_down = 10; // pino utilizado para baixar caçamba via ponte-H

// Pino LED para ligar quando antifalha está ativo
int ledPin1 = 13;

// variáveis para armazenar as leituras R/C sem processamento
unsigned int ppm1_val;
unsigned int ppm2_val;
unsigned int ppm3_val;
unsigned int ppm4_val;

// variáveis para armazenar os valores R/C testados
unsigned int failsafe_val;

unsigned int mower_kill_val;
unsigned int lights_val;
unsigned int bucket_lift_val;

// Fim das variáveis

// Comece setup()

void setup() {
  Serial.begin(9600); // ligar monitor serial
```

```
// Declarar as saídas
pinMode(failsafe_switch, OUTPUT);
pinMode(mower_kill, OUTPUT);

pinMode(lights_Pin, OUTPUT);
pinMode(bucket_lift_up, OUTPUT);
pinMode(bucket_lift_down, OUTPUT);

// LED antifalhas
pinMode(ledPin1, OUTPUT);

// Entradas PPM do receptor RC
pinMode(ppm1, INPUT);
pinMode(ppm2, INPUT);

// O antifalhas deve ser desligado por padrão
digitalWrite(failsafe_switch, LOW);

delay(1000); // esperar 1 s após ligar para o receptor R/C se conectar

}

// Final da configuração

// Comece loop

void loop() {

// Use pulseIn() para ler cada entrada R/C usando a função de pulse() criada abaixo do loop ().
pulse();


////////// Relé antifalhas //////////
// verificar para ver se o valor do pulso está entre 1.750 µs e 2.000 µs
if (failsafe_val > 1750 && failsafe_val < 2000) {
   // se sim, ativar controlador do motor
   digitalWrite(failsafe_switch, HIGH);
   digitalWrite(ledPin1, HIGH);
}
else {
   // se não, desativar controlador do motor
   digitalWrite(failsafe_switch, LOW);
   digitalWrite(ledPin1, LOW);
}


////////// Relé da chave de desligamento do cortador
// verificar relé da chave de desligamento do cortador
if (mower_kill_val> 1750 && mower_kill_val < 2000) {
// se o valor é alto, ativar relé de desligamento do cortador
digitalWrite(mower_kill, HIGH);
}
else {
```

Capítulo 10 ■ Lawn-bot 400

```cpp
  // caso contrário, deixe o relé do desligamento do motor desligado
  digitalWrite(mower_kill, LOW);
}


////////// Faróis
// verificar o valor da chave de luz
if (lights_val > 1750 && lights_val < 2000) {
  // se o valor é alto, ativar luzes
  digitalWrite(lights_Pin, HIGH);
}
else {
  // caso contrário, desligar as luzes
  digitalWrite(lights_Pin, LOW);
}


////////// Motor de elevação para caçamba usando (2) relés SPDT - um para cada terminal do motor.
// Verifique se bucket_lift_val está acima 1.700 µS comprimento de pulso
if (bucket_lift_val > 1700) {
  // se assim for, levante o motor
  digitalWrite(bucket_lift_down, LOW);
  digitalWrite(bucket_lift_up, HIGH);
}
// se não, verifique se o pulso está abaixo 1.300 µS
else if (bucket_lift_val < 1300) {
  // se sim, abaixar o motor
  digitalWrite(bucket_lift_up, LOW);
  digitalWrite(bucket_lift_down, HIGH);
}
// caso contrário, o pulso é neutro, então parar o motor de elevação
else {
  digitalWrite(bucket_lift_up, LOW);
  digitalWrite(bucket_lift_down, LOW);
}


// Agora, imprima os valores para cada um dos canais R/C
Serial.print("  à prova de falhas:  ");
Serial.print(failsafe_val);
Serial.print("  ");
Serial.print("  Mower mata-chave:  ");
Serial.print(mower_kill_val);
Serial.print("  ");
Serial.print("  Luzes:  ");
Serial.print(lights_val);
Serial.print("  ");
Serial.print("  elevador da caçamba:  ");
Serial.print(bucket_lift_val);
Serial.println("  ");
```

```
}
// Fim de loop


// Comece função pulse() para verificar cada pulso de entrada R/C

pulso void() {

  // decodificar e testar o valor para ppm1
  ppm1_val = pulseIn(ppm1, HIGH, 20000);
  // verificar cada pulso para um sinal válido
  if (ppm1 < 600 || ppm1 > 2400) {
    // Se o sinal é inválido, configurar para posição neutra
    failsafe_val = 1500;
  }
  else {
    // caso contrário, configurar o valor failsafe_value igual a ppm1_val
    failsafe_val = ppm1_val;
  }

  // decodificar e testar o valor para ppm2
  ppm2_val = pulseIn(ppm2, HIGH, 20000);
  if (ppm2 < 600 || ppm2 > 2400) {
    mower_kill = 1500;
  }
  else {
    mower_kill = ppm2_val;
}

  // decodificar e testar o valor para ppm3
  ppm3_val = pulseIn(ppm3, HIGH, 20000);
  if (ppm3 < 600 || ppm3 > 2400) {
    lights_val = 1500;
  }
  else {
    lights_val = ppm3_val;
  }

  // decodificar e testar o valor para ppm4
  ppm4_val = pulseIn(ppm4, HIGH, 20000);
  if (ppm4 < 600 || ppm4 > 2400) {
    bucket_lift_val = 1500;
  }
  else {
    bucket_lift_val = ppm4_val;
  }
}
// Fim da função pulse()

// Fim do código
```

Capítulo 10 ■ Lawn-bot 400

Se você pretende construir os controladores de motor do Capítulo 8, então também deve usar o código desse capítulo para acioná-los. Há também diversas outras variações desse código usadas para diferentes configurações de controlador de motor/Arduino que eu usei no Lawn-bot que estão disponíveis no site do livro, na pasta do Capítulo 10.

Com o código carregado, você deve testar o relé antifalhas em primeiro lugar e, em seguida, o Sabertooth 2x25; verifique se você está em uma área aberta e sem filhos, animais de estimação, roseiras ou quaisquer outros objetos de valor por perto quando testar esse grande robô. Quando estiver satisfeito com o seu teste e tiver provado que o seu robô funciona, você pode passar para a próxima seção, em que pode adicionar faróis, uma caçamba basculante e um botão para desligar o motor do cortador de grama.

ADICIONANDO DETALHES COSMÉTICOS E ACESSÓRIOS

Pouco depois de começar a fazer o Lawn-bot cortar sua grama, você pode descobrir mais coisas que ele pode fazer com apenas pequenas modificações. Como o Arduino tem 20 pinos de entrada e saída disponíveis, você tem bastante espaço de melhoria para adicionar alguns acessórios ao seu robô.

Seja criativo: eu tenho 100 sugestões de coisas que eu poderia acrescentar ao Lawn-bot para torná-lo melhor, então tenho certeza de que você pode pensar em algumas coisas. Espero que o código e as chaves de interface de relé listados neste capítulo possam ajudá-lo a ter algumas ideias para o seu trabalho.

Os itens a seguir são apenas algumas das coisas que eu fiz.

Pintura

Depois que eu pus meu robô para trabalhar e cortei a grama várias vezes sem problemas, decidi pintá-lo para mantê-lo livre de ferrugem. Eu inventei um *design* listrado com fita para pintores da Scotch de 6 mm e três cores diferentes de tinta *spray*. Todo o trabalho de pintura custou cerca de 15 dólares e 2 dias de pintura intermitente e colocação de fitas adesivas.

Removi a eletrônica e pintei com tinta *spray* o chassi e a plataforma com um fundo cinza da Rustoleum. Depois, pintei o chassi com tinta *spray* preta e a plataforma com azul brilhante, usando tinta *spray* Krylon, ambos com detalhes em amarelo (ver Figura 10.29).

Figura 10.29 Uma lata de tinta *spray* de cores vivas para conferir uma aparência agradável ao robô durante o corte da grama.

Faróis

A primeira coisa que eu quis acrescentar ao meu robô foi um conjunto de faróis para que ele pudesse cortar grama à noite se eu precisasse. Eu também tinha alguns canais R/C extras e pensei que ficaria legal, e realmente ficou (ver Figura 10.30). Isso envolveu a construção de uma versão menor do circuito de relé antifalhas, usando um relé SPST 10 A para comutar o sinal de +12 V para os dois faróis.

Figura 10.30 Lawn-bot totalmente pintado com faróis instalados e limpo como nunca mais foi. Observe o inspetor peludo com o qual tive que lidar.

Caçamba

A próxima coisa que eu adicionei foi mais para o bem da minha coluna do que qualquer outra coisa. A caçamba do carrinho de mão permite-me jogar sacos de terra, areia, folhas ou ração para frango no robô, e ele alegremente carrega tudo para qualquer parte do meu grande quintal. Embora eu tenha procurado por um usado, acabei comprando um carrinho de mão numa loja de ferragens e aproveitei apenas a caçamba de aço.

Após tomar algumas medidas e alinhar a caçamba ao chassi para verificar as folgas, soldei duas dobradiças de portão na parte inferior dela e as montei a uma barra suspensora. As barras suspensoras do chassi têm 1,27 cm de diâmetro por 15 cm de comprimento e são montadas com parafusos a barras transversais de cantoneira de aço de 5 cm para segurar a caçamba acima do chassi. A caçamba inclina-se para a frente com pouco esforço e pode ser operada mesmo com uma carga completa de terra (ver Figura 10.31).

Figura 10.31 O robô com a caçamba basculante e motor atuador linear instalado.

A próxima ideia era, naturalmente, controlar remotamente a caçamba, então eu encontrei um motor atuador linear de 6 A a 24 VCC com um curso de cerca de 30 cm. O motor é usado para elevar a parte traseira da caçamba e despejar o seu conteúdo na parte da frente do robô. Para interligar esse motor ao Arduino, você pode usar dois Mosfets canal-N para ativar dois relés (um para cada terminal do motor) SPDT. Veja a Figura 10.32 para um diagrama esquemático do circuito de controle do motor de elevação.

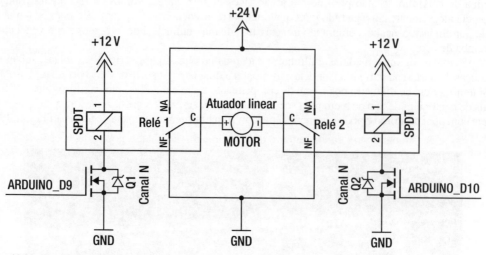

Figura 10.32 Um esquema para o circuito do motor elevador com dois relés SPDT e dois Mosfets canal-N para fazer a interface do Arduino com as bobinas do relé.

Chave de desligamento do cortador de grama

O robô tem uma chave de desligamento antifalhas que desliga a energia do controlador do motor, mas, para fazer o motor de cortador de grama desligar remotamente, você só precisa de uma outra interface de relé antifalhas. A maioria dos motores de cortadores de grama usa um fio para colocar em curto-circuito a vela de ignição para desligar o motor, então você pode soldar fios a ambos os contatos da chave de desligamento no cortador de grama e conectá-los ao contato de um relé SPST.

Esse relé deve ser conectado ao Arduino através de um circuito de interface de relé descrito anteriormente neste capítulo (ver Figura 10.28). Liguei o canal para controlar esse relé pela chave de alternância "Trainer" no transmissor R/C, porque ela é uma chave com mola que retorna para a posição ligada depois de ter desligado o motor. Essa é uma boa adição, porque não é divertido caminhar até a máquina e desligar manualmente o motor.

RESUMO

Neste capítulo, você construiu um robô ajudante de verdade que executa uma tarefa que a maioria das pessoas odeia ter que fazer. Em vez de empurrar um cortador de grama pelo quintal sob o sol quente, respirando poeira e sendo atingido por destroços voadores, você pode relaxar na varanda de trás sob um guarda-sol, bebendo um chá gelado, enquanto o seu robô faz todo o trabalho duro por você.

Capítulo 10 ■ Lawn-bot 400

Esse robô usou motores CC com caixas de redução de uma cadeira de rodas motorizada e controle R/C como no Capítulo 8, mas foi melhorado adicionando diversos itens, como baterias estacionárias de alta capacidade, pneus robustos, um chassi resistente de aço, uma caçamba para transportar materiais, faróis e uma chave de desligamento antifalhas remota para garantir que esse robô grande seja desativado a qualquer momento.

Ao usar um controlador de motor comercial (o Sabertooth 2x25), você pode dirigir o robô despreocupadamente, sabendo que o controlador do motor tem proteção de sobrecarga de corrente embutida e pode desligar, se sobrecarregado, para evitar danos. O controlador de motor Sabertooth também tem um processador embutido para decodificar os dois principais sinais R/C para os motores de acionamento, o que libera o Arduino para decodificar muitos outros canais R/C caso você deseje adicionar acessórios.

No próximo capítulo, você usará somente duas rodas para fazer um robô equilibrante que pode transportar pessoas. Essa *scooter* equilibrante usa um giroscópio e um acelerômetro para corrigir qualquer inclinação a partir da base, permitindo que você controle a sua direção e velocidade simplesmente *inclinando-se*. Adicionando um potenciômetro de direção e um botão de velocidade, você terá um robô que pode surpreender qualquer um.

CAPÍTULO 11

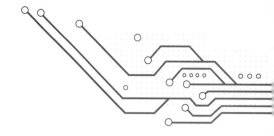

Seg-bot

O Seg-bot (Figura 11.1) é o primeiro projeto deste livro destinado a transportar um ser humano. Com isso em mente, o meu foco principal para este projeto foi a segurança. Devo deixá-lo ciente de que qualquer veículo com grandes motores e pesando mais de 23 kg pode facilmente ferir uma pessoa. É necessário ter muito cuidado ao usar ou testar esse robô, tanto consigo mesmo quanto com aqueles ao seu redor. *Certifique-se de entender como o veículo funciona antes de tentar usá-lo.* Você também deve usar protetores e um capacete ao andar com ele. Tirando o risco de segurança, esse é, provavelmente, o robô mais divertido de se construir deste livro.

O Seg-bot é um robô de duas rodas, equilibrado, que leva uma pessoa e que se preocupa apenas com uma coisa: permanecer nivelado. Você controla a velocidade e a direção desse robô inclinando-se para a frente ou para trás; quanto mais você se inclina, mais rápido ele se move. A direção do Seg-bot é conseguida por meio de um potenciômetro monitorado pelo Arduino para determinar em que direção você quer ir.

Os motores potentes, com grandes pneus de borracha e um baixo centro de gravidade, permitem ao Seg-bot percorrer ambientes externos, passando por cima de pedras, galhos e saliências, e subindo aclives acentuados com facilidade.

Esse robô tem limitações, por isso, se você tentar derrubá-lo, pode conseguir. Mas com alguma prática, ele é surpreendentemente fácil de pilotar.

Figura 11.1 O Seg-bot terminado.

COMO FUNCIONA O SEG-BOT

Para manter esse robô equilibrado, o Arduino precisa saber o ângulo do chassi em relação ao solo, para que ele possa comandar os motores com a velocidade e a direção necessárias para evitar que ele tombe. Para medir com precisão o ângulo ou a inclinação do Seg-bot, você precisa detectar a velocidade de rotação e a força gravitacional de seu eixo x, usando uma Unidade de Medida Inercial, ou IMU (*Inertial Measurement Unit*).

Unidade de Medida Inercial (IMU)

A IMU é uma pequena PCI que contém um giroscópio e um acelerômetro, cada um medindo uma parte diferente do ângulo.

Com a medição do ângulo da IMU, o Arduino pode determinar a velocidade e em que direção girar os dois motores. A aproximação mais fácil do ângulo (e a codificação do Arduino) é feita usando uma escala de –90° a 90°, em que 0° é considerado "nível" (ver Figura 11.2). Se o ângulo medido pela IMU é de 0°, os motores param; acima de 0°, os motores vão proporcionalmente para a frente; abaixo de 0°, os motores vão proporcionalmente para trás. Esse comportamento mantém o nível do Seg-bot e permite que você controle a velocidade e a direção dele inclinando-se para a frente e para trás.

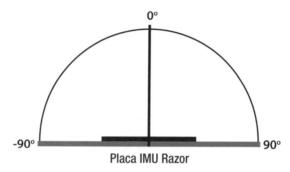

Figura 11.2 A placa IMU medindo 0° (plana sobre a mesa).

Direção e ganho

Para mudar a direção desse veículo, um potenciômetro montado no guidão é virado para esquerda ou para a direita enquanto se move. Se o mostrador está centrado, os motores recebem a mesma potência e dirigem em linha reta; se virado para a esquerda ou direita, a velocidade máxima de cada motor é afetada opostamente, fazendo com que o Seg-bot faça uma curva.

Há também um potenciômetro de *ganho* perto do guidão para ajustar a capacidade de resposta ou a sensibilidade dos motores. Um maior ganho faz os motores responderem mais rapidamente a mudanças de ângulo, tornando o Seg-bot muito mais sensível (uma sensação mais ríspida, quando se anda nele), enquanto um ganho menor pode resultar em uma resposta mais lenta à mudança de ângulo (uma sensação mais lerda ao andar, mas mais suave).

Botão de operação

Também é instalado um botão que deve ser pressionado para que o robô funcione. É um grande botão vermelho, acessivelmente colocado onde o polegar esquerdo fica, de forma que, caso você caia do Seg-bot ou por qualquer outro motivo largue o guidão, ele para imediatamente os motores. Há também um ângulo-limite no código que desliga os motores se for demasiadamente inclinado em qualquer direção. Esses mecanismos antifalhas mantêm o piloto do Seg-bot relativamente seguro, desde que ele entenda como operá-lo.

436 Arduino para robótica

Agora que você conhece as principais características do Seg-bot, dê uma olhada na lista de componentes.

LISTA DE COMPONENTES PARA O SEG-BOT

As peças para o Seg-bot são semelhantes às dos grandes robôs anteriores (Capítulos 9, RoboBoat, e 10, Lawn-bot), utilizando motores de cadeira de rodas motorizadas, pneus e baterias de chumbo-ácido. Você também vai usar uma IMU da Sparkfun.com, e um *shield* IMU caseiro para o Arduino. O Seg-bot também requer alguns potenciômetros, uma chave de pressão (*push-button*) e alguns tubos quadrados de aço para o chassi. Dê uma olhada na lista de peças na Tabela 11.1.

Tabela 11.1 Lista de componentes do Seg-bot

Componente	Descrição	Preço (US$)
IMU Razor de 6 DOF	Sparkfun.com (componente #SEN-10010) – unidade de medida inercial, acelerômetro e giroscópios +/– 3 g.	59,00
Controlador do motor Sabertooth 2x25 (ou similar)	www.dimensionengineering.com – controlador de motor duplo, 24 VCC 25 A.	125,00
Dois motores DC com caixa de redução, rodas e pneus	eBay – eu usei dois motores recuperados de cadeiras de rodas motorizadas com rodas e pneus para área externa; freio elétrico removido.	130,00 total
Duas baterias 12 V 12 Ah SLA	BatteriesPlus.com (componente #WKA12-12F2) – marca Werker.	41,00 cada
Dois potenciômetros 5 kohm	Radio Shack (componente #271-1714) – usado para ajuste de ganho e de direção.	2,99 cada
Chave de pressão (*push-button*)	Radio Shack (componente #275-011) – usada como chave de operação.	1,99
183 cm – tubos quadrados de 1,9 cm de lado (metal)	Loja de ferragens – usado como plataforma do chassi, sobre a qual fica o piloto.	10,00
183 cm – tubos quadrados de 2,5 cm de lado (metal)	Loja de ferragens – usado como guidão principal.	12,00

(continua)

Capítulo 11 ▪ Seg-bot   437

Tabela 11.1 Lista de componentes do Seg-bot (*continuação*)

Componente	Descrição	Preço (US$)
Vários parafusos	Dez parafusos M6 (6 mm) para os motores, três parafusos de 12,7 mm com porcas, para o chassi. Todos os parafusos têm 63,5 mm de comprimento.	10,00
Caixa plástica de projeto	Radio Shack (componente #270-1806) – 15,2 cm (C) × 10,2 cm (L) × 5 cm (A), com tampa.	4,99
Chave para 120 V e 20 A	Digikey (componente #360-2087) – qualquer chave liga/desliga de alta potência DPST deve servir.	8,00
Fio 12 AWG, 3 m	Para os motores e energia para o Sabertooth, deve ser trançado.	5,00
Barras conectoras de 2 × 6 pinos e 2 × 8 pinos	Sparkfun (componente #PRT-09279 e #09280) – para o *shield* IMU, desnecessárias se você comprar o Protoshield abaixo.	2,00 por conjunto
Arduino Protoshield (opcional)	Sparkfun.com (componente #DEV-07914) – usada para fazer placa adaptadora para a IMU.	16,99 (opcional)

O preço do Seg-bot como foi testado é de aproximadamente 500 dólares, incluindo o Arduino. Você pode substituir por peças semelhantes, mas pode ter que fazer pequenas modificações às etapas fornecidas. Se você não quiser corroer a PCI do *shield* da IMU, conforme descrito neste capítulo, pode comprar um Arduino *Protoshield* na Sparkfun.com e construir um circuito equivalente manualmente.

Como eu iria andar no Seg-bot (e gosto do meu rosto), optei por não me arriscar e usei um controlador de motor comercial para comandar os motores. Fiquei impressionado com o controlador de motor Sabertooth 2x25 usado no Lawn-bot, por isso optei por usar novamente o mesmo controlador de motor para este projeto, mas utilizando um método de interface diferente (serial simplificada).

Com a lista de peças fora do caminho, a seguir estão os sensores utilizados no Seg-bot.

SELECIONANDO OS SENSORES CERTOS

Depois de procurar por um acelerômetro e um giroscópio para usar no Seg-bot, deparei com a IMU Razor de 6 DOF (graus de liberdade) da Sparkfun.com (ver Figura 11.3). A placa desse sensor é pequena, medindo 1,9 cm × 3,8 cm, e é extremamente fina (daí o nome Razor, que em inglês significa lâmina de barbear).

Figura 11.3 A IMU Razor de 6 DOF da Sparkfun.

Esta IMU é basicamente uma placa *breakout* para o acelerômetro ADXL-335 de 3 eixos (X, Y, Z), o giroscópio de dois eixos (X, Y) LPR530AL e o giroscópio de único eixo (Z) LY530ALH. A placa inclui todos os capacitores de filtragem e resistores necessários, mas não há nenhum regulador de tensão na Razor, então você deve fornecer-lhe uma tensão de alimentação regulada de 3,3 V (do Arduino). Cada sensor é alinhado na placa em relação aos eixos uns dos outros. Uma tensão de alimentação de 3,3 V é tudo que você precisa para começar a ler os pinos de saída analógicos da Razor. As especificações da IMU Razor de 6 DOF da Sparkfun estão listadas na Tabela 11.2.

Tabela 11.2 Especificações da IMU Razor de 6 DOF, da Sparkfun.com

Item	Descrição
ADXL-335	Acelerômetros de 3 eixos (X, Y, Z), sensibilidade de +/– 3G.
LPR530AL	Giroscópio de 2 eixos (X, Y), sensibilidade de +/– 300°/s.
LY530ALH	Giroscópio de 1 eixo (Z), sensibilidade de +/– 300°/s.
Entrada de energia	Requer fonte regulada 3,3 V do Arduino.
Saída de sinal	Analógica 0 V–3,3 V.

Você pode usar um acelerômetro e um giroscópio diferentes se você quiser, embora deva escolher os sensores com a mesma faixa de sensibilidade que a Razor de 6 DOF se você não quiser alterar o código. Eu escolhi uma IMU com uma saída de tensão analógica para criar uma interface simples com o Arduino. Apesar de a Razor de 6 DOF funcionar bem para o Seg-bot, você só usa as leituras do acelerômetro e do giroscópio de um dos três eixos medidos pela Razor. Para economizar um pouco de dinheiro, você pode escolher uma IMU de um único eixo (X ou Y) com a mesma faixa de medição que a Razor.

A fonte de 3,3 V

Conforme os componentes ficam menores, os dispositivos de 3,3 V se tornam mais populares. Felizmente, o *chip* de interface USB FTDI no Arduino tem uma pequena fonte de alimentação de 3,3 V e cerca de 50 mA, e os projetistas do Arduino providenciaram um pino *breakout* para usarmos essa fonte de 3,3 V. A Razor de 6 DOF precisa de uma fonte de tensão filtrada de 3,3 V, consumindo apenas alguns miliampères de corrente, então você pode alimentá-la com o pino de alimentação de 3,3 V do Arduino. Como a tensão máxima no *chip* é 3,3 V, você estaria certo ao supor que a tensão de saída analógica para cada sensor também estará entre 0 e 3,3 V (em vez do habitual 0 a 5 V).

O intervalo padrão para conversores de analógico para digital de 10 *bits* (pinos A0 a A5) dos Arduinos é 0 a 1.023, em que uma entrada de 0 V produz um valor de 0 e uma entrada de 5 V produz um valor de 1.023. Se você simplesmente ligar um sensor de 3,3 V em uma entrada analógica do Arduino, o valor máximo que o Arduino pode ler a partir desse sensor é de aproximadamente 675 (calculado por 3,3 V/5 V * 1.023). Para obter todo o intervalo utilizando um dispositivo de 3,3 V, você tem de ligar a tensão de referência desejada (3,3 V) ao pino de referência analógica (Aref) do Arduino e adicionar uma linha de código no fim da função setup() para mandar o Arduino usar uma referência analógica EXTERNA (isto é, usar qualquer tensão que esteja conectada ao pino Aref). Isso só muda a tensão de referência dos pinos de entrada analógica (A0 a A5); não muda nenhum dos outros pinos de entrada ou de saída, que ainda produzem sinais de 5 V.

Para alterar a tensão de referência analógica, é preciso introduzir um novo comando no Arduino.

```
analogReference(external); // adicione esta linha na parte inferior da função setup() do seu sketch
para usar uma tensão externa de referência analógica.
```

Depois de "dizer" ao Arduino para "olhar" para o pino Aref com a referência analógica, não se esqueça de, em seguida, conectar o pino 3,3 V ao pino Aref! Para mais informações sobre o comando analogReference(), visite a seguinte página de referência para o Arduino: www.arduino.cc/en/Reference/AnalogReference.

Com a placa alimentada e o Arduino lendo as tensões adequadas das entradas analógicas, agora dê uma olhada nos sensores individuais que você deve interfacear da IMU.

Acelerômetro

O acelerômetro mede a força gravitacional da IMU em relação ao horizonte. O acelerômetro da Razor de 6 DOF pode medir a inclinação da IMU até aproximadamente 90° em qualquer direção. Para igualar 0° (ou "nivelar"), a IMU deve estar paralela ao horizonte (ver Figura 11.2). Se a placa IMU estiver inclinada para a esquerda ou para a direita (ver Figuras 11.4 e 11.5), a medição do ângulo produz um valor proporcional em qualquer direção.

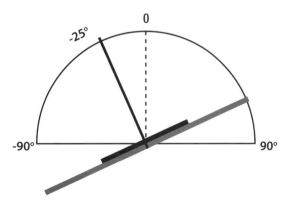

Figura 11.4 A IMU inclinada a −25° (reverso) em relação ao eixo −X.

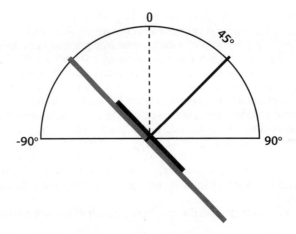

Figura 11.5 A IMU inclinada a 45° (para a frente) em relação ao eixo X.

Embora o acelerômetro seja capaz de medir uma inclinação de aproximadamente 90° em qualquer direção, você mede até cerca de 25° a 30° em qualquer direção para o Seg-bot. Qualquer inclinação maior do que essa resultaria em uma condição de uso perigosa, de modo que o código está ajustado para desligar os motores caso a IMU meça um ângulo acima desse limite.

Idealmente, esse sensor pode ler um valor estável proporcional ao ângulo da placa IMU. Usando a faixa de valores de 10 *bits* das entradas analógicas no Arduino (0-1.023), uma IMU "nivelada" pode ler um valor central de 511. Se você inclinar a placa IMU 90° para a frente (em relação ao eixo X), o valor deve aumentar até 1.023, enquanto se inclinar 90° para trás, produz o valor 0. A característica notável do acelerômetro é que ele pode manter o seu valor quando inclinado. Você pode testar seu acelerômetro com o código da Listagem 11.1.

Listagem 11.1 Utilize este código para testar as leituras de um acelerômetro analógico

```
// Arduino - Acelerômetro analógico 3.3 V
// Conecte a saída do acelerômetro em pino 0 Arduino analógico
// Carregue, em seguida abra o monitor serial em 9.600 bps para ler os valores do acelerômetro
int angle = 0; // variável usada para armazenar a aproximação "ângulo aproximado"
void setup(){
  Serial.begin(9600); // inicia monitor serial para imprimir valores
  analogReference(EXTERNAL); // Diz ao Arduino para utilizar a tensão ligada ao pino Aref para
referência analógica (3.3 V) - remover este comando se você estiver usando um sensor de 5 V.
}
void loop(){
  angle = analogRead(0); // ler o acelerômetro do pino analógico 0
  Serial.print("Acelerômetro: "); // imprimir a palavra "Acelerômetro:" primeiro
  Serial.println(angle); // em seguida, imprimir o valor da variável "ângulo"
  delay(50);        // atualizar 20 vezes por segundo (1.000 ms / 50 ms = 20)
}
```

Capítulo 11 ▪ Seg-bot 441

À primeira vista, parece que você poderia usar apenas o acelerômetro para detectar o ângulo da placa IMU. Esses sensores são usados (sozinhos) para detectar mudanças no movimento angular de telefones celulares, *laptops*, consoles de jogos e muitas outras aplicações. A razão pela qual nós não podemos usar só um acelerômetro para detectar o ângulo para o Seg-bot é que ele é severamente afetado pela gravidade. Ou seja, qualquer mudança repentina na gravidade (inclusive vibrações) pode afetar o ângulo de saída do acelerômetro, mesmo que ele não tenha se alterado.

Isso fica mais evidente se você segurar o acelerômetro em um ângulo específico e suavemente vibrar a mão para cima e para baixo. Isso pode mudar drasticamente as leituras de saída, tanto que o sinal se torna inútil sem algum tipo de filtragem para eliminar as leituras falsas do sensor.

Infelizmente, vibrações e solavancos são inevitáveis quando pilotamos o Seg-bot (ou qualquer outro veículo que se move) e, portanto, devem ser tratados. É aí que o sensor giroscópio vem a calhar.

Giroscópio

O giroscópio mede quão rápido, ou, mais especificamente, quantos *graus por segundo* a IMU se movimenta em um dado momento. Esse valor também é representado como um sinal analógico de 0 a 3,3 V pela IMU, então você deve converter o valor analógico de 10 *bits* em um ângulo aproximado. Infelizmente, não é tão fácil obter um valor angular do giroscópio porque ele consegue medir apenas a *taxa* de mudança de ângulo.

O giroscópio mostra uma mudança na tensão enquanto o sensor é movido ao longo do seu eixo de medição. Diferentemente do acelerômetro, quando você para de mover o giroscópio, a tensão desce de volta ao seu nível central (taxa zero). Para determinar quanto o giroscópio girou sabendo apenas a taxa de mudança, você também deve saber o período da mudança. Para fazer isso, determine o tempo de execução de cada ciclo de *loop* e calcule a distância (em graus) que o giroscópio rodou dada a velocidade de saída.

Tempo de ciclo

A exemplo do velocímetro do seu carro, você não pode determinar quão longe você viajou olhando somente para a velocidade; você também deve saber o tempo de viagem a uma dada velocidade para calcular a distância. Para determinar quão longe o giroscópio girou (em graus/segundo), você deve saber o intervalo de tempo entre cada ciclo de *loop*.

O ciclo de *loop* é normalmente rápido (pode ser de várias centenas de vezes por segundo, dependendo do código), e a saída do giroscópio está em graus por segundo, por isso você deve multiplicar a taxa do giroscópio pelo tempo durante o qual ela ocorreu para obter a taxa real por segundo. Como o tempo de atualização pode mudar ligeiramente de ciclo para ciclo, decidi gravar um registro de tempo (time_stamp) no final de cada ciclo de *loop* para determinar quanto tempo se passou desde a última atualização.

O valor millis() no final de cada *loop* é gravado em uma variável chamada last_cycle e serve como registro de tempo anterior para cada novo ciclo de *loop*. Com o registro anterior disponível no final de cada *loop*, você pode facilmente calcular quanto tempo se passou desde a última leitura do giroscópio subtraindo o time_stamp mais recente do valor do temporizador millis(). Esse cálculo é feito pouco antes do fim do ciclo, quando last_cycle é atualizado com o novo millis() para ajustar o valor do registro de tempo para o próximo ciclo.

Ponto de partida do giroscópio

O cálculo de um ângulo com o giroscópio é inerentemente diferente de um com o acelerômetro, porque o giroscópio mede apenas uma velocidade de rotação. Para obter uma posição utilizando a taxa de mudança, você deve fornecer um *ponto de partida* conhecido e um intervalo de tempo conhecido entre as leituras. Embora o ponto de partida seja assumido = 0°, o tempo de ciclo para cada *loop* é calculado e ajustado para 50 ms.

Por exemplo:

```
Angle_Rate = analogRead(gyro_Pin) * cycle_time;
```

Esse trecho de código calcularia a velocidade angular por segundo do giroscópio em um dado momento. Embora esse valor instantâneo seja útil para ajudar a determinar quanto a placa se moveu, deve ser adicionado às leituras anteriores para obter um real ângulo atual. Ao adicionar a seguinte linha de código após a linha anterior, você não só vai ler e calcular a variação do ângulo de giro (Angle_Rate), mas também acrescentar essa mudança à medição do ângulo total (Angle).

```
Angle = Angle + Angle_Rate;
```

Você pode testar seu giroscópio para ver como ele lê o ângulo, mas note que sem qualquer referência confiável do ângulo real (como o acelerômetro), o giroscópio sofre de um pequeno desvio de precisão chamado de *drift* (também chamado de desvio).

Drift do giroscópio

O *drift* de um giroscópio refere-se a sua tendência de desviar-se do seu ponto de partida, mesmo quando não está em movimento. Isso significa que o dispositivo tem um "erro" pequeno, mas constante, que se soma cada vez que o *loop* de leitura é repetido. Esse *drift* impede que o giroscópio seja 100% correto, mesmo que tudo o mais esteja ajustado perfeitamente. Esse erro torna difícil a obtenção com precisão de um cálculo de ângulo sem um acelerômetro para servir como um ponto de referência para o ângulo.

Resumo giroscópio *vs.* acelerômetro

Com meus testes desses dispositivos individualmente, eu aprendi que enquanto o acelerômetro é excelente para fazer referência a um ângulo atual por si só, sem qualquer cálculo (exceto mapeamento), ele é altamente propenso a leituras erradas em um ambiente instável (como o Seg-bot). Quando eu tentei usar apenas o acelerômetro, o robô testado caía rapidamente em razão de picos nas leituras angulares, fazendo com que valores absurdos de velocidade fossem enviados para os motores.

Ao tentar utilizar apenas o giroscópio, a aproximação de ângulo era muito mais estável de ciclo para ciclo, sem picos distinguíveis no valor angular. Mas esse valor "estável" afastava-se (*drift*) de seu ponto de descanso, de modo que o robô ficava equilibrado por alguns segundos antes de lentamente cair. Isso acontece porque o *drift* do giroscópio ia se somando após cada ciclo, fazendo com que o ângulo de leitura se desviasse de sua posição real (ou seja, ele pensa que está a 0°, nivelado, quando na verdade está a 5° e contando... MADEIRAAAAA!).

Para evitar que o cálculo do ângulo experimente os efeitos negativos de qualquer um dos sensores, você precisa combinar as melhores partes de ambos os sinais para criar um ângulo filtrado, livre de ruído e erro.

Filtrando o ângulo

Supondo que as leituras disponíveis, de ambos os sensores, estejam parcialmente erradas, é preciso, então, combiná-las para obter uma leitura estável do ângulo. Isso é comumente feito com um filtro de Kalman, mas eu achei complicado demais. Minha filtragem de ângulo será feita por um tipo de filtro complementar, mais comumente chamado de média ponderada. A média ponderada é tão estável quanto o cálculo do ângulo do giroscópio, sem o erro de *drift*, e tão precisa quanto a leitura do acelerômetro, sem os picos causados por choques e vibrações.

Média ponderada

A equação para calcular o ângulo total da IMU é determinada usando uma média ponderada. A média é dividida entre o giroscópio e o acelerômetro, cada um contribuindo com a sua perspectiva de quanto o ângulo deve ser. Temos que decidir quanto cada sensor contribui para o resultado total.

Como o acelerômetro é altamente suscetível a choques, vibrações e outras mudanças bruscas na gravidade, pondere sua contribuição para o ângulo total com um número pequeno (2%). Os comandos de velocidade do motor são emitidos a cada ciclo do *loop* principal; se o acelerômetro envia um valor incorreto, os motores iriam responder imediatamente (fazendo movimentos bruscos). Para evitar os picos encontrados nas leituras do acelerômetro, use-o apenas como uma referência, certificando-se de que o giroscópio não desvia muito do valor real do ângulo.

```
Média ponderada:
Giroscópio = 98%
Acelerômetro = 2%
```

A leitura do giroscópio é muito menos suscetível a terrenos acidentados, por isso é ponderada pesadamente em 98%. O erro de desvio do giroscópio é corrigido com o filtro, porque a pequena ponderação do acelerômetro traz o ângulo filtrado de volta para a leitura angular real a cada ciclo de *loop*. Para implementar a média ponderada no código, multiplique a leitura de cada sensor pela porcentagem de peso que contribui para o ângulo total; a soma dessas duas percentagens combinadas deve ser igual a 100%, ou 1,0 no presente caso. A seguinte fórmula define a variável Angle igual à soma de cada média ponderada.

```
Angle = (0,98 * gyro_angle) + (0,02 * accel_angle);
```

Essa fórmula é apenas o cálculo dos ângulos de ambos os sensores multiplicados pelo percentual de ponderação de cada um para compor o ângulo total. O cálculo angular resultante filtra tanto o *drift* do giroscópio quanto as vibrações do acelerômetro, produzindo uma aproximação de ângulo estável e utilizável.

Agora que você sabe como combinar os valores dos ângulos de cada sensor, faça uma placa adaptadora de interface para a IMU Razor de 6 DOF para o Arduino. Use conceitos do Capítulo 6, "Fazendo placas de circuito impresso", para projetar e construir um *shield* IMU simples para ligar ao Arduino e fornecer uma fonte de tensão de 3,3 V para a IMU, e roteie cada saída de sensor para o pino de entrada analógica apropriado.

FAZENDO A PLACA ADAPTADORA IMU

A IMU Razor de 6 DOF tem duas fileiras de oito pinos (espaçamento de 2,5 mm), afastadas uma da outra em 15 mm. Para fazer uma conexão segura com o Arduino, você pode corroer uma pequena PCI para usar como um *shield* ou comprar um Arduino Protoshield.

Eu usei o Eagle para projetar uma placa de *breakout* simples para o *shield* que conecta o Razor de 6 DOF de forma segura no Arduino (ver Figura 11.6). O *shield* conecta-se à fonte de alimentação de 3,3 V do Arduino, alimentando a IMU Razor e conectando as saídas X, Y e Z diretamente às seis entradas analógicas do Arduino. Eu não tinha planos de usar o eixo Z, quer do acelerômetro, quer do giroscópio, então cortei as trilhas no *shield* (para as entradas analógicas A2 e A3) e usei-as para os potenciômetros de direção e de ganho no guidão.

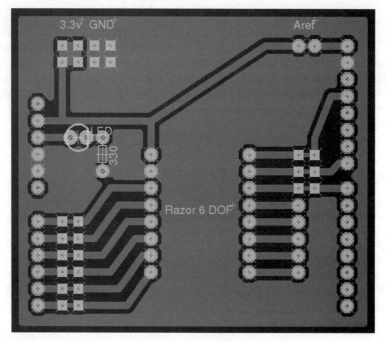

Figura 11.6 Um *shield* Arduino caseiro para o Razor de 6 DOF da Sparkfun feito com o Eagle.

Para fazer essa PCI, você precisará baixar os arquivos no seguinte site e seguir as instruções do Capítulo 6 para corroê-la:

https://sites.google.com/site/arduinorobotics/home/chapter11_files.

Você pode notar que há diferentes tipos de barras conectoras usadas para ligar a IMU Razor ao *shield* (ver Figura 11.7). As duas barras fêmeas são usadas para fornecer as conexões +3,3 V e GND, ao passo que as barras de pinos machos restantes são usadas para conectar os pinos de saída do IMU ao *shield*. (Você deve soldar barras de pinos na face oposta da PCI.) Eu fiz isso para garantir que você não possa plugar o IMU ao *shield* de forma incorreta, o que poderia causar danos aos sensores.

Capítulo 11 ■ Seg-bot

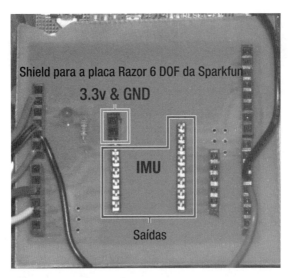

Figura 11.7 O *shield* da IMU acabado, com LED de potência e resistor.

Você pode, alternativamente, fazer um *shield* sem corroer uma PCI, usando um kit Arduino Protoshield da Sparkfun. As barras devem vir com o kit Protoshield, então você precisaria de apenas barras de 16 pinos fêmeas e barras de 16 pinos machos para completar a placa. Não importa quais barras você usa em qual placa; contudo, eu soldei as barras fêmeas na IMU e os machos na placa *shield* (exceto para os pinos de alimentação, que estão na face oposta da PCI para oferecer proteção de polaridade).

Com o *shield* IMU terminado, escolha alguns motores para utilizar no Seg-bot.

ESCOLHENDO OS MOTORES

Você pode escolher entre vários tipos de motores CC quando constrói uma *scooter* equilibrante. Motores CC padrão, como os encontrados em *scooters* elétricas, funcionam e podem ser encontrados por cerca de 25 dólares cada, ao passo que motores CC com caixa de redução, como os recuperados de cadeiras de rodas motorizadas, são um pouco mais caros, mas podem ser mais robusto no Seg-bot (ver Figura 11.8). Servomotores sem escovas são o tipo usado nos modelos Segway comerciais e são provavelmente o ideal, mas o seu custo é muito alto para os meus fins de teste.

Optei por usar dois motores CC de 24 V com caixa de redução de uma cadeira de rodas motorizada para conduzir o meu Seg-bot. Eu decidi não usar motores de CC sem redução porque eles geralmente giram em uma RPM muito mais elevada (1.200 a 4.000 RPM) para obter o mesmo torque. Os motores com caixa de redução têm um motor CC padrão, girando em alta RPM, com uma caixa de redução que reduz a velocidade enquanto, proporcionalmente, aumenta o torque. O resultado do uso do motor com caixa de redução é um passeio surpreendentemente suave, com poderosa correção de ângulo, muito mais fácil do que eu tinha previsto. A Tabela 11.3 lista as especificações dos motores que eu usei.

Figura 11.8 Os motores CC com caixa de redução utilizados no Seg-bot.

Tabela 11.3 As especificações para cada um dos motores CC com caixa de redução comprados no site eBay.com

Fabricante	AMT Schmid GmbH
Modelo	Motor de engrenagem SRG 04
Tensão	24 VDC
Corrente	15 A
Potência	400 W
Velocidade máx.	12,87 km/h
Preço	130,00 dólares por par (usado em eBay.com)

Esses motores usados de cadeira de rodas motorizada foram adquiridos no eBay.com e tinham as rodas originais ainda conectadas. Cada um deles também estava equipado com uma alavanca de desengate, usada para desconectar mecanicamente a caixa de redução das rodas, útil para fins de transporte e de teste seguros.

Remoção do freio elétrico

Muitos motores de cadeiras de rodas motorizadas são equipados com freios elétricos por solenoides que se prendem na parte traseira do eixo do motor e o impedem de se mover quando a alimentação da cadeira está desligada. Embora esse recurso de segurança ajude a evitar que o operador da cadeira desça morro abaixo em caso de bateria fraca, não é necessário para o nosso Seg-bot e deve ser removido.

Geralmente, é possível determinar se os motores têm um freio elétrico pelo número de fios no cabo (ver Figura 11.9). Se o seu motor tem um cabo com quatro fios, provavelmente tem um freio elétrico. Os dois fios menores são usados para controlar o solenoide de freio, o qual não é liberado até que os terminais estejam alimentados, geralmente por 12 VCC.

Figura 11.9 Conector de cabos de um motor com freio solenoide elétrico instalado.

Para remover o freio elétrico, primeiro você deve localizá-lo sob a tampa da parte traseira da caixa do motor. Remova os dois ou três parafusos que prendem a tampa à extremidade do motor (ver Figura 11.10).

Figura 11.10 A tampa na extremidade do motor.

Quando o freio for visível, você deverá ver de três a cinco parafusos segurando o solenoide do freio na carcaça do motor. Esses parafusos devem ser removidos e os fios que conduzem ao solenoide podem ser cortados (ver Figura 11.11). Com o solenoide do freio removido, a parte superior do conjunto do motor deve ser semelhante ao motor de cima na Figura 11.11, ao passo que o motor de baixo é mostrado com o solenoide do freio ainda instalado.

Capítulo 11 ▪ Seg-bot

Figura 11.11 Os dois motores com tampas removidas – o freio foi removido do motor de cima, enquanto ainda está no lugar no motor de baixo.

Na Figura 11.12, você pode ver outra vez a diferença entre os dois motores; o freio foi removido do motor da esquerda, enquanto ainda está instalado no motor da direita. Depois de ambos os solenoides de freio serem removidos, você pode reinstalar as tampas que cobrem as extremidades dos motores. Os novos motores (modificados) devem pesar algumas centenas de gramas a menos após a cirurgia mecânica. Agora, os pequenos contatos centrais do cabo na Figura 11.9 não estarão mais ativos; você precisa apenas dos dois contatos grandes para operar cada motor.

Figura 11.12 Os dois motores próximos um do outro. O freio foi removido do motor da esquerda, enquanto ainda está no lugar no motor direito. As tampas estão no chão ao lado dos motores.

Alternativamente, você *poderia* deixar os freios solenoides no lugar, mas você precisaria usar outra interface de relé para fornecer 12 V para os solenoides de freio de cada motor quando você liga a alimentação principal. Isso, naturalmente, consumiria entre 500 mA a 1 A a mais continuamente da bateria apenas para manter os freios desengatados durante o uso. Por isso eu recomendo simplesmente retirá-los.

Posição de montagem do motor

Embora seja ideal ter o peso dos motores perfeitamente equilibrados, de modo que o robô se equilibre por si próprio, isso não é necessário. Os furos de montagem feitos em meus motores fazem com que seja extremamente difícil posicioná-los na vertical (o que teria propiciado melhor equilíbrio), então montei-os apontando para a frente do robô. Como você precisa segurar o botão de operação para ativar os motores, eu não achei necessário fazer o robô se balancear sem eu estar sobre ele. Quando se está de pé sobre o robô, é fácil mantê-lo equilibrado porque o seu peso está principalmente na parte de trás do chassi. Ainda é possível fazer o Seg-bot equilibrar-se por si mesmo, se você quiser, adicionando um pequeno contrapeso na parte traseira do chassi até que ele se equilibre por si só sem se mover para a frente ou para trás.

Agora que os motores estão preparados para uso, escolha um controlador de motor para alimentá-los.

ESCOLHENDO O CONTROLADOR DE MOTOR

Como o Seg-bot pretende ser um veículo, optei por usar o controlador de motor comercial Sabertooth 2x25 (ver Figura 11.13). Você deve se lembrar do Capítulo 10, "Lawn-bot", que o Sabertooth 2x25 pode alimentar dois motores com escovas de corrente contínua em ambas as direções, em 24 VCC e até 25 A cada um, o que basta para os motores utilizados nesse robô.

Você pode construir seu próprio controlador de motor, mas, se algo der errado, é o seu rosto que provavelmente vai sofrer as consequências. Como a segurança é a principal preocupação aqui, eu recomendo escolher um controlador de motor testado e confiável.

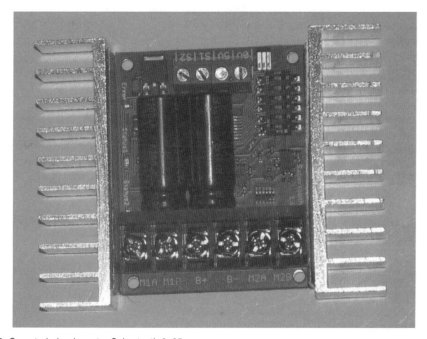

Figura 11.13 O controlador de motor Sabertooth 2x25.

Nota ◆ Outra boa opção para o Seg-bot seria o controlador de motor de código aberto, mas você precisaria de um para cada motor e o código teria de ser modificado para controle direto da ponte-H.

No último capítulo, utilizamos o Sabertooth 2x25 para decodificar os sinais de servo do receptor R/C, mas aqui vamos usar o Arduino para comandar a Sabertooth usando o modo serial simplificado. Para preparar o Sabertooth para se comunicar com o Arduino, defina os *jumpers* dele para operar no modo serial simplificado em 9.600 bps, como mostrado na Figura 11.14.

Para transmitir um comando serial do Arduino para o Sabertooth, basta conectar o pino serial Tx (D1) do Arduino à entrada S1 do Sabertooth e usar o comando Serial.print(). Isso, no entanto, pode causar um problema quando estiver depurando se também quiser usar o comando Serial.print() para enviar valores de volta para o monitor serial no seu PC, pois esses valores também podem ser enviados ao Sabertooth. Para remediar essa situação, envie os valores para o Sabertooth usando uma biblioteca serial simulada para Arduino, que será discutida em seguida.

Figura 11.14 Usando as chaves DIP, de configuração, do Sabertooth: www.dimensionengineering.com/Sabertooth2X25.htm.

Biblioteca SoftwareSerial

A biblioteca SoftwareSerial do Arduino permite que você crie uma linha (virtual) de comunicação serial separada sobre qualquer pino de entrada e saída dele. Com uma velocidade máxima de 9.600 bps, a SoftwareSerial é adequada para o envio de comandos a partir do Arduino para o controlador de motor Sabertooth. O Sabertooth não envia qualquer informação de volta para o Arduino, então você só precisa de um pino de transmissão serial (Tx), embora você configure ambos (Listagem 11.2).

Listagem 11.2 Configuração mínima da SoftwareSerial

```
#include <SoftwareSerial.h> // Diga ao Arduino para usar a biblioteca SoftwareSerial

// definir que pinos de transmissão e recepção usar
#define rxPin 2
#define txPin 3

// configurar uma nova porta serial para usar os pinos 2 e 3 acima
SoftwareSerial mySerial = SoftwareSerial(rxPin, txPin);

void setup() {
  Serial.begin(9600); // inicia o monitor serial padrão

  // definir modos de pinos para SoftwareSerial tx, pinos rx:
  pinMode(rxPin, INPUT);
  pinMode(txPin, OUTPUT);

  // definir a taxa de dados para a nova porta SoftwareSerial
  mySerial.begin(9600);
}
void loop() {
mySerial.print(0, BYTE); // isto será impresso por meio do pino 3 para o Sabertooth
Serial.print("Olá"); // isto será impresso através do pino 1 para o monitor serial do seu computador

delay(100);

}
```

Para mais informações sobre os usos e limitações da biblioteca SoftwareSerial, por favor visite a página de referência do Arduino em

www.arduino.cc/en/Reference/SoftwareSerial.

Agora que você fez o Arduino "conversar" com o Sabertooth, considere o que ele precisa "dizer" ao Sabertooth para fazer os motores se moverem.

Comunicação serial simplificada para o Sabertooth

O controlador de motor Sabertooth 2x25 está programado para aceitar um protocolo serial simples que permite o controle de velocidade para a frente e para trás de ambos os motores. O Sabertooth procura por um valor serial entre 0 e 255, que é a faixa de valor de um *byte*. Dois motores são controlados pelo Sabertooth e cada um tem duas direções para ir, de modo que o intervalo de 255 deve ser dividido em quatro partes (2 motores × 2 sentidos = 4). O *byte* com valor igual a "0" é um comando de parada total e pode ser usado para comandar simultaneamente ambos os motores para a posição de parada.

Os valores de 1 a 127 são utilizados para controlar o Motor1 e os valores de 128 a 255 são usados para controlar o Motor2. Essas duas faixas de valores são divididas em: para a frente e para trás, sendo as posições centrais (64 e 192) neutras para cada motor (ver Figura 11.15). Há 64 passos de controle de velocidade em ambas as direções para ambos os motores, proporcionando uma resolução adequada e uma aceleração suave.

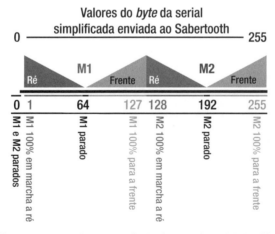

Figura 11.15 Eu fiz este gráfico para melhor ilustrar o método de entrada serial simplificada do controlador do motor Sabertooth.

O código para controlar os motores se concentra em converter o valor do ângulo em um valor de velocidade centrado em torno dos pontos de parada para cada motor. Para fazer isso, use o comando map() do Arduino, que toma um intervalo de valores e o estende por um outro.

Agora escolha algumas baterias com energia suficiente para acionar o Seg-bot até a caixa de correio e voltar... ou talvez até o café mais próximo.

AS BATERIAS

Para obter a potência ideal dos motores, eles devem ser alimentados na tensão de funcionamento recomendada, que é 24 VCC para a maioria dos motores com caixa de redução usados em cadeira de rodas. Se você planeja usar baterias LiPoly com o controlador de motor Sabertooth 2x25, você deve limitar o tamanho da bateria a 6 células em série (22,2 V) porque qualquer coisa a mais ultrapassaria o limite máximo recomendado de tensão. Tendo construído e *reconstruído* vários controladores de motor, posso atestar que os limites de tensão dos transistores Mosfet são sensíveis e quanto mais perto você trabalhar de seu limite, mais provável é que você os danifique. Não exceda uma especificação de 24 VCC para a bateria usando o Sabertooth 2x25!

O peso do Seg-bot afeta o consumo de corrente dos motores, o que, por sua vez, pode afetar por quanto tempo as baterias podem fornecer energia a eles. (Consumo de corrente maior = menos tempo de execução fornecido pelas baterias). O uso de baterias de chumbo-ácido pode ser mais barato e oferecer mais capacidade Amp/horas por dólar, mas elas são muito mais pesadas, cerca de 9 kg por conjunto de baterias. Usar baterias LiPo (polímero de lítio) seria um pouco mais caro, mas elas pesam apenas cerca de 2,3 kg para a mesma capacidade – quase 7 kg a menos!

Chumbo-ácido selada

Baterias de chumbo-ácido são as mais eficientes em relação ao preço, quando o peso não é uma preocupação primordial. No entanto, se você planeja fazer uma *scooter* portátil ou leve, pode considerar o uso de NiMH ou baterias LiPo (a um preço mais elevado). Usando duas baterias 12Ah SLA, de 12 V (ver Figura 11.16), o Seg-bot pode ser usado por uma hora ou mais de forma contínua em terreno plano. Lembre-se de que a condução em terreno íngreme exige mais corrente das baterias, o que pode drená-las mais rapidamente.

Figura 11.16 Estas duas baterias de 12 V e 12 Ah da marca Werker fornecem bastante tempo de execução para o Seg-bot.

Optei por usar duas baterias 12 V SLA especificadas em 12 Ah cada, ligadas em série para produzir 24 V e 12 Ah. Essas baterias estão disponíveis online e em lojas de bateria, medindo 15,2 cm (C) × 10,2 cm (L) × 9,7 cm (A) e pesando 4,5 kg cada. Você pode usar uma bateria de maior capacidade se quiser; inicialmente eu pensei em usar baterias 18 Ah, mas elas não se encaixariam no chassi do meu projeto. Contanto que as baterias se encaixem no seu chassi e produzam 24 V, elas devem funcionar bem.

Carregando

Eu carrego essas baterias com um carregador de bateria automotivo de 12 V padrão usando uma carga de baixa potência de 2 A. Eu também desconecto as baterias de sua configuração em série para 24 V e uso dois cabos caseiros para ligar as duas baterias em paralelo para carregar, efetivamente diminuindo a taxa de carregamento, duplicando a especificação A/horas de 12 Ah para 24 Ah. O carregamento em uma carga de 24 Ah a 2 A equivale a uma taxa de carga C/12, em vez de uma taxa de C/6. Eu costumo carregar minhas baterias a uma taxa o mais baixa possível para prolongar a vida das células. Se você usar carregadores rápidos (isto é, taxa de carga de alta corrente) em baterias de chumbo-ácido (SLA), de NiMH ou de NiCad, você perceberá que a vida útil delas diminui significativamente.

Fonte de 12 V

Como você pode recordar, a tensão de entrada das placas do Arduino é limitada a um máximo recomendado de 12 V (e um limite absoluto de 20 V), de modo que para evitar danos ao regulador de +5 V do Arduino você precisa alimentá-lo com 12 V. Nesta conexão em série de duas baterias, é fácil obter 12 V, com uma simples derivação no fio série que liga as duas (ver Figura 11.17).

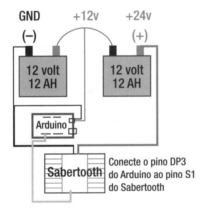

Figura 11.17 Aqui você pode ver o esquema de ligação básico entre o Arduino, o Sabertooth e as baterias. O Sabertooth requer uma fonte de 24 V, enquanto o Arduino requer uma fonte de 12 V.

Com as baterias escolhidas, é hora de construir o chassi. Use as dimensões das baterias para ajudar a determinar o tamanho desejado da base do chassi, e, depois que o chassi estiver completo, monte as baterias na parte baixa dele e entre os motores.

O CHASSI

Como acontece com a maioria dos robôs grandes, o chassi propicia o esforço necessário para manter as partes do Seg-bot firmemente juntas e oferecer uma estrutura sobre a qual serão montados: botões, alavancas, chaves ou quaisquer outros controles necessários para operá-lo. Apesar de um projeto de chassi elaborado ser visualmente mais atraente, use um desenho básico que seja resistente e proporcione uma base confortável sobre a qual pilotar.

O chassi do Seg-bot consiste nas seguintes quatro seções de tubulação quadrada de aço (e barra chata para o suporte da bateria):
1. Uma **base** sobre a qual o condutor ficará de pé
2. Um **guidão** ao qual o condutor se segurará
3. Um suporte **do guidão** para conectá-lo à base
4. Um **suporte de bateria** para manter o conjunto de baterias SLA sob a base

Eu usei tubos quadrados em vez de cantoneiras de aço (usadas nos capítulos anteriores) para dar mais resistência e fornecer uma base nivelada para montar os motores. Eu também usei dois tamanhos diferentes de tubos quadrados para este projeto, 2,5 cm para o guidão e barra do suporte dele, e 1,9 cm para a base do chassi que tanto conecta os motores um ao outro quanto fornece uma plataforma robusta sobre a qual ficará o condutor. Você pode usar tubos de 2,5 cm para todo o projeto, mas, como isso não é necessário, eu escolhi a tubulação de 1,9 cm por ser mais barata e mais leve para a base. A Figura 11.18 mostra um diagrama das peças da estrutura do Seg-bot.

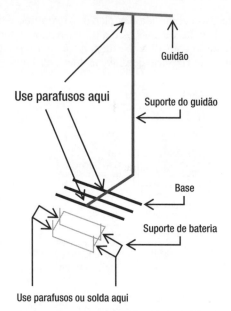

Figura 11.18 Este diagrama de todo o chassi (sem motores ou rodas presas) mostra as várias partes do Seg-bot.

Projeto do chassi

A estrutura superior é uma peça de 183 cm de comprimento de tubo quadrado de aço de 2,5 cm, cortado em duas partes. O pedaço mais longo, uma peça de 132 cm, serve como montagem do suporte do guidão e deve ser semicortado e dobrado na forma de um "L" ligeiramente obtuso (ver Figura 11.19).

O pedaço curto, de 51 cm, é utilizado como a parte de cima do guidão em T e abriga ambos os potenciômetros, de direção e de ganho, e o botão de operação. Ele está aparafusado à parte superior da barra do suporte do guidão ao chassi com um parafuso grande.

A base é composta de três pedaços de 46 cm de tubos quadrados de aço de 1,9 cm, cada um aparafusado aos motores e à peça superior do chassi (ver Figura 11.20). Para manter o peso centrado entre as rodas, as baterias estão alojadas sob a base da estrutura usando uma pequena gaiola formada por uma barra chata de aço de 1,27 cm (ver Figura 11.21). Embora isso possa ser evitado, eu escolhi usar meu soldador MIG para reforçar alguns pontos e evitar a adição de braçadeiras e parafusos de suporte extra.

A gaiola para baterias deve ser grande o suficiente para abrigar as duas baterias SLA, que medem 15,2 cm (C) × 10 cm (L) × 9,6 cm (A) cada uma. Eu fiz a gaiola grande o bastante para armazenar as duas baterias e conter um pouco da fiação usando três longos pedaços de 51 cm de barra chata de aço de 1,27 cm de largura (3,2 mm de espessura). As barras chatas são dobradas em 90°, a 12,7 cm de cada extremidade – devem dobrar facilmente usando uma morsa ou alicate.

Todo o conjunto da estrutura se conecta a cada caixa de redução dos motores utilizando dez parafusos de 8 mm. Há três parafusos de 1,3 cm utilizados para unir o chassi; um liga o guidão em T e os outros dois parafusos ligam a base do chassi à parte inferior do guidão. Você também pode precisar de quatro pequenos parafusos para segurar a gaiola das baterias à base do chassi se não tiver acesso a um soldador.

Com o projeto básico fora do caminho, é hora de sacar a sua serra de cortar metal, uma furadeira e algumas outras ferramentas manuais para começar a construir o chassi.

Construindo o chassi

Para construir o chassi, inicie cortando as várias peças de tubo de metal para fazer as diversas partes dele. Após o corte de cada peça, faça alguns furos nos lugares necessários e una tudo com parafusos. Os oito passos seguintes o guiarão através do processo de construção do chassi:
1. Corte um pedaço de 183 cm de tubo quadrado de aço de 2,5 cm em duas partes: 132 cm e 51 cm.
2. Corte um entalhe em V no pedaço de tubo de 132 cm, cerca de 25 cm a partir de uma das extremidades dele (ver Figura 11.19). Faça o corte em V na parte superior num dos lados do tubo quadrado, mas não corte a parte inferior da peça.

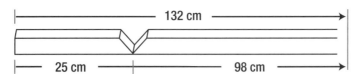

Figura 11.19 Você precisa cortar um "V" no suporte do guidão para dobrá-lo.

3. Dobre o pedaço de 132 cm no entalhe em "V" até que as bordas cortadas se toquem. Aparafuse ou solde essa junção para impedi-la de se mover depois de posicionada.
4. Corte três peças de 46 cm do tubo quadrado de aço de 1,9 cm para a base do chassi.
5. Parafuse as três peças da base do chassi às caixas de redução dos motores, fazendo furos onde necessário para encaixar os seus motores (ver Figura 11.20).

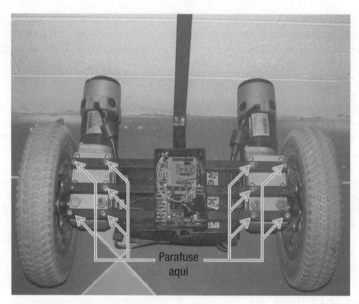

Figura 11.20 A base do chassi mostrando a localização dos parafusos necessários nas caixas de redução dos motores.

6. Monte a barra de suporte do guidão no lado de baixo das peças da base do chassi, centralizada entre as rodas. Eu utilizei dois parafusos para fixar as peças da base na parte de 25,4 cm (inferior) do suporte do guidão ao chassi. (Eu não usei parafuso na peça central da base.)

7. Monte a peça em T do guidão ao topo da sua barra de suporte utilizando um parafuso de 6,35 cm, como mostrado na Figura 11.23.

8. Faça uma pequena gaiola para armazenar as baterias por baixo da base do chassi. Você precisa parafusar ou soldar as peças da gaiola e, depois de pronta, soldá-la à base do chassi (ver Figura 11.21).

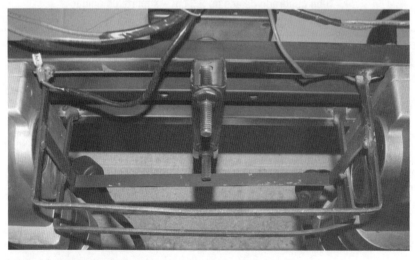

Figura 11.21 A parte inferior da base do chassi mostrando a gaiola para a bateria.

Quando montado, o chassi concluído deve ser semelhante à Figura 11.22. Pintei todo o meu chassi de preto para deixá-lo bonito e proteger o metal da ferrugem. A pintura não é obrigatória, mas se você pretende pintar o seu chassi, é mais fácil fazê-lo antes que qualquer coisa seja montada nele.

Figura 11.22 O chassi acabado após a pintura em preto.

Seu chassi deve estar completo e pronto para a montagem dos motores, baterias e eletrônica. Comece por passar a fiação de alguns controles de entrada perto do guidão para as entradas de direção e de sensibilidade (ganho), e um botão de operação para termos certeza de que há um operador a bordo antes de acionar os motores.

ENTRADAS

O Seg-bot tem várias entradas de usuário que lhe permitem manipular os dados recebidos da IMU antes de eles serem enviados para os motores. Atualmente, o Arduino lê três entradas: um potenciômetro de direção, um potenciômetro de ganho e uma chave de operação. O potenciômetro de direção permite ao condutor controlar com precisão a direção do Seg-bot, inclinando-se para controlar a velocidade. Para acomodar diferentes preferências e estilos de condução, um potenciômetro de ganho ajusta a sensibilidade da resposta do motor ao ângulo de mudança. Por fim, para garantir que há um condutor no Seg-bot antes de ativar os motores, coloquei uma chave simples (grande) de botão no guidão do Seg-bot que deve ser pressionada pelo condutor o tempo todo. Esse botão é feito com uma função no código que, quando pressionado, espera até que o Seg-bot esteja completamente nivelado antes de acionar os motores; isso evita que o robô volte bruscamente à posição nivelada se o botão de operação for pressionado enquanto o Seg-bot estiver inclinado.

Direção

O código do Arduino lê a entrada do eixo X na IMU para determinar a velocidade para a frente/para trás de ambos os motores. Sem qualquer acréscimo, o *hardware* permite apenas que o Seg-bot se desloque para a frente ou para trás, porque os dois motores são acionados com a mesma velocidade.

Para mudar a direção do Seg-bot, os motores precisam receber valores de velocidades diferentes. Para virar à esquerda, o motor esquerdo precisa de um valor de velocidade mais baixo do que o motor direito. Para um controle suave e sensível, as alterações feitas em cada motor devem ser inversamente proporcionais umas às outras. Isto é, conforme você diminui a esquerda em 1 unidade, você também aumenta a direita em 1 unidade, fazendo com que a diferença total de velocidade seja de 2 unidades. Ao criar um desequilíbrio nos valores enviados para cada motor, você pode virar o Seg-bot com grande precisão.

É possível implementar o sensor de direção de várias maneiras, sendo o mais simples com um único potenciômetro de 5 kohm. O código está definido para ler o valor do potenciômetro de 0 a 1.023 e converter o valor para um intervalo de 10 unidades de velocidade em qualquer direção. Isso aumenta ou diminui os valores normais de saída do motor em uma diferença de até 20 unidades de velocidade entre a esquerda e a direita, dependendo da direção em que o potenciômetro é girado. Para conduzir o Seg-bot em linha reta, o potenciômetro deve estar na posição central.

Ganho

Dependendo da tensão e da carga das baterias, e das engrenagens do motor, a velocidade máxima do Seg-bot pode precisar de ajuste para uma condução confortável. Para fazer isso facilmente, sem reprogramação, eu adicionei um outro potenciômetro para alterar o valor da velocidade máxima. O valor de 0–1.023 desse potenciômetro será convertido (mapeado) para o valor máximo da velocidade para ambos os motores, variando de 50% a 100%. Isso permite que o usuário altere a sensibilidade de equilíbrio do Seg-bot durante o uso.

Chave de operação

A última entrada para o Seg-bot é a chave de operação, que conta ao Seg-bot que você está pronto para pilotar. A chave de operação nada mais é do que um grande botão vermelho de contato momentâneo montado no guidão, e deve ser pressionado o tempo todo, para o Seg-bot se mover. O Seg-bot para assim que o botão de operação é liberado, por isso você deve ter certeza de manter seu polegar sobre ele durante a operação.

Início nivelado

Eu adicionei um pequeno bloco de código para verificar não só o estado do botão de operação, mas também o ângulo da IMU. Enquanto o botão de operação estiver aberto (não pressionado), o Seg-bot não pode se mover; quando o botão de operação estiver fechado (pressionado), o código começa a verificar o ângulo da IMU para ter certeza de que está a 0° antes de acionar os motores. Quando o Seg-bot estiver nivelado a 0°, ele aciona suavemente os motores e, novamente, começa a processar os valores de velocidade deles. Isso impede que o Seg-bot dê solavancos para corrigir o ângulo, no caso de você apertar o botão acidentalmente enquanto ele não está nivelado... Segurança em primeiro lugar!

Para conectar cada uma dessas entradas ao Arduino, passe alguns fios a partir da parte superior da estrutura, onde cada entrada está montada, para baixo até a base do chassi, onde o Arduino e a IMU estão instalados. Eu usei um cabo com 4 fios de interfone da Radio Shack (item #278-858) e um fio separado para o GND para passar os sinais de entrada através da barra quadrada do suporte do guidão, ocultando e protegendo cada fio. Primeiro monte cada controle de entrada ao guidão e ao seu suporte.

Montando os controles de entrada

Para montar os controles de entrada ao chassi, você precisa de algumas brocas e uma furadeira. Comece dando uma olhada no guidão acabado da Figura 11.23, que mostra o botão de operação, o potenciômetro de direção e o potenciômetro de ganho montados na armação de tubo quadrado de 2,5 cm.

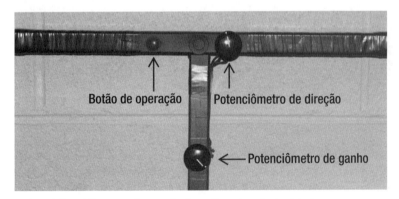

Figura 11.23 A vista frontal do guidão com todos os três dispositivos de entrada visíveis.

Os seis passos seguintes o guiarão na instalação dos controles de entrada:
1. Para montar o potenciômetro de ganho no tubo quadrado, você primeiro precisa fazer um furo de 8 mm centrado no tubo até o outro lado, cerca de 15,2 cm abaixo do topo do guidão em T. Então, use uma broca de 16 mm para atravessar apenas o furo da frente; o furo traseiro deve permanecer com 8 mm. Agora, você pode deslizar o potenciômetro através da parte traseira do tubo quadrado; use alicates de ponta fina para apertar a porca à base através do furo de 16 mm (ver Figura 11.24).

Figura 11.24 O potenciômetro de ganho montado através do tubo quadrado de aço. Se você olhar através do furo de 16 mm, pode ver a porca de fixação do potenciômetro apertada à parte traseira do tubo quadrado. Também fica visível atrás do tubo quadrado do lado direito a base do potenciômetro com três fios.

2. Monte o potenciômetro de direção, exatamente da mesma maneira que o potenciômetro de ganho, mas monte-o no próprio guidão em T, onde ficará acessível ao seu polegar direito (quando você estiver conduzindo o Seg-bot). A Figura 11.25 é mais detalhada.

Figura 11.25 O potenciômetro de direção (sem botão) montado no guidão, logo à esquerda da manete.

3. Monte a chave de operação (botão vermelho) quase do mesmo modo que os potenciômetros, exceto por reverter os furos; isto é, o orifício de 16 mm deve ser perfurado na parte de trás do tubo quadrado, ao passo que o orifício de 8 mm permanece no lado da frente (ver Figura 11.26).

Capítulo 11 ▪ Seg-bot

Figura 11.26 A parte traseira da chave de botão de operação, montada na armação de tubo quadrado. Existem dois fios soldados aos terminais traseiros do botão: um se liga ao GND e outro ao pino D4 do Arduino.

4. Agora, remova o botão de plástico vermelho e a porca de fixação e passe a chave através do buraco maior de 16 mm e, depois, através do furo menor. Por último, fixe a porca à chave a partir do lado da frente do tubo e reinstale o botão vermelho (ver Figura 11.27).

5. Após a instalação dos dispositivos de entrada, envolva todo o guidão com fita isolante para dar-lhe algum enchimento para uma melhor empunhadura.

Figura 11.27 O grande botão vermelho no lado esquerdo do guidão é usado como chave de operação.

6. Passe os fios de sinal do guidão em T até a base. Para esconder os fios indo para as entradas do Arduino, eu decidi passá-los por dentro do tubo quadrado do suporte do guidão, da base até o topo dele. Para fazer isso, faça um furo de 16 mm ou corte um buraco com uma ferramenta Dremel perto da parte inferior do tubo do guidão, a cerca de 7,5 mm da base (ver Figura 11.28). Eu usei um carretel de cabo com 4 fios da Radio Shack. No entanto, existem três entradas mais o GND e o +3,3 V, então você precisa, na verdade, de cinco fios para conectar as entradas de controle ao Arduino, o que significa que um único fio a mais também deve ser usado. Lembre-se de usar um fio de núcleo rígido (não trançado), se você está pensando em plugá-lo ao Arduino.

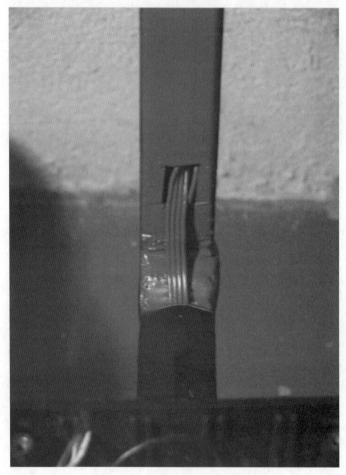

Figura 11.28 Aqui você pode ver os fios de entrada pintados entrando na barra de suporte do chassi através de um buraco que eu cortei. Passar os fios através do tubo de aço os deixa protegidos de cortes ou esmagamentos.

O Seg-bot já deve estar pronto para a instalação da eletrônica e as ligações finais.

INSTALANDO A ELETRÔNICA

Para abrigar a eletrônica e proteger a IMU, decidi montar tudo em uma caixa plástica de projeto (com tampa) da Radio Shack. A caixa plástica de projeto fechada tem 15,2 cm (C) × 10,2 cm (L) × 5 cm (A), o tamanho perfeito para abrigar o Arduino, o controlador de motor da Sabertooth e o *shield* IMU encaixado em cima do Arduino. Também espremida na caixa de projeto está a chave de alimentação utilizada para ligar a alimentação principal para o Arduino e o Sabertooth.

Para passar os fios através da caixa de projeto, corte dois retângulos nela com uma ferramenta Dremel e um disco de corte. O primeiro corte é para permitir um fácil acesso ao porto de programação USB do Arduino (ver Figura 11.29). O segundo, para permitir a passagem dos fios do motor e de alimentação do Sabertooth para as baterias e os fios para o motor (ver Figura 11.30).

Figura 11.29 Um corte grosseiro na caixa de projeto com a ferramenta Dremel permite fácil acesso para reprogramar o Arduino durante os testes.

Após testar o encaixe dos recortes de acesso ao Arduino e ao Sabertooth na caixa de projeto, você precisa fixar tudo com parafusos. Você pode utilizar parafusos e porcas #6 para fixar o Sabertooth e o Arduino na parte inferior da caixa. Para ter certeza de que os parafusos não se movam, você pode usar um pouco de cola quente ao redor das porcas e parafusos para evitar que a vibração os solte durante o uso.

Com as duas placas presas firmemente na caixa (ver Figura 11.31), prender a caixa ao chassi é o que falta para concluir a instalação da eletrônica. Você pode usar dois parafusos #8 para fixar a caixa de projeto à barra central da base do chassi (um parafuso à esquerda e outro à direita). A barra central é, então, aparafusada a cada caixa de redução de cada motor para mantê-la firmemente presa à estrutura.

Figura 11.30 A parte traseira da caixa também tem um recorte para os fios passarem.

Figura 11.31 Tudo firmemente montado dentro da caixa de projeto.

Você pode então montar a chave de alimentação na lateral da caixa de projeto. Eu enrolei os contatos da chave em fita isolante antes de instalá-la acima do Sabertooth (ver Figura 11.31), porque eles ficaram a apenas 1,27 cm do seu dissipador de calor metálico, e não queremos qualquer faísca!

Soldando as entradas

Com as entradas instaladas, é preciso soldar os fios aos terminais do botão e aos terminais dos potenciômetros. Você deve levar sinais comuns da fonte de alimentação de +3,3 V e do GND ao guidão, e depois compartilhá-los entre os componentes de entrada, como mostrado na Figura 11.32.

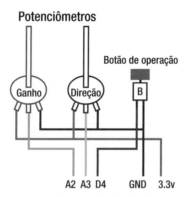

Figura 11.32 O esquema de ligação para os potenciômetros de direção, de ganho e o botão de operação.

Certifique-se de conectar os terminais externos de cada potenciômetro aos sinais de energia (3,3 V e GND) e o terminal central de cada potenciômetro aos pinos de entrada do Arduino. O botão de operação tem apenas dois terminais e deve ser conectado à entrada Arduino e ao GND.

O Seg-bot já deve estar pronto para a fiação.

Fiação e conexões

O Seg-bot agora precisa que cada fio seja conectado antes que você faça o *upload* do código e comece a testar. Há uma conexão de fio entre o Arduino e o Sabertooth (além do GND), e três fios de entrada do botão de operação e dos potenciômetros (e +3,3 V e GND) que precisam ser conectados ao Arduino.

A Tabela 11.4 mostra como cada ligação deve ser feita a partir das entradas para o Arduino, do Arduino para o Sabertooth e do Sabertooth para os motores, onde um x quer dizer sem conexão com esse dispositivo.

Tabela 11.4 Conexões de fiação para Arduino e Sabertooth

Fio	Arduino	Sabertooth 2x25
Fio SoftwareSerial	Pino de entrada digital 3	Entrada S1
Fio de entrada do potenciômetro de ganho (terminal central)	Pino de entrada analógica 2	x
Fio de entrada do potenciômetro de direção (terminal central)	Pino de entrada analógica 3	x
Fio do botão de operação (qualquer terminal)	Pino de entrada digital 4	x
Fio +12 V da bateria	Pino VIN	x
Fio +24 V da bateria	x	B+
Fio GND da bateria	GND	B–
Fio do motor esquerdo A	x	M1A
Fio do motor esquerdo B	x	M1B
Fio do motor direito A	x	M2A
Fio do motor direito B	x	M2B

Como sempre, verifique duas vezes as conexões para garantir que tudo esteja conectado corretamente antes de carregar o código e testar.

REVENDO O CÓDIGO

Este código do Seg-bot pode ficar bem longo e difícil de ler se tudo for colocado em um grande bloco. Então, para torná-lo mais fácil de ler, eu criei uma função separada para cada etapa do *loop*. O código, contido em cada função, *poderia* ser inserido no *loop* principal onde o nome da função é chamado e o *sketch* funcionaria da mesma forma.

Essas funções são criadas na ordem em que são chamadas no *loop*; ver Listagem 11.3 para uma visão geral do *loop* principal (na verdade, esse é o *loop* principal):

Capítulo 11 ■ Seg-bot 469

Listagem 11.3 Uma visão panorâmica do *loop* principal, com descrições de cada etapa

```
void loop(){

    sample_accel(); // recebe o ângulo do acelerômetro
    sample_gyro(); // recebe o ângulo de giro
    calculate_angle(); // calcula o ângulo filtrado
    read_pots(); // verifica direção e valores do potenciômetro de ganho
    auto_level(); // verifica se o botão deixou de ser pressionado
    update_motor_speed(); // atualiza a velocidade do motor
    time_stamp(); // define o tempo de loop igual a 50 ms

}
```

As seções a seguir passam por cada função do *loop* principal e descrevem o que cada linha de código faz. Então, no final do capítulo, você pode encontrar o código em sua forma completa, pronto para ser carregado no Arduino.

A função sample_accel()

O acelerômetro é a primeira coisa que você precisa ler para obter um ângulo aproximado. A Listagem 11.4 mostra as variáveis utilizadas.

Listagem 11.4 As variáveis usadas para a função sample_accel()

```
int accel_pin = 5;
int accel_reading;
int accel_raw;
int accel_offset = 511;
float accel_angle;
float accel_scale = 0.01;
```

Para determinar o accel_offset, coloque a placa IMU sobre uma mesa plana (0°) e leia o eixo X do acelerômetro com um pino de entrada analógica do Arduino:

```
accel_reading = analogRead(accel_pin);
```

Seja qual for o valor exibido no monitor serial quando a placa IMU estiver nivelada, esse será o valor de accel_offset, que deve ser, idealmente, 511. Esse valor será subtraído de cada accel_reading para produzir a variável accel_raw. A variável accel_raw deve ler 0 quando a placa IMU estiver em nível:

```
accel_raw = accel_reading - accel_offset;
```

O plano original era girar a placa IMU 90° em ambas as direções e registrar os menores/maiores valores exibidos no monitor serial. Eu, então, usaria a função map() do Arduino para escalonar essa faixa de valor gravado para estar entre –90 e +90.

470   Arduino para robótica

Entretanto, depois de virar a IMU em ambos os sentidos, os valores mais baixos e mais altos acabaram sendo –90 e +90, por isso não houve necessidade de mapeá-los. Eu queria ter certeza de que esse valor não sairia dessa faixa, então adicionei uma linha de código para definir um valor mínimo e máximo permitidos para a variável, utilizando a função constrain(). Consulte as páginas de referência do Arduino para obter mais informações.

```
accel_raw = constrain(accel_raw, -90, 90);
```

Finalmente, é mais fácil converter esse valor em uma variável de ponto flutuante (número decimal), de modo que possa depois ser ponderada como uma média. Eu defini a variável accel_scale igual a 0,01, efetivamente dividindo o ângulo por 100 e configurando a faixa angular entre –0,90 e 0,90 (90/100); como se trata de uma variável flutuante, 0° é de fato representado como 0,00°.

```
accel_angle = (float)(accel_raw) * accel_scale;
```

Após multiplicar a leitura accel-raw por accel_scale (0,01), a variável accel_angle está pronta para ser ponderada no filtro do ângulo. Em seguida, calcule o ângulo de giro.

A função sample_gyro()

A leitura do giroscópio filtra picos indesejados do acelerômetro causados por colisões, vibrações ou mudanças bruscas de gravidade que não afetaram o ângulo. Como o giroscópio mede apenas quanto o ângulo mudou desde a última leitura, você deve usar a leitura anterior do ângulo filtrado como referência para medir a partir dele. Outras variáveis são necessárias para ler o giroscópio, como mostra a Listagem 11.5.

Listagem 11.5 As variáveis utilizadas na função sample_gyro ()

```
int gyro_pin = 1;
float angle = 0.00;
int gyro_reading;
int gyro_raw;
int gyro_offset = 391;

float gyro_rate;
float gyro_scale = 0.01;
float gyro_angle;
float loop_time = 0.05;
```

Como utilizamos o cálculo do ângulo da base pelo acelerômetro como referência para o ângulo do giroscópio, você pode usar a leitura do giroscópio ciclo a ciclo, descartando cada leitura anterior. É assim que você elimina o erro de *drift* acumulado no seu ângulo filtrado.

Primeiro, leia o valor da taxa angular do giroscópio em um dos pinos de entrada analógica do Arduino.

```
gyro_reading = analogRead(gyro_pin);
```

Capítulo 11 ■ Seg-bot   471

Assim, como você fez com o acelerômetro, calcule o gyro_offset gravando o valor de gyro_reading quando a placa IMU está em repouso. Embora esse valor deveria instintivamente ser de aproximadamente 511, a minha IMU lê aproximadamente 391 no monitor serial para cada uma das saídas do giroscópio amplificadas 4 vezes (numa escala de 10 *bits* de 0 a 1.023). Eu pensei que isso fosse incomum, mas o *datasheet* do giroscópio confirma que ele tem um nível de tensão de 1,23 V para indicar que taxa de mudança do angulo é zero, o que é menos da metade dos 3,33 V e produziria um valor inferior a 511 quando em repouso. Se estiver usando uma IMU Razor de 6 DOF, você deve deixar gyro_offset = 391.

```
gyro_raw = gyro_reading - gyro_offset;
```

Essa leitura é um pouco confusa. Como o valor está centrado a 391, ele pode subir 632 unidades até 1.023, mas pode descer apenas 391 unidades até 0. Para tentar deixar esse valor mais "redondo", decidi restringi-lo a +/– 391.

```
gyro_raw = constrain(gyro_raw, -391, 391);
```

Agora calcule a variável gyro_rate, que é a entrada gyro_raw multiplicada por gyro_scale, multiplicada pelo loop_time (0,05 s).

Nota ◆ Quando eu comecei a testar, a leitura do giroscópio estava invertida em relação à leitura do acelerômetro, pois estava adicionando mudanças de ângulo opostas ao ângulo filtrado, fazendo com que ficasse muito diferente da leitura accel_angle. Ao adicionar um sinal negativo na frente da variável loop_time, a leitura foi invertida e passou a ser somada corretamente no ângulo filtrado. Você pode precisar fazer isso.

Para certificar-se de que as leituras dos ângulos estão consistentes, abra o monitor serial depois de carregar o código e mova o Seg-bot para a frente e para trás para verificar se os ângulos são medidos corretamente.

Verificando as leituras dos ângulos

Com um cabo USB conectado ao Arduino, o monitor serial aberto e a alimentação principal do Seg-bot desligada, inicie a partir de 0,00° e incline o Seg-bot para a frente alguns centímetros e, depois, pare. Você deve ver tanto a variável accel_angle quanto a gyro_angle moverem-se harmonicamente no monitor serial. Caso contrário, você pode precisar ajustar a variável gyro_scale.

O gyro_scale é uma variável que pode ser usada para ajustar a sensibilidade das leituras do giroscópio. O ideal é que o ângulo calculado pelo gyro esteja perto das leituras accel_angle no monitor serial. Por padrão, o gyro_scale está definido para 0,01, assim como o accel_scale, mas se o gyro_angle for menos responsivo do que a accel_angle após o teste, você pode tentar aumentar o gyro_scale para cerca de 0,02.

```
gyro_rate = (float)(gyro_raw * gyro_scale) * -loop_time;
```

Agora, para obter um valor de ângulo para o giroscópio, adicione a sua taxa atual ao valor do ângulo anterior:

472   Arduino para robótica

```
gyro_angle = angle + gyro_rate;
```

O valor gyro_angle resultante deve permanecer próximo do valor accel_angle, pois ambos são usados para calcular o valor do ângulo filtrado. Com as leituras de ângulo da IMU gravadas, agora você precisa combiná-las para determinar o valor filtrado.

A função calculate_angle()

Com o accel_angle e o gyro_angle calculados, agora você pode criar uma média ponderada dos dois, multiplicando cada cálculo de ângulo por uma porcentagem ponderada e depois juntando-os. As variáveis utilizadas para calcular o ângulo filtrado são mostradas na Listagem 11.6. Como o ângulo final é calculado como um número decimal, essas variáveis devem ser declaradas como tipos *float* em vez de *int* (inteiros).

Listagem 11.6 Variáveis utilizadas na função calculate_angle()

```
float angle = 0.00;
float gyro_weight = 0.98;
float accel_weight = 0.02;
float gyro_angle;
float accel_angle;
```

Lembre-se de que o acelerômetro é muito afetado por vibrações e solavancos, então seu peso é baixo no cálculo da média, 2% (0,02). Isso significa que o gyro_angle, que é uma atualização da média baseada no ângulo filtrado anterior, é ponderado fortemente em 98% (0,98). Isso ocorre porque o giroscópio tem uma visão muito mais estável do ângulo atual do que o acelerômetro. O pequeno peso de 2% do acelerômetro, contudo, é suficiente para evitar o *drift* do giroscópio.

Para obter o ângulo real, defina o ângulo variável como a soma dos dois sensores ponderados ((0,98) giroscópio + (0,02) acelerômetro). Você pode alterar os pesos das duas variáveis de 98% do giroscópio e 2% do acelerômetro para outros; apesar de valores abaixo de 95% para o giroscópio e 5% para o acelerômetro terem produzido resultados instáveis durante o meu teste.

Segue-se a fórmula para calcular o ângulo filtrado:

```
angle = (float)(gyro_weight * gyro_angle) + (accel_weight * accel_angle);
```

Com o valor do ângulo filtrado calculado, o Seg-bot deve equilibrar-se sozinho. Para conseguir direcionar o Seg-bot, você ainda precisa criar um desequilíbrio entre as saídas de cada motor. Para fazer isso, leia o potenciômetro de direção com o Arduino e defina a saída máxima de cada motor com base na posição do potenciômetro.

A Função read_pots()

A função read_pots () é chamada para ler os potenciômetros de direção e de ganho. O potenciômetro de direção não faz nada mais que girar um motor mais rápido que o outro, o que faz o robô virar. Se o potenciômetro tender para a esquerda ou para a direita, o Arduino faz o Seg-bot virar nessa direção.

Capítulo 11 ▪ Seg-bot

473

O potenciômetro de ganho determina a velocidade com a qual os motores respondem às alterações do ângulo filtrado, alterando a velocidade máxima de saída do motor (para ambos os motores) entre 50% e 100%, dependendo da posição do potenciômetro de ganho. As variáveis utilizadas para ler os potenciômetros de direção e de ganho são mostradas na Listagem 11.7.

Listagem 11.7 As variáveis utilizadas na Função Read_pots ()

```
int steeringPot = 3;
int steer_reading;
float steer_val;
int steer_range = 7;

int gainPot = 2;
int gain_reading;
int gain_val;
```

O valor do potenciômetro é lido a partir da entrada analógica steeringPot (pino A3) e armazenado na variável steer_reading.

```
steer_reading = analogRead(steeringPot);
```

O valor steer_reading é, então, mapeado de 0 a 1.023, para variar entre –7 e +7. Você pode alterar a variável steer_range se necessário – um valor mais baixo resulta numa direção menos responsiva, ao passo que um maior resulta numa direção mais ágil. Valores acima de 15 resultaram numa condução muito responsiva, enquanto um valor igual a 0 não é nem um pouco responsivo.

A variável steer_range precisa ter atribuído apenas um número, e a faixa de valor será mapeada a partir de –(aquele número) a +(aquele número), onde zero significa "seguir em frente" (ambos os motores recebem velocidades iguais). Se o potenciômetro responde ao contrário do que deveria, tente mudar o sinal negativo das variáveis steer_range mapeadas.

```
steer_val = map(steer_reading, 0, 1023, steer_range, -steer_range);
```

O steer_reading pode fazer com que os motores virem mesmo quando o Seg-bot não se inclina para a frente ou para trás, então eu adicionei uma sentença *if* que verifica se o Seg-bot está a 0°. Se assim for, o gain_reading também será definido como 0, então o robô não será afetado pelo potenciômetro de direção.

```
if (angle == 0.00){
    gain_reading = 0;
}
```

Agora leia o valor do potenciômetro de *ganho* para determinar a velocidade máxima do Seg-bot. O ganho altera a velocidade máxima superior de 50% até 100%. Isso é útil para o ajuste fino da capacidade de resposta do Seg-bot para atender diferentes estilos de pilotagem.

```
gain_reading = analogRead(gainPot);
```

474   Arduino para robótica

Após ler a entrada, mapeie o valor para a faixa entre 32 e 64. Esse valor é o seu gain_reading e ajusta a velocidade máxima em qualquer direção. Se o potenciômetro está no mínimo, a velocidade máxima ficará entre –32 e 32 (ou uma velocidade máxima de 50%). Se o potenciômetro está ligado no máximo, a velocidade máxima é aumentada para a faixa de –64 a 64, permitindo uma velocidade máxima de até 100%.

Por que 64? Lembre-se de que a interface serial Sabertooth permite 64 passos de velocidade em qualquer direção, ou seja, 64 passos acima ou abaixo do neutro resultarão na velocidade máxima na direção dada. Ao permitir que a velocidade máxima seja de 64, ele pode ir a 100%. Se você permitir que ele vá até 32, ele pode alcançar apenas 50% da sua velocidade máxima, fazendo, portanto, o robô menos sensível às pequenas alterações de ângulo.

```
speed_val = map(gain_reading, 0, 1023, 32, 64);
```

Agora que você já processou os sinais de controle de entrada de cada potenciômetro, verifique o botão de operação para ver se ele está pressionado.

A função auto_level ()

A função auto_level () é utilizada para complementar a engage_switch, assegurando-se que o Seg-bot esteja nivelado antes de acionar os motores. Quando o botão conectado ao pino engage_switch é solto, o Arduino remove a alimentação dos motores até que o botão seja pressionado novamente, notificando o Arduino de que existe um operador a bordo.

No início, eu simplesmente deixava o robô aproximadamente em nível (0°) e, em seguida, apertava o botão; no entanto, caso não estivesse em nível, o robô rapidamente se corrigiria para ficar nivelado. Comecei a pensar que isso pudesse ser um pouco perigoso uma vez em que acidentalmente apertei o botão quando o Seg-bot estava inclinado para a frente. O guidão veio voando imediatamente em minha direção e quase bateu na minha cabeça!

Para corrigir esse erro, eu decidi adicionar um pequeno pedaço de código que verifica se o engage_switch foi liberado. Se sim, ele se certifica de que, quando pressionado novamente, a variável de ângulo deve estar próxima de 0 antes que ele volte a acionar os motores. Os motores, agora, acionam suavemente e sem movimentos bruscos assim que o Seg-bot estiver em nível. As variáveis utilizadas para a função auto_level() são mostradas na Listagem 11.8.

Listagem 11.8 As variáveis utilizadas nas auto_level () função

```
float angle = 0.00;
int engage_switch = 4;
int engage_state;
int engage = false;
```

Primeiro, leia o estado do engage_switch e armazene-o na variável engage_state:

```
engage_state = digitalRead(engage_switch);
```

Agora, verifique se o botão está aberto ou fechado. Para evitar o uso de resistores *pull-down* na engage_switch, usei os resistores *pull-up* internos do Arduino, acessíveis a partir do código, e conectei

Capítulo 11 ■ Seg-bot

o engage_switch ao GND quando fechado. Isso significa que quando o botão não está pressionado a entrada lê HIGH ou 1 e quando o botão está pressionado a entrada lê LOW ou 0. Eu sei que isso é contraintuitivo, mas torna a fiação mais simples, pois conecta o fio de entrada (D4) do Arduino a um terminal da chave de botão e um fio GND ao outro.

Use uma instrução *if* para ver se a variável engage_state é HIGH (ou seja, a chave está ABERTA). Se sim, defina a variável *engage* como falsa (isto é, parar os motores).

```
if (engage_state == 1){
    engage = false;
 }
```

Caso contrário (*else*), se engage_state é LOW (ou seja, o botão está pressionado), use outro comando *if* para verificar se a variável *engage* está definida como "false". Se o botão estiver pressionado, mas a variável *engage* for falsa, isso significa que o botão estava ABERTO, mas alguém acabou de FECHÁ-LO.

Neste ponto, o Arduino está pronto para começar a comandar os motores, mas deve primeiro certificar-se de que o robô está nivelado. Para fazer isso, use outro *if* para verificar o valor do ângulo atual do Seg-bot. Se o ângulo for menor que 0,02 e maior que −0,02 (ou seja, quase perfeitamente nivelado), acione novamente os motores definindo a variável *engage* como verdadeira. Caso contrário, se o ângulo não estiver próximo de 0°, mantenha os motores desligados até que o ângulo seja corrigido.

Se a variável *engage* já for verdadeira quando ele entra nessa função *else*{}, ela permanecerá verdadeira até a engage_switch ser liberada.

```
else {
    if (engage == false){
      if (angle < 0.02 && angle > -0.02)
        engage = true;
      else {
        engage = false;
      }
    }
    else {
      engage = true;
    }
}
```

Agora atualize os motores com os novos valores de velocidade. Antes de enviar os valores para o controlador do motor da Sabertooth, primeiro você precisa converter o valor do ângulo a um valor de velocidade do motor correspondente e, em seguida, enviar esse valor para o Sabertooth por um *byte* serial.

A função update_motor_speed()

Esta é, de longe, a função mais longa do código, responsável por transformar o valor do ângulo em um valor de velocidade para o motor, verificando se esse valor está dentro da faixa e, em seguida, enviando-o para o controlador do motor da Sabertooth. A Listagem 11.9 mostra as variáveis utilizadas para a função update_motor_speed().

476

Arduino para robótica

Listagem 11.9 Variáveis utilizadas na função update_motor_speed()

```
int engage;
float angle = 0.00;

int motor_out = 0;
int output;
float steer_val;
int gain_val;

int motor_1_out = 0;
int motor_2_out = 0;
int m1_speed = 0;
int m2_speed = 0;
```

Antes de tentar escrever um valor para os motores, primeiro verifique se a variável *engage* está definida como verdadeira (isto é, se o botão de operação está pressionado). Se sim, continue para a próxima instrução *if*. Se *engage* estiver definida como falsa, pule para a declaração *else* que interrompe os dois motores, definindo as suas saídas iguais a 0 (*disengage*).

```
if (engage == true) {
```

Em seguida, verifique a variável do ângulo para se certificar de que ela está dentro dos limites de inclinação. Gravei o ângulo do Seg-bot inclinando-o para a frente até os motores quase tocarem o chão; esse ângulo foi de 0,4 (40 graus) em meu Seg-bot, e ainda não o excedi. Se o ângulo durante o passeio excede os limites definidos aqui, a variável motor_out será definida como 0, o que desliga ambos os motores.

```
If (angle < -0.4 || angle > 0.4){
    motor_out = 0
}
```

Caso contrário, se o ângulo estiver dentro dos limites operacionais, defina a variável de saída igual ao ângulo * 1.000. Multiplique o ângulo (que é um número decimal entre –0,9 e 0,9) por 1.000 para convertê-lo de volta a um número inteiro a partir de uma variável de tipo ponto flutuante, que você precisou para ponderar a média.

Eu queria que a velocidade máxima fosse alcançada quando o Seg-bot chegasse a uma diferença de 25° a partir de 0° em qualquer direção, então eu mapeei a variável motor_out de –250 a 250. O número 250 vem da variável de ângulo, em que 25° são representados como 0,25. Quando eu multipliquei o ângulo por 1.000 para obter a variável de saída, um ângulo de 25° passou a ser representado como 250.

Estamos mapeando a variável motor_out a partir de –/+ 250 para –/+gain_val, que é lido a partir do potenciômetro gainPot e pode variar de –/+ 32 a –/+ 64 dependendo da sua posição. Em qualquer caso, quando o Seg-bot está a 0°, ele produz um valor motor_out igual a 0.

```
else {
    output = (angle * -1000);
    motor_out = map(output, -250, 250, -gain_val, gain_val);
}
```

Capítulo 11 ▪ Seg-bot

Isso põe fim à primeira declaração else{} na função update_motor_speed(). Agora manipule a variável motor_out em variáveis separadas para cada motor chamadas motor_1_out e motor_2_out respectivamente.

Nesse ponto, adicione a diferença de giro às velocidades dos motores individuais. Para fazer isso, adicione a variável steer_val mapeada (–7 a +7) ao motor1 enquanto subtrai o mesmo valor do motor2. Isso faz com que as rodas se movam a velocidades diferentes, dependendo da posição do potenciômetro de direção. Quando o steer_val se torna negativo, ele vai ser, na verdade, subtraído do motor1 e adicionando ao motor2.

```
motor_1_out = motor_out + (steer_val);
motor_2_out = motor_out - (steer_val);
```

Com o steer_val adicionado a cada valor de saída do motor, verifique motor_1_out e motor_2_out para certificar-se de que não estão nem acima de 63, nem abaixo de –63. Se qualquer uma dessas variáveis estiver com um valor maior do que 63 (em qualquer direção), poderia inadvertidamente escrever um comando para o motor errado!

```
if(motor_1_out > 63){
  motor_1_out = 63;
}
if(motor_1_out < -63){
  motor_1_out = -63;
}
if(motor_2_out > 63){
  motor_2_out = 63;
}
if(motor_2_out < -63){
  motor_2_out = -63;
}
```

Agora, converta esses dois valores em comandos seriais simplificados separados para a Sabertooth. Lembre-se de que no gráfico serial simplificado do Sabertooth (ver Figura 11.15), o comando neutro para motor1 é igual a 64 e o comando neutro para o motor2 é igual a 192. Como as variáveis motor_1_out e motor_2_out já estão mapeadas entre um máximo de –64 a +64, você pode simplesmente adicioná-las aos pontos neutros de cada motor para obter o *byte* necessário para enviar ao Sabertooth. Se o *byte* tem um valor negativo, ele subtrai dos pontos neutros para comandar os motores para inverso.

```
m1_speed = 64 + motor_1_out;
m2_speed = 192 + motor_2_out;
}
```

Esse é o final da primeira declaração *if* na função motor_speed_update() [if (engage == true)].

A declaração *else* lida com o que acontece se engage == false, quando o botão de operação é liberado, que é quando os valores de velocidade do motor são ajustados para 0, parando os motores (*disengage*).

```
else{
  m1_speed = 0;
  m2_speed = 0;
}
```

Depois de todas as declarações if/*else* concluídas, use a biblioteca SoftwareSerial para escrever os novos valores *byte* para cada motor para o Sabertooth usando o pino 3 do Arduino (o pino tx Software-Serial) – ainda que o valor escrito seja 0 (isto é, parar ambos os motores).

```
mySerial.print(m1_speed, BYTE);
mySerial.print(m2_speed, BYTE);
```

Depois que os valores do motor forem escritos para o Sabertooth, grave o registro de tempo para esse ciclo de *loop*() para usá-lo no cálculo da próxima leitura de giroscópio.

A função time_stamp()

Essa função verifica o tempo de cada ciclo de *loop* e adiciona um delay() até que o tempo seja igual a 50 ms. Você precisa que cada ciclo do *loop* seja igual a 50 ms (ou algum outro período conhecido) para calcular corretamente a taxa do giroscópio em graus por segundo, em vez de graus por ciclo de *loop* (o que não é útil). Eu usei intervalos de atualização de 50 ms para fornecer uma leitura do ângulo que é atualizada pelo Arduino 20 vezes a cada segundo! Isso fornece correção de ângulo perfeita para o Seg-bot.

A instrução *while*() é executada continuamente até que a condição seja atendida. Ao subtrair a variável last_cycle do valor atual de millis(), você obtém o tempo exato (em milissegundos) desde a última atualização. Além disso, se o valor atual millis() menos o registro de tempo last_cycle for inferior a 50 ms, adicione um atraso (*delay*) de 1 ms repetidamente até que a variável last_cycle seja maior ou igual a 50 ms. Isso obriga efetivamente que cada período de ciclo de *loop* seja igual a 50 ms, para que você saiba que cada ciclo tem a mesma duração.

```
while((millis() - last_cycle) < 50){
  delay(1);
}
```

Quando a variável last_cycle é igual a 50, a instrução while() é encerrada, e as duas últimas variáveis são gravadas. Primeiro, a variável cycle_time é calculada para ser visualizada no monitor serial, devendo ser sempre igual ao tempo de ciclo desejado (50, neste caso):

```
cycle_time = millis () - last_cycle;
```

Em seguida, é hora de escrever o novo registro de tempo gravando o valor atual em milissegundos do temporizador do sistema. A função timestamp está pronta para verificar-se novamente com o novo valor de tempo no próximo ciclo de *loop*.

```
last_cycle = millis();
```

Finalmente, imprima todos os valores importantes para o monitor serial para depuração.

A função serial_print_stuff()

Esta é a última função e é usada apenas para imprimir os valores no monitor serial. Você pode editar o código para escolher as variáveis que deseja ver no monitor serial, dependendo de qual parte do sistema você quiser testar.

Esteja avisado: tentar visualizar todas as variáveis de uma vez usando a função Serial.print() faz com que o *loop* demore mais que 50 ms, o que significa que o tempo para o cálculo do giroscópio será excedido e o cálculo do ângulo ficará errado. Para evitar isso, tente limitar o número de variáveis que serão enviadas para o monitor serial a cerca de 3 ou 4.

Se você estiver inseguro, tente visualizar a variável cycle_time no monitor serial porque ela mostra o tempo de ciclo de *loop* calculado em milissegundos. Se esse número ficar acima de 50, você pode precisar parar de imprimir algumas variáveis nessa função.

Eu mantenho as quatro variáveis mais importantes sendo impressas por padrão, embora você possa alterá-las ou adicionar mais (Listagem 11.10).

Listagem 11.10 A função serial_print_stuff()

```
Serial.print("Accel: ");
Serial.print(accel_angle);
Serial.print("  ");

Serial.print("Gyro: ");
Serial.print(gyro_angle);
Serial.print("  ");

Serial.print("Filtered Angle: ");
Serial.print(angle);
Serial.print("  ");

Serial.print(" Time: ");
Serial.print(cycle_time);
Serial.println("  ");

/*          //daqui para baixo estão marcadas como comentários, a menos que esteja testando

Serial.print("o/m: ");
Serial.print(output);
Serial.print("/");
Serial.print(motor_out);
Serial.println("  ");

Serial.print("steer_val: ");
Serial.print(steer_val);
Serial.print("  ");
```

```
Serial.print("speed_val: ");
Serial.print(speed_val);
Serial.print("   ");

Serial.print("m1/m2: ");
Serial.print(m1_speed);
Serial.print("/");
Serial.println(m2_speed);
* /
```

Estes valores são usados somente para fins de depuração e podem ser mudados ou omitidos.

O código completo

Agora que você sabe como funciona o código, a Listagem 11.11 vai apresentá-lo em sua totalidade, pronto para ser carregado para o Arduino. Quando carregado, lembre-se de testar cuidadosamente o Seg-bot para que o motor gire no sentido adequado e o robô ande na direção correta. Para testar com segurança o Seg-bot, sua base deve estar apoiada para que as rodas não toquem o chão. Faça isso antes de ligar a alimentação principal!

Listagem 11.11 O código final, mostrado em sua forma completa

```
// Capítulo 11: O Seg-bot
// JD Warren 2010 (agradecimentos especiais a Josh Adams pela ajuda durante os testes e codificação)
// Arduino Duemilanove (testado)
// IMU SparkFun Razor de 6 DOF - usando apenas eixo X do acelerômetro e giroscópio 4x
// Potenciômetro de direção usado para direcionar o robô
// Potenciômetro de ganho usado para definir a velocidade máxima (sensibilidade)
// Chave de operação (botão) usada para ativar os motores
//
// Ao carregar este código, você está assumindo total responsabilidade por aquilo que você pode
fazer com ele!
// Use por sua conta e risco!!!
// Se você está preocupado com a segurança desse projeto, ele pode não ser o projeto certo para
você.
// Faça todos os testes com as rodas fora do chão antes de tentar pilotá-lo - Use um capacete!


// use a biblioteca SoftwareSerial para se comunicar com o controlador do motor da Sabertooth
#include <SoftwareSerial.h>
// define pinos utilizados para a comunicação SoftwareSerial
#define rxPin 2
#define txPin 3
// configura uma nova porta SoftwareSerial, chamada "mySerial" ou do que você quiser chamá-la.
SoftwareSerial mySerial = SoftwareSerial(rxPin, txPin);
```

Capítulo 11 ▪ Seg-bot

```
// Nomear pinos analógicos de entrada
int gyro_pin = 1; // conecte o eixo X do giroscópio (saída 4x) à entrada analógica 1
int accel_pin = 5; // conecte o eixo X do acelerômetro à entrada analógica 5
int steeringPot = 3; // conecte o potenciômetro de direção para entrada analógica 3
int gainPot = 2; // conecte o potenciômetro de ganho à entrada analógica 2

// Nomear pinos digitais de entrada e saída
int engage_switch = 4; // conectar o botão de operação ao pino digital 4
int ledPin = 13;

// valor para armazenar o ângulo final,
float angle = 0.00;
// os dois valores seguintes devem somar 1,0
float gyro_weight = 0.98;
float accel_weight = 0.02;

// valores do acelerômetro
int accel_reading;
int accel_raw;
int accel_offset = 511;
float accel_angle;
float accel_scale = 0.01;

// valores do giroscópio
int gyro_offset = 391;
int gyro_raw;
int gyro_reading;
float gyro_rate;
float gyro_scale = 0.025; // 0.01 por padrão
flutuar gyro_angle;
float loop_time = 0.05;

// variáveis do botão de operação
int engage = false;
int engage_state = 1;

// variáveis do temporizador
int last_update;
int cycle_time;
long last_cycle = 0;

// Variáveis da velocidade do motor
int motor_out int = 0;
int motor_1_out int = 0;
int motor_2_out int = 0;
int m1_speed int = 0;
int m2_speed = 0;
int out;

// variáveis do potenciômetro
int steer_val;
int steer_range = 7;
int steer_reading;
```

```arduino
int gain_reading;
int gain_val;

// fim das variáveis

void setup(){

  // Iniciar o monitor serial em 9.600bps
  Serial.begin(9.600);
  // definir pinModes para tx e rx:
  pinMode(rxPin, INPUT);
  pinMode(txPin, OUTPUT);
  // definir a taxa de dados para a porta SoftwareSerial
  mySerial.begin(9600);

  // configura o pino engage_switch como entrada
  pinMode(engage_switch, INPUT);

  // habilitar o resistor pull-up interno do Arduino no pino da chave de operação.
  digitalWrite (engage_switch, HIGH);
  // Dizer ao Arduino para usar o pino Aref para a referência de tensão analógica, não esquecer
de ligar 3.3V ao Aref!
  analogReference(External);
}


void loop(){
  // Inicia o ciclo obtendo uma leitura do acelerômetro e convertendo-a em um ângulo sample_accel();
  // agora, lê o giroscópio para estimar a variação do ângulo
  sample_gyro();
  // combina as leituras de aceleração e giroscópio para chegar a um ângulo "filtrado"
  calculate_angle();
  // lê os valores de cada potenciômetro
  read_pots();
  // certifica-se de que o robô está nivelado antes de ativar os motores
  auto_level();
  // atualiza os motores com os novos valores
  update_motor_speed();
  // verifica o tempo de ciclo de loop e adiciona um atraso, conforme necessário
  time_stamp();
  // Depurar com o monitor serial
  serial_print_stuff();
}

void sample_accel(){
// Lê e converte o valor acelerômetro

  accel_reading = analogRead(accel_pin);
  accel_raw = accel_reading - accel_offset;
  accel_raw = constrain(accel_raw, -90, 90);
  accel_angle = (float)(accel_raw * accel_scale);
}
```

Capítulo 11 ■ Seg-bot

```
void sample_gyro(){
// Lê e converte o valor do giroscópio

  gyro_reading = analogRead(gyro_pin);
  gyro_raw = gyro_reading - gyro_offset;
  gyro_raw = constrain(gyro_raw, -391, 391);
  gyro_rate = (float)(gyro_raw * gyro_scale) * -loop_time;
  gyro_angle = angle + gyro_rate;
}

void calculate_angle(){
  angle = (float)(gyro_weight * gyro_angle) + (accel_weight * accel_angle);
}

void read_pots(){
// Lê e converte os valores do potenciômetro
// Potenciômetro de direção
  steer_reading = analogRead(steeringPot); // Queremos mapear isso em um intervalo entre -1 e 1,
e definir isso para steer_val
  steer_val = map(steer_reading, 0, 1023, steer_range, -steer_range);
  if (angle == 0.00){
    gain_reading = 0;
  }
// Potenciômetro de ganho
  gain_reading = analogRead(gainPot);
  gain_val = map(gain_reading, 0, 1023, 32, 64);
}

void auto_level(){
// permite que o auto-level ligue
  engage_state = digitalRead(engage_switch);

  if (engage_state == 1){
    engage = false;
  }
  else {
    if (engage == false){
      if (angle < 0.02 && angle > -0.02)
        engage = true;
      else {
        engage = false;
      }
    }
    else {
      engage = true;
    }
  }

}

void update_motor_speed(){
// Atualiza os motores

  if (engage == true){
```

```cpp
    if (angle < -0.4 || angle > 0.4){
      motor_out = 0;
    }
    else {
      output = (angle * -1000); // converte o ângulo de ponto flutuante de volta para o formato
inteiro
      motor_out = map(output, -250, 250, -gain_val, gain_val); // mapear o ângulo
    }

    // atribuir diferença de direção
    motor_1_out = motor_out + (steer_val);
    motor_2_out = motor_out - (steer_val);

    // testa e corrije valores inválidos
    if(motor_1_out > 64){
      motor_1_out = 64;
    }
    if(motor_1_out < -64){
      motor_1_out = -64;
    }
    if(motor_2_out > 64){
      motor_2_out = 64;
    }
    if(motor_2_out < -64){
      motor_2_out = -64;
    }

    // atribui valores finais de saída do motor
    m1_speed = 64 + motor_1_out;
    m2_speed = 192 + motor_2_out;
    }

    else{
      m1_speed = 0;
      m2_speed = 0;
    }

  // escreve os valores finais de saída ao Sabertooth usando a SoftwareSerial
  mySerial.print(m1_speed, BYTE);
  mySerial.print(m2_speed, BYTE);
}

void time_stamp(){
  // se certifica de que passaram exatamente 50 milésimos de segundo desde o último registro de
tempo
  while((millis() - last_cycle) < 50){
    delay(1);

  }
  // Uma vez que o ciclo de loop chega a 50 ms, reseta o valor do temporizador e encerra a função
  cycle_time = millis() - last_cycle;
```

Capítulo 11 ▪ Seg-bot

```cpp
  last_cycle = millis();

}
void serial_print_stuff(){
  // Depurar com o monitor serial

  Serial.print("Accel: ");
  Serial.print(accel_angle); // imprime o ângulo do acelerômetro
  Serial.print(" ");

  Serial.print("Gyro: ");
  Serial.print(gyro_angle); // imprime o ângulo do giroscópio
  Serial.print(" ");

  Serial.print("Filtrado:");
  Serial.print(ângulo); // imprime o ângulo filtrado
  Serial.print(" ");

  Serial.print("time:");
  Serial.print(cycle_time); // imprime o tempo do ciclo de loop
  Serial.println(" ");

  /* Estes valores ficam marcados como comentários, a menos que se esteja testando
  Serial.print("o/m: ");
  Serial.print(output);
  Serial.print("/");
  Serial.print(motor_out);
  Serial.println(" ");

  Serial.print("steer_val: ");
  Serial.print(steer_val);
  Serial.print(" ");

  Serial.print("steer_reading: ");
  Serial.print(steer_reading);
  Serial.print(" ");

  Serial.print("m1/m2: ");
  Serial.print(m1_speed);
  Serial.print("/");
  Serial.println (m2_speed);
  */
}
   // Fim do código
```

Com o código carregado no Arduino, é hora de começar a testar.

TESTANDO

Ao testar, posicione o Seg-bot em um engradado ou em uma caixa para que as rodas não toquem o chão. Isso torna o teste do robô muito mais seguro, pois assim não haverá perigo de ele se mover. Alguns valores podem estar invertidos e precisar de ajuste. Carreguei o código no Arduino e testei a IMU antes de instalá-la no Seg-bot para garantir que o Arduino lia os valores do ângulo corretamente.

Depois que alimentei o Seg-bot pela primeira vez, eu imediatamente percebi que uma das rodas estava girando para trás quando eu inclinava o Seg-bot para a frente, então eu tive que inverter os fios conectados ao Sabertooth para aquele motor. Eu, então, testei o potenciômetro de direção para me certificar de que as rodas viravam adequadamente quando o botão de direção fosse girado. Depois de verificar alguns dos conceitos básicos de como o Seg-bot deve trabalhar, e de ter certeza de que os motores não giravam muito rápido quando o robô estava inclinado, eu decidi fazer um teste de condução.

Ao subir no Seg-bot pela primeira vez (*com cautela*), eu me senti em casa, com os motores respondendo a cada movimento meu, me mantendo em nível. Depois de alguns minutos para me acostumar com o controle de direção, eu estava passeando pelo porão e pela garagem como se tivesse feito um novo melhor amigo (ver Figura 11.33). Um rápido teste de direção até caixa de correio provou que o Seg-bot poderia facilmente subir uma colina íngreme, e um passeio curioso pelo quintal me surpreendeu com a navegação suave sobre desníveis, buracos e até mesmo alguns galhos de árvores!

Figura 11.33 Eu brincando no meu novo Seg-bot... Olhe, mãe, sem as mãos!

Feliz equilíbrio!

RESUMO

Neste capítulo usamos o Arduino para fazer uma *scooter* equilibrante tipo Segway. Usando um acelerômetro e um giroscópio para obter medidas de ângulo, o Arduino pode determinar a qual velocidade e direção deve comandar cada motor para permanecer na vertical. Ao adicionar alguns potenciômetros e um botão, você fez um pequeno painel de controle para as entradas de direção e de ganho e um botão de operação para manter o Seg-bot inativo quando não estiver sendo acionado. Por causa dos grandes motores com caixa de redução e o chassi de metal, esse robô pode carregar várias dezenas de quilos e pode se mover tanto em ambientes internos quanto externos. Tenha cuidado ao usar o Seg-bot, e tome cuidado com as pessoas em sua volta: esse é um robô poderoso e perigoso, e deve ser usado com cuidado.

No próximo capítulo construiremos um robô de alta velocidade, com quatro rodas e que morde se você chegar muito perto. Continue lendo para descobrir por que o Battle-bot não sabe brincar com os outros.

REFERÊNCIAS

Você pode encontrar vários exemplos online de *scooters* e robôs autoequilibrantes caseiros. Grande parte das informações é bastante técnica para os cálculos de ângulo, embora algumas fontes tenham sido fáceis de entender e possam explicar melhor alguns dos conceitos complicados deste capítulo:

http://web.mit.edu/scolton/www/filter.pdf – Esse documento foi escrito por um estudante do MIT e é extremamente útil para entender melhor como combinar as leituras de cada sensor do IMU (giroscópio e acelerômetro). Ele é cheio de gráficos e ilustrações úteis.

http://sites.google.com/site/onewheeledselfbalancing/ – Esse site apresenta os projetos do sr. John Dingley e suas muitas *scooters* e *skates* autoequilibrantes. Você pode revisar alguns conceitos inspiradores sobre filtragem de ângulo aqui, também.

CAPÍTULO 12

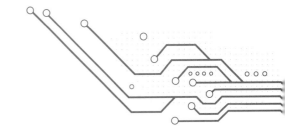

Battle-bot

Você já deve ter ouvido falar de (ou assistido a) competições de batalhas de robôs exibidas pela TV, em que dois ou mais robôs são colocados em um ringue (na verdade, uma gaiola à prova de bala) e soltos até que haja apenas um robô se movendo, mais ou menos como um *ultimate fighting* para robôs. Este capítulo concentra-se na construção de um desses robôs de combate, seja para entrar em uma competição ou para atuar como seu guarda-costas pessoal ao redor da casa. Ao construir um Battle-bot (ver Figura 12.1), o objetivo é incapacitar e destruir o robô adversário, então deixe seus instintos destrutivos aflorarem e pense em algumas ideias que seriam bem ruins em outro contexto!

Figura 12.1 O Battle-bot quase concluído, mostrando as lanças e o braço com ponta de aço.

Neste capítulo, você vai construir um robô para trabalho pesado com quatro rodas motrizes em um chassi de aço, chapas de aço de cada lado e dois tipos de armas anexados. O método de controle primário é um radiocontrole (R/C) de 2,4 GHz, que fornece ao Arduino os comandos do usuário para ambos os motores de acionamento e para o sistema de armas. Em vez de usar motores CC com caixa de redução para impelir esse robô (como acontece com os outros projetos de robôs grandes neste livro), você vai usar motores CC de *scooter* na unidade de tração, sem caixa de redução e com diminuição da velocidade de cada um deles usando correntes e rodas dentadas – mesmo com redução, esse robô é rápido! Eu adicionei dois tipos de armas ao meu Battle-bot: lanças de aço com pontas duplas fixadas na frente, na traseira e em cada lado do chassi, e um martelo com ponta de aço motorizado acoplado a um braço de 91 cm; ambas usadas para perfurar o oponente.

Aviso ◆ O projeto deste capítulo não é adequado para crianças. Esse tipo de robô se destina a ser utilizado em uma arena blindada para combate de robôs e deve ser testado com extrema cautela, removendo-se as armas!

Esse robô tem apenas o que é necessário para uma batalha e se concentra em velocidade e agilidade. A tração nas quatro rodas é composta por quatro motores CC independentes usando um sistema de tração separado para cada roda. Dessa forma, se uma das rodas de tração é danificada, o robô pode ainda se mover. Ao contrário de capítulos anteriores, em que são preferidas as baterias SLA por seu custo-benefício, eu decidi usar baterias de polímero de lítio nesse robô para reduzir o peso.

O robô deste capítulo tem algumas características únicas não incluídas nos robôs anteriores, que podem aumentar suas chances na batalha:

- **Tração nas quatro rodas** – cada roda tem o seu motor, unidade de tração e controlador de motor.
- **Construção toda de aço** – não há plexiglass ou outros materiais facilmente quebráveis.
- **Baterias de polímero de lítio** – usadas para reduzir o peso, ao mesmo tempo maximizando o tempo de funcionamento.
- **Várias armas** – usando dois tipos de armas, ativa e passiva, o robô pode sempre se defender.
- **Chassi simétrico** – pode atacar de qualquer direção com um martelo-lança bidirecional e com lanças de aço, em ambos os lados, presas ao chassi.

Os robôs neste livro têm sido, até agora, "provas de conceito", permitindo que um construtor de robô iniciante colocasse em prática alguns conceitos populares sem estourar a conta bancária. O foco principal dos capítulos anteriores era fazer o robô funcionar usando métodos simples e menos caros. Então, o que você faz depois de provar que pode construir um robô que faz o que você o programou para fazer? Você começa a dotá-lo de armas e, então, procura outro robô para entrar numa briga. Você estava pensando em outra coisa?

NASCE A BATALHA ROBÓTICA

Eu sou uma pessoa da paz, não quero brigar nem machucar ninguém, e é por isso que o combate robótico é tão divertido de assistir. Você sabe que alguém está sofrendo por causa de todo o trabalho de manutenção que terá que fazer em seu amado robô, mas nenhum ser vivo é ferido ou machucado em uma batalha robótica. A segurança é a preocupação número 1 em qualquer competição de batalha robótica: precauções extras são tomadas com relação à segurança das armas, chaves de desligamento emergenciais e mecanismos antifalhas por rádio para ter certeza de que se houver seres humanos por perto, eles não serão feridos por um dos robôs.

O oposto é verdadeiro para os robôs que competem; eles são geralmente sujeitos às armadilhas da arena, cuja intenção é distrair e danificar os robôs durante a competição. Como se o seu oponente maior e mais assustador não fosse o bastante, há também lanças nas paredes, lâminas de serra subindo do chão, um martelo que esmaga se você chegar perto dele e um braço pneumático que o levanta parcialmente do chão se você se dirigir a ele, só para citar alguns dos perigos típicos das arenas.

Eu não sei exatamente como a primeira batalha de robôs surgiu, mas, de acordo com www.robotcombat.com/history.html (site do popular Team Nightmare e da Robot Marketplace), os combates robóticos datam de pelo menos 1994, quando um homem chamado Marc Thorpe decidiu organizar um evento feito especificamente para robôs lutadores, chamado Robot Wars [guerras de robôs]. Eu não vou entrar nos muitos nomes populares dos eventos subsequentes, mas é seguro dizer que desde que as pessoas estejam construindo robôs, elas vão querer que eles lutem.

Um Battle-bot não deve ser concebido simplesmente para trabalhar; ele deve funcionar nas condições mais adversas que um construtor de robôs pode imaginar. No combate, não há intervalo para consertar um fio solto, ou pedir ao outro cara que evite bater no seu lado esquerdo, porque é lá que seu controlador de motor está montado. Você tem que se planejar com antecedência para o pior, e esperar que tenha projetado um robô melhor que o seu adversário. Quaisquer fraquezas ocultas do seu robô se tornarão evidentes quando ele for martelado, espancado e espetado por seu oponente.

Regras e regulamentos da batalha de robôs

Como acontece com qualquer "esporte", tem de haver um conjunto de regras ou orientações que cada competidor deve seguir para tornar o jogo mais interessante e manter as coisas justas. Certos métodos de ataque e tipos de armas não podem ser utilizados porque requerem pouca criatividade e parecem um pouco insultantes para outros construtores de robôs. Por exemplo, sua arma não pode disparar água, óleo ou outros líquidos ou produtos químicos no adversário ou no piso da arena. Embora isso possa desabilitar o robô, não é exatamente o tipo "emocionante" de combate que as batalhas de robôs são projetadas para ser.

O regulamento mais importante para muitos construtores são as restrições de peso que separam os concorrentes em classes. Há várias categorias de pesos diferentes em toda a saga do combate robótico; a Wikipédia descreve-os com os nomes de classe correspondentes. Essas classes variam de menos de 0,5 kg a 154 kg, e não são próprios de uma liga ou competição específicas, mas uma coleção de diferentes classes de peso relativas a vários eventos (ver Tabela 12.1).

Tabela 12.1 Lista de classes de robôs de combate por peso, disponível na Wikipédia

Peso	Classe
75 g	Peso pulga
50 g	Peso fada
454 g	Peso formiga
1 kg	Kilobot (Canadá)
1,36 kg	Peso besouro
2,72 kg	Peso louva-a-deus
5,44 kg	Peso *Hobby*

(*continua*)

492   Arduino para robótica

Tabela 12.1 Lista de classes de robôs de combate por peso, disponível na Wikipédia (*continuação*)

Peso	Classe
6,80 kg	BotsIQ classe mini
13,6 kg	Peso pena
27 kg	Peso leve
54 kg	Peso médio/BotsIQ classe grande
100 kg	Peso pesado
154 kg	Peso superpesado

Para mais informações sobre robôs de combate, visite http://en.wikipedia.org/wiki/Robot_Combat.

Sem limite de preço!

Embora existam restrições de peso e de segurança, não há regras sobre quanto dinheiro você pode gastar em seu Battle-bot. Isso significa que você pode esperar que haja alguns robôs caros entrando no ringue. A construção dos pesos pesados para batalha de robôs que concorrem nas competições televisionadas costuma custar vários milhares de dólares. Chassis de alumínio usinado, armas e armaduras de titânio, partes projetadas por CAD e robôs de combate com nível de engenharia são o resultado desse fenômeno, juntamente com uma onda de inspirados construtores de robôs caseiros, cada um inventando sua própria versão extrema do guerreiro tecnológico. Embora esse novo "esporte" não seja produtivo por natureza, é extremamente competitivo, o que chamou a atenção de muita gente que normalmente não se interessaria pela construção de um robô. Eu posso honestamente dizer que nunca nenhum esporte (televisionado) conseguiu manter minha atenção, mas, quando uma competição de guerra de robôs começa, é extremamente difícil desviar o olhar até a conclusão do jogo.

O preço pode não ser um problema para alguns construtores, mas é para mim (e provavelmente para você, se está lendo este livro), então é bom se planejar para fazer um Battle-bot dentro da faixa de preço que você quer gastar. Você terá que substituir algumas peças, então certifique-se de não utilizar peças impossíveis ou extremamente difíceis de substituir.

Será que isso vai sair caro?

O custo total do robô depende do seu fornecimento de peças e de quanto tempo você tem para adquiri-las. Você pode ser econômico, usar partes recicladas e ser paciente? Se sim, pode ser que você encontre uma *scooter* perfeitamente em ordem com baterias gastas na lixeira do seu trabalho (como aconteceu comigo) e possa usar pedaços dela como seu sistema de acionamento de armas. Se você não quer pagar preços de varejo, o eBay muitas vezes tem ótimas ofertas de partes excedentes ou descontinuadas, como rodas, rodas dentadas, motores e outros itens mais difíceis de encontrar. Eu encontrei os conjuntos novinhos de rodas de *scooter* empregados neste projeto no eBay por 12,99 dólares cada, quando o mesmo

Capítulo 12 ■ Battle-bot

item em vários varejistas online de peças de *scooter* custava 40 dólares, ou mais, cada um. O que quero dizer é que se você não tiver um monte de dinheiro, ainda assim pode encontrar excelentes peças por baixo custo; apenas continue procurando e seja paciente.

Eu tentei tornar os projetos deste livro acessíveis, limitando o preço de qualquer projeto a 500 dólares. De início, eu consegui cumprir meu orçamento usando controladores de motores menores (Sabertooth 2x12), mas o peso extra das armas fez o robô consumir um pouco mais de corrente para ser eficaz na batalha usando esses controladores. Eu decidi usar controladores de motores maiores (Sabertooth 2x25) para este projeto, elevando mais o preço: ele acabou custando cerca de 650 dólares completo.

Embora isso pareça um monte de dinheiro, é uma quantia pequena se você quiser construir um Battle-bot competitivo. Esse robô deve se classificar como peso leve ou peso médio, dependendo das armas, armadura e baterias usadas. Além disso, você pode construir apenas a base desse robô e instalar qualquer tipo de arma que quiser. Veja o que você pode fazer com o seu.

LISTA DE COMPONENTES PARA O BATTLE-BOT

A lista de componentes para este projeto é mais uma orientação do que exatamente uma lista de materiais. Os números das peças para cada componente que eu usei no Battle-bot estão listados, mas há muitas opções diferentes que você pode usar no lugar delas.

Se você construiu o Lawn-bot do Capítulo 10, pode ter alguma corrente e alguns elos universais de corrente que sobraram, e alguns parafusos e sucata de metal que podem vir a calhar.

Eu sempre examino bem as peças que sobraram de robôs anteriores e que adquiri em lojas de sucata antes de comprar peças para um novo robô. Você vai se surpreender com a quantidade de coisas que podem ser recicladas e reaproveitadas. Dê uma olhada na lista de componentes para o Battle-bot na Tabela 12.2.

Tabela 12.2 Lista de componentes para o Battle-bot

Componentes	Descrição	Preço (US$)
Eletrônica		
Par de transmissor e receptor R/C de 2,4 GHz	HobbyPartz.com (componente #79p-CT6B-R6B--RadioSystem) – usei esses pares de rádio de modelismo de 6 canais 2,4 GHz em vários robôs.	32,00
Dois controladores de motor Sabertooth duplo	Dimension Engineeering Sabertooth 2x25 – estes são usados com os motores de tração.	125,00 cada (× 2)
Controlador de motor OSMC	Usado para a arma – qualquer ponte-H de alta potência funciona aqui, supondo que tenha uma tensão nominal de +24 VCC ou maior. Eu também forneço instruções para que você faça um pequeno clone OSMC por cerca de 40 dólares.	40,00

(continua)

494   Arduino para robótica

Tabela 12.2 Lista de componentes para o Battle-bot (*continuação*)

Componentes	Descrição	Preço (US$)
Unidade de tração		
Quatro motores CC	Allelectronics.com componente #XYD-15B – 24 VDC, 135 W, 10 A – Currie Technologies e motores de *scooters* elétricas.	15,00 cada
Corrente #25 – 3 m	Allelectronics.com componente #CHN-25 – 3 m devem dar a você alguma folga em caso de quebra. Vendida por pé (30 cm), por 2,50 dólares/pé	25,00
Quatro elos de corrente mestre	Allelectronics.com componente #ML-25 – você precisa de pelo menos 4 destes, talvez 8 a 10 por segurança.	1,00 cada
Quatro conjuntos de roda/pneu/roda dentada	PartsforScooters.com componente #119-49 – estes conjuntos de pneu/roda/roda dentada são feitos para a *scooter* elétrica E300 Razor. Eu comprei estes na loja do eBay PartsforScooters (mesmas rodas por menos dinheiro) em vez de no site.	15,00 cada
Quatro rodas dentadas do motor	PartsforScooters.com componente #127-6 – estas rodas dentadas têm um furo de 8 mm e 11 dentes para corrente #25. Também podem precisar de colares de eixo (*shaft collars*) para ficarem bem presas.	6,00 cada
Alimentação		
Duas baterias LiPoly de 3 células – 11,1 V, 3.000 mAh	HobbyPartz.com componente #83p-3000mAh--3S1P-111-20C – você precisa de pelo menos dois destes pacotes para alcançar 22,2 VCC, mas você pode, alternativamente, organizar os pacotes em paralelo, operando o robô em 11,1 V e 6.000 Ah.	16,00 cada
Chassi		
Cantoneira de aço de 5 cm – 1,84 m de comprimento	Loja de ferragens – Compõe o perímetro da moldura quadrada, em seções iguais de 46 cm.	17,00

(continua)

Capítulo 12 ■ Battle-bot

Tabela 12.2 Lista de componentes para o Battle-bot (*continuação*)

Componentes	Descrição	Preço (US$)
Cantoneira de aço de 1,9 cm – 92 cm de comprimento	Loja de ferragens – cortei este em duas partes iguais e as usei como braçadeiras transversais para o centro do chassi. Também utilizado para montar o sistema eletrônico (Battle-box).	6,00
Duas barras roscadas de 8 mm de diâmetro – 92 cm de comprimento	Loja de ferragens – use estes para os eixos dianteiro e traseiro.	4,00 cada
Dois tubos quadrados de aço de 1,9 cm – 92 cm de comprimento	Loja de ferragens – use-os para montar a arma ativa na armação.	8,00 cada
Duas chapas de metal de 92 cm × 92 cm	Loja de ferragens – estas folhas são usadas como armadura para revestir a parte superior e inferior da armação para proteger o sistema eletrônico e a fiação.	12,00 cada
Armas		
Motor de elétrico de *scooter* de 24 V, 350 W, 22 A	Allelectronics.com componente #DCM-1352.	20,00
Dois tubos quadrados de aço de 1,9 cm – 92 cm de comprimento	Usei para fazer os suportes das armas.	4,00 cada
Duas hastes redondas de 1,6 cm de aço sólido	Usado para as lanças na frente e na traseira do chassi.	7,00 cada
Restos de metal para o martelo pontudo	Cantoneira, barra chata de aço, ou qualquer coisa que você conseguir encontrar.	0,00
Montagem da roda dentada	Eu usei a montagem da roda traseira de uma *scooter* elétrica Schwinn que eu encontrei em uma caçamba de lixo no trabalho. No meu caso ela incluía o motor e tudo, mas eu coloquei o número do modelo no caso de você não ser tão sortudo.	0,00

Agora, considere algumas provisões para o uso de controle R/C em uma competição de batalha de robôs, e escolha um sistema de controle para usar de acordo com elas.

CONTROLE DE ENTRADA

Se estiver usando um sistema de R/C de modelismo em uma competição de batalha de robôs, desde 1º de julho de 2009 ele deve ser um sistema de 2,4 GHz porque os sistemas de rádio anteriores (27 MHz, 49 MHz, 72 MHz, 75 MHz, e assim por diante) não são mais autorizados para uso. Como já discutido, os transmissores de rádio de 2,4 GHz devem ser "casados" com seus receptores, tornando-os quase imunes ao cruzamento de sinais.

Essa regra foi criada porque os controladores legados de 75 MHz dependem de dois cristais da mesma frequência (um no Tx e outro no Rx) para evitar interferência. Se um outro transmissor na vizinhança (possivelmente um mau perdedor) usa um cristal da mesma frequência que um robô da competição, bem, isso pode custar a alguém uma batalha e um robô caro. Talvez tenha começado assim a primeira batalha de robôs?

Outros métodos de controle sem fio às vezes são permitidos, desde que atendam às outras orientações gerais. Isso significa que você poderia utilizar uma conexão serial Xbee de 2,4 GHz para controlar o seu robô usando um *laptop*, um controlador de fabricação caseira ou um *joystick*. Se você tentar isso, provavelmente vai ser fortemente inspecionado pelos árbitros por questões de segurança, por isso certifique-se de que todos os sistemas de controle personalizados têm os mecanismos antifalhas adequados, conforme exigido pelas regras da competição. Eu encorajo essas ações, porque elas tornam esses eventos mais interessantes.

Fly Sky CT-6: um rádio alternativo de 2,4 GHz e 5 canais por 32 dólares

Quando se tornaram disponíveis, os pares transmissor/receptor de 2,4 GHz eram muito caros e raramente encontrados por menos de 100 dólares. A partir de 2010, várias lojas online vendem sistemas de rádio de qualidade de 2,4 GHz com 6 canais por, aproximadamente, 35 dólares. Eu tenho usado o sistema CT-6 da Fly Sky da HobbyPartz.com em diversos projetos e estou satisfeito (ver Figura 12.2).

Figura 12.2 Sistema Fly-Sky R/C de 2,4 GHz.

A maioria dos transmissores R/C de 2,4 GHz pode ser emparelhada com vários receptores R/C, usando o processo de emparelhamento descrito no manual de instruções do transmissor. Se você já tem um sistema R/C de 2,4 GHz (como o usado no Capítulo 8 e no Capítulo 10), pode querer simplesmente comprar um receptor R/C de 2,4 GHz adicional e usar o transmissor que você já tem. Isso ajudaria a economizar um pouco de dinheiro se você planeja construir vários robôs controlados remotamente e quer evitar a compra de vários sistemas R/C; você pode comprar receptores adicionais de R/C (HobbyPartz.com parte #79p-R6B-Receptor) por menos de 10 dólares cada!

Receptores normais de aviões de modelismo geralmente têm embutidas funções antifalhas que, após a perda de sinal, continuam enviando o último valor válido para cada canal. Embora isso possa ser bom para um avião, é ruim para a maioria dos robôs. O Flysky CT-6 pode ser programado para ser utilizado em avião, helicóptero ou, no nosso caso, um robô. O sistema de rádio CT-6 ainda vem com um cabo de programação e *software* grátis que permite que você altere as configurações de cada canal.

Quando perde o sinal, o receptor desse sistema está configurado para emitir um sinal BAIXO sem pulso anterior ou outro sinal antifalhas. Isso é útil quando se lê o sinal R/C com o Arduino, porque é fácil determinar quando o sinal foi perdido. O FlySky CT-6 (e várias outras marcas que usam o mesmo *software*) têm reversão de servo programável por computador, canais misturados para helicópteros e recursos de comutação programáveis, todos acessíveis usando o *software* gratuito chamado T6_config (Figura 12.3), disponível para download em www.mycoolheli.com/t6config.html.

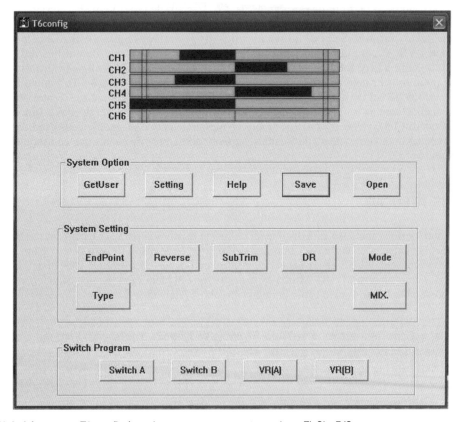

Figura 12.3 A ferramenta T6_config é usada para reprogramar o transmissor FlySky R/C.

Esse transmissor tem quatro canais contidos nos dois *joysticks* de eixo duplo, e outro canal utilizável para robôs na forma de uma chave de liga/desliga ou um potenciômetro analógico. Eu opero esse sistema de modo que os canais cima/baixo de cada *joystick* controlem a direção dos motores, enquanto o canal esquerdo/direito de um dos *joysticks* controla a arma, permitindo que uma pessoa controle tanto a direção do robô quanto a arma ao mesmo tempo. Você também pode usar mistura de direção para controlar o movimento do robô com um *joystick* e a arma dele com o outro *joystick* (usando qualquer um de seus eixos) – tudo se resume ao que é mais natural para você durante o controle do robô (eu prefiro um controle independente para cada roda).

Estou incluindo o meu arquivo de configuração T6 para você baixar, o que torna esse par transmissor/receptor amigável para o robô, permitindo o uso de todos os quatro canais de *joystick* sem mistura de canais e com a utilização de uma chave ou potenciômetro como um quinto canal. Basta fazer o *upload* do meu arquivo para o programa de configuração com o seu transmissor conectado via cabo adaptador USB (que deve vir com o seu sistema R/C) e você pode ter a mesma configuração que a do transmissor que eu usei neste projeto. O único aspecto limitador desse sistema é que não há chaves de inversão de servo localizadas no transmissor. Você deve usar a ferramenta de configuração T6 para inverter a direção do servo, o que não foi um problema para mim neste projeto porque meu computador ficou por perto durante a maior parte da construção.

Baixe o meu arquivo de configuração T6 em https://sites.google.com/site/arduinorobotics/home/chapter12_files.

Essa configuração permite que os canais de 1 a 4 sejam de controle padrão/proporcional, sem mistura de canais. O canal 5 é uma combinação de SW.B, que é um chave liga/desliga, e VR(A), que é um potenciômetro variável. Se você quiser usar o controle variável, ligue SW.B e você pode usar o potenciômetro VR(A) para um sinal variável. Se você quiser usar o sinal digital liga/desliga (como neste capítulo), gire VR(A) totalmente para a esquerda e você terá uma saída liga/desliga.

Você pode brincar com as configurações da ferramenta de configuração T6 porque a qualquer momento você pode baixar meu arquivo para restaurá-lo ao normal, se precisar. Tentei por bastante tempo, brincando com as limitadas definições de configuração, e pude obter apenas o funcionamento de um dos canais Ch5 ou Ch6, mas não de ambos ao mesmo tempo. Isso significa que eu poderia fazê-lo funcionar apenas como um sistema de 5 canais, superior ao número de canais que eu uso, por isso funcionou bem.

HACKERS, ATENÇÃO

O sexto canal, neste sistema, só está disponível de forma misturada para ser usado em um helicóptero 3D ou avião. No entanto, duas chaves e dois potenciômetros estão disponíveis para uso, e um microcontrolador programável por USB obviamente diz a cada canal o que fazer (porque você pode reprogramar o transmissor com um cabo USB). Minha esperança é que alguém com melhor conhecimento desses sistemas possa programar o sexto canal para uso no robô... Alguém se habilita?

Nota ◆ Como está escrito, o *software* T6_config só funciona em sistemas Windows. Como usuário do Linux Ubuntu, eu tive que sacar meu *laptop* velho e empoeirado que ainda tem Windows instalado para reprogramar o meu transmissor.

Com o transmissor CT-6 programado para este projeto, agora avance para a construção do sistema eletrônico.

A ELETRÔNICA

A maioria dos robôs que compete nas batalhas usa vários controladores eletrônicos de velocidade (CEV) para fazer a interface do sistema R/C para os motores e armas. Estes são simples de usar, mas limitam o que você pode fazer com o seu robô. A única razão pela qual incluí o Battle-bot como projeto neste livro é porque há muitas coisas que você pode potencialmente fazer com um Arduino e não pode fazer com um CEV padrão ou outro microcontrolador pré-programado. No mínimo, você pode simplesmente passar os sinais através do Arduino para adicionar um *software* antifalhas em caso de perda de sinal. Isso permite que você trabalhe com uma variedade de tipos de sinais de entrada, sem deixar de produzir o tipo de condição antifalha de saída exigido pelas regras do evento específico no qual você vai participar.

Ao alimentar os canais R/C por meio do Arduino, você pode utilizar uma chave remota para desabilitar a arma, falhas internas em caso de perda de sinal e LED de potência externa para oferecer uma realimentação visual da condição do seu robô durante a batalha, e adicionar telemetria utilizando Xbee, ou controlar o seu robô usando uma conexão serial sem fio de 2,4 GHz (Xbee) em vez de R/C. Com um Arduino, você pode controlar qualquer aspecto do robô usando um microcontrolador central que você pode mudar como quiser. Você não tem mais que usar um CEV separado para ler cada sinal de R/C.

O Arduino

Eu, mais uma vez, optei por usar um projeto Arduino fora do padrão (para conexões confiáveis), similar aos utilizados nos Capítulos 8 e 10. Essa placa tem recursos embutidos como LEDs para os pinos D12 e D13 para atuar tanto como luzes indicadoras de neutro para os canais de acionamento quanto como um indicador de aquisição de sinais, quando não há nenhuma conexão R/C (eles piscam alternadamente até que o sinal seja restaurado).

Também instalado na placa está um regulador de tensão de 5V e 1,5 A, conectores de 3 pinos para servo para cada pino analógico e terminais com parafusos utilizados para conexões seguras para cada pino de entrada/saída. Lembre-se: isso vai ser usado numa batalha! O Arduino que eu usei neste projeto pode ser programado usando um cabo de programação FTDI padrão da Sparkfun.com, assim como os outros projetos do Arduino neste livro. A Figura 12.4 mostra o arquivo de *layout* da placa Eagle PC do Arduino utilizado neste capítulo

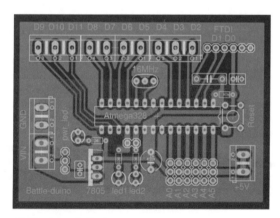

Figura 12.4 O arquivo de *layout* Battle-duino do Eagle.

500 Arduino para robótica

Você pode baixar os arquivos de projeto para construir seu próprio Arduino e o controlador do motor OSMC em https://sites.google.com/site/arduinorobotics/home/chapter12_files.

Para construir o clone do Battle-duino, basta baixar os arquivos do Eagle e imprimir o seu próprio usando as instruções do Capítulo 6. Se você já sabe como gravar uma PCI, então sabe o que fazer.

Os controladores de motor

Cinco motores diferentes neste projeto precisam de controle bidirecional. Quatro deles são motores de tração, e cada conjunto (esquerda ou direita) desses quatro é controlado pelo mesmo sinal. O quinto motor controla a sua arma escolhida: lâmina rotatória, atuador linear "para erguer o oponente", martelo reversível com ponta ou qualquer outra coisa que você possa inventar. O resultado serão três entradas (esquerda, direita e armas) e cinco saídas (quatro motores de tração e um motor para arma).

Você pode escolher muitas opções diferentes para os controladores de motor, mas eu costumo optar pelo que posso pagar e que funciona. O que posso pagar normalmente limita meu horizonte a escolher uma das opções comerciais mais baratas disponíveis no mercado, ou fazer um. Como você deve ter notado até agora, eu costumo utilizar dois controladores de motor específicos além dos meus próprios projetos: a ponte-H OSMC e a linha de controladores de motor da Sabertooth, da Dimension Engineering.

Eu quase sempre recomendo os controladores de motor Sabertooth 2x25 para a maioria dos projetos. Eles são baratos (relativamente), fáceis de usar e têm um limite de sobrecorrente que pode evitar que você os queime. Os controladores da Sabertooth são para as pessoas que não querem construir seu controlador de motor, mas querem que seu robô funcione sem se preocupar com ele. Em uma competição como batalha de robôs, não há tempo de se preocupar com sua eletrônica, então eu recomendo confiar o movimento de seu Battle-bot a uma plataforma controladora de motor bem testada.

Para preparar cada Sabertooth para trabalhar neste projeto, defina as chaves DIP 2 e 5, embarcadas, para a posição ligada, deixando as chaves restantes desligadas. Isso permite que os controladores da Sabertooth funcionem com baterias de lítio (com baixa tensão de corte), entradas de sinal de pulso R/C, sem tempo limite para usar com um microcontrolador (Arduino) e modo de tração (*tank steering*) independente. Ou você pode usar o assistente de chave DIP na página de produto do Sabertooth 2x25 para determinar uma configuração diferente:

www.dimensionengineering.com/datasheets/Sabertoothdipwizard/start.htm.

O controlador de motor de código livre não tem limitador de corrente interno, mas oferece uma potência extrema para aqueles momentos em que você precisa levar seu robô ao limite. E como a OSMC é um projeto de código aberto, você pode usar o mesmo esquema já usado e testado no projeto original para construir seu próprio OSMC específico às necessidades do seu projeto. O projeto OSMC utilizado neste livro é também adequado para usar nos motores de tração, mas você precisaria de mais quatro deles (um para cada motor).

Eu uso atualmente um conjunto de dois controladores de motor Sabertooth 2x25 para os motores de tração e um controlador de motor caseiro OSMC para a arma. Se você planeja construir um Battle-bot monstro que pesa várias centenas de quilos, você pode considerar o Sabertooth 2x50 HV (controlador duplo de 50 A).

Na Figura 12.5, você pode ver a minha versão de PCI de face única e componentes com terminais que são inseridos para o controlador de motor OSMC, facilmente capaz de acionar um motor ou arma. Lembre-se de que a OSMC nada mais é que uma ponte-H altamente eficiente, por isso você deve ter uma para cada motor, e um microcontrolador, como o Arduino, para enviar os sinais de comando para controlá-las.

Figura 12.5 Estas três imagens mostram as várias fases da miniplaca OSMC utilizada para a arma: o arquivo de placa Eagle (à esquerda), a placa gravada e perfurada (centro) e a miniplaca OSMC acabada (à direita).

Para construir a miniplaca OSMC para o motor da arma, baixe os arquivos de Eagle em https://sites.google.com/site/arduinorobotics/home/chapter12_files.

Com o Arduino e os controladores de motores selecionados e construídos, você precisa construir o chassi.

O CHASSI

O chassi é a espinha dorsal de qualquer robô e deve ser extremamente resistente, tentando permanecer tão leve quanto possível (dependendo da sua classe de peso). Eu fiz um chassi quadrado de 46 cm de lado usando cantoneira de aço de 5 cm. Então, montei os motores no interior desse chassi e os eixos das rodas nas laterais externas próximas dos cantos. Com mais quatro transversinas, uma na frente, uma atrás e duas no meio do robô, ele ficou forte o suficiente para eu subir sobre ele (70 kg) sem fletir, o que é um bom começo (ver Figura 12.6).

Figura 12.6 O chassi básico equipado com motores, rodas e espaço para as baterias.

Eu ainda não posso produzir, de forma barata, minhas próprias peças de alumínio para cada robô, então escolhi construir o meu chassi com materiais fáceis de encontrar na loja de ferragens mais próxima: cantoneira de aço, porcas e parafusos, uma furadeira, brocas e uma serra.

Mesmo se você pretende escolher armas ou métodos de ataque diferente para o seu Battle-bot, esse chassi é uma base sólida para começar. O chassi, sem as rodas fixadas, é baixo, com apenas 7,6 cm de altura. Depois de instalar as rodas à armação, a altura é aumentada até o diâmetro das rodas utilizadas (nesse caso, 22,9 cm).

Para um *design* totalmente escondido, você pode usar rodas menores de núcleo sólido (de 7,6 cm a 12,7 cm de diâmetro) e colocar as rodas e motores de tração totalmente dentro do chassi, embora você possa precisar aumentar as dimensões do chassi para acomodá-las. Muitos dos robôs populares de combate usaram esse projeto, uma vez que deixa pouco coisa exposta a danos.

Comprar ou construir?

Se você está interessado em construir um Battle-bot, mas não está animado com a construção do seu chassi, a RobotMarketplace.com vende kits de robôs de combate feitos com peças de alumínio usinadas, um sistema de transmissão por corrente *multilink*, que utiliza dois motores para acionamento completo de quatro rodas com redução de velocidade, e espaço para um controlador de velocidade e baterias (ver Figura 12.7). A base para esse tipo de robô vem sem os motores, sem os controladores de motor e sem as baterias, por meros 699 dólares. Embora esses kits sejam bem-feitos, eles podem ser relativamente caros para alguém que está começando no esporte, então você pode tentar fazer seu próprio chassi.

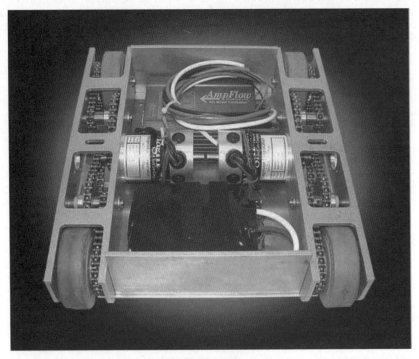

Figura 12.7 Um kit de um Battle-bot pré-construído da RobotMarketplace.com.

Se puder pagar esse preço, melhor para você. Se um dia eu tiver essa quantia de dinheiro sobrando, adoraria ter um chassi desses! Se não, você pode seguir o meu *design* para a construção do seu. Eu sei que o meu projeto é básico, mas pode colocá-lo no caminho certo.

Modificando as rodas

Eu encontrei algumas rodas de *scooter* elétrica em lojas de produtos excedentes que incluíam a roda, pneus, rolamentos e roda dentada de 65 dentes, tudo por menos de 16 dólares cada, incluindo o frete. Há uma ressalva quanto a esses conjuntos de rodas que eu não percebi até os receber: eles têm uma catraca que lhes permitem girar livremente em uma direção. Apesar de isso ser ótimo para uma *scooter*, não é ideal para um Battle-bot bidirecional. Como contornar isso? Eu tive que fazer alguns pontos de solda em cada catraca para que ela não girasse livremente no sentido contrário (ver Figura 12.16). Isso foi chato, mas compensou o dinheiro que eu economizei no lugar de comprar as rodas e rodas dentadas corretas separadamente.

O par adequado de roda de tração e roda dentada é ilustrado na Figura 12.8, com um pneu de topo achatado para mais tração e uma roda dentada parafusável diretamente e sem catraca. Você também pode selecionar quantos dentes quiser para engrenar especificamente o seu robô ao comprar a roda dentada separadamente. Se você estiver disposto a gastar um dinheiro extra, isso pode tornar a sua instalação muito mais fácil e mais confiável.

Figura 12.8 Um par de roda e roda dentada, perfeito para o Battle-bot.

Com as rodas modificadas e prontas para montar, agora temos de começar a fazer as peças necessárias para o chassi principal.

Construindo o chassi

Para construir o chassi, você precisa de peças de metal, porcas e parafusos, motores, conjuntos de rodas, rodas dentadas, corrente, uma ferramenta Dremel e uma furadeira com brocas. Também ajuda ter uma esmerilhadeira angular e uma serra sabre com uma lâmina para metal para cortar rapidamente as peças de metal e suavizar quaisquer arestas vivas. Esse chassi é fácil de medir, já que cada pedaço de metal (exceto os eixos) deve ter exatamente 46 cm.

Os cinco passos seguintes vão guiá-lo através do processo de construção da armação:
1. Corte quatro peças principais da estrutura. Comece cortando a cantoneira de aço de 5 cm (184 cm) em quatro partes iguais de 46 cm. Duas dessas peças serão perfuradas e cortadas (no passo 2) com uma ferramenta Dremel para acomodar os eixos das rodas, montagem do motor e ajustes de tensão da corrente. As outras duas partes simplesmente são aparafusadas à frente e à traseira da armação, fornecendo suporte adicional e um lugar para ajustar o tensionamento de cada corrente.
2. Corte os rasgos de montagem do eixo. Agora você pode cortar os rasgos do eixo em cada extremidade das peças do chassi da esquerda e da direita. Eles devem ter a largura do próprio eixo (8 mm), e o comprimento deve alcançar cerca de 5 cm para permitir espaço para um ajuste adequado. Comece medindo 1,2 cm da extremidade da cantoneira de aço em ambos os lados, e faça um furo de 8 mm centrado entre a parte superior e a parte inferior da cantoneira de aço de 5 cm (2,5 cm da parte superior, ou da inferior, está centralizado). Com o primeiro furo feito, você pode medir cerca de 5 cm a partir dele e fazer outro também centralizado. Agora você pode cortar o espaço entre os dois furos, partes superiores e inferiores, com uma Dremel para obter o rasgo de eixo necessário para ajustar a tensão da corrente. Esse procedimento é semelhante ao que você fez no Lawn-bot no Capítulo 10 para permitir que as montagens dos motores deslizassem para a frente ou para trás. A Figura 12.9 proporciona uma melhor ideia de como cortar os rasgos do eixo e os furos de montagem do motor.

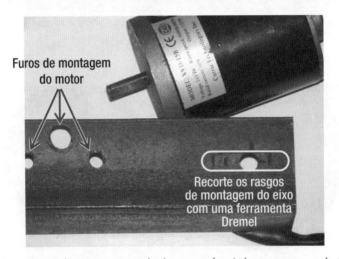

Figura 12.9 Os furos de montagem do motor e o rasgo do eixo que será cortado na peça esquerda do chassi.

Nas Figuras 12.9 e 12.10, você pode ver o posicionamento necessário de cada furo de montagem e o rasgo do eixo. Quando cortadas, as duas peças laterais devem ser semelhantes à Figura 12.10; elas também devem ser intercambiáveis, assim você não precisa se preocupar em identificá-las. O furo para passagem do eixo do motor deve estar, aproximadamente, a 5 cm a partir de cada extremidade da cantoneira de aço de 5 cm. Os furos de fixação do motor devem ser medidos (a partir de seus motores) e marcados após encaixar o eixo do motor no furo (os furos de fixação no meu motor são espaçados em 3,5 cm).

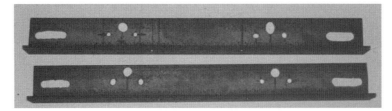

Figura 12.10 As duas peças laterais do chassi acabadas, esquerda e direita.

3. Corte as braçadeiras do chassi. Agora corte duas cantoneiras de aço de 1,9 cm de largura para os suportes de centro do chassi (também com 46 cm). Se você tiver comprado um segmento de 92 cm para essa peça, basta cortá-lo na metade. Você deve, então, fazer dois furos, um em cada extremidade das duas peças, cerca de 1,2 cm de cada extremidade. O furo deve ser do tamanho dos parafusos que você usar para montar cada peça. Eu usei parafusos, porcas e arruelas de 9,5 mm de diâmetro para montar minha estrutura. Nesse ponto, você deve ter seis peças de metal, todas de 46 cm; duas delas são de cantoneiras de aço de 1,2 cm e as outras quatro são de cantoneiras de aço de 5 cm. Cada pedaço de cantoneira de aço utilizado no chassi deve ter um furo em cada extremidade para prendê-lo à peça adjacente com um parafuso/porca. As longarinas laterais do chassi também devem ter os furos feitos adequadamente para os motores e os sulcos para o eixo (ver Figura 12.11).

Figura 12.11 As peças laterais e de centro do subquadro com motores, prontas para a montagem.

4. Monte as peças. Primeiro montei os motores com dois parafusos cada um para fixá-los ao chassi e, em seguida, alinhei duas transversinas centrais do chassi o mais próximo possível de cada um deles. Então, marquei o local de cada furo com um marcador permanente e fiz os furos de montagem através da base das longarinas laterais e nas extremidades das transversinas centrais. Após fazer os furos de montagem, você pode instalar as transversinas centrais usando dois parafusos em cada uma delas (um em cada extremidade), como mostrado na Figura 12.12:

Figura 12.12 O subquadro montado.

5. Com as transversinas centrais aparafusadas às longarinas laterais do chassi, agora você pode montar as transversinas frontal e traseira, usando mais dois parafusos em cada peça. Se você ainda não tiver feito um furo em cada extremidade das transversinas frontal e traseira, faça, e então alinhe-as em cima das longarinas esquerda e direita do chassi, e faça os furos restantes para aparafusar as peças da frente e da traseira às peças da esquerda e da direita do chassi, completando a forma quadrada (ver Figura 12.13).

Depois de ter todas as seis peças da estrutura aparafusadas e os motores montados, a montagem do chassi principal deve estar concluída. Agora você está pronto para adicionar a unidade de tração e colocar esse robô em movimento.

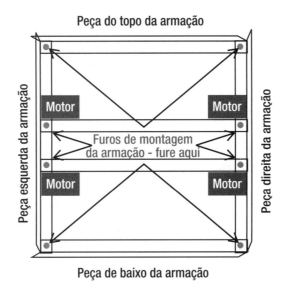

Figura 12.13 Um diagrama das peças usadas para construir a armação.

A UNIDADE DE TRAÇÃO

A unidade de tração para esse robô tem um propósito diferente das unidades usadas nos robôs anteriores deste livro: focar na confiabilidade durante a "batalha". Esse robô vai ter quatro rodas, cada roda acionada por seu motor e ponte-H, de modo que se uma roda é desativada pelo adversário, o robô ainda pode se mover independentemente dela. Como pode imaginar, isso significa que você precisará de cada um dos seguintes itens:
- Quatro motores CC
- Quatro pontes-H
- Quatro rodas dentadas
- Quatro rodas
- Quatro correntes

Como uma opção barata, escolhi quatro motores elétricos de *scooters* sem caixa de redução na Allelectronics.com por 15 dólares cada. Os motores são da Currie Technologies de 135 W, 24 VDC e 10 A, com uma velocidade nominal de 3.000 RPM. Esses motores elétricos são, aproximadamente, do tamanho de uma lata de refrigerante, com um eixo de saída de 8 mm de diâmetro, chanfrado de um lado. Eles normalmente são comprados com uma roda dentada de 3 mm montada no eixo de saída, projetada para uso com uma correia dentada comumente encontrada em tais *scooters*.

Graças à natureza desse robô, optei por usar aço em vez de borracha para os componentes de acionamento (use o que você quiser). As polias para correias dentadas podem ser removidas dos eixos de saída dos motores, permitindo que você as substitua por rodas dentadas para correntes.

Engrenagem

Se você encaixar as rodas diretamente aos eixos de saída dos motores que giram até 3.000 RPM, o robô seria difícil de começar a se mover, mas extremamente rápido, uma vez em movimento. Um robô

508   Arduino para robótica

de combate inevitavelmente precisa de algum torque para fazer mudanças de direção bruscas ou empurrar outro robô durante a batalha, o que seria extremamente difícil de conseguir em 3.000 RPM com quase nenhum torque. Esse robô precisa de redução de velocidade para ganhar mais torque e menos velocidade.

Para reduzir a velocidade desses motores, usei um conjunto de rodas dentadas em cada par motor/roda para reduzir a velocidade da rotação de saída de 3.000 RPM para uma velocidade aproximada de 500 RPM. Isso foi conseguido usando uma roda dentada com 11 dentes em cada um dos eixos de saída dos motores, e uma roda dentada com 65 dentes em cada conjunto roda/cubo.

Calculando a relação de transmissão

Segundo a Wikipédia, a roda dentada menor ligada ao eixo de saída do motor é chamada de pinhão (*pinion*) ou condutor (*driver*), e a roda dentada maior ligada à roda é chamada de coroa dentada (*gear*) ou conduzido (*driven*). Para calcular a relação de transmissão, você divide o número de dentes da coroa pelo número de dentes do pinhão – ou, supondo que você está reduzindo a velocidade, divida o número maior pelo número menor. Por exemplo:

65 dentes da roda dentada/11 dentes do pinhão de acionamento do motor = 5,91: 1, a relação de transmissão.

Isso significa que o pinhão (engrenagem do motor) deve girar 5,91 vezes antes que a coroa (da roda) faça uma rotação completa. Portanto, você pode dividir a velocidade de saída nominal do motor (3.000 RPM) pela relação de transmissão (5,91) para encontrar a velocidade máxima de saída na roda:

Velocidade do motor CC de 3.000 RPM/5,91 = 509 RPM de velocidade máxima da roda.

509 RPM máximos é uma velocidade de roda muito mais razoável do que 3.000 RPM, proporcionando 5,91 vezes mais torque para o Battle-bot e mais potência, sem deixar de fornecer uma boa velocidade máxima.

Modificações

Se você quer uma velocidade de saída ainda mais lenta e com um torque maior (recomendado para robôs mais pesados), pode usar um pinhão de 9 dentes com uma roda dentada de 90 dentes: 90/9 = 10x de relação de transmissão, que em motores de 3.000 RPM produz uma velocidade de saída de aproximadamente 300 RPM, cerca de 60% da velocidade que usei, mas com mais torque.

Para mais informações sobre relações de transmissão, confira: http://en.wikipedia.org/wiki/Gear_ratio. De acordo com meus cálculos, o nosso Battle-bot (como mostrado), com pneu de diâmetro de 22,8 cm, terá uma velocidade máxima de cerca de 22 km/h. Como assim? Ughh, pegue sua calculadora. Você precisa saber o diâmetro da roda = 22,8 cm e a velocidade de rotação de saída do motor = 509 RPM. Aqui está a fórmula:

- Centímetros por rotação da roda = circunferência = Pi × diâmetro = 3,14 × 22,8 cm = 71,59 cm/rotação
- Centímetros por minuto = centímetros por rotação × número de RPM = 71,59 cm × 509 RPM = 36.439,31 cm/min
- Metros por minuto = centímetros por minuto/100 cm em um metro = 36.439,31 cm/100 cm = 364,39 m/min
- Metros por hora = metros por minuto × 60 minutos em uma hora = 364,39 m × 60 = 21.863,59/h
- Quilômetros por hora = metros por hora/1.000 metros em um quilômetro = 21.863,59/1.000 = 21,86 km

Essa fórmula supõe uma tração perfeita e depende das especificações dos motores, então pode ser que você não consiga realmente um total de 22 km/h no seu robô, mas pode lhe dar um valor aproximado das velocidades possíveis.

Eu queria que esse robô fosse simétrico, por isso há duas unidades de tração idênticas que precisam ser adicionadas ao chassi. Você pode construí-las em qualquer ordem, porque elas serão iguais. Isso consiste em fazer a porca de tensionamento da corrente, rosquear as porcas no eixo numa sequência correta, medir e cortar a corrente, e então fixar tudo no lugar para um *test drive*.

Porca tensionadora da corrente

Como esse robô usa corrente para acionamento, cada roda tem de ser ajustável para estabelecer a tensão adequada da corrente depois que ela é montada na roda dentada. Eu queria manter as coisas simples, então usei um eixo compartilhado pelas rodas dianteiras e um eixo compartilhado pelas rodas traseiras. Esses eixos são feitos utilizando uma barra roscada de 8 mm de diâmetro por 91 cm de comprimento, alguns sulcos cortados de modo especial (nas longarinas do chassi) e uma porca de tensionamento da corrente presa ao eixo.

O diâmetro do eixo deve ser o mesmo que o diâmetro interno dos seus rolamentos da roda; no meu caso, 8 mm. Os rasgos, que devem ser cortados para cada eixo, devem ter exatamente 8 mm de largura e cerca de 5 cm de comprimento (ou quão longe você deseja que o eixo desloque); 5 cm de curso é tipicamente o bastante para fazer facilmente com que a corrente fique em torno de ambas as rodas dentadas antes do tensionamento.

Existem quatro parafusos tensores, permitindo o ajuste completo de todas as quatro rodas de forma independente. Eu fiz (quatro) acopladores simples com porcas que permitem ajustar cada eixo usando um parafuso adjacente, soldando uma porca de 8 mm (parte inferior) a uma porca de extensão de 6,3 mm (em cima), como mostrado na Figura 12.14.

Figura 12.14 Um grampo em C segurando as duas porcas usadas para construir a porca tensionadora da corrente.

Para fazer os adaptadores com porcas de 8 mm, você precisa ter um grampo em C ou um par de mordentes para prender as duas porcas juntas. Quando presas, você pode adicionar uma pequena gota de solda no local onde as duas porcas se encontram. A soldagem de um lado deve manter as porcas juntas para seus propósitos. Se você quiser algo mais seguro, também solde o outro lado da porca. Certifique-se de não deixar qualquer solda na rosca das porcas, porque isso pode prejudicar o rosqueamento dos parafusos. Eu rosqueei um parafuso em cada porca durante a soldagem; isto impediu que os pedaços de solda fundida entrassem na rosca das porcas. Depois de soldar, você deve estar pronto para iniciar o processo de rosqueamento. Para instalar tudo corretamente, você precisa colocar a porca tensionadora de corrente e as arruelas da roda em uma sequência específica.

Sequência de rosqueamento

Inicie passando um dos eixos através do rasgo feito para ele em um dos lados do chassi. Em seguida, rosqueie as seguintes peças no eixo feito por uma barra roscada de 8 mm (a partir do interior do chassi), na seguinte ordem:

1. Arruela de 8 mm
2. Porca sextavada de 8 mm
3. Um dos conjuntos de porca tensionadora da corrente
4. Outro conjunto de porca tensionadora da corrente
5. Outra porca de 8 mm
6. Outra arruela de 8 mm

Para uma melhor ilustração deste processo, ver Figura 12.15.

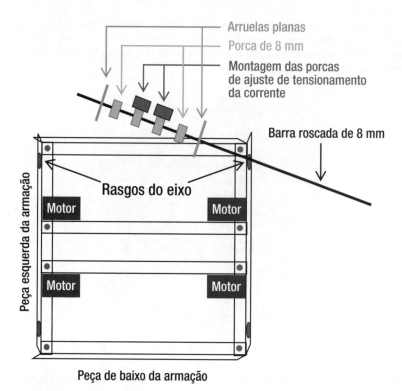

Figura 12.15 O processo de rosqueamento do eixo.

Depois de colocar as peças listadas no eixo, como mostrado na Figura 12.15, passe a extremidade esquerda da barra roscada pelo rasgo esquerdo feito para o eixo. Com o eixo através de ambos os lados do chassi, você pode começar a fazer os ajustes. Comece por rosquear as duas porcas sextavadas (com arruelas planas na frente) por toda a extensão para dentro de cada rasgo do eixo, apertando somente com a mão. Utilizando a barra roscada de 91 cm sobre um chassi de 46 cm produz-se cerca de 22,5 cm de eixo em excesso saindo de cada lado do chassi. Agora você pode adicionar outra arruela para cada extremidade do eixo e depois uma porca, apertadas à mão do lado externo do chassi.

Rosqueie a montagem tensionadora da corrente feita com porcas para cerca de 5 cm de distância do rasgo do eixo. Agora faça um furo na parte de trás (ou na frente) da cantoneira, alinhado com a montagem da porca tensionadora da corrente. Insira o parafuso de 6,3 mm através desse furo e o rosqueie na porca de extensão de 6,3 mm do conjunto, como mostrado na Figura 12.16.

Figura 12.16 Uma visão detalhada do sistema de tensão da corrente.

Agora, meça e corte cada corrente; em seguida, monte as rodas para completar a unidade de tração.

Medindo a corrente

Antes de instalar as rodas, meça e corte as correntes. Primeiro, monte as rodas dentadas pequenas nos eixos de saída dos motores, prendendo cada uma com parafusos; em seguida, coloque cada roda sobre o eixo, deslizando-o na direção do centro da estrutura (cerca de 1,2 cm a partir da sua posição mais avançada). Agora coloque toda a corrente, sem cortes, em torno da coroa (roda dentada da roda) e do pinhão do motor para marcar o comprimento exato necessário para cada conjunto.

Quando meço, eu marco a corrente com um marcador permanente para saber onde cortar com a minha ferramenta Dremel (disco de corte). As minhas correntes mediam, cada uma, aproximadamente 50 cm de comprimento. Foram utilizados cerca de 2 m de corrente, então eu tenho alguns centímetros que sobraram para algumas peças de reposição. Confie em mim, você vai precisar de algumas peças de reposição (ver Figura 12.17).

Figura 12.17 Medição e corte das correntes.

Faça uma marca na lateral de um elo completo da corrente; em seguida, corte um lado com um disco de corte rotativo e desgaste as cabeças dos dois pinos. Quando cortado, use um par de alicates para romper cada um dos lados do segmento cortado do resto da corrente. Após as duas peças cortadas serem separadas, a parte de trás do elo vai sair naturalmente e você vai ficar com um segmento de corrente pronto para se ligar à outra extremidade usando um elo da corrente mestre (ver Figura 12.18).

Figura 12.18 Um elo de corrente mestre #25 usado para conectar duas extremidades livres da corrente.

Antes de fixar cada roda no lugar, verifique cada corrente para se certificar de que estão paralelas ao chassi.

Adicionando espaçadores

Dependendo da sua configuração, você pode precisar de mais do que uma arruela (para atuar como um espaçador) entre o exterior do chassi e o interior do conjunto da roda (para cada roda). Você primeiro precisa instalar a corrente ao redor da roda dentada do motor e da roda dentada da roda para determinar se ela está paralela ao chassi.

Se a corrente não estiver paralela, você precisa adicionar arruelas planas (uma de cada vez) entre a roda e o chassi, até que a corrente se desloque paralelamente ao chassi. Eu tive que acrescentar três arruelas planas antes de a corrente ficar paralela, como mostrado na Figura 12.19.

Quando a corrente estiver paralela, você pode ajustar o parafuso de ajuste de tensão da corrente (ligado ao eixo) até que haja tensão adequada em cada uma delas. Eu sempre aperto a corrente até que ela esteja bem esticada, sem folga, e, em seguida, retorno uma volta para oferecer uma pequena folga. Para essa pequena corrente de #25, uma folga maior que 6,3 mm é provavelmente muito grande.

Quando você conseguir fazer uma roda girar suavemente e sem resistência, deve fazer o mesmo para as outras três rodas. Esse processo deve ser o mesmo em cada roda, porque o Battle-bot é simétrico.

Depois que cada roda estiver instalada e todas as quatro correntes tensionadas, é hora de selecionar e instalar algumas baterias.

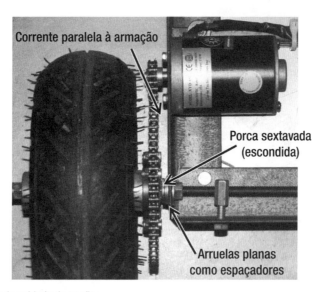

Figura 12.19 Instalação da unidade de tração.

BATERIAS

As baterias para este projeto podem ser alteradas dependendo do que você deseja usar. Eu decidi tentar manter esse robô relativamente leve usando baterias de polímero de lítio (ver Figura 12.20), abreviado como LiPo. Baterias LiPo são tipicamente de 3,7 V por célula e leves em comparação com as de chumbo-ácido, para uma mesma capacidade de carga. Essas baterias devem ser carregadas com um carregador específico para LiPo e não devem ser descarregadas para além de 3,0 V por célula, ou correm o risco de pegar fogo; então somente use essas baterias se você souber como lidar com elas.

> **Nota** ♦ Em uma competição de batalha de robôs, você geralmente é obrigado a marcar o seu robô com um adesivo amarelo ou algum outro marcador colorido para identificar que você está usando baterias de lítio.

Muitas lojas online de modelismo têm excelentes preços para baterias e carregadores LiPo, tornando-as acessíveis mesmo com um orçamento baixo. Eu encontrei estas baterias LiPo azuis de 3 células (3,7 V × 3 = 11,1 V), 3.000 mAh (3 Ah) por apenas 15 dólares cada. Elas têm uma taxa de descarga de 20 c, o que significa que, sozinha, essa bateria é capaz de descarregar cerca de 60 A continuamente (3 Ah × 20 c = 60 A contínuos). Se você usar dois desses conjuntos em paralelo, a taxa de descarga dobra para 120 A (6 Ah × 20 c = 120 A).

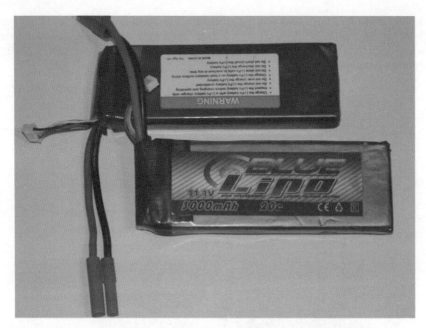

Figura 12.20 Um conjunto de baterias de polímero de lítio – LiPo azul de modelismo e 3 células (11,1 V).

Para obter mais potência para os motores, decidi colocar dois pacotes em série para fazer 22,2 VCC e 3.000 mAh. Você pode comprar tantos quantos puder pagar e colocar vários conjuntos de 22,2 V (conjuntos em série) em paralelo para atingir 6 Ah, 9 Ah, 12 Ah, e assim por diante. As baterias LiPo pesam apenas cerca de 450 g por conjunto, enquanto uma bateria de ácido selada (SLA) comparável pesa aproximadamente 2,7 kg. É claro que as baterias de LiPo são cerca de duas vezes mais caras do que uma bateria de SLA equivalente, mas você deve comprar apenas o número de baterias de LiPo correspondente à sua capacidade exigida em Amp/hora, para diminuir o peso do seu robô.

Alternativamente, você pode usar baterias de SLA para contornar a necessidade de comprar um carregador exclusivo para Lipo ou para evitar a preocupação com o excesso de descarga. Duas baterias padrão de 12 V 7 Ah caberiam muito bem nesse chassi. Como você pode ver na Figura 12.21, qualquer tipo de bateria tem espaço de sobra nesse chassi.

Com as baterias escolhidas, instale agora a eletrônica e faça conexões.

Capítulo 12 ▪ Battle-bot 515

Figura 12.21 Tanto baterias SLA (à esquerda) quanto LiPo (à direita) cabem nesse chassi.

PROTEGENDO A ELETRÔNICA

Agora você precisa fixar o Arduino e cada controlador de motor no chassi do Battle-bot. Eu escolhi usar novamente uma caixa de plástico para projetos da Radio Shack para abrigar os componentes eletrônicos em um local central. Protegendo depois a caixa de projeto com armadura de metal, os componentes eletrônicos ficam ainda mais protegidos contra os maus-tratos externos.

Protegendo seu cérebro

Para proteger todos os seus eletrônicos valiosos de dano, você precisa abrigá-los em algum lugar longe do alcance do seu oponente. Eu escolhi abrigar os componentes eletrônicos em uma caixa de plástico para batalha, que tem uma ventoinha de resfriamento montada em sua tampa para evitar que os controladores de motor fiquem muito quentes. Ela consiste em uma caixa de projeto padrão da Radio Shack com todos os componentes eletrônicos montados na sua base, paredes e tampa. A ideia é abrigar essa caixa no centro do robô a uma distância segura das bordas (ver Figura 12.22), com grossas placas de metal acima dela para mantê-la a salvo do perigo.

Figura 12.22 Os componentes eletrônicos alojados no interior da caixa para batalha com uma ventoinha de resfriamento na tampa.

Se essa caixa for danificada, isso não só vai imobilizar o seu robô durante uma partida, mas também provavelmente destruirá alguns eletrônicos valiosos. É de seu interesse, na condição de competidor... PROTEGER ESSA CAIXA! Você usa um capacete em um jogo de futebol americano, certo? Bem, a caixa para batalha abriga o cérebro do robô e é submetida a lâminas de serra, martelos e tudo que seu adversário inventar. Eu recomendo prender essa caixa ao chassi usando vários métodos diferentes (por exemplo, parafusos, correias e cintas plásticas). Imagine a sensação de ver o cérebro do seu robô sendo espalhado por todo o chão depois de um bom golpe do seu oponente – melhor prevenir do que remediar!

Fazendo as conexões

A fiação neste projeto pode ser complexa, pois existem três controladores de motores separados para serem abastecidos com uma fonte de alimentação e sinais de entrada. A placa OSMC requer um mínimo de dois sinais PWM, enquanto cada controlador de motor Sabertooth, no modo R/C, utiliza um único pino digital para cada sinal de acionamento (esquerda e direita).

Capítulo 12 ■ Battle-bot

Os sinais R/C têm de ser lidos pelo Arduino na ordem correta (CH1 primeiro, depois CH2, e assim por diante) para evitar a perda de quaisquer pulsos; isso porque os pulsos estão disponíveis para o Arduino um após o outro (em ordem). Tentar ler o último pulso antes dos outros pode fazer o Arduino pular os pulsos anteriores a cada *loop*. Isso me causou uma certa confusão ao testar. Por essa razão, é melhor conectar o receptor R/C de acordo com o número do canal, e então atribuir cada número de pino em conformidade no código Arduino.

Você pode usar o regulador +5 V do Arduino para alimentar o receptor R/C ou pode usar o regulador de tensão embarcado do Sabertooth, embora ele tenha um regulador menor e forneça menos corrente do que o Arduino. Como esses reguladores são lineares, você dissipa um bom bocado de potência se alimentá-los com uma tensão de entrada de 22,2 V a 24 V. A OSMC tem um regulador por chaveamento de 12 V, mas usá-lo exige potência do *chip* controlador OSMC e ainda dissipa um pouco de calor na diminuição de 12 V para 5 V através dos reguladores lineares. Ao usar uma associação de bateria em série, considero que é mais fácil alimentar o Arduino com uma derivação de 12 V no conjunto de bateria, para evitar conectar os reguladores de 5 V a uma tensão de entrada de 24 V.

A Tabela 12.3 mostra o guia de fiação usado para conectar cada sinal no Battle-bot.

Tabela 12.3 Ligação do Arduino com as baterias, receptor R/C e controladores de motor

Fios	Arduino	Conexão
OSMC – AHI	D8	Conecte o OSMC AHI ao pino D8 do Arduino.
OSMC – ALI	D9	Conecte o OSMC AHI ao pino D9 do Arduino.
OSMC – BLI	D10	Conecte o OSMC AHI ao pino D10 do Arduino.
OSMC – BHI	D11	Conecte o OSMC AHI ao pino D11 do Arduino.
LED 1 – luz neutra	D12	LED1 conectado internamente na placa Battle-duino ao pino D12.
LED 2 – luz neutra	D13	LED2 conectado internamente na placa Battle-duino ao pino D13.
R/C do receptor – canal 1	D14 = Pino analógico A0	Conecte o receptor R/C ch1 ao Arduino D14.
R/C do receptor – canal 2	D15 = A1	Conecte o receptor R/C ch2 ao pino D15 do Arduino.
R/C do receptor – canal 3	D16 = A2	Conecte a chave ch3 do receptor R/C ao pino D16 do Arduino.

(continua)

518 Arduino para robótica

Tabela 12.3 Ligação do Arduino com as baterias, receptor R/C e controladores de motor (*continuação*)

Fios	Arduino	Conexão
R/C do receptor – canal 5	D17 = A3	Conecte a chave ch5 do receptor R/C ao pino D17 do Arduino.
Sabertooth 2x25 – Entrada esquerda	D18 = A4	Conecte as entradas S1 e S2 do Sabertooth esquerdo ao pino D18 do Arduino.
Sabertooth 2x25 – Entrada esquerda	D19 = A5	Conecte as entradas S1 e S2 do Sabertooth direito ao pino D19 do Arduino.
Bateria GND	GND	Conecte o fio GND da bateria a ambos os controladores de motor Sabertooth, ao controlador de arma OSMC e ao Arduino.
Bateria+ (22,2 V a 24 V)	x	Conecte os controladores OSMC e Sabertooth ao B+ ao polo positivo da bateria através de um fusível de 40 A a 60 A.
Sabertooth +5 V	VIN	Você pode alimentar o Arduino e o receptor R/C usando a fonte +5 V de qualquer um dos controladores de motor Sabertooth.

Você provavelmente precisará de algumas abraçadeiras de náilon para organizar a fiação depois de terminar, para evitar que os fios mais longos enrosquem em alguma coisa e sejam arrancados. Você também pode querer usar conexões rápidas (terminais tipo espada macho/fêmea) entre os motores e controladores de motor para permitir reparos com facilidade.

Também é uma boa ideia instalar uma chave de emergência no robô para cortar o fornecimento de energia rapidamente se necessário. Eu usei uma chave Liga/Desliga SPST padrão montada na estrutura e conectada à alimentação de +24 V. Para proteger os controladores de motor e o Arduino, é sempre bom instalar um fusível em série com a fonte de alimentação de 24 V, no caso de um curto-circuito. Para melhor visualizar o esquema de fiação do Battle-bot da Tabela 12.3, veja a Figura 12.23.

Com a eletrônica instalada firmemente no chassi do robô e os fios conectados de acordo com a Tabela 12.3 e a Figura 12.23, você deve estar pronto para carregar o código para o Arduino e testar o chassi antes de adicionar as armas e armaduras.

Capítulo 12 ■ Battle-bot

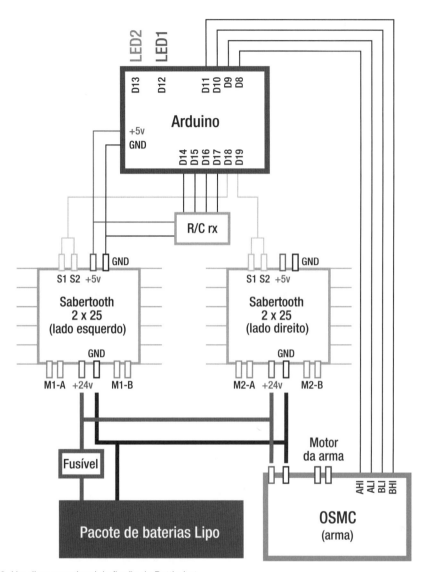

Figura 12.23 Um diagrama visual da fiação do Battle-bot.

O CÓDIGO

O código para o Battle-bot lê os pulsos do receptor R/C e decide o que fazer com cada motor e arma. Como um mecanismo antifalhas por *software*, o código certifica que ambos os canais da unidade têm um pulso válido antes de prosseguir; se o pulso de sinal de algum dos canais for perdido, o Battle-bot entra no modo de aquisição de sinais e comanda a parada dos motores de tração e da arma (LED1 e LED2 também piscam para indicar um sinal perdido). Depois de o Arduino detectar um sinal válido em ambos os canais de acionamento, os motores de tração são acionados e o código começa a verificar o valor do sinal da chave de desarme da arma (conectado ao canal 5 do R/C). Se a chave de desarme é ligada, a arma é desligada e seu sinal não é processado. Depois que a chave de desarme da arma é desligada, o Arduino pode começar a processar o sinal de controle da arma e esta é ativada. Isso fornece uma camada extra de segurança para evitar a ativação acidental da arma antes que você esteja pronto.

Antes de testar, verifique duas vezes todas as conexões conforme a Tabela 12.2 e a Figura 12.23. A Listagem 12.1 mostra o código final.

Listagem 12.1 Código final para o Battle-bot

```
// Capítulo 12 - Battle-bot
// Controla 2 controladores de motor Sabertooth usando o pulso de sinal R/C
// Controle da arma do Battle-bot usando OSMC (controlador de motor de código aberto)
// Decodifica 2 sinais R/C de servo para os canais de direção esquerda e direita (Sabertooth 2x25
no modo R/C)
// Decodifica 1 sinal R/C de servo para a arma (OSMC)
//
//

// Cria nomes para pinos de entrada R/C pulso D14-D17
int RC_1 = 14;
int RC_2 = 15;
int RC_3 = 16;
int RC_4 = 17;

// Cria nomes para pinos de saída R/C pulso D18 e D19
int Left_OUT = 18;
int Right_OUT = 19;

// Nomeia LEDs e anexa aos pinos D12 e D13
int LED_1 = 12;
int LED_2 = 13;

// Nomeia pinos de saída do controlador do motor da arma e anexa a D8-D11
int OSMC_BHI = 8;
int OSMC_BLI = 11; // Pino PWM
int OSMC_ALI = 10; // Pino PWM
int OSMC_AHI = 9;

// cria variáveis para a banda morta da arma e armação da arma
int zona morta = 10;
int weapon_armed = false;
// Variáveis para armazenar valores de R/C
// valores para canal 1 R/C
int servo1_val;
int adj_val1;
int servo1_Ready;
// valores para canal 2 R/C
int servo2_val;
int adj_val2;
int servo2_Ready;
// valores para canal 3 R/C
int servo3_val;
```

Capítulo 12 ▪ Battle-bot

```
int adj_val3;
int servo3_Ready;
// valores para canal 4 R/C
int servo4_val;
int adj_val4;
int servo4_Ready;


// Fim das variáveis

// Iniciar função Setup()

void setup() {
  // muda frequência PWM nos pinos 9 e 10 para 32 kHz para a arma
  TCCR1B = TCCR1B&0b11111000 | 0x01;

  // pinos motores
  pinMode(OSMC_ALI, OUTPUT);
  pinMode(OSMC_AHI, OUTPUT);
  pinMode(OSMC_BLI, OUTPUT);
  pinMode(OSMC_BHI, OUTPUT);

  // LEDs
  pinMode(LED_1, OUTPUT);
  pinMode(LED_2, OUTPUT);

  // saídas de sinal R/C
  pinMode(Left_OUT, OUTPUT);
  pinMode(Right_OUT, OUTPUT);

  // Entradas PPM do receptor R/C
  pinMode(RC_1, INPUT);
  pinMode(RC_2, INPUT);
  pinMode(RC_3, INPUT);
  pinMode(RC_4, INPUT);

  // Definir todos os pinos OSMC BAIXO durante Setup
  digitalWrite(OSMC_BHI, LOW);//AHI e BHI devem ser ALTOS para freio elétrico digitalWrite(OSMC_ALI,
LOW);
  digitalWrite(OSMC_AHI, LOW);//AHI e BHI devem ser ALTOS para freio elétrico digitalWrite(OSMC_BLI,
LOW);

  // LEDs piscam para verificar a configuração
  digitalWrite(LED_1, HIGH);
  digitalWrite(LED_2, LOW);
  delay(1000);
  digitalWrite(LED_2, HIGH);
  digitalWrite(LED_1, LOW);
  delay(1000);
  digitalWrite(LED_2, LOW);

  // Escreve pinos OSMC lado alto HIGH, permitindo freio elétrico para motor da arma quando não
está sendo usado
  digitalWrite(OSMC_AHI, HIGH);
```

```
  digitalWrite(OSMC_BHI, HIGH);

}

// Fim do Setup()

// Começa função loop()


void loop() {
  // Lê sinais R/C do receptor
  servo1_val = pulseIn(RC_1, HIGH, 20000);//canal da arma
  servo2_val = pulseIn(RC_2, HIGH, 20000);//canal de direção esquerdo
  servo3_val = pulseIn(RC_3, HIGH, 20000);//canal de direção direito
  servo4_val = pulseIn(RC_4, HIGH, 20000);//chave de desativação da arma

  // Verificação antifalhas - Verifica se AMBOS os canais de direção são válidos antes de processar
qualquer outra coisa
  if (servo2_val > 0 && servo3_val > 0) {

  // liga LEDs neutros para os canais de direção se eles estiverem centralizados (individualmente).
  // LED 1 para o canal de direção esquerdo
  if (servo2_val < 1550 && servo2_val > 1450){
    digitalWrite(LED_1, HIGH);
  }
  else{
    digitalWrite(LED_1, LOW);
  }
  // LED 2 para o canal de direção direito
  if (servo3_val < 1550 && servo3_val > 1450){
    digitalWrite(LED_2, HIGH);
  }
  else{
    digitalWrite(LED_2, LOW);
  }
  // Verifica se a chave de desarme está ligada (R/C ch5) antes de ativar a arma
  if (servo4_val> 1550){
    // braço da arma
    weapon_armed = true;
    // Então vai em frente e processa o valor da arma
    if (servo1_val > 800 && servo1_val < 2200){

    // Mapeia valor bidirecional do pulso R/C Servo centralizado em 1.500 ms,
    // para um valor para a frente/reverso centralizado em 0.
    // 255 = para a frente total, 0 = neutro, -255 = reverso total
    adj_val1 = map(servo1_val, 1000, 2000, -255, 255);

    // Limita os valores para +/- 255
    if (adj_val1 > 255){
     adj_val1 = 255;
}
    if (adj_val1 < -255){
 adj_val1 = -255;
    }
```

Capítulo 12 ▪ Battle-bot

```
// Verifica o sinal para saber a direção do motor (valor positivo ou negativo)
if(adj_val1 > deadband){
// se o valor for positivo, escrever valor para a frente para o motor
weapon_forward(adj_val1);
}
else if(adj_val1 < -deadband){
// se o valor for negativo, converter para positivo (*-1), em seguida, escrever valor reverso
para motor
adj_val1 = adj_val1*-1;
weapon_reverse(adj_val1);
}
else{
// caso contrário, o sinal da arma é neutro, parar motor da arma.
weapon_stop();
adj_val1 = 0;
}
}
else{
// se não, se a chave de alternância de arma for desengatada, parar a arma (de cima)
weapon_stop();
}
}
else{
// se não, se os sinais de direção não forem válidos, desabilitar a arma - antifalha extra
weapon_armed = false;
weapon_stop();
}
}

// Se os sinais de direção não forem válidos, parar de usar LEDs neutros e fazê-los piscar
// para a frente e para trás até o sinal ser restaurado - ver a função acquiring().
else{
servo2_val = 1500;
servo3_val = 1500;
weapon_armed = false;
aquisição();
}

// Por fim, envia os pulsos de R/C para o Sabertooth
Send_Pulses();

}

// End Loop

// Começa funções extras

void acquiring(){
// enquanto receptor R/C estiver à procura de um sinal, piscar os LEDs
digitalWrite(LED_1, HIGH);
digitalWrite(LED_2, LOW);
delay(200);
digitalWrite(LED_2, HIGH);
digitalWrite(LED_1, LOW);
```

```
    delay(200);
    digitalWrite(LED_2, LOW);

}

void Send_Pulses(){
  // enviar pulso R/C esquerdo para Sabertooth esquerdo S1 e S2
  digitalWrite(Left_OUT, HIGH);
  delayMicroseconds(servo2_val);
  digitalWrite(Left_OUT, LOW);

  // enviar pulso R/C direito para Sabertooth direito S1 e S2
  digitalWrite(Right_OUT, HIGH);
  delayMicroseconds(servo3_val);
  digitalWrite(Right_OUT, LOW);
}


  // função motor para a frente para OSMC
  void weapon_forward(int speed_val1){
    digitalWrite(OSMC_BLI, LOW);
    analogWrite(OSMC_ALI, speed_val1);
}
  // função motor para trás para OSMC
  void weapon_reverse(int speed_val2){
    digitalWrite(OSMC_ALI, LOW);
    analogWrite(OSMC_BLI, speed_val2);
}
  // função parar motor para OSMC
  void weapon_stop(){
    digitalWrite(OSMC_ALI, LOW);
    digitalWrite(OSMC_BLI, LOW);
}

// Fim das funções extras
// Fim do código
```

Depois de verificar se o código foi carregado corretamente, você pode começar a testar o chassi do Battle-bot. Certifique-se de que cada motor gira na direção correta e de que os lados do motor não estão invertidos (isto é, a alavanca de controle esquerdo controla motores esquerdos, e vice-versa). Quando tudo parecer correto, você provavelmente deve levar o seu novo chassi de robô para dar uma volta pelo quintal, para ver se há articulações fracas ou parafusos soltos, antes de instalar a armadura e a arma.

ARMADURA

O que você escolhe para vestir o seu robô é problema seu, mas eu escolhi uma bela "cueca" de chapas metálicas e um machado na parte de cima. Você pode escolher entre vários materiais, como aço, titânio, alumínio, fibra de carbono, fibra de vidro e até mesmo armas que protegem o robô, como uma armadura (procure "Son of Wyachi" no Google). Eu escolhi usar o material mais forte com o melhor preço: chapas de aço na forma de folhas de metal 16 AWG (ver Figura 12.24). Para mim é difícil dobrar essa folha de metal, e, quando instalada e aparafusada, é ainda mais difícil.

Capítulo 12 ■ Battle-bot

Figura 12.24 O chassi básico totalmente montado com armadura.

A instalação da armadura é muito mais fácil se você começar com pedaços do mesmo tamanho do chassi do seu robô. Eu não encontrei com facilidade um pedaço pré-cortado de 46 cm × 46 cm, mas encontrei um de 30 cm × 46 cm e um de 15 cm × 46 cm, que, juntos, se encaixam muito bem sem ter que cortar nada. Se você olhar para o lado esquerdo do robô na foto, verá o encontro das duas partes. Talvez um pequeno ponto de solda através da emenda seria mais profissional, mas não é necessário. Use outro pedaço de folha de metal na parte de baixo do robô para mantê-lo protegido se ele capotar.

Quando blindado, o Battle-bot provavelmente estará mais preparado para tomar uma trombada durante a batalha, mas, até que você adicione algumas armas, não há muito que possa ser feito contra o adversário.

ARMAS

Embora o operador de um Battle-bot deva saber como conduzi-lo de modo eficaz, ter algumas boas armas nunca é demais. Para o nosso robô, eu decidi usar dois tipos de armas: uma arma ativa que consiste em um braço usado para perfurar o oponente, e um conjunto passivo de lanças bidirecionais montadas na frente e na traseira do robô e usadas para acertar o oponente em altas velocidades. As lanças atuam como armas desde que você tenha pelo menos dois motores funcionando, um em cada lado, ao passo que a arma de braço depende de uma ponte-H separada para alimentar seu motor.

Existem muitos tipos de armas ativas e passivas, desde machados, lâminas giratórias, braços levadiços, mandíbula esmagantes, braços oscilantes, aríetes e brocas perfurantes de grandes dimensões, para citar algumas. Embora possa surpreender, às vezes os *designs* mais simples podem ser os mais eficazes. O sempre popular campeão dos pesos pesados, o robô Biohazard, usou um elegante chassi de 10 cm de altura com um poderoso mecanismo de braço de elevação (muito parecido com uma empilhadeira) para destruir quase qualquer um em seu caminho.

Para construir as armas utilizadas nesse robô, você precisa das peças listadas no item "Armas" da Tabela 12.2. Os oito passos seguintes vão guiá-lo através do processo de construção de armas:

1. Modifique o cubo da roda para a arma que será construída. Comecei vasculhando minhas coisas: me deparei com uma *scooter* elétrica Schwinn S350, há alguns meses, enquanto limpava meu escritório (alguém a deixou em uma caçamba de lixo!). Eu rapidamente a peguei e levei para casa para uma inspeção mais cuidadosa; havia um motor elétrico perfeitamente bom de 350 W, 24 VDC e 22 A com suporte de montagem, corrente, rodas, rodas dentadas, fiação, acelerador e controlador de motor. Eu também encontrei várias *scooters* elétricas em minha loja local de sucata por menos de 20 dólares, que também incluíam motor, corrente, rodas dentadas, e assim por diante.

Eu decidi sacrificar o conjunto traseiro de roda/motor/roda-dentada dessa *scooter* para fazer um eixo giratório para um martelo com ponta de aço que eu tinha em mente. A primeira coisa que fiz foi separar o pneu/aro originais dos raios ligados ao aro utilizando uma serra sabre e uma lâmina para aço (ver Figura 12.25). Eu queria usar esse conjunto de eixo porque ele incluía uma roda dentada de 90 dentes, raios para montar a arma e um eixo giratório com rosca, e o motor é facilmente montado usando o seu suporte.

Figura 12.25 Cortando o conjunto do cubo de roda para usar como o eixo da arma.

Após cortar o cubo de roda do pneu/aro, você pode fazer um furo na direção da extremidade de cada raio. Você usará apenas dois desses para montar o braço. Para construir as armas nesse robô, você provavelmente precisará de um soldador, por isso, se não tiver um, você precisa ou investir cerca de 100 dólares em um pequeno soldador, ou fazer amizade com alguém que lhe empreste um. E lembre-se de proteger os olhos!

2. Faça o suporte de montagem de arma. Você deve ter algo para montar a estrutura suporte do eixo giratório da *scooter*; escolhi usar dois pedaços de perfil quadrado de aço de 1,9 cm para segurar o eixo acima do quadro. Fiz duas braçadeiras paralelas idênticas para montar no chassi e também no conjunto do eixo da arma.

Comece por fazer dois cortes em V no perfil quadrado usando uma serra sabre, arco de serra ou esmerilhadeira angular (ver Figura 12.26). Eu usei dois pedaços de perfil de aço de 91 cm, cortando 10 cm de cada peça. Meça e marque os cortes V para estarem a 7,6 cm de uma ponta e 22,8 cm do outro lado. As extremidades de 22,8 cm e 7,6 cm devem ser montadas perpendicularmente ao chassi (em ângulos retos), enquanto a seção central de 50 cm assume a inclinação entre elas.

Figura 12.26 Cortando entalhes V nos suportes da arma.

Você deve testar o encaixe do suporte para garantir que ele se encaixa na frente e na traseira do chassi antes de fixar as dobras em V. Eu usei um soldador para fixar as articulações depois de ter certeza de que elas se encaixavam corretamente no chassi. Para uma melhor ilustração dos suportes da arma, ver Figura 12.27).

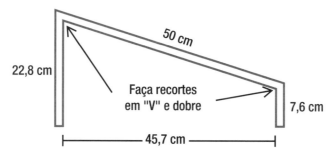

Figura 12.27 Um diagrama da forma de cada suporte da arma.

3. Teste o encaixe do eixo nos suportes da arma. Depois de fazer os dois suportes (do mesmo tamanho), faça um furo perto do topo da peça de 22,8 cm para montar o conjunto do eixo da arma. Você pode colocar os dois suportes da arma um sobre o outro e fazer o furo através de ambos no mesmo local para se certificar de que eles se alinham. O eixo da arma precisa ser montado nos suportes tão alto quanto possível (cerca de 2,5 a 5 cm a partir da parte superior). Use as duas porcas do conjunto do eixo para montá-lo aos suportes de arma, certificando-se de que o eixo gira livremente após a montagem. Agora, monte os suportes de arma no centro do chassi através da perfuração de um furo na parte inferior de cada perfil quadrado, e depois aparafuse cada suporte da arma ao chassi (ver Figura 12.28).

Figura 12.28 O chassi com os suportes da arma e o eixo testados.

4. Monte o conjunto do motor CC. Usando o conjunto de motor CC de uma *scooter*, monte ao eixo da arma e instale nos suportes. Os perfis quadrados devem estar paralelos um ao outro quando montados, como mostrado na Figura 12.29.

Capítulo 12 ■ Battle-bot

Figura 12.29 O chassi acabado com eixo e motor da arma instalados.

5. Corte um pequeno semicírculo na barra plana de aço de largura de 5 cm. O corte de um pequeno semicírculo (com raio de cerca de 2,5 cm a partir da borda) perto da extremidade do braço permite a ele contornar o semieixo da arma. Eu usei uma esmerilhadeira angular para cortar a área marcada com marcador permanente (ver Figura 12.30).

Figura 12.30 Modifique o braço para se ajustar em torno do eixo da arma (à esquerda), e o teste de encaixe do braço montado sobre o conjunto do eixo da arma (à direita).

6. Monte um braço de barra chata de aço ao conjunto do eixo da arma. Coloque a barra chata sobre o conjunto do eixo e marque os buracos que você perfurou em dois raios da roda (do passo 1) à barra fixa. Você precisa fazer furos nessas marcas e utilizar dois parafusos para fixar o braço da barra aos raios da roda no eixo da arma (ver Figura 12.30).

7. Adicione quaisquer tipos de sucata de metal que você puder encontrar ao final do braço; isso é com você. Eu utilizei alguns pedaços de cantoneira de aço na forma de uma lança e montei na parte da frente do braço para atuar como uma pequena cunha quando a lança não é utilizada. Mais uma vez, eu usei um soldador para anexar essas peças à extremidade do braço (ver Figuras 12.31 e 12.32).

Figura 12.31 Estas duas imagens mostram as peças de sucata que usei para a lança da arma.

Capítulo 12 ▪ Battle-bot

Figura 12.32 Estas duas imagens mostram como eu anexei a arma (soldagem).

8. Se você quiser lanças, pegue a haste sólida redonda de aço de 1,6 cm e comece a afiar com uma esmerilhadeira angular. Passei uma hora amolando e cortando as extremidades da haste de aço até que ela ficasse com umas pontas ameaçadoras. Mas prepare-se para um banho de faíscas e use uma máscara de pó; não é bom deixar essas partículas entrarem nos seus pulmões (ver Figura 12.33).

Figura 12.33 Amolando as lanças para fazer pontas afiadas.

Perfurando um conjunto de furos de 16 mm no chassi em ambas as extremidades, você pode passar essas lanças por ele para fixá-las. Você pode soldá-las no lugar como uma solução permanente, ou fazer um furo através da haste apenas dentro do chassi em cada extremidade para colocar um parafuso através dele. A haste não pode se prolongar para além do chassi, e você pode remover as lanças facilmente para transporte/segurança.

Figura 12.34 As lanças projetando-se do chassi, prontas para empalar um adversário.

Com as armas instaladas, você deve estar quase pronto para a batalha. Hora de verificar todas as suas conexões e fiação, tensão das correntes, pressão dos pneus, níveis da bateria, e um lugar para se certificar de que ninguém se machuque enquanto você testa a sua criatura de destruição.

Agora é hora de começar a se inscrever para uma competição de batalha de robôs! Verifique a seção "Informações adicionais" para saber onde procurar batalhas em sua área.

INFORMAÇÕES ADICIONAIS

Para obter informações adicionais sobre as regras das batalhas de robôs, regulamentos, orientação para construção e eventos, você pode verificar o site Battlebots: www.battlebots.com.

Para outros eventos, ir para www.robogames.net/.

Um dos guias mais completos e detalhados para a construção de um Battle-bot vem da equipe RioBotz, que produziu um arquivo em PDF de 367 páginas abarrotado de comparações de projetos, tipos de armas, dicas de montagem, construção de chassis, e assim por diante. Se você tiver mesmo a intenção de construir um Battle-bot para competição, DEVE lê-lo. Disponível em www.riobotz.com.br/riobotz_combot_tutorial.pdf.

Para informações sobre a construção, verifique primeiro o Team Nightmare e o Robot Marketplace. O Robot Marketplace tem quase qualquer peça que você pode imaginar para um Battle-bot e é também uma excelente fonte para a maioria dos projetos de robótica em geral. Vá para www.robotcombat.com/.

Capítulo 12 ■ Battle-bot

Um juiz aposentado dessas competições dá suas dicas para ganhar no www.robotics-society.org/jds-rules.shtml.

O Team Davinci tem algumas dicas excelentes sobre a construção em www.teamdavinci.com/.

RESUMO

Este capítulo discutiu vários aspectos da construção de um Battle-bot competitivo. Os conceitos foram apenas sugestões para você começar se estiver interessado nesse esporte em crescimento. Como não há nenhuma maneira "certa" de construir um robô de combate, eu encorajo você a usar sua criatividade e tentar algo novo!

Eu projetei o meu Battle-bot para ter quatro rodas de tração movidas independentemente, um quinto motor para controlar uma arma ativa na forma de um martelo com ponta de aço e duas lanças na frente e atrás do chassi de metal. O uso de baterias LiPo ajudou a reduzir o peso do robô em até 5,6 kg (contra a SLA), mantendo a mesma capacidade de carga. Para proteção adicional, a eletrônica foi colocada numa caixa de plástico de projeto montada no chassi e coberta por uma camada de armadura de metal em cada lado.

O próximo capítulo revisita um robô anterior (o Explorer-bot do Capítulo 8) para fornecer um novo método de controle. Usando um par de rádios Xbee e uma interface personalizada, você cria um *link* serial, sem fio, entre o Explorer-bot e o seu computador para controlar o robô usando um *game pad* para PC.

CAPÍTULO 13

Controle alternativo

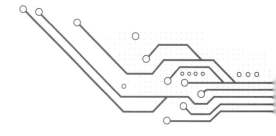

Apesar de os rádios R/C de modelismo serem facilmente encontrados, relativamente baratos e terem um excelente alcance (de quase 1,6 km com linha de visada), eles nem sempre podem fornecer o *tipo* de controle que você quer para o seu robô. Muitos robôs modernos são controlados por computadores que normalmente usam uma conexão serial para enviar vários comandos ao mesmo tempo. Alguns robôs podem se dar o luxo de se conectar a um computador por meio de um cabo, enquanto outros exigem uma conexão sem fio com alcance e velocidade razoáveis.

Lembre-se de que no Capítulo 8 montamos uma conexão sem fio com o Xbee para transmitir dados do robô para o monitor serial mostrado na tela do nosso computador. Embora seja legal ler os dados do robô sem usar fios, este capítulo concentra-se em controlar o robô usando uma conexão de dados em série, enviando dados do computador ao Arduino através dos rádios Xbee. Uma vez recebidos, o Arduino pode decodificar os dados e comandar os motores direito e esquerdo com os valores de velocidade e direção corretos recebidos do computador.

Você pode estar imaginando como é possível controlar o robô usando o computador. Para aquelas pessoas mais adeptas ao modelismo, que não estão tão familiarizadas com programação de computadores, nós fornecemos um método simples e fácil de configurar o controle do Explorer-bot (Capítulo 8) usando um controle de videogame USB para PC. Os valores do controlador do *joystick* para PC são decodificados pelo computador e enviados através do rádio Xbee, também conectado ao computador via USB. A sequência geral de passos (e o *layout* do capítulo) é a seguinte:

1. Enviar sinais para o computador movendo as alavancas de controle analógico do *gamepad*.
2. Decodificar esses sinais pelo Processing (Listagem 13.1) e enviá-los através de uma conexão em série (os Xbees fornecem isso) para o Arduino no Explorer-bot.
3. Receber esses comandos no Arduino (Listagem 13.2) através da conexão serial, aplicar alguma correção de erros e decodificá-los em valores para os motores do Explorer-bot.
4. Aproveitar!

Vamos começar.

USANDO O PROCESSING PARA DECODIFICAR OS SINAIS

Para decodificar os sinais, usamos a popular ferramenta de código aberto para programação de computadores Processing, concebida para criar imagens, animações e interações. Você pode pensar no Processing como uma ferramenta com a qual o computador pode facilmente se comunicar com o Arduino. O IDE do Processing é quase idêntico ao IDE do Arduino, e os comandos são de natureza similar, embora não sejam compatíveis. Quando você se sentir confortável usando o IDE do Arduino, usar o Processing vai se tornar um hábito. Se você ainda não tem o Processing, baixe-o agora em:

http://processing.org

Confira as páginas de referência de ambos, tanto do Processing quanto do Arduino, para ver uma lista de cada comando disponível e exemplos de como usá-los:

Processing: www.processing.org/reference/
Arduino: www.arduino.cc/en/Reference/HomePage

Para provar quão confortável um programador de Arduino deve sentir-se com o IDE do Processing, confira-os lado a lado na Figura 13.1.

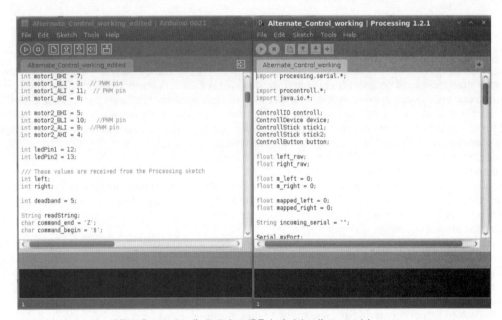

Figura 13.1 Comparando o IDE do Processing (à direita) ao IDE do Arduino (à esquerda).

LISTA DE COMPONENTES DO ARDUINO PARA CONTROLE ALTERNATIVO

As únicas peças de que você precisa para este projeto são um robô já existente, rádios Xbee também já existentes e um controlador de jogo USB (Tabela 13.1). O esquema de controle que discutimos é adaptável a uma ampla variedade de robôs, mas, para o nosso projeto, usamos um robô com acionamento básico.

Capítulo 13 ■ Controle alternativo

Tabela 13.1 Lista de peças de controle alternativo

Parte	Descrição	Preço (US$)
Um robô	Eu usei o Explorer-bot do Capítulo 8, mas você pode usar qualquer robô que tiver mudando o código de controle do motor, se necessário.	$$$
Controlador PC Saitek	Saitek P2600 (Figura 13.2) – mas qualquer controlador de jogo USB para PC da Saitek, ou similar, deve funcionar.	5,00 a 20,00
Dois rádios Xbee	Sparkfun (componente #WRL-08665) – evite utilizar os modelos Xbee Pro porque eles têm problemas de energia com as placas reguladas Xbee Explorer da Sparkfun.	23,00 cada
Sparkfun Xbee Explorer USB Regulated	Sparkfun (componente #WRL-08687) – você também precisa do cabo USB compatível com este produto.	25,00
Sparkfun Xbee Explorer Regulated	Sparkfun (componente #WRL-09132) – eu usei barras de pinos fêmeas para soldar nesta placa.	10,00

SELECIONANDO A ENTRADA

Existem, na verdade, inúmeras formas de se controlar um robô usando o seu computador e o Processing: teclado, mouse, controlador de Wii, ou qualquer outro dispositivo de entrada que você possa conectar a um computador. Controladores de jogos para PC são geralmente encontrados a preços baixos na internet ou em uma loja de sucata. Optei por usar os valores de UP/DOWN (CIMA/BAIXO) de cada *joystick* do controlador USB para pegar os valores para os motores direito e esquerdo. Esse método utiliza entradas básicas do sistema de tração diferencial. Se você quiser controlar a câmera *pan/tilt* também, talvez queira misturar os canais de cada *joystick* para que um controle o robô e o outro a câmera.

Figura 13.2 Controlador de jogo USD Saitek P2600 para PC.

PRÉ-REQUISITOS DO PROCESSING

A melhor maneira de receber entradas de um controlador USB no Processing é usar a biblioteca pro-CONTROLL disponível em: http://creativecomputing.cc/p5libs/procontroll/. Essa biblioteca é baseada na biblioteca JInput e é extremamente fácil de usar. Ela fornece uma maneira simples de usar dispositivos conectados (como controladores USB), bastando escolher um porto serial que representa o controlador e escolher com quais botões/alavancas você quer interagir.

Para instalar essa biblioteca, faça o download de procontrol.zip disponível no site, e em seguida extraia o arquivo em seu Sketchbook do Processing, em uma pasta chamada "libraries" (se a pasta não existir, crie-a). Agora abra o Processing e a biblioteca deve funcionar.

SEGUINDO O PROTOCOLO

A ideia deste projeto é que o código do Processing seja inteiramente responsável por determinar os valores a serem enviados para o robô, e o código Arduino cegamente pega os valores que lhe foram enviados via Xbee e os envia para os controladores de motores predeterminados. Consequentemente, nós precisávamos de um protocolo de controle. Nós escolhemos um protocolo simples, no qual um determinado comando tinha um único caractere de texto (alfa) para representar qual comando foi chamado, além de um componente numérico que representa o argumento para enviar para o atuador.

Por exemplo, neste caso, existe um comando para o motor esquerdo (L) e um para o direito (R), e cada um dos quais pode ter valores entre –255 e 255 para determinar a velocidade e direção. Totalmente reverso é –255, totalmente para a frente é 255, e 0 é o ponto morto.

Nota ♦ No nosso *sketch* final, fomos apenas de –128 a 128 (metade da velocidade para cada lado, basicamente). Para ambientes internos, nosso robô era quase incontrolavelmente rápido em velocidade máxima.

Capítulo 13 ■ Controle alternativo

O *sketch* do Arduino fica aguardando atentamente a chegada de uma sequência de caracteres no porto serial. Cada sequência de caracteres que ele recebe é enviada para uma rotina de tratamento de comando, que determina o que fazer com o comando recebido. Na prática, isso causou alguns problemas, pois como o *buffer* serial se encheu o Arduino acabou recebendo valores como "R20202", que é maior que o valor máximo de 255 que o comando R deve receber. Consequentemente, nós introduzimos caracteres de "início de comando" e "final de comando" que tinham que marcar o início e o final de qualquer comando legítimo. Para isso, nós escolhemos "$" e "Z", um tanto arbitrariamente. Desse modo, qualquer comando legítimo acaba se parecendo com "$R100Z", e qualquer outra coisa é ignorada.

Com essa explicação, vamos rever os dois *sketches*, começando com o *sketch* do Processing.

EXAMINANDO O *SKETCH* DO PROCESSING

Este *sketch* do Processing, mostrado na Listagem 13.1, recebe a entrada do controlador USB e a processa para extrair as componentes direita e esquerda dos motores, que ele depois envia para o Arduino.

Listagem 13.1 *Sketch* do Processing

```
// Controle Alternativo - Sketch do Processing
// Este código é copiado para a janela do IDE do Processing
// O código do Arduino deve estar carregado e os rádios Xbee ligados antes de se pressionar play.
// Use os joysticks da esquerda (cima/ baixo) e direita (cima/baixo) para controlar os motores es-
querda/direita, respectivamente.
// Código - Josh Adams e JD Warren 2010

import processing.serial.*; // Para utilizar a comunicação serial em Processing, você deve incluir
a biblioteca serial

import procontroll.*; // Importa a biblioteca procontroll para ajudar a usar o gamepad USB
import java.io.*;

// NOTA: A biblioteca procontroll vem com exemplos que são
// excelentes para aprender a usá-la. Eles estão localizados no
// diretório "examples" do arquivo zip da biblioteca.

// Esta é a variável na qual vamos armazenar a principal instância da biblioteca procontroll.
ControllIO controll;

// Esta variável será usada para manter um único dispositivo do tipo controlador conectado.
ControllDevice device;

// Estas variáveis são usadas para referenciar cada um dos joysticks que estamos usando neste
sketch.
ControllStick stick1;
ControllStick stick2;

// Usamos estas variáveis para armazenar os valores brutos obtidos pelo procontroll

// para cada alavanca.
float left_raw;
float right_raw;

// Estas variáveis serão utilizadas para armazenar os valores da alavanca, mapeados para o inter-
valo
```

```
// que gostaríamos de enviar pela conexão serial
float m_left = 0;
float m_right = 0;

String incoming_serial = "";

Serial MyPort;

void setup() {

  println(Serial.list ()); // vão mostrar todos os portos COM, selecione a porta USB correto da lista

  myPort = new Serial(this, Serial.list()[0], 19200);

  size(20,20);

  // Prepara a biblioteca procontroll para uso
  controll = ControllIO.getInstance(this);

  // Adquire o dispositivo controlador USB.
  device = controll.getDevice(0);
  device.printSticks();

  // Associa a alavanca esquerda na variável stick1.
  stick1 = device.getStick(1);
  stick1.setTolerance(0.05f);

  // Associa a alavanca direita na variável stick2.
  stick2 = device.getStick(0);
  stick2.setTolerance(0.05f);

  // Só algumas coisas corriqueiras do Processing, não é importante.
  fill(0);
  rectMode(CENTER);
}

void draw() {
  background(255);

  // Obtém os valores brutos das alavancas
  get_values();

  // Mapeia os valores da alavanca para o intervalo que desejamos usar para os valores do motor que
  // enviaremos pelo porto serial.
  map_motor_values ();

  // Lê todos os dados seriais de entrada. Nós usamos isso no lado Arduino para enviar
  // informações de depuração pelos Xbees.
  while(myPort.available() 0 >){
    incoming_serial = myPort.readString();
  }
  debug(); // Imprime algumas informações úteis de depuração para o console.

  // Escreve nossos comandos básicos de protocolo de controle para o porto serial.
  myPort.write("$L" + (int)m_left + "Z");
  delay(50);
  myPort.write("$R" + (int)m_right + "Z");
```

Capítulo 13 ▪ Controle alternativo

```
  delay(50);

}

void get_values() {
  left_raw = stick2.getX() * 100.0;
  right_raw = stick1.getY() * 100.0;
}

void map_motor_values() {
  // Primeiro, defina tanto m_left quanto m_right para o mapeamento
  // de -255 a 255 para suas respectivas alavancas.
  // mapear para o valor MAX de +/- 255 vai fornecer 100% de controle de velocidade
  // para os pinos de PWM do Arduino (valor de 0-255).
  m_left = map(left_raw, 100, -100, 255, -255);
  m_right = map(right_raw, 100, -100, 255, -255);
}

void debug() {
  // mostrar o que m_left e m_right fazem

  print("m_left:  ");
  print(m_left);
  print("  ");
  print("m_right:  ");
  print(m_right);
  print("  ");

// Você pode "descomentar" esta linha para imprimir qualquer informação de depuração enviada através
// do xbee pelo sketch do Arduino.
/*
if(incoming_serial != null){
  println((String)incoming_serial);
}
*/
}

// Fim de sketch do Processing
```

Explicação

O código não é longo, e a maior parte dele é corriqueira. Aqui está o resumo.

Em primeiro lugar, nós importamos as bibliotecas de que precisamos para este *sketch* do Processing:

```
import processing.serial.*; // para utilizar a comunicação serial em Processing, você deve incluir
a biblioteca serial
```

```
import procontroll.*; // Importa a biblioteca procontroll para ajudar a usar o gamepad USB
import java.io.*;
```

Em seguida, definimos todas as variáveis que vamos usar no *sketch*. Isso consiste em uma instância de ProControll; uma variável para o *gamepad*; variáveis para cada uma das alavancas de controle analógico que estamos usando, junto com seus valores brutos e mapeados; e algumas variáveis para interagir com o porto serial:

```
// Esta é a variável na qual vamos armazenar a principal instância da biblioteca procontroll.
ControllIO controll;

// Esta variável será usada para manter um único dispositivo do tipo controlador conectado.
ControllDevice device;

// Estas variáveis são usadas para referenciar cada um dos joysticks que estamos usando neste
sketch.
ControllStick stick1;
ControllStick stick2;

// Usamos estas variáveis para armazenar os valores brutos obtidos pelo procontroll
// para cada alavanca.
float left_raw;
float right_raw;

// Estas variáveis serão utilizadas para armazenar os valores da alavanca, mapeados para o intervalo
// que gostaríamos de enviar pela conexão serial
float m_left = 0;
float m_right = 0;

String incoming_serial = "";

Serial MyPort;
```

Em seguida, executamos a função de *setup*. Isso consiste de algumas coisas do Processing, escolher o dispositivo USB que corresponde ao *gamepad* e armazenar as alavancas analógicas em suas respectivas variáveis:

```
println(Serial.list()); // vai mostrar todos os portos COM, selecione a porta USB correta da lista

myPort = new Serial(this, Serial.list()[0], 19200);
size(20,20);

// Prepara a biblioteca procontroll para uso
controll = ControllIO.getInstance(this);

// Adquire o dispositivo controlador USB.
device = controll.getDevice(0);
device.printSticks();

// Associa a alavanca esquerda na variável stick1.
stick1 = device.getStick(1);
stick1.setTolerance(0.05f);

// Associa a alavanca direita na variável stick2.
stick2 = device.getStick(0);
stick2.setTolerance(0.05f);

// Só algumas coisas corriqueiras do Processing, não é importante.
fill(0);
rectMode(CENTER);
```

Capítulo 13 ■ Controle alternativo 543

Em seguida, chegamos à função draw(). Isso é como a função *loop* em um *sketch* do Arduino. Ela é executada a cada ciclo. Nela, escrevemos coisas de praxe do Processing, e depois amostramos os valores das alavancas, os convertemos para o intervalo que queremos e enviamos os comandos seriais para o Arduino:

```
background(255);

// Obtém os valores brutos das alavancas
get_values();

// Mapeia os valores da alavanca para o intervalo que desejamos usar para os valores do motor que
// enviaremos pelo porto serial.
map_motor_values();

// Lê todos os dados seriais de entrada. Nós usamos isso no lado Arduino para enviar
// informações de depuração pelos Xbees.
while(myPort.available() 0 >){
  incoming_serial = myPort.readString();
}
debug(); // Imprime algumas informações úteis de depuração para o console.

// Escreve nossos comandos básicos de protocolo de controle para o porto serial.
myPort.write("$L" + (int)m_left + "Z");
delay(50);
myPort.write("$R" + (int)m_right + "Z");
delay(50);
```

Isso deve explicar todos os pedaços interessantes do código. Vamos colocar o código no Processing e vê-lo funcionar!

Testando o Processing

Conecte seu controlador USB, "cole" esse *sketch* no Processing e clique em Play. No início, você o vê imprimir no console os portos seriais disponíveis. Certifique-se de modificar o código para referir-se ao porto adequado. Para nós, ele era o primeiro porto na lista (porto 0), mas será diferente em computadores diferentes. Se tudo funcionar corretamente, o comando debug() deve imprimir os valores das duas alavancas do seu controlador no console do Processing. Certifique-se de que os valores impressos estão entre –255 e 255.

A Figura 13.3 mostra a aparência do *sketch* do Processing quando está iniciando. Primeiro você verá uma lista dos portos seriais disponíveis na área do terminal conforme chamada pelo comando Serial.list(). Então, apesar das várias linhas dizendo "Failed to open device..." (Falhou ao abrir dispositivo...), o Processing encontra o controle Saitek P2600 e lista suas alavancas de controle disponíveis, "0: y x" e "1: rz slider". Usamos ambos os *joysticks* para controlar o robô, referindo-nos a eles no *sketch* como 0 e 1, respectivamente. Finalmente, na parte inferior da tela, você pode ver os valores iniciais dos *joysticks* da esquerda e da direita – que leem 0,0 quando não são movidos para cima ou para baixo.

Com isso, enviamos os valores apropriados pelo porto serial. Se tivermos um *sketch* Arduino no outro lado que é capaz de enviar valores para um motor esquerdo e direito, então teremos um veículo com tração diferencial com sucesso.

Vamos ver como é esse *sketch* do Arduino.

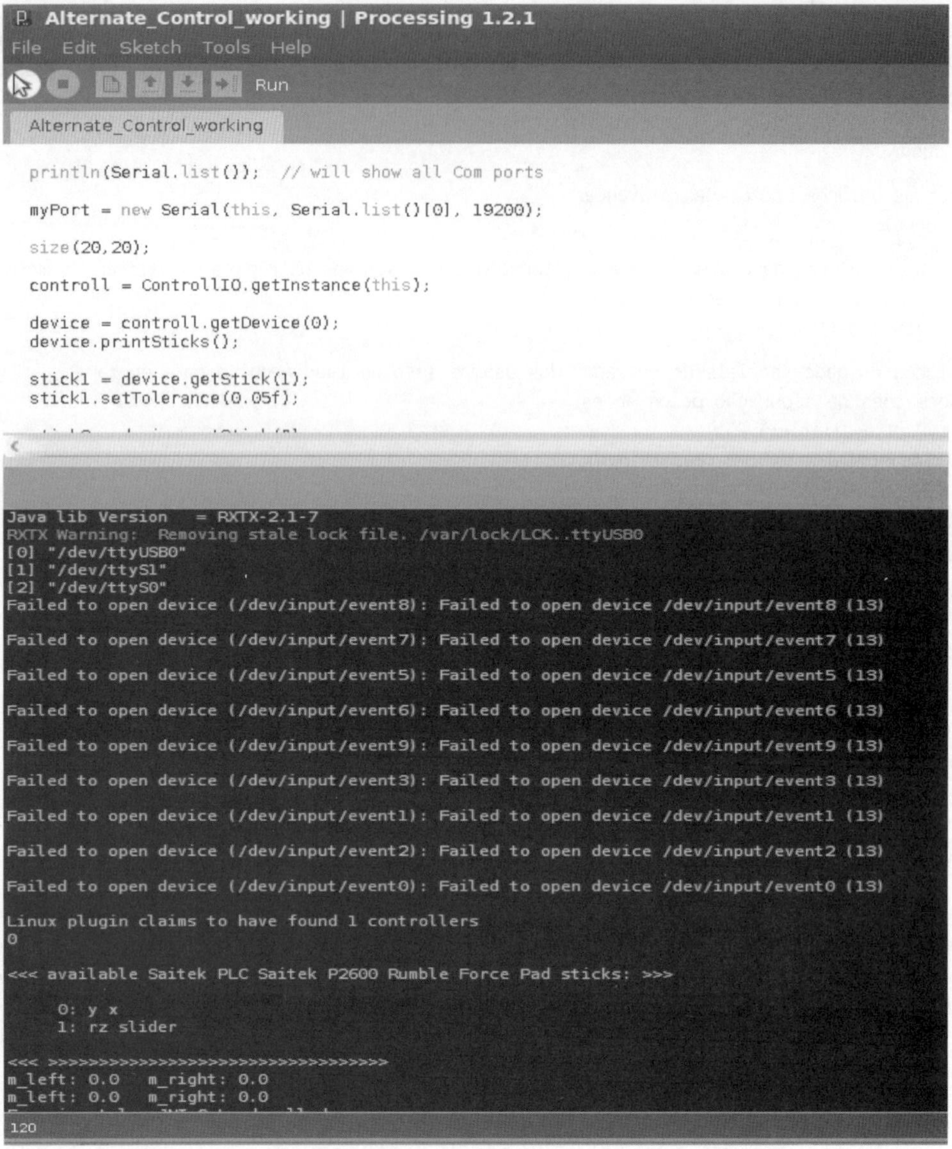

Figura 13.3 *Sketch* do Processing quando começa a ser executado.

EXAMINANDO O *SKETCH* DO ARDUINO

Este *sketch* é simples, apesar de longo. Ele só lê a entrada de um porto serial. Quando ele obtém dados, ele os grava em *bytes* a partir do *buffer* serial, um por um. Ele executa o código de controle apropriado para cada comando válido que recebe. Nós especificamos os pontos iniciais e finais dos comandos

Capítulo 13 ■ Controle alternativo

como uma forma simples de tratamento de erro – não queremos enviar comandos errados aos motores por causa de uma comunicação serial com ruídos.

Esse é basicamente o mesmo *sketch* utilizado no capítulo do Explorer-bot, mas nós adicionamos um pedaço de código para ler os *bits* seriais de entrada e acionar os motores. Por uma questão de clareza, o código mais relevante foi escrito com uma fonte em negrito.

Por favor, observe que o código foi escrito e testado no Arduino 0021.

Listagem 13.2 *Sketch* do Arduino

```
// Controle Alternativo - Sketch do Arduino
// Usa rádios XBee para se comunicar com um computador.
// Lê uma cadeia de caracteres seriais vinda do Processing pelo Xbee.
// Comanda um controlador duplo de motor para os motores da Esquerda e Direita.
// Código - Josh Adams e JD Warren 2010

// deixe os pinos 0 e 1 livres para a comunicação serial


// Estes valores são usados para controlar a ponte-H do Explorer-bot do Capítulo 8

int motor1_BHI = 7;
int motor1_BLI = 3; // Pinos de PWM
int motor1_ALI = 11; // Pinos de PWM
int motor1_AHI = 8;

int motor2_BHI = 5;
int motor2_BLI = 10; // Pinos de PWM
int motor2_ALI = 9; // Pinos de PWM
int motor2_AHI = 4;

int ledPin1 = 12;
int ledPin2 = 13;

/// Estes valores são recebidos a partir do Sketch do Processing
int left;
int right;

// este valor define o intervalo neutro, ou seja, a faixa morta (deadband).
int deadband = 5;

// Configura as variáveis utilizadas em nosso manipulador de protocolo simples.

String readString;
char command_end = 'Z';
char command_begin = '$';

char current_char;

void setup() {
  TCCR1B = TCCR1B & 0b11111000 | 0x01;
  TCCR2B = TCCR2B & 0b11111000 | 0x01;

  Serial.begin(19200);

  // pinos do motor1
  pinMode(motor1_ALI, OUTPUT);
```

```
  pinMode(motor1_AHI, OUTPUT);
  pinMode(motor1_BLI, OUTPUT);
  pinMode(motor1_BHI, OUTPUT);

  // pinos do motor2
  pinMode(motor2_ALI, OUTPUT);
  pinMode(motor2_AHI, OUTPUT);
  pinMode(motor2_BLI, OUTPUT);
  pinMode(motor2_BHI, OUTPUT);

  // leds
  pinMode(ledPin1, OUTPUT);
  pinMode(ledPin2, OUTPUT);

  // desliga os motores na inicialização
  m1_stop();
  m2_stop();

  delay(1000);

  ReadString = "";

}

void loop() {

  ////////// usa o porto serial
  while (Serial.available()) {

  // Vamos lá. Como este protocolo funciona: vamos ler os bytes do buffer serial, um
  // caractere de cada vez. Isso nos permitirá descobrir facilmente se estamos
  // dentro de um comando legítimo.

  // - Nós não entramos no bloco principal até chegarmos ao nosso primeiro caractere de início.
  // - Quando tivermos esse caractere, vamos continuar a leitura até chegarmos ao caractere de
final de comando.
  // - Quando nós recebemos o caractere de final de comando, passamos à sequência de caracteres
que recebemos
  // à nossa função handle_command(). Se for um comando que entendemos, agimos
  // com base nele. Caso contrário, nós simplesmente o ignoramos.

  current_char = Serial.read(); // recebe um byte do buffer serial

  if(current_char == command_begin){ // quando recebermos um caractere de início, começar a leitura
    ReadString = "";
  while(current_char! = command_end){ // parar de ler quando recebermos o caractere de final de
comando
    current_char = Serial.read(); // recebe um byte do buffer serial
    if(current_char ! = command_end){
      //Serial.println(current_char);
      readString += current_char;
    }
  }
  if(current_char == command_end){ // como achamos o caractere final, enviamos todo o comando para
o manipulador de comando e resetamos a variável readString.
    handle_command(readString);
```

Capítulo 13 ■ Controle alternativo

```
    readString = "";
    }
  }
 }
}
```

// Testa os valores para se certificar de que eles não estão acima de 255 ou abaixo de -255, já que esses valores serão enviado como um comando analogWrite() de 0-255.

```
if(left > 255){
  left = 255;
}
if(left < -255){
  left = -255;
}
if(right> 255){
  right = 255;
}
if(right < -255){
  right = -255;
}
```

// Aqui nós decidimos se os motores devem ir para a frente ou para trás.
// Se o valor for positivo, ir para a frente - se o valor for negativo, ir para trás
// Usamos uma zona morta para permitir algum espaço "Neutro" em torno do centro - eu defini a zona morta = 5, você pode mudar isso, mas eu realmente não colocaria valores menores.
// Se a zona morta não for usada, um sinal esporádico pode causar movimento do robô, mesmo sem entrada do usuário.

```
// primeiro, determine a direção do motor esquerdo
if (left > deadband){
  m1_forward(left);
}
else if(left < -deadband){
  m1_reverse(left * -1);
}
else {
  m1_stop();
}
```

```
// então, determine a direção do motor direito
if(direita > deadband){
  m2_forward(right);
}
else if(right < -deadband){
  m2_reverse(right * -1);
}
else {
  m2_stop();
}
```

```
// adiciona um pequeno atraso para dar ao Xbee algum tempo entre as leituras
delay (25);
```

```
// fim da função loop
}
```

548   Arduino para robótica

```
// Nesta função, definimos o valor da esquerda se recebermos o comando "L".
// - Se a sequência de caracteres enviada começa com um "L", vamos seguir em frente e tentar ler
// um número inteiro dos caracteres restantes. Caso contrário, ignoramos
// completamente a chamada para esta função.
void set_left_value(String the_string){
  if(the_string.substring(0,1) == "L"){
    char temp[20];

    // ler qualquer coisa a partir do L para o vetor de caracteres temporário.
    the_string.substring(1).toCharArray(temp, 19);

    int l_val = atoi(temp); // transformar este valor de uma sequência de caracteres em um inteiro.
    left = l_val;
  }
}

// Esta função funciona de forma idêntica à função set_left_value.
void set_right_value(String the_string){
  if(the_string.substring(0,1) == "R"){
    char temp[20];
    the_string.substring(1).toCharArray(temp, 19);
    int r_val = atoi(temp);
    right = r_val;
  }
}
void handle_command(String ReadString){

  // Na verdade, nós só passamos a sequência que lemos do porto serial para todos os possíveis
  // manipuladores de comando. Aqueles aos quais ela não se aplica vão ignorá-la.
  set_left_value(ReadString);
  set_right_value(ReadString);


  // Aqui, você pode enviar os valores de volta ao seu computador e
  // lê-los no terminal do Processing.
  // Enviar esses valores pelo Xbee pode retardar o sketch,
  // então eu os marquei como comentários após o teste. Eles são úteis para certificar-se
  // de que o arduino está recebendo corretamente os valores do protocolo da sequência de caracteres.
  /*
  Serial.print("left: ");
    Serial.print(left);
    Serial.print("       ");
    Serial.print("right");
    Serial.print(right);
    Serial.println("      ");
    */

}

// Daqui em diante estão apenas as funções do controlador de motor.

void m1_forward(int val){
  digitalWrite(motor1_AHI, LOW);
  digitalWrite(motor1_BLI, LOW);
  digitalWrite(motor1_BHI, HIGH);
```

Capítulo 13 ■ Controle alternativo

```
  analogWrite(motor1_ALI, val);
  digitalWrite(ledPin1, LOW);
}

void m1_reverse(int val){
  digitalWrite(motor1_BHI, LOW);
  digitalWrite(motor1_ALI, LOW);
  digitalWrite(motor1_AHI, HIGH);
  analogWrite(motor1_BLI, val);
  digitalWrite(ledPin1, LOW);
}

void m2_forward(int val){
  digitalWrite(motor2_AHI, LOW);
  digitalWrite(motor2_BLI, LOW);
  digitalWrite(motor2_BHI, HIGH);
  analogWrite(motor2_ALI, val);
  digitalWrite(ledPin2, LOW);
}

void m2_reverse(int val){
  digitalWrite(motor2_BHI, LOW);
  digitalWrite(motor2_ALI, LOW);
  digitalWrite(motor2_AHI, HIGH);
  analogWrite(motor2_BLI, val);
  digitalWrite(ledPin2, LOW);
}

void m1_stop(){
  digitalWrite(motor1_BHI, LOW);
  digitalWrite(motor1_ALI, LOW);
  digitalWrite(motor1_AHI, LOW);
  digitalWrite(motor1_BLI, LOW);
  digitalWrite(ledPin1, HIGH);
}

void m2_stop(){
  digitalWrite(motor2_BHI, LOW);
  digitalWrite(motor2_ALI, LOW);
  digitalWrite(motor2_AHI, LOW);
  digitalWrite(motor2_BLI, LOW);
  digitalWrite(ledPin2, HIGH);
}

// fim do sketch
```

A parte essencial do esquema de controle é que lemos os caracteres do *buffer* serial um por um. Cada vez que encontramos um comando válido, nós o enviamos para a função handle_command. Se lermos um valor que não corresponde ao protocolo, jogamos fora os dados que lemos e começamos de novo. Dessa forma, mesmo em um ambiente ruidoso, em que a conexão serial não é 100% confiável, o protocolo de controle ainda funciona.

Em seguida, precisamos ter certeza de que os rádios Xbee estão se comunicando corretamente. Para fazer isso, você pode "descomentar" os blocos "Serial.print..." dentro da função handle_command do *sketch* do Arduino, assim como o bloco "println ((String) incoming_serial)" do *sketch* do Processing. Se o *sketch* do Arduino enviar de volta os valores dos motores esquerdo e direito que você está esperando, então deve ser seguro enviá-los para os motores do seu robô e, olha só, você o está dirigindo pela sala!

Se você está tendo problemas com o controle neste momento, deve ser capaz de enviar informações de depuração através da comunicação serial Xbee e lê-las no console do Processing. Caso contrário, depois ter conseguido fazê-lo trabalhar como quiser, você pode voltar a marcar como comentários os dois blocos que "descomentou" anteriormente.

RESUMO

O interessante sobre a maneira como tratamos este esquema de controle é quão flexível ele é. Mesmo sem alterações significativas, você pode lidar com cerca de 25 funções diferentes, independentemente endereçáveis, em seu robô, e isso sem o uso das letras minúsculas. É um protocolo incrivelmente simples: basta atribuir a qualquer função uma letra e pronto. Será que esse é absolutamente o melhor protocolo de todos os tempos para ser usado? Não, claro que não. Mas é absurdamente simples de entender e extremamente flexível.

Uma coisa divertida sobre esse protocolo é que ele não é, de modo algum, dependente de ter um controle remoto comum. Como ele consiste apenas de uma série de sequências de caracteres sendo enviadas pelo porto serial para o Arduino via Xbee, você pode usar qualquer coisa que conseguir colocar no Processing para enviar esses comandos. A seguir, veja algumas ideias adicionais:

- Adicionar um código para controlar a câmera *pan/tilt* com o *gamepad*.
- Permitir ao usuário controlar o robô por meio de um site e enviar o vídeo de volta para o navegador.
- Conectar um Wiimote ao computador hospedeiro (*host*) usando qualquer biblioteca *Bluetooth* e controlar o robô com os sinais dos acelerômetros.
- Usar um comando de teclado.
- Construir uma Inteligência Artificial, que é executada no PC, para o seu robô.

Índice remissivo

Números

2,4, GHz, câmera sem fio, 85-86, 305
2,4 GHz, faixa de frequência, 77
2,4 GHz, equipamento de rádio, 284
2,4 GHz, sistema de R/C, 496-498
3,3 V (volt), fonte de alimentação para Seg-bot, 438-439
6 V por 1.000 mAh, pacote de bateria de NiCad, 263
8 pinos, soquetes de CI no robô Wally, 173
10 kohm, resistores, 125
12 V (volt), fonte de alimentação para Seg-bot, 454-455
16 MHz, ressonador, 221, 239
22 AWG, fio, 124
28 pinos, soquete DIP, 221
80 mm, ventoinha de PC, 408-409
900 MHz, câmera de vídeo, 305
7805, regulador 5 V, 221

A

Acabamentos, para RoboBoat, 337
Acelerômetros, 82-83, 439-441
    Giroscópios *versus*, 442
    Seg-bot, média ponderada, 443
Acessórios para o robô Lawn-bot 400, 427-431
    Caçamba, 429-430
    Chave de desligamento do cortador de grama, 430
    Faróis, 428
    Pintura, 427
Acetona, 199
Ácido muriático, 198-200, 229
Acionador de ponte-H HIP4081 da Intersil, 112
Acionador tipo *push-pull*, 98

Acionadores
    CC com controlador externo de velocidade, 135-136
    Circuito de acionamento interno do motor por pulso, 137-138
Acionamento de motores, 97
Aço, 119
    Battle-bot, 490, 524
    Chassi do Explorer-bot, 290
ACS-712, sensor de corrente bidirecional, 86-87
ACS714, sensor de corrente +/- 30 A, Allegro Microsystems, 297, 299
ACS714, sensor de corrente bidirecional +/- 30 A, 409-410
ACS-714, sensor de corrente, 109
Adaptador de programação, para RoboBoat, 352
Add, ferramenta do Eagle, 204
AGM (*Absorbed Glass Mat*), bateria, 116
Agrupamento com solda, 51-52
Ah (ampère-hora), 17
Aletas, para RoboBoat, 337-338
Allegro Microsystems ACS714 +/- 30 A, sensor de corrente, 297, 299
Alumínio, 119
AM (amplitude modulada), sistemas de rádio, 76
Ambiente de desenvolvimento integrado (IDE), 27-28, 30-31
Ampère-hora (Ah), 17
Amplificador, 57
Amplitude modulada (AM), sistemas de rádio, 76
Analisador NMEA, RoboBoat, programação, 360
analogRead(), comando, 38
analogRead(pino), comando, 167

analogWrite(), comando, 39-40, 58
Ângulo de feixe estreito de medidores de distância ultrassônicos, 81
Ângulo de feixe largo de medidores de distância ultrassônicos, 81
Ângulos
    Verificando as leituras, 471-472
    Filtrando, 443
Ângulos de feixe de medidores de distância ultrassônicos, 81
Ânodos, 44
Antifalha
    Battle-bot, 499, 519
    Lawn-Bot 400, 388, 415-421
        Chave de alternância para R/C, 416-418
        Evitando problemas com um R/C antifalha, 420-421
        Relé de potência, 418-420
Arduino
    Battle-bot, 517
    Clones
        Circuitos, 237-239
        Jduino, 220-222
    Homepage, 27-28
    IDE, 370-372, 535-536
    Montando, 262-263
    Playground, website, 41
    Projeto da placa, 499-500
    Robô Wally, 178-180
    Seg-bot
        Fiação e conexões, 467
        Fonte de alimentação, 438-439, 455
    Temporizadores do sistema, 105-107
Arduino padrão, 28-29
Arduino Protoshield, Seg-bot, 437, 445
Ardumoto da Sparkfun, 110
Área de trabalho, 55
Argumentos, 187
Armadura, para Battle-bot, 524-525
Armas, Battle-bot, 490, 519-520, 525-532
Arquivo de esquema (.sch), 202
Arquivo de layout da placa (.brd), 202
Arquivo de layout da placa Eagle PC, Arduino Battle-bot, 499
Arquivos de cabeçalho, 370
Atmega8, *chip*, 29
Atmega328, *chip*, 28-29, 220

Atmega1280, *chip*, 30
Atraso, criação, 270-271
Atuadores lineares, 96, 429
Auto, ferramenta do Eagle, 206
auto_level(), função, 474-475

B

Barra de ferramentas, Arduino IDE, 30-31
Barra transversal, para Explorer-Bot, 294-295
Barras conectoras, Seg-bot, 437
Barras de escora, Lawn-bot, 395, 397
Barras suspensoras, chassi do Lawn-bot, 395, 397
Base, chassi do robô Wally, 178
Base para montagem (*breadboard*), 48
Basic Micro Robo Claw 2x25, controlador de motor, 408
Batalha, 490-493
    Preço de construção sem restrições, 492-493
    Regras e regulamentos, 491-492
Baterias, 113-118, 126
    Battle-bot, 490, 513-514
    Carregamento, 117
    Chumbo-ácido, 115-116
    Conexão em série e em paralelo, 22
    Conexões em paralelo, 22
    Conexões em série, 21
    Corrente, 17
    Instalando, 184-185, 263-264
    Lawn-bot 400, 387
    Linus, o Line-bot, 148-149
    LiPo, 114-115
    NiCad, 113
    NiMH, 114
    Representação esquemática, 44
    Seg-bot, 436, 454-455
        Carregamento, 455, 460
        Chumbo-ácido selada, 454
        Diagrama de fiação, 455
        Fonte 12 V, 455
    Suporte, 291
Baterias de chumbo-ácido, 115-117, 454
Baterias de chumbo-ácido de arranque, 115-116
Baterias de chumbo-ácido de célula gel, 116
Baterias de chumbo-ácido de célula úmida, 116
Baterias de chumbo-ácido estacionárias, 115, 387
Baterias de chumbo-ácido seladas (SLA), 116, 454, 514

Índice remissivo

Baterias de lítio, 117
Battle-bot, 489-533
   Armadura, 524-525
   Armas, 525-532
   Baterias, 513-514
   Chassi, 501-507
      Comprar *versus* construir, 502-503
      Rodas, 503
   Código, 519-524
   Combate, 490-493
      Preço de construção sem restrições, 492-493
      Regras e regulamentos, 491-492
   Controle de entrada, 496-498
   Eletrônica, 499-525
      Controladores de motor, 500-501
      Projeto da placa do Arduino, 499-500
      Proteção, 514-519
   Lista de componentes, 493-495
   Unidade de tração, 507-513
      Engrenagem, 507-509
      Porca tensionadora da corrente, 509-513
   Website, 532
Biblioteca proCONTROLL, 539
Biblioteca Servo.h do Arduino, 254, 270
Biblioteca SoftwareSerial do Arduino, Seg-bot, 452-453
Bomba de ar, 200
Borbulhador de ar, uso em corrosão, 230
Botão Abrir, barra de ferramentas do Arduino IDE, 31
Botão Carregar, barra de ferramentas do Arduino IDE, 31, 33
Botão Compilar, 31, 33, 309
Botão de *reset*, Arduino, 221, 239
Botão interruptor momentâneo, 44
Botão Novo, barra de ferramentas do Arduino IDE, 31
Botão Parar, barra de ferramentas do Arduino IDE, 31
Botão Ratsnest, ferramenta *Wire*, 214, 216
Botão Salvar, barra de ferramentas do Arduino IDE, 31
Braçadeiras, chassi do Battle-bot, 505
Braço ativo, Battle-bot, 525-532
Braços, para RoboBoat, 360
.brd (arquivo de layout da placa), 202

Brocas, 200
Buchas, inserindo no RoboBoat, 335-336
Buchas para isopor, para RoboBoat, 335-336, 337
Bug-bot, 247-281
   Chassi, 257-264
      Colocando os motores, 260
      Cortando o plexiglass, 258-260
      Instalando a bateria, 263-264
      Marcando o plexiglass, 257-258
      Montando o Arduino, 262-263
      Montando os rodízios, 261
   Cobertura, 278-280
   Código, 270-278
      Completo, 272-278
      Criando atraso, 270-271
      Variáveis, 271-272
   Conexões com fios, 268-269
   Lendo o estado digital do pino de entrada, 248-249
   Lista de componentes, 250-251
   Sensores de para-choques, 250, 265-267
   Sensores tipo antena, 249-250, 264-265
   Servomotores, 251-256
      Controle, 254
      Convertendo o valor de pulso para graus, 254-255
      Modificação, 252-253
      Montando as rodas, 255-256

C

CA (corrente alternada), 16
Cabeçalho, arquivos para RoboBoat, 370
Cabo de programação FTDI, 28, 220-221, 301
Caçamba, para Lawn-bot 400, 388, 429-430
CAD, programa de projeto auxiliado por computador, 197
CadSoft Eagle, programa. *Ver* Eagle, programa
Caixa para batalha, 515-516
Caixas, para a eletrônica do Battle-Bot, 516-517
Caixas de projeto
   Explorer-bot, 302
   Seg-bot, 437, 465
calculate_angle(), função, 472
Calor
   Cálculo usando RDS(On) e a corrente do motor CC, 68-69

Em eletricidade, 10
Câmera sem fio, Explorer-bot, 306-309
Câmeras
    Explorer-bot, 305-309
    Pan e *tilt*, 306-307
    Suportes, 307-309
    Visão geral, 85
Canais antifalha, 416-418
Canais R/C, decodificação com o Arduino, 410
Canal-P, Mosfets, 102, 171-175, 297-299, 302
Capacitância, 17, 67-68
Capacitores, 221
    Clone Arduino, 239
    Representação esquemática, 46
    Robô Wally, 167, 183
    Visão geral, 17
Cargas, 14-15, 20-21
Cargas indutivas, 21
Cargas resistivas, 21
Cátodos, 44
Catraca para giro livre das rodas, Battle-bot, 503
CC (corrente contínua), 16
    Acionadores, com controlador externo de velocidade, 135-137
    Motores
        Controlados por relés SPDT, 61
        Corrente, 68-69
        Montagem, Battle-bot, 528
CEV (controlador eletrônico de velocidade), para RoboBoat, 71-73, 110, 349, 379-380, 499
Change, ferramenta do Eagle, 204
Chassi
    Battle-bot, 490, 501-506
        Compra vs. construção, 502-503
        Rodas, 503
    Bug-Bot, 257-264
        Colocando os motores, 260
        Cortando o plexiglass, 258-260
        Instalando a bateria, 263-264
        Marcando o plexiglass, 257-258
        Montando o Arduino, 262-263
        Montando os rodízios, 261-262
    Explorer-bot, 289-295
        Barra transversal e rodízio, 294-295
        Cortando cantoneiras superiores, 292
        Cortando e dobrando a peça principal, 293-294

Cortando vigas superiores, 292-293
    Especificações, 289-290
    Plexiglass, 295
    Suporte da bateria, 291-292
Lawn-bot 400, 387, 394-400
Linus, o Line-bot, 142-147
Robô Wally, 178-181
Seg-bot, 455-459
    Construindo, 457-459
    Projeto, 456-457
Chave de alternância para R/C, para o mecanismo antifalha do Lawn-Bot 400, 416-418
Chave de desarme, arma do Battle-bot, 520
Chave de desligamento do cortador de grama, 430
Chave de fim de curso, 79
Chave de modo, Bug-bot, 264
Chave de operação, 435-436, 460-461, 463
Chave de três vias (SPDT), ponte-H, 100-102
Chave liga/desliga, Seg-bot, 437, 466
Chaves
    Alimentação, para robô Wally, 184-185
    Colisão, 78-79
    Eletrônica, 23
    Estado sólido, 63-64
    Inferior, para robô Wally, 171-172
    Operação, 435-436, 460
    Pontes-H, 100
    Representação esquemática, 44
    Simples, 100-102
    Superior, para robô Wally, 171
Chaves de alimentação, 149
    Bug-bot, 263
    Explorer-bot, 317
    Instalação, para robô Wally, 184-185
    Linus, o Line-bot, 149
Chaves de colisão, 78-79
Chaves de estado sólido, 63-64
Chaves de pressão, Seg-bot, 435-436
Chaves DIP, controlador de motor Sabertooth 2x25, 407-408, 500
Chaves eletrônicas, 23
Chaves inferiores, 63-64, 171-172
Chaves mecânicas, 23
Chaves SPDT (três vias), ponte-H, 101-102
Chaves SPST
    Robô Wally, 185

Índice remissivo

Sensores de para-choques, 250, 266-267
Chaves superiores, 63-64, 171
Chaveta, 392
Chip para montagem de superfície (SMD), 297, 299
CI (circuito integrado), 25, 71-73, 104
    CEV, 72-73
    Encapsulamento, 25
    Soquetes, 26
Ciclo de trabalho de saída, 97
Ciclos de comutação, 40
Ciclos de trabalho, 40, 42-43, 97
Circuito de acionamento do servomotor, 94
Circuito de acionamento interno do motor, 137-138
Circuito de *bootstrap*, 103
Circuito de controle de velocidade, 101-102
Circuitos, 14-15, 43-52. *Ver também* PCI
    CI, 25
    Concepção, 43-44
    Esquemas, 44-47
    Placas, layouts, 203-206
    Projetos, 201-219
        Código aberto, 201-202
        Editor de esquemas, 206-211
        Editor de placas, 211-219
        Personalizando, 202-206
        Transferência, 219-229
    Prototipagem, 47-52
        Bases para montagem, 48
        Placas de circuito impresso, 49-50
        Placas perfuradas, 48-49
        Soldagem, 50-52
    Robô Wally, 173-177
Circuitos abertos, 14-15
Circuitos fechados, 14-16
Circuitos integrados. *Ver* CI
Classificação KV, motores BLDC, 91
Classificação por peso, Battle-bots, 491-492
Clones
    Arduino
        Circuitos, 237-239
        Clone Jduino, 220-222
        Visão geral, 30
CNC, máquinas, 93
Cobertura, para Bug-bot, 278-281
Código
    Bug-bot, 270-278

Completo, 272-278
    Criando atraso, 270-271
    Incluindo variáveis, 271-272
Explorer-bot, 309-317
Lawn-bot 400, 422-427
Robô Wally, 185-195
RoboBoat
    Compilando e enviando, 372-373
    Personalizando, 373-375
Seg-bot, 468-485
    Completo, 480-585
    Função auto_level ( ), 474-475
    Função calculate_angle( ), 472
    Função read_pots, 472-474
    Função sample_accel( ), 469-470
    Função sample_gyro( ) 470-471
    Função serial_print_stuff( ), 479-480
    Função time_stamp( ), 478-479
    Função update_motor_speed( ), 475-478
    Verificando as leituras dos ângulos, 471-472
Colagem
    Moldes em placa de isopor, para RoboBoat, 330-331
    RoboBoat, 326
    Segmentos, para RoboBoat, 334
Comando serial, controlador de motor duplo de 25 A da Sabertooth 2x25, 73
Comentários, em esboços, 34
Compilando código, para RoboBoat, 372-373
Componentes de montagem em superfície, 27
Componentes para furo passante, 26-27
    Componentes de montagem em superfície, 27
    Soquetes para CI, 26
Computador, para construção de robô, 54
Comunicação serial simplificada para o Sabertooth, 453
Comutadores, 90
Condução cruzada (*shoot-through*), 41
Condutores, 10, 16, 18
Conectores, para controlador do motor do robô Wally, 176-177
Conectores fêmea, 221
Conectores macho, clone Arduino, 239
Conexão de alimentação, receptor R/C, 285
Conexão em paralelo, 22
Conexão em série, 21-22

556   Robótica com Arduino

Conexões
    Controlador do motor do robô Wally, 177
    Elétricas, 21-22
    Entre o Arduino do robô Wally e o controlador do motor, 179-180
    Fiação e, para Seg-bot, 467-468
    Fixando, 411-415
    Lawn-bot 400, 421-422
    Linus, o Line-bot, 147-148
    Placa *breakout* Arduino, 412-413
Conexões com fio, para Bug-bot, 268-269
Constantes proporcional-integrativa-derivativa (PID), personalizando para RoboBoat, 374
Construindo Arduinos, 302
Contator, relé, 58
Controlador de motor Triple8, 406
Controlador eletrônico de velocidade (CEV), para RoboBoat, 71-73, 110, 349, 379-380, 499
Controladores de jogos para PC, 537
Controladores de motor. *Ver também* Pontes-H
    Battle-bot, 500-501, 516
    CI de interface, 71-73
    Explorer-bot, 296-301
        Projeto da ponte-H, 297-301
        Sensoriamento e limitação de corrente, 297
    Frequências PWM, alteração, 105-109
    Lawn-Bot 400, 406-410
        Sabertooth 2x25, 406-408
        Sensor de corrente, 409-410
        Ventoinhas de refrigeração, 408
    Robô Wally, 167, 170-177, 178-180
        Chaves, 171-172
        Circuito, 173-177
    Seg-bot, 451-453
        Biblioteca SoftwareSerial, 452-453
        Comunicação serial simplificada para o Sabertooth, 453
    Variando tensão, 97
Controladores USB, controle alternativo, 537-544
Controle analógico bidirecional, controlador de motor duplo de 25 A da Sabertooth 2x25, 73
Controle com fio, 74
Controle computadorizado do robô. *Ver* Controles
Controle de entrada, para Battle-bot, 496-498
Controle do usuário, 73-78
    Com fio, 74
    Infravermelho, 74-75

Sistemas de controle por rádio, 75-72
    AM, 76
    Espalhamento espectral, 77
    FM, 76
    Xbee, 77-78
Controle por R/C
    Battle-bot, 496-498, 516-517
    Controlador de motor duplo de 25 A da Sabertooth 2x25, 73
    Explorer-bot, 284-285
Controle simples de PWM, controlador de motor duplo de 25 A da Sabertooth 2x25, 73
Controles
    Alternativos, 535-550
        Controladores USB, 537-544
        Ferramenta Processing, 535-536
        Joysticks, 537, 543
        Lista de componentes, 536-537
        Protocolo, 538-539
        Rádios Xbee, 550
        Selecionando a entrada, 537
        Sketches, 539-550
    Leme, personalizando para RoboBoat, 374
    Motor, 500-501. *Ver também* Pontes-H
    Motor do Explorer-bot, 285
    Usuário, 74-78
        Com fio (*wired*), 74
        Infravermelho, 74-75
        Sistemas de controle por rádio, 75-78
Convés, RoboBoat, 338
Coordenadas, empregando Google Earth, 376-378
Copy, ferramenta do Eagle, 204
Corrente, 120-121
    Lawn-bot 400, instalação, 404-406,
    Unidade de tração para o Lawn-bot, 400
Corrente (elétrica), 17
    Calculando a potência do resistor usando a lei de Ohm, 19-20
    Calculando o consumo, 61-62
    Controlador de motor, 110
    Motor, 96-97
    Motores CC, calculando o calor usando RDS(On) e, 68-69
    Sensores de corrente, 86-88, 108-109
    Visão geral, 12
Corrente alternada (CA), 16

Corrente contínua. *Ver* CC
Corrente nominal, transistores, 64
Corroendo PCI, 229-235
    Dosando a solução, 229-230
    Método 1, 230-231
    Método 2, 232-233
    Removendo o *toner*, 234-235
Cortador de grama, Lawn-bot, 398
Cortador de isopor, RobotBoat, 326, 331-333
Corte
    Barras suspensoras, Lawn-bot, 397
    Longarinas principais, Lawn-bot, 396
    Metal, 119
    Peças do chassi, Battle-bot, 503-505
    Plexiglass, 258-259
    Segmentos, RoboBoat, 331-333
    Suportes transversais, Lawn-bot, 396
Crianças, no espaço de trabalho, 55
Cubo da roda, Battle-bot, 526-527
Curso, atuador linear, 96
Curtos-circuitos, 14, 98
cycle_val, variável, 35

D

dannyg.com, website, 18
Datasheets, 24-25
debug(), comando, 543
Declaração de variável, 32
Decodificação de canais R/C, 410
Decodificação de sinais, com a ferramenta Processing, 535-536
delay(), função, 270-271
Delete, ferramenta do Eagle, 204
Detecção de distância, 79-82
    Medidor de distância a laser, 82
    Medidor de distância ultrassônico, 81
    Sensor infravermelho, 79-81
DFRobot.com, website, 178
digitalRead(), comando, 35-36, 79, 270
digitalRead(pin), comando, 248
digitalWrite(), comando, 57, 248
Diodo, força contraeletromotriz e, 63
Diodo emissor de infravermelho (IRED), 74
Diodo emissor de luz (LED), 23, 45, 126, 156-158
Diodos
    Definição, 23

Ponte-H com TBJ, 240
Proteção, Pontes-H, 100, 107
Representação esquemática, 44
Diodos de proteção, pontes-H, 100, 107
Direção
    Seg-bot, 435
    Visão geral, 460
Dissipador de calor, Mosfet, 68
Divisor de tensão com resistores, servomotor, 95, 252
draw(), função, 543
Dremel, ferramenta, 144, 403
Drift, 83, 442
Dynam Supermate DC6, carregador de bateria multifunção, 117

E

Eagle, programa, 198, 201-206
Eagle Cad, programa, 43
eBay, 492
Editor de esquemas, 203, 206-211
Editor de placas, 202, 211-219
Editores
    Esquemático, 206-211
    Placa, 211-219
Eixo de saída do servomotor, 94, 253
Eixo traseiro, Lawn-bot, 397-398
Eixos
    Battle-bot, 509-528, 530
    Rasgos de montagem, Battle-bot, 504
    Rodas traseiras do Lawn-bot, 391, 395, 397-398
Eixos de rotação, 82-83
Eletricidade, 10-22
    Analogia, 11-12
    Calculando a potência do resistor usando a lei de Ohm, 19-20
    Cargas, 20-21
    Circuitos, 14-15
    Conceitos básicos, 12-14
    Conexões, 21-22
        Série, 21
        Paralelo, 22
    Medidas,
        Capacitância, 17
        Corrente, 17
        Multímetros, 15-16

Resistência, 18
Tensão, 16
Osciloscópios, 20
Eletrônica, 23-26
Battle-bot, 499-501
Controladores de motor, 500-501
Design da placa do Arduino, 499-500
Proteção, 515-519
CI, 25
Componentes para furo passante, 26
Componentes de montagem em superfície, 27
Soquetes de CI, 26
Datasheet, 24-25
Instalando, Seg-bot, 465-468
Fiação e conexões, 467-468
Soldando entradas, 467
RoboBoat, 347-352
Bateria, 350
CEV, 349
Módulo GPS, 348-349
Montagem, 350-352
Motor, 350
PCI do ArduPilot, 348
Servo do leme, 350
Semicondutores, 23-24
electronics-tutorials.ws, website, 13
Elo universal de corrente mestre (*master*), 404-405
Emissores/detectores IR, 125
Empuxo insuficiente, 382
Encapsulamento, 25
Engrenagem, 507-509
Calculando a relação de transmissão, 508
Modificações, 508-509
Entrada de início nivelado, 461
Entradas
Analógicas, 38-39
Digitais, 35
Seg-bot, 460-464
Chave de operação, 460-461
Direção, 460
Ganho, 460
Início nivelado, 461
Montando os controles, 461-464
Soldando, 467
Selecionando, 537
Enviando código, para RoboBoat, 372-373

EPS (poliestireno expandido), RoboBoat, 323-324
Equipe RioBotz, 532
Esmerilhadeira angular, 119
Espaçadores, 512-513
Espalhamento espectral, sistemas de rádio, 77
Especificação em watt, motor, 89
Esponja abrasiva Scotch-brite, 199
Espuma de poliestireno, para RoboBoat, 323-324
Esquemas, 44-47, 203
Motor da caçamba do Lawn-bot, 429-430
Placa *breakout* Arduino, 413-414
Estado ALTO
Pino de entrada, 248-249
Sinal digital, 34-35
Estado BAIXO
Pino de entrada, 248-249
Sinal digital, 34-35
Estado de condução cruzada, 41
Estado digital do pino de entrada, leitura, 248-249
Estilete, para RoboBoat, 326
Exemplo do tanque de água, 11
Explorer-bot, 283-318
Câmera, 305-309
Pan e *tilt*, 306-307
Suportes, 307-309
Chassi, 289-296
Barra transversal e rodízio, 294-295
Cortando cantoneiras superiores, 292
Cortando e dobrando a peça principal, 293-294
Cortando vigas superiores, 292-293
Especificações, 289-290
Plexiglass, 296
Suporte da bateria, 291
Código, 309-317
Controlador de motor, 296-301
Projeto de uma ponte-H, 297-301
Sensoriamento e limitação de corrente, 297
Motores, 285
Configurando Arduino, 301-303
Configurando Xbee, 303-305
Controle R/C, 284
Habilitado para vídeo, 285
Habilitado para Xbee, 286
Lista de componentes, 286-289
Sensoriamento de corrente, 285
Extensões, personalizando para robô RoboBoat, 375

Índice remissivo

F

Faróis, para Lawn-bot 400, 388, 428
Ferramentas
    Explorer-bot, 289
    Lawn-bot, 389-390
    Necessárias para a construção de robôs, 53-54
Ferro de passar, 199
Ferros de solda, 50, 54, 200
Fiação, Seg-bot, 467-468
    Diagrama de conexão, 455
    Entradas, 464
    Suprimentos, 437
Filtragem, ângulo, 443
Filtro de Kalman, Seg-bot, 443
Fio terra (GND), 14, 46, 265
Fios, para sensores tipo antena, 264-265
Fluxo de corrente, em resistência, 18
FM (frequência modulada), sistemas de rádio, 76
Folha de lixa, RoboBoat, 326, 334
Folhas de poliestireno de PVC, RoboBoat, 327, 337, 343
Fonte, eletricidade, 14
Força contraeletromotriz (Back EMF), 24, 63, 100, 107
Fototransistores, 64, 70
Freio elétrico, 99-100
Freio elétrico, remoção, 447-450
Freios
    Gerando, 99
    Remoção do freio elétrico, 447-450
Frequência modulada (FM), sistemas de rádio, 76
Frequências, 40-41
    Exemplo de PWM doméstico, 42-43
    Intervalos, 77
    Mudando o PWM, 105-107
Fritzing, programa, 43
Funções, robô Wally, 185-187
Furadeira elétrica, 54
Furos de montagem do motor, Battle-bot, 504

G

Ganhos, 435, 460
Giroscópios, 83, 441-442
    Drift, 442
    Ponto de partida, 442
    Seg-bot, tempo de ciclo, 443

    Seg-bot, média ponderada, 443
    Tempo de ciclo, 441
    Versus acelerômetros, 442
GND (fio terra), 14, 46, 265
Goodman, Danny, 19
Google Earth, 376-378
Graus, convertendo o valor de pulso para, 254-255
Group, ferramenta do Eagle, 203-204
gyro_scale, variável, Seg-bot, 471-472

H

Habilitação para vídeo, Explorer-bot, 285
Habilitação para Xbee, Explorer-bot, 286
handle_command, função, 549
Harbor Freight Tools, 235, 390
Hardware, necessário para a construção de robôs, 53-54
Hélices, RoboBoat, 342, 346, 382

I

IDE (ambiente de desenvolvimento integrado), 27-28, 30-31
if, instrução, 36
Impressora a laser, 197-199
Instalação do programa Eagle, 201
int, variável para temporizador do sistema millis(), 271-272
Integrando o sistema do RoboBoat, 380-381
Interface, 57-73
    Controlador de motor, 71-73
    Relés, 58-64
        Calculando o consumo de corrente, 61-62
        Chaves de estado sólido, 63-64
        Configurações, 59-60
        Considerações sobre força contraeletromotriz, 63
        Tipos, 59
        Usos, 60-61
    Transistores, 64-70
        Fototransistores, 70
        Mosfets, 66-70
        TBJ, 64-66
Interrupções externas, 36-38
Intervalos magnéticos, motor de passo, 92
Introdução ao Arduino, 27-43
    IDE, 30-31

Sinais, 34-43
  Analógicos, 38-43
  Digitais, 34-38
  Sketches, 32-26
    Declaração de variável, 32
    Função loop(), 33-34
    Função setup(), 32
  Variantes, 28-30
    Arduino mega, 30
    Arduino padrão, 29
    Clones, 30
IR, placa do sensor, 128-134
IRED (diodo emissor de infravermelho), 74
Isolador de sinal, 57
Isolador óptico, 70
Isolantes, 18
ISR (rotina de interrupção de serviço), 36-38

J

Jduino, clone do Arduino, 220-222
Joysticks
  Controle alternativo, 537, 543
  Fly Sky CT-6, 497

K

Kits de robôs de combate, 502
.kml, formato de arquivo, RoboBoat, planejamento da missão, 377-378

L

L298D, chip CI de ponte-H, 104, 110
L298N, chip CI de ponte-H, 104, 110
Lançando o RoboBoat, 381
Lanças, Battle-bot, 525-532
Lanças bidirecionais, Battle-bot, 525-532
Lawn-bot 400, 385-431
  Acessórios, 427-430
    Caçamba, 429-430
    Chave de desligamento do cortador de grama, 430
    Faróis, 428
    Pintura, 427
  Arduino, 410-415
    Conexões de segurança, 410-415
    Construção de placa *breakout*, 411-415
  Baterias, 387

Caçamba, 410
Chassi, 387, 394-399
Código, 422-427
Conexões, 421-422
Controlador de motor, 406-410
  Sabertooth 2x25, 406-408
  Sensor de corrente, 409-410
  Ventoinhas de refrigeração, 408
Cortador de grama, 387
Faróis, 388
Lista de componentes, 389-390
Mecanismo antifalha, 388, 415-421
  Evitando problemas com canal R/C antifalha, 420-421
  Chave de alternância para R/C, 416-418
  Relés de potência, 418-420
Rodas, 390-394
  Pneus de ar, 388
  Rodas dentadas, 392-394
  Rodízios dianteiros, 391
  Traseiras, 391-392
Unidade de tração, 400-406
  Instalando a corrente, 404-406
  Suportes de montagem do motor, 401-403
LDR (resistência dependente da luz), 23
LED (diodo emissor de luz), 23, 45, 126, 156-158
LED D13, clone Arduino, 239
Lei de Ohm
  Uso para calcular a potência de um resistor, 19-20
  Visão geral, 12-13
Leme, para RoboBoat
  Braços, 345
  Extensões, 375
  Personalizando o controle, 374
  Servo, 350
Limitação de corrente
  Controlador de motor Sabertooth 2x25, 406
  Resistores de polarização, 209
Linguagem de programação, Arduino, 27-32
Linus, o Line-bot, 123-164
  Baterias, 149
  Chassi, 142-147
  Código, 149-154
  Como funciona o robô, 127
  Complementos, 156-163

LED, 156-158
Pintura, 158-161
Regulador de velocidade (potenciômetro), 161-163
Conexões, 147-148
Lista de componentes, 124-126
Modificando o servomotor para rotação contínua, 134-138
Acionador CC direto com controlador externo de velocidade, 135-137
Circuito de acionamento interno do motor por pulso, 137-138
Montagem das rodas motrizes, 138-141
Pista, 127, 154-155
Placa do sensor IR, 128-134
Testes, 155-156
LiPo (polímero de lítio), baterias, 114-115, 490, 513-514
Listagem de código, Linus, 149-154, 156
Listas de componentes
Battle-bot, 493-495
Bug-bot, 250-251
Controles alternativos, 537
Explorer-bot, 286-289
Lawn-bot 400, 390-391
Linus, o Line-bot, 125-126
Robô Wally, 168-170
RoboBoat, 320-326
Cola, 326
Cortador de isopor e estilete, 326
Espuma de poliestireno, 323-324
Folha de lixa, 326
Luvas, 325
Pincel, 326
Resina epóxi, 324-325
Tecido de fibra de vidro, 325-326
Seg-bot, 436-437
LM7805, regulador de tensão linear, 46
long, variável para temporizador do sistema millis(), 272
Longarinas principais, Lawn-bot, 395-397, 402-403
loop(), função, 33-34, 186, 355
Loop principal, Seg-bot, 468-469
Luvas, para RoboBoat, 325
Luvas de borracha, 200

Luz IR (infravermelha)
Controle, 74-75
Placa do sensor, 128-134
Sensores, 79-81
Luzes, LED, 156-158

M

Madeira, 54, 118
mAh (miliampères por hora), 17
Máquinas de Comando Numérico Computadorizado (CNC), 93
Materiais, 54-55, 118-121
Correntes e rodas dentadas, 120-121
Madeira, 118
Metais, 119
PCI, 199-200
Plásticos, 120
Porcas e parafusos, 119
Rodas, 121
MaxBotix LV-EZ0, sensor ultrassônico de distância, 81
Média ponderada, 443-445
Medidor de distância a laser, 82
Medidor de distância ultrassônico, 81, 165-168, 181-184, 187-188
Medidor de tensão, 406. *Ver também* Multímetros
Medidores de distância
A laser, 82
Ultrassônicos, 81
Mega, Arduino, 28, 30
Memória, baterias NiCad, 113
Metais, 55, 119
Miliampère por hora (mAh), 17
millis(), valor principal do temporizador do sistema
Criando atraso, 270-271
Variáveis, 271-272
Mirror, ferramenta do Eagle, 204, 208
Missão, planejamento, para RoboBoat, 376-378
Modo R/C, controlador de motor Sabertooth 2x25, 407
Modulação por largura de pulso. *Ver* PWM
Módulo AP_RoboBoat, para robô RoboBoat, 355-357
Módulo Debug, para robô RoboBoat, 357-359
Módulo de controle PID, para RoboBoat, 366-367
Módulo de navegação, RoboBoat, 360-366

Módulo GPS EM406, RoboBoat, 349, 353
Módulo init, para RoboBoat, 359-360
Módulo Servo_control, para RoboBoat, 368-370
Módulos
    AP_RoboBoat, para RoboBoat, 355-357
    Controle PID, para RoboBoat, 366-367
    Debug, para RoboBoat, 357-359
    init, para RoboBoat, 359-360
    Navegação, para RoboBoat, 360-366
    Servo_control, para RoboBoat, 368-370
Moldes, para RoboBoat, 328-331
Moldes de papel, RoboBoat, 330-333
Monitor serial
    Arduino IDE, 31
    Medidores de distância ultrassônicos, leitura, 167
    Testando conexão Xbee, 304-305
Montagem
    Barras suspensoras, Lawn-bot, 397
    Bateria, Bug-bot, 263-264
    Caçamba, Lawn-bot, 429-430
    Controlador de motor e suporte para Arduino, Robô Wally, 178-179
    Eixo traseiro, Lawn-bot, 397-398
    Furos, motor do Battle-bot, 504
    Peças de armas, Battle-bot, 527-528
    Peças do chassi, Battle-bot, 506
    Posição, motor do Seg-bot, 450
    Rodas dentadas, Lawn-bot, 392-393
    Sensores de para-choques, 265-267
    Sensores do robô, Robô Wally, 181-184
    Servomotores, Explorer-bot, 307-309
    Suporte de bateria, Explorer-bot, 291
    Suportes para motores, Lawn-bot, 401-402
    Suportes transversais, Lawn-bot, 397-398
Montagem do propulsor, para RoboBoat, 341-347
    Braços do leme, 345
    Motor, 345-346
    Pivô, 343
    Placa base, 343
    Servo, 346
    Tubo, 344
    Varetas de aço (*pushrods*), 347
Montagem do RoboBoat, 328-341, 350-352
    Adaptador de programação, 352
    Aletas, 337-338

Aplicando o acabamento, 337
Convés, 338
Inserindo buchas para isopor, 335-336
Moldes, 328-331
Pintura, 338
Revestimento, 336-337
Segmentos, 331-334
Mosfet padrão *versus* Mosfet de nível lógico, 67
Mosfets de canal-N, 102, 298, 302
    Relé de potência, Lawn-bot, 418-419
    Robô Wally, 171-176
Mosfets de nível lógico *vs.* Mosfets padrão, 67
Mosfets em paralelo, 69-70
Mosfets (transistores de efeito de campo de óxido metálico semicondutor), 66-70
    Canal-P e canal-N, 102-103
    Capacitância, 67-68
    Explorer-bot, ponte-H, 297-299
    Nível lógico *versus* padrão, 67
    Open Source Motor Controller, 112
    Paralelos, 69-70
    Pontes-H, 101-103
    RDS(On), 68
    Robô Wally, 167-168, 171-175
Motor inerte, 99
Motor de corrente contínua de ímã permanente (PMDC). *Ver* Motores CC com escovas
Motores
    Battle-bot, 506-507, 528
    CC, calculando o calor usando RDS(On) e corrente, 68-69
    Elétricos, 89-98
        Acionamento, 97
        Atuadores lineares, 96
        Cálculo de potência, 96
        CC com escova, 90-91
        Com caixa de redução, 93-94
        De passo, 92-93
        Escolhendo, 97-98
        Sem escova, 91
        Servos, 94-95
    Explorer-bot, 285
    Lawn-bot, 386-387, 429-430
    Representação esquemática, 46
    Robô Wally, 178
    RoboBoat, 345-346, 350

Não arranca, 383
Personalizando a velocidade, 374
Seg-bot, 436, 445-450
Especificações, 446
Posição de montagem, 450
Remoção do freio elétrico, 447-450
Motores BLDC (CC sem escovas) tipo *outrunner*,
RoboBoat, 341-342, 345-346, 350, 379
Motores CA, 89
Motores CC com escovas, 90-91
Motores CC sem escovas (BLDC) tipo *outrunner*,
RoboBoat, 341-342, 345-346, 350, 379
Motores com caixa de redução
Escolhendo, 97-98
Servomotores como, 95
Visão geral, 93-94
Motores da Currie Technologies, 507
Motores de cadeira de rodas, 285, 400
Motores de passo, 92-93
Motores de passo bipolares, 92
Motores de passo unipolares, 93
Motores elétricos, 89-98
Acionamento, 97
Atuadores lineares, 96
Cálculo de potência, 96
CC com escova, 90-91
Com caixa de redução, 93-94
De passo, 92-93
Escolhendo, 97-98
Sem escova, 91-92
Servos, 94-95
Motores elétricos de *scooter*s, 507
Motores sem escovas, 91
Move, ferramenta do Eagle, 204
Movimento
Baterias, 113-117
Ácido de chumbo, 115-116
Carregamento, 117
LiPo, 114-115
NiCad, 113
NiMH, 114
Materiais, 118-121
Correntes e rodas dentadas, 120-121
Madeira, 118
Metais, 119
Plásticos, 120

Porcas e parafusos, 119
Rodas, 121
Motores elétricos, 89-98
Acionamento, 97
Atuadores lineares, 96
Cálculo de potência, 96
CC com escova, 90-91
Com caixa de redução, 93-94
De passo, 92-93
Escolhendo, 97-98
Sem escova, 91
Servos, 94-95
Pontes-H, 98-112
CI, 104
Comerciais, 110-112
Força contraeletromotriz, 107
Gerando freio, 99-100
Implementação, 100-104
Mudando frequências PWM, 105-109
Sensor de corrente, 108-104
Multímetro digital Extech MN16a, 17
Multímetros, 15-16
Construção do robô, 54
Medição de capacitância, 17
Medição de corrente, 17
Medição de resistência, 18
Medição de tensão, 16
Multímetros analógicos, 16

N

NA (normalmente aberto), relé, 59
Name, ferramenta do Eagle, 205
Net, ferramenta do Eagle, 203, 205
NF (normalmente fechado), relé, 59
NiCad (níquel cádmio), baterias, 113
NiMH (níquel-hidreto metálico), baterias, 114
Notas para aplicação do semicondutor, 25
NPN (Negativo Positivo Negativo), resistor, 65

O

Open Source Motor Controller (OSMC), 104,
112, 202, 500-501, 517
Osciloscópio digital DSO Nano, 20
Osciloscópios, 20
OSMC (Open Source Motor Controller), 104, 112,
202, 500-501, 517

P, Q

Pacotes de baterias
  Conjunto de propulsão, 378
  Lawn-bot, 399
  Robô RoboBoat, 350
Pan, para câmera, 306-307
Papel brilhante de revista, 199
Para-choque traseiro de alumínio, Bug-bot, 266-267
Parafusos, 119
  Seg-bot, 437, 456-457
  Utilizando com metal, 119
Parafusos ligados ao GND, sensores tipo antena, 249, 265
Parafusos olhais M5, RoboBoat, casco, 339-340, 343
Partes excedentes, para motores com caixa de redução, 98
PCI (placas de circuito impresso), 49-50, 197-245
  Corrosão, 229-235
    Dosando a solução, 229-230
    Método 1, 230-231
    Método 2, 232-233
    Removendo o toner, 234-235
  Descrição, 197-198
  Desenho do circuito, 201-219
    Código aberto, 201-202
    Editor de esquemas, 206-211
    Editor de placas, 211-219
    Personalizado, 202-206
    Transferindo, 219-229
  Explorer-bot, 299-300
  Furação, 235-236
  Lawn-bot, 413
  Materiais necessários, 198-201
  Soldagem, 236-242
    Circuito de ponte-H com TBJ, 240-242
    Circuito do clone Arduino, 237-239
  Testando, 242-244
PCI do ArduPilot, RoboBoat, 348, 351-352, 371, 373, 380
PCI revestida de cobre, 199, 221
Perda de sinal, Fly Sky CT-6, 497
Perfurando PCI, 235
PID, constantes proporcional-integrativa-derivativa, personalizando para RoboBoat, 374

Pincéis, para RoboBoat, 326
Pinhões, 508
pinMode(), comando, 32, 34, 248
Pino coletor, TBJ, 65
Pino da base, TBJ, 64-65
Pino dreno, Mosfet, 66
Pino emissor, TBJ, 66
Pino fonte, Mosfet, 66
Pino porta, Mosfet, 66
Pinos de entrada
  Conexões com fios, 268
  Lendo o estado digital, 248-249
  Sensores tipo antena, 249
Pinos de PWM, 302
Pintura
  Lawn-bot 400, 427
  Linus, o Line-bot, 158-161
  RoboBoat, 338
Pista, para Linus, o Line-bot, 127, 154-155
Pivôs, para RoboBoat, 343
Placa base, para RoboBoat, 343
Placa de isopor, colando moldes, 330-331
Placa de prototipagem perfurada, 125, 411-412
Placa EPS/XPS. Ver Placa de isopor
Placa revestida de cobre, 49
Placa IMU (unidade de medida inercial), Seg-bot, 435, 439-441, 444-445
Placas adaptadoras IMU para Seg-bot, 444-445
Placas adaptadoras para servomotor, 256, 260
Placas Arduino caseiras, 28
Placas breakout, 411-415
Placas de circuito
  PCI do ArduPilot, para RoboBoat, 348
  Impresso, 49-50
Placas de circuito impresso. Ver PCI
Placas do sensor IR, 128-134
Placas perfuradas, 48-49
Planejamento da missão, para RoboBoat, 376-378
Plano terra, 215-216
Plástico PVC, 120
Plásticos, 54, 120
Plataforma do cortador de grama, Lawn-bot, 398-399
Plexiglass, 120
  Cobertura do Bug-bot, 278-280
  Colocando motores, 260

Índice remissivo

Cortando, 258-260
Deque do Explorer-bot, 296
Marcando, 257-258
PMDC, motor de corrente contínua de ímã permanente. *Ver* Motor CC com escovas
Visão geral, 39-40
Pneus de ar, Lawn-bot, 390
PNP (Positivo Negativo Positivo), resistores, 65
Polaridade, terminal do motor, 98-100
Poliestireno expandido (EPS), RoboBoat, 323-324
Poliestireno extrudido (XPS), RoboBoat, 323, 327, 338
Polo único
Caminho único (*single pole, single throw* – SPST), relé, 59, 419
Duplo caminho (*single pole, double throw* – SPDT), relé, 59
Pololu 24v23 CS, controlador de motor, 408
Pololu ACS-714, CI sensor de corrente +/- 30 A, 410
Polygon, ferramenta do Eagle, 205
Pontas de prova, multímetros, 15
Ponte de solda, 131
Ponte-H com TBJ
Circuitos, 240-242
Lista de componentes, 222
Pontes-H (circuitos de meia-ponte), 98-99
CI, 104
Circuito, TBJ, 240-242
Circuitos do controlador do motor, 202
Comerciais, 110-107
Alta potência (acima de 10 A), 111-112
Baixa potência (até 3 A), 110-111
Média potência (até 10 A), 111
Conectando ao Arduino, 302-303
Esquema, 209
Força contraeletromotriz, 107
Freio elétrico, 99-100
Gerando freio, 99-100
Implementação, 100
Chaves simples, 100
Mosfets canal-P e canal-N, 102
Ponte-H de canal-N, 103-104
Mosfets canal-P e canal-N, 102
Mudando frequências PWM, 105-107

Projeto do controlador do motor, 298-301
Relé DPDT com chave simples, 101-102
Robô Wally, 168-177
Sensor de corrente, 108-109
Usando chaves simples, 100
Pontes-H de canal-N, 103-104
Ponto de partida, 442
Pontos de referência
Planejamento da missão, para RoboBoat, 376
Raio, personalizando para RoboBoat, 375
Timeout, personalizando para RoboBoat, 375
Porca tensionadora da corrente, 509-513
Espaçadores, 512-513
Medindo a corrente, 511-512
Sequência de rosqueamento, 510-511
Porcas, 119
Porta de programação, placa *breakout* Arduino, 413
Portas analógicas, conectando sensores, 147
Potência
Atuador linear, 96
Cálculo, 96
Motor, 97
Motor CC, 90-91
Motor com caixa de redução, 93-94
Resistores, 19-20
Potenciômetros (reguladores de velocidade), 126, 161-163, 242
Representação esquemática, 45
Seg-bot, 435-436, 460-462
Servomotor, 252-255
Visão geral, 38
Pressão, exemplo do tanque de água, 11
Processing, ferramenta
Decodificando sinais, 535-536
Pré-requisitos, 538
Programa de projeto auxiliado por computador (CAD), 197
Projeto da placa, Arduino, 499-500
Projeto de circuito, criação, 197
Projetos
Cobertura do Bug-bot, 278-280
Robô RoboBoat, 326-328
Projetos de circuito de código aberto, 201-202
Protocolo de controle, controle alternativo, 538-539

Protocolos, 538-539
Prototipagem, 47-52
  Base para montagem, 48
  Placas de circuito impresso, 49
  Placas perfuradas, 48-49
  Soldagem, 50-52
pulseIn(), comando, 35
Pulso, circuito de acionamento interno do motor, 137-138
Pulso de parada, servomotor, 254-255
PWM (modulação por largura de pulso)
  Exemplo, 42
  Mudando frequências, 105-107

R

Radio Shack, 184
Rádio Xbee Série 1, 303-304
Rádio Xbee Série 2.5, 303-304
Raio de giro zero (nulo), 178, 387
Raio do ponto de referência, 375
Ratsnest, ferramenta do Eagle, 206
Razor de 6 DOF, IMU da Sparkfun, Seg-bot, 84, 436-438, 444
R/C, receptores, 35
RDS(On) (resistência no estado ligado), 68
read_pots(), função, 472-474
Receptor (Rx), sistemas de rádio, 76-77, 284-285, 317, 410
Receptores R/C, 35
Rectangle, ferramenta do Eagle, 205
Recuperando motores, 97
Recurso de proteção contra sobrecorrente, 108-109
Regulador de tensão, 46, 239
Reguladores de velocidade. *Ver* Potenciômetros
Relação de engrenagens, 94
Relé, *datasheet,* 62
Relé de potência automotivo, 58
Relé de travamento, 59
Relé DPDT (*double pole, double throw*), 60, 101-102
Relé DPST (*double pole, single throw*), 60
Relé normalmente aberto (NA), 59
Relé normalmente fechado (NF), 59
Relé sem travamento, 59
Relés, 58-64
  Calculando o consumo de corrente, 61-62

Chaves de estado sólido, 63-64
Configurações, 59-60
Considerações sobre força contraeletromotriz, 63
Tipos, 59
Usos, 60-61
Relés de potência, 58, 418-420, 422
Relés de sinal, 58
Resina epóxi, para o robô RoboBoat, 324-325, 337
Resistência, 18-19
  Em eletricidade, 10, 12
  Exemplo do tanque de água, 11
  Medição com multímetros, 15
  No estado ligado. *Ver* RDS(On)
Resistência da bobina, determinação, 61
Resistência dependente da luz (LDR), 23
Resistência no estado ligado (RDS(On)), 68
Resistor Negativo Positivo Negativo (NPN), 65
Resistor Positivo Negativo Positivo (PNP), 65
Resistores, 208
  Cálculo da potência com a lei de Ohm, 19-20
  Representação esquemática, 45
  Robô Wally, 175-176
  Sensor de corrente, 109-112
  Visão geral, 18-19
Resistores *pull-down*, 68, 175
Resistores *pull-up*, para robô Wally, 175
Resistores *pull-up* internos, 248, 265
Resistores variáveis. *Ver* Potenciômetros
Ressonador cerâmico, 46
Revestimento, para RoboBoat, 336-337
Ripup, ferramenta do Eagle, 205
Robô Biohazard, 526
Robô Wally, 165-195
  Chassi, 178-181
  Código, 185-195
  Como funciona, 166-168
  Controlador do motor, 170-177
    Chaves, 171-172
    Circuito, 173-177
  Instalando chave de alimentação e bateria, 184-185
  Instalando sensores, 181-184
  Lista de componentes, 168-170
RobôBoat, 319-383
  Eletrônica, 347-352

Índice remissivo

CEV, 349
Módulo GPS, 348-349
Montagem, 350-352
Motor, 350
Pacote de baterias, 350
PCI do ArduPilot, 348
Servo do leme, 350
Integrando o sistema, 380-381
Lançamento, 381
Lista de componentes, 320-326
Cola, 326
Cortador de isopor e estilete, 326
Espuma de poliestireno, 323-324
Folha de lixa, 326
Luvas, 325
Pincel, 326
Resina epóxi, 324-325
Tecido de fibra de vidro, 325-326
Montagem, 328-341
Aletas, 337-338
Aplicando o acabamento, 337
Colocação das buchas para isopor, 335-336
Convés, 338-339
Moldes, 328-331
Pintura, 338
Revestimento, 336-337
Segmentos, 331-334
Montagem do propulsor, 341-347
Braços do leme, 345
Motor, 345-346
Pivô, 343
Placa de base, 343
Servo, 346
Tubo, 344
Varetas de aço (*pushrods*), 347
Planejamento da missão, 376-378
Projeto, 326-328
Software, 354-375
Arquivos de cabeçalho, 370
Instalando, 370-375
Módulo AP_RoboBoat, 355-357
Módulo Debug, 357-359
Módulo de controle PID, 366-367
Módulo de navegação, 360-366
Módulo init, 359-360
Módulo Servo_control, 368-370

Receptores GPS, 353-354
Solucionando problemas, 382-383
Empuxo insuficiente, 382
Motor não arranca, 383
robogames.net, website, 532
Robôs, 52-55
Área de trabalho, 55
Hardware necessário para construção, 53-54
Matéria-prima, 54-55
Robôs de batalha. *Ver* Battle-bot
Robot Marketplace, 532
robotcombat.com, website, 490
robotics-society.org, website, 533
RobotMarketplace.com, website, 502
Rodas, 121
Battle-bot, 503-513
Explorer-bot, 294-296
Lawn-bot 400, 390-394
Pneus de ar, 388
Rodas dentadas, 392-394
Rodízios dianteiros, 391
Traseiras, 391-392
Montagem, 261-262
Montagem no motor, 261
Montagem nos servomotores, 255-256
Motrizes, montagem, 138-141
Rodas dentadas, 120-121
Battle-bot, 503, 508
Lawn-bot 400, 392-394
Lawn-bot, unidade de tração, 400
Rodas motrizes, 126, 138-141
Rodízios, 126, 392
Rotação
Contínua
Modificando servomotores, 134-138
Servomotores, 95, 252-253
Eixos, 82
Rotação contínua
Modificando servomotores para, 134-138
Acionador CC direto com controlador externo de velocidade, 135-137
Circuito de acionamento interno do motor por pulso, 137-138
Servomotor, 95, 252-255
Rotate, ferramenta do Eagle, 204
Rotina de interrupção de serviço (ISR), 36-38

RTK (*Real Time Kinetic*), sistema GPS cinemático em tempo real, 85
Rx (receptor), sistemas de rádio, 76-77, 284-285,
317, 410

S

Sabertooth 2x25, controlador de motor, 72-73,
406-408, 421-422, 500, 516-517
Sabertooth 2x50 HV, controlador de motor, 500
Saídas
Analógicas, 39-40
Digitais, 35-36
Saídas digitais, robô Wally, 180
sample_accel(), função, 469-470
sample_gyro(), função, 470-471
.sch (arquivo de esquema), 202
Seção "Características elétricas", *datasheet*, 25
Seg-bot, 433-488
Baterias, 454-455
Carregando, 455
Chumbo-ácido selada, 454
Fonte 12 V, 455
Chassi, 455-459
Construção, 457-459
Projeto, 456-457
Código, 468-485
Completo, 480-485
Função auto_level (), 474-475
Função calculate_angle(), 472-474
Função read_pots(), 472
Função sample_accel(), 469-470
Função sample_gyro(), 470-471
Função serial_print_stuff(), 479-480
Função time_stamp(), 478-479
Função update_motor_speed(), 475-478
Verificando as leituras dos ângulos, 471-472
Como funciona, 434-436
Botão de operação, 435-436
Direção e ganho, 435
IMU, 435
Controlador de motor, 451-453
Biblioteca SoftwareSerial, 452-453
Comunicação serial simplificada para Sa-
bertooth, 453
Entradas, 460-464
Chave de operação, 460-461

Direção, 460
Ganho, 460
Início nivelado, 461
Montagem no chassi, 461-464
Imagem, 434, 487
Instalando a eletrônica, 465-468
Soldando as entradas, 467
Fiação e conexões, 467-468
Lista de componentes, 436-437
Motores, 445-450
Posição de montagem, 450
Remoção do freio elétrico, 447-450
Placa adaptadora IMU, 444-445
Segurança, 453
Sensores, 437-443
Acelerômetro, 439-441
Ângulo de filtragem, 443
Fonte de 3,3 V, 438-439
Giroscópio, 441-442
Testando, 486
Segmentos, para RoboBoat
Colando, 334
Cortando, 331-333
Segurança
Battle-bot, 490
Espaço de trabalho, 55
Semicondutores
Circuitos integrados, 25
Componentes para furo passante, 26-27
Datasheet, 24-25
Encapsulamento, 25
Sensor de contato, 78-79
Sensor de GPS, 82
Sensor de orientação (posicionamento), 82-85
Acelerômetro, 82
Giroscópio, 83
IMU, 83
Sistemas GPS, 84-85
Sensor de posicionamento (orientação), 82-85
Acelerômetro, 82
Giroscópio, 83
IMU, 83
Sistemas GPS, 84-85
Sensor GPS EM406, 84
Sensores, 438-443
Acelerômetro, 439-441

Índice remissivo

Colisão
Adicionando aos robôs existentes, 251
Conectando chaves, 248
Conexões com fios, 268-270
Para-choque, 250
Sensores tipo antena, 249-250, 264-265
Visão geral, 247
Filtrando o ângulo, 443
Fonte de 3,3 V, 438-439
Giroscópio, 441-442
Drift, 442
Ponto de partida, 442
Tempo de ciclo, 441
Versus acelerômetro, 442
Instalação, para robô Wally, 181-183
Medidor de distância ultrassônico, 165-168, 181-183, 187-188
Para-choque, 250, 265-267
Posicionamento na placa de sensor, 130
Sensores tipo antena, 249-250, 264-265
Sensores de colisão
Adicionando aos robôs existentes, 251
Conectando a chave, 248
Sensores tipo antenas, 249-250, 264-265
Sensores tipo antenas para para-choque, 265
Traseiro, 265-266
Visão geral, 247
Sensores de detecção de distância, 79
Sensores de reflexão, 79-82
Medidores de distância
A laser, 82
Ultrassônicos, 81
Sensor IR, 79-81
Sensores Maxbotics, 167, 183-184
Sensores não autônomos, 85-87
Câmera, 85
Sensor de corrente, 86-87
Sensores para navegação, 78-87
Contato, 78-79
Distância e reflexão, 79-82
Medidores de distância, 81-82
Sensor IR, 79-81
Não autônomos, 85-87
Câmera, 85
Sensor de corrente, 86-87
Orientação (posicionamento), 82-85

Acelerômetro, 82
Giroscópio, 83
IMU, 83
Sistemas GPS, 84-85
Sensores para para-choques
Bug-bot, 250, 265-267
Conexões com fios, 268
Sensores tipo antena
Bug-bot, 249-250, 264-265
Conexões com fio, 268
Sensoriamento de corrente
Controlador do motor, 297, 409-410
Explorer-bot, 285
Visão geral, 108-109
Separador de fibra de vidro absorvente (AGM), bateria, 116
Sequência de rosqueamento, 510-511
Serial.begin(), comando, 39
serial_print_stuff(), função, 479-480
Série GP2 da Sharp, sensores, 80
Serra sabre, 54, 119
Serra tico-tico, 54
Serras, 54, 119
Servomotores, 94-95, 252-256
Bug-bot, 251-252
Controlando, 254, 270
Convertendo o valor de pulso para graus, 254-255
Criando atraso, 270-271
Explorer-bot, 307-309, 317
Modificando, 252-253
Modificando para operar como motor com caixa de redução, 95
Modificando para rotação contínua, 134-138
Acionador CC direto com controlador externo de velocidade, 135-136
Circuito de acionamento interno do motor por pulso, 137-138
Montagem, 260
Montagem do propulsor, 341-342, 350
Montando as rodas, 138-139, 255-256
Rotação contínua, 95
Servomotores de modelismo, 125
Servos
Leme, para RoboBoat, 350
RoboBoat, 346

setup(), função, 32, 34-35, 105, 179-180, 248, 355
Shield de motor AF, 125
Shield de motor da Adafruit, 72
Sinais, 34-43
   Analógicos, 38-43
      Ciclo de trabalho, 40
      Entradas, 38-39
      Frequência, 40-41
      PWM, 42-43
      Saídas, 39-40
   Conexões, para Battle-bot, 517-519
   Decodificação com ferramenta Processing, 535-536
   Digitais, 34-38
      Entradas, 35
      Interrupções externas, 36-38
      Saídas, 35-36
Sinais analógicos, 38-43
   Ciclo de trabalho, 40
   Entradas, 38-39
   Frequência, 40-41
   PWM
      Exemplo, 42-43
      Visão geral, 39-40
   Saídas, 39-40
Sinais de servo, 35
Sinais digitais, 34-38
   Entradas, 35
   Interrupções externas, 36-38
   Saídas, 35-36
Sinal de pulso, servomotor, 254, 270-271
Sinal de pulso de servo, 72-73
Sinal de PWM, 97, 101-102, 171
Sinal de saída analógico, medidor de distância ultrassônico, 167
Sistema de rádio R/C, interrupção, 36-37
Sistema GPS cinemático em tempo real (RTK), 85
Sistemas de controle por rádio, 75-78
   AM, 76
   Espalhamento espectral, 77
   FM, 76
   Xbee, 77-78
Sistemas de posicionamento global por satélite.
   Ver Sistemas GPS
Sistemas de radiocontrole para hobbistas, 284
Sistemas GPS

Módulos, para RoboBoat, 348-349
   Receptores, para RoboBoat, 353-354
   RTK, 85
Sites comerciais, para motores de engrenagens, 98
Sketch do Processing, 539-544
   Explicação, 541-543
   Testando, 543-544
Sketchbook (caderno de esboços), Arduino IDE, 30
Sketches, 32-34, 544-550
   Arduino IDE
      Declaração de variável, 32
      Função loop, 33-34
      Função setup, 32
   Declaração de variável, 32
   Função loop(), 33-34
   Função setup(), 32
   Processing, 539-574
      Explicação, 541-543
      Testando, 543-544
SLA, baterias de chumbo-ácido seladas, 116, 454, 514
SMD, chip para montagem de superfície, 297, 299
Software. Ver também IDE (ambiente de desenvolvimento integrado), Arduino
   Projeto do circuito, 43-44
   RoboBoat, 354-370
      Arquivos de cabeçalho, 370
      Instalando, 370-375
      Módulo AP_RoboBoat, 355-357
      Módulo de controle PID, 366-367
      Módulo de navegação, 360-366
      Módulo Debug, 357-359
      Módulo init, 359-360
      Módulo Servo_control, 368-370
      Receptores GPS, 353-354
Solda com núcleo de breu, 50, 124
Soldadores, 54
Soldagem, 50-52
   Atalhos, 51-52
   Entradas, para Seg-bot, 467
   PCI, 236-242
      Circuito da ponte-H com TBJ, 240-242
      Circuito do clone Arduino, 237-239
   Sensor de corrente ACS714 para montagem em superfície, 299
Soldagem da porca tensionadora da corrente, Battle-bot, 509-510

Índice remissivo

Solenoide, 58
Solução de peróxido de hidrogênio, 200, 229
Solucionando problemas, RoboBoat, 382-383
    Empuxo insuficiente, 382
    Motor não arranca, 383
Soluções de corrosão, 198
Soquetes de CI, robô Wally, 173
SPDT, relé, 59
speed_value, variável, 161
Spektrum BR6000, sistema R/C de 2,4 GHz, 416
Spektrum BR6000, receptor de robô, 420
Spektrum DX5e, transmissor de rádio, 416
SPST, relé, 59, 418-420
steer_range, variável, Seg-bot, 473
Suporte transversal, Lawn-bot, 395-397
Suportes
    Bateria, 291
    Câmera, 307-309
    Montagem da arma do Battle-bot, 527-528
    Montagem de sensores do robô Wally, 181-182
    Montagem do motor para o robô Lawn-Bot 400, 401-403
Suportes de bateria, 184

T

T6_config, *software*, 497-498
Tank-steering, robôs, 167, 178
Taxa de transmissão do monitor serial, 305
TBJ (transistores bipolares de junção), 24, 45, 64-66
TC4427, acionador de Mosfet, 173, 297
Team Davinci, 533
Team Nightmare, 532
Tecido de fibra de vidro, para RoboBoat, 325-326, 336
Tempo de ciclo, 441
Temporizadores do sistema, 302
    Arduino, 105-107
    Robô Wally, 179-180
Tensão, 16
    Bateria, 113
    Circuito de *bootstrap*, 103
    Conexões elétricas, 21
    Controlador de motor, 110
    Entradas analógicas, 38
    Medição com multímetros, 15

Motor, 90, 97
    Sensor de corrente, 108-109
    Visão geral, 12
Tensão da corrente, 121, 401, 404, 509-513
Tensão nominal, transistores, 64
Teoria do fluxo de elétrons, 14
Terminais, relé de potência, 419-420
Terminais de parafuso, placa perfurada Arduino, 411
Terminais do motor
    Freio elétrico, 99-100
    Ponte-H, 98-99
Terminal negativo dos sistemas elétricos, 14
Terminal positivo dos sistemas elétricos, 14
Termos de medição, eletricidade, 14
Testando a saída do motor, Lawn-bot, 406
Testes
    Battle-bot, 524
    Espaço para, 55
    Lawn-bot, 427
    Linus, o Line-bot, 155-156
    PCI, 242-244
    Robô Wally, 194
    Rodas montadas em servomotores, 256
    Saída do motor do Lawn-bot, 405
    Seg-bot, 486
    Servomotores modificados, 254
Text, ferramenta do Eagle, 205
Tilt, para câmera, 306-307
time_stamp(), função, 478-479
Timeout dos pontos de referência, 375
Tinta *spray*, 126
TO-92, encapsulamento de CI, 25
TO-220, encapsulamento de CI, 25
Toalhas de papel, 200
Toner, removendo após corrosão, 234-235
Torque
    Battle-bot, 507-509
    Motor com caixa de redução, 93-94
Tração nas quatro rodas, Battle-bot, 489-490
Transferência serial de dados, 35
Transferindo um desenho de circuito, 197, 219-229
Transistor de efeito de campo de óxido metálico semicondutor. *Ver* Mosfets
Transistores, 64-70, 208
    Fototransistores, 70

Mosfets, 66-70
    Capacitância, 67-68
    Em paralelo, 69-70
    Nível lógico *versus* padrão, 67
    RDS(On), 68
    Representação esquemática, 45-46
    TBJ, 64-66
Transistores bipolares de junção (TBJ), 24, 45, 64-66
Transistores NPN, 45, 242
Transistores PNP, 45
Transmissor Fly Sky CT-6, 496-498
Transmissor (Tx), sistemas de rádio, 75-76, 284, 317
Trava, servomotor, 252-253
Trilhas, definição, 197
Trilhas com fio, como atalhos, 52
Tubo de PVC, RoboBoat, 342-345
Tubos
    RoboBoat, 344-345
    Seg-bot, 436, 456-457, 461, 464
Tx (transmissor), sistemas de rádio, 75-76, 284, 317

U

Unidade de medida inercial (IMU), placa, Seg-bot, 435, 439-441, 444-445
Unidade de tração, 507-538
    Engrenagem, 507-509
    Instalando a corrente, 404-406
    Lawn-Bot 400, 400-406
    Porca tensionadora da corrente, 509-513
        Espaçadores, 512-513
        Medindo a corrente, 511-512
        Sequência de rosqueamento, 510-511
    Suportes de montagem do motor, 401-404
unsigned int, variável para temporizador do sistema millis(), 272
unsigned long, variável para temporizador do sistema millis(), 272
update_motor_speed(), função, 475-478

V

Valor de pulso, conversão para graus, 254-255
Valores máximos absolutos, Datasheet, 24
Value, ferramenta do Eagle, 205
Varetas de aço (*pushrods*), RoboBoat, 342, 347
VCC, representação esquemática, 44
Velocidade
    Atuador linear, 96
    Battle-bot, 507-509
    Controladores externos, 135-137
    Do motor, personalizando para RoboBoat, 374
    Motor, 89, 97
    Motor com caixa de redução, 93-94
    Reguladores (potenciômetros), 161-163
Velocidades de comutação do PWM, 301
Ventilação no espaço de trabalho, 55
Ventoinhas de refrigeração, para controlador de motor, 408
Versão *freeware*, programa Eagle, 201
Via, ferramenta do Eagle, 206
void(), declaração, 186

W

Watts, visão geral, 12
while(), função, 271
Wire, ferramenta do Eagle, 205, 215

X, Y, Z

Xbee, configurando, 303-305
Xbee, sistemas de rádio, 77-78, 549-550
Xbee Explorer Regulated, adaptador da Sparkfun, 302
Xbee Explorer Regulated, módulo, 301-302
Xbee Explorer Regulated, placa *breakout* da Sparkfun, 82
Xbee Explorer USB, placa *breakout* USB da Sparkfun, 78
XCTU, *software* de programação, 304
XPS (poliestireno extrudido), RoboBoat, 323, 327, 338

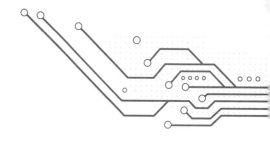

Sobre os autores

J-D é um hobbista em eletrônica (isto é, tem a eletrônica como um *hobby*), um construtor e um curioso implacável. Quando criança, desmontou tudo o que pôde para descobrir como funcionava. Desde então, construiu muitos projetos diferentes que variam de uma vara de pesca elétrica até um cortador de grama de controle remoto, que foi destaque na capa da revista *Make*, em abril de 2010. Trabalhou como construtor fazendo serviços de carpintaria, de encanamentos e de eletricidade por oito anos, portanto o seu conhecimento é baseado na experiência com o mundo real mais do que na leitura de livro acadêmicos.

Além da construção de robôs e brinquedos de controle remoto, J-D gosta de automatizar as tarefas diárias, piscando LEDs, projetando e gravando PCIs e um monte de outras coisas fortuitas. Grande parte do seu tempo foi gasto pesquisando, construindo e testando vários controladores de motores para fazer seus *bots* se moverem. Como um autoproclamado "roboticista pobre", ele vai sempre tentar encontrar a forma mais barata de fazer alguma coisa, geralmente construindo-as fisicamente.

J-D se formou na Universidade do Alabama, em Birmingham, no curso de Licenciatura em Gestão de Negócios. Atualmente vive em Birmingham, Alabama, com sua bela esposa, Melissa, e seu crescente rebanho de animais.

Josh Adams é um desenvolvedor de *software* com mais de dez anos de experiência profissional na construção de *software* de qualidade e gestão de projetos. Construiu uma bobina Tesla para um projeto de ciências do Ensino Médio que disparou raios com comprimentos maiores que 68 cm. Josh é o líder do time de arquitetura da empresa Isotope Eleven e supervisiona as decisões sobre arquitetura além de traduzir os requisitos dos clientes em *softwares* que funcionam. Ele se formou na Universidade do Alabama, em Birmingham, onde recebeu o grau de Bacharel em Ciência, em Matemática e também em Filosofia. Quando não está trabalhando, Josh gosta de passar o tempo com a família.

Harald Molle é engenheiro de computação desde 1984. Iniciou sua carreira como pesquisador de uma universidade no sudoeste da Alemanha, antes de se tornar o cofundador de uma empresa de sistemas embarcados. Harald também é um mergulhador experiente, uma paixão que ele está tentando combinar com o seu trabalho por meio do desenvolvimento de um robô controlado por GPS para a exploração de lagos. Mantém um casamento feliz com Jacqueline – que sabe que ter um interesse em robótica requer quantidades substanciais de tempo – e é também o feliz dono de um gato.

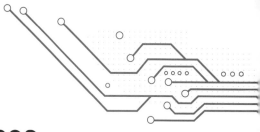

Sobre os revisores técnicos

Josh Adams é um desenvolvedor de *software* com mais de dez anos de experiência profissional na construção de *software* de qualidade e gestão de projetos. Construiu uma bobina Tesla para um projeto de ciências do Ensino Médio que disparou raios com comprimentos maiores que 68 cm. Josh é o líder do time de arquitetura da empresa Isotope Eleven e supervisiona as decisões sobre arquitetura além de traduzir os requisitos dos clientes em *softwares* que funcionam. Ele se formou na Universidade do Alabama, em Birmingham, onde recebeu o grau de Bacharel em Ciência, em Matemática e também em Filosofia. Quando não está trabalhando, Josh gosta de passar o tempo com a família.

Guilherme Martins nasceu em Lisboa, em 1977. Sempre teve interesse em diversas formas de arte e começou a experimentar cedo diferentes mídias como fotografia, vídeo, desenho e pintura. Guilherme trabalhou em vários estúdios de *design* e agências de publicidade em Lisboa, desde 2000, e vem trabalhando também como *freelancer* em projetos visuais, normalmente relacionados com gráficos em movimento, efeitos visuais e *webdesign*. Em 2007, começou a colaborar com o coreógrafo Rui Horta em conteúdo visual para ser projetado em palco durante as apresentações de dança, teatro e ópera.

Como pensador e inventor, tem um interesse particular em experimentos com robótica e eletrônica, a fim de criar situações interativas e inovadoras. A maior parte de sua pesquisa e trabalho profissional está disponível online em http://guilhermemartins.net.

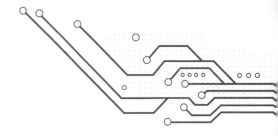

Agradecimentos

Coautores:
Eu gostaria de agradecer ao meu amigo *hacker* e colega Josh Adams, por sua assistência em vários de meus projetos, bem como o seu constante apoio e ideias sugeridas, e em primeiro lugar por me apresentar ao Arduino. Ele também escreveu um capítulo deste livro sobre controle alternativo (Capítulo 13), usando o seu PC com um *gamepad* e uma conexão serial sem fio para controlar um robô de grande porte (Arduino + Processing). Josh faz os meus projetos mais impressionantes, com suas arrojadas habilidades de programação, e também mantém tudo atualizado com os *insights* mais recentes. Obrigado por toda sua ajuda – você é um verdadeiro amigo.

Eu também gostaria de agradecer a um companheiro, outro *hacker* de Arduino, Harald Molle, por contribuir com seu tempo e com os detalhes de seu projeto complexo, o RoboBoat guiado por GPS (Capítulo 9). Harald generosamente tirou um tempo em sua agenda para escrever um capítulo que estava me dando muito trabalho. Fiz, sem sucesso, três carcaças de barco antes de encontrar o projeto de Harald nos fóruns de Arduino e descobrir que ele já tinha passado pelos mesmos problemas que eu estava passando. Ele concebeu um *design* brilhante para um barco do tipo catamarã que é fácil de construir e mantém uma linha reta na água. Ao perceber que ele sabia muito mais sobre esse projeto do que eu poderia aprender, fiquei muito feliz ao saber que ele estava disposto a partilhar sua experiência.

Editores técnicos:
Um agradecimento especial a Guilherme Martins e Josh Adams pelo tempo que dedicaram à revisão deste livro – suas sugestões e comentários foram muito bem-vindos.

Editores:
Um grande agradecimento a Michelle Lowman por me dar a oportunidade de escrever este livro, a Anita Castro, por ser paciente, apesar de levarmos um tempo extra para completar o livro, a James Markham, Frank Pohlmann e Dominic Shakeshaft, por sua ajuda e orientação, e ao restante da equipe Apress, que ajudou a tornar este livro realidade – escrever o primeiro livro não é fácil.

Família:
Eu gostaria de agradecer à minha esposa, Melissa, por ser tão compreensiva e solidária durante todo o processo. Eu não poderia ter escrito este livro sem o seu apoio – eu te amo, Melissa! Por último, gostaria de agradecer à minha família pelo apoio e pelas orações durante este projeto.

À comunidade Arduino:
A comunidade Arduino foi a maior fonte de inspiração para os vários projetos deste livro. Quando comecei a aprender sobre Arduino e computação física (em 2008), nunca tinha tocado em um microcontrolador ou programado um computador antes, e fui recebido de braços abertos pela comunidade. Pessoas desconhecidas me deram exemplos de código, conselhos de projeto, ideias para recursos

adicionais e, acima de tudo, apoio. Em uma sociedade onde todo mundo está tentando fazer um dinheirinho, é bom ser parte de algo incrível que você sabe que pode contribuir sem gastar nada (além de uma placa de Arduino barata).

Eu gostaria de mencionar alguns entusiastas da robótica, fabricantes e gurus da eletrônica que têm contribuído para o meu aprendizado e, consequentemente, neste livro: obrigado, Massimo Banzi, Tom Igoe e o restante da equipe de desenvolvimento do Arduino, Limor Fried (LadyAda.net), Nathan Seidle (SparkFun.com), David Cood (Robotroom.com) e Jordi Munoz e Chris Anderson (DIYdrones.com) por seus excelentes tutoriais de Arduino, pelos projetos e pelas contribuições para a comunidade de código aberto. Existem algumas pessoas que se dispuseram a ajudar com perguntas específicas, projetos e componentes: Larry Barello, John Dingley, Shane Colton e Bob Blick.

Obrigado aos meus amigos que compartilharam das minhas ideias malucas e sem sentido, verificando meus protótipos, oferecendo sugestões e até mesmo me fornecendo componentes para testar quando eu não podia adquiri-los: Josh Adams, Anthony DiGiovanni e Laird Foret.

Embora eu tenha tirado muitas fotos para este livro de várias fontes e procedimentos, algumas não saíram tão boas como eu esperava e, nesses casos, tive ajuda. As figuras a seguir foram cedidas por vários fornecedores de componentes, e eu gostaria de agradecer-lhes pela ajuda:

SparkFun.com: 1.10, 1.21, 1.30, 2.22, 2.24, 2.26, 2.27, 2.28, 2.29, 3.20
Digikey.com: 1.15, 1.16, 1.17
PartsForScooters.com: 10.4, 12.8, 12.18
DimensionEngineering.com: 10.20, 11.14
Adafruit.com: 2.16
Pololu.com: 10.22
Electronics-Tutorials.ws: 1.3
DannyG.com: 1.9
RobotMarketplace.com: 12.7
DFRobots.com: 5.11
HarborFreightTools.com: 10.3

John-David Warren

À minha esposa, Kristen, que tem sido tão paciente com as minhas brincadeiras com os robôs; ao meu filho, Matthew, que também quer brincar com eles; e à minha filha, Gracie, que eu vou conhecer pessoalmente em breve.

Josh Adams

Obrigado a Chris Anderson e Jordi Munoz, da DIYdrones.com, pelo seu excelente trabalho pioneiro na construção de pilotos automáticos, Jean Margail da http://water.resist.free.fr, por seus projetos de cascos de catamarã, Matthias Wolbert, por fazer um modelo 3D desses planos, e Robert Herrmann, por seus conselhos na solução de problemas. Por último, dedico este livro à minha esposa, Jacqueline – ela sabe o porquê.

Harald Molle

GRÁFICA PAYM
Tel. [11] 4392-3344
paym@graficapaym.com.br